U0181449

并行计算与高性能计算

[美] 罗伯特・罗比(Robert Robey)
尤利安娜・萨莫拉(Yuliana Zamora) 著

殷海英 译

清華大学出版社
北 京

北京市版权局著作权合同登记号 图字：01-2021-7604

Robert Robey, Yuliana Zamora
Parallel and High Performance Computing
EISBN: 9781617296468

图书在版编目(CIP)数据

并行计算与高性能计算 / (美)罗伯特•罗比(Robert Robey)，(美)尤莉安娜•萨莫拉(Yuliana Zamora)著；殷海英译. —北京：清华大学出版社，2022.6

书名原文：Parallel and High Performance Computing

ISBN 978-7-302-60737-3

Ⅰ. ①并… Ⅱ. ①罗… ②尤… ③殷… Ⅲ. ①并行计算 ②高性能计算机 Ⅳ. ①TP301.6 ②TP38

中国版本图书馆 CIP 数据核字(2022)第 073500 号

责任编辑：王 军
装帧设计：孔祥峰
责任校对：成凤进
责任印制：杨 艳

出版发行：清华大学出版社
网 址：http://www.tup.com.cn，http://www.wqbook.com
地 址：北京清华大学学研大厦 A 座 邮 编：100084
社 总 机：010-83470000 邮 购：010-62786544
投稿与读者服务：010-62776969，c-service@tup.tsinghua.edu.cn
质 量 反 馈：010-62772015，zhiliang@tup.tsinghua.edu.cn
印 装 者：大厂回族自治县彩虹印刷有限公司
经 销：全国新华书店
开 本：170mm×240mm 印 张：34.25 字 数：903 千字
版 次：2022 年 7 月第 1 版 印 次：2022 年 7 月第 1 次印刷
定 价：139.00 元

产品编号：093137-01

译者序

说起高性能计算与并行，让我想起在 2008 年春假后回到实验室的趣事。当时我正在为美国国家海洋与大气管理局完成相关的模拟工作，使用高端 X86 服务器模拟海洋对大气的影响。虽然我们使用的设备已是当时可获得的最高端设备，但由于计算量过大，每次模型训练都需要耗费几天的时间才能完成，而我只能盯着机器确保程序持续在运行。这件“浪费生命”的任务令我沮丧。回到实验室，本以为还要继续“浪费生命”，我的导师告诉我说，已申请了 900 英里以外的国家实验室的高性能计算资源，可将模型训练时间由原来的几天缩短到几小时。这让我兴奋不已，拿上地图，开了 16 个小时的车，途经多个没有听过的城市和化石森林国家公园，在零点前到达目的地，开启了奇妙的高性能计算之旅。

高性能计算看似距我们很远，其实这项技术早就被应用于我们身边的各个领域。比如政府部门利用高性能计算技术提高对国民经济和社会发展的宏观监控能力，公共安全部门利用该技术打击走私，金融机构使用它进行深度分析和风险预测。在创新领域，高性能计算也具有举足轻重的作用，如美国的一家石油能源公司利用分布在全球的高性能服务器，结合优化过的算法，从员工中收集创新性的提案与建议，并将这些信息进行汇总和加工，发明了一种利用激光进行油床勘探的技术；利用这种技术，该公司发现了 3 亿桶原油。一家汽车制造企业利用高性能计算和并行技术，将设计时间缩短几百倍，从而加速新车上市的进程，让该车企生产的汽车持续保持市场占有率第一。另一家汽车制造企业将高性能计算技术应用于材料的采购，为该公司省下 80 亿美金的成本。关于高性能计算为政府和企业带来无法想象的优势的例子还有很多，在此不一一列举。

近年来，在中国涌现了大量的高性能计算中心，除了国家实验室外，有大量的商业化高性能计算中心分布在各个省市，并以非常具有竞争力的价格为政府、企业、高校等单位提供质优价廉的高性能计算服务。例如，只需要花费 20 元人民币左右，就可租用一小时配备 A100 GPU、7 核 CPU、224GB 内存的高性能计算环境执行相关计算。

有了高性能硬件，如何驱动这些硬件执行相关的工作呢？本书内容丰富，搭配多个有趣的示例，介绍如何通过编程方式进行高性能计算。有些读者会担心，如果没有高性能计算硬件，能否完成本书中的示例呢？不必担心，因为本书示例所使用的数据量较小，即便你用的是笔记本电脑，也可轻松完成相关示例的练习，希望你能通过本书，开启自己的高性能计算之旅。

最后，感谢清华大学出版社的王军老师，感谢他对我的信任与支持，感谢他帮我出版多本有关数据科学、云计算的书籍。同时，感谢我的学生鞠楚晗，感谢他帮助我完成书稿的校对以及代码的测试。

作者简介

Robert Robey 是美国洛斯阿拉莫斯国家实验室计算物理部的技术科学家，也是新墨西哥大学的兼职研究员。他是2016年开始的并行计算暑期研究实习的创始人，是 NSF/IEEE-TCPP 并行和分布式计算课程计划的成员。Bobert 是新墨西哥超级计算机挑战赛的董事会成员，这是一个中学的教育项目，已成立30年。多年来，他先后指导了数百名学生，并两次被公认为洛斯阿拉莫斯杰出的学生导师。Bobert 在新墨西哥大学讲授并行计算课程，并在其他大学客座授课。

Bobert 在新墨西哥大学以操作爆炸驱动和可压缩气体驱动激波管开始了他的科学生涯。其中包括世界上最大的爆炸驱动激波管，直径20英尺，长度超过800英尺。他进行了数百次爆炸和冲击波实验。为了支持他的实验工作，Bobert 自20世纪90年代初以来编写了一些可压缩流体动力学代码，并在国际期刊和出版物上发表了许多文章。全3D模拟在当时是罕见的，这给计算资源带来了极大压力。为寻找更多计算资源，他参与了高性能计算的研究。

Bobert 在新墨西哥大学工作了12年，从事实验、编写和运行可压缩流体动力学模拟，并创建了一个高性能计算中心。他是提案的主要撰写人，为该大学带来了数千万美元的研究资助。自1998年起，他在洛斯阿拉莫斯国家实验室任职。在那里，他为在各种最新硬件上运行的大型多物理场代码作出了贡献。

Bobert 是一名世界级的皮划艇运动员，他率先在墨西哥和新墨西哥州的未开发河流中航行。他也是一名登山运动员，攀登过三大洲海拔超过18000英尺的山峰。他带领 Los Alamos Venture 团队沿着西部河流进行过多日的航行。

Bobert 毕业于得克萨斯的A&M大学，在那里他获得工商管理硕士学位和机械工程学士学位。他也曾在新墨西哥大学数学系攻读研究生课程。

Yuliana Zamora 正在芝加哥大学攻读计算机科学博士学位。Zamora 是芝加哥大学 CERES Center for Unstoppable Computing 的2017年研究员，也是国家物理科学联盟(NPSC)的研究生研究员。

Zamora 曾在洛斯阿拉莫斯国家实验室工作，并在阿贡国家实验室实习。在洛斯阿拉莫斯国家实验室，她为一些顶级高性能计算系统优化了用于模拟野外火灾和其他大气物理的 Higrad Firetec 代码。在阿贡国家实验室，她投身于高性能计算和机器学习的交叉领域。她从事的项目涵盖从 NVIDIA GPU 的性能预测到科学应用的机器学习代理模型。

Zamora 为芝加哥大学的新生开发并讲授计算机科学入门课程。她将并行计算基础的许多基本概念整合到课程中。这门课程非常成功，她被邀请多次讲授该课程。为了获得更多的教学经验，她自愿在芝加哥大学担任高级分布式系统课程的助教。

Zamora 在康奈尔大学获得土木工程学士学位。她在芝加哥大学获得了计算机科学硕士学位，并即将在芝加哥大学获得计算机科学博士学位。

致　谢

在这里要感谢所有帮助我们完成本书的人。首先要感谢流体动力学专家 Joe Schoonover，他讲授的并行计算课程非常出色，特别是在 GPU 方面。Joe 是我们并行计算计划的联合负责人之一，他在制定本书应涵盖的内容方面发挥了重要作用。我们的其他联合负责人，Hai Ah Nam、Gabe Rockefeller、Kris Garrett、Eunmo Koo、Luke Van Roekel、 Robert Bird、Jonas Lippuner 和 Matt Turner，为并行计算学院及本书中的相关内容作出了重要贡献。如果没有研究所所长 Stephan Eidenbenz 的支持和远见，就不会有并行计算暑期计划的建立。我们还要感谢 Scott Runnels 和 Daniel Israel，他们领导并创建了 LANL 计算物理夏令营，为我们提供了一个可以遵循的模型。

我们很幸运能够结识来自并行计算方面的专家以及出版界的朋友。感谢 Kate Bowman 提供了写作方面的专业知识，帮助并指导了早期章节的修订。Kate 在出版业的各个方面都颇具才华，多年来她一直从事图书索引师的工作。我们还收到了 Bob 的儿子 Jon、女儿 Rachel 和女婿 Bob Bird 的非正式评审，他们每个人都负责了本书中的部分技术工作。Zamora 的丈夫 Rick 也为本书提供了专业知识，Dov Shlachter 负责审阅了一些早期的草稿，并提供了相关反馈。

我们还想感谢合作者们在他们所负责的特定章节中提供了专业知识，其中包括洛斯阿拉莫斯国家实验室的 Rao Garimella 和 Shane Fogerty 以及劳伦斯利弗莫尔国家实验室的 Matt Martineau，他们提供了第 4 章的相关技术信息。特别感谢前面提到的许多学生的创新工作，他们为第 5 章提供了大部分内容。Intel 的 Ron Green 多年来一直致力于记录如何使用 Intel 编译器提供的矢量化，并为第 6 章奠定了基础。第 13 章中的海啸模拟起源于由 Sarah Armstrong、Joseph Koby、Juan-Antonio Vigil 和 Vanessa Trujillo 组成的 McCurdy High School 团队，该团队参加了 2007 年的新墨西哥超级计算挑战赛。另外，感谢 Cristian Gomez 帮助绘制海啸示意图。与 Intel 的 Doug Jacobsen 和 Hai Ah Nam 以及洛斯阿拉莫斯国家实验室的 Sam Gutiérrez 在流程布局和关联方面的工作为第 14 章奠定了基础。此外，与洛斯阿拉莫斯国家实验室的 Galen Shipman 和 Brad Settlemyer、阿贡国家实验室的 Rob Ross、Rob Latham、Phil Carns、Shane Snyder 以及西北大学 Wei-Keng Liao 的 DATALIB 团队的合作体现在第 16 章和第 17 章中的 Darshan 工具剖析文件操作中。

我们同样感谢 Manning 出版公司的专业人员为创造一个更加精致和专业的产品所做的努力。我们的文字编辑 Frances Buran 做了一项了不起的工作，提高了文章的可读性。她以惊人的速度提高了那些高度技术性词汇的精确性。还要感谢制作编辑 Deirdre Hiam 帮助处理本书中的图形、公式和文本。还要感谢校对员 Jason Everett 以及本书的制作经理 Paul Wells，他把大家的工作安排在了一个紧凑的日程表上。

在本书的写作过程中，Manning 出版社提供了大量的建议，包括写作风格、文案编辑、校对和技术内容。首先是 Manning 的策划编辑 Mike Stephens，他认为有必要写一本关于这个话题的图书。我们的开发编辑 Marina Michaels，帮助我们顺利完成工作。Marina 在让读者更容易理解本书内容方面给予了巨大的帮助。技术开发编辑 Christopher Haupt 给我们提供了关于技术内容的宝贵反馈。我们要特别感谢技术校对 Tuan Tran，他帮我们审查了所有示例的源代码。Tuan 出色地消除了高性能计算软件和硬件配置的艰难挑战。审查编辑 Aleksandar Dragosavljevic 招募了一批优秀的评论员，涵盖了广泛的读者群体。这些评论者包括 Alain Couniot、Albert Choy、Alessandro Campeis、Angelo Costa、Arav Kapish Agarwal、Dana Robinson、Domingo Salazar、Hugo Durana、Jean-François Morin、Patrick Regan、Phillip G. Bradford、Richard Tobias、Rob Kielty、Srdjan Santic、Tuan A. Tran 和 Vincent Douwe，他们提供了宝贵的反馈，为本书最终的出版提供了极大的帮助。

序言一

在弗罗多，走出家门是很危险的。当你踏上大路时，如果你不迈稳脚步，真不知道你会被带到哪里去。

——比尔博·巴金斯《魔戒》

我无法预见并行计算之旅会将我们带向何方。使用“我们”这个词是因为多年来有许多同事与我共同走过这段旅程。我的并行计算之旅始于 20 世纪 90 年代初，当时我还在新墨西哥大学。我写了一些可压缩流体动力学代码来模拟激波管实验，并在我能接触到的系统上运行这些代码。结果，我和Brian Smith、John Sobolewski 以及 Frank Gilfeather 被要求提交一个关于高性能计算中心的提案。最终我们赢得了这笔资金，并于 1993 年建立了毛伊高性能计算中心。在这个项目中，我负责在位于阿尔伯克基市的新墨西哥大学开设课程，并带领 20 名研究生开发并行计算程序。

20 世纪 90 年代是并行计算的形成时期。我记得并行虚拟机(PVM)的创始人之一、MPI 标准委员会成员 Al Geist 的一次谈话，他谈到了即将发布的 MPI 标准(1994 年 6 月)。他说 MPI 的前景不佳，因为它过于复杂。他对其复杂性的看法是正确的，但尽管如此，MPI 还是迅速发展起来，在几个月内，几乎所有并行应用程序都在使用它。MPI 成功的一个原因是，有一些实现已经准备就绪。Argonne 一直在开发 Chameleon，这是一个可移植工具，可以在当时的消息传递语言包括 P4、PVM、MPL 和许多其他语言之间进行翻译。该项目很快被更改为 MPICH，成为第一个高质量的 MPI 实现。十多年来，MPI 成为了并行计算的代名词。几乎每个并行应用程序都是建立在 MPI 库之上的。

现在让我们快进到 2010 年，随着图形处理器的出现。我偶然看到 Dobb 博士关于使用 kahan sum 来补偿 GPU 上唯一可用的单精度算法的文章，我认为这种方法可能有助于解决并行计算中一个长期存在的问题，即数组的 global sum 取决于处理器的数量。为了测试这一点，我想到了我儿子 Jon 在高中时写的一个流体动力学代码。他测试了问题中的质量和能量是否随时间的变化而保持守恒，如果程序的变化超过了规定的量，程序就会停止运行并退出。当他在大一的春假从华盛顿大学回家时，我们尝试了这种方法，并惊喜地发现质量守恒有了很大的改善。对于产品代码，这种简单技术的影响被证明是非常重要的。本书 5.7 节将介绍用于并行 global sum 的增强精度版求和算法。

2011 年，我与 Neal Davis、David Nicholaeff 和 Dennis Trujillo 三个学生组织了一个暑期项目，看看我们是否可以得到更复杂的代码，比如在 GPU 上运行自适应网格细化(AMR)和非结构化任意拉格朗日-欧拉(ALE)应用程序。我们的最终结果是 CLAMR，一个完全在 GPU 上运行的 AMR 迷你应用程序。应用程序的大部分都很容易移植。最困难的部分是确定每个单元的临近单元。最初的 CPU 代码使用了 k-D 树算法，但是基于 k-D 树的算法很难移植到 GPU 上。这个夏季项目开始两周后，拉斯康查斯大火在洛斯阿拉莫斯的山上爆发，整个小镇的居民被疏散。学生也被疏散了，于是我们去了圣达菲。在疏散期间，我在圣达菲市中心与 David Nicholaeff 见面，讨论 GPU 端口的问题。他建议我们尝试使用一种哈希算法代替基于树的代码来寻找临近单元。当时，我看着大火在小镇上燃烧，想着它是否已经烧到我家了。尽管如此，我还是同意尝试一下，哈希算法最终让整个代码在 GPU 上成功运行。这种哈希算法是由 David 和我当时还在上高中的女儿 Rachel，及我自己完成的。这些哈希算法构成了第 5 章中介绍的许多算法的基础。

在接下来的几年里，Rebecka Tumblin、Peter Ahrens 和 Sara Hartse 开发了压缩哈希技术。当 Gerald Collom 和 Colin Redman 高中刚毕业的时候，他们解决了在 CPU 和 GPU 上重新映射操作的压缩哈希问题。GPU 并行算法的这些突破使得许多科学应用程序在 GPU 上运行的障碍逐渐瓦解。

2016 年，我和我的联合创始人 Hai Ah Nam 和 Gabe Rockefeller 一起启动了洛斯阿拉莫斯国家实验室(Los Alamos National Laboratory，LANL)并行计算暑期研究实习(PCSRI)项目。并行计算程序的目标是解决高性能计算系统复杂性日益增加的问题。该项目是一个为期 10 周的暑期实习，包括各种并行计算主题的讲座，随后是一个由洛斯阿拉莫斯国家实验室工作人员指导的研究项目。参加这个暑期项目的学生有 12 到 18 名不等，许多人把它作为他们职业生涯的跳板。通过这个项目，我们一直致力于解决并行和高性能计算面临的最新挑战。

——Robert Robey

序言二

如果你想读一本书，但它还没有出版，那么自己去写吧。

——Toni Morrison

我对并行计算的了解是这样开始的，“在你开始之前，先走进4楼尽头的房间，把那些Knights Corner处理器安装在我们的集群中”，康奈尔大学的一位教授鼓励我尝试一些新的东西。我原本以为是一个简单尝试，但后来却变成了一场通往高性能计算的奇妙之旅。我首先学习了有关小型集群运行的基础知识，并运行了我的第一个应用程序，随后在我安装的节点上对这些应用程序进行了优化。

在短暂却颇具挑战的家庭假期后，我申请了研究实习项目，并被新墨西哥州的首个并行计算暑期研究实习计划录取。这让我有机会在最新版的硬件上探索并行计算的复杂性，我在那里遇到了Robert。只要了解如何正确编写并行代码就可以提升性能，这着实让我着迷。我尝试探索如何编写更有效的OpenMP代码。在应用程序优化方面的进展为我提供了更多机会，比如参加Intel用户组大会以及利用Intel超级计算平台上展示我的工作成果。我还应邀出席了2017年的萨里山会议。这是与高性能计算领域的领先远见者交流想法的绝佳机会。

另一个让人难忘的经历是申请和参加GPU编程马拉松。在编程马拉松活动中，我们将代码移植到OpenACC，并在一周内实现了60倍的速度提升。想想看，以前需要一个月的计算现在可以在一夜之间完成。为了能够充分挖掘长期研究的潜力，我申请了芝加哥大学的研究生学位，因为芝加哥大学与阿贡国家实验室有着密切的关系。在芝加哥大学，我得到了Ian Foster和Henry Hoffmann的很多建议。

从我的经验看，交互式学习对于学习如何编写并行代码十分重要。但让我感到沮丧的是，没有一本教科书或参考资料来讨论并行学习在最新硬件上的应用。为填补这一空白，我们编写了这本书，让那些不熟悉并行和高性能计算的人更容易上手。为即将入学的芝加哥大学学生创建和讲授计算机科学导论的挑战经历让我对这一领域的新人有了更多了解。另一方面，我作为高级分布式系统课程的助教，需要向已具备一定知识的学生解释并行编程技术。这些经历都帮助我获得了在不同层次上解释复杂话题的能力。

我相信每个人都应该有机会阅读这本关于编写高性能代码的书，并且每个人都应该很容易理解本书中的内容。我很幸运，有导师和顾问为我提供了诸多有用的网站链接和他们以往的学习笔记。虽然有些技术可能很难，但更大的问题在于缺乏系统性的学习材料以及该领域的领先科学家作为导师。我知道并不是每个人都能获得相同的资源，因此，我希望本书能填补目前存在的空白。

我们是如何完成本书的

从2016年开始，由Robert Robey领导的LANL科学家团队为洛斯阿拉莫斯国家实验室(LANL)并行计算暑期研究实习(PCSRI)设计了教学材料。这些材料中的大部分都是针对即将上市的最新硬件。并行计算正以一种极快的速度发生着变化，却几乎没有相关的文档。显然大家需要一本涵盖这些内容的书。正在此时，Manning出版社联系Robert写了一本关于并行计算的书。我们之前已经对相关资料进行了收集，写书对于我们来说并不是件难事。于是，我们开始了为期两年的努力，对这些材料进行了统筹和编辑。

利用我们暑期课程所讲的内容，本书的主体和章节在很早就有了明确的定义。并且我们将许多来自高性能计算社区的想法和技术，都融入本书中。包括我们正在努力实现的Exascale(百亿亿次)级别的计算水平，这种计算性能比之前的Petascale(千万亿次)级别的里程碑提高了1000倍。这个社区包括Department of Energy (DOE) Centers of Excellence，包括Exascale计算项目计划以及一系列性能、可移植性和生产力研讨会。我们在计算课程中所使用的讲义，在广度和深度上，都反映了复杂异构计算体系架构的深层挑战。

我们称本书中的材料为“深度介绍”。本书的讲解从并行和高性能计算的基础开始，但如果不了解计算体系结构，就不可能实现最佳性能。我们试图在前进的过程中对其有更深层次的理解，因为仅仅沿着既定道路前行，而不知道身在何处以及去向何方是不可行的。我们将为你提供绘制地图的工具，并告知还有多远能够到达我们的目的地。

在本书中，Joe Schoonover编写了有关GPU部分的内容，我负责OpenMP相关的章节。Joe提供了GPU部分的设计和布局。我就OpenMP如何适应这个全新的Exascale计算世界发表了很多论文并做过很多演讲，于是将很多相关内容写入本书的OpenMP章节。我对Exascale计算挑战有深刻的理解，具有为进入该领域的新人进行详细讲解的能力，争取为本书的创作作出重要贡献。

——Yuliana Zamora

前　　言

探险家最重要的任务之一就是为后来者画一张地图。这对我们这些在科技领域不断开拓的人来说尤其如此。我们在本书中的目标是为那些刚刚开始学习并行和高性能计算的人以及那些想要扩大知识面的人提供一个路线图。高性能计算是一个快速变化的领域，其中的语言和技术一直在变化。出于这个原因，我们将关注长期保持稳定的基本面。对于用于 CPU 和 GPU 的计算机语言，我们强调跨许多语言的通用模式，以便你可以快速地为当前任务选择最合适的语言。

本书的目标读者

本书适用于本科阶段高年级的并行计算课程，也可以作为从事计算工作的专业人员的最新文献。如果你对性能感兴趣，无论是运行时间、规模还是处理能力，本书都将为你提供改进应用程序和超越竞争对手的工具。随着处理器达到规模、热量以及功率的极限，我们不能指望下一代计算机来加快运行我们的应用程序。越来越多的高技能和知识渊博的程序员对于从当今的应用程序中获得最大性能至关重要。

在本书中，我们可以了解当今高性能计算硬件的关键思想。这些是为了性能而编程的基本真理。这些主题构成了整本书的基础。

在高性能计算中，关键不在于编写代码的速度有多快，而在于代码运行的有多快。

这一想法总结了为高性能计算编写应用程序意味着什么。对于大多数其他应用程序，关注的重点是如何能够快速地完成编写应用程序的过程。如今，计算机语言的设计通常是为了提高编程速度，而不是提高代码的性能。虽然这种编程方法长期以来一直存在于高性能计算应用程序，但它还没有得到广泛的记录或描述。在第 4 章中，我们将在最近被称为面向数据设计的编程方法中讨论这一点。

一切都与内存有关：将多少内容加载到内存以及加载的频率。

即使你知道可用内存和内存操作几乎总是性能的瓶颈，但我们依旧倾向于花大量时间考虑浮点操作。目前大多数计算硬件对于每个内存负载能够执行 50 个浮点操作，因此浮点操作已经是次要的了。在几乎每一章中，我们都使用了 STREAM 基准测试，这是一个内存性能测试，用来验证我们是否从硬件和编程语言中获得了合理的性能。

如果加载一个值，则得到 8 或 16。

这就像买鸡蛋一样。你不可能每次只买一个。内存负载由 512 位的高速缓存行完成。对于 8 字节的双精度值，无论是否需要，都将加载 8 个值。所以在编程过程中，让你的程序一次使用多个值而不是一个值，而且最好是使用 8 个连续的值，这样可以获得最佳性能。

如果代码中存在任何缺陷，并行执行时将暴露它们。

与串行运行的应用程序相比，在高性能计算中需要更多地关注代码质量。代码质量将贯穿整个并行化生命周期。使用并行化，你更有可能在程序中触发缺陷，而且还会发现调试并行程序更具挑战性，特别是在大规模使用并行的情况下。我们将在第 2 章中介绍提高编程质量的方法，并在整个章节中都一直使用可以提高编程质量的工具，最后，在第 17 章中，我们列出了其他优秀的用于提高编程质量的工具。

这些关键主题不局限于硬件类型，对于 CPU 环境和 GPU 环境都同样适用。同时支持 CPU 与 GPU 是因为在现实中运行高性能程序往往受到物理硬件的限制，不可能所有的硬件都有 GPU 环境。

本书内容的基本路线图

这本书并不要求你具备任何并行编程的知识，但希望你最好是一位熟练的程序员，并且熟悉高性能编译语言，如 C、C++或 Fortran；同时也希望你对计算术语、操作系统基础知识和网络有一定的了解，并且能够完成其他的计算机操作，比如安装软件和完成轻量化的系统任务管理。

计算硬件的知识或许是对读者最重要的要求。我们建议打开计算机，查看每个组件，并了解其物理特性。

本书由组成高性能世界的以下四部分组成。

- 第Ⅰ部分：并行计算介绍(第 1~5 章)
- 第Ⅱ部分：CPU：并行的主力(第 6~8 章)
- 第Ⅲ部分：GPU：加速应用程序运行(第 9~13 章)
- 第Ⅳ部分：高性能计算生态系统(第 14~17 章)

本书设计的主体顺序是面向处理高性能计算项目的人员。例如，对于应用程序项目，在项目开始之前，了解第 2 章中介绍的软件工程主题是必要的。一旦软件工程就位，接下来就要决定数据结构和算法。然后是使用 CPU 或 GPU 进行实现。最后，为应用程序使用并行文件系统或高性能计算系统的其他特有特性。

另一方面，我们的一些读者对获得并行编程的基本技能更感兴趣，可能想直接进入 MPI 或 OpenMP 章节。今天，并行计算的技术如此丰富，所以不要止步于此。比如从可以将应用程序的速度提高一个数量级的 GPU，到可以提高代码质量或指出需要优化的代码段的工具——潜在的收益仅受你的时间和专业知识的限制。

如果你将本书作为并行计算课程的教材，那么本书所提供的内容足够支撑两个学期的时间。你可将本书当作并行与高性能计算的知识集合，可根据自己的情况来选择学习的主题，并制定课程目标，比如下面列出的自定义学习目标的例子：

- 第 1 章提供了并行计算的介绍。
- 第 3 章讲解测量硬件和应用程序性能的方法。
- 第 4.1~4.2 节描述面向数据的编程设计概念、多维数组和缓存基础知识。
- 第 7 章讨论 OpenMP(Open Multi-Processing)以获得节点上的并行性。
- 第 8 章介绍消息传递接口(Message Passing Interface，MPI)，用于实现跨多个节点的分布式并行。

- 第 14.1~14.5 节介绍关联性与流程布局的概念。
- 第 9 章和第 10 章描述了 GPU 硬件和编程模型。
- 第 11.1~11.2 节主要介绍如何使用 OpenACC 让应用程序在 GPU 上运行。

你可以将算法、向量化、并行文件处理或更多 GPU 语言等主题添加到上面的列表中，也可以删除某个主题，以便将更多时间花在其他主题上。还有一些额外的章节将吸引学生继续探索并行计算的世界。

关于代码

如果不实际编写代码并运行它，就无法学习并行计算。为此，我们在书中提供了大量的例子。这些例子可扫描封底二维码下载。你可以下载这些示例的完整集合或单独按章节进行下载。

在这些示例代码、所涉及的软件和硬件当中不可避免地会有缺陷和错误。如果你发现了错误或不完整的内容，我们鼓励你对示例进行反馈。我们已经合并了一些来自读者的更改请求，对此我们非常感激。此外，源代码存储库是查找修正和讨论源代码的最佳地方。

参考资料和习题答案

可扫描封底二维码下载。

软件与硬件需求

也许并行和高性能计算的最大挑战是所用到的广泛的硬件和软件。在过去，这些专门的系统只能在特定的环境下使用。最近，硬件和软件变得更加大众化，甚至在台式机或笔记本电脑上都可以广泛使用。这是一个重大转变，可让高性能计算程序更容易开发。然而，硬件和软件环境的设置仍然是该任务中最困难的部分。如果你可以访问已经配置好的并行计算集群，我们鼓励你利用它。最后，你可能希望设置自己的计算环境。这些示例在 Linux 或 UNIX 系统上是最容易使用的，但许多情况下也可在 Windows 和 macOS 上运行，只是需要做一些额外更改。如果你发现某个示例不能在系统上运行，我们提供了 Docker 容器模板和 VirtualBox 设置脚本作为替代方案。

关于 GPU 的练习，需要使用来自不同硬件制造商的 GPU，包括 NVIDIA、AMD Radeon 和 Intel。安装 GPU 图形驱动程序仍然是设置本地运行环境遇到的最大困难。一些 GPU 语言也可以在 CPU 上工作，从而允许在本地环境中为你没有的硬件开发代码。你可能还会发现在 CPU 上调试更加容易，但是为了看到真实性能，你还必须安装 GPU 硬件。

其他需要特殊安装的示例包括批处理系统和并行文件示例。为了更加接近真实情况，批处理系统需要在多台笔记本电脑或者工作站上进行设置。类似地，并行文件示例最适合使用像 Lustre 这样的专门文件系统，但其他的基本示例可在单独的笔记本电脑或工作站上运行。

关于封面插图

本书封面上的人物插图标题是 *M'de de brosses à Vienne*，即《维也纳的刷子销售商》。该插图取自 Jacques Grasset de Saint-Sauveur(1757—1810 年)收集的各国礼服画集，名为 *Costumes de Diffé rents Pays*，于 1797 年在法国出版。其中的每幅插图都是经手工精细绘制并上色的。Jacques Grasset de Saint-Sauveur 丰富多样的收藏生动地提醒我们，仅在 200 年前，世界上的城镇和地区在文化上存在很大的差异。那时，人们彼此隔绝，说着不同的方言或语言；无论是在街上还是在乡下，只要看他们的衣着，就很容易看出他们住在哪里，从事什么职业或处于什么地位。

从那时起，我们的着装方式发生了变化，当时非常丰富的地域多样性已经消失。现在，已很难区分不同国家的居民，更不用说不同的城镇或地区了。也许我们已经用文化的多样性换取了更多样化的个人生活——当然，指的是更多样化和快节奏的技术生活。

在当前这个电脑书籍同质化严重的时代，Manning 出版社用两个世纪前地区生活的丰富多样性的书籍封面来庆祝电脑行业的发明创造和首创精神，这些书被 Jacques Grasset de Saint-Sauveur 的图片重新赋予了生命。

目　　录

第III部分 GPU：加速应用程序运行

第 I 部分

并行计算介绍

本书的第 I 部分涵盖了对并行计算具有普遍重要性的主题。这些主题包括：

- 理解并行计算机中的资源
- 评估应用程序的性能和加速
- 并行计算所特有的软件工程需求
- 数据结构的选择
- 选择性能和并行性良好的算法

虽然并行程序员应该首先考虑这些主题，但对于本书的所有读者来说，这些主题也许并不具有同样的重要性。对于并行应用程序开发人员来说，这部分中的所有章节可以用于解决成功项目的前期问题。一个项目需要选择恰当的硬件、合适的并行类型以及恰当的预期结果。在开始并行化工作之前，你应该确定合适的数据结构和算法；因为以后再去更改数据结构和算法将是十分困难的事情。

即使你是一名并行应用程序开发人员，也不必对以上内容进行全面深入地学习。那些只希望适度使用并行工作或在开发团队中担任特定角色的人可能会发现，对以上内容有粗略理解就已经足够。如果你只是想探索并行计算，那么我们建议你阅读第 1 章和第 5 章，然后简单浏览其他章节即可，从而了解讨论并行计算时所使用的术语。

如果你没有软件工程背景，或者只是想简单了解大概内容，我们为你准备了第 2 章。如果你对 CPU 硬件的所有细节都不熟悉，那么你可能需要阅读第 3 章。了解当今计算硬件以及你的应用程序对性能的需求是十分重要的，但不必一蹴而就。当你日后打算采购计算系统时，可以翻阅第 3 章，这样就可以跳过市面上的那些宣传，而直接根据应用程序的需求来选择最合适的计算硬件。

第 4 章的内容可能比较具有挑战性，因为在该章中我们将讨论数据设计和性能模型，这需要你了解硬件细节以及它们与性能之间的关系，同时需要你了解编译器。因为缓存和编译器优化对性能有较大影响，所以这是一个重要主题，但对于编写一个简单的并行程序来说，将不会涉及这些。

为获得更好的学习效果，我们建议你完成本书附带的示例练习，你应该多花时间去了解 https://github.com/EssentialsOfParallelComputing 软件存储库中所提供的丰富示例。这将为你更好地理解所学内容提供很大的帮助。

这些示例是按章节组织的，其中包括各种硬件和操作系统上设置的详细信息。为了帮助处理可移植性问题，在 Docker 中提供了适用于 Ubuntu 发行版的示例容器构建说明。同时提供了通过 VirtualBox 设置虚拟机的说明。如果你需要设置自己的系统，可能需要阅读第 13 章关于 Docker 和虚拟机的部分。但要注意，使用容器或者虚拟机往往会遇到一些限制，而这些限制所造成的问题通常是不容易解决的。

我们正致力于容器构建和其他系统环境设置的工作，以便可以在更多不同的系统中顺利工作。正确安装系统软件(特别是 GPU 驱动程序和相关软件)是这个过程中最具挑战性的部分。各种各样的操作系统、包括图形处理单元(GPU)在内的硬件以及经常被忽视的安装软件版本使得这一任务变得非常困难。我们建议你使用已安装好软件的集群，这样可以省去很多安装上的困扰。不过，在某些时候，在笔记本电脑或台式机上创建一个工作环境，以获得更便捷的开发资源是很有帮助的。现在是进入并行计算世界的时候了。这是一个可以提供几乎无限性能的世界。

第 1 章 为什么使用并行计算

本章涵盖以下内容：

- 什么是并行计算，为什么并行计算越来越重要
- 当代硬件中的并行性
- 并行性对应用程序的重要性
- 利用并行性的软件方法

在当今世界中，你将发现在许多场景中，都需要广泛而有效地使用计算资源。一般来讲，对性能要求较高的应用程序都来自科学领域。但很快人工智能(AI)和机器学习应用程序将成为大规模计算的主要用户。比如以下应用场景：

- 模拟大型火灾，以帮助消防人员和民众
- 模拟由飓风引起的海啸和风暴(见第 13 章的简单海啸模型)
- 为计算机接口提供语音识别
- 模拟病毒传播和疫苗研发
- 模拟数十年甚至数百年的气候条件
- 汽车无人驾驶技术的图像识别
- 为紧急救援人员提供洪水等灾害的模拟
- 降低移动设备的功耗

了解本书介绍的技术，你将能处理更多问题以及更大的数据集。同时能通过比之前快 10 倍、100 倍甚至 1000 倍的速度运行仿真程序。在传统的应用程序中，没有将当今计算机的计算能力完全发挥出来，而并行计算技术是释放计算机资源潜力的关键。那么，什么是并行计算，以及如何使用它来增强应用程序的性能？

并行计算是指在单个实例中同时执行多个操作。但并行计算并不是自动发生的，它需要程序开发者的参与。首先，你必须能发现应用程序中的并行可能性，应用程序的潜在并行可能性指的是当系统资源是可用的情况下，可以通过任何顺序执行程序中的操作，而不会造成逻辑上的问题或者错误的结果。而且，对于并行计算，还有一个额外要求：这些操作必须同时发生。为了实现这一点，你还必须正确协调资源，从而保证可以同时执行这些操作。

并行计算引入了串行世界中不存在的新问题。我们需要改变思维方式，从而适应并行执行的额

外复杂性，通过不断实践，可以使新的思维方式变成你的第二天性。通过本书你将获得使用并行计算的方法与能力。

生活中有许多并行处理的例子，这些例子往往成为并行计算策略的基础。图 1-1 显示了超市的结账队列，商店的目标是让顾客快速完成结账过程。这可以通过雇用更多收银员来实现，每次为一个顾客提供结账服务。这种情况下，熟练的收银员可以更快地执行结账操作，从而让顾客更快地离开。另一个策略是使用许多自助结账台，让顾客自己完成结账过程。这种策略将大大减少超市收银员的数量，从而减少人力成本，并开辟更多通道来处理顾客的结账操作。也许单个顾客自助结账的速度比不上训练有素的收银员，但因为有多个自助结账台，顾客通过这些自助结账台减少了总的结账时间。从并行的角度来分析这件事，并行度增加会使结账队伍变短，达到减少总结账时间的目的。

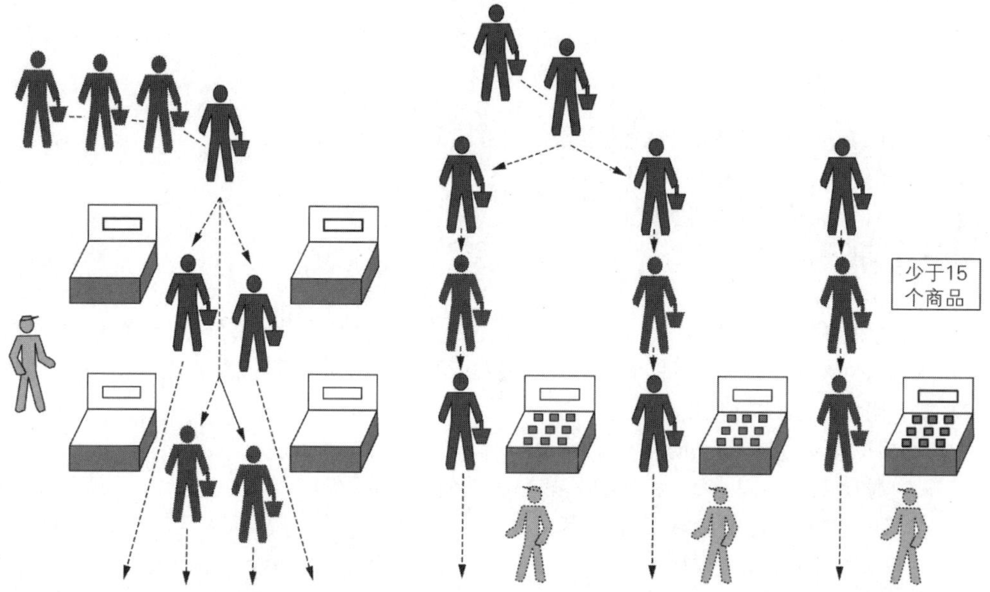

图 1-1 超市的结账过程每天都是并行的。收银员(戴着帽子的人)处理顾客(拿着篮子的人)的结账请求。在左边，一个收银员同时处理四个自助结账通道。在右边，每个收银台都需要一个收银员。选择哪一种都会影响超市的成本和结账效率

我们通过研发算法来解决计算问题：通过一组特定的执行步骤来达到预期的结果。在超市结账的例子中，结账的过程就是算法。在这个例子里，它包括从篮子中拿出商品、扫描商品以获取价格以及为商品付款。这个算法是顺序的(或串行的)；它必须按照特定的顺序进行才能达到预期效果。如果有数百位客户都需要执行这个任务，那么处理客户结账的算法就可能包含可利用的并行性。理论上，任何两个单独结账的客户之间都不存在依赖关系。通过使用多个结账队伍或多个自助结账台，使超市结账过程体现出了并行性，从而提高了顾客购买商品和离开商店的速度。在如何实现这种并行性方面，每种选择都会导致不同的成本和收益。

定义 *并行计算*识别和指出算法中的并行性，将它应用于软件中。在应用这种技术时，需要了解其应用的成本、收益和局限性。

最后，并行计算是与性能相关的。这不仅包括速度，还包括问题的规模和能源效率。本书的目

标是让你了解当前并行计算领域所研究的范畴，并使你熟悉最常用的语言、技术和工具，以便你能够自信地处理并行计算问题。关于如何合并并行性的重要决定，通常是在项目的初期就要完成的。一个合理的设计是走向成功的第一步。忽略设计步骤可能导致很多问题。同样重要的是，还需要为实现既定目标而努力，并了解现有可用的资源和项目的性质。

本章的另一个目标是介绍并行计算中使用的术语。因为这一领域和技术在不断发展，并行社区中许多术语的使用常常是草率和不精确的。随着硬件的复杂性和应用程序中并行性的增加，从一开始就使用正确的术语是非常重要的。

欢迎来到并行计算的世界！随着你的研究逐步深入，这些技术和方法会变得更加容易接受，并且你很快会发现并行计算的魅力，之前从未想过的问题将会变得平常而普通。

1.1　为什么要学习并行计算

并行计算是未来的发展趋势。随着处理器的设计已经达到体积、时钟频率、功率甚至散热的极限，串行性能的增长已经趋于稳定。图 1-2 显示了时钟频率(指令可以执行的速率)、功耗、计算核心数量(或简称核心)和硬件性能随时间的变化趋势。

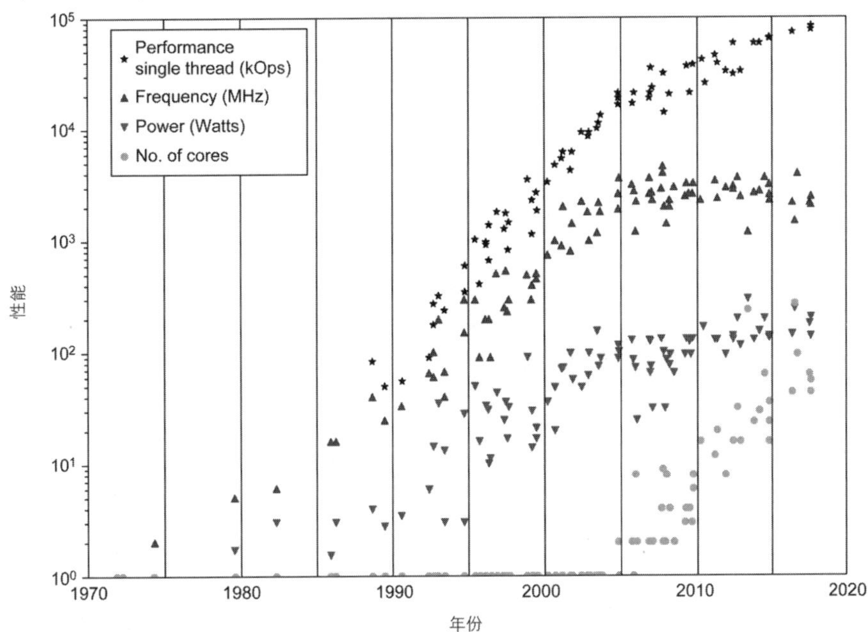

图 1-2　1970—2018 年的单线程性能、CPU 时钟频率(MHz)、CPU 功耗(瓦)、CPU 核数。并行计算时代大约始于 2005 年，那时 CPU 芯片的核心数量开始上升，时钟频率和功耗趋于稳定，但性能却稳步增长(Horowitz、Rupp 等，https://github.com/karlrupp/microprocessor-trend-data)

在 2005 年，CPU 核心的数量突然从单核增加到多核。与此同时，时钟频率和功耗趋于平缓。因为性能与时钟频率和核数的乘积成正比，所以理论性能稳步提高。这种从提高时钟速度向增加核心数量的转变表明，只有通过并行计算才能实现中央处理器(CPU)的最佳性能。

现代消费级计算硬件配备了多个中央处理单元(CPU)以及图形处理单元(GPU)，可以同时处理多个指令集。这些小型系统的计算能力常常能与 20 年前的超级计算机相媲美。要充分利用计算资源(笔记本电脑、工作站、智能手机等)，作为程序员的你需要具备编写并行应用程序可用工具的工作知识。你还必须了解提高并行性的硬件特性。

因为并行硬件有许多不同的特性，这给程序员带来了新的挑战。其中一个特性是 Intel 推出的超线程。将两个指令队列交错地运行在硬件逻辑单元上，允许单个物理核心在操作系统(OS)中显示为两个逻辑核心。向量处理器是另一个硬件特性，大约在 2000 年开始出现在商业处理器中。它们可以一次执行多条指令。向量处理器的位宽(也称为向量单位)指定同时执行的指令数。因此，一个 256 位宽的向量单元可以同时执行 4 个 64 位(双精度)或 8 个 32 位(单精度)指令。

练习

让我们以一个具有超线程的 16 核 CPU 和一个 256 位宽的向量单元为例，这在个人用户的桌面型计算机中很常见。一个使用单核且没有向量化的串行程序只使用了该处理器 0.8%的理论处理能力！我们的计算方法如下：

16 核 × 2 超线程 × (256 位宽的向量单元)/(64 位双精度) =128 路并行

其中 1 条串行通路/128 条并行通路 ≈ 0.008 或 0.8%。如图 1-3 所示，这只是总 CPU 处理能力的一小部分。

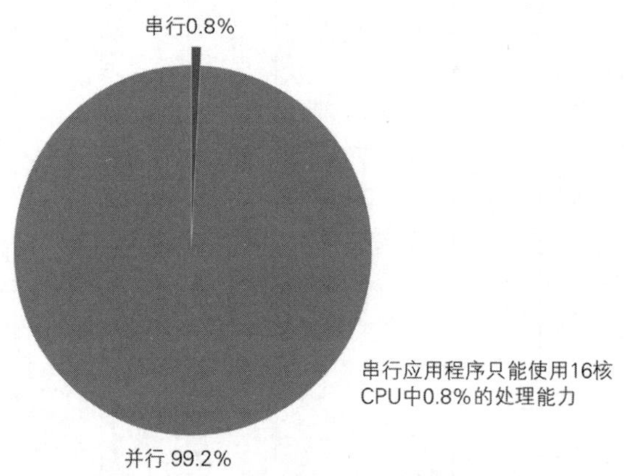
串行0.8%
串行应用程序只能使用16核
CPU中0.8%的处理能力
并行 99.2%

图 1-3 只使用 0.8%的处理能力

如本例所示，评估串行计算与并行计算的理论性能是程序开发者必须掌握的重要技能之一。我们将在第 3 章更深入地讨论这个问题。

软件开发工具中的一些改进有助于为我们的工具包添加并行性，目前，研究社区正在做更多的工作，但距离解决性能差距还有很长的路要走。这给我们这些软件开发人员带来了很大负担，因此要从新一代处理器中获得最大收益。

遗憾的是，软件开发人员在适应这种计算能力的根本变化方面已经落后。此外，由于新的编程语言和应用程序编程接口(Application Programming Interface，API)的爆炸式增长，将当前的应用程序转换为使用现代并行架构可能是令人望而生畏的。但如果你对应用程序有很好的理解、能够查看和公开并行性，并灵活运用可用工具，可以得到诸多益处。应用程序究竟能得到什么样的益处？下面我们就来详细了解一下。

1.1.1　并行计算的潜在优势是什么

并行计算可以减少解决问题的时间，提高应用程序的能源效率，并使你能够在现有硬件上处理更多更复杂的问题。今天，并行计算不只局限于超大型计算系统。这项技术现在出现在每个人的台式机或笔记本电脑上，甚至是手持设备上。这使得每个软件开发人员都可以在自己的本地系统上创建并行软件，因此为新应用程序的实现提供了诸多可能。

随着人们对并行计算的兴趣从科学计算扩展到机器学习、大数据、计算机图形学和消费者应用，业界和学术界的前沿研究揭示了并行计算的新领域。汽车自动驾驶、计算机视觉、语音识别和人工智能等新技术的出现，要求消费设备和开发领域都具备强大的计算能力，需要消耗和处理大量的训练数据集。在长期以来一直是并行计算专属领域的科学计算中，也有新的、令人兴奋的可能性。遥感器和手持设备的大量出现，可以将数据用于更大、更现实的计算中，以便更好地为有关自然和人为灾害的决策提供信息，从而提供了更广泛的数据。

必须记住，并行计算本身并不是目标。真正的目标是并行计算的结果：减少运行时间，执行更大的计算，或减少能源消耗。

使用更多的计算核心提供更快的运行速度

减少应用程序的运行时间，或进行加速，通常被认为是并行计算的首要目标。的确，这通常是并行计算需要解决的问题。无论你的应用程序是需要几天甚至几周时间来运行的长时间应用程序，还是需要立即返回结果的实时程序，通过并行计算技术都可以加快密集型计算的运算过程，还可以对多媒体处理以及大数据操作带来性能上的提升。

过去，程序员会花更多的精力在串行优化上，以得到几个百分比的改进。现在，通过并行计算有可能获得几个数量级的性能优化，并且有多种实现的方法。在探索并行计算的过程中，我们发现通过并行计算可以比投入更多程序开发者得到更多收益。同时，对应用程序的全面了解和对并行可能性的认识将进一步减少应用程序的运行时间。

使用更多的结算节点解决更大的问题

通过在应用程序中使用并行性，可将问题扩展到串行应用程序无法达到的规模。这是因为计算资源的数量决定了应用程序可以处理的事情，并且通过并行计算技术，允许你在更大规模的资源上进行操作，呈现出前所未有的处理能力。在这些并行计算的系统中，往往带有较大的内存、海量磁盘存储、高速网络、较高的磁盘带宽以及多个 CPU 的支持。与前面提到的超市示例类似，使用并行性相当于雇用更多收银员或打开更多的自动收银通道来支持越来越多的顾客。

事半功倍，提高能源效率

并行计算对能源效率问题也产生了影响。随着手持设备中并行资源的出现，并行性可以加快应用程序运行的速度。这使得这些设备能够更快地处理计算并返回休眠模式，同时允许使用速度较慢，但功耗更低的并行处理器完成计算任务。因此，将重量级多媒体应用程序移到 GPU 上运行，可以对能源效率产生更显著的影响，同时会大幅度提升性能。采用并行计算的优势在于，它可以降低功耗，延长电池寿命，这在市场上是一个很强的竞争优势。

能源效率的另一个重要领域是远程传感器、网络设备以及其他远程部署设备，如远程气象站。通常情况下，如果没有大型电源支持，这些设备必须能够在资源较少的情况下工作。并行计算扩展了可以在这些设备上完成的工作，并将工作从中央计算系统中下放出去，这种趋势正在增长，这就是所谓的边缘计算。将计算动作移到网络的边缘上完成，可以在数据源端进行处理，并对计算结果进行压缩，从而更容易通过网络发送。

在没有直接测量功耗的情况下，精确计算应用程序的能源成本是非常具有挑战的事情。但是，你可以通过将制造商的热设计功率乘以应用程序的运行时间，以及所使用的处理器数量来估算所需成本。热设计功率是设备在典型运行负荷下能量消耗的速率。应用程序的能耗可以通过下式进行估算：

$P = (N\text{ 处理器}) \times (R\text{ 瓦/处理器}) \times (T\text{ 小时})$

其中 P 为能耗，N 为处理器数量，R 为热设计功率，T 为应用程序运行时间。

练习

Intel 的 16 核至强 E5-4660 处理器具有 120 瓦的热设计能力。假设你的应用程序需要使用 20 个这样的处理器运行 24 小时才能结束，则应用程序的估计能源消耗为：

$P = (20\text{ 处理器}) \times (120\text{ 瓦/处理器}) \times (24\text{ 小时}) = 57.60\text{ 千瓦时}$

一般来说，GPU 的功耗要比当代 CPU 更高，但是可以潜在地减少运行时间，或者只需要几个 GPU 就可以获得使用大量 CPU 相同的结果。我们依旧可以使用相同的公式来计算 CPU 的能源消耗，只是将 N 设置为 GPU 的数量即可。

练习

假设你已经将应用程序移植到一个带有多个 GPU 的平台上。你现在可以在 4 个 NVIDIA Tesla V100 GPU 上运行应用程序，时间为 24 小时。NVIDIA 的 Tesla V100 GPU 的最大热设计功率为 300 瓦。应用程序的估计能耗为：

$P = (4\text{ GPU}) \times (300\text{ 瓦/GPU}) \times (24\text{ 小时}) = 28.80\text{ 千瓦时}$

在本例中，通过 GPU 运行应用程序的能耗成本仅为使用 CPU 的一半。注意，这种情况下，即使总运行时间保持不变，都为 24 小时，那么能量消耗也减少了一半！

通过 GPU 之类的加速器设备来降低能源成本，这要求应用程序能够充分地利用并行性。从而有效地利用 GPU 等加速设备上的资源。

并行计算可以降低成本

对于软件开发团队、软件用户以及研究人员来说，实际的货币成本正变得更加明显。随着应用程序和系统规模的不断增长，我们需要对可用资源进行成本效益分析。例如，对于某些大型高性能计算(HPC)系统，电力成本预计是硬件采购成本的 3 倍。

运行成本也促使公有云计算成为高性能计算的一种替代方案，它正越来越多地被学术界、初创企业和诸多行业所采用。一般来说，云提供商根据所使用资源的类型和数量，以及使用这些资源所花费的时间来计费。尽管在单位时间内 GPU 资源通常比 CPU 资源价格更高，但某些应用程序可以利用 GPU 加速器进行高速运行，与 CPU 环境相比，GPU 可以大幅度减少运行时间，从而降低成本。

1.1.2　并行计算的注意事项

并行计算不是万能的，有些应用程序规模较小，而且只需要较少时间即可完成计算工作，而有些应用程序甚至没有足够的内在并行性可以被利用。此外，将应用程序转换成适合在多核或众核 GPU 硬件环境上运行需要做大量额外的工作，如果是这样，那么暂时可以不考虑并行计算，因为我们要确保投入的时间和精力是值得的。我们做事之前必须对所投入的时间和精力进行评估，确定方案可行并值得为程序的修改而付出更多努力的时候，再开始展开工作。更重要的是，应用程序首先要可以平稳运行，并生成我们需要的结果，然后考虑加快其运行速度，并将问题扩展到更大的规模。

我们强烈建议你从一个良好的计划开始你的并行计算项目。了解哪些选项可用于加速应用程序是非常重要的，然后选择最适合你的项目的选项。在此之后，对所涉及的工作和潜在的回报(经济成本、能源消耗、解决时间以及其他可能重要的指标)有一个合理的估计是至关重要的。在本章中，将介绍对并行计算项目进行决策所需的知识和相关技能。

1.2　并行计算的基本定律

在串行计算中，所有操作都随着时钟频率的增加而加速。相比之下，对于并行计算，我们需要考虑并修改应用程序，从而充分利用并行硬件。为什么并行度很重要？为了理解这一点，让我们来看看并行计算定律。

1.2.1　并行计算的极限：Amdahl 定律

我们需要一种方法来根据并行代码的数量，去了解计算的潜在加速比。这可以使用 Gene Amdahl 在 1967 年提出的 Amdahl 定律来完成。该定律描述了随着处理器的增加，固定规模问题的加速情况。下面的等式说明了这一点，其中 P 是代码并行部分的分数，S 是代码串行部分的分数，这意味着 $P+S=1$，N 是处理器数量：

$$\text{SpeedUp}(N)=\frac{1}{S+\dfrac{P}{N}}$$

Amdahl 定律强调，无论让代码的并行部分运行有多快，总会受到代码运行串行部分的限制。图 1-4 显示了这种限制。固定规模问题的这种标度称为强标度。

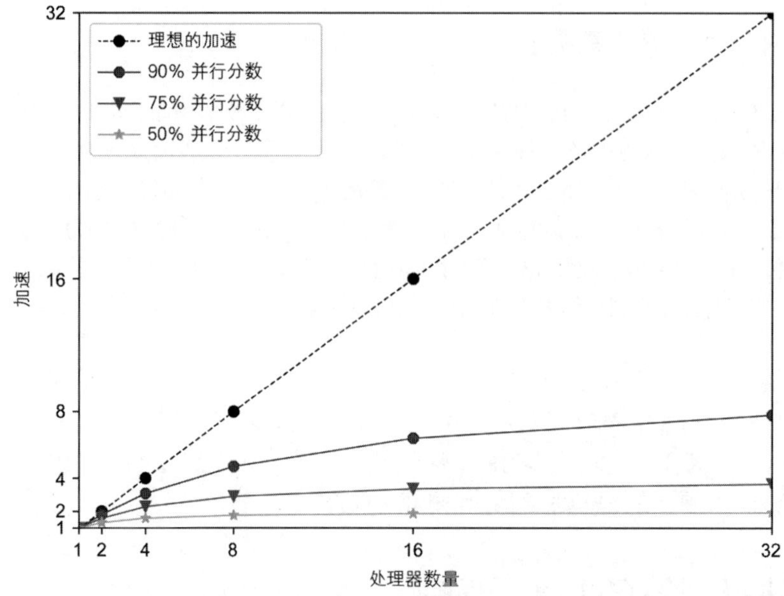

图 1-4　根据 Amdahl 定律，固定规模问题的加速表示为处理器数量的函数。图中的曲线显示了当算法被 50%、75%、90%以及 100%并行化时，所产生的加速比。Amdahl 定律指出，加速受到保持串行的代码部分的限制

定义：强标度表示在问题规模一定时，处理器数量与解决问题所用时间之间的关系。

1.2.2　突破并行极限：Gustafson-Barsis 定律

Gustafson 和 Barsis 在 1988 年指出，随着在计算中使用更多的处理器，对代码使用并行技术可以处理更大规模的问题。这可为我们提供另一种方法来寻找应用程序的潜在加速可能。如果问题的规模与处理器的数量成比例地增长，那么加速比可以表示为：

$$\text{SpeedUp}(N)=N-S(N-1)$$

其中 N 是处理器的数量，S 是串行部分的分数。结果是，使用更多的处理器可以解决规模更大的问题。这为利用并行性提供了额外的机会。事实上，随着处理器数量的增加，问题的规模越来越大，但需要注意的是，随着处理器数量的增加，所需的内存数量也将增加。图 1-5 中展示了随着处理器数量的增加，应用程序的加速情况，这也被称为弱标度。

定义：弱标度定义为对于每个处理器的固定问题规模，求解时间如何随处理器数量而变化。

图 1-6 显示了强弱标度之间的差异。弱标度的论点认为每个处理器上的网格大小应该保持不变，这充分利用了额外增加的处理器资源。强标度的观点主要与计算的加速相关。在实际工作中，强标度和弱标度都很重要，因为它们针对不同的应用场景。

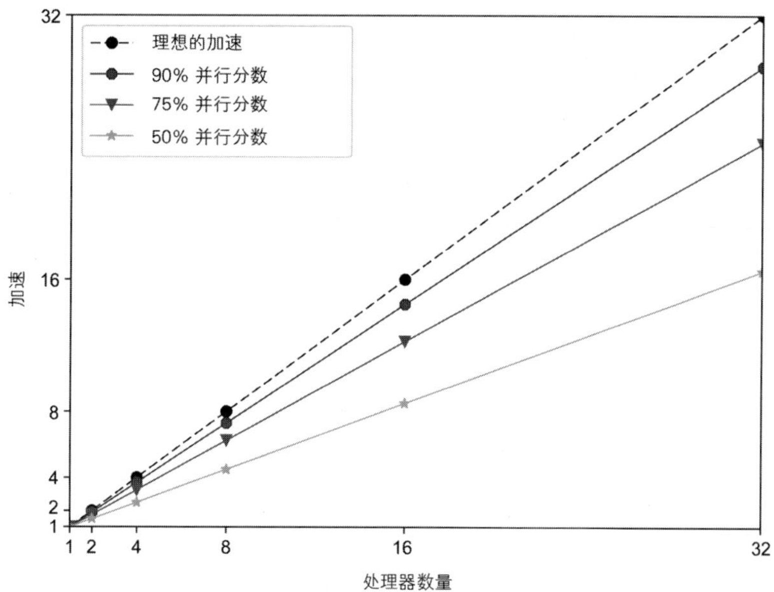

图 1-5　根据 Gustafson-Barsis 定律，当问题的规模随着可用处理器数量的增加而增长时，加速比可以用处理器数量的函数来表示。图中的曲线显示了当算法被 50%、75%、90%以及 100%并行化时，所产生的加速比

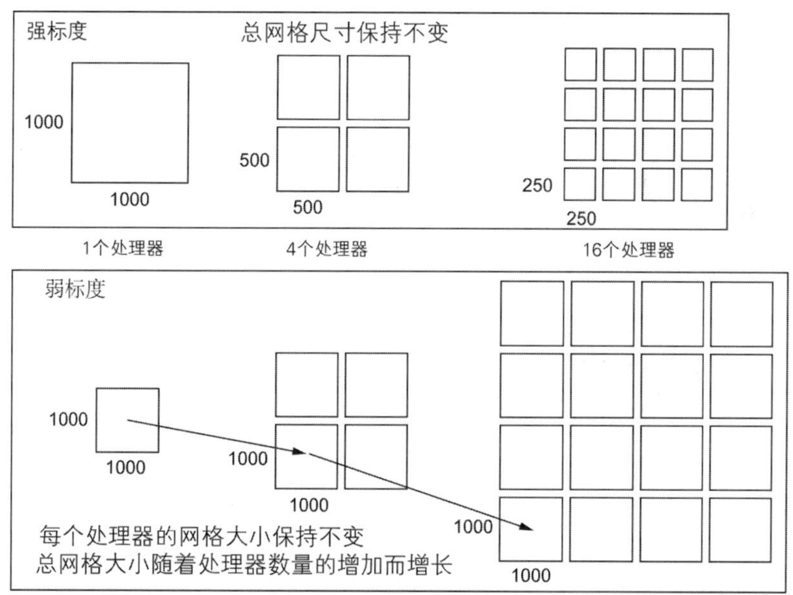

图 1-6　强标度保持问题的总体规模不变，并将问题拆分到增加的处理器上。在弱标度中，每个处理器的网格大小保持不变，随着处理器数量的增加，解决问题的规模也增加

可扩展性这一术语通常是指，是否可以在硬件或软件中添加更多的并行性，以及改进的程度是否存在总体限制。虽然传统的关注焦点是运行时伸缩性，但我们认为内存伸缩性通常更重要。

图 1-7 显示了一个内存扩展性有限的应用程序。复制数组(R)将数据集复制到所有处理器上。对分布式数组(D)进行拆分，并将拆分后的数据分布在每个处理器上；比如在游戏模拟中，100 个棋子可以分布在 4 个处理器上，每个处理器上有 25 个棋子。但棋盘的地图可能会被复制到每个处理器。在图 1-7 中，复制的数组通过网格进行复制。由于这张图使用的是弱标度，因此问题的规模随着处理器数量的增加而增加。对于 4 个处理器，每个处理器上的数组是它原来的 4 倍大。随着处理器数量和问题规模的增长，很快就会出现处理器上没有足够的内存来运行作业的情况。限制运行时的扩展意味着作业运行速度会变慢，而限制内存的扩展意味着作业根本无法运行。还有一种情况，如果应用程序的内存可以进行分布式运行，那么运行时通常也是可以伸缩的。然而，反过来就不一定了。

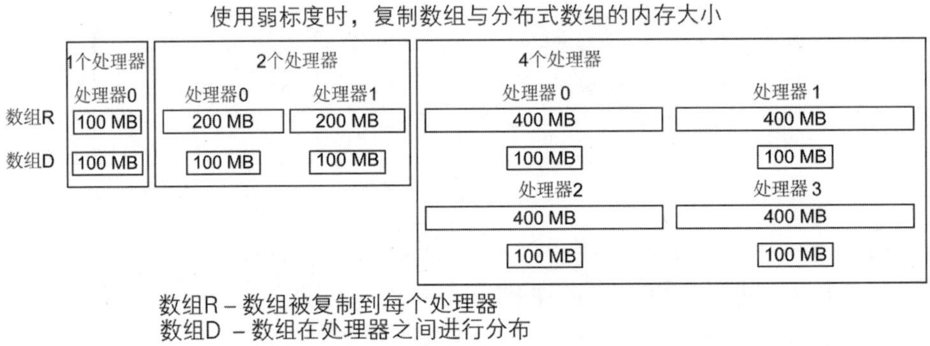

图 1-7　在弱标度情况下，即便处理器的数量翻倍，分布式数组的大小及问题规模也保持一致。但复制数组需要将所有数据都分布在每个处理器上，内存的需求量随着处理器数量的增加而迅速增长。即使运行时伸缩性很弱(保持不变)，内存需求也会限制可伸缩性

对于计算密集型作业的一种观点是，每个处理周期都涉及内存的每一字节，而运行时间是所需内存大小的函数。减少所需内存大小必然会减少运行时间。因此，并行性的最初关注点应该是随着处理器数量的增长而减少所需内存大小。

1.3　并行计算如何工作

并行计算需要结合对硬件、软件和并行性的理解来开发应用程序。它不仅仅是消息传递或线程化。当前的硬件和软件为应用程序提供了许多不同的并行化选项。一些选项可以结合使用，从而产生更高的效率和更快的速度。

了解应用程序中的并行化，以及不同硬件组件允许使用并行化的方式是很重要的。此外，开发人员需要认识到，在源代码和硬件之间，应用程序必须遍历其他层，包括编译器和操作系统(如图 1-8 所示)。

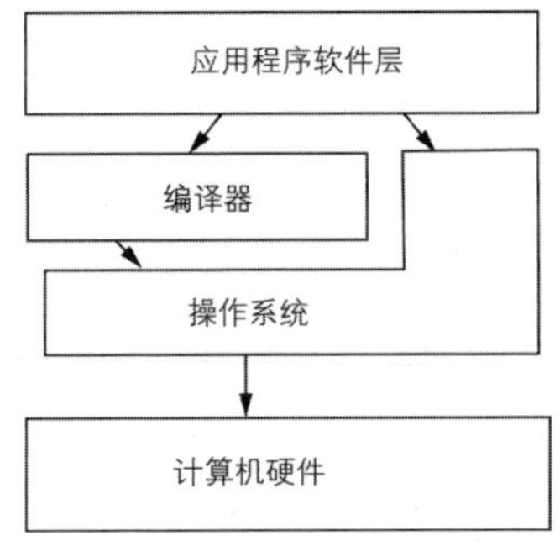

图 1-8　并行化在应用软件层中的表示

作为开发人员，你负责应用程序软件层，其中包括源代码。在源代码中，可选择用于利用底层硬件的编程语言和并行软件接口。此外，可决定如何将工作分解为并行单元。编译器的设计目的是将源代码转换成硬件可以执行的形式。有了这些指令，操作系统就可在计算机硬件上执行这些指令。

我们将通过一个示例展示如何通过原型应用程序将并行化引入算法中。这个过程发生在应用软件层，但是需要了解计算机硬件。现在，先不讨论编译器和操作系统的选择。将逐步添加每一层并行化，以便你可以看到它是如何工作的。对于每个并行策略，将解释可用硬件对所做的选择有怎样的影响。这样做的目的是展示硬件特性如何影响并行策略。对开发人员可以采用的并行方法进行分类：

- 基于进程的并行化
- 基于线程的并行化
- 向量化
- 流处理

按照示例，我们将通过一个模型来帮助你了解当代硬件。该模型将当代计算硬件分解为单独的组件和各种计算设备。本章包含内存的简化视图。第 3 章和第 4 章将更详细地介绍存储器层次结构。此后将详细地讨论应用程序层和软件层。

如前所述，我们将开发人员可以采用的并行方法分为基于进程的并行化、基于线程的并行化、向量化和流处理。基于具有自己内存空间的单个进程的并行化，可以在计算机的不同节点上进行，也可以在一个节点内的分布式内存上进行。流处理通常与 GPU 相关联。当代硬件和应用软件模型将帮助你更好地理解如何将应用程序移植到当前的并行硬件上。

1.3.1　应用程序示例

在对并行化的讨论中，将介绍一种数据并行方法。这是最常见的并行计算应用程序策略之一。将在由矩形元素或单元格的规则二维(2D)网格组成的空间网格上执行计算。创建空间网格和为计算做准备的步骤如下：

1. 将问题离散化(分解)为更小的单元格或元素
2. 定义一个计算核心(操作)对网格的每个元素进行操作
3. 在 CPU 和 GPU 上添加以下并行层来执行计算。

- 向量化：一次处理多个数据单元

- 多线程：部署多个计算路径，从而可以使用更多的处理核心
- 进程：单独的程序实例，将计算分散到单独的内存空间中
- 将计算运行在 GPU 上：将数据发送到图形处理器上进行计算

我们从一个空间的二维问题域开始。为了便于说明，我们将使用喀拉喀托火山的二维图像(如图 1-9 所示)作为示例。我们计算的目标可能是模拟火山羽流、由此产生的海啸，或者使用机器学习对火山爆发进行早期预测。对于所有这些选项，如果我们想通过实时计算结果为决策提供信息，计算速度是至关重要的。

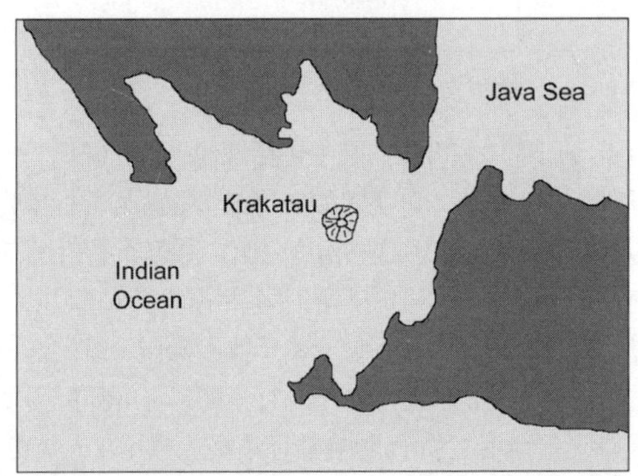

图 1-9 一个二维空间域的数值模拟示例。数值模拟通常涉及 stencil 操作(见图 1-11)或大型矩阵向量系统。这些类型的操作通常用于流体建模，以预测海啸到达时间、天气预报、烟羽蔓延以及其他必要的知情决策过程

第 1 步：将问题分解为更小的单元格或元素

对于任何详细的计算，我们必须首先将问题分解成更小的部分(如图 1-10 所示)，这个过程称为离散化。在图像处理中，这通常只是位图图像中的像素。对于计算域，这些称为单元格或元素。单元格或元素的集合形成了一个计算网格，覆盖了模拟的空间区域。每个单元格的数据值可以是整数、浮点数或双精度数。

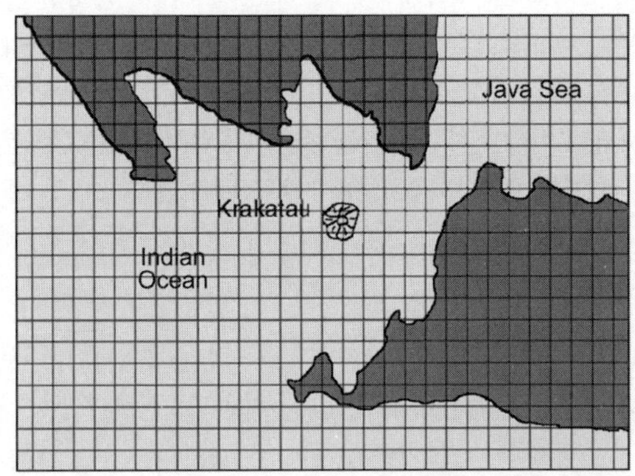

图 1-10 将计算域离散为单元格。对于计算域内的每个单元格，如波高、流体速度或烟雾密度等特性都根据物理定律进行求解。最后，用 stencil 运算或矩阵向量系统来表示这个离散方案

第 2 步：定义一个计算核心或操作，对网格的每个元素进行操作

对这种离散化数据的计算通常是某种形式的 stencil 操作，之所以这么称呼，是因为它涉及使用相邻单元格中的数据来计算每个单元格的新值。这可以是平均(比如模糊操作)、梯度(比如边缘检测，锐化图像边缘)，或与求解偏微分描述的物理系统相关的其他更复杂的操作方程(PDE)。图 1-11 将 stencil 操作显示为 five-point stencil，它通过使用 stencil 值的加权平均值执行模糊操作。

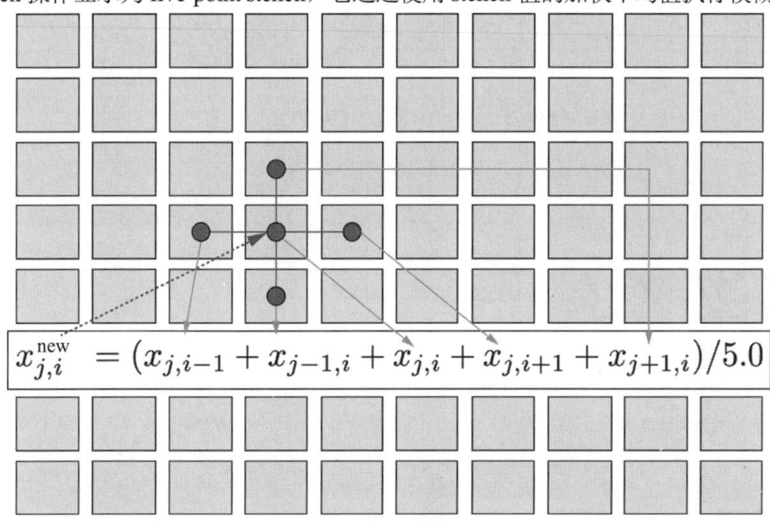

$x_{j,i}^{\text{new}} = (x_{j,i-1} + x_{j-1,i} + x_{j,i} + x_{j,i+1} + x_{j+1,i})/5.0$

图 1-11　作为计算网格上的交叉模式的 five-point stencil 操作符。在操作中读取 stencil 标记的数据，并存储在中心单元格中。这种模式对每个单元格都要重复操作。模糊操作符是较简单的 stencil 操作符之一，是通过大点标记的五个点的加权和，并在 stencil 的中心点更新一个值。这类运算通常用于平滑运算或波传播数值仿真

但是这些偏微分方程是什么呢？让我们回到示例，并想象这一次它是由独立的红、绿、蓝数组组成的彩色图像，从而创建一个 RGB 颜色模型。“偏”这个词在这里意味着不止一个变量，我们将红色随时间和空间的变化，从绿色和蓝色的变化中分离出来。然后对每种颜色分别进行模糊操作。

另外，需要应用随时间和空间的变化率。换句话说，红色会以一种速度传播，而绿色和蓝色会以另一种速度进行传播。这可能是为了在图像上产生特殊效果，也可能是为了描述在显影过程中，真实的色彩是如何渗入及融合的。在科学世界中，可能是质量以及 x 速度和 y 速度，而不是红色、绿色和蓝色。在此基础之上，再加上一点物理学原理，我们就可能对波浪或灰烬羽流进行仿真。

第 3 步：一次处理多个数据单元的向量化

我们将从向量化开始介绍并行化。什么是向量化？有些处理器能够同时处理多个数据，我们就认为它有向量操作的能力。图 1-12 中的阴影块说明了，处理器在一个时钟周期内如何通过一条指令在一个向量单元中同时操作多个数据值。

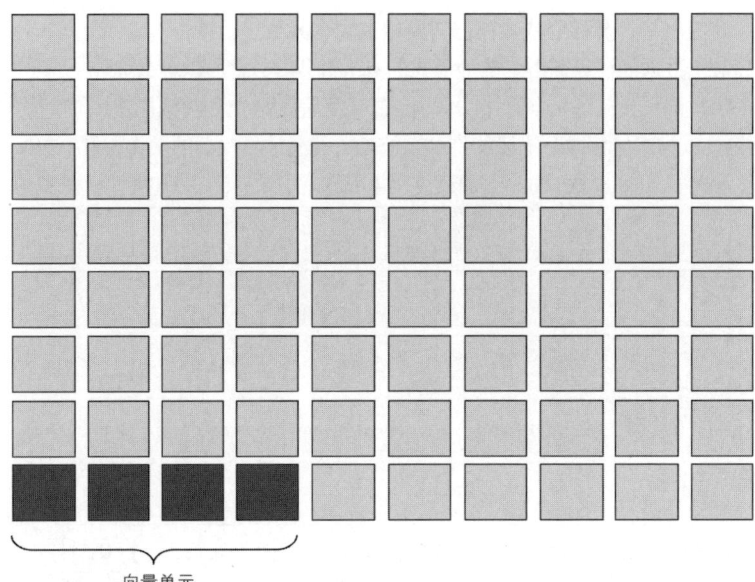

图 1-12 一个特定的向量运算是在 4 个双精度上同时进行的。该操作可在单个时钟周期内完成，而只比单个串行操作增加很少的能耗

第 4 步：线程部署多个计算路径以便使用更多处理核心

由于当今大多数 CPU 至少有 4 个处理核心，因此我们使用线程来一次跨 4 行，同时操作核心。图 1-13 显示了这个操作过程。

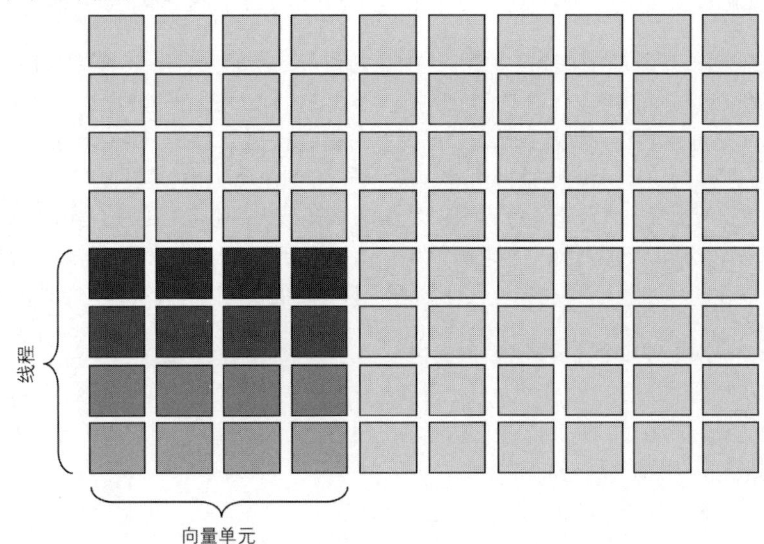

图 1-13 4 个线程同时处理 4 行向量单元

第 5 步：进程将计算分散到单独的内存空间

我们可以进一步在两台台式机上的处理器之间对工作进行划分，这种模式通常称为并行处理中的节点。当工作被划分到多个节点时，每个节点的内存空间是独立的。这通过在行与行之间放置一个间隙来表示，如图 1-14 所示。

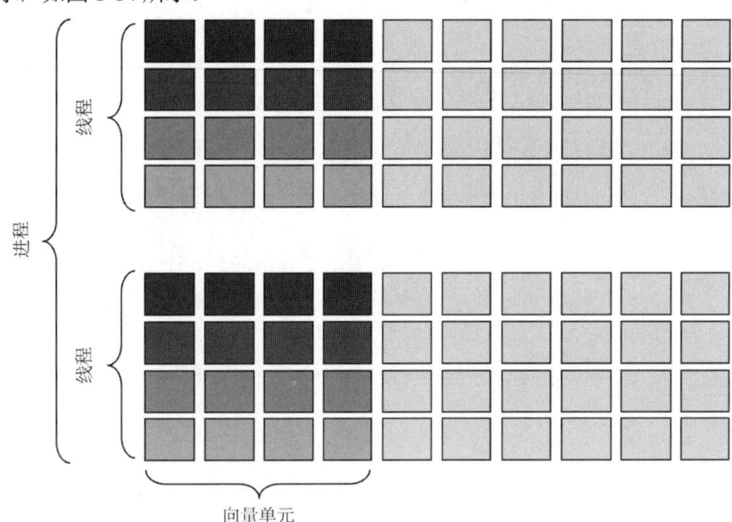

图 1-14　该算法可通过将 4×4 的块分布在不同进程中进一步并行化。每个进程使用 4 个线程，每个线程在一个时钟周期中处理一个分布在 4 个节点上的向量单元。图中间的空白部分表示进程边界

即使对于这种相当常见的硬件配置，也存在 32 倍的潜在加速。

2 台台式机(节点) × 4 个核心 × (256 位宽向量单元)/(64 位双精度)= 32 倍潜在加速

如果我们观察一个拥有 16 个节点(每个节点 36 个核)、512 位向量处理器的高端集群，理论上该集群的潜在加速是串行运行的 4608 倍：

16 节点 × 36 核 × (512 位宽向量单元)/(64 位双精度)= 4608 倍潜在加速

第 6 步：将计算交给 GPU 运行

GPU 是另一种用于并行化的硬件资源。有了 GPU，我们就可利用大量的流式多处理器(streaming multiprocessors)来工作。例如，图 1-15 显示了如何将工作拆分为 8×8 的 tile。使用 NVIDIA Volta GPU 的硬件规格，这些 tile 可由分布在 84 个流式多处理器上的 32 个双精度核心操作，共有 2688 个双精度核心可以同时工作。如果在 16 个节点的集群中每个节点都有一个 GPU，每个节点都有 2688 个双精度流多处理器，就可得到 16 个 GPU 提供的 43 008 路并行化。

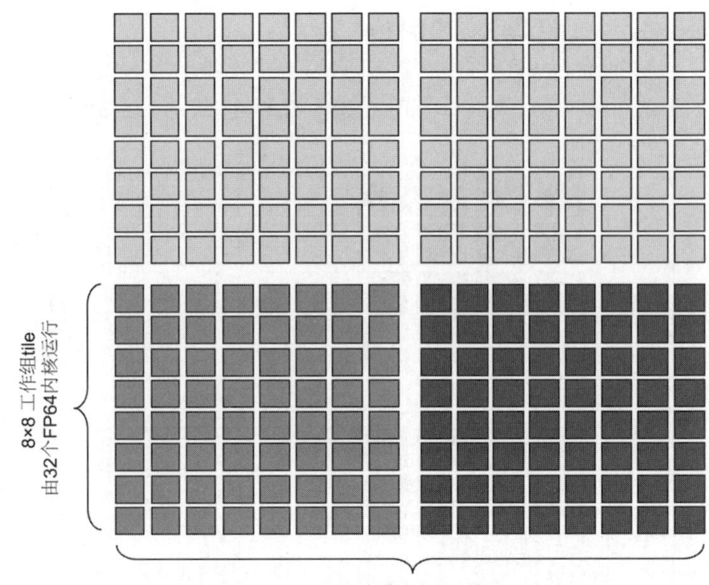

图1-15 在GPU上，向量长度比在CPU上大得多。8×8 tile分布在GPU工作组中

在上面的例子中看到的数字着实令人振奋，但需要注意的是，我们必须承认实际加速的集群情况与理论值相差甚远，所以我们应该降低预期。我们现在面临的挑战是组织协调如此庞大且功能差距巨大的并行化层，并获得尽可能多的加速。

对于这个概要介绍的应用程序示例，我们忽略了很多重要细节，我们将在后续章节中对这些细节做详细介绍。在这个简单示例中，也显示出某些算法并行化的策略。为能为其他问题制定类似的策略，对当代硬件和软件的理解就显得十分必要。所以我们现在需要更深入地研究当代硬件和软件模型。这些概念模型是不同真实世界硬件的简化表示，目的是消除复杂性，同时保持快速发展系统的通用性。

1.3.2 当今异构并行系统的硬件模型

为对并行计算的工作原理有基本的了解，我们将解释当今硬件中的组件。首先，动态随机存取存储器(DRAM)用于存储信息或数据。计算核心(或简称为核心)执行算术运算(加、减、乘、除)、计算逻辑语句，并从DRAM加载和存储数据。对数据进行操作时，通过指令将数据从内存加载到核心中，并进行操作，之后再将数据存储回内存中。当代的CPU通常称为处理器，配备了许多能够并行执行这些操作的核心。配备加速器硬件(如GPU)的系统也越来越常见。图形处理器配备了数千个核心和一个与CPU的DRAM分离的独立内存空间。

在高性能计算环境中，计算节点由处理器(一个或两个)、DRAM和加速器组成，这些组成部分分布在独立的家用桌面型计算机中，或超级计算机的“机架”中。计算节点可以通过一个或多个网络相互连接，有时称为互联。从概念上讲，节点是运行操作系统的单个实例，该实例管理和控制所有硬件资源。随着硬件变得越来越复杂和结构差异越来越大，为了对高性能计算系统的架构有更清晰的了解，我们将使用由这些组件组成的简化模型进行介绍。

分布式内存架构：跨节点并行方法

分布式内存集群是并行计算的第一种，也是扩展性最好的方法之一(如图 1-16 所示)。每个 CPU 都有自己的本地 DRAM 内存，并通过通信网络与其他 CPU 相连。分布式内存集群良好的可扩展性来自其具有几乎可以无限地合并更多节点的能力。

该架构还为每个节点将总可寻址内存划分为更小的子空间，从而提供了一些内存局部性，这使得在节点外访问内存与在节点内访问内存存在明显差异。这迫使程序员需要明确地访问不同的内存区域。这样做的缺点是程序员必须在应用程序开始时，对内存空间进行划分。

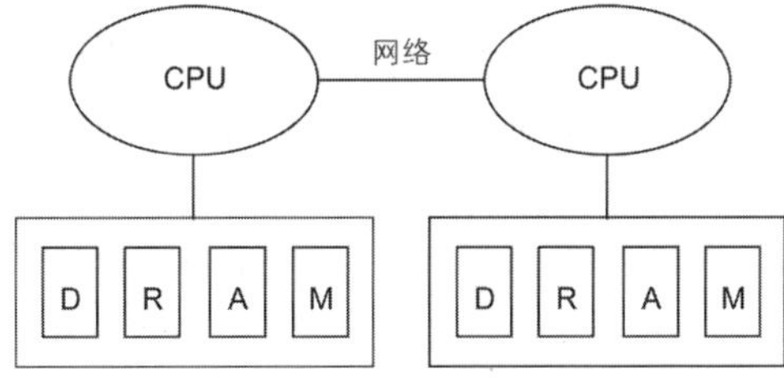

图 1-16 分布式内存架构通过网络，将带有独立内存空间的节点连接起来。这些节点可以是工作站或集群中的机架

共享内存架构：节点内的并行方法

另一种方法是将两个 CPU 直接连接到同一个共享内存(如图 1-17 所示)。这种方法的优点是处理器共享相同的地址空间，从而简化了编程过程。但是这会引入潜在的内存冲突问题，从而导致不正确的结果以及性能问题。在 CPU 之间，或多核 CPU 的处理核心之间同步内存访问以及值是非常复杂的，同时是代价较高的。

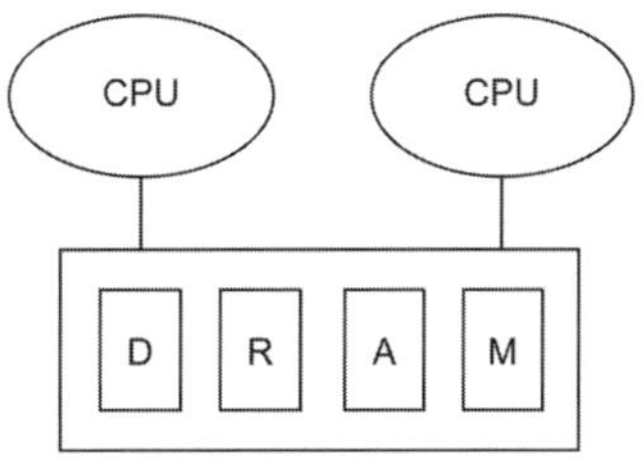

图 1-17 共享内存架构提供了节点内的并行化

使用更多的 CPU 以及处理核心，但不增加应用程序的可用内存量，再加上同步成本较高，这都限制了共享内存架构的可扩展性。

向量单位：通过单一指令执行多项操作

为什么不像过去那样提高处理器的时钟频率从而获得更大吞吐量呢？增加 CPU 时钟频率的最大限制是它需要更多的能耗并产生更多热量。无论是由电网供电的 HPC 超级计算中心，还是由电池供电的智能手机，当今的设备都受到电力的限制。这个问题叫做电力墙(power wall)。

如果增加时钟频率存在诸多困难，那么为什么不在每个周期执行多次操作呢？这就是在许多处理器上重新兴起向量化背后的原因。与单个操作(更正式地称为标量操作)相比，在一个向量单元中执行多个操作只会增加微不足道的能量消耗。使用向量化，我们可以在单个时钟周期内，处理比串行操作更多的数据。多项操作(而不是一项)的电源需求几乎没有变化，并且可以减少运行时间，从而降低应用程序的总能耗。这就好比与单车道公路相比，4 车道高速公路允许 4 辆车同时行驶，向量操作提供了更大的处理吞吐量。实际上，在图 1-18 中以不同阴影显示的通过向量单元的 4 条路径，通常被称为向量操作的通道。

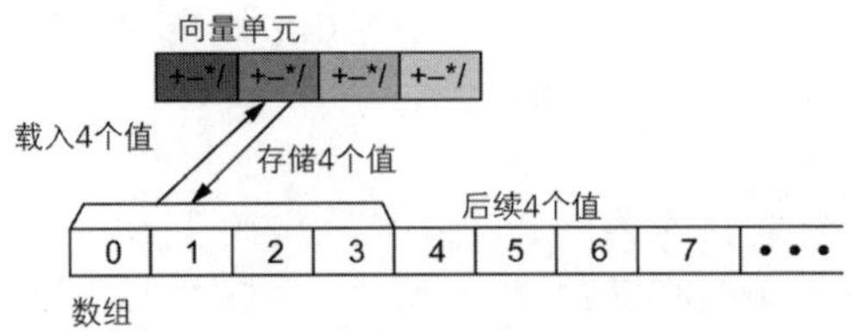

图 1-18　同时操作 4 个数组元素的向量处理示例

大多数 CPU 和 GPU 都有某些向量化或等价操作的能力。在一个时钟周期中处理的数据量，即向量长度，这取决于处理器上的向量单元的大小。目前，最常用的向量长度是 256 位。如果离散化的数据是 64 位双精度数，那么我们可通过向量操作，同时执行 4 个浮点操作。向量硬件单元每次加载一整块数据，然后同时对这些数据进行操作，最后将结果保存回去。

加速器设备：特殊用途的附加处理器

加速器设备是一种独立的硬件，被设计为能够快速执行特定任务。最常见的加速器设备就是 GPU。当用于计算时，这个设备有时被称为通用图形处理单元(GPGPU)。GPU 包含许多小的处理核心，称为流式多处理器(streaming multiprocessors，SM)。尽管比 CPU 核心简单，但是 SM 提供了大量的处理能力。通常，你可能会在 CPU 上找到一个小型的集成 GPU。

大多数现代计算机也有一个独立的 GPU，通过外围组件接口(PCI)总线连接到 CPU(如图 1-19 所示)。虽然使用独立 GPU 增加了数据和指令的通信成本，但独立 GPU 往往可以提供比集成 GPU 更强大的计算能力和更好的性能。为了解决数据和指令在独立 GPU 上的通信问题，在高端系统中，NVIDIA 使用 NVLink，AMD Radeon 使用 Infinity Fabric 来降低数据通信成本，即便使用了高速连接技术，但这个通信成本仍然相当可观。我们将在第 9~12 章更详细地讨论 GPU 相关内容。

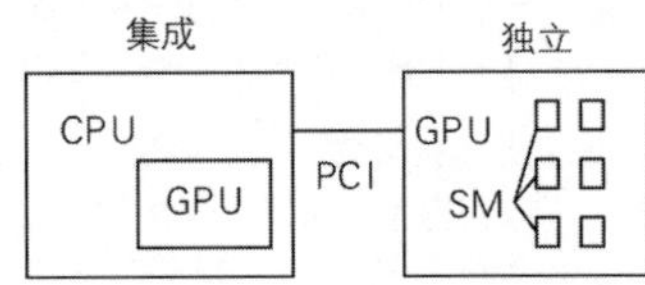

图 1-19　GPU 有两种类型：集成式和独立式。独立或专用 GPU 通常具有大量流式多处理器和它们自己的 DRAM。访问独立 GPU 上的数据需要通过 PCI 总线进行通信

通用异构并行架构模型

现在让我们将所有这些不同的硬件架构组合成一个模型(如图 1-20 所示)。图中有两个节点，每个节点有两个 CPU，共享相同的 DRAM 内存。每个 CPU 都是带有集成 GPU 的双核处理器。PCI 总线上的独立 GPU 连接到其中一个 CPU。尽管 CPU 共享主内存，但它们通常位于不同的非统一内存访问(NUMA)区域中。这意味着访问第二个 CPU 的内存比获取它自己的内存代价更高。

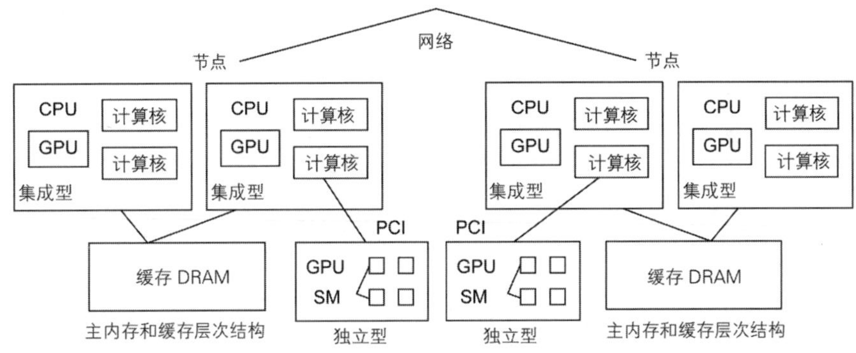

图 1-20　通用的异构并行架构模型，通过网络将两个节点连接起来。每个节点都有两个带有集成 GPU 的多核 CPU，同时配备一个独立 GPU 以及相应的内存(DRAM)，当代计算机的硬件通常使用这种模式进行配置

在上面的硬件讨论中，我们提出了一个简化的内存层次模型，只显示 DRAM 或主存储器。我们在组合模型中展示了一个缓存(如图 1-20 所示)，但是没有详细说明它的组成或它是如何工作的。关于内存管理的复杂性，包括多层缓存的讨论，我们将在第 3 章进行。在本节中，我们简单介绍了当前硬件模型，通过这些来帮助你识别当今可用的组件，以便你可以选择最适合你的应用程序的硬件以及合适的并行策略。

1.3.3　当今异构并行系统的应用程序模型及软件模型

并行计算的软件模型必然是由底层硬件驱动的，却与底层硬件截然不同，操作系统提供了两者之间的接口。并行操作不会自动启动，源代码必须指出如何通过生成进程或线程来启动并行化工作，如何向计算设备发送数据和指令，以及如何对数据块执行操作。程序员必须首先确定程序或软件的并行化可能性，确定并行操作的最佳技术方案，然后以安全、正确和有效的方式明确地指导其操作。下面的方法是常用的并行化技术，稍后将详细介绍这些方法：

- 基于进程的并行化——消息传递
- 基于线程的并行化——通过内存共享数据
- 向量化——使用一条指令执行多个操作
- 流式处理——使用专用处理器

基于进程的并行化：消息传递

消息传递方法是为分布式内存架构开发的，它使用显式报文在进程之间移动数据。在这个模型中，应用程序将生成独立的进程，在消息传递中称为“进程秩”(rank)，进程具有自己的内存空间和指令管道(如图 1-21 所示)。该图还显示进程被交给操作系统并放置在处理器上。应用程序位于图中标记为用户空间的部分，在那里用户拥有操作权限。下面的部分是核心空间，它可以防止用户执行危险的操作。

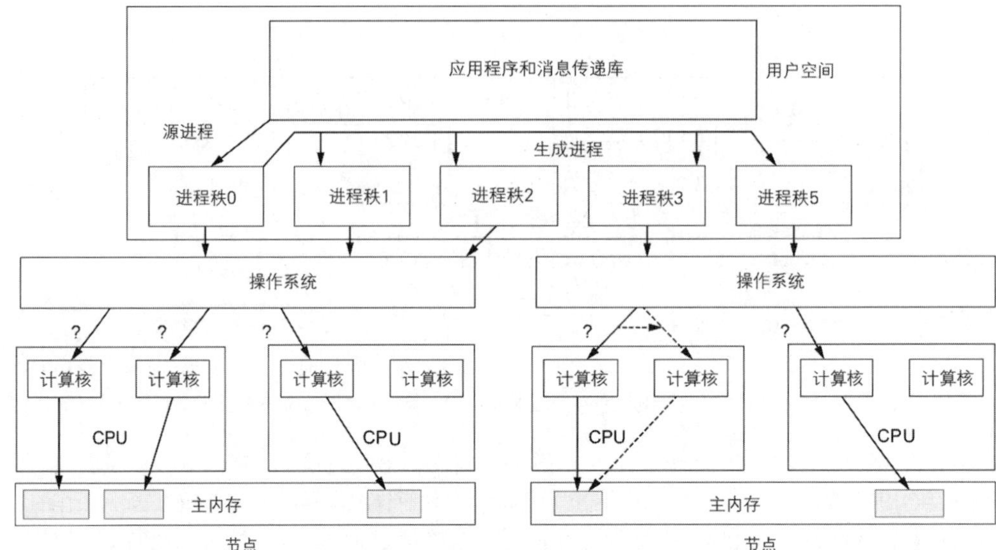

图 1-21 消息传递库产生进程。操作系统将进程放在两个节点的核心上。问号表示操作系统控制进程的位置，并且可以在运行时移动这些进程，如虚线箭头所示。操作系统还从节点的主内存中为每个进程分配内存

需要注意，CPU 处理器有多个处理核心，它们并不等同于进程。进程是一个操作系统的概念，而处理器则是一个硬件组件。无论应用程序产生多少进程，这些进程都是由操作系统调度到处理核心上去运行的。你可以在一台 4 核笔记本电脑上运行 8 个进程，它们将在处理核心之间进行交换运行。为了让进程通过交替的方式在处理核心上运行，我们需要使用一些策略来告诉操作系统如何处理进程的工作，以及是否将进程“绑定”到某一个处理核心上。控制绑定将在第 14 章中进行更详细的讨论。

要在进程之间移动数据，需要将显式消息编写到应用程序中。这些消息可以通过网络或共享内存进行发送。在 1992 年，业界将许多消息传递库合并成消息传递接口(MPI)标准。从那时起，MPI 就占据了主导地位，并且被广泛应用于各种多节点的并行应用程序中。当然，你在工作中还会发现许多不同的 MPI 库实现方式。

分布式计算与并行计算

某些并行应用程序使用一种较低层的并行化方法，称为分布式计算。我们将分布式计算定义为一组松耦合的进程，它们通过操作系统级的调用进行协同工作。虽然分布式计算是并行计算的一个子集，但理解两者之间的区别还是非常重要的。分布式计算应用程序的例子有点对点网络、万维网和因特网邮件。搜寻外星智慧(SETI@home)是众多大家熟知的科学分布式计算应用程序之一。

每个进程通常被放置在一个单独的节点上，并且它们是通过操作系统使用远程过程调用(RPC)或网络协议等方式被创建出来的。然后，进程通过进程间通信(IPC)在进程之间传递消息，在工作中有多种 IPC 可供选择。一般情况下，简单的并行应用程序使用分布式计算方法，并结合使用更高级的编程语言(如 Python)以及专门的并行模块或相关软件库进行具体实现。

基于线程的并行化：通过内存共享数据

基于线程的并行化方法在同一个进程中生成独立的指令指针(如图 1-22 所示)。因此，你可以轻松地在线程之间共享进程内存中的内容。但这也带来了数据正确性问题以及性能问题。在基于线程的并行化开发中，哪些指令集和数据是独立的并支持线程化处理将交由程序开发者来决定。具体的注意事项将在第 7 章中详细讨论，我们将在那一章中讨论 OpenMP，它是卓越的线程系统之一。OpenMP 提供了派生线程和在线程之间分配工作的能力。

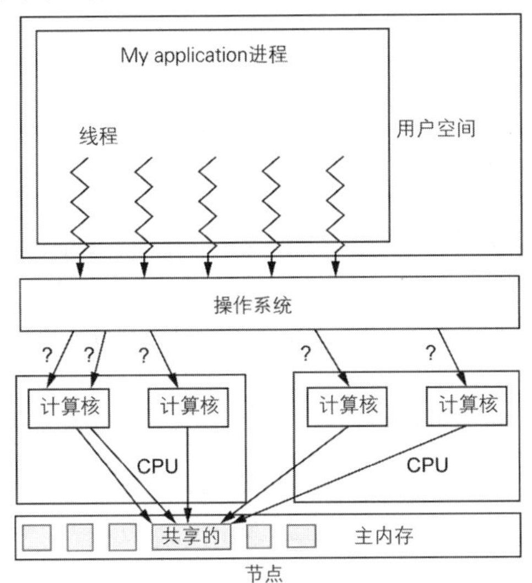

图 1-22　基于线程并行化方法中的应用程序进程会产生线程。线程将被限制在节点范围内。图中问号表示操作系统决定放置线程的位置。内存在线程之间共享

线程方法有很多种，既有大型的线程方法，也有轻量级的线程方法，通过用户空间或操作系统对线程进行管理。虽然线程系统被限制在单个节点内进行扩展，但对于一般的并行应用程序来说，依旧是一个很好的选择。然而，需要注意的是，单个节点的内存限制对应用程序有很大的影响。

向量化：使用单一指令执行多个操作

在高性能计算中心中，对应用程序使用向量化操作，将比增加计算资源得到更大的成本效益，而在移动设备(比如手机)上使用向量化方法是绝对有必要的。当使用向量化方法时，每个工作指令将处理 2~16 个数据项，这种操作分类的更正式的术语是单一指令、多个数据(SIMD)。在谈到向量化时，SIMD 这个术语经常被用到，我们将在稍后的 1.4 节讨论多种并行架构，其中包括 SIMD。

在用户的应用程序中使用向量化，通常是通过源代码编译指示或编译器分析来完成的。编译指示和指令是提供给编译器的提示，用于指导如何对一段代码进行并行化或向量化。编译指示和编译器分析都高度依赖于编译器所能提供的功能(如图 1-23 所示)。这里依赖于编译器，而之前的并行机制依赖于操作系统。此外，如果没有明确的编译器标志，编译器将生成用于处理能力最差的处理器以及较小的向量长度的代码，这将显著降低向量化的有效性。通过某些机制可以绕过编译器，但这些需要更多的编程工作并可能造成代码不可移植。

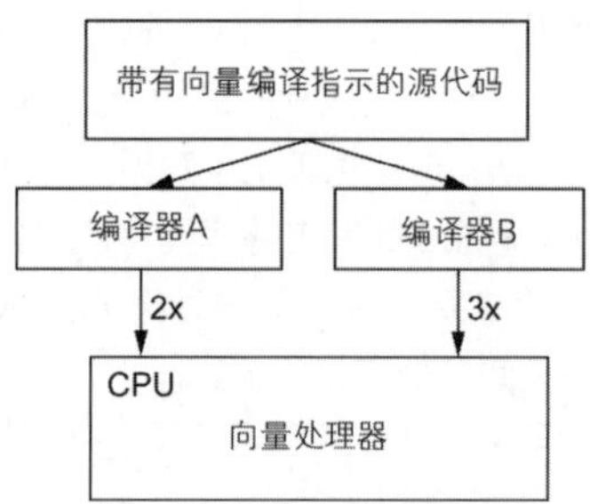

图 1-23 通过源代码中的向量指令，使编译器生成性能不同的代码

通过专用处理器进行流式处理

流处理是一个数据流概念，其中的数据流将由更简单的专用处理器进行处理。该技术长期被用于嵌入式计算，适用于在专用处理器 GPU 中为计算机显示器渲染大量几何对象。这些 GPU 可以处理大量的算术运算并带有多个 SM，从而对几何数据进行并行处理。科学应用程序开发者很快找到了使流处理技术进行仿真计算的方法，并将 GPU 的功能扩展到 GPGPU。

在图 1-24 中，数据和核心(kernel)通过 PCI 总线发送到 GPU 进行计算。与 CPU 相比，GPU 的功能仍然有限，但在可以使用专用功能的情况下，它们以较低的功率要求提供非凡的计算能力。某些专用处理器也可以完成这样的工作，但我们只对 GPU 进行重点讨论。

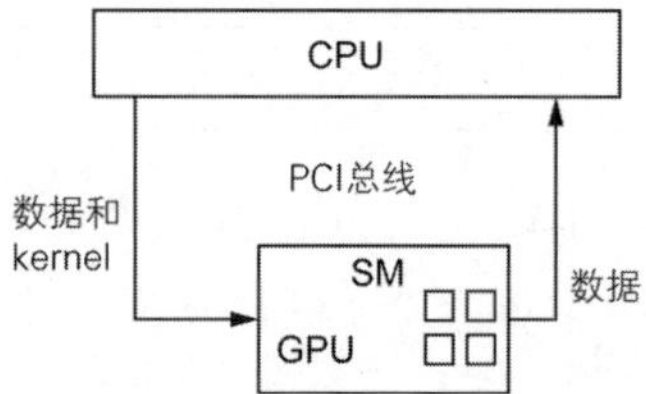

图 1-24 在流处理方法中，数据和计算核心被发送到 GPU 及其流式多处理器中。数据处理后将被传回 CPU 用于文件 I/O 或其他操作

1.4 对并行方法进行分类

随着你对并行计算知识的不断学习，你将遇到 SIMD(单指令、多数据)和 MIMD(多指令、多数据)等缩写词。这些术语指的是 Michael Flynn 在 1966 年提出的被称为 Flynn 分类法的计算机架构中的类别。这些分类有助于通过不同的方式，查看架构中潜在的并行化可能。分类方法是基于如图 1-25 所示的指令与数据之间的关系进行的。请注意，尽管该图所示的分类法很有用，但某些特殊的架构和算法并不完全适用于图中的某个类别。在工作中，你应该根据具体情况来决定到底使用哪种模式(如 SIMD)，它们在条件语句方面存在潜在的问题，这是因为每个数据项可能希望位于不同的代码块中，但线程只能执行相同的指令。

		指令	
		单个	多个
数据	单个	SISD 单指令单数据	MISD 多指令单数据
	多个	SIMD 单指令多数据	MIMD 多指令多数据

图 1-25　Flynn 分类法对不同的并行架构进行了分类。串行架构是单数据单指令(SISD)。图中有两个类别只有部分并行化，例如指令是并行的，而数据是串行的。或者指令是串行的，数据是并行的

当有多个指令序列的情况下，这被称为多指令、单数据(MISD)。这并不是一个常见的架构，这常被用于对相同数据进行冗余计算，这是高可用计算解决方案的常用方法，如航天器控制器。因为宇宙飞船处于高辐射环境中，它们通常会对每个任务进行两个完全独立计算操作，并比较两个计算的输出结果。

向量化是 SIMD 的一个主要应用，在这种应用中，相同的指令跨多个数据执行。SIMD 的一个变体是单指令多线程(SIMT)，通常用于 GPU 工作组中。

最后一类在指令和数据方面都具有并行化可能性，称为 MIMD。这种类别一般用于大多数大型并行系统的多核并行架构。

1.5　并行策略

到目前为止，在第 1.3.1 节的初始示例中，我们研究了单元格(cell)或像素的数据并行化。但是数据并行也可应用于粒子和其他数据对象。数据并行化是最常见的方法，通常也是最简单的方法。本质上，每个进程执行相同的程序，并对唯一的数据子集进行操作，如图 1-26 右上方所示。数据并行方法的优点是，随着问题规模的不断增长，可通过增加处理器的数量进行很好的扩展。

并行的另一种方法是任务并行化。在这一并行策略中，会涉及工作线程、pipeline 或 bucket-brigade 策略的主控制器，如图 1-26 所示。pipeline 方法用于超标量处理器(superscalar processors)，其中地址和整数计算是用单独的逻辑单元处理器而不是浮点处理器完成的，同时允许这些计算通过并行方式完成。bucket-brigade 使用所有处理器在一个操作序列中对数据进行操作和转换。在主处理器方法中，一个处理器(下图中的主处理器)为所有工作处理器调度和分配任务，每个工作处理器在返回先前完成的任务时，检查下一个工作项。还可以组合不同的并行策略来实现更大程度的并行性。

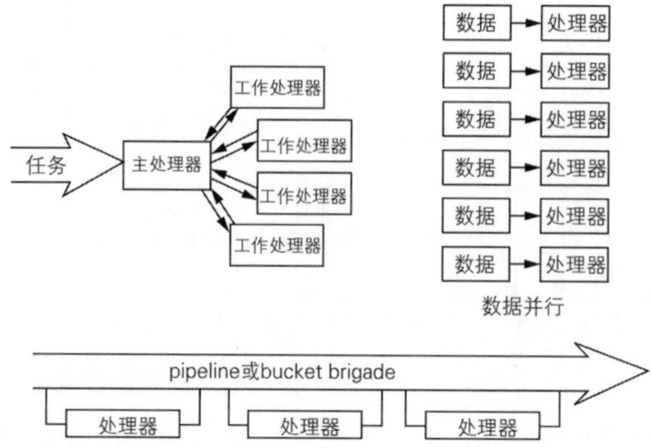

图 1-26 向量任务和数据并行策略，包括主处理器、pipeline、bucket brigade 和数据并行

1.6 并行加速与比较加速：两种不同的衡量标准

本书中出现了多次“比较性能数据”和“加速”。通常“加速”一词用于比较两个不同的运行时间。“加速”是一个通用术语，可用于许多情况，例如对优化效果进行量化。为帮助你理解两大类并行性能之间的区别，我们将定义两个不同的术语。

- 并行加速——我们应该称之为串行到并行的加速。这种加速是相对于标准平台(通常是单个 CPU 的硬件环境)上的基准串行运行而言的。并行加速可以在 GPU 环境或者计算系统中所有的节点上运行 OpenMP 或 MPI，然后与串行运行进行比较而得出加速结果。
- 比较加速——我们应该称之为架构之间的比较加速。这通常是两个并行实现之间的性能比较，或者通过不同硬件配置来运行相同的并行程序，然后比较它们的性能差异。例如，以运行 MPI 为例，我们可将在某个计算节点上使用所有 CPU 核心来运行该程序的性能，与在 GPU 上运行该程序的性能进行比较。

这两种比较类型的目的是不同的，第一种比较是为了获取同一个应用程序串行和并行运行时在性能上的差异。而另一种比较是不同并行架构之间的比较，这也是我们常用的比较方式，为了使架构比较变得更有意义，在选择比较时，所使用的场景也应该经过认真考虑。比如，使用单个处理器对程序进行串行运行与在 GPU 上通过并行来运行同样的程序，这种比较是没有意义的。尝试在多核 CPU 的节点上，使用所有核心进行计算与在一个或多个 GPU 上进行同样计算的比较才能反映出架构之间的性能差异。

近年来，一些公司已经对这 CPU 和 GPU 这两种架构进行了标准化，从而可以方便地对不同架构在性能与能耗上进行客观的比较。但除此之外，在工作中我们还可能遇到其他类型的并行架构，以及各种架构的组合。比如在你的并行架构中，可以将一个主频较低的 CPU 搭配一块高性能 GPU，或者一个 4 核的 CPU 处理器搭配一个 16 核的 CPU 处理器来完成并行计算。为了能够让性能比较更加客观与科学，建议你在做性能比较时，添加一下补充说明，从而了解更多细节：

- 将 Best 2016 添加到比较中。例如，并行加速(Best 2016)和比较加速(Best 2016)，这表明比较是在特定年份(本例中为 2016 年)发布的最佳硬件之间进行的，也可以对不同类型的计算设备进行比较，比如某一年的高端 CPU 与同一年的高端 GPU 进行比较。

- 如果这两个架构是在 2016 年发布的，但不是最高端的硬件，则添加 Common 2016 或 2016。这表示在比较时，使用的是那一年被开发人员或者普通用户广泛使用的主流硬件。
- 添加 Mac 2016，这表示使用的是 2016 年发布的 Mac 笔记本或者台式电脑作为硬件进行性能比较。
- 添加 GPU 2016:CPU 2013 表明使用 2016 年的 GPU 与 2013 年的 CPU 进行性能比较。
- 建议你在比较时，添加更多的指示说明，从而让大家对比较细节有更多的了解，也让比较结果变得更有意义。

由于 CPU 和 GPU 模型的爆炸式增长，性能比较必然更多地类似于苹果和橙子之间的比较，而不是一个明确定义的指标。但为了得到更理想的硬件配置，我们至少应该指出比较的性质，以便其他人更好地了解比较结果的数字的含义，并使比较结果更加公平客观。

1.7　你将在本书中学到哪些内容

本书是为应用程序代码开发人员编写的，并没有假定你以前了解并行计算的相关知识。通过本书你能够提高应用程序的性能和可扩展性。本书所介绍的并行技术的应用领域包括在台式计算机乃至最大的超级计算机上运行科学计算、机器学习和大数据分析系统。

要从本书中充分受益，你应该是熟练的程序员，最好使用编译型 HPC 语言，如 C、C++或 Fortran。我们还假设你掌握了硬件架构的基本知识。此外，你还应该熟悉计算机技术术语，如位、字节、操作、缓存、RAM 等。对操作系统的功能，以及它如何管理硬件组件的接口有基本的了解也很有帮助。阅读本书后，你将获得如下技能：

- 确定什么情况下应该使用消息传递(MPI)，什么情况下使用线程(OpenMP)
- 估计向量化所带来的加速
- 识别应用程序的哪些部分最有可能实现加速
- 决定什么时候利用 GPU 来加速应用程序是最合适的
- 确定应用程序的最大潜在性能
- 估算应用程序的能源成本

阅读完第 1 章之后，你应该对并行编程的不同方法有所了解。我们建议你完成每一章后面的练习，这将帮助你整合我们提出的许多概念。如果你开始对当前并行架构的复杂性感到有点不知所措，也不必担心，因为我们在初学并行技术时，大都如此。我们将在接下来的章节中逐个分解并行计算所需的技术，这样读者更容易理解。

1.7.1　扩展阅读

关于并行计算的基本介绍可以在劳伦斯利弗莫尔国家实验室网站上找到：

Blaise Barney，*Introduction to Parallel Computing*，https://computing.llnl.gov/tutorials/parallel_comp/。

1.7.2 练习

1. 在日常生活中还有其他并行操作的例子吗？如何对这些例子进行分类？并行设计是为了优化什么？你能计算出这些例子的并行加速吗？

2. 对于台式机、笔记本电脑或智能手机来说，与串行处理能力相比，你的系统的理论并行处理能力是多少？其中存在哪些并行硬件？

3. 你在图 1-1 的商店结账示例中看到了哪些并行策略？是否存在某些未显现的并行策略？练习 1 中的示例中又是如何？

4. 你有一个图像处理应用程序，每天需要处理 1000 幅图像，每幅图像大小为 4MB。连续处理每幅图像需要 10 分钟。集群由多核节点组成，这些节点有 16 个核，每个节点共有 16GB 的主内存。

a. 怎样的并行处理设计能最好地处理这种工作负载？

b. 现在客户需求增加了 10 倍。设计能处理这个问题吗？你会做出怎样的改变？

5. Intel Xeon E5-4660 处理器的热设计功率为 130 W，这是使用所有 16 个核心时的平均功耗率。NVIDIA 的 Tesla V100 GPU 和 AMD 的 MI25 Radeon GPU 的热设计功率为 300W。假设你打算将软件移植到其中一种 GPU 上运行。应用程序在 GPU 上运行的速度应该比 16 核 CPU 应用程序快多少才能被认为是更节能的？

1.8 本章小结

- 在当代，如果想提高系统的计算能力，必须使用并行技术，所以程序员应该精通用于开发并行程序的相关技术。
- 应用程序必须通过并行方式运行。并行程序员最重要的工作是挖掘更多并行性。
- 当今对硬件的改进几乎都是增强其并行组件。依靠提高串行性能，不会带来进一步的加速。提高应用程序性能的关键都在并行领域。
- 各种并行软件语言不断出现，从而帮助发挥硬件的性能。程序员应该知道在不同情况下如何选择合适的编程语言。

第 2 章 规划并行化

本章涵盖以下内容：

- 并行项目的规划步骤
- 版本控制和团队开发工作流程
- 了解性能容量和限制
- 制定并行化程序的计划

首先，你在开发并行应用程序或将现有应用程序通过并行方式运行可能会感到困惑。通常，刚接触并行开发的程序员不知道应该从何处着手，也不知道他们可能会遇到什么陷阱。本章重点介绍如图 2-1 所示的用于开发并行应用程序的工作流模型。该模型提供了从何处开始，以及如何管理并行应用程序开发进度的相关知识。通常，最好通过较小的增量来实现并行性，通过这种方式，如果在开发中遇到问题，可以轻松地对最后几次提交进行回退操作。这种模式适用于对项目的敏捷管理。

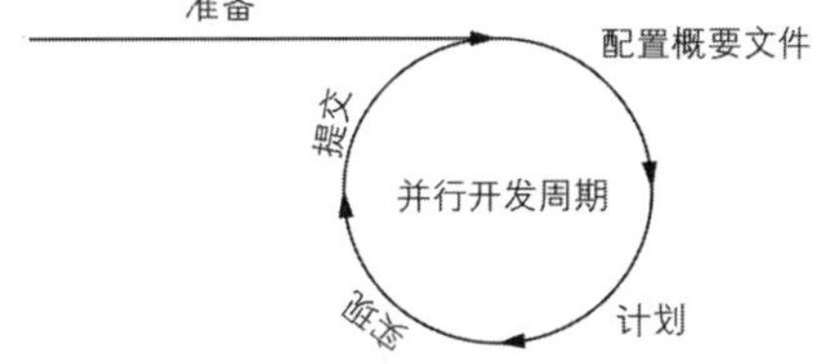

图 2-1　并行开发工作流从准备应用程序开始，然后通过重复四个步骤，使应用程序逐步实现并行化。这个工作流特别适合敏捷项目开发

我们假设你正打算开始一个新的项目。在该项目中，要对图 1-10 所示的空间网格应用程序(喀拉喀托火山的例子)进行加速和并行化。这个例子可以用于通过图像检测算法对火山灰羽流的移动进行模拟，也可以用于由火山活动产生的海啸波的模型。如果想成功实施一个并行项目，应该采取哪些方法与步骤呢？

在项目中直奔主题也许很让人兴奋。但是如果不经过深思熟虑和充分准备，这将大大降低成功的概率。首先，你需要为并行工作制定一个项目计划，因此，本章首先对并行工作流程中的步骤进行总体介绍。然后将深入研究每个步骤，并重点关注并行项目的典型特征。

快速开发：并行工作流

首先需要让开发团队以及应用程序为快速开发做好准备。因为你已经有一个串行应用程序可以处理图 1-10 中的空间网格，所以为了实现并行，可能有很多小范围的更改，并需要频繁测试，以确保依旧可以得到正确结果。在代码准备阶段，需要设置版本控制、开发测试套件以及确保代码质量和较好的可移植性。而团队准备将以开发程序的流程为中心。与往常一样，将通过项目管理来解决任务管理和范围控制问题。

需要为开发周期设置好各个阶段，你需要确定可用计算资源的功能、应用程序的需求以及性能需求。系统 benchmark 有助于确定计算资源限制，而分析则有助于理解应用程序的需求及其成本较高的计算核心。计算核心指的是应用程序中计算密集且概念独立的部分。

在核心概要文件中，你将规划并行例程(routine)以及对程序进行的具体更改。在例程完成并行化，并确保代码可移植性和正确性之后，才进入具体实现阶段。满足这些要求后，将更改提交到版本控制系统。提交增量更改后，可以重复以上步骤，对并行程序进行进一步的细化与调优。

2.1　处理新项目：准备工作

图 2-2 展示了准备步骤中推荐使用的组件。这些组件已经被事实证明，对并行化项目十分重要。

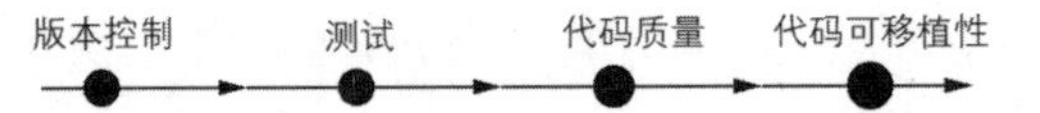

图 2-2　通过并行程序开发的准备组件，成功解决了并行代码开发中涉及的重要问题

在这个阶段，你将需要设置版本控制，为应用程序开发测试套件，并清理现有代码。版本控制允许你以时间为序，对应用程序所做的更改进行跟踪。使用版本控制，将允许你在日后快速撤销错误的代码，并跟踪代码中存在的 bug。测试套件允许你通过它对代码所做的每个更改进行验证，从而确保应用程序的正确性。将测试套件与版本控制相结合，是快速开发应用程序的强大组合。

有了版本控制和代码测试，现在就可以着手处理代码清理任务了。优秀的代码是易于修改和扩展的，并且不存在不可预测的行为。通过模块化和内存问题检查，可以生成良好、整洁的代码。模块化意味着你将核心实现为具有输入和输出功能的独立子例程或函数。内存问题可能包括内存泄漏、内存越界访问以及对未初始化内存的使用。使用可预测和高质量的代码进行并行程序开发工作，可以促进快速开发，以及获得可预测的开发周期。在并行开发初期，要关注将串行程序转化为并行程序之后结果的正确性。

最后，你需要确保代码是可移植的。这意味着代码需要在多种编译器上运行。良好的代码可移植性将允许应用程序适用于更多不同的平台，而不是你目前使用的特定平台。此外，经验表明，开发适用于多个编译器的代码将有助于在向版本控制系统提交代码之前，将代码中的错误暴露出来，并及时进行修正。随着高性能计算的迅速发展，可移植性使你能够更快地跟上潮流，并将应用程序用于更广泛的场景中。

在工作中，你会发现用在项目准备上的精力与时间，与将程序实现并行化所用的时间与精力不相上下，对于复杂代码而言尤其如此。因此将准备工作包含在项目整体范围中，并在项目时间估算中考虑准备工作所需的时间，这样可以让你对项目的进展更有把握。在本章中，我们假设你从一个串行或原型应用程序开始并行化工作，并使用上面提到的工作流策略进行具体开发。接下来将讨论项目准备的四个组成部分。

2.1.1　版本控制：为并行代码创建一个安全的存储库

在处理并行化项目时，许多更改操作将会不可避免地造成代码损坏，或者返回与期望值不同的结果。这种情况下，可以将代码恢复到之前的可用版本，对于开发过程来说这种能力是至关重要的。

注意：在开始任何并行工作之前，请检查应用程序的版本控制类型。

对于在书中提到的图像检测项目，你会发现已经使用了一个版本控制系统。但是火山灰羽模型却没有使用任何版本控制技术。

随着你对本书中介绍的内容不断深入了解，你会发现在各个开发人员的工作目录中实际上有 4 个版本的火山灰羽代码。当使用版本控制系统时，你可能需要查看你团队的日常操作流程。也许你的团队认为切换到 pull request 模型是个好主意；在这种模式下，代码变更在正式提交之前，会先发送给团队的其他成员进行审核。或者你也可以使用 push 模型，在这种模型下，代码的更改将直接推送到存储库，这种模型更适合那些快速的小范围内代码更改的提交。在 pull 模型中，代码变更将直接提交到存储库而无须事前审查。在没有版本控制的火山灰羽应用程序示例中，首要任务就是处理开发人员之间原本不受控制的代码分歧问题。

版本控制有很多选项。如果你没有特殊偏好，我们推荐你使用 Git，这是最常见的分布式版本控制系统。分布式版本控制系统允许存在多个存储数据库，而不是集中式版本控制中使用的单个集中式存储库。分布式版本控制有利于开源项目，有利于开发人员在笔记本电脑、远程位置或其他未连接到网络存储库的情况下工作。在当今的开发环境中，这是一个巨大的优势。但它也带来了额外的复杂性以及相关成本。目前，集中式版本控制仍然很流行，并且更适合企业环境，因为使用统一的存储库来存储所有关于代码的信息，这可以为专有软件提供更好的安全性和保护。

有很多关于如何使用 Git 的优秀书籍、博客和其他资源。本章末尾为你提供一些常见的资源。我们还在第 17 章列出其他常见的版本控制系统。这些包括免费的分布式版本控制系统(如 Mercurial 和 Git)、商业系统(如 PerForce 和 ClearCase)以及集中式版本控制系统(如 CVS 和 SVN)。无论你使用哪种系统，你和团队都应该经常提交。以下场景在并行任务中尤为常见：

- 我将在添加下一个小的变更后提交……
- 再做一个小的更改……然后代码突然崩溃了。
- 现在提交已经太迟了！

这样的事情在作者身上发生太多次了，所以现在为了避免这样的情况再次发生，作者都会经常对代码进行提交。

提示：如果你不希望主存储库中有大量小型的提交，你可以使用一些版本控制系统(例如 Git)合并提交，或者可为自己维护一个临时的版本控制系统。

“提交消息”中包含当前正在处理的任务，以及对哪些代码进行了更改，也可能包含做出这种更改的原因。这些消息对程序开发者自己，或者团队中的成员都是非常有意义的。每个团队对这些消息的详细程度都有自己的偏好，我们建议在提交消息中提供尽可能多的细节，在提交消息中提供丰富的细节，将有助于日后对代码进行故障排查并加快开发进度。

通常，提交消息包含摘要和主体。摘要提供了一个简短的说明，清楚地指出提交涵盖了哪些更新。此外，如果使用问题跟踪系统，“总结行”将引用该系统中的问题编号。最后，正文包含了本次提交的大部分与“原因”和“方式”相关的内容。

提交消息示例

- 错误的提交消息示范：

修复了一个 bug

- 良好的提交消息示范：

修复了 OpenMP 版本中模糊操作符的竞态条件

- 优秀的提交消息示范：

```
[Issue #21]修复了 OpenMP 版本中模糊操作符的竞态条件
*竞态条件在 GCC、Intel 和 PGI 编译器中导致不正确的结果。为解决这个问题，引入了 OMP BARRIER 来强制线程在
“计算加权模板和”之前进行同步。
*确认代码构建和运行 GCC、Intel 与 PGI 编译器，并产生一致的结果。
```

第一条消息并不能真正帮助任何人理解修正了什么 bug。第二条信息有助于确定模糊操作中涉及竞态条件问题的解决方案。最后一条消息引用外部问题跟踪系统中的问题号(#21)，并在第一行提供提交摘要。提交主体(即摘要下面的两点内容)提供了关于具体的内容和原因的更多细节，并向其他开发人员表明，你在提交版本之前对所提交内容进行了哪些测试。

在并行开发过程开始之前，确定了版本控制系统，我们就可以进入下一个步骤了。

2.1.2 测试套件：创建健壮、可靠的应用程序的第一步

测试套件是许多测试用例的集合，用于测试应用程序的各个部分，从而确保相关代码可以正常工作。在一般开发过程中，测试套件是必须使用的。对于每个更改，你都应该进行测试，从而查看是否可以获得预期的结果。这听起来很简单，但是有些代码在使用不同的编译器和处理器数量的情况下，获得的结果会出现微小差异。

示例：通过喀拉喀托(Krakatau)场景测试来验证结果

在你的项目中，有一个海浪仿真应用程序，使用该程序可以生成“验证结果”。验证结果是与实验数据或真实数据相比较的仿真结果。经过验证的仿真代码才是有价值的。你一定不希望在对代码进行并行化时丢失应用程序原本的价值。

在我们的场景中，团队在开发和生产中使用两种不同的编译器。第一种是 GNU Compiler Collection(GCC)中的 C 编译器，是无处不在的免费编译器，在所有 Linux 发行版和许多其他操作系统中都可以使用。C 编译器也称为 GCC 编译器。第二种是 Intel 的商业软件 C 编译器。

图 2-3 显示了预测波高和总质量的验证试验问题的假设结果。根据模拟中使用的编译器和处理器的数量，输出结果会略有不同。

图 2-3　确定使用不同的编译器和处理器数量进行计算时，哪些差异是可接受的

在这个示例中，程序报告的两个指标(波高和总质量)存在差异。如果没有额外的信息，就很难确定解决方案中哪些是正确的，哪些变化是可以接受的。通常，程序输出的差异可能是由于以下原因造成的：

- 使用不同的编译器，或编译器版本发生改变
- 硬件变化
- 编译器优化、编译器或编译器版本之间的细微差异
- 操作顺序的变化，特别是由于代码并行所导致的操作顺序变化

下面将讨论为什么会出现这种差异，以及如何确定哪些差异是合理的；还将讨论如何设计测试，以便在将代码提交到存储库之前，捕获代码中的 bug。

理解由于使用并行而导致的结果变化

并行化过程本质上改变了运算顺序，从而可能改变了数值结果。而并行执行中的误差也会造成结果与之前存在差异。这对于理解并行代码开发是至关重要的，因为我们需要与单个处理器通过串行方式运行的结果进行比较，以确保并行代码的正确性。在第 5.7 节讨论全局求和技术时，将讨论一种减少数值误差的方法，以便减少由于并行所带来的误差，并保持应用程序结果的正确性。

对于我们的测试套件，将需要使用一个工具来比较数值字段。在过去，测试套件开发人员必须为此创建一个工具，但近年来市场上出现了一些数值差异实用工具。比如下面两个工具：

- Numdiff　https://www.nongnu.org/numdiff/
- ndiff　https://www.math.utah.edu/~beebe/software/ndiff/

或者，如果你的代码在 HDF5 或 NetCDF 文件中输出结果，可以通过这些格式附带的实用程序，对存储在不同容差文件中的值进行比较。

- HDF5 是最初被称为分级数据格式(Hierarchical Data Format)软件的第 5 版，现在被称为 HDF。它可以从 HDF Group (https://www.hdfgroup.org/)免费获得，是一种用于输出大型数据文件的通用格式。
- NetCDF(Network Common Data Form)是气候和地球科学领域使用的一种格式。NetCDF 的当前版本建立在 HDF5 之上。你可在 Unidata 项目中心的网站(https://www.unidata.ucar.edu/software/netcdf/)上找到这些软件库和数据格式相关的说明。

这两种文件格式都使用二进制数据来提高速度和效率。二进制数据是数据的机器表示。这种格式看起来就像乱码，但 HDF5 有一些有用的工具，可以帮助我们查看里面的具体信息。通过 h5ls 实用程序，可以列出文件中的对象，如所有数据数组的名称。h5dump 实用程序可以对每个对象或数组中的数据进行转储操作。对于我们今天的需求来说，最重要的是通过 h5diff 实用程序来比较两个 HDF 文件，并报告超过数值公差的那些数据。HDF5 和 NetCDF 以及其他并行输入/输出主题将

在第 16 章中更详细地讨论。

使用 CMake 和 CTest 自动测试代码

近年来出现了许多新的测试系统，比如 CTest、Google 测试、pFUnit 测试等。你可以在第 17 章中找到有关工具的更多说明。现在，让我们了解一下使用 CTest 和 ndiff 创建的系统。

CTest 是 CMake 系统的一个组件。CMake 是一个配置系统，它使生成的 makefile 适应不同的系统及编译器。将 CTest 测试系统并入 CMake，是将两者紧密结合成一个统一的系统。这为开发人员提供了很多便利。使用 CTest 实现测试的过程相对容易。可以通过将任意命令组成一个序列来编写单个测试程序。要将这些合并到 CMake 系统中，需要将以下内容添加到 CMakeLists.txt 文件中：

- enable_testing()
- add_test(<testname><executable name><arguments to executable>)

然后可以使用 maketest、ctest 调用测试，也可使用 ctest-R mpi 选择单个测试，其中 mpi 是运行任何匹配测试名称的正则表达式。让我们来看一个使用 CTest 系统创建测试的示例。

示例：CTest 先决条件

你需要安装 MPI、CMake 和 ndiff 才能运行这个示例。对于 MPI(消息传递接口)，我们将在 Mac 上使用 OpenMPI 4.0.0 和 CMake 3.13.3(包括 CTest)，在 Ubuntu 上使用旧版本。我们将使用安装在 Mac 上的 GCC 编译器版本 8，而不是默认的编译器。然后使用包管理器安装 OpenMPI、CMake 和 GCC(GNU 编译器集合)。我们将在 Mac 和 Apt 上使用 Homebrew，在 Ubuntu Linux 上使用 Synaptic。如果开发头文件是从运行时分离出来的，请确保从 libopenmpi-dev 获得正确文件。通过从 https://www.math.utah.edu/~beebe/software/ndiff/下载工具，并运行./configure、make 和 make install 手动安装 ndiff。

制作如代码清单 2-1 所示的两个源文件，为这个简单的测试系统创建应用程序。我们将使用计时器来产生串行和并行程序输出的微小差异。你可以在 https://github.com/EssentialsofParallelComputing/Chapter2 上找到本章的源代码。

代码清单 2-1 用于演示测试系统的简单计时器

```c
C Program, TimeIt.c
#include <unistd.h>
#include <stdio.h>
#include <time.h>
int main(int argc, char *argv[]){
   struct timespec tstart, tstop, tresult;
   clock_gettime(CLOCK_MONOTONIC, &tstart);
   sleep(10);
   clock_gettime(CLOCK_MONOTONIC, &tstop);
   tresult.tv_sec =
        tstop.tv_sec - tstart.tv_sec;
   tresult.tv_usec =
        tstop.tv_nsec - tstart.tv_nsec;
   printf("Elapsed time is %f secs\n",
        (double)tresult.tv_sec +
        (double)tresult.tv_nsec*1.0e-9);
}
```

启动计时器，调用睡眠，然后停止计时器

计时器有两个值用于解析和防止溢出

打印计算时间

```
MPI Program, MPITimeIt.c
#include <unistd.h>
#include <stdio.h>
#include <mpi.h>
int main(int argc, char *argv[]){
    int mype;
    MPI_Init(&argc, &argv);
    MPI_Comm_rank(MPI_COMM_WORLD, &mype);
    double t1, t2;
    t1 = MPI_Wtime();
    sleep(10);
    t2 = MPI_Wtime();
    if (mype == 0)
       printf( "Elapsed time is %f secs\n",
                 t2 - t1);
    MPI_Finalize();
}
```

初始化 MPI 并获取处理器 rank

启动计时器，调用 sleep，然后停止计时器

从第一个处理器打印计时输出

关闭 MPI

现在需要使用一个测试脚本来运行应用程序，并生成一些不同的输出文件。在这些运行之后，应该对输出结果的数值进行比较。下面是一个名为 mympiapp.ctest 文件中的流程示例。你需要使用 chmod +x 修改它的文件属性，使其可被执行。

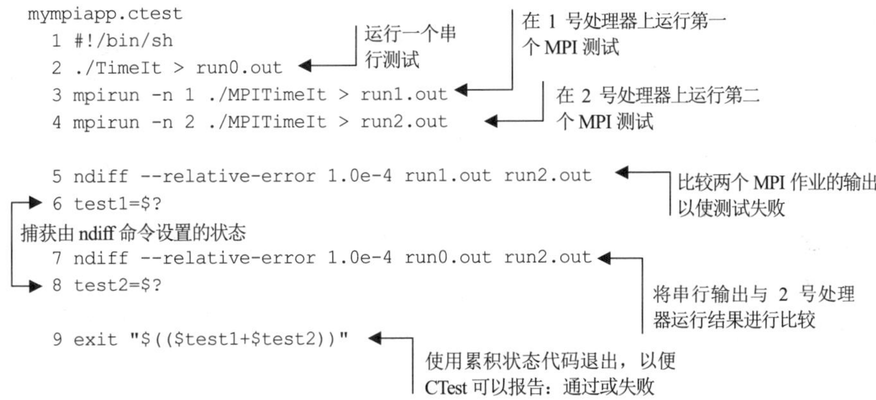
mympiapp.ctest
1 #!/bin/sh
2 ./TimeIt > run0.out
3 mpirun -n 1 ./MPITimeIt > run1.out
4 mpirun -n 2 ./MPITimeIt > run2.out
5 ndiff --relative-error 1.0e-4 run1.out run2.out
6 test1=$?
7 ndiff --relative-error 1.0e-4 run0.out run2.out
8 test2=$?
9 exit "$(($test1+$test2))"
运行一个串行测试
在 1 号处理器上运行第一个 MPI 测试
在 2 号处理器上运行第二个 MPI 测试
比较两个 MPI 作业的输出以使测试失败
捕获由 ndiff 命令设置的状态
将串行输出与 2 号处理器运行结果进行比较
使用累积状态代码退出，以便 CTest 可以报告：通过或失败

这个测试首先在第 5 行比较 1 号和 2 号处理器的并行作业的输出结果，容差为 0.1%。然后将串行运行与第 7 行的 2 号处理器并行作业进行比较。如果想让测试出现“失败”的结果，可以尝试将公差减少为 1.0e–5。CTest 使用第 9 行的退出代码报告测试结果为：通过或失败。将批量 CTest 文件添加到测试套件的最简单方法是使用循环查找所有以.ctest 结尾的文件，并将它们添加到 CTest 列表中。以下是 CMakeLists.txt 文件的示例，其中包含创建这两个应用程序的附加说明：

```
CMakeLists.txt
cmake_minimum_required (VERSION 3.0)
project (TimeIt)

enable_testing()

find_package(MPI)

```

在 CMake 中启用 CTest 功能

CMake 内置例程来查找大多数 MPI 包

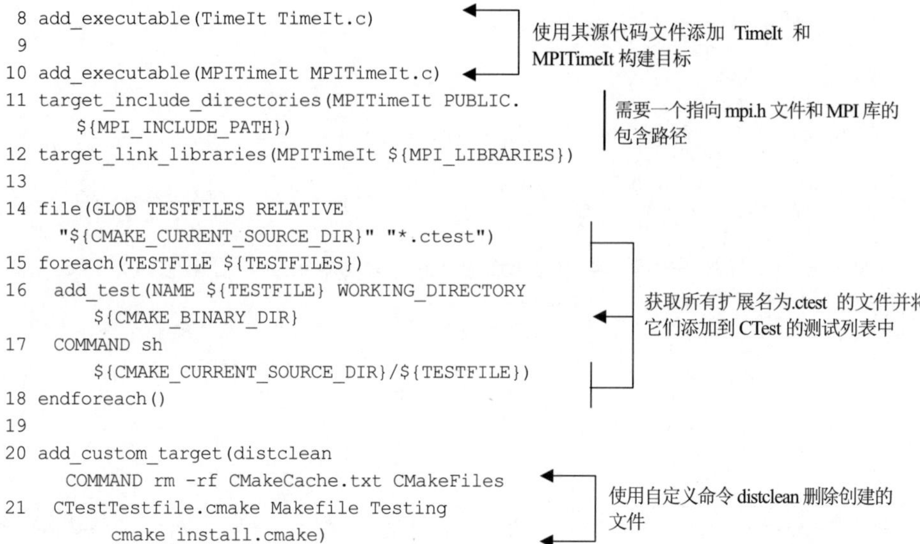

```
8 add_executable(TimeIt TimeIt.c)
9
10 add_executable(MPITimeIt MPITimeIt.c)
11 target_include_directories(MPITimeIt PUBLIC.
      ${MPI_INCLUDE_PATH})
12 target_link_libraries(MPITimeIt ${MPI_LIBRARIES})
13
14 file(GLOB TESTFILES RELATIVE
     "${CMAKE_CURRENT_SOURCE_DIR}" "*.ctest")
15 foreach(TESTFILE ${TESTFILES})
16   add_test(NAME ${TESTFILE} WORKING_DIRECTORY
        ${CMAKE_BINARY_DIR}
17   COMMAND sh
        ${CMAKE_CURRENT_SOURCE_DIR}/${TESTFILE})
18 endforeach()
19
20 add_custom_target(distclean
      COMMAND rm -rf CMakeCache.txt CMakeFiles
21   CTestTestfile.cmake Makefile Testing
          cmake_install.cmake)
```

使用其源代码文件添加 TimeIt 和 MPITimeIt 构建目标
需要一个指向 mpi.h 文件和 MPI 库的包含路径
获取所有扩展名为.ctest 的文件并将它们添加到 CTest 的测试列表中
使用自定义命令 distclean 删除创建的文件

第 6 行上的 find_package(MPI) 命令定义了 MPI_FOUND、MPI_INCLUDE_PATH 和 MPI_LIBRARIES。这些变量包括新 CMake 版本的 MPI_<lang>_INCLUDE_PATH 和 MPI_<lang>_LIBRARIES，需要注意的是 C、C++和 Fortran 中的路径会各不相同。现在要做的就是通过以下代码运行测试：

```
mkdir build && cd build
cmake ..
make
make test
```

或者

```
Ctest
```

还可以使用以下命令获取失败测试的输出：

```
ctest --output-on-failure
```

你应该得到如下结果：

```
Running tests...
Test project /Users/brobey/Programs/RunDiff
     Start 1: mpitest.ctest
1/1 Test #1: mpitest.ctest .................... Passed 30.24 sec

100% tests passed, 0 tests failed out of 1

Total Test time (real) = 30.24 sec
```

这个测试基于休眠功能和计时器，因此测试结果可能是通过或者失败。测试结果可在 Testing/Temporary/*中找到。

在这个测试中，我们比较了应用程序各次运行之间的输出结果。另外，将运行中的黄金标准(gold standard)文件与测试脚本一起存储，方便进行比较。通过这个测试发现，对程序进行修改之后，程序的运行结果相对于修改之前发生了改变。当这种情况发生时，我们要知道这是一个危险信号，要对新版本程序进行检查，看看它是否依旧可以给出正确结果。如果结果是正确的，应该更新黄金标准。

你应该对代码的核心部分尽可能多地使用测试套件进行测试。代码覆盖率量化了测试套件完成其任务的程度，通过源代码行数的百分比进行表示(比如，20%表示对源代码中的 20%进行了测试)。经验告诉我们，没有经过测试的代码终将带来程序失败。由于在对代码实现并行化的过程中，不可避免地破坏了代码，因此对并行化部分的代码进行测试就变得尤为重要。许多编译器都能生成代码覆盖率统计信息。GCC 的分析工具是 gcov，而 Intel 则使用 Codecov。我们将通过下面的例子，为你讲解 GCC 的代码覆盖率。

GCC 的代码覆盖率

1. 在编译和链接时添加标志-fprofile-arc 和-ftest-coverage。
2. 在一系列测试中运行已安装的可执行文件。
3. 运行 gcov <source.c>，获取每个文件的覆盖率。

注意：对于使用 CMake 的构建，在源文件名中添加一个额外的.c 扩展名。例如，使用 gcov CMakeFiles/stream_triad.dir/stream_triad.c.c 处理 CMake 添加的扩展名。

4. 你会得到如下的输出结果：

```
88.89% of 9 source lines executed in file <source>.c
Creating <source>.c.gcov
```

gcov 输出文件包含一个代码清单，其中每一行都带有执行的次数。

了解不同类型的代码测试

还有很多不同种类的测试系统。在本节中，我们将介绍以下类型。

- 回归测试：定期运行以防止代码倒退。通常情况下，使用 cron 作业调度器，每晚或者每周的指定时间运行测试任务。
- 单元测试：在开发过程中。对子例程或其他小范围代码进行测试。
- 持续集成测试：这种测试方法越来越流行，当代码提交时自动触发并运行测试。
- 提交测试：可在极短的时间内，从命令行运行。在提交之前使用一个小型测试集进行测试。

所有这些测试类型对项目都很重要，在工作中应该综合运用，而不是仅仅依赖于一种，如图 2-4 所示。测试对于并行应用程序尤其重要，在程序开发早期通过测试来发现 bug，并及时对程序进行修复，这可以避免项目上线后，需要对运行在 1000 个处理器上的并行程序使用大量的时间进行调试。

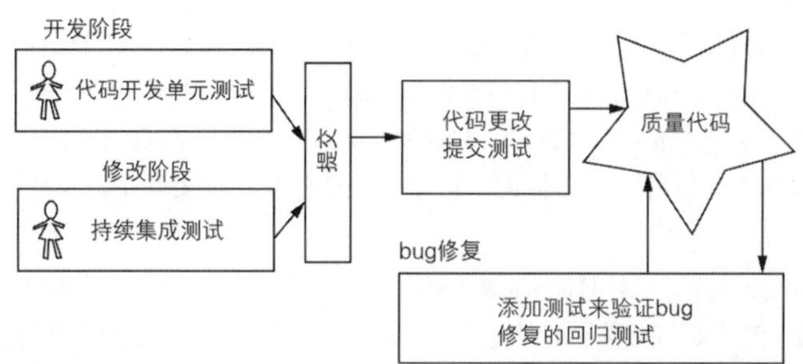

图 2-4 使用不同的测试类型处理代码开发的不同阶段，从而创建随时可以发布的高质量代码

最好在代码开发时创建单元测试。真正的单元测试爱好者使用 TDD(测试驱动开发)的模式进行开发，首先创建测试，然后编写代码以通过这些测试。将这些测试类型合并到并行代码开发中，测试它们在并行语言中的具体实现。通过这种方式，可轻松找到代码中存在的问题，并对这些问题及时进行处理。

当对程序进行大量修改时，为保证程序的正确性，提交测试将是你首先考虑的测试方式，并让团队成员在将代码提交到存储库之前，对代码中的所有例程进行测试。建议开发人员在提交之前通过命令行(如 Bash 或 Python 脚本)或 makefile 调用这些测试。

示例：使用 CMake 和 Ctest 执行提交测试的开发工作流

要在 CMakeLists.txt 中进行提交测试，请创建如下代码清单所示的三个文件。并使用前一个测试中的 Timeit.c，但将休眠间隔从 10 改为 30。

使用 CTest 创建提交测试

blur_short.ctest

```
#!/bin/sh
make
```

blur_long.ctest

```
#!/bin/sh
./TimeIt
```

CMakeLists.txt

```
cmake_minimum_required (VERSION 3.0)
project (TimeIt)

enable_testing()          <-- 启用 CMake 中的 CTest 功能

add_executable(TimeIt TimeIt.c)

add_test(NAME blur_short_commit WORKING_DIRECTORY
            ${CMAKE_BINARY_DIRECTORY}
    COMMAND
  ${CMAKE_CURRENT_SOURCE_DIR}/blur_short.ctest)
add_test(NAME blur_long WORKING_DIRECTORY
        ${CMAKE_BINARY_DIRECTORY}
    COMMAND
   ${CMAKE_CURRENT_SOURCE_DIR}/blur_long.ctest)

```

添加两个测试，其中一个名称中包含 commit

```
add_custom_target(commit_tests
    COMMAND ctest -R commit DEPENDS <myapp>)

add_custom_target(distclean
   COMMAND rm -rf CMakeCache.txt CMakeFiles
     CTestTestfile.cmake Makefile Testing
      cmake_install.cmake)
```

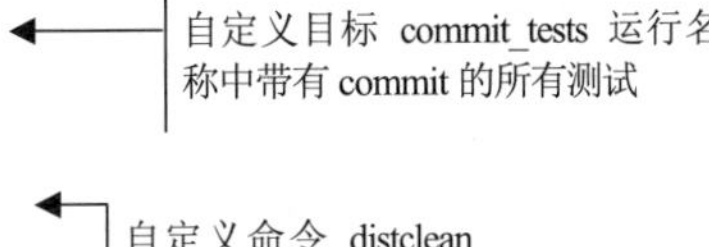
自定义目标 commit_tests 运行名称中带有 commit 的所有测试
自定义命令 distclean 删除创建的文件

提交测试可通过 ctest -R commit 运行，也可通过 make commit_tests 将自定义目标添加到 CMakeLists.txt 中。make test 或 ctest 命令会运行所有测试，包括那些耗时较长的测试。commit test 命令挑选名称中带有 commit 的测试，以获得一组包含关键功能但运行速度稍快的测试。现在工作流如下：

1. 编辑源代码：vi mysource.c
2. 构建代码：make
3. 运行提交测试：make commit_tests
4. 提交代码更改：git commit

需要再次强调，持续集成测试是通过提交到主代码存储库来调用的。这是对提交错误代码的额外保护。该测试可以与提交测试达到同样目的，但也可以更广泛地被使用。这类测试的顶级持续集成工具为：

- Jenkins (https://www.jenkins.io)
- GitHub 和 Bitbucket 的 Travis CI (https://travis-ci.com)
- GitLab CI (https://about.gitlab.com/stages-devops-lifecycle/continuousintegration/)
- CircleCI (https://circleci.com)

回归测试通常设置为通过 cron 作业在夜间运行。这意味着这种测试套件可以比其他测试类型的测试套件更广泛地使用。这些测试可能会花费更多时间，但应该在第二天工作开始之前完成。由于需要更长的运行时间以及通过周期性的方式运行，所以像内存检查和代码覆盖率这样的操作，通常通过回归测试运行。回归测试的结果通常会随着时间的推移进行跟踪，通常 wall of passes 被视为项目健康状况的标志。

一个理想测试系统的进一步要求

虽然前面描述的测试系统足以满足大多数测试需求，但对于大型 HPC 项目来说，可能需要更多的测试系统来完成对 HPC 项目的测试。对于 HPC 系统的测试，可能需要使用更多种类的测试套件在批处理系统中运行，从而可以利用更大规模的资源。

在 https://sourceforge.net/projects/ctsproject/上的协作测试系统(CTS)提供了一个为这些需求开发的系统示例。它在一组固定的测试服务器(通常是 10 个)上运行 Perl 脚本，并与批处理系统通过并行的方式启动测试。每当一个测试完成时，它将启动下一个测试。这样可以避免同时出现大量的工作负载。CTS 系统还可以自动检测批处理系统和 MPI 类型，并为每个系统调整脚本。报告系统使用 cron 作业在夜间启动测试。而跨平台报告在早上启动并发送。

示例：用于 HPC 项目的 Krakatau 场景测试套件

对应用程序仔细研究后，你发现图像检测应用程序的使用者较多。因此，你的团队决定在每次提交之前设置大量的回归测试，以避免程序出现错误并对用户造成影响。长时间运行的内存正确性测试将在夜间运行，性能测试每周运行一次。然而，海浪模拟是新的应用程序，用户较少，但你也希望对程序的更改不会导致程序出现与之前不同的结果。因为运行提交测试时间过长，所以你每周运行一个提交测试的精简版本和一个完整版本。

对于这两个应用程序，都设置了持续集成测试来构建代码，并运行一些小型测试。火山灰羽模型刚刚开始研发，因此你决定使用单元测试对代码中每个新添加的部分进行检查。

2.1.3 查找和修复内存问题

高质量的代码对应用程序极为重要。并行化通常会带来代码缺陷，这可能是未初始化的内存或内存覆盖造成的。

- “未初始化内存”是指在设置其值之前被访问的内存。当你为应用程序分配内存时，应用程序可以访问存储于这部分内存中的任何数据。如果内存在设置之前被访问，将导致不可预知的后果。
- 当数据被写入不属于特定变量的内存位置时，就会发生“内存覆盖”。对数组和字符串的越界写入就是一个内存覆盖例子。

为捕捉这类问题，我们建议使用内存正确性工具来彻底检查代码。推荐你使用免费的 valgrind 程序。valgrind 是一个检测框架，它通过合成 CPU 执行指令，在机器代码级别进行检测。在 valgrind 的支持下已经开发出许多相关工具。使用该工具的第一步是通过包管理器在系统上安装 valgrind。如果你运行的是最新版本的 macOS，你可能发现 valgrind 需要在几个月之后才能在最新的核心上使用。为此，你最好选择其他操作系统来运行 valgrind，或者选择一个稍早版本的 macOS，也可以选择使用虚拟机或 Docker 映像。

使用 valgrind，可以像往常一样执行程序，只需要在前面插入 valgrind 命令即可。对于 MPI 作业，valgrind 命令放置在 mpirun 之后和可执行名称之前。valgrind 与 GCC 编译器配合使用效果最佳，这种组合可让诊断结果更加准确，消除误报信息。建议在使用 Intel 编译器时，不要进行向量化，以避免出现有关向量指令的警告。还可以尝试 17.5 节中列出的其他内存正确性工具。

使用 valgrind Memcheck 查找内存问题

Memcheck 工具是 valgrind 工具套件中的默认工具。它将拦截每一条指令，并检查它是否存在内存错误，在运行的开始、进行中及结束时生成诊断。这将使运行速度减慢一个数量级。如果你以前没有使用过它，请为它的大量输出结果做好准备。一个内存错误会导致许多其他错误。最好的策略是从第一个错误开始，修复它，然后再次运行检测程序。要查看 valgrind 是如何工作的，可以尝试代码清单 2-2 中的示例代码。要执行 valgrind，请将 valgrind 命令插入可执行文件名之前，如下所示：

```
valgrind <./my_app>
```

或者

```
mpirun -n 2 valgrind <./myapp>
```

代码清单 2-2　valgrind 内存错误检查示例代码

```
 1 #include <stdlib.h>
 2
 3 int main(int argc, char *argv[]){
 4     int ipos, ival;
 5     int *iarray = (int *) malloc(10*sizeof(int));
 6     if (argc == 2) ival = atoi(argv[1]);
 7     for (int i = 0; i<=10; i++){ iarray[i] = ipos; }
 8     for (int i = 0; i<=10; i++){
 9         if (ival == iarray[i]) ipos = i;
10     }
11 }
```

ipos 没有被赋值

将未初始化的内存从 ipos 加载到 iarray

标记未初始化的内存

通过 gcc -g-o test test.c 编译这段代码，然后通过 valgrind --leak-check=full./test2 来运行它。valgrind 的输出穿插在应用程序的输出结果中，可通过带有双等号的前缀来识别它们(==)。下面显示了此示例输出结果的重要部分：

```
==14324== Invalid write of size 4
==14324==    at 0x400590: main (test.c:7)
==14324==
==14324== Conditional jump or move depends on uninitialized value(s)
==14324==    at 0x4005BE: main (test.c:9)
==14324==
==14324== Invalid read of size 4
==14324==    at 0x4005B9: main (test.c:9)
==14324==
==14324== 40 bytes in 1 blocks are definitely lost in loss record 1 of 1
==14324==    at 0x4C29C23: malloc (vg_replace_malloc.c:299)
==14324==    by 0x40054F: main (test.c:5)
```

这个输出显示了有关多个内存错误的报告。最难理解的是未初始化内存报告。比如在本例中，valgrind 报告第 9 行存在错误，而错误实际上是在第 7 行，其中 iarray 设置为 ipos，但未指定值。在更复杂的程序中，可能需要进行更细致的分析，从而确定问题的根源。

2.1.4　提高代码的可移植性

代码准备的最后一个要求是提高代码的可移植性，从而适合更多编译器和操作系统。可移植性始于基础 HPC 语言，通常是 C、C++或 Fortran。每种语言都维护编译器实现的标准，并定期发布新标准。但这并不意味着编译器可轻松实现这些新标准。通常编译器供应商从发布到完全实现需要很长时间。例如，Polyhedron Solutions 网站(http://mng.bz/yYne)报告说，直到现在没有 Linux Fortran 编译器完全实现了 2008 年的标准，只有不到一半的编译器完全实现了 2003 年的标准。当然，重要的是这些编译器是否实现了你需要的功能。C 和 C++编译器在实现新标准时通常是最快的，但是滞后实现时间仍然会给勇于创新的开发团队带来挑战。此外，即使这些功能都被实现了，也不意味着它们可在多种环境中运行。

使用各种编译器进行编译有助于检测编码错误，以及识别代码在语言解释方面的“优势”。在特定环境中使用最适合该环境的工具令人感到兴奋。例如，valgrind 最适合 GCC，而 Intel Inspector(一种线程正确性工具)在你使用 Intel 编译器编译应用程序时效果最佳。使用并行语言时，可移植性也有帮助。例如，CUDA Fortran 仅适用于 PGI 编译器。当前基于 GPU 指令的语言 OpenACC 和 OpenMP(带有目标指令)的实现集仅在一小部分编译器上可用。幸运的是，用于 CPU 的 MPI 和 OpenMP 可广泛用于许多编译器和系统。在这一点上，我们需要明确 OpenMP 具有三种不同的功能：①通过 SIMD 指令进行向量化，②从原始 OpenMP 模型进行 CPU 线程化，③将计算下放到加速器上运行，通常将 GPU 作为加速器目标。

示例：喀拉喀托(Krakatau)场景和代码可移植性

图像检测应用程序只能使用 GCC 编译器进行编译。并行项目添加了 OpenMP 线程。团队决定使用 Intel 编译器对其进行编译，以便你可以使用 Intel Inspector 来查找线程竞态条件。因为想使用 GPU 来运行应用程序，所以火山灰羽仿真程序使用 Fortran 语言编写。根据你对当前 GPU 语言的了解，你决定在开发编译器中添加 PGI，以便可以使用 CUDA Fortran。

2.2 概要分析：探测系统功能和应用程序性能之间的差距

通过概要分析(如图 2-5 所示)可以确定硬件的性能，并将其与你的应用程序性能进行比较。硬件能力和当前应用性能之间的差异带来了性能改进的潜力。

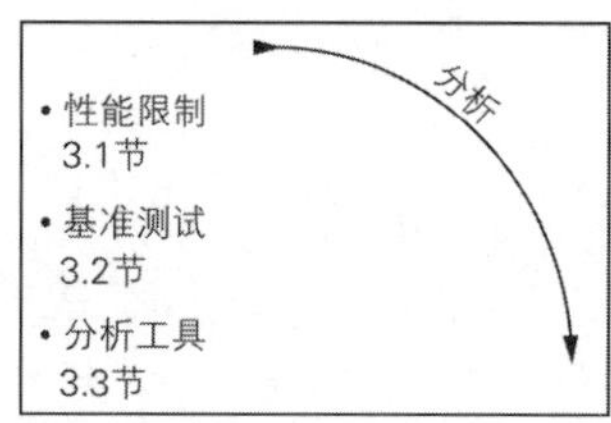

图 2-5 通过分析步骤可以确定应用程序代码中最重要的部分

分析过程的第一部分是确定应用程序性能的限制因素。我们将在第 3.1 节详细介绍应用程序可能存在的性能限制。通常来说，今天的大多数应用程序都受到内存带宽的限制。一些应用程序可能受到可用浮点操作(flop)的限制。我们将在 3.2 节中介绍计算理论性能极限的方法。还将介绍基准程序，通过这些程序可测量硬件能够达到的性能极限。

当了解了应用程序潜在的性能，就可进一步分析应用程序，从而提高应用程序的性能。将在第 3.3 节介绍使用一些分析工具的用法。应用程序的当前性能与运行应用程序的硬件性能极限之间的差距将成为并行性优化的目标。

2.3 计划：成功的基础

了解运行应用程序的平台信息后，就可将一些细节纳入计划了。图 2-6 显示了这个步骤的部分内容。考虑到进行并行所需的工作量，在开始实施具体步骤之前，研究先前的工作是一个很好的选择。

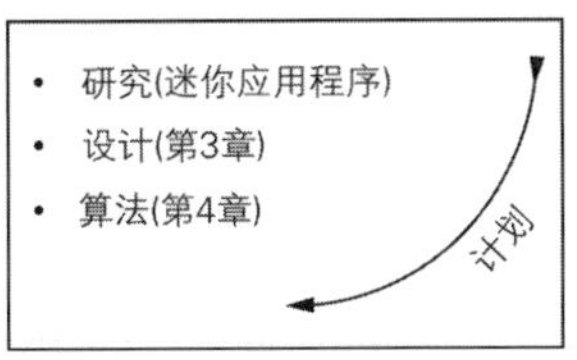

• 研究(迷你应用程序)
• 设计(第3章)
• 算法(第4章)
计划

图 2-5　这些计划步骤为项目的成功打下了基础

对于你现在遇到的问题，其他开发者在之前的开发过程中也许都已经遇到过。近年来，你可以找到很多关于并行项目和技术的研究性文章。其中，benchmark 和 mini-apps 是获取并行计算的丰富信息的来源之一。使用 mini-apps，不只有助于研究，通过它的代码还可以学习很多丰富的内容。

2.3.1　探索 benchmark 和 mini-apps

高性能计算社区已经开发了许多 benchmark、核心以及示例应用程序，用于对系统进行测试、性能实验和算法开发。我们将在第 17.4 节中列出一些相关内容。可以使用 benchmark 来帮助你为应用程序选择最合适的硬件，mini-apps 提供了关于最佳算法和编码技术的相关帮助。

benchmark 旨在突出硬件性能的特定特征。你已经了解了应用程序的性能限制是什么，现在应该寻找最适合的 benchmark。如果你在以串行方式访问的大型数组上进行计算，那么 stream benchmark 是最合适的。如果你有一个迭代矩阵求解器作为 kernel，那么高性能共轭梯度(HPCG)benchmark 可能是更好的选择。mini-apps 更关注一类科学应用中的典型操作或模式。

有必要看看这些 benchmark 或 mini-apps 中是否有类似于你正在开发的并行应用程序。如果找到相似的 benchmark 或 mini-apps，研究它们如何执行类似的操作可节省很多精力。通常，这些 benchmark 或 mini-apps 已对代码进行了大量优化工作，以获得最佳性能，更好地移植到其他并行语言和平台，并对某些性能特征进行量化。

目前，benchmark 和 mini-apps 主要来自科学计算领域。将在示例中使用其中一些 benchmark 和 mini-apps，并鼓励将它们用于自己的实验和示例代码。在这些示例中演示了许多关键操作和并行实现。

示例：ghost cell 更新

许多基于网格的应用程序在分布式内存实现中，跨处理器分布它们的网格(见图 1-14)。因此，这些应用程序需要使用来自相邻处理器的值来更新网格边界。

这种操作称为 ghost cell 更新。桑迪亚国家实验室的 Richard Barrett 开发了迷你应用程序 miniGhost，用来试验执行这种操作的不同方式。miniGhost 是 Mantevo 迷你应用程序套件的一部分，可在 https://mantevo.org/default.php 上获得。

2.3.2　核心数据结构和代码模块化设计

数据结构的设计对应用程序具有长期影响。这是需要预先作出的决定之一，因为以后更改数据结构设计是非常困难的。在第 4 章中，我们将讨论一些重要的考虑因素，并通过一个案例研究来分析不同数据结构的性能。

需要关注数据和数据移动。这是当今硬件平台的主要考虑因素。它还带来了一种有效的并行实现，在这种实现中，精心设计的数据移动过程变得更加重要。如果把文件系统和网络也考虑在内，那么数据移动将主宰一切。

2.3.3 算法：重新设计并行

现在，你应该对应用程序中使用的算法进行评估。这些程序可以被修改为并行执行吗？有更大可扩展性的算法吗？例如，你的应用程序可能有一段代码只占用 5%的运行时间，但具有 N^2 算法伸缩性，而其余代码以 N 进行伸缩性，其中 N 是 cell 数量或一些其他数据组件。随着问题规模的增长，5%很快就会变成 20%，甚至更高，也许很快它就占据了大部分运行时间。要识别这些类型的问题，你可能需要分析一个更大规模的问题，然后查看运行时间的增长而不是绝对百分比。

示例：火山灰羽模型的数据结构

你的火山灰羽模型还处于开发的早期阶段，目前有几种可选的数据结构，你的团队在确定具体算法之前，打算用一周的时间进行仔细分析与研究，因为他们知道，日后对算法的更改将是非常困难的。其中一个决定是使用哪种多材料数据结构(multimaterial data structure)，因为许多材料将只存在于网格的小区域中，是否可以通过一个好的方法来利用这一点？你决定使用稀疏数据存储的数据结构来节省内存(将在 4.3.2 节中详细讨论)，并提升代码的运行速度。

示例：波浪仿真代码的算法选择

预计将在波浪仿真代码的并行工作添加 OpenMP 和矢量化。你了解每种并行方法的不同实现风格，并指派两名团队成员查阅最近的论文，从而找出最有效的方法。其中一名团队成员对其中一个比较复杂的例程的并行性表示担忧，因为这个例程使用非常复杂的算法。使用当前的技术并不容易对它进行并行化。你同意并要求团队成员研究其他替代算法。

2.4 实施

我经常将这一步比作肉搏战，因为在这一步需要一行一行、一个循环一个循环、一个例程一个例程地将原有代码转换为并行代码。在这里将使用你所掌握的关于 CPU 和 GPU 并行实现知识。如图 2-7 所示，本书的其他部分将介绍具体相关内容。在讨论并行编程语言的章节中，关于 CPU 的内容将在第 6~8 章介绍，关于 GPU 的内容将在第 9~13 章进行介绍。现在就可以开始你的专业知识开发之旅。

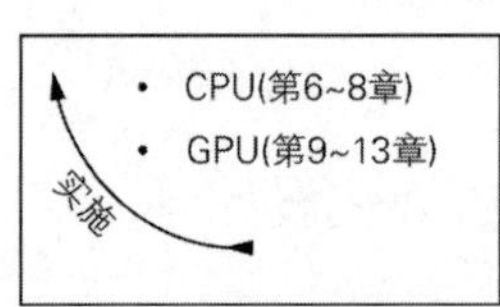

图 2-7 实施步骤使用了本书其他章节介绍的并行语言与技能

在实施步骤中，时刻跟踪整体目标非常重要。在这个过程中，可能已经选择或者尚未选择所要使用的并行语言。即便你已经确定要使用的并行语言，也应该在具体实施时，对选择进行深入评估。在制定项目方向时，应该初步考虑如下因素：

- 加速要求是否合适？第 6~7 章将探讨向量化和共享内存(OpenMP)并行性。
- 你需要更多内存进行扩展吗？如果是这样，你将在第 8 章中深入学习分布式内存的并行性。
- 你需要更大的速度提升吗？如果是，你将在第 9~13 章学习到关于 GPU 编程的技术。

我们所说的实施步骤的关键在于，将工作分解成多个可管理的模块，并在团队成员之间进行分工。在日常工作中，如果能在对项目整体影响很小的情况下，将速度提升一个数量级，这着实是一件令人兴奋的事情。但我们也要清楚地看到，为达到最终的成功，还有很多工作需要去做。另外，要达成目标，坚强的毅力和团队合作都是至关重要的。

示例：对并行语言重新进行评估

将 OpenMP 和向量化添加到波浪仿真代码中进展很顺利。对于典型的计算，你已经得到了一个数量级的加速效果。但是随着应用程序的加速，用户希望扩大问题的规模，他们没有足够的内存。你的团队开始考虑添加 MPI 并行来访问带有更多可用内存的其他节点。

2.5　提交：高质量的打包过程

在提交阶段，通过对代码进行仔细检查，来验证代码质量和可移植性是否满足要求。图 2-8 显示了这个步骤的各个组件。这些检查的范围在很大程度上取决于应用程序的性质。对于具有许多用户的生产应用程序，测试需要更加仔细与彻底。

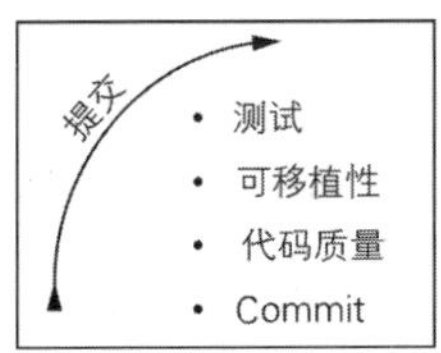

图 2-8　提交步骤的目标好比是在阶梯上创建一个又一个稳固的梯级，从而达到最终目标

注意：在这一点上，事先捕获相对较小规模的问题，要比在 1000 个处理器上运行 6 天后调试复杂问题容易得多。

开发团队必须接受提交过程并共同遵循它。建议召开一次团队会议来制定所有人都可以遵循的开发流程。在创建流程时，可利用最初用于提高代码质量和可移植性期间使用的流程。最后，提交过程应该定期重新评估，使其适应当前的项目需求。

示例：重新评估团队的代码开发过程

你的波浪仿真应用程序开发团队已完成将 OpenMP 添加到应用程序的第一个增量工作。但是现在应用程序会在毫无预警的情况下出现崩溃。团队成员意识到这可能是由于线程竞态条件造成的。于是提供了解决方案，作为提交过程的一部分，对竞态条件进行检查。

2.6 进一步探索

在本章中，我们只是简单地介绍了如何实现一个新项目，以及使用相关工具可以完成哪些任务。如果要了解更多信息，请浏览相关资源并尝试以下部分中的练习。

2.6.1 扩展阅读

使用当今流行的分布式版本控制工具将有利于项目顺利进行。团队中至少要有一名成员在网上研究如何使用你选择的版本控制系统。如果你使用 Git，那么以下来自 Manning 出版社的书籍是很好的参考资料：

- Mike McQuaid，*Git in Practice*(Manning，2014)。
- Rick Umali，*Learn Git in a Month of Lunches*(Manning，2015)。

测试在并行开发工作流中至关重要。单元测试可能是最有价值的，但也是最难实现的。Manning 出版社有一本深入讨论单元测试的书：

- Vladimir Khorikov，Unit Testing Principles, Practices, and Patterns(Manning，2020)。

浮点运算和精度是一个经常被低估的话题，尽管它对每个计算科学家都很重要。下面的材料对浮点运算提供了清晰的讲述：

- David Goldberg，What every computer scientist should know a bout float-point arithmetic，*ACM Computing Surveys (CSUR)* 23, no. 1 (1991): 5-48。

2.6.2 练习

1. 你有一个在研究生期间开发的波浪高度仿真程序。这是一个串行应用程序，因为它只是作为你论文的基础，你没有加入任何软件工程技术。现在你计划将其用作许多研究人员可以使用的程序起点。你的团队中还有其他三名开发人员。你会在项目计划中包括哪些内容？
2. 使用 CTest 创建测试。
3. 修复代码清单 2-2 中的内存错误。
4. 在选择的小型应用程序上运行 valgrind。

本章涵盖了许多基础知识，其中包含并行项目计划所需的许多细节。通过估计性能，提取硬件性能指标和应用程序对性能的需求，将为制定计划提供可靠、具体的依据。正确使用这些工具和技能将是并行项目取得成功的基础。

2.7 本章小结

- 代码准备是并行工作的重要组成部分。每个开发人员都可能对为项目准备所花费的时间和精力感到惊讶。但是这项工作是值得去做的，因为它是并行项目取得成功的基础。
- 你应该提高并行代码的质量。代码质量必须比典型的串行代码优秀一个数量级。这种对质量的需求，一方面是由于大规模调试存在困难，另一方面是并行过程中存在的缺陷。如某一行代码在串行执行时，只执行一次，由代码带来的误差可能对总体程序的结果影响不大；但在并行环境下，当有 1000 个处理器运行这行代码时，所造成的误差也许就变得无法接受了。

- 概要分析步骤对于确定优化和并行工作的重点非常重要。第 3 章将介绍配置应用程序的更多细节。
- 每个开发迭代都有一个总体项目计划以及另一个单独的计划。对这两个计划都应该进行相关研究，包括迷你应用程序、数据结构设计和新的并行算法，这将为下一步工作奠定基础。
- 在提交步骤中，我们需要使用开发流程来保持良好的代码质量。这应该是一项循序渐进的工作，而不是等到代码投入生产时，或者应用程序已在大规模集群中运行时才进行该项工作。

第 3 章

性能极限与分析

本章涵盖以下内容：

- 了解应用程序性能方面的极限
- 评估硬件组件的性能极限
- 测量应用程序的当前性能

应用程序能够使用的资源是稀缺的，所以应该有针对性地使用这些资源，从而使它们的效能最大化。如果不了解应用程序的性能需求以及所使用的硬件特性，那么应该如何开始工作？本章将帮助你解决这些问题。通过评估硬件和应用程序的性能，你可以合理地设计开发过程中的时间安排，从而使收益最大化。

注意： 建议你在学习本章内容的同时，完成本章的相关练习。可以在如下链接找到相关练习内容：https://github.com/EssentialsofParallelComputing/Chapter3。

3.1 了解应用程序的潜在性能限制

计算科学家仍然认为浮点运算(flop)是主要的性能限制。虽然这在多年前可能是事实，但现实情况是，在当代架构中，浮点运算很少会对性能产生限制。目前真正的限制来自带宽和延迟。带宽是数据通过系统中给定路径进行移动的最佳速率。因为带宽的限制，所以在编写代码时应该使用数据流算法，并尽可能使用连续的内存空间。当无法使用流式算法时，延迟将成为主要的限制。延迟指的是在传输过程中，传输第一个字节或字符所需的时间。以下是一些常见的硬件性能限制：

- flop(floating-point operations)浮点运算
- Ops(operations)操作，包括所有类型的计算机指令
- 内存带宽
- 内存延迟
- 指令队列(指令缓存)
- 网络
- 磁盘

可以将所有这些限制分为两大类：速度和数据供给。速度是指操作的速度。它包括所有类型的

计算机操作。但为了能够进行操作，必须为所需操作提供数据。这就是数据供给发挥作用的地方。数据供给包括缓存架构中的内存带宽，以及网络和磁盘带宽。对于无法通过流式处理的应用程序，内存、网络和磁盘传输的延迟对程序的性能起到决定性作用。因为延迟时间可能比带宽慢了几个数量级。应用程序的限制是由延迟造成还是由流式带宽造成的最大原因之一是代码质量。为数据提供良好的组织形式，使数据可以通过流式处理方式进行传输，这将产生显著的加速效果。

图 3-1 中显示了不同硬件组件的相对性能。让我们将每个周期载入一个字符以及每个周期一次浮点运算作为起点，在图中使用大圆点进行标记。大多数标量算术运算，如加法、减法和乘法都可在一个周期内完成，但除法可能需要 3~5 个周期才能完成。在一些算术混合运算中，使用融合乘加指令，可以实现每周期完成 2 次浮点运算。可在每个周期完成的算术运算的数量，将随着向量单元和多核处理器的增加而增加。当今硬件的发展主要通过增加并行性来完成，从而可在每个周期内完成更多次的浮点运算。

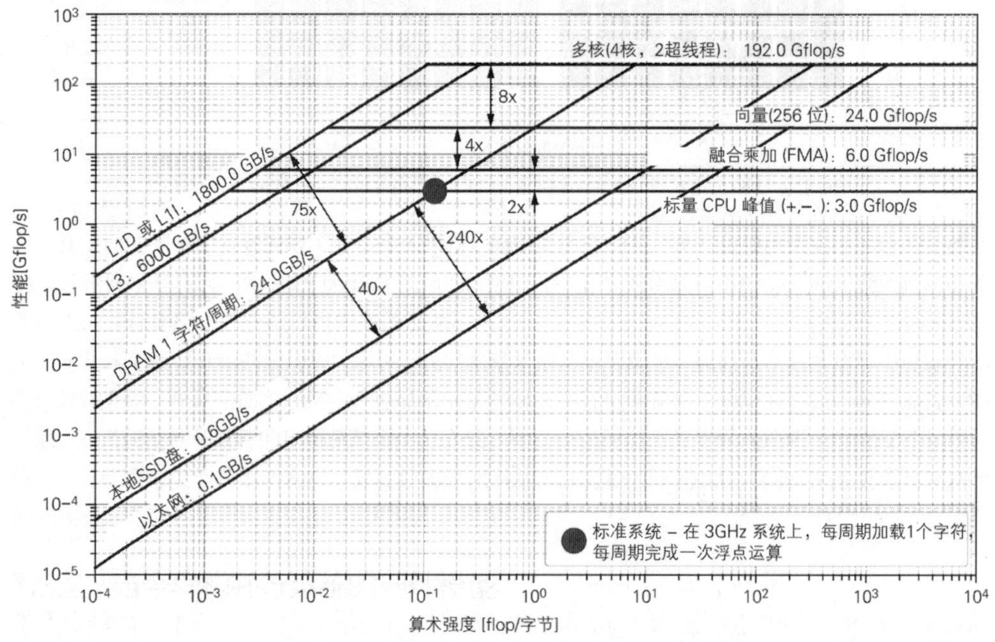

图 3-1 数据供给和速度在线条上方显示。传统的标量 CPU 可每周期加载一个字符，每周期完成一次浮点运算(如图中的大圆点所示)。使用融合乘加指令、向量化、多核以及超线程可以增加每周期中浮点运算的次数。图中同时显示内存移动的相关速度，我们将在 3.2.4 节中对该图中的数据进行详细讨论

通过观察图中内存的限制，可以看到通过使用更深层次的缓存，比如直接操作存储在通常大小为 32KB 的 L1 缓存中的数据，将得到极大的性能提升。如果我们在实际工作中操作的数据很少，并都存储在 L1 缓存中，就不用花费时间去做其他优化工作了。但在现实情况中，我们要操作的数据往往存储在主内存(DRAM)或磁盘中，甚至来自网络的海量数据也是如此。如今，处理器浮点运算能力的增长速度远远快于内存的带宽。这将导致为每 8 字节字符调用 50 次浮点运算能力的机器平衡。可通过算术强度来测量缓存与浮点运算对应用程序的影响。

- 算术强度：在应用程序中，用于衡量每个内存操作执行浮点运算的次数，其中内存操作可以是字节或字符(一个字符对于双精度值使用 8 字节，对于单精度值使用 4 字节)。
- 机器平衡：通过将计算硬件可以执行的浮点运算总数除以内存带宽就可以得到机器平衡。

大多数应用程序的算术强度接近于每加载一个字符进行一次浮点运算，但也有一些应用程序的算术强度更高。高算术强度应用的经典例子是使用密集矩阵求解器来求解方程组。在过去，这些求解器的应用比当前更广泛。Linpack benchmark 使用这个操作中的核心来表示这类应用程序。根据 Peise 的报告，该 benchmark 的运算强度为 62.5flop/字符(参见附录 A)。对于大多数系统来说，这足以最大限度地发挥浮点运算的能力。在大型计算系统的 500 强中，大量使用 Linpack benchmark 已成为以高浮点操作内存负载比(high flop-to-memory load ratio)设计当前机器的首要原因。

对于许多应用程序来说，想要达到内存带宽的限制也很难。要理解内存带宽，必须先了解内存层次结构和架构。内存和 CPU 之间的多级缓存有助于在内存层次结构中为运行较慢的主内存提升速度。数据以块(常被称为缓存行)的形式沿内存层次结构向上传输。如果不是通过连续、可预测的方式对内存进行访问，就需要充分利用所有内存带宽。对于按行顺序存储的二维数据结构，如果仅仅访问某个列的数据，内存中就会出现跨行的不连续访问。这可能导致每个缓存行仅被读取一小部分数据。在这种数据访问模式下，粗略计算得到的内存带宽是流带宽的 1/8(假设在每 8 个缓存值中，只有 1 个被使用)。可根据缓存使用百分比(U_{cache})和实证带宽(B_E)来定义非连续带宽(B_{nc})，从而推广到其他缓存的使用情况：

$$B_{nc}=U_{cache} \times B_E = \text{平均缓存使用百分比} \times \text{实证带宽}$$

在实际工作中，可能存在其他性能限制。例如，指令缓存可能无法及时加载指令，从而使处理器核心满负荷工作。整数运算也是常见的性能限制因素，尤其是处理高维数组所使用的复杂索引计算。

对于需要大量网络或磁盘操作的应用程序(如大数据、分布式计算或消息传递)，网络和磁盘硬件限制可能是最严重的问题。要了解这些设备对性能限制的严重程度，请考虑以下经验法则：对于通过高性能计算机网络传输的第一个字节所花费的时间，你可在单个处理器核心上执行 1000 多次浮点运算。因为标准机械磁盘系统的第一个字节要慢几个数量级，这导致了当今文件系统的高度异步、缓冲操作以及固态存储设备的出现。

示例

图像检测应用程序必须处理大量数据。现在，它通过网络获取数据，并将数据存储到磁盘上进行处理。你的团队对性能限制进行检查，并决定尝试取消将数据存储在磁盘的操作，团队成员建议使用更多几乎不会增加成本的浮点运算，因此团队考虑使用一个更复杂的算法。但是你认为波浪仿真代码的限制因素实际上是内存带宽，于是在项目计划中添加一项新任务，对性能进行评估，并验证你的假设。

3.2 了解硬件性能：基准测试

准备好应用程序和测试套件后，就可以开始对用于生产的硬件进行测试。为此，你需要为硬件开发一个概念模型，以便你了解它的性能。可以通过许多指标来显示硬件性能：

- 执行浮点运算的速率(flop/s)
- 数据在不同级别内存之间移动的速率(GB/s)
- 硬件运行应用程序时所消耗的功率(W)

概念模型允许你对使用的计算硬件中的各个组件进行理论峰值评估。你在模型中使用的指标，以及那些你打算优化的指标取决于应用程序中这些指标对你和团队的价值。为了补充这个概念模型，还可对目标硬件进行实证测量。实证测量是通过 micro-benchmark 应用程序进行的。micro-benchmark 的一个常见用例是用于测试带宽受限的 STREAM benchmark。

3.2.1 用于收集系统特征的工具

在确定硬件性能时，我们应该同时使用理论测量和实证测量。理论测量和实证测量是相辅相成的关系，理论测量为关注的性能指标提供了一个性能上限，而实证测量提供了更接近现实的性能情况。

获得硬件性能规格不是一件容易的事情。市场上正以爆炸性方式大量发布新的处理器，硬件厂商及媒体在市场上对产品的宣传往往掩盖了真实的技术细节。可通过如下资源获取关于硬件的详细信息：

- 对于 Intel 处理器，https://ark.intel.com
- 对于 AMD 处理器，https://www.amd.com/en/products/specifications/processors

lstopo 是一个用来了解你所使用硬件的优秀工具。它几乎与每个 MPI 发行版所带的 hwloc 包绑定在一起。使用这个工具，可以通过图形方式显示你所使用的硬件信息。图 3-2 显示了在 Mac 笔记本电脑运行该命令所输出的结果。输出结果可以是图形化的，也可以是基于文本的。为获得如图 3-2 中所示的图像，需要先安装 hwloc 和 cairo 包来启用 X11 接口。标准安装包已经包含了文本版的功能，不需要额外设置，可以直接使用。只要可以显示 X11 窗口，Linux 和 UNIX 版本的 hwloc 通常就可正常工作。在 hwloc 中新添加一个 netloc 命令，通过这个命令可显示网络连接情况。

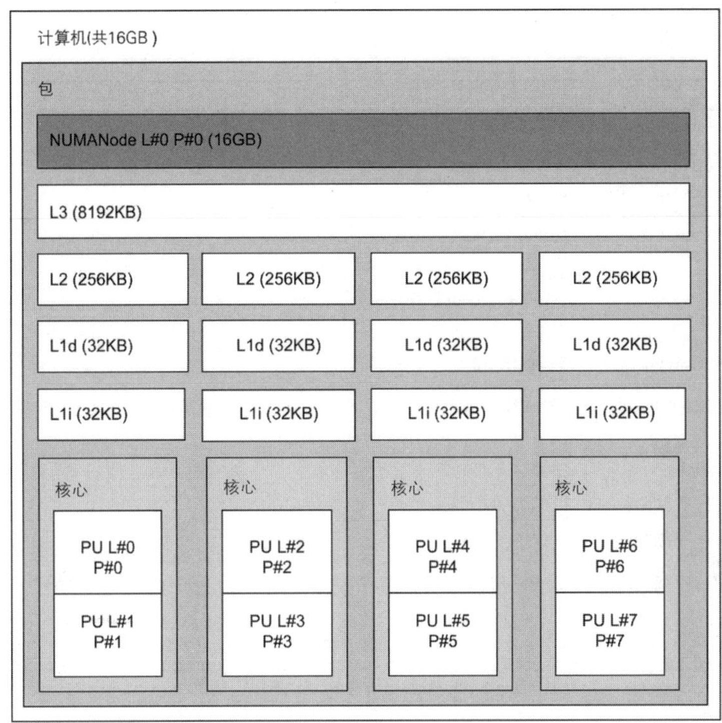

图 3-2　使用 lstopo 获取 Mac 笔记本电脑的硬件拓扑图

安装 cairo v1.16.0

1. 从 https://www.cairographics.org/releases/下载 cairo。
2. 使用以下命令对其进行配置：

```
./configure --with-x --prefix=/usr/local
make
make install
```

安装 hwloc v2.1.0a1-git

1. 从 Git 克隆 hwloc 安装包：https://github.com/open-mpi/hwloc.git。
2. 使用以下命令对其进行配置：

```
./configure --prefix=/usr/local
make
make install
```

还可以使用操作系统自带的命令来获取所使用的硬件详细信息，比如在 Linux 上使用的 iscpu，在 Windows 上使用 wmic 以及在 Mac 系统中使用 sysctl 或 system_profiler。Linux 的 lscpu 命令输出来自/proc/cpuinfo 文件的综合报告。或者你可通过直接查看/proc/cpuinfo 文件来获取每个逻辑核心的完整信息。使用来自 lscpu 命令和/proc/cpuinfo 文件的信息，将有助于确定系统的处理器数量、处理器型号、缓存大小和时钟频率等信息。通过这些信息可获得关于芯片向量指令集的重要指标。在图 3-3 中，我们看到 AVX2 和各种形式的 SSE 向量指令集。我们将在第 6 章详细介绍向量指令集。

```
Architecture:          x86_64
CPU op-mode(s):        32-bit, 64-bit
Byte Order:            Little Endian
CPU(s):                4
On-line CPU(s) list: 0-3
Thread(s) per core:  1
Core(s) per socket:  4
Socket(s):             1
NUMA node(s):          1
Vendor ID:             GenuineIntel
CPU family:            6
Model:                 94
Model name:            Intel(R) Core(TM) i5-6500 CPU @ 3.20GHz
Stepping:              3
CPU MHz:               871.241
CPU max MHz:           3600.0000
CPU min MHz:           800.0000
BogoMIPS:              6384.00
Virtualization:        VT-x
L1d cache:             32K
L1i cache:             32K
L2 cache:              256K
L3 cache:              6144K
NUMA node0 CPU(s):   0-3
Flags:                 fpu vme de pse tsc msr pae mce cx8 apic sep mtrr pge mca
cmov pat pse36 clflush dts acpi mmx fxsr sse sse2 ss ht tm pbe syscall nx pdpe1gb
rdtscp lm constant_tsc art arch_perfmon pebs bts rep_good nopl xtopology
nonstop_tsc cpuid aperfmperf tsc_known_freq pni pclmulqdq dtes64 monitor ds_cpl
vmx smx est tm2 ssse3 sdbg fma cx16 xtpr pdcm pcid sse4_1 sse4_2 x2apic movbe
popcnt tsc_deadline_timer aes xsave avx f16c rdrand lahf_lm abm 3dnowprefetch
cpuid_fault epb invpcid_single pti ssbd ibrs ibpb stibp tpr_shadow vnmi flexpriority
ept vpid fsgsbase tsc_adjust bmi1 hle avx2 smep bmi2 erms invpcid rtm mpx
rdseed adx smap clflushopt intel_pt xsaveopt xsavec xgetbv1 xsaves dtherm ida
arat pln pts hwp hwp_notify hwp_act_window hwp_epp flush_l1d
```

图 3-3 在 Linux 台式机上使用 lscpu 命令的输出结果，该机器使用 4 核 i5-6500 CPU，频率为 3.2GHz，并且使用 AVX2 指令

获取有关PCI总线上的设备信息通常是非常有用的，特别是了解图形处理器的数量和类型。lspci 命令可以报告所有关于 PCI 设备的信息(如图 3-4 所示)。从图中可以看到，该系统带有 1 个 GPU，它的型号为 NVIDIA GeForce GTX 960。

```
00:00.0 Host bridge: Intel Corporation Skylake Host Bridge/DRAM Registers (rev 07)
00:01.0 PCI bridge: Intel Corporation Skylake PCIe Controller (x16) (rev 07)
00:14.0 USB controller: Intel Corporation Sunrise Point-H USB 3.0 xHCI Controller (rev 31)
00:14.2 Signal processing controller: Intel Corporation Sunrise Point-H Thermal subsystem (rev 31)
00:16.0 Communication controller: Intel Corporation Sunrise Point-H CSME HECI #1 (rev 31)
00:17.0 SATA controller: Intel Corporation Sunrise Point-H SATA controller [AHCI mode] (rev 31)
00:1b.0 PCI bridge: Intel Corporation Sunrise Point-H PCI Root Port #19 (rev f1)
00:1c.0 PCI bridge: Intel Corporation Sunrise Point-H PCI Express Root Port #3 (rev f1)
00:1d.0 PCI bridge: Intel Corporation Sunrise Point-H PCI Express Root Port #9 (rev f1)
00:1f.0 ISA bridge: Intel Corporation Sunrise Point-H LPC Controller (rev 31)
00:1f.2 Memory controller: Intel Corporation Sunrise Point-H PMC (rev 31)
00:1f.3 Audio device: Intel Corporation Sunrise Point-H HD Audio (rev 31)
00:1f.4 SMBus: Intel Corporation Sunrise Point-H SMBus (rev 31)
00:1f.6 Ethernet controller: Intel Corporation Ethernet Connection (2) I219-V (rev 31)
01:00.0 VGA compatible controller: NVIDIA Corporation GM206 [GeForce GTX 960] (rev a1)
01:00.1 Audio device: NVIDIA Corporation Device 0fba (rev a1)
```

图 3-4 在 Linux 台式机上使用 lspci 命令的输出结果，该机器带有 NVIDIA GeForce GTX 960 GPU

3.2.2　计算浮点运算的最大理论值

让我们看看 2017 年生产的配备 Intel Core i7-7920HQ 处理器的 MacBook Pro 笔记本电脑上的数据。这台笔记本电脑使用一个 4 核处理器，标称频率为 3.1GHz，并支持超线程。利用 turbo boost 特性，使用 4 个处理器时，可以达到 3.7GHz 的速度，在使用单个处理器时，最高速度可达 4.1GHz。最大的浮点计算理论值(F_T)可以通过下面的公式进行计算：

$$F_T = C_v \times f_c \times I_c = \text{虚拟核心数} \times \text{时钟频率} \times \text{flop/周期}$$

处理核心的数量将受到超线程的影响，超线程技术可让物理核(C_h)看起来像是更多的虚拟核或称为逻辑核(C_v)。以上面的 CPU 配置为例，该 CPU 提供 2 个超线程和 4 个处理器，所以虚拟处理器的数量将是 8 个。时钟速率是所有处理器都被占用时的 turbo boost 速率。对于上面的处理器，时钟速率是 3.7 GHz。最后，每个周期的浮点运算次数，或者更通俗地说，每个周期的指令数(I_c)，包括向量单位可同时执行的操作数。

为确定可执行的操作数，我们将向量宽度(VW)除以使用位(bit)为单位的字符大小(W_{bits})。还包括融合乘加(FMA)指令作为一个周期两个操作的另一个因素。我们在方程中称之为融合运算(Fops)。对于上面提到的处理器，我们将得到如下算式：

$$I_c = VW/W_{bits} \times F_{ops} = (256\ \text{位向量单元}/64\ \text{位}) \times (2\ \text{FMA}) = 8\text{flop/周期}$$

$$C_v = C_h \times HT = (4\ \text{物理核} \times 2\ \text{超线程})$$

$$F_T = (8\ \text{虚拟核心}) \times (3.7\ \text{GHz}) \times (8\ \text{flop/周期}) = 236.8\ \text{Gflop/s}$$

3.2.3　内存层级和理论内存带宽

对于大多数大型计算问题，我们可以假设需要通过缓存结构从主内存加载大型数组(如图 3-5 所示)。随着更多级别缓存的加入，内存层次结构在近年来已经得到更深入的发展，从而加快了访问主内存中数据的速度。

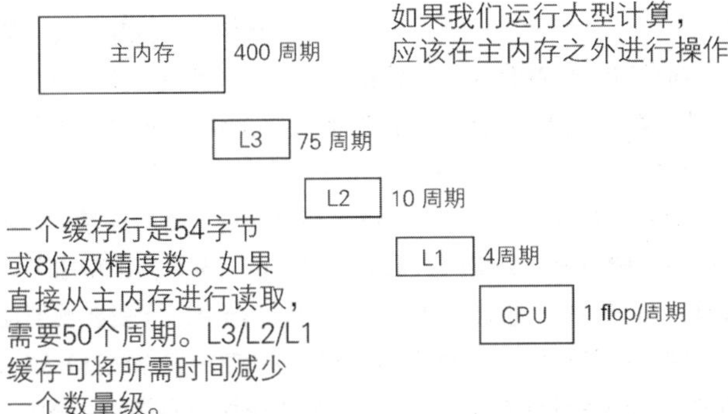

图 3-5　内存层级与访问时间。内存中的数据被加载到缓存行，并存储在缓存系统中的每个层级中，以备后续重新使用

可以使用内存芯片规格来计算主内存的理论内存带宽。通常使用如下公式：

$$B_T = \text{MTR} \times M_c \times T_w \times N_s = \text{数据传输速率} \times \text{内存通道数} \times \text{每次访问字节数} \times \text{插槽数量}$$

处理器安装在主板上的插槽中。主板是计算机的主系统板，插槽是处理器插入的位置。大多数主板都是单插槽的，只能安装一个处理器。双插槽主板在高性能计算系统中更常见。双插槽主板可安装两个处理器，为我们提供更多的处理核心和更大的内存带宽。

数据或内存传输速率(MTR)通常以每秒传输数百万次(MT/s)为单位。双倍数据速率内存(DDR)在每个事务周期中通过内存顶层及底层同时传输，提供每周期两个事务的传输速率。这意味着内存总线的时钟速率是传输速率的一半，并以 MHz 为单位。内存的传输宽度(T_w)是 64 位，因为每字节是 8 位，于是每次传输 8 个字节。大多数台式机和笔记本上都带有两个内存通道(M_c)。如果在这两个通道上都安装了内存，你将获得更好的内存带宽，但这意味着当你想对内存扩容时，不是简单地再购买一个 DRAM 内存并将它插入内存插槽，而是要购买两个更大的内存，并同时替换原有的所有内存。

对于 2017 年款的带有双通道 LPDDR3-2133 内存的 MacBook Pro 来说，理论内存带宽(B_T)可以通过如下数据进行计算，内存传输速率(MTR)为 2133 MT/s，通道数(M_c)为 2，主板处理器插槽数为 1：

$$B_T = 2133\text{MT/s} \times 2\ \text{通道} \times 8\ \text{字节} \times 1\ \text{插槽} = 34\,128\ \text{MiB/s 或 } 34.1\ \text{GiB/s}$$

由于受到内存层级其他部分的影响，实际可实现的内存带宽往往低于理论值。你可以找到用于估计内存层级影响的复杂理论模型，但这超出了我们在简化处理器模型中要考虑的范畴。为此，我们将转向下一个主题：关于 CPU 带宽的实证测量。

3.2.4 带宽和浮点运算的实证测量

实证带宽是内存将数据加载到处理器的实际最快速率。比如打算从内存中请求 1 个字节的数据。如果从 CPU 寄存器检索，则需要 1 个周期；如果该数据不在 CPU 寄存器中，就试着从 L1 缓存进行加载；如果也不在 L1 缓存中，就试着从 L2 缓存加载，以此类推，直到最后只能从主内存中进行加载。如果直到主内存才加载到所需数据，那么为这 1 个字节的数据，可能会花费差不多 400 个时钟周期。这个从内存的各个层级检索数据所花费的时间称为内存延迟。一旦某个值存在于更高级别的缓存中，它就可以被更快速地访问，直到它被从缓存中逐出为止。如果所有内存每次只能加载一个字节，将是非常缓慢的事情。因此只要一个字节被加载，那么该字节所在的整个数据块(也叫做缓存行)将被一同加载。这样一来，如果日后访问了该数据临近的数据，那么很有可能该数据已经在很高级别的缓存中了。

缓存行、缓存大小和缓存级别的数量，都是为了尽可能提高主内存理论带宽。如果尽可能快地加载连续数据，从而充分利用缓存，就能获取 CPU 的最大可能数据传输速率。这个最大的数据传输速率被称为内存带宽。可以计算读写一个大型数组所需的时间来得出内存带宽。从下面的实证测量来看，测量的带宽约为 22 GiB/s。我们将在下一章的简单性能模型中使用这个带宽值。

可以通过两种不同的方法来测量带宽：一种是使用 STREAM benchmark，另一种是通过 Empirical Roofline Toolkit 的 Roofline 模型进行测量。STREAM benchmark 是 John McCalpin 在 1995 年左右为支持他的“内存带宽远比峰值浮点能力重要”的观点而创建的。相比之下，Roofline 模型(请参阅稍后的“使用 Empirical Roofline Toolkit 测量带宽”以及本节后面的介绍)将内存带宽限制和峰值浮点运算率集成到一个单独的图中，并在其中显示每个性能限制的区域。Empirical Roofline

Toolkit 是由劳伦斯伯克利国家实验室创建的，用于测量和绘制 Roofline 模型。

通过 STREAM benchmark 可以测量读写大型数组所需的时间。为此，根据 CPU 读取数据时对数据执行的操作(复制、扩展、加法和三元运算)，有 4 种情况。其中，复制不做算术运算，扩展和加法做一次算术运算，而三元运算需要两次算术运算。当每个数据仅被使用一次时，它们各自给出了预期从主内存加载数据的最大速率的测量值，这些值差距不大。这种情况下，浮点运算速率受到内存加载速度的限制。

```
                                      Bytes   Arithmetic Operations
Copy:       a(i) = b(i)               16            0
Scale:      a(i) = q*b(i)             16            1
Sum:        a(i) = b(i) + c(i)        24            1
Triad:      a(i) = b(i) + q*c(i)      24            2
```

下面的练习展示了如何使用 STREAM benchmark 来测量给定 CPU 上的带宽。

练习：使用 STREAM benchmark 测量带宽

Intel 的科学家 Jeff Hammond 将 McCalpin STREAM benchmark 代码放到 Git 存储库中方便大家下载。这个例子中使用了他的版本。可通过如下方式获取代码。

1. 克隆镜像 https://github.com/jeffhammond/STREAM.git。
2. 编辑 makefile 并将编译行更改为：

```
-O3 -march=native -fstrict-aliasing -ftree-vectorize -fopenmp
      -DSTREAM_ARRAY_SIZE=80000000 -DNTIMES=20
make ./stream_c.exe
```

以下是在 2017 年的 Mac 笔记本电脑上运行的测试结果：

```
Function      Best Rate MB/s    Avg time      Min time      Max time
Copy:             22086.5       0.060570      0.057954      0.062090
Scale:            16156.6       0.081041      0.079225      0.082322
Add:              16646.0       0.116622      0.115343      0.117515
Triad:            16605.8       0.117036      0.115622      0.118004
```

可从 4 个测量结果中，选择最佳的带宽作为最大带宽的实证值。

如果计算可以对缓存中的数据进行重用，则可能提供更高的浮点运算速率。如果假设所有被操作的数据都在 CPU 寄存器或 L1 缓存中，那么最大的浮点运算速率是由 CPU 的时钟频率和每个周期的浮点运数算决定的。这个最大的浮点运算率就是在前面的示例中计算的理论最大浮点运算率。

现在可将这两个放在一起来创建一个 Roofline 模型图。在 Roofline 模型中，使用每秒浮点运算作为垂直轴，使用算术强度作为水平轴。与加载的数据相比，对于进行大量浮点运算的高算术强度，理论最大浮点运算率将成为极限。这将使最大浮点运算速率在图上形成一条水平线。随着运算强度的降低，内存负载的时间开始占据主导地位，我们不再能够达到最大的理论浮点运算率。然后在 Roofline 模型中创建倾斜的 Roofline，其中可实现的浮点运算率随着算术强度的下降而下降。图形右边的水平线和左边的斜线产生了 Roofline 的特征形状(看起来像屋顶)，也就是众所周知的 Roofline 模型或 Roofline 图。通过下面的练习，可确定 CPU 甚至 GPU 的 Roofline 曲线。

练习：使用 Empirical Roofline Toolkit 测量带宽

在开始这个练习之前，首先要安装 OpenMPI 或 MPICH，从而得到一个可用的 MPI。同时要安装 gnuplot v4.2 和 Python v3.0。在这个练习中，我们使用 Mac 笔记本电脑，所以要下载 GCC 编译器来替换默认的编译器。这些安装可以使用包管理器完成(在 Mac 上使用 brew，在 Ubuntu Linux 上使用 apt 或 synaptic)。

1. 从 Git 上克隆 Roofline Toolkit：

```
git clone https://bitbucket.org/berkeleylab/cs-roofline-toolkit.git
```

2. 然后使用如下命令：

```
   cd cs-roofline-toolkit/Empirical_Roofline_Tool-1.1.0
cp Config/config.madonna.lbl.gov.01 Config/MacLaptop2017
```

3. 编辑 Config/MacLaptop2017 文件(2017 年生产的 Mac 笔记本所对应的文件)。
4. 运行 tests ./ert Config/MacLaptop2017。
5. 查看 Results.MacLaptop2017/Run.001/roofline.ps 文件，如图 3-6 所示。

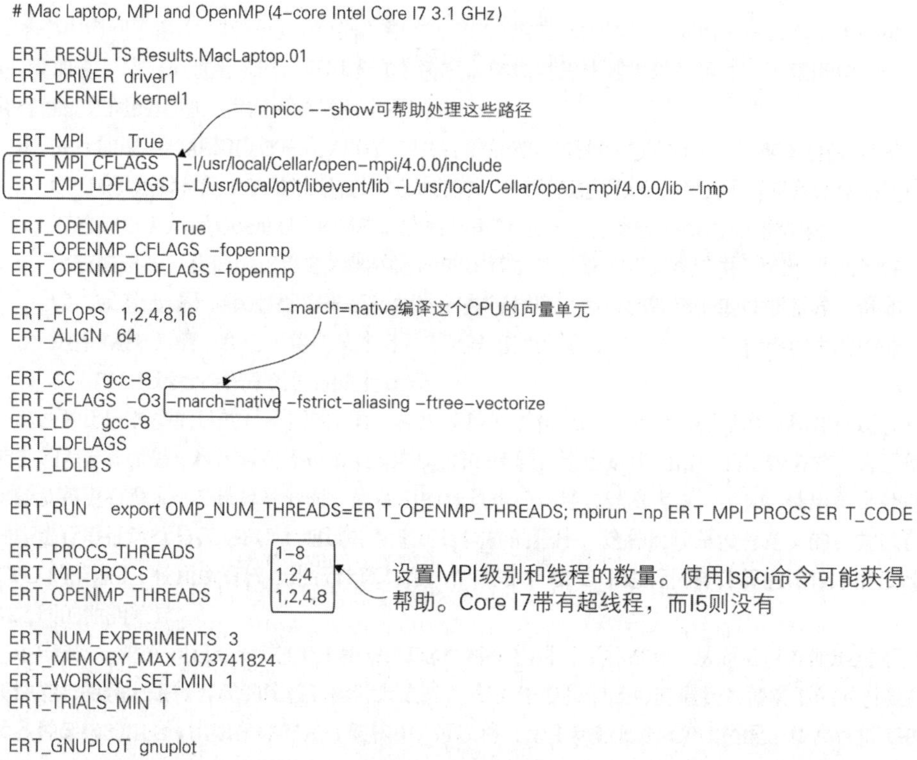

Mac Laptop, MPI and OpenMP (4-core Intel Core I7 3.1 GHz)
ERT_RESULTS Results.MacLaptop.01
ERT_DRIVER driver1
ERT_KERNEL kernel1
mpicc --show可帮助处理这些路径
ERT_MPI True
ERT_MPI_CFLAGS -I/usr/local/Cellar/open-mpi/4.0.0/include
ERT_MPI_LDFLAGS -L/usr/local/opt/libevent/lib -L/usr/local/Cellar/open-mpi/4.0.0/lib -lmpi
ERT_OPENMP True
ERT_OPENMP_CFLAGS -fopenmp
ERT_OPENMP_LDFLAGS -fopenmp
ERT_FLOPS 1,2,4,8,16
-march=native编译这个CPU的向量单元
ERT_ALIGN 64
ERT_CC gcc-8
ERT_CFLAGS -O3 -march=native -fstrict-aliasing -ftree-vectorize
ERT_LD gcc-8
ERT_LDFLAGS
ERT_LDLIBS
ERT_RUN export OMP_NUM_THREADS=ERT_OPENMP_THREADS; mpirun -np ERT_MPI_PROCS ERT_CODE
ERT_PROCS_THREADS 1-8
ERT_MPI_PROCS 1,2,4
ERT_OPENMP_THREADS 1,2,4,8
设置MPI级别和线程的数量。使用lspci命令可能获得帮助。Core I7带有超线程，而I5则没有
ERT_NUM_EXPERIMENTS 3
ERT_MEMORY_MAX 1073741824
ERT_WORKING_SET_MIN 1
ERT_TRIALS_MIN 1
ERT_GNUPLOT gnuplot

图 3-6　查看文件

图 3-7 是 2017 款 Mac 笔记本电脑的 Roofline。最大浮点运算的实证测量值略高于我们的分析计算值。这可能是由于较短时间内较高的时钟频率造成的。尝试使用不同的配置参数(例如关闭向量化或运行一个其他进程)可以帮助确定是否拥有正确的硬件规格。斜线是不同算术强度下的带宽

限制。因为这些是凭经验确定的，所以每个斜率的标签可能不正确，并且可能会出现额外的线条。

根据这两个实证测量，我们得到了相似的最大带宽，大约 22MB/s，或相当于 DRAM 芯片理论带宽的 65%(22GiB/s 除以 34.1GiB/s ≈ 65%)。

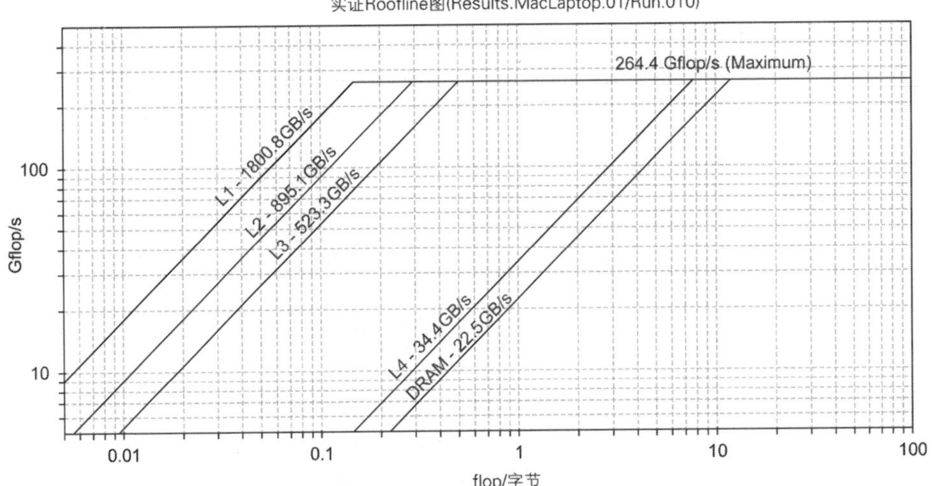

图 3-7　2017 年的 Mac 笔记本电脑的 Roofline 显示的最大 flop 为水平线，而来自不同缓存和内存级别的最大带宽显示为斜线

3.2.5　计算 flop 和带宽之间的机器平衡

现在来确定机器平衡。机器平衡是通过 flop 除以内存带宽得到的。可通过以下公式计算理论机器平衡(MB_T)和实证机器平衡(MB_E)：

$MB_T = F_T / B_T$ = 236.8 Gflop/s / 34.1GiB/s×(8 字节/字符)≈56 flop/字符

$MB_E = F_E / B_E$ = 264.4 Gflop/s / 22GiB/s×(8 字节/字符)≈96 flop/字符

在上一节的 Roofline 图中，机器平衡是 DRAM 带宽线与水平 flop 限制线的交点。我们看到交叉点刚好高于 10 flop/字节。乘以 8，将得到机器平衡在 80 flop/字符以上。从这些不同的方法中得到一些不同的机器平衡估计，但对于大多数应用程序来说，结论是机器平衡都受限于带宽。

3.3　描述你的应用程序：分析

现在你已经对硬件的性能有了一定了解，接下来需要确定应用程序的性能特征是什么。此外，你应该了解不同的子例程和函数是如何相互依赖的。

示例：喀拉喀托海啸波浪仿真

你决定分析波浪仿真应用程序，从而查看时间花在哪里，并决定如何进行并行化和代码加速。一些高精度仿真可能需要数天的时间来运行，因此你的团队希望了解 OpenMP 的并行化和向量化将如何提高性能。你决定研究一个类似的小应用 CloverLeaf，来求解可压缩流体动力学方程。这些方程比波浪仿真应用中的场景稍微复杂一些。CloverLeaf提供几种并行语言的版本。对于这个分析研究，你的团队希望将串行版本与使用OpenMP和向量化的并行版本进行比较。理解CloverLeaf的性能为进一步分析串行波浪仿真代码提供了一个很好的参考框架。

3.3.1 分析工具

我们将专注于生成高级视图并提供附加信息或上下文的分析工具。有很多分析工具，但许多工具产生的信息过多，且很多信息无法理解。如果时间允许，你可能想探索第 17.3 节中列出的其他分析工具。还将提供免费工具与商业工具的组合，以便你根据具体情况进行选择。

需要注意，这里的目标是找到程序中值得花时间进行并行化的代码部分，而不是了解程序中的每个细节。大家经常犯的错误是，要么根本不使用分析工具，要么迷失在这些工具所产生的海量数据中。

通过调用图进行热点和依赖性分析

我们首先介绍以图形方式显示每个子例程如何与代码中的其他子例程相关联的工具。热点是在执行过程中占用最多时间的kernel。此外，调用图是显示哪些例程调用其他例程的图表。你将在下一个练习中看到如何将这两组信息合并在一起，从而获得更多的有用信息。

许多工具都可以生成调用图，包括valgrind的cachegrind工具。cachegrind的调用图突出显示热点，并显示子程序的依赖关系。这种类型的图表，对于规划开发活动，以及避免合并冲突很有用。一个常见的策略是在团队之间对任务进行隔离，以便每个团队成员完成的工作，可以在单个调用堆栈中进行。以下练习展示了如何使用valgrind工具套件和Callgrind生成调用图并显示结果。valgrind套件中提供了其他工具，比如KCacheGrind或QcacheGrind；它们唯一的区别是一个使用X11图形，另一个使用Qt图形。

练习：使用cachegrind调用图

对于本练习，第一步是使用Callgrind工具生成调用图文件，然后使用KCacheGrind对其进行可视化。

1. 使用包管理器安装valgrind和KcacheGrind(或QCacheGrind)。
2. 从https://github.com/UK-MAC/CloverLeaf下载CloverLeaf迷你应用程序。

```
git clone --recursive https://github.com/UK-MAC/CloverLeaf.git
```

3. 构建CloverLeaf的串行版本。

```
cd CloverLeaf/CloverLeaf_Serial
make COMPILER=GNU IEEE=1 C_OPTIONS="-g -fno-tree-vectorize" \
             OPTIONS="-g -fno-tree-vectorize"
```

4. 使用Callgrind工具运行valgrind。

```
cp InputDecks/clover_bm256_short.in clover.in
edit clover.in and change cycles from 87 to 10
valgrind --tool=callgrind -v ./clover_leaf
```

5. 使用qcachegrind命令启动QcacheGrind。

6. 将特定的 callgrind.out.XXX 文件加载到 QCacheGrind GUI。

7. 右击 Call Graph 并更改图像设置。

图 3-8 显示了 CloverLeaf 调用图。调用图中的每个框都显示核心的名称，以及核心在调用堆栈的每个级别所消耗的时间百分比。调用堆栈是调用代码中当前位置的例程链。当每个例程调用一个子例程时，会将其地址压入堆栈。在例程结束时，程序将地址从堆栈中弹出，以便它返回到先前的调用例程中。树的其他每个“叶子”都有自己的调用堆栈。调用堆栈描述了“叶子”例程中的值的数据源层次结构，变量通过调用链向下传递。计时可以是排他的，其中每个例程不包括它调用的例程的计时；计时也可以是包含的，其中包括下面所有例程的计时。标题为 Measuring bandwidth using the empirical Roofline Toolkit 的图中所示的计时包含其他子例程的计时，并且在主程序中总计为 100%。

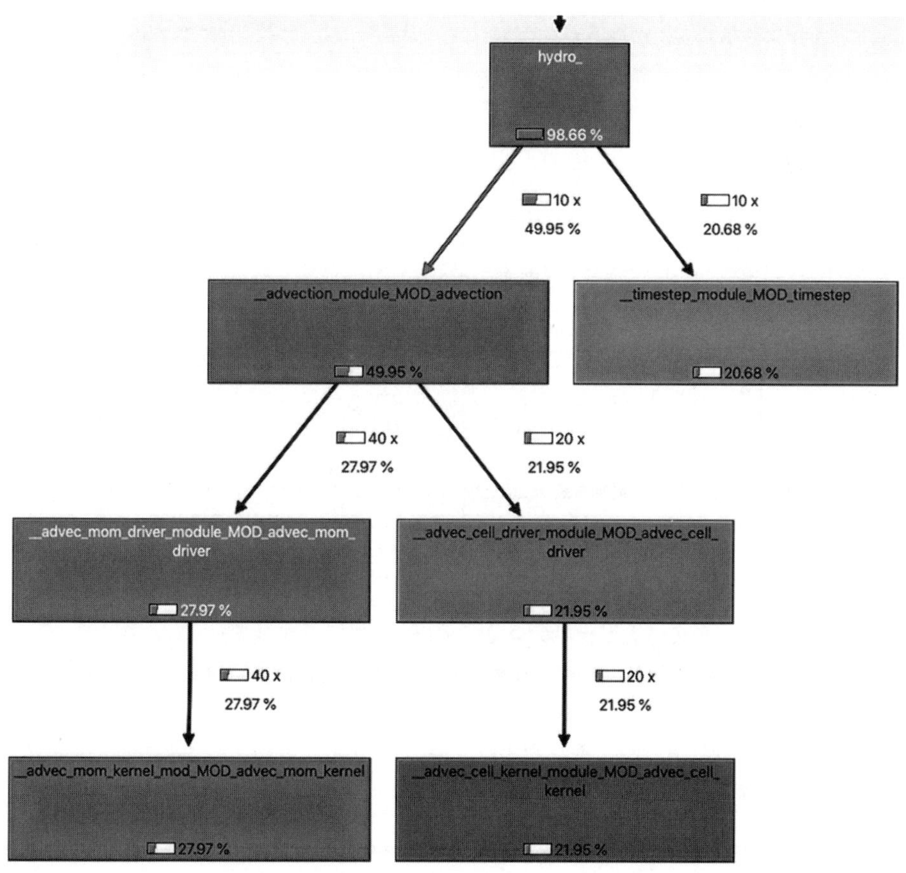

图 3-8　KCacheGrind 的 CloverLeaf 调用图显示了运行时的最大贡献者

在图中，显示了最耗资源例程的调用层次结构，以及调用次数和运行时间百分比。从中可以看出，大部分运行时间都用在将材料和能耗从一个单元移到另一个单元的 advection 例程中。因此需要把精力集中在这些 advection 例程中。调用图还有助于跟踪源代码要遵循的路径。

另一个优秀的分析工具是 Intel Advisor。这是一个商业工具，可以帮助你从应用程序获得最大性能。Intel Advisor 是 Parallel Studio 软件包的一部分，该软件包还捆绑了 Intel 编译器、Intel Inspector 和 VTune。在 https://software.intel.com/en-us/qualify-for-free-software/student 可以进行下载，它可供学生、教育工作者、开源开发人员使用，也提供商业的试用许可。这些 Intel 工具同时在 https://software.intel.com/en-us/oneapi 的 OneAPI 包中免费提供。最近，Intel Advisor 添加了一个分析功能，从而可以支持 Roofline 模型。接下来让我们了解一下它的运行情况。

练习：Intel Advisor

在这个练习中，展示了如何为 CloverLeaf 迷你应用程序生成 Roofline，这是一个常规网格可压缩流体动力学(CFD)流体代码。

1. 构建 OpenMP 版本的 CloverLeaf：

```
git clone --recursive https://github.com/UK-MAC/CloverLeaf.git
cd CloverLeaf/CloverLeaf_OpenMP
make COMPILER=INTEL IEEE=1 C_OPTIONS="-g -xHost" OPTIONS="-g -xHost"
```

或者

```
make COMPILER=GNU IEEE=1 C_OPTIONS="-g -march=native" \
        OPTIONS="g -march=native
```

2. 在 Intel Advisor 工具中运行应用程序：

```
cp InputDecks/clover_bm256_short.in clover.in
advixe-gui
```

3. 将可执行文件设置为 CloverLeaf_OpenMP 目录中的 clover_leaf。工作目录可以设置为应用程序目录或 CloverLeaf_OpenMP。

a. 对于 GUI 操作，在 Start Survey Analysis 下拉菜单选择 Start Roofline Analysis。

b. 在命令行中，可以使用如下命令：

```
advixe-cl --collect roofline --project-dir ./advixe_proj -- ./clover_leaf
```

4. 启动 GUI 并单击文件夹图标以加载运行数据。

5. 要查看结果，请单击 Survey and Roofline，然后单击性能结果顶部面板最左边的 Roofline in Vertical Text。

图 3-9 显示了 Intel Advisor 分析器的汇总统计信息。它报告的算术强度约为 0.11flop/字节或 0.88flop/字符。浮点运算速率为 36 Gflop/s。

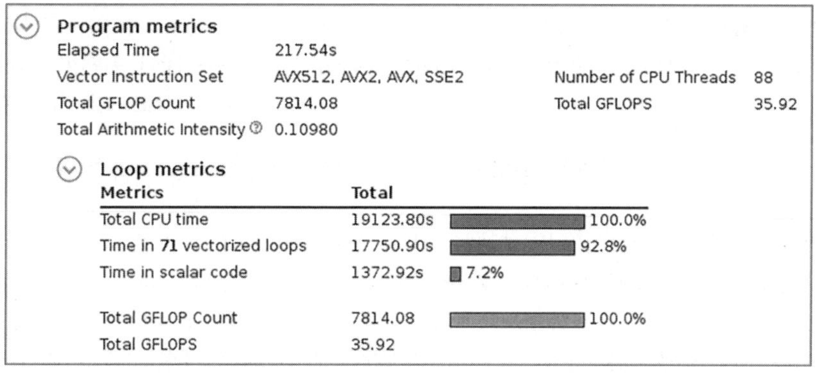

图 3-9　在 Intel Advisor 的汇总输出报告中，计算强度为 0.11 flop/字节

图 3-10 显示了来自 Intel Advisor 的 CloverLeaf 迷你应用程序的 Roofline 图。各种 kernel 的性能显示为相对于 Skylake 处理器最高性能的圆点。圆点的大小和颜色表示每个 kernel 所占的总时间百分比。通过对图形的观察，很明显该算法受到带宽限制，并且位于计算绑定区域的左侧。因为这个迷你程序使用双精度，所以将 0.01 的算术强度乘以 8 得到的计算强度远低于 1 flop/字符。机器平衡是双精度 FMA 峰值和 DRAM 带宽的交集。

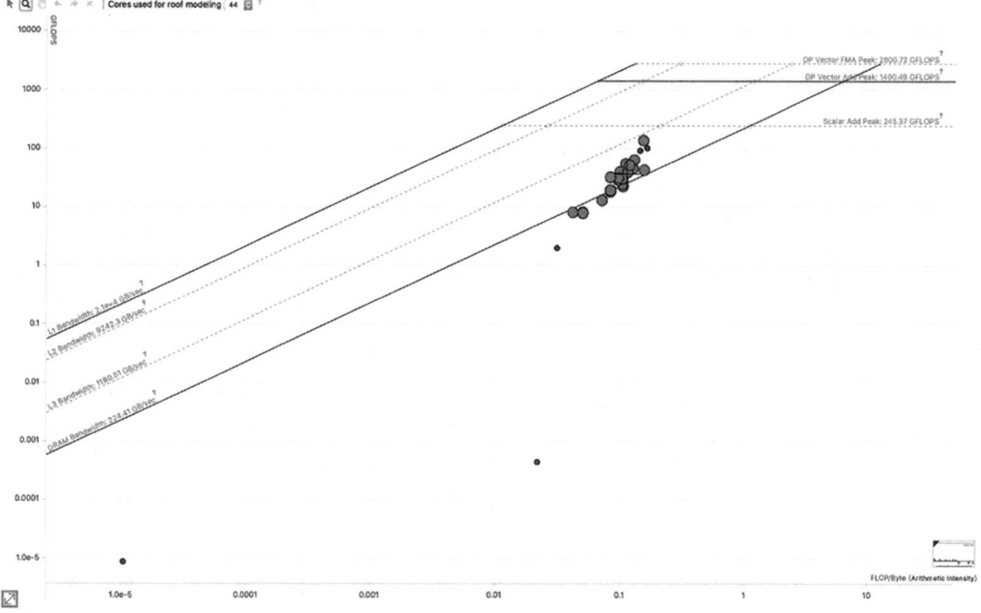

图 3-10　使用 Intel Advisor for Cloverleaf (clover_bm256_short.in)绘制 Skylake Gold_6152 处理器的 Roofline

在此图中，机器平衡高于 10 flop/字节，或者乘以 8，得到的结果大于 80 flop/字符，其中字符大小是双精度。对性能最重要的代码部分，使用与每个点关联的名称进行标识。最可能优化的例程，可通过它们低于带宽限制的程度来确定。从图中也能了解到，提高 kernel 中的算术强度是有帮助的。

还可使用免费的 likwid 工具套件来获得算术强度。Likwid 是“Like I Knew What I'm Doing”的

首字母缩写，由埃尔朗根-纽伦堡大学的Treibig、Hager和Wellein创建。它是一个命令行工具，只能运行在Linux上，并使用MSR(machine-specificregisters)模块。MSR模块必须通过modprobe msr进行启用。该工具使用硬件计数器来测量和报告来自系统的各种信息，包括运行时间、时钟频率、能源和电源使用情况以及内存读写统计信息。

练习：likwid perfctr

1. 通过包管理器或使用以下命令安装likwid：

```
git clone https://github.com/RRZE-HPC/likwid.git
cd likwid
edit config.mk
make
make install
```

2. 使用sudo modprobe msr启动MSR。
3. 执行如下代码：

```
likwid-perfctr -C 0-87 -g MEM_DP ./clover_leaf
```

在实际输出结果中，还包含min和max字段。但为节省空间，在图3-11的结果中将这两部分内容省略。

Metric	Sum	Avg
Runtime (RDTSC) [s] STAT	47646.0600	541.4325
Runtime unhalted [s] STAT	56963.3936	647.3113
Clock [MHz] STAT	223750.6676	2542.6212
CPI STAT	170.1285	1.9333
Energy [J] STAT	151590.4909	1722.6192
Power [W] STAT	279.9804	3.1816
Energy DRAM [J] STAT	37986.9191	431.6695
Power DRAM [W] STAT	70.1601	0.7973
DP MFLOP/s STAT	22163.8134	251.8615
AVX DP MFLOP/s STAT	4777.5260	54.2901
Packed MUOPS/s STAT	1194.3827	13.5725
Scalar MUOPS/s STAT	17386.2877	197.5715
Memory read bandwidth [MBytes/s] STAT	96817.7018	1100.2012
Memory read data volume [GBytes] STAT	52420.2526	595.6847
Memory write bandwidth [MBytes/s] STAT	26502.2674	301.1621
Memory write data volume [GBytes] STAT	14349.1896	163.0590
Memory bandwidth [MBytes/s] STAT	123319.9692	1401.3633
Memory data volume [GBytes] STAT	66769.4422	758.7437
Operational intensity STAT	0.3609	0.0041

图3-11 输出结果

```
Computation Rate = (22163.8134+4*4777.5260) = 41274 MFLOPs/sec = 41.3
        GFLOPs/sec
Arithmetic Intensity = 41274/123319.9692 = .33 FLOPs/byte
Operational Intensity = .3608 FLOPs/byte
```

```
For a serial run:
Computation Rate = 2.97 GFLOPS/sec
Operational intensity = 0.2574 FLOPS/byte
Energy = 212747.7787 Joules
Energy DRAM = 49518.7395 Joules
```

还可通过 likwid 的输出结果，来计算如果 CloverLeaf 使用并行计算，将减少多少能源消耗。

练习：计算相对于串行运行，使用并行运行所带来的能源节约

能源节约:　(212747.7787 - 151590.4909) / 212747.7787 ≈ 28.7 %

DRAM 能源节约:　(49518.7395 - 37986.9191) / 49518.7395 ≈ 23.2 %

具有 likwide - perfctr 标记的特定代码段

可以在 likwid 中使用标记，从而获得一段或多段代码的性能。这项功能将在下一章的 4.2 节中介绍。

1. 使用-DLIKWID_PERFMON -I<PATH_TO_LIKWID>/include 编译代码。
2. 使用-L<PATH_TO_LIKWID>/lib 和-llikwid 连接。
3. 将代码清单 3-1 中的内容插入代码。

代码清单 3-1　在代码中插入标记来检测特定的代码段

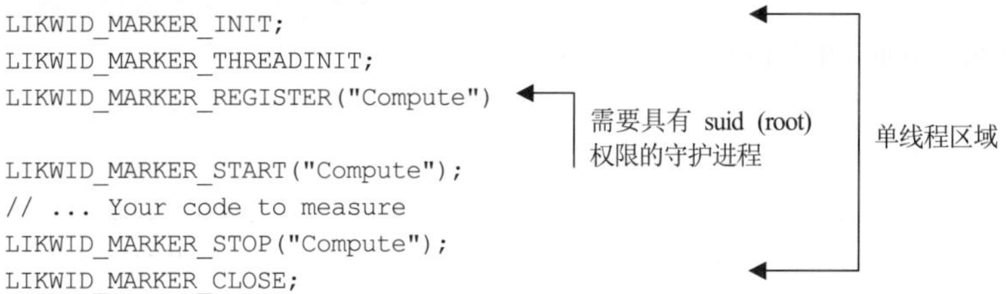

生成自己的 Roofline 图

来自 NERSC 的 Charlene Yang 创建并发布了一个用于生成 Roofline 图的 Python 脚本。通过这个脚本，你可以轻松生成高质量的、自定义的图形。为顺利运行该脚本，你可能需要安装 anaconda3 软件包。Anaconda 中包含了 matplotlib 库和 Jupiter Notebook。通过以下代码，使用 Python 和 matplotlib 绘制 Roofline 图：

```
git clone https://github.com/cyanguwa/nersc-roofline.git
cd nersc-roofline/Plotting
modify data.txt
python plot_roofline.py data.txt
```

我们将在下面的几个练习中，使用这个绘图脚本的修改版本。在第一个例子中，将部分 Roofline 绘图脚本嵌入 Jupiter Notebook 中。Jupiter Notebook(https://jupyter.org/install.html)允许你在 Markdown 文档中插入 Python 代码，从而获得极佳的交互式体验。我们使用它来动态计算理论硬件性能，然后创建一个计算强度和性能的 Roofline。

练习：在 Jupyter Notebook 中嵌入的绘图脚本

使用包管理器安装 Python3。然后使用 Python 安装程序 pip 来安装 NumPy、SciPy、matplotlib 和 Jupyter：

```
brew install python3
pip install numpy scipy matplotlib jupy
```

运行 Jupyter Notebook：

1. 在 https://github.com/EssentialsofParallelComputing/Chapter3 下载 Jupyter Notebook。
2. 打开 Jupyter Notebook 文件 HardwarePlatformCharacterization.ipynb。
3. 在 HardwarePlatformCharacterization.ipynb 的第一个代码块中更改硬件设置，使它适合你的硬件平台，如图 3-12 所示。

Hardware Platform Characterization

```
In [1]: CPUDescription="Mid-2017 MacBook Pro laptop with an Intel Core i7-7920HQ processor"
        MemoryDescription="LPDDR3-2133"
        print (CPUDescription)
        print (MemoryDescription)

        Mid-2017 MacBook Pro laptop with an Intel Core i7-7920HQ processor
        LPDDR3-2133
```

Processor Characteristics

Processor Frequency [GHz]
Processor Cores
Hyperthreads
Vector Width [bits]
Word Size in Bits [64 for double, 32 for single precision]
FMA [2 for Fused Multiple Add, 1 otherwise]

```
In [2]: ProcessorFrequency=3.7
        ProcessorCores=4
        Hyperthreads=2
        VectorWidth=256
        WordSizeBits=64
        FMA=2
```

Main Memory Characteristics

Data Transfer Rate [MT/s]
Bytes Transferred per Access [Bytes]
Number Channels

```
In [3]: DataTransferRate=2133
        MemoryChannels=2
        BytesTransferredPerAccess=8
```

图 3-12　更改硬件设置

一旦完成硬件设置的更改，就可以进行理论硬件特征值的运算了。运行 Jupyter Notebook 中所有文本框中的程序，并在输出中找到如图 3-13 所示的运行结果。

```
In [4]: TheoreticalMaximumFlops=ProcessorCores*Hyperthreads*ProcessorFrequency*VectorWidth/WordSizeBits*FMA
        print ("Theoretical Maximum Flops =",TheoreticalMaximumFlops, "GFLOPS/s")

        Theoretical Maximum Flops = 236.8 GFLOPS/s

In [5]: TheoreticalMemoryBandwidth=DataTransferRate*MemoryChannels*BytesTransferredPerAccess/1000
        print ("Theoretical Maximum Bandwidth (at main memory) =", TheoreticalMemoryBandwidth, "GiB/s")

        Theoretical Maximum Bandwidth (at main memory) = 34.128 GiB/s

In [6]: WordSizeBytes=WordSizeBits/8
        TheoreticalMachineBalance=TheoreticalMaximumFlops/TheoreticalMemoryBandwidth
        print ("Theoretical Machine Balance = ",TheoreticalMachineBalance, "Flops/byte")
        print ("Theoretical Machine Balance = ",TheoreticalMachineBalance*WordSizeBytes, "Flops/word")

        Theoretical Machine Balance =  6.938584153774028 Flops/byte
        Theoretical Machine Balance =  55.50867323019222 Flops/word
```

图 3-13　运行结果

在 Notebook 的下一部分，包含要在 Roofline 图上绘制测量的性能数据，如图 3-14 所示。修改 Notebook，输入性能测量数据。我们将使用从 likwid 性能计数器收集的数据，用于 CloverLeaf 的串行运行以及 OpenMP 和向量化。

```
In [7]: smemroofs = [21000.0, 9961.16, 1171.55, 224.08]
        scomproofs = [2801.24, 1400.26]
        smem_roof_name = ["L1 Bandwidth", "L2 Bandwidth", "L3 Bandwidth", "DRAM Bandwidth"]
        scomp_roof_name = ["DP Vector FMA Peak", "DP Vector Add Peak"]
        AI = [.3608, .2106]
        FLOPS = [41.3, 2.735]
        labels = ["CloverLeaf w/OpenMP and Vectorization", "CloverLeaf Serial"]

        print ('memroofs', smemroofs)
        print ('mem_roof_names', smem_roof_name)
        print ('comproofs', scomproofs)
        print ('comp_roof_names', scomp_roof_name)
        print ('AI', AI)
        print ('FLOPS', FLOPS)
        print ('labels', labels)

        memroofs [21000.0, 9961.16, 1171.55, 224.08]
        mem_roof_names ['L1 Bandwidth', 'L2 Bandwidth', 'L3 Bandwidth', 'DRAM Bandwidth']
        comproofs [2801.24, 1400.26]
        comp_roof_names ['DP Vector FMA Peak', 'DP Vector Add Peak']
        AI [0.3608, 0.2106]
        FLOPS [41.3, 2.735]
        labels ['CloverLeaf w/OpenMP and Vectorization', 'CloverLeaf Serial']
```

图 3-14　性能数据

接下来使用 matplotlib 绘制 Roofline。图 3-15 显示的是绘图脚本的前半部分。你可更改绘图范围、比例、标签以及其他设置。

```
In [8]: %matplotlib inline

        import numpy as np
        import matplotlib.pyplot as plt

        font = { 'size'   : 20}
        plt.rc('font', **font)

        markersize = 16
        colors = ['b','g','r','y','m','c']
        styles = ['o','s','v','^','D',">","<","*","h","H","+","1","2","3","4","8","p","d","|","_",".",","]

        fig = plt.figure(1,figsize=(20.67,12.6))
        plt.clf()
        ax = fig.gca()
        ax.set_xscale('log')
        ax.set_yscale('log')
        ax.set_xlabel('Arithmetic Intensity [FLOPs/Byte]')
        ax.set_ylabel('Performance [GFLOP/sec]')
        ax.grid()
        ax.grid(which='minor', linestyle=':', linewidth='0.5', color='black')

        nx = 10000
        xmin = -3
        xmax = 2
        ymin = 0.1
        ymax = 10000

        ax.set_xlim(10**xmin, 10**xmax)
        ax.set_ylim(ymin, ymax)

        ixx = int(nx*0.02)
        xlim = ax.get_xlim()
        ylim = ax.get_ylim()
```

图 3-15　绘图脚本的前半部分

接下来绘图脚本将找到图中线条的相交处，并绘制“拐点”，如图 3-16 所示。程序还将计算出图中文本的位置以及方向。

```
x = np.logspace(xmin,xmax,nx)
for roof in scomproofs:
    for ix in range(1,nx):
        if smemroofs[0] * x[ix] >= roof and smemroofs[0] * x[ix-1] < roof:
            scomp_x_elbow.append(x[ix-1])
            scomp_ix_elbow.append(ix-1)
            break


for roof in smemroofs:
    for ix in range(1,nx):
        if (scomproofs[0] <= roof * x[ix] and scomproofs[0] > roof * x[ix-1]):
            smem_x_elbow.append(x[ix-1])
            smem_ix_elbow.append(ix-1)
            break

for i in range(0,len(scomproofs)):
    y = np.ones(len(x)) * scomproofs[i]
    ax.plot(x[scomp_ix_elbow[i]:],y[scomp_ix_elbow[i]:],c='k',ls='-',lw='2')

for i in range(0,len(smemroofs)):
    y = x * smemroofs[i]
    ax.plot(x[:smem_ix_elbow[i]+1],y[:smem_ix_elbow[i]+1],c='k',ls='-',lw='2')


marker_handles = list()
for i in range(0,len(AI)):
  ax.plot(float(AI[i]),float(FLOPS[i]),c=colors[i],marker=styles[i],linestyle='None',ms=markersize,label=labels[i])
  marker_handles.append(ax.plot([],[],c=colors[i],marker=styles[i],linestyle='None',ms=markersize,label=labels[i])[0])

for roof in scomproofs:
    ax.text(x[-ixx],roof,
            scomp_roof_name[scomproofs.index(roof)] + ': ' + '{0:.1f}'.format(float(roof)) + ' GFLOP/s',
            horizontalalignment='right',
            verticalalignment='bottom')

for roof in smemroofs:
    ang = np.arctan(np.log10(xlim[1]/xlim[0]) / np.log10(ylim[1]/ylim[0])
                        * fig.get_size_inches()[1]/fig.get_size_inches()[0] )
    ax.text(x[ixx],x[ixx]*roof*(1+0.25*np.sin(ang)**2),
            smem_roof_name[smemroofs.index(roof)] + ': ' + '{0:.1f}'.format(float(roof)) + ' GiB/s',
            horizontalalignment='left',
            verticalalignment='bottom',
            rotation=180/np.pi*ang)


leg1 = plt.legend(handles = marker_handles,loc=4, ncol=2)
ax.add_artist(leg1)

plt.savefig('roofline.png')
plt.savefig('roofline.eps')
plt.savefig('roofline.pdf')
plt.savefig('roofline.svg')

plt.show()
```

图 3-16 继续绘制

图 3-17 中显示了通过计算得出的计算强度和计算率。并通过 Roofline 显示了串行计算和并行计算所对应的值，通过观察可以得到并行计算比串行计算大概快 15 倍，并且操作(算术)强度也略高于串行计算。

还有很多工具可以测量算术强度。Intel Software Development Emulator(SDE)软件包(https://software.intel.com/en-us/articles/intel-software-development-emulator)可生成大量用于计算算术强度的信息。Intel Vtune 性能工具(Parallel Studio 软件包的一部分)也可用于收集性能信息。

当我们比较 Intel Advisor 和 likwid 的结果时，算术强度可能存在差异。有许多不同的方法可用于操作计数，比如在数据加载时，计算整个缓存行或者只计算被用到的缓存行中的部分数据。与此相同，计数器可计算整个向量宽度，而不仅是被使用的部分。有些工具只对浮点运算进行计数，而另一些工具也对其他类型的运算进行计数(如整数运算)。

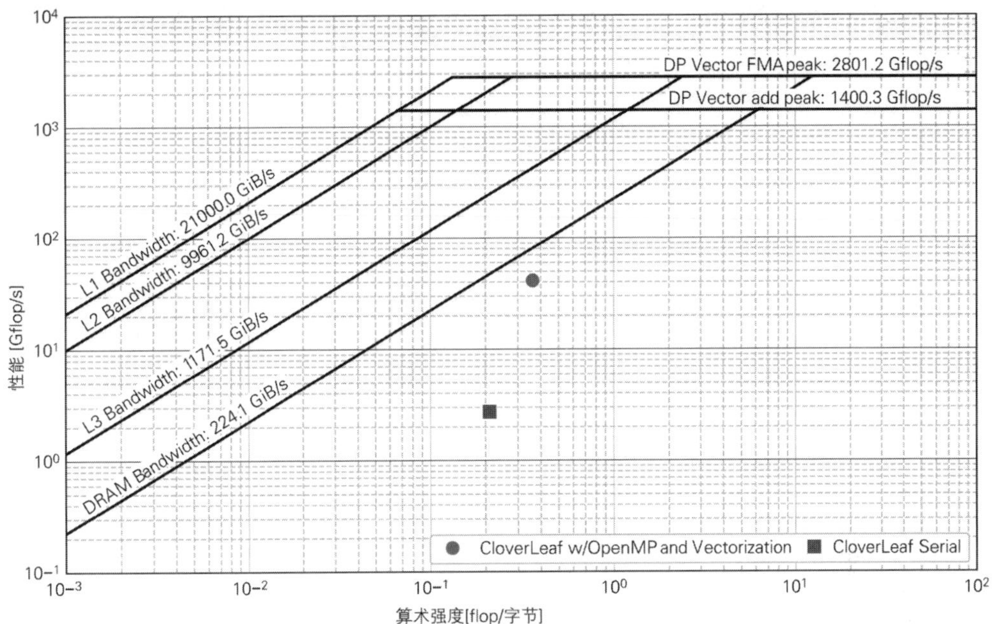

图 3-17　Clover Leaf 在 Skylake Gold 处理器上的整体性能

3.3.2　处理器时钟频率和能耗的实证测量

最新的处理器有很多硬件特性可用于性能测量，如处理器频率、温度、功率和许多其他指标。随着新的软件应用程序以及支持库的不断出现，获取处理器的这些信息变得更加容易。这些应用程序降低了编写代码的难度，并解决了访问处理器性能信息的权限问题，方便普通用户访问处理器的性能信息。这是一个令人备受鼓舞的发展方向，因为程序员永远无法优化他们未知的东西。

随着处理器频率管理功能的不断发展，处理器一般都不在其标称频率下运行。在负载较轻的情况下，处理器的时钟频率将自动降低以节省能源，而在负载较高时，时钟频率可以增加到 turbo-boost 模式，从而提供更高的处理性能。可通过如下两个简单的交互命令来查看处理器的频率：

```
watch -n 1 "lscpu | grep MHz"
watch -n 1 "grep MHz /proc/cpuinfo"
```

likwid 工具套件还有一个命令行工具 likwid-powermeter，可用于查看处理器频率和功率统计数据。likwid-perfctr 工具也会在摘要报告中报告这些统计信息。另一个方便的小应用程序是 Intel Power Gadget，可运行在 Mac 和 Windows 环境中，它也提供 Linux 版本，但功能稍微受到一些限制。通过它可以将频率、功率、温度和利用率等信息以图表方式呈现出来。

迷你应用程序 CLAMR(http://www.github.com/LANL/CLAMR.git)正在开发一个小型支持库，叫做 PowerStats。通过它，可以在应用程序中跟踪处理器频率和能耗，并在程序结束运行时生成相关报告。目前，PowerStats 通过 Intel Power Gadget 库接口可在 Mac 环境中运行。同时，PowerStats 正在为 Linux 系统开发类似的功能。如果打算使用该程序，只需要在应用程序代码中添加几个简单调用即可，如代码清单 3-2 所示。

代码清单 3-2　追踪能耗和频率的 PowerStats 代码

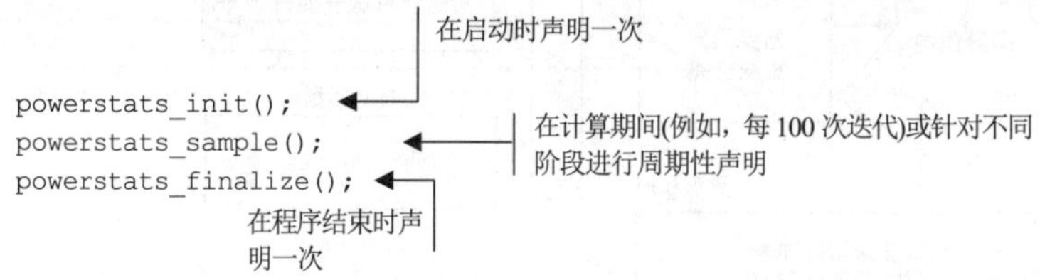

当运行时，将输出如下表格：

```
Processor        Energy(mWh)    = 94.47181
IA               Energy(mWh)    = 70.07562
DRAM             Energy(mWh)    = 3.09289
Processor        Power  (W)     = 71.07833
IA               Power  (W)     = 54.73608
DRAM             Power  (W)     = 2.32194
Average Frequency               = 3721.19422
Average Temperature (C)         = 94.78369
Time Expended (secs)            = 12.13246
```

3.3.3　在运行时跟踪内存

内存的使用情况往往也是程序员不容易了解的一个方面。你可以使用前面用于查看处理器频率的交互式命令，来查询内存的统计信息，只需要对该命令做适当修改即可，首先通过 top 或者 ps 命令获取进程的 ID。然后使用下面的命令对内存使用情况进行跟踪：

```
watch -n 1 "grep VmRSS /proc/<pid>/status"
watch -n 1 "ps <pid>"
top -s 1 -p <pid>
```

为了将它集成到程序中(也许是为了查看内存在不同阶段的运行情况)，CLAMR 中的 MemSTATS 支持库提供了 4 个不同的内存跟踪调用：

```
long long memstats_memused()
long long memstats_mempeak()
long long memstats_memfree()
long long memstats_memtotal()
```

将这些调用插入程序中，从而可以在调用点返回当前内存的统计信息。MemSTATS 是一个单一的 C 源代码和头文件，所以可以很容易地集成到程序中。你可在 http://github.com/LANL/CLAMR/的 MemSTATS 目录中找到源程序。同样，可在代码示例 https://github.com/EssentialsofParallelComputing/Chapter3 中找到相关程序。

3.4 进一步探索

本章只是简单介绍了这些工具的功能。要了解更多信息，请在“扩展阅读”一节探索，并尝试其中的练习。

3.4.1 扩展阅读

可以通过以下链接找到更多关于 stream benchmark 的信息和相关数据：

- John McCalpin. 1995. "STREAM: Sustainable Memory Bandwidth in High Performance Computers." https://www.cs.virginia.edu/stream/。

Roofline 模型起源于劳伦斯伯克利国家实验室。他们的网站上提供了很多资源可供参考：

- "Roofline Performance Model", https://crd.lbl.gov/departments/computer-science/PAR/research/roofline/。

3.4.2 练习

1. 计算你所选择系统的理论性能。在你的计算中应该包括 flop 峰值、内存带宽和机器平衡。
2. 从 https://bitbucket.org/berkeleylab/cs-roofline-toolkit.git 下载 Roofline Toolkit 并计算所选系统的实际性能。
3. 使用 Rooline Toolkit，从一个处理器开始，逐步添加优化和并行化，并记录每一步得到的改进成果。
4. 从 https://www.cs.virginia.edu/stream/ 下载 stream benchmark，然后测量所选系统的内存带宽。
5. 选择一个公开可用的 benchmark 或迷你应用程序，并使用 KCacheGrind 生成一个调用图。
6. 选择一个公开可用的 benchmark 或迷你应用程序，并使用 Intel Advisor 或 likwid 工具测量其计算强度。
7. 使用本章介绍的性能工具，确定小型应用程序的平均处理器频率和能耗。
8. 使用 3.3.3 节介绍的一些工具，确定一个应用程序的内存需求量。

本章涵盖了许多并行项目计划的必要细节。评估硬件的性能并使用工具获取有关硬件的性能指标，以及应用程序的性能信息，这些都为你制定计划提供了坚实、具体的数据支撑。这些工具和技术的使用，为并行项目的成功奠定了坚实基础。

3.5 本章小结

- 应用程序可能存在几种性能限制。包括浮点操作的峰值数量(flop)、内存带宽以及硬盘读写。
- 与 flop 相比，当前计算系统上运行的应用程序面临更大的限制往往来自内存带宽。虽然 20 年前大家就已经了解到这一点，但现在的情况变得更明显。遗憾的是，很多计算科学家们没能及时适应这一新的现实。

- 可以使用概要分析工具来衡量应用程序的性能，从而确定并行化和优化工作的重点。本章介绍了 Intel Advisor、valgrind、callgrind 以及 likwid 的示例，但还有许多其他工具，包括 Intel VTune、Open | Speedshop (O | SS)、HPC Toolkit 以及 Allinea/ARM MAP(更完整的列表，请参考第 17.3 节)。需要注意，工具的价值在于提供可利用的有效信息，而不在于提供信息的种类与数量。
- 可使用硬件性能实用程序以及相关应用，来确定处理器频率、能耗、内存使用以及相关信息。通过将这些性能信息进行可视化，可更轻松地决定在哪些方面进行优化。

第 4 章 数据设计和性能模型

本章涵盖以下内容：

- 为什么现实中的应用程序无法达到性能要求
- 找到性能低下的 kernel 和循环
- 为应用程序选择合适的数据结构
- 在编写代码前评估不同的编程方法
- 理解缓存层次结构如何将数据传递给处理器

本章有两个密切相关的主题：①引入越来越多的由数据移动主导的性能模型；②数据的底层设计和结构。虽然看起来数据结构与性能相比，没有那么重要。但事实上数据结构及其设计对程序的成败起着至关重要的作用。我们必须首先确定数据结构，因为数据结构决定着算法、代码形式以及后面所使用的并行实现技术。

数据结构和数据布局的选择通常决定了日后应用程序可以获得的性能，虽然在做这种选择时看不到它对性能的影响。考虑数据布局及其性能影响是一种面向数据设计的新编程方法的核心。这种方法主要关注在程序中如何对数据进行使用，并主动围绕这一思想进行设计。面向数据的设计为我们提供了一个以数据为中心的世界，这也与我们关注内存带宽而不是浮点操作(flop)的观点相一致。总之，对于性能，我们将考虑如下方面：

- 考虑数据而不是代码
- 考虑内存带宽而不是浮点操作
- 考虑缓存行而不是单个数据元素
- 优先处理缓存中数据的操作

使用基于数据结构和算法的简单性能模型，可以对性能进行粗略预测。性能模型是计算机系统如何在代码 kernel 中执行操作的简化表示。我们将使用简化的模型，因为对计算机操作的全部复杂性进行推理，将是非常困难的，并且模糊了我们需要考虑性能的核心方面。这些简化的模型可以捕获对性能至关重要的计算机操作。同时我们要清楚，每个计算机系统的操作细节都是不同的。因为希望应用程序可更广泛地运行在不同系统上，所以需要建立一个模型来抽象出适用于所有系统的应用场景。

模型可以帮助我们理解 kernel 性能的当前状况。通过它可以构建对性能的期望指标，以及如何随着代码的更新来优化性能。对代码的更改可能需要大量工作，我们希望在开始工作之前确定预期的结果。模型还帮助我们关注应用程序性能的关键因素和相关资源。

性能模型并不局限于 flop，实际上，我们将重点关注数据和内存方面。除了 flop 和内存操作之外，整数操作、指令和指令类型也很重要，都应该被考虑在内。但与这些附加因素相关的限制通常与内存性能相关，我们可以认为这些是对性能产生些许负面影响的一些因素。

本章首先介绍简单的数据结构以及这些结构对性能的影响。此后将介绍用于快速做出设计决策的性能模型。然后通过一个使用性能模型的案例，来研究压缩稀疏 multi-material 数组的更复杂数据结构，从而评估哪种数据结构可能表现良好。这些决策对数据结构的影响通常会在项目后期表现出来，但那时对于数据结构的更改将变得十分困难。在本章的最后，将重点讨论高级编程模型，介绍更复杂的模型；它们适用于深入研究性能问题，或用于了解计算机硬件及其设计是如何影响性能的。让我们在查看代码以及解决性能问题时，深入了解数据结构对它们产生的影响。

注意：为了更好地查看并研究本章的示例，可访问如下地址：https://github.com/Essentialsof-ParallelComputing/Chapter4。

4.1 数据结构与性能：面向数据的设计

我们的目标是设计能够带来优异性能的数据结构。将从一个分配多维数组的方法开始，然后探索更复杂的数据结构。为达到这一目标，我们需要了解：

- 数据如何在计算机中分布
- 数据如何加载到缓存行中，然后进入 CPU
- 数据布局如何影响性能
- 在当今的计算机中，数据移动对性能的影响越来越重要

在大多数现代编程语言中，数据以这样或那样的结构进行分组。例如，在 C 语言中使用数据结构或在面向对象编程(也称为 OOP)中，使用“类”将相关的数据项集合在一起，以方便组织源代码。类的成员与操作它的方法聚集在一起。虽然面向对象编程的哲学从程序员的角度提供了很多价值，但完全忽略了 CPU 的操作过程。在面向对象的编程中，很少的几行代码可能导致频繁的方法调用(如图 4-1 所示)。

对于方法调用，必须首先将类放入缓存中。再将数据放入缓存，然后是类的相邻元素。当你操作一个对象时，这是很方便的。但对于需要密集计算的应用来说，每一项都有大量数据。这种情况下，我们不想每次调用项目方法时都需要遍历深度调用堆栈。这将导致指令缓存命中率下降、数据缓存使用率降低、分支以及产生大量函数调用的开销。

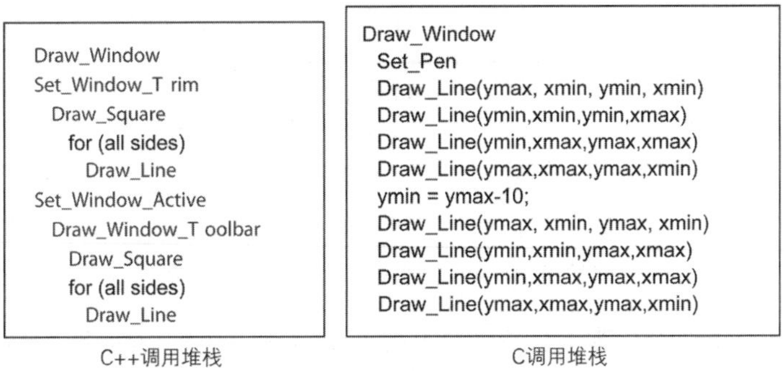

```
Draw_Window
Set_Window_T rim
  Draw_Square
    for (all sides)
      Draw_Line
Set_Window_Active
  Draw_Window_T oolbar
    Draw_Square
    for (all sides)
      Draw_Line
```

C++调用堆栈

```
Draw_Window
  Set_Pen
  Draw_Line(ymax, xmin, ymin, xmin)
  Draw_Line(ymin,xmin,ymin,xmax)
  Draw_Line(ymin,xmax,ymax,xmax)
  Draw_Line(ymax,xmax,ymax,xmin)
  ymin = ymax-10;
  Draw_Line(ymax, xmin, ymax, xmin)
  Draw_Line(ymin,xmin,ymax,xmax)
  Draw_Line(ymin,xmax,ymax,xmax)
  Draw_Line(ymax,xmax,ymax,xmin)
```

C调用堆栈

图 4-1　面向对象语言具有深度调用堆栈和大量方法调用(如图中左边显示)，而过程编程语言在调用堆栈的一个层次上具有很长的操作序列

使用 C++的方法，使编写简洁代码变得更加容易，但是几乎每一行都在使用方法调用，如图 4-1 所示。在数值型仿真代码中，Draw_Line 调用很可能是一个复杂的数学表达式。在上面的场景中，如果使用 C 代码来实现，C 程序将使用内联技术将函数复制到调用的位置，而不是跳转到 C 代码的函数中。内联是编译器将代码源从子例程复制到使用它的位置的过程，而不是调用子例程。然而，编译器只能内联简单的、短小的例程。但是在面向对象的语言中，代码的方法调用由于其复杂性和深度调用堆栈，从而不能使用内联技术。这将导致指令缓存的命中率下降以及其他一些性能问题。按照上面的程序，如果我们只绘制一个窗口(调用 Draw_Windows 函数)，那么性能损失与编程的便捷性相比变得微不足道，但如果要绘制 100 万个窗口(调用 100 万次 Draw_Windows 函数)，那么性能上的损失是我们无法接受的。

因此，我们应该重点关注数据结构，从而提升性能，而不仅是简化编程过程。面向对象编程以及其他流行的现代编程方法提供了强大的功能，但也引入许多性能方面的陷阱。在 2014 年的 CppCon 大会上，Mike Acton 发表了题为“面向数据的设计与 C++”的演讲，总结了在游戏行业的开发过程中，当代编程技术阻碍性能发展的原因。面向数据设计编程方法的倡导者通过创建一种直接关注性能的编程方法来解决这个问题。这种方法被称为面向数据的设计，它更关注 CPU 和缓存的最佳数据布局。这种编程方法与 HPC 开发人员长期使用的技术有很多共同之处。在 HPC 中，面向数据的设计是常态；它很自然地遵循人们用 Fortran 编写程序的方法。那么，面向数据的设计具体是怎样的？下面将加以描述：

- 对数组(而不是单个数据项)进行操作，从而避免过多的调用开销，以及减少指令和数据在缓存中未命中的情况发生。
- 大多数情况下，为更好地利用缓存，最好使用数组而不是其他数据结构。
- 使用内联子例程，而不是使用深层次结构的跨越调用。
- 控制内存分配，避免后台通过无向(undirected)方式重新分配内存。
- 使用基于连续数组的链表来避免 C 和 C++中使用的标准链表，因为标准链表会在数据局部性(data locality)较差或缓存利用率不佳的情况下跳过内存。

当我们进入下一章的学习时，将注意到，大型数据结构或类(classes)同样会导致共享内存并行化和向量化方面的问题。在共享编程中，我们需要将变量设定为某个线程的私有变量或将其设定为所有线程都可访问的全局变量。但目前，在数据结构中的所有对象都具有相同属性。尤其是在引入

OpenMP 并行后，问题变得更严重。在实现向量化时，我们需要同构数据的多元素数组，但类(class)通常对异构数据进行分组，这将事情变得更加复杂。

4.1.1　多维数组

在这一节中，将讨论在数据科学计算领域无处不在的多维数组的数据结构。我们的目标是理解如下内容：

- 如何在内存中放置多维数组
- 如何高效地访问数组，从而避免性能问题
- 如何在 C 程序中调用 Fortran 的 numerical 库

处理多维数组是优化性能时最常遇到的问题。图 4-2 中的前两个图显示了传统的 C 和 Fortran 所使用的数据布局。

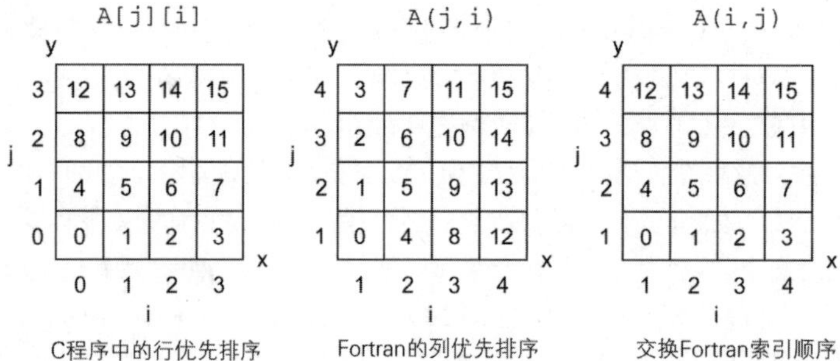

图 4-2　传统的 C 排序是行优先的，而 Fortran 排序是列优先的。通过交换 Fortran 或 C 的索引顺序可以使它们得到兼容。但需要注意数组索引的约定，因为在 Fortran 数组的索引约定中，索引从 1 开始，而在 C 的数组索引约定中，规定索引从 0 开始。在上例中，C 约定将元素按连续顺序从 0 到 15 进行编号

在 C 程序中，数据使用行优先的顺序，所以对行数据的变更要快于对列数据的变更。这意味着行数据在内存中是连续的。相比之下，Fortran 数据布局是列优先的，所以在 Fortran 中对列数据修改最快。实际上，作为程序员，必须记住内循环中应该使用哪种索引，以便在每种情况下充分利用连续内存(如图 4-3 所示)。

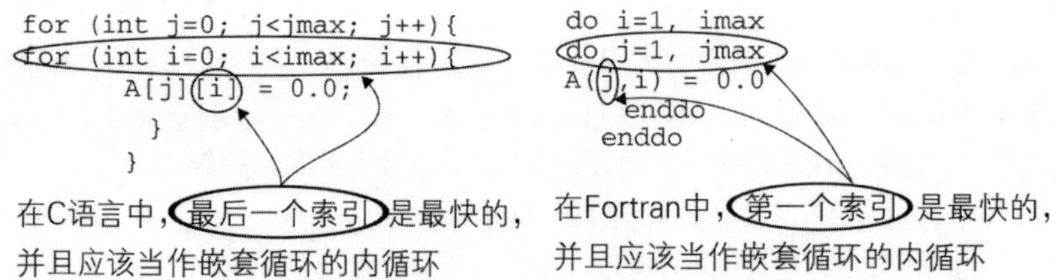

图 4-3　对于 C 语言，重要的是要记住最后一个索引变化得最快，并且应该当作嵌套循环的内循环。对于 Fortran，第一个索引变化最快，并且应该作为嵌套循环的内循环

除了两种语言之间在数据排序方面的差异之外，我们还必须考虑一个问题。整个二维数组的内存是连续的吗？Fortran 不能保证内存是连续的，除非在数组上设定了 contiguous 属性，如下例所示。

```
real, allocatable, contiguous :: x(:,:)
```

在实际工作中，使用 contiguous 属性并不像看起来那么重要。因为无论是否使用了 contiguous 属性，所有常用的 Fortran 编译器都将为数据分配连续的内存。可能存在的例外是填充缓存性能，或通过带有切片运算符的子例程接口对数组进行传递。切片运算符是 Fortran 中的一种结构，它允许你引用数组的子集，比如将二维数组的一行复制到一维数组中，它的语法为 y(:)=x(1,:)。切片运算符也可用于子程序调用，例如：

```
call write_data_row(x(1,:))
```

一些研究性编译器通过简单地修改数组的 dope 向量中数据元素之间的跨距来处理这个问题。在 Fortran 语言中，dope 向量是数组的元数据，包含数组的起始位置、长度和每个维度元素之间的跨距。dope 一词在这种情况下来自“告知我某人或某事(这里指数组)的内幕信息”。图 4-4 说明了 dope 向量、切片运算符和跨距的概念。这个想法是将 dope 向量中的跨距从 1 修改为 4，然后按照行(而不是列)遍历数据。但在实践中，Fortran 编译器通常会复制数据并将其传递给子例程，从而避免破坏需要连续数据的代码。这也意味着你应该避免在调用 Fortran 子例程时使用切片运算符，因为这将隐藏副本并增加性能成本。

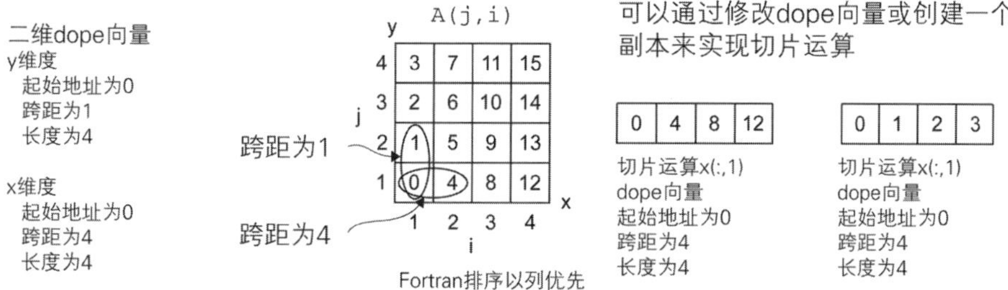

图 4-4　通过修改 dope 向量创建 Fortran 数组的不同视图，dope 向量是一组描述每个维度的开始、跨距和长度的元数据。通过切片操作符，可以获得 Fortran 数组中的部分数据，其中如果想获取该维度的所有值，可用冒号(:)来表示，比如 x(:,1) 中的冒号表示取得第一个维度中的所有数据。通过这项技术，你可创建更复杂的使用场景，比如通过 A(1:2,1:2)可以获得 4 个元素，其中每个维度的取值范围(上下界)可以通过冒号来指定(比如 1:2，从 1 取到 2)

C 语言在二维数组的连续内存方面也存在自己的问题。这是因为在 C 语言中通常对二维数组进行动态分配，如代码清单 4-1 所示。

代码清单 4-1　在 C 语言中分配二维数组的常规方法

```
double **x =
    (double **)malloc(jmax*sizeof(double *));

for (j=0; j<jmax; j++){
   x[j] =
      (double *)malloc(imax*sizeof(double));
}

// computation

for (j=0; j<jmax; j++){
```

将一列指针类型的指针分配为 double

分配每一行数据

```
free(x[j]);
}
free(x);
```

释放内存

在这个代码清单中，使用 1+jmax 进行分配，每个分配都可来自堆(heap)中的不同位置。对于较大的二维数组，内存中的数据布局对缓存效率的影响很小。但更大的问题是非连续数组的使用受到严重限制，因此无法将这些数据传递给 Fortran；只能将它们以块的形式写入文件，然后将它们传递给 GPU 或其他处理器，并且这些操作都需要逐行执行。幸运的是，有一种简单方法可为 C 数组分配连续的内存块。为什么不将它作为标准做法呢？那是因为大家都了解代码清单 4-1 中的传统方法，所以没有去探索新方法。代码清单 4-2 展示了如何为一个二维数组分配连续的内存块。

代码清单 4-2　在 C 语言中为二维数组分配连续的内存

```
 8 double **x =
 9     (double **)malloc(jmax*sizeof(double *));
10
11 x[0] = (void *)malloc(jmax*imax*sizeof(double));
12
13 for (int j = 1; j < jmax; j++) {
14    x[j] = x[j-1] + imax;
15 }
16
17 // computation
18
19 free(x[0]);
20 free(x);
```

为行指针分配内存块

为二维数组分配内存块

为每个行指针分配指向数据块的内存位置

释放内存

通过这种方法不仅提供了连续的内存块，而且只需要两次内存分配即可完成！可以在代码清单 4-2 第 11 行的连续内存分配开始处，将行指针捆绑到内存块中，来进一步优化，从而将两个内存分配合二为一(如图 4-5 所示)。

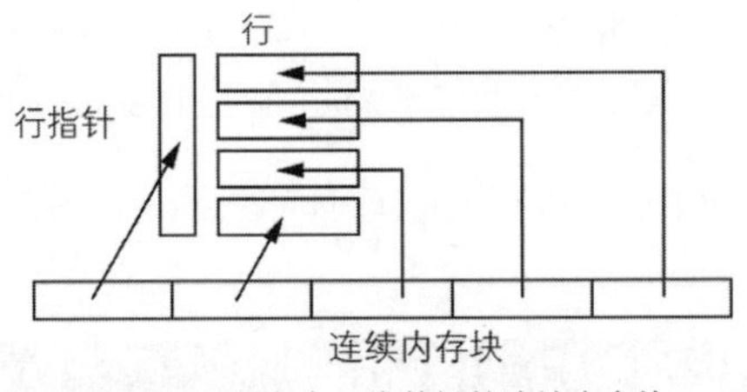

图 4-5　C 语言中二维数组的连续内存块

在代码清单 4-3 中，显示了如何在程序 malloc2D.c 中，实现二维数组单个连续内存的分配。

代码清单 4-3　二维数组中单个连续内存的分配

malloc2D.c

```
#include <stdlib.h>
#include "malloc2D.h"

double **malloc2D(int jmax, int imax)
```

```
{
   double **x = (double **)malloc(jmax*sizeof(double *) +
                jmax*imax*sizeof(double));

   x[0] = (double *)x + jmax;

   for (int j = 1; j < jmax; j++) {
       x[j] = x[j-1] + imax;
   }

   return(x);
}
```

为行指针和二维数组分配内存块

在行指针之后为二维数组分配内存块的开始位置

为每个行指针分配指向数据块的内存位置

malloc2D.h

```
#ifndef MALLOC2D_H
#define MALLOC2D_H
double **malloc2D(int jmax, int imax);
#endif
```

现在得到一个内存块，包括行指针数组。这将提高内存分配和缓存效率。这个数组也可以被索引为一维或二维数组，如代码清单 4-4 所示。使用一维数组可以减少整数地址的计算，并且更容易进行向量化或线程化(我们将在第 6 章和第 7 章讨论这一点)。该代码清单还显示了对一维数组手动进行二维索引计算。

代码清单 4-4　连续二维数组的一维和二维访问

calc2d.c

```
#include "malloc2D.h"

int main(int argc, char *argv[])
{
   int i, j;
   int imax=100, jmax=100;

   double **x = (double **)malloc2D(jmax,imax);

   double *x1d=x[0];
   for (i = 0; i< imax*jmax; i++){
     x1d[i] = 0.0;
   }

   for (j = 0; j< jmax; j++){
     for (i = 0; i< imax; i++){
       x[j][i] = 0.0;
     }
   }

  for (j = 0; j< jmax; j++){
    for (i = 0; i< imax; i++){
      x1d[i + imax * j] = 0.0;
   }
```

连续二维数组的一维访问

连续二维数组的二维访问

对一维数组进行手动二维索引计算

```
    }
}
```

Fortran 程序员认为语言中对多维数组的优先处理是理所当然的。尽管 C 和 C++已经存在了几十年，但它们仍然没有在语言中内置原生的多维数组。对于 C++标准，有人建议在 2023 修订版中添加原生多维数组的支持(参见附录 A 中 Hollman 等人的参考资料)。在那之前，必须使用代码清单 4-4 中涉及的多维数组内存分配方法。

4.1.2　结构数组(AoS)与数组结构(SoA)

本节将讨论结构和类(classes)对数据布局的影响。我们的目标是理解如下知识点：

- 内存中的不同布局结构
- 如何访问数组从而避免性能问题

可以通过两种不同方式将相关数据组织到数据集合中。首先是结构数组(AoS)，它将在最低级别收集数据并放入单独的单元中，然后使用这种结构组成一个数组。其次是数组结构(SoA)，其中每个数据数组位于最低级别，然后由数组组成一个结构。第三种方法是这两种数据结构的混合，即数组结构的数组(Array of Structures of Arrays，AoSoA)。我们将在第 4.1.3 节讨论这种混合数据结构。

AoS 的一个常见例子是用于绘制图形对象的颜色值。代码清单 4-5 显示了 C 语言中的 RGB 颜色系统结构。

代码清单 4-5　C 语言中的结构数组

```
1 struct RGB {
2     int R;
3     int G;
4     int B;
5 };
6 struct RGB polygon_color[1000];
```

定义一个标量颜色值

定义结构数组

代码清单 4-5 显示了一个 AoS，其中数据被放置在内存中(如图 4-6 所示)。在图中，请注意字节 12、28 和 44 处的空白，编译器将在其中插入 padding 从而获得 64 位边界上的内存对齐(128 位或 16 字节)。一个 64 字节的缓存行包含该结构的 4 个值。然后在第 6 行，我们创建由 1000 个 RGB 数据结构类型组成的 polygon_color 数组。这种数据布局是合理的，因为通常 RGB 的值将被一起用于绘制图形。

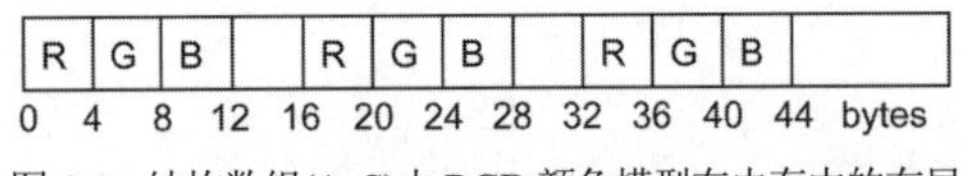

图 4-6　结构数组(AoS)中 RGB 颜色模型在内存中的布局

SoA 提供了另一种数据布局方式。代码清单 4-6 显示了实现这一技术的 C 代码。

代码清单 4-6　C 语言中的 SoA

```
struct RGB {
```

```
   int *R;
   int *G;
   int *B;
};
struct RGB polygon_color;

polygon_color.R = (int *)malloc(1000*sizeof(int));
polygon_color.G = (int *)malloc(1000*sizeof(int));
polygon_color.B = (int *)malloc(1000*sizeof(int));

free(polygon_color.R);
free(polygon_color.G);
free(polygon_color.B);
```

定义一个颜色值的整数数组

定义 SoA

内存布局在连续内存中包含所有 1000 个 R 值。G 和 B 颜色值可以跟在内存中的 R 值之后，但它们也可能在堆(heap)中的其他地方，这取决于内存分配器可以找到的空间位置。堆(heap)是一个单独的内存区域，用于通过 malloc 例程或 new 运算符分配动态内存。我们还可以使用连续内存分配器(如代码清单 4-3 所示)强制将内存分配在一起。

这里我们更关注的是性能。在程序员看来，每种数据结构都是同样合理的，没有差别，但真正重要的是 CPU 是如何处理这些数据结构的，并且这些数据结构又是如何影响性能的。让我们看看这些数据结构在几个不同场景中的性能。

AoS 性能评估

在我们的颜色示例中，假设读取数据时，一个点的所有三个属性都被访问，而不是单个 R、G 或 B 值，这样 AoS 能够很好地运行。对于图形操作，这种数据布局经常被使用。

注意： *如果编译器添加了 padding，那么它将为 AoS 方式增加 25%的内存负载，而且并非所有编译器都插入这个 padding。对于那些可以插入 padding 的编译器来说，这样做仍然是值得考虑的。*

如果在循环中仅访问 RGB 值中的一个，那么缓存的使用率会很差，因为循环会跳过不需要的值。当这种访问模式由编译器进行向量化时，它需要使用效率较低的 gather 和 scatter 操作。

SoA 性能评估

对于 SoA 布局，RGB 值具有单独的缓存行(如图 4-7 所示)。因此，对于所有三个 RGB 值都需要的小型数据，将带来很好的缓存利用率。但是随着数组越来越大、越来越多，缓存系统将会出现瓶颈，并导致性能下降。这些情况下，由于数据和缓存的交互变得过于复杂，所以无法完全对性能进行预测。

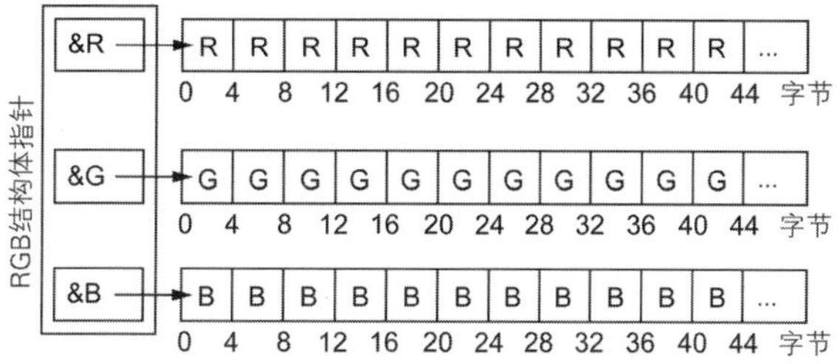

图 4-7　在 SoA 数据布局中，指针在内存中是相邻的，指向每个颜色的独立连续数组

另一个经常遇到的数据布局和访问模式是在计算应用程序中使用变量作为三维空间坐标。代码清单 4-7 显示了 C 语言中这种数据布局和访问模式的典型结构定义。

代码清单 4-7 C 语言结构数组中的空间坐标

```
struct point {
    double x, y, z;
};
struct point cell[1000];
double radius[1000];
double density[1000];
double density_gradient[1000];
```

定义点的空间坐标

定义点位置的数组

这种数据结构的一个应用场景是计算点到原点的距离(半径)，如下所示：

```
for (int i=0; i < 1000; i++){
   radius[i] = sqrt(cell[i].x*cell[i].x + cell[i].y*cell[i].y +
  cell[i].z*cell[i].z);
}
```

将 x、y 和 z 的值一起放在一个缓存行中，并在第二个缓存行中写入半径变量。这种情况下，缓存将被很好地利用，并可得到很高的缓存利用率。但第二种情况下，计算循环可能会使用 x 位置来计算 x 方向上的密度梯度，如下所示：

```
for (int i=1; i < 1000; i++){
  density_gradient[i] = (density[i] - density[i-1])/
                        (cell[i].x - cell[i-1].x);
}
```

现在 x 的缓存访问跳过了 y 和 z 数据，因此缓存中只使用了三分之一的数据(如果进行了填充，甚至是四分之一)。因此，最佳数据布局完全取决于使用情况和特定的数据访问模式。

在现实工作的混合用例中，有时将结构变量一起使用，有时不一起使用。一般来说，AoS 布局在 CPU 上整体表现更好，而 SoA 布局在 GPU 上表现更好。在报告的结果中，显示了充分的可变性，所以值得对特定的使用模式进行测试。在密度梯度的用例中，代码清单 4-8 显示了 SoA 的实现代码。

代码清单 4-8 SoA 的空间坐标

```
struct point{
     double *x, *y, *z;
};
struct point cell;
cell.x = (double *)malloc(1000*sizeof(double));
cell.y = (double *)malloc(1000*sizeof(double));
cell.z = (double *)malloc(1000*sizeof(double));
double *radius = (double *)malloc(1000*sizeof(double));
double *density = (double *)malloc(1000*sizeof(double));
```

定义空间位置的数组

定义 cell 空间位置的结构

```
double *density_gradient = (double *)malloc(1000*sizeof(double));
// ... initialize data

for (int i=0; i < 1000; i++){
radius[i] = sqrt(cell.x[i]*cell.x[i] +
                 cell.y[i]*cell.y[i] +
                 cell.z[i]*cell.z[i]);
}

for (int i=1; i < 1000; i++){
    density_gradient[i] = (density[i] - density[i-1])/
                          (cell.x[i] - cell.x[i-1]);
}

free(cell.x);
free(cell.y);
free(cell.z);
free(radius);
free(density);
free(density_gradient);
```

该循环使用数组的连续值

使用这种数据布局，每个变量被放入单独的缓存行中，缓存的使用对每个 kernel 都有益处。但是，随着所需数据成员的数量越来越多，缓存将很难有效地处理大量的内存流。在面向对象的 C++实现中，你应该警惕其他陷阱。代码清单 4-9 显示了一个以 cell 空间坐标和半径作为其数据组件的 Cell 类，以及一种根据 x、y 和 z 计算半径的方法。

代码清单 4-9　使用 C++的空间坐标类示例

```
class Cell{
     double x;
     double y;
     double z;
     double radius;
  public:
     void calc_radius() {
      radius = sqrt(x*x + y*y + z*z);
      }
     void big_calc();
}

Cell my_cells[1000];

for (int i = 0; i < 1000; i++){
  my_cells[i].calc_radius();
}

void Cell::big_calc(){
   radius = sqrt(x*x + y*y + z*z);
   // ... lots more code, preventing in-lining
}
```

为每个 cell 调用半径函数

将对象数组定义为结构数组

运行此代码会导致几个指令缓存未命中，以及每个 cell 的子例程调用的开销。当发生指令序列跳跃，且下一条指令不在指令缓存中时，就会发生指令缓存未命中的情况。有两个一级缓存：一个用于程序数据，另一个用于处理器指令。在调用和指令跳转之前，子例程调用需要额外的开销将参数压入堆栈。一旦进入例程，刚才入栈的参数就要从堆栈中弹出，然后在例程结束时，进行下一个指令跳转。这种情况下，因为代码足够简单，所以编译器可以通过内联例程来避免额外的成本。但在更复杂的情况下，如 big_calc 例程，就不能使用之前的方法了。此外，缓存行会引入 x、y、z 和半径。缓存有助于加快实际需要读取的位置坐标的加载速度。但是需要被写出的半径同样存在于缓存行中。如果不同的处理器正在对半径的值执行写出操作，那么可能会使缓存行失效，并要求其他处理器重新将数据加载到缓存中。

利用 C++提供的许多特性，可让编程变得更加轻松。这些特性通常被应用于代码的更高级别上，而使用 C 和 Fortran 更简洁的过程风格，将带来更好的性能。在前面的程序代码清单中，半径计算可以作为一个数组来完成，而不是作为单个标量元素。类指针可以在例程开始时解引用(dereferenced)一次，以避免重复解引用和可能发生的指令缓存未命中。解引用是指从指针引用获取内存地址的操作，以便让缓存行专门用于内存数据而不是指针。简单哈希表还可以使用一个结构，将键和值组合在一起，如代码清单 4-10 所示。

代码清单 4-10　AoS 哈希

```
struct hash_type {
   int key;
   int value;
};
struct hash_type hash[1000];
```

这段代码的问题是，它读取多个键，直到找到匹配的键为止，然后读取该键的值。这就意味着，键和值都将被读取然后被放在一个单独的高速缓冲行中，对每个键进行读取然后进行匹配，而该键对应的值将被忽略，直到找到匹配的键，才将值读取出来。为解决这个问题，最好是为键创建一个数组，为对应的值创建另一个数组，这样可以更快地对键进行检索，修改后的程序如代码清单 4-11 所示。

代码清单 4-11　SoA 哈希

```
struct hash_type {
   int *key;
   int *value;
} hash;
hash.key    = (int *)malloc(1000*sizeof(int));
hash.value  = (int *)malloc(1000*sizeof(int));
```

作为最后一个示例，我们使用包含密度、3D 动量和总能量的物理状态结构。代码清单 4-12 显示了这种结构。

程序清单 4-12　物理状态结构数组(AoS)

```
struct phys_state {
   double density;
   double momentum[3];
   double TotEnergy;
};
```

当仅处理密度时，缓存中接下来的 4 个值将不被使用。同样，最好将其作为 SoA 而不是 AoS。

4.1.3　数组结构的数组(AoSoA)

某些情况下，结构和数组的混合分组效率更高。数组结构的数组(AoSoA)可用来将数据“平铺”为向量长度。让我们使用标记 A[len/4]S[3]A[4]来表示这种数据布局。A[4]是一个包含 4 个数据元素的数组，数据内部的数据块是连续的。S[3]代表数据结构的下一层，有 3 个元素。S[3]A[4]的组合给出了如图 4-8 所示的数据布局。

R	R	R	R	G	G	G	G	B	B	B	B	...
0	4	8	12	16	20	24	28	32	36	40	44 bytes	

图 4-8　AoSoA 与最后的数组长度一起使用，符合硬件的向量长度，向量长度为 4

为获取所有数据，我们需要将由 12 个数据值组成的块重复 A[len/4]次。如果将其中的 4 用变量代替，将得到：

A[len/V]S[3]A[V]，其中 V=4

在 C 语言或 Fortran 中，数组的维度可以是：

var[len/V][3][V]，　var(1:V,1:3,1:len/V)

在 C++中，可以非常简单地实现，如程序代码清单 4-13 所示。

代码清单 4-13　RGB AoSoA

```
const int V=4;
struct SoA_type{
   int R[V], G[V], B[V];
};

int main(int argc, char *argv[])
{
   int len=1000;
   struct SoA_type AoSoA[len/V];

   for (int j=0; j<len/V; j++){
      for (int i=0; i<V; i++){
      AoSoA[j].R[i] = 0;
      AoSoA[j].G[i] = 0;
      AoSoA[j].B[i] = 0;
   }
```

集向量长度

将数组长度除以向量长度

数组长度上的循环

在向量长度上循环，这应该向量化

```
  }
}
```

通过改变 V 来匹配硬件向量长度或 GPU 工作组的大小，通过这种方式，我们创建了一个可移植的数据抽象。此外，通过定义 V=1 或 V=len，我们分别实现了 AoS 和 SoA 数据结构。将这种数据布局看作一种适应硬件和程序的数据使用模式。

关于这种数据结构的实现有很多细节需要处理，从而使索引成本最小化，并决定是否通过填充数组来提高性能。正如洛斯阿拉莫斯国家实验室的 Robert Bird 所做的一项研究所示，AoSoA 数据布局具有 AoS 和 SoA 数据结构的某些特性，因此性能通常接近于两者中较好的那一种(如图 4-9 所示)。

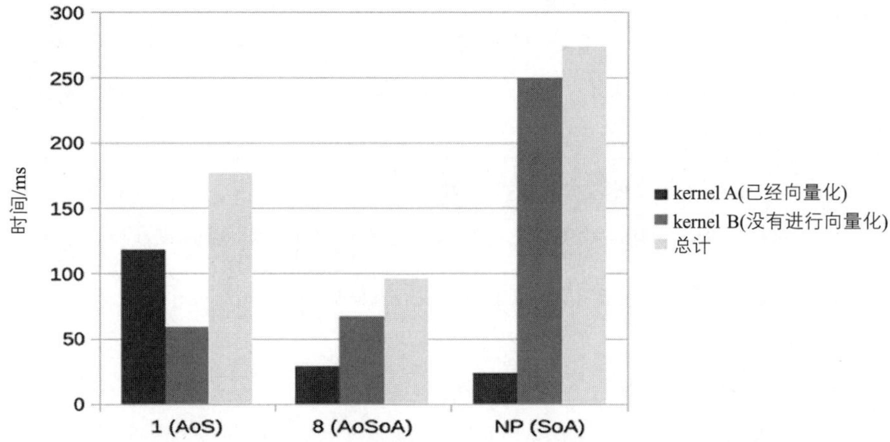

图4-9 数组结构数组(AoSoA)的性能通常为AoS和SoA二者中的最佳性能。x轴图例中的1、8和NP数组长度是AoSoA中最后一个数组的值。这些值意味着第一组简化为AoS，最后一组简化为SoA，中间组的第二个数组长度为8，从而可以匹配处理器的向量长度

4.2 缓存未命中的 3C：强制、容量与冲突

缓存的效率决定着密集计算的性能。如果数据被缓存，计算将被快速处理。当请求数据，而发现数据没有被缓存时，就会发生缓存未命中的情况。如果缓存未命中，处理器必须暂停并等待数据加载完毕。缓存未命中的成本约为 100~400 个周期；这一时间可以用于完成 100 次 flop！为提高性能，我们必须尽量减少缓存未命中情况的发生。如果想最小化缓存未命中的情况，就需要了解数据是如何从主内存移到 CPU 的。这是通过一个简单的性能模型完成的，该模型将缓存未命中的情况分为三个 C：强制(Compulsory)、容量(Capacity)和冲突(Conflict)。但首先我们必须了解缓存是如何工作的。

当数据被加载时，数据将以块的形式进行加载，称为缓存行，通常长度为 64 字节。然后根据缓存在内存中的地址将它们插入缓存位置。对于直接映射缓存，只有一个位置可将数据加载到缓存中。需要注意，当两个数组被映射到同一个位置时，使用直接映射缓存，一次只能缓存一个数组。为避免这种情况的出现，大多数处理器都有一个 N 路集合关联缓存，它提供 N 个数据加载位置。使用常规的、可预测的大数组内存访问，可以预先获得数据。也就是说，你可在需要数据之前发出预加载指令，从而确保数据已经被加载到缓存中。这可以通过编译器在硬件或软件中完成。

逐出操作是从一个或多个缓存级别中删除缓存行的操作。这可能是由于缓存行被加载到同一位置(缓存冲突)或超过缓存大小的限制(容量缺失)造成的。在循环中，赋值的存储操作会在缓存中进行写分配，创建并修改新的缓存行。这条高速缓存行将被逐出(存储)到主内存，尽管这可能不会立即发生。有各种不同的写策略会影响写操作的具体细节。缓存的三个 C 是理解缓存未命中来源的简单方法，这些缓存未命中的情况是影响密集计算运行时性能的主要原因。

- 强制：这种缓存未命中是由于数据是第一次被请求，所以强制它加载到缓存中，这种未命中是不可避免的。
- 容量：这种缓存未命中是由于缓冲容量有限造成的，它会将老旧数据从缓存中清除，从而释放空间来加载新的缓存行。当对原始数据(以前在缓存中，但因为缓存容量有限，已经被逐出缓存)再次访问时，就会出现缓存未命中。
- 冲突：当数据加载到缓存中的相同位置时就会发生冲突。如果同时需要两个或更多的数据项，但映射到相同的缓存行，那么必须为每个数据元素的访问重复加载这些数据项。

当由于容量或冲突而导致缓存未命中，并随后重新加载缓存行时，这有时被称为缓存抖动，这会导致性能问题。根据这些定义，我们可很容易计算出 kernel 的一些特征，并且至少可以了解预期可达到的性能。为此，我们将使用图 1-11 中的模糊算子 kernel。

代码清单 4-14 显示了 stencil.c kernel。我们还使用了第 4.1.1 节中 malloc2Dc 中的二维连续内存分配例程。这里没有显示计时器代码，但你可以从在线源代码中得到它。还需要调用计时器和 likwid(“Like I Knew What I 'm Doing”)分析器。在迭代时，会对一个大型数组进行写入操作，从而刷新缓存，以确保缓存中不存在可能导致错误结果的相关数据。

代码清单 4-14 Krakatau 模糊算子的 stencil 核心

```
#include <stdio.h>
#include <stdlib.h>
#include <sys/time.h>
#include "malloc2D.h"
#include "timer.h"
#include "likwid.h"
#define SWAP_PTR(xnew,xold,xtmp) (xtmp=xnew, xnew=xold, xold=xtmp)
int main(int argc, char *argv[]){
   LIKWID_MARKER_INIT;
   LIKWID_MARKER_REGISTER("STENCIL");          ← 初始化 likwid 并注册标记名称
   struct timeval tstart_cpu, tstop_cpu;
   double cpu_time;
   int imax=2002, jmax = 2002;
   double **xtmp, *xnew1d, *x1d;
   double **x = malloc2D(jmax, imax);
   double **xnew = malloc2D(jmax, imax);
   int *flush = (int *)malloc(jmax*imax*sizeof(int)*10);
   xnew1d = xnew[0]; x1d = x[0];
   for (int i = 0; i < imax*jmax; i++){        ← 使用之前提到的一维数组指针方法来初始化数组
      xnew1d[i] = 0.0; x1d[i] = 5.0;}
   for (int j = jmax/2 - 5; j < jmax/2 + 5; j++){
      for (int i = imax/2 - 5; i < imax/2 -1; i++){   ← 将中心的一块内存初始化为一个更大的值
         x[j][i] = 400.0;}}
   for (int iter = 0; iter < 10000; iter++){
      for (int l = 1; l < jmax*imax*10; l++){ flush[l] = 1.0; }   ← 刷新缓存
      cpu_timer_start(&tstart_cpu);
      LIKWID_MARKER_START("STENCIL");          ← 标记开始和停止
      for (int j = 1; j < jmax-1; j++){
         for (int i = 1; i < imax-1; i++){
            xnew[j][i] = ( x[j][i] + x[j][i-1] + x[j][i+1] + x[j-1][i] + x[j+1][i] ) / 5.0;
      } }
      LIKWID_MARKER_STOP("STENCIL");           ← 标记开始和停止
      cpu_time += cpu_timer_stop(tstart_cpu);
      SWAP_PTR(xnew, x, xtmp);
      if (iter%100 == 0) printf("Iter %d\n",iter);
   }
   printf("Timing is %f\n",cpu_time);
   free(x); free(xnew); free(flush);
   LIKWID_MARKER_CLOSE;                        ← 关闭 likwid
}
```

浮点运算 = 5 flop

内存加载5次加载和1次存储

计算kernel

最理想状态的缓存是：一旦数据被加载到内存中，数据就会被保存在那里。当然，大多数情况下，这与现实相去甚远。但是在这个模型中，我们可以执行如下计算：

- 使用的总内存=2000×2000×(5 次引用+1 次存储)×8 字节= 192 MB
- 加载和存储的强制存储器=2002×2002×8 字节×2 数组≈64.1 MB
- 算术强度=5 flop×2000×2000 / 64.1 MB≈0.312 flop/字节，或 2.5 flop/字符

然后使用 likwid 库编译该程序，并使用以下命令在 Skylake 6152 处理器上运行：

```
likwid-perfctr -C 0 -g MEM_DP -m ./stencil
```

我们需要的结果是在程序运行结束时在尾部打印的性能表，如下所示：

```
+-----------------------------------+------------+
| ...                               |            |
|         DP MFLOP/s                | 3923.4952  |
|      AVX DP MFLOP/s               | 3923.4891  |
| ...                               |            |
|   Operational intensity           |   0.247    |
+-----------------------------------+------------+
```

stencil 核心的性能数据使用 Python 脚本(通过在线材料可以获得)以 Roofline 形式呈现，如图 4-10 所示。在 3.2.4 节中介绍的 Roofline 图显示了最大浮点运算的硬件限制和作为算术强度函数的最大带宽。

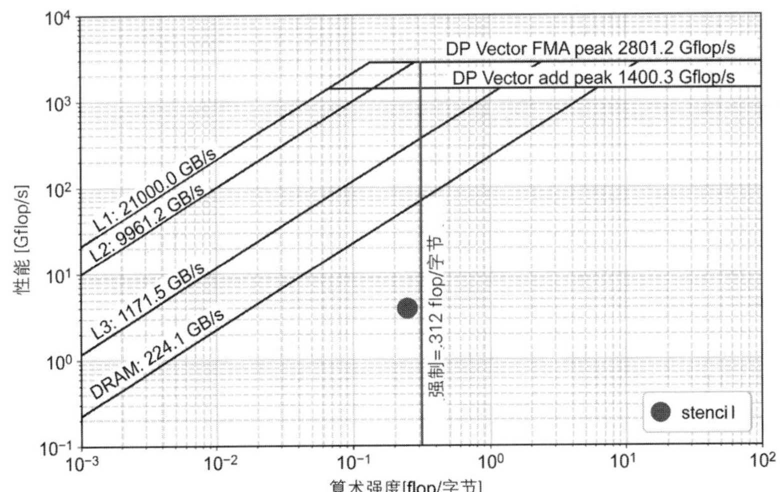

图 4-10　第 1 章中 Krakatau 示例的 stencil 核心 Roofline，显示了测量性能右侧的强制性上限

这个 Roofline 显示了所测算术强度 0.247 右侧的强制性数据限制(在图 4-10 中用大圆点显示)。如果核心发生冷缓存(cold cache，也称为空 cache，因为所需数据不在 cache 中)，它就不能获得超过强制限制的性能。冷缓存是一种在进入核心之前执行的任何操作中都没有所需相关数据的缓存。上图中的大圆点和强制限制之间的距离让我们知道这个核心中的缓存效率。这种情况下的核心很简单，容量和冲突缓存只比强制缓存大 15%左右。因此，核心性能没有太多改进空间。大圆点和 DRAM Roofline 之间的距离是因为这是一个具有向量化的串行核心，而 Roofline 与 OpenMP 是平行的。因此，有可能通过添加并行性来提高性能。

因为这是一个 log-log 图，实际的差异可能比显示的差异要大。仔细观察，并行性可能带来数量级上的性能提升。要提高缓存利用率，可使用缓存行中的其他值或在数据存在于缓存中的时候，多次重用数据来实现。这是两种不同的情况，这被称为空间局部性或时间局部性。

- **空间局部性**指的是内存中位置邻近的数据，这些数据常被一起使用。
- **时间局部性**是指最近引用的数据在不久的将来可能再次被引用。

对于 stencil 核心(代码清单 4-14)，当 x[1][1]的值被载入缓存时，x[1][2]也被载入缓存，这就是空间局部性。在计算 x[1][2]循环的下一次迭代中，需要使用 x[1][1]，而这时 x[1][1]应该仍然在缓存中，这就是时间局部性。

除了之前提到的 3 个 C(Compulsory、Capacity、Conflict)之外，还有第四个 C。第四个 C 是一致性(Coherency)，会在后续章节发挥重要作用。

定义：当写入一个处理器缓存的数据也被保存在另一个处理器的缓存中时，通过一致性将不同处理器缓存中的数据进行同步。

保持一致性所需的缓存更新有时会导致内存总线上的流量过大，这称为缓存更新风暴。当有新的处理器被添加到并行作业中时，这些缓存更新风暴会导致性能下降。

4.3 简单性能模型：案例研究

在这一节中，将介绍一个案例，使用简单性能模型来决定在具体应用程序中使用怎样的数据结构进行 multi-material 计算。案例中使用了一个真实的研究场景来展示如下效果：

- 将简单性能模型用于实际的编程设计问题
- 压缩稀疏数据结构以扩展计算资源

计算科学中的某些领域长期以来一直使用压缩稀疏矩阵表示。最值得注意的是自 20 世纪 60 年代中期以来，用于稀疏矩阵的压缩稀疏行(CSR)格式取得了非常好的效果。在本案例研究中，评估的压缩稀疏数据结构，内存节省超过 95%，同时运行时间比简单的二维数组设计快了 90%。用简单性能模型预测的性能与实际测量的性能存在 20%~30%的误差。但如果使用这种压缩方案，需要程序员对它进行研究并实施。我们希望使用压缩的稀疏数据结构，因为它的收益大于成本。决定使用简单性能模型是因为该模型具有很强的实用性。

示例：模拟 Krakatau 火山灰羽流

你的团队正在考虑对第 1 章例子中的火山灰羽仿真进行建模。他们意识到羽流中的灰烬 material 最终可能会达到 10 种甚至多达 100 种，但这些 material 并不需要存在于每个 cell 中。压缩稀疏表示对这种情况有效吗?

当应用程序开发人员处理更复杂的编程问题时，简单性能模型将是非常有帮助的，它不仅可以处理二维数组上的双重嵌套循环问题，还有许多其他的应用场景。这些模型的目标是通过在一个特征核心中进行简单的操作计数来获得粗略的性能评估，从而帮助对编程方案作出决策。但简单性能模型比 3C 模型稍微复杂一些。基本过程是计数，但也请注意以下事项：

- 内存加载和存储(memops)
- 浮点运算(flop)
- 连续内存加载与非连续内存加载
- 分支的存在
- 小型循环

我们将统计内存加载和存储(统称为 memops)以及 flop，但也会注意到内存加载是否连续，以及是否存在可能影响性能的分支。还将使用流带宽和广义操作计数等经验数据，并将这些计数转化为性能估计。如果内存加载不连续，缓存行的 8 个值中只有 1 个被使用，我们将流带宽最多除以 8。

对于本研究的串行部分，将使用具有 6MB L3 缓存的 MacBook Pro 作为硬件，处理器频率(v)为 2.7GHz。使用第 3.2.4 节中介绍的技术和流基准代码测得的流带宽为 13 375MB/s。

对于带有分支的算法，如果我们几乎总对分支进行处理，那么分支代价就会较低。当处理分支不够频繁时，我们将增加分支预测成本(B_c)和可能未命中的预取成本(P_c)。分支预测器的简单模型使用最后几次迭代中出现最多的情况作为可能的路径。如果由于数据局部性而在分支路径上产生某些聚类，就可以降低成本。分支差损值(B_p)变为 $N_b B_f(B_c + P_c)/v$。对于典型架构，分支预测成本(B_c)约为 16 个周期，未命中预取成本(P_c)约为 112 个周期。N_b 为遇到分支的次数，B_f 为分支漏检频率。

对未知长度的小型循环的循环开销也产生了成本(L_c) 用来解释分支和控制。循环成本估计为 20 周期/出口。环罚 L_p(也称为循环差损值)变为 L_c / v。

我们将在项目研究的设计中使用简单性能模型，这种研究可能用于物理仿真的 multi-material 数据结构。这个设计研究的目的是在编写任何代码之前，确定哪种数据结构可提供最佳性能。在过去，选择往往是基于主观判断而不是客观事实。目前正在研究的特例是稀疏情况，在计算网格中有许多 material，但在任何计算单元中只有一种或几种 material。在讨论可能使用的数据布局时，我们将参考图 4-11 中带有 4 种 material 的小样本网格。其中 3 个 cell(cell8、cell2 和 cell0)中只有一个单独的 material，而 7 号 cell 中有 4 个 material。

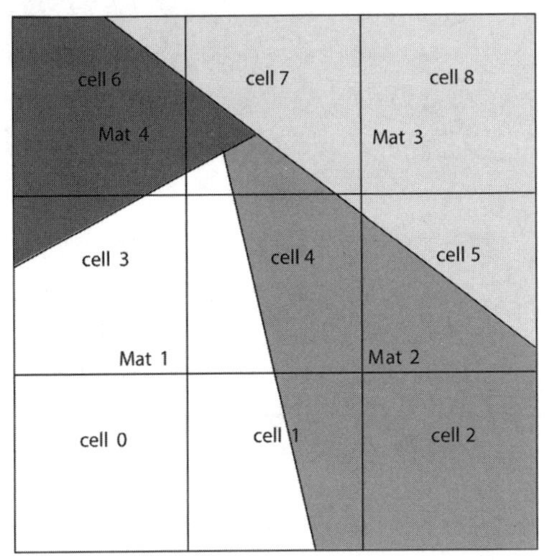

图 4-11　一个 3×3 计算网格显示 7 号 cell 包含 4 种 material

数据结构只是整个事情的一半。我们还需要通过如下信息来评估几个代表性核心中的数据布局。

1. 计算 pavg[C]，即网格 cell 中 material 的平均密度。

2. 使用理想气体定律评估 p[C][m]，每个 cell 中将包含的每种 material 的压力：p(p,t)＝nrt/v。

这两种计算的运算强度都是 1 flop/字符或更低。我们还假设这些 kernel 将受到带宽限制。将使用两个大型数据集对 kernel 的性能进行测试。两者都是具有 4 个状态数组(N_v)的 50 种 material (N_m)和 100 万个 cell 的问题(N_c)。状态数组包括密度(p)、温度(t)、压力(p)和体积分数(V_f)。这两个数据集如下。

- 几何形状的问题：几何形状问题通过嵌套的 material 矩形来初始化网格(如图 4-12 所示)。网格是规则的矩形网格。由于 material 位于单独的矩形中而不是分散的，所以大多数 cell 只有一种或两种 material。结果是有 95%的纯 cell(P_f)和 5%的混合 cell(M_f)。该网格具有一些数据局部性，因此预测 B_p 为 0.7。

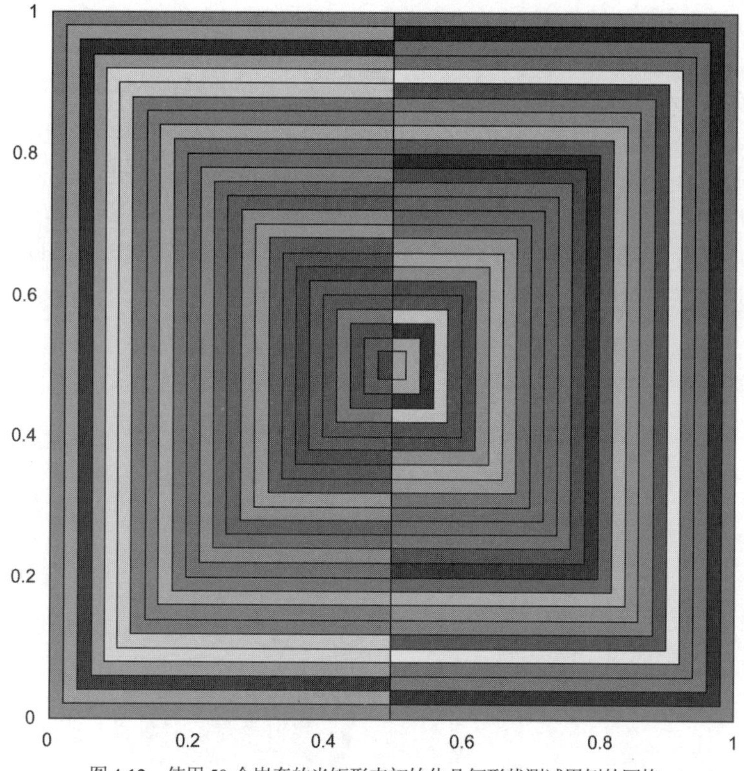

图 4-12　使用 50 个嵌套的半矩形来初始化几何形状测试用例的网格

- 随机初始化问题：随机初始化网格，80%纯 cell 和 20%混合 cell。由于数据局部性小，因此预测 B_p 为 1.0。

在 4.3.1 和 4.3.2 节的性能分析中，有两个主要的设计注意事项：数据布局和循环顺序。我们将数据布局称为 cell-centric 或 material-centric，这取决于数据中更大的组织因素是哪种。数据布局因子在数据顺序上具有较大的跨越性。我们通过将循环访问模式称为 cell-dominan 或 material-dominant，来指示哪个是外部循环。最好的情况是数据布局与循环访问模式一致。但我们需要知道，没有完美的解决方案；一个 kernel 倾向于一种布局，另一个 kernel 可能倾向于另一种布局。

4.3.1　全矩阵数据表示

最简单的数据结构是一个完整的矩阵存储表示。这假设每种 material 都存在于每个 cell 中。这些完整的矩阵表示类似于前面讨论的二维数组。

全矩阵 cell-centric 存储

对于图 4-11(3×3 计算网格)中的小型问题，图 4-13 显示了 cell-centric 数据布局。数据顺序遵循 C 语言约定，每个 cell 的 material 是连续存储的。换句话说，程序表示为变量[*C*][*m*]，其中 *m* 变化最快。在图中，阴影元素是 cell 中的混合 material。纯 cell 是显示为 1.0 的 cell。带有破折号的单元格表示 cell 中没有任何该 material，表示该 cell 中有 0 个 material。在这个简单例子中，大约一半的条目是零，但在更大规模的问题中，为零的条目数量将大于 95%。非零条目的数量称为填充分数 (F_f)，对于我们的设计场景来说，通常这个值小于 5%。因此，如果使用压缩稀疏存储方案，即使考虑到更复杂数据结构的额外存储开销，内存节省也将超过 95%。

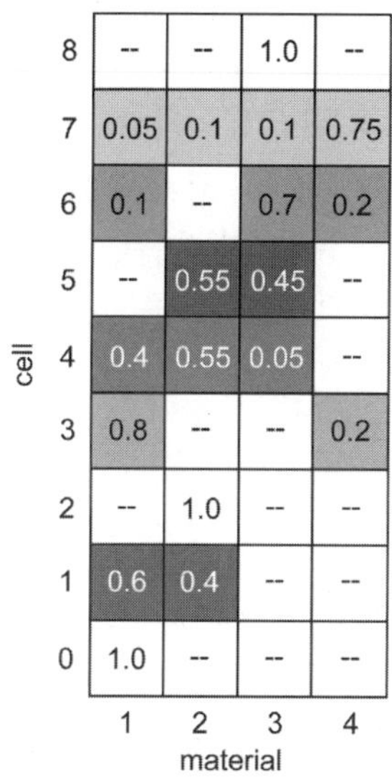

图 4-13　cell-centric 全矩阵数据结构，每个 cell 都用于连续存储 material

全矩阵数据方法的优点是它更简单，因此更容易并行化及优化。因为可以节省大量内存，所以也许值得选择压缩稀疏数据结构。但是该方法对性能的影响是什么？我们可以猜测，为数据提供更多内存，可能会增加内存带宽，但这将使完整的矩阵表示变慢。但是如果测试体积分数，而且它为零，我们跳过混合 material 访问怎么办？图 4-14 显示了如何测试这种方法，其中显示了 cell-dominan 算法的伪代码，并在代码行左侧显示每个操作的计数。在 cell-dominan 循环结构中，外循环带有 cell 的索引，该索引与 cell-centric 数据结构中的第一个索引相匹配。

```
for all  cells, C, up to N_c do
  ave ← 0.0
for all  material IDs, m, up to N_m do              # N_c N_m loads (V_f)
    if V_f [C][m ] > 0.0 then                       # B_ρ N_c N_m branch penalty
      ave ← ave +  ρ [C][m] * f [C][m]              # 2F_f N_c N_m loads (ρ, f)
                                                    # 2F_f N_c N_m flops (+, *)
    end if
  end for
    ρ_ave [C] ← ave/V[C ]                           # N_c  stores (ρ_ave), N_c loads (V)
                                                    # N_c  flops (I)
end for
```

图 4-14　改进的 cell-dominan 算法，利用全矩阵存储计算 cell 平均密度

计数由图 4-14 中以#开头的行注释汇总为：

$$\text{memops} = N_c(N_m + 2F_f N_m + 2) = 54.1\ \text{Mmemops}$$

$$\text{flop} = N_c(2F_f N_m + 1) = 3.1\ \text{Mflop}$$

$$N_c = 1\text{e}6;\ N_m = 50;\ F_f = 0.021$$

如果我们查看 flop，可以得出结论：程序效率一直很高，而且表现会很优秀。但这个算法显然将受到内存带宽的限制。为了估计内存带宽性能，我们需要考虑分支预测未命中的情况。如果某个分支很少被使用，那么这个分支预测未命中的概率将很高。几何形状问题具有一定的局部性，因此估计未命中率为 0.7。将所有这些放在一起，可以得到以下性能模型(PM)：

$$PM = N_c(N_m + F_f N_m + 2) * 8/\text{Stream} + B_p F_f N_c N_m = 67.2\ \text{ms}$$

$$B_f = 0.7; B_c = 16; P_c = 16; \nu = 2.7$$

分支预测未命中的代价使得运行时间加长；比我们跳过条件，并用 0 来代替还长。更长的循环将摊销差损成本，但显然，很少使用的条件不是提升性能的最佳方案。我们还可在条件前插入预取数据操作，从而强制加载数据，防止产生分支。但这也会增加 memops，所以实际的性能提升将很小。它还会增加内存总线上的通信量，导致拥塞，从而引发更多其他问题，特别是在添加线程并行性时。

全矩阵 material-centric 存储

现在让我们来看看 material-centric 数据结构(如图 4-15 所示)。它的 C 语言表示法是变量[m][C]，其中 C(或 cell)的最右边的索引变化最快。在图中，破折号表示用零填充的元素。这种数据结构的许多特征都类似于 cell-centric 全矩阵数据表示，但存储的索引发生了变化。

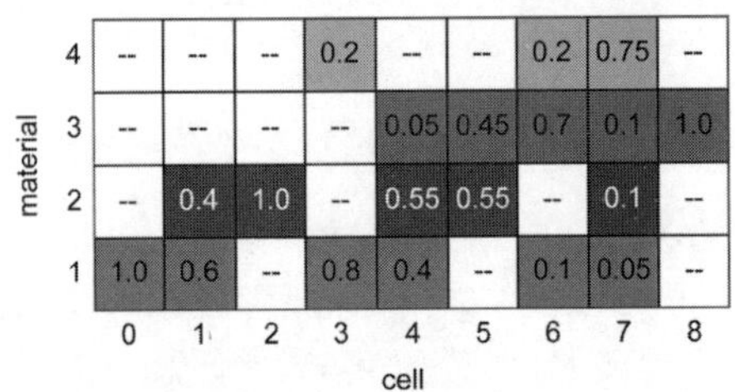

图 4-15 material-centric 全矩阵数据结构为每个 material 提供连续存储 cell。C 语言中的数组索引是 density[m][C]，并且 cell 索引是连续的。带破折号的 cell 用 0 填充

计算每个 cell 的平均密度的算法可以通过连续的内存加载来完成。实现这个算法的常用方法是在 cell 上进行外循环，在循环中将其初始化为零，然后除以最后的体积。但这是以一种非连续的方式对数据进行了跨越。如果想在内循环中遍历 cell，则需要在主循环之前和之后进行单独的循环。图 4-16 显示了算法以及 memops 和 flop 的注释。

```
for all  cells, C,  up to Nc do
  ρave[C] ← 0.0                                  # Nc stores (ρave )
end for
for all  material IDs, m, up to Nm do
  for all  cells, C,  up to Nc do
     ρave [C] ← ρave [C] + ρ[m][C ]*Vf [m][C ]   # NcNm stores (ρave)
                                                 # 3NcNm loads (ρave, ρ, Vf)
  end for                                        # 2NcNm flops (+,*)
end for
end for
for all  cells, C,  up to Nc do
  ρave [C] ← ρave[C]/V[C ]                       # 3Nc loads/stores (ρave, V)
                                                 # Nc flops (/)
end for
```

图 4-16 使用全矩阵存储计算 cell 平均密度的 material-dominant 算法

将上面操作中的注释进行整理，我们得到如下内容：

$$memops = 4N_c(N_m + 1) = 204 \text{ Mmemops}$$

$$flop = 2N_cN_m + N_c = 101 \text{ Mflop}$$

这个 kernel 是带宽受限的，所以性能模型为：

$$PM = 4N_c(N_m + 1) * 8/Stream = 122 \text{ ms}$$

通过观察发现，这个 kernel 的性能是 cell-centric 数据结构所提供性能的一半。但这种计算核心有利于 cell-centric 的数据布局，但对于压力计算，情况正好相反。

4.3.2 压缩稀疏存储表示

现在我们将讨论几个压缩存储表示的优点和局限性。显然使用压缩稀疏存储的数据布局可节省内存空间，但是 cell-centric 和 material-centric 的布局的设计都需要一些额外的思考。

cell-centric 压缩稀疏存储

标准方式是将每个 cell 的 material 形成链表，但链表通常很短且会跨越整个内存进行分布。为解决这个问题，可将链表放入一个连续的数组中，并将链接指向 material 条目的起始位置。然后让下一个 cell 的 material 紧随其后。因此，在 cell 和 material 的正常遍历期间，将通过连续顺序访问这些数据。图 4-17 显示了 cell-centric 数据存储方案。纯 cell 的值保存在 cell 状态数组中。图中 1.0 是纯 cell 的体积分数，但也可以是密度、温度和压力的纯 cell 值。第二个数组存储混合 cell 中 material 的数量。使用-1 表示它是纯 cell。然后将 material 链表索引放在第三个数组中。如果小于 1，则该项的绝对值为混合数据存储数组的索引。如果它大于等于 1，则它是压缩纯 cell 数组的索引。

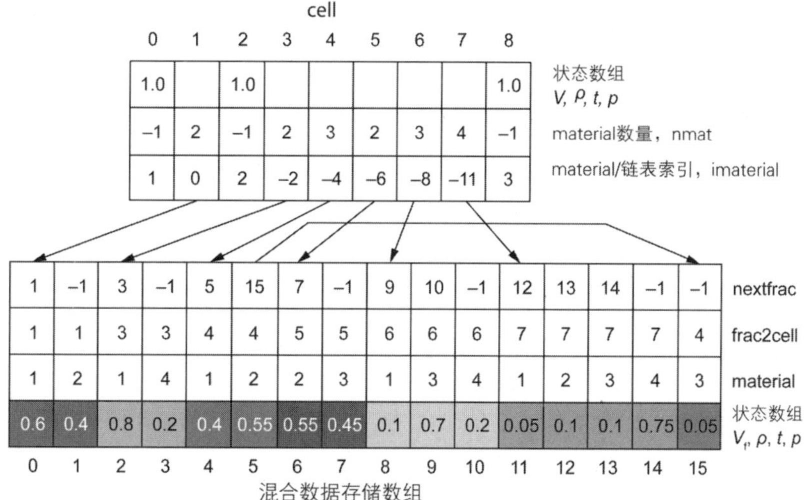

图 4-17 cell-centric 数据结构的混合 material 数组使用在连续数组中实现的链表。底部的不同阴影表示属于特定 cell 的 material，并与图 4-13 中使用的阴影相匹配

混合数据存储阵列基本上是一个在标准阵列中实现的链表，从而保证数据是连续的，并获得优秀的缓存性能。混合数据以一个名为 nextfrac 的数组开始，该数组指向该 cell 的下一个 material。于

是可以通过将新 material 添加到数组的末尾在 cell 中添加新的 material。图 4-17 显示了 cell4 的混合 material 列表，其中箭头显示了最后添加的第 3 个 material。其中数组 frac2cell 是到包含 material 的 cell 的反向映射。在名为 material 的第 3 个数组中，包含条目的 material 编号。这些数组提供了围绕压缩稀疏数据结构的导航。第 4 个数组是每个 cell 中每种 material 的状态数组，包括 material 的体积分数(V_f)、密度(ρ)、温度(t)以及压力(p)。

混合 material 数组在数组的末尾保留了额外的内存空间，以便可以快速地添加新的 material 条目。通过删除数据链接并将其设置为零，可删除 material。为提供更好的缓存性能，这些数组被周期性地重新排序并存储在连续内存中。

图 4-18 显示了压缩稀疏数据布局中每个 cell 平均密度的计算算法。我们首先检索 material 索引，通过测试它是否为 0 或者小于 0 来判断这个 cell 是否为一个混合 material 的 cell。如果它是一个纯 cell，我们什么也不做，因为已经得到 cell 数组中的密度。如果这是一个混合 material 的 cell，我们通过一个循环来汇总密度乘以每种材料的体积分数所得到的结果。将索引变为负数时的状态作为结束条件，并使用 nextfrac 数组获取下一个条目。当到达列表的末尾时，可以完成 cell 密度(ρ)的计算。代码行的右边是操作成本的注释。

```
for all  cells, C, up to N_c do
  ave ← 0.0
  ix ← imaterial [C ]                    # N_c loads (imaterial )
  if ix <= 0 then
      for ix ← -ix,Untill ix < 0 do      # L_p small loop overhead
        ave ← ave + ρ[ix]*V_f [ix]       # 2M_L loads (ρ, V_f)
                                         # M_L flops (+,* )
          ix ← nextfrac [ix]             # M_L loads (nextfrac )
      end for
      ρ[C ]← ave/V [C ]                  # M_fN_c stores (ρ_ave )
                                         # M_fN_c loads (V )
                                         # M_fN_c flops (l)
  end if
end for
```

图 4-18　使用紧凑存储计算平均 cell 密度的 cell-dominant 算法

对于这个分析，将有 4 字节的整数载入操作，因此将 memops 转换为 membytes。可以通过下面的算式得到相关计数。

$$\text{membytes} = (4 + 2M_f * 8)N_c + (2 * 8 + 4) = 6.74\ \text{MB}$$

$$\text{flop} = 2M_L + M_f N_c = 0.24\ \text{Mflop}$$

$$M_f = 0.04895;\ M_L = 97970$$

与之前情况相同，这个算法也受到内存带宽限制。性能模型的估计运行时间与全 cell-centric 矩阵相比减少了 98%。

$$\text{PM} = \text{membytes/Stream} + L_p M_f N_c = 0.87\ \text{ms}$$

$$L_p = 20/2.7\text{e}6;\ M_f = 0.04895$$

material-centric 压缩稀疏存储

material-centric 压缩稀疏数据结构将所有内容细分为独立的 material。假设有 6 个 cell 与 material1：0、1、3、4、6 和 7。subnet 中有两个映射：一个是从 mesh 到 subnet 的 mesh2subset，另

一个是从 subnet 返回到 mesh 的 subset2mesh。subnet 到 mesh 的列表带有 6 个 cell 的索引。对于没有 material 的每个 cell，mesh 数组使用-1 表示，并为按顺序映射到 subnet 的 cell 进行编号。图 4-19 顶部的 nmats 数组包含每个 cell 中带有的 material 数量。图右侧的体积分数(V_f)和密度(ρ)数组具有该 material 中每个 cell 的值。它的 C 语言命名法是 Vf[imat][icell]和 p[imat][icell]。因为具有较长 cell 列表的 material 相对较少，所以可使用常规的二维数组进行分配，而不是强制它们必须相邻。为操作这个数据结构，将按顺序处理每个 material subset。

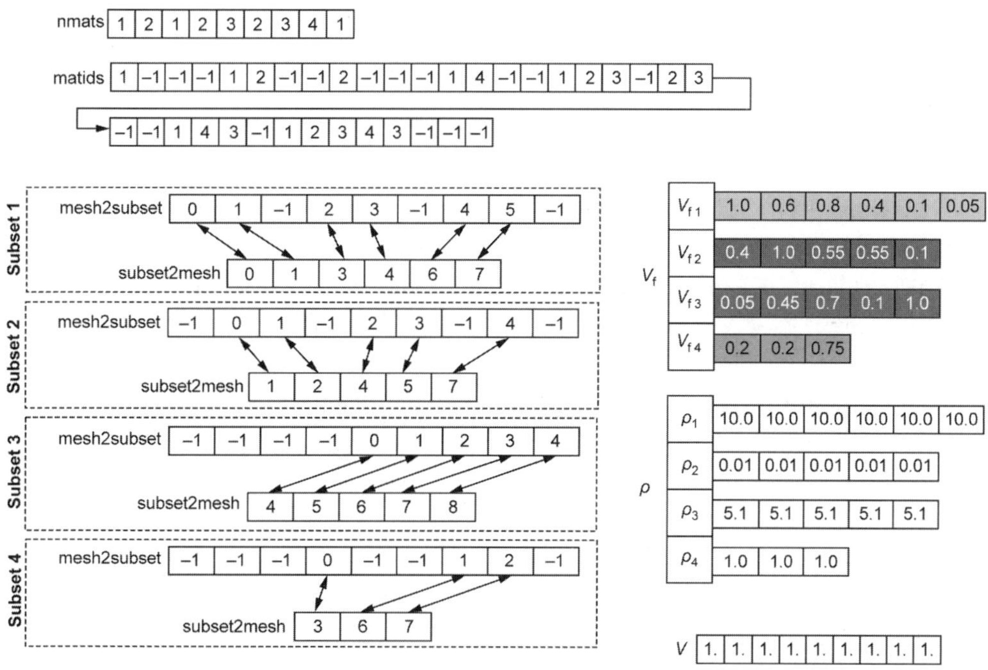

图 4-19　material-centric 压缩稀疏数据布局是围绕 material 进行组织的。对于每个 material，都有一个可变长度的数组，其中带有包含该 material 的 cell 列表。本图中的阴影与图 4-15 中的阴影相对应。上图显示了完整的 mesh 和 subnet，以及每个 subnet 的体积分数和密度变量的映射

在图 4-20 中，压缩稀疏算法中的 material-dominant 算法与图 4-13 中的算法类似，只是增加了检索第 5、6 和 8 行中指针的功能。但是内循环中的负载和 flop 仅针对 mesh 的 material subset，而不是 full mesh。通过这种技术，可节省大量 flop 和 memops。收集所有计数，我们将得到：

$$\text{membytes} = 5 * 8 * F_f N_m N_c + 4 * 8 * N_c + (8 + 4) * N_m = 74\ \text{MB}$$

$$\text{flop} = (2F_f N_m + 1)N_c = 3.1\text{Mflop}$$

通过性能模型可以看到，与 material-centric 全矩阵数据结构相比，预计运行时间减少了 95%以上：

$$\text{PM} = \text{membytes/Stream} = 5.5\text{ms}$$

```
for all cells, C, up to N_c do
  ρ_ave[C] ← 0.0                                  # N_c stores
end for
for all material IDs, m up to N_m do
  ncmat ← ncellsmat[m]                            # N_m loads (ncellsmat)
  Subset ← Subset2mesh[m]                         # N_m loads (subset2mesh)
  for all cells, c, up to ncmat do
    C ← subset[c]                                 # F_f N_c N_m loads (subset)
    ρ_ave[C] ← ρ_ave[C] + ρ[m][c] * V_f[m][c]     # 3F_f N_c N_m loads (ρ_ave, ρ, V_f)
                                                  # F_f N_c N_m stores (ρ_ave)
                                                  # 2F_f N_c N_m flops (+, *)
  end for
end for
for all cells, C, up to N_c do
  ρ_ave[C] ← ρ_ave[C]/V[C]                        # 2N_c loads (ρ_ave, V)
                                                  # N_c stores (ρ_ave)
                                                  # N_c flops (/)
end for
```

图 4-20 material-dominant 算法使用 material-centric 压缩存储方案计算 cell 的平均密度

通过观察表 4-1 可以看出，压缩稀疏表示的优势非常明显，可节省内存并提高性能。由于我们分析的 kernel 更适合 cell-centric 数据结构，因此 cell-centric 的压缩稀疏数据结构显然在内存和运行时间方面表现最佳。如果查看使用 material-centric 数据布局的另一个 kernel，结果会略微倾向于使用 material-centric 的数据结构。但最大的收获是，压缩稀疏表示中的任何一个都是对全矩阵表示的巨大改进。

表 4-1 稀疏数据结构比完全二维数组更快且使用更少的内存

	内存负载(MB)	flop	预计运行时间	实际运行时间
cell-centric(全矩阵)	424	3.1	67.2	108
material-centric(全矩阵)	1632	101	122	164
cell-centric 压缩稀疏	6.74	0.24	0.87	1.4
material-centric 压缩稀疏	74	3.1	5.5	9.6

虽然这个案例研究侧重于 multi-material 数据表示，但有许多不同的稀疏数据应用程序可从添加压缩稀疏数据结构中受益。通过使用本节中所做的快速性能分析，可以确定这些收益是否值得在这些应用程序中进行进一步的优化。

4.4 高级性能模型

还可通过更高级的性能模型来更好地捕获计算机硬件各个方面的性能指标。我们将简要介绍这些高级模型，从而了解它们可以提供什么，以及可能获取哪些经验。使用这些模型时，只需要了解模型的要点即可，不必在意具体细节。

在本章中，我们主要关注带宽受限的 kernel，因为它们代表了大多数应用程序的性能限制。我们统计了核心加载及存储的字节，并基于 stream benchmark 或 Roofline 模型估算了这种数据移动所需的时间(第 3 章)。到目前为止，你应该了解计算机硬件的操作单位实际上不是字节或字符，而是高速缓存行，我们可通过计算需要加载和存储的高速缓存行来改进性能模型，同时可估算缓存行的使用情况。

stream benchmark 实际上由四个单独的 kernel 组成：复制、缩放、添加和 triad kernel。那么，为什么这些 kernel 之间的带宽(16 156.6~22 086.5 MB/s)会像 3.2.4 中的 stream benchmark 练习中看到的那样发生变化呢？原因是 3.2.4 节，表中所示 kernel 之间的算术强度存在差异。但这并不完全正确。只要是在带宽受限的情况下，算术运算上的微小差异对结果影响不大，与算术运算的相关性也不高。为什么缩放操作的带宽最小？其主要原因在于系统缓存层次结构中的细节。缓存系统不像 stream benchmark 所描述的那样，像一条有水稳定流过的管道，它更像是如图 4-21 所示的 bucket brigade，使用不同数量和大小的 bucket 将数据向上传递。这正是 Treibig 和 Hager 开发的执行缓存内存(Execution Cache Memory，ECM)模型试图捕捉的东西。尽管它需要硬件架构方面的相关知识，但可以非常好地预测 stream kernel 的性能。数据在不同内存级别之间的移动可以由一个周期内执行的操作μops(即所谓的微操作)的数量来限制。ECM 模型通过缓存行和周期，对不同缓存层之间的数据移动进行建模。

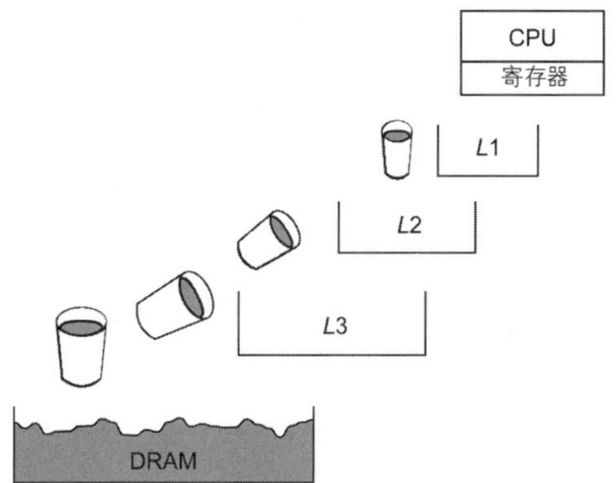

图 4-21　数据在缓存级别之间的移动是一系列离散的操作，更像是救火时为传递水桶排成的一字长蛇阵(bucket brigade)，而不是通过管道的水流。硬件的细节以及在每个级别和每个方向上可以发出多少负载，在很大程度上影响通过缓存层次结构加载数据的效率

下面快速浏览一下 stream triad ($A[i]=B[i]+s*C[i]$)的 ECM 模型，看看这个模型是如何工作的(如图 4-22 所示)。必须针对特定的 kernel 和硬件执行这个计算。我们将使用 Haswell EP 系统作为分析的硬件环境。从计算核心开始，公式为 $T_{core}=\max(T_{nOL},T_{OL})$，其中 T 是周期时间。T_{OL} 一般为与数据传输重叠的算术运算时间，T_{nOL} 为非重叠数据传输时间。

对于 stream triad，我们有一个乘加操作的缓存行。如果使用标量操作完成这个操作，则需要 8 个周期才能完成。但我们也可以用新的高级向量扩展(AVX)指令来完成这个操作。Haswell 芯片有两个融合乘加(FMA) AVX 256 位向量单元。每个单元处理 4 个双精度值。缓存行中有 8 个值，所以两个 FMA AVX 向量单位可以在一个周期内处理这些值。T_{nOL} 为数据传输时间。我们需要为 B 和 C 加载缓存行，需要为 A 加载和存储缓存行。由于地址生成单元(AGU)的限制，Haswell 芯片需要 3 个周期。

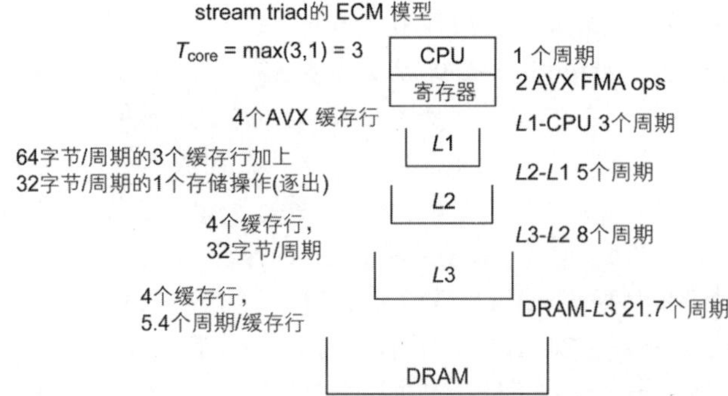

图 4-22 Haswell 处理器的执行缓存内存(ECM)模型为缓存级别之间 stream triad 计算的数据传输提供了详细的时序。如果数据在主内存中，将数据拿到 CPU 所花费的时间是每个缓存级别之间传输时间的总和或 21.7+8+5+3=37.7 个周期。浮点运算只需要 3 个周期，因此内存负载将成为 stream triad 的限制

以 64 字节/周期的速度将 4 条缓存行从 *L*2 移到 *L*1 需要 4 个周期。但是 *A*[*i*]的使用是一个存储操作。存储通常需要一个称为写分配的特殊操作，其中内存空间在虚拟数据管理器中进行分配，并且缓存行在必要的缓存级别上创建。然后数据被修改并从缓存中驱逐(存储)。在这个级别的缓存中，只能以 32 字节/周期的方式进行操作，这将导致额外的周期或者说总共 5 个周期。从 *L*3 到 *L*2，数据传输是 32 字节/周期，所以需要 8 个周期。最后，使用 27.1 GB/s 的带宽，从主内存中移动缓存行的周期数量大约是 21.7 个。ECM 使用这种特殊标记来总结这些周期数：

$$\{T_{\text{OL}} \parallel T_{\text{nOL}} \mid T_{\text{L1L2}} \mid T_{\text{L2L3}} \mid T_{\text{L3Mem}}\} = \{1 \parallel 3 \mid 5 \mid 8 \mid 21.7\}$$

在这个表达式中，T_{core}通过 $T_{\text{OL}} \parallel T_{\text{nOL}}$来表示。这些基本上是在每一层之间移动所需的时间(以周期为单位)，对于 T_{core}来说有一个特殊情况，即其中计算核心上的某些操作可能会与从 *L*1 到寄存器的某些数据传输操作重叠。然后，模型通过对数据传输时间(包括从 *L*1 到寄存器的非重叠数据传输)进行求和，来预测从缓存的每一级加载所需的周期数量。然后将 T_{OL} 和数据传输时间中的最大值作为预测出时间，如以下公式所示：

$$T_{\text{ECM}} = \max(T_{\text{nOL}} + T_{\text{data}}, T_{\text{OL}})$$

这个特殊的 ECM 标记显示了每个缓存级别的预测周期数：

$$\{3 \mid 8 \mid 16 \mid 37.7\}$$

这个标记表示，kernel 在 *L*1 缓存中运行时需要 3 个周期，在 *L*2 缓存中运行 8 个周期，在 *L*3 缓存中运行 16 个周期，所以当必须从主内存中检索数据时需要 37.7 个周期。

从这个例子中我们可以了解到，如果在一个特定的芯片上运行一个特定的 kernel，并且这个特定的芯片上有一个离散的硬件限制，那么在缓存级别之间的某个传输上就会强制执行另一个或两个周期，从而导致性能下降。但使用不同的处理器，可能就不会有同样的问题。例如，Intel 芯片的新版本添加了另一个 AGU，它将 *L*1 寄存器周期从 3 更改为 2。

这个例子还演示了向量单位对于算术操作和数据移动都是有意义的。向量负载也称为 quad-load 操作，这种负载并不是新出现的。关于向量处理器的讨论主要集中在算术运算上。但是对于带宽受限的核心，向量内存操作可能更重要。Stengel 等人通过 ECM 模型进行的分析表明，与

编译器直接调度的循环相比，AVX 向量指令可提供两倍的性能提升。这可能是因为编译器没有足够的可用信息造成的。最新的向量单元还实现了一个 gather/scatter 内存负载操作，其中加载到向量单元的数据不需要处于连续的内存位置(gather)，从向量到内存的存储也不需要是连续的内存位置(scatter)。

注意：这种新的 gather/scatter 内存负载特性很受欢迎，因为许多真实的数值模拟代码通过它可得到更好的性能。但当前的 gather/scatter 实现仍然存在性能问题，还有进一步提升的空间。

我们还可以用 streaming store(流存储)分析缓存层次结构的性能。streaming store 将绕过缓存系统，直接写入主内存。大多数编译器都可以选择使用 streaming store，有些编译器可以自己调用它作为一种优化方案。它能达到的效果是减少在缓存层次结构的级别之间移动缓存行的数量，从而减少拥塞和缓存级别之间较慢的收回操作。现在你已经看到了缓存行移动的效果，并应该能够了解它的价值了。

一些研究人员使用 ECM 模型来评估和优化 stencil 核心。stencil 核心是流式操作，可以使用这些技术进行分析。要在不出错的情况下跟踪所有缓存行和硬件特征会有些麻烦，因此可以使用性能计数工具来解决这个问题。我们将向你推荐附录 A 中列出的相关参考资料，从而获取有关这些内容的更详细信息。

高级模型对于理解相对简单的 streaming kernel 性能非常有用。streaming kernel 以一种几乎最优的方式对数据进行加载，从而有效地利用缓存层次结构。但科学应用程序和 HPC 应用程序中的 kernel 常常由于条件、不合理的嵌套循环、约减和循环附加的依赖关系而变得复杂。此外，编译器可以通过意想不到的方式将高级语言转换为汇编操作，这使分析变得更加复杂。通常还有很多 kernel 和循环需要处理。如果没有专门的工具来分析这些复杂的 kernel 是不行的，因此我们尝试从简单的 kernel 中探索出通用的思路，以便应用于更复杂的 kernel。

4.5　网络消息

可以扩展数据传输模型，并将它用于分析计算机网络。集群或 HPC 系统节点之间的简单网络性能模型为：

$$\text{时间(ms)} = \text{延迟时间}(\mu s) + \text{移动的字节数(MB)} / \text{带宽(GB/s)}$$

(需要进行单位换算)

请注意，这是网络带宽，而不是我们一直提到的内存带宽。HPC benchmark 的延迟和带宽可以通过如下网站获得：

http://icl.cs.utk.edu/hpcc/hpcc_results_lat_band.cgi。

可使用来自 HPC benchmark 网站的网络 micro-benchmarks 来获得典型的延迟和带宽数据。我们将使用 5μs 作为延迟，1GB/s 作为带宽。这为我们提供了如图 4-23 所示的效果。对于更大的消息传递，可估计每 MB 传输大约需要 1 秒。但绝大多数信息都很小。我们看两个不同的通信示例，首先是一个较大的消息传递，然后是一个较小的消息传递，从而理解每个示例中延迟和带宽的重要性。

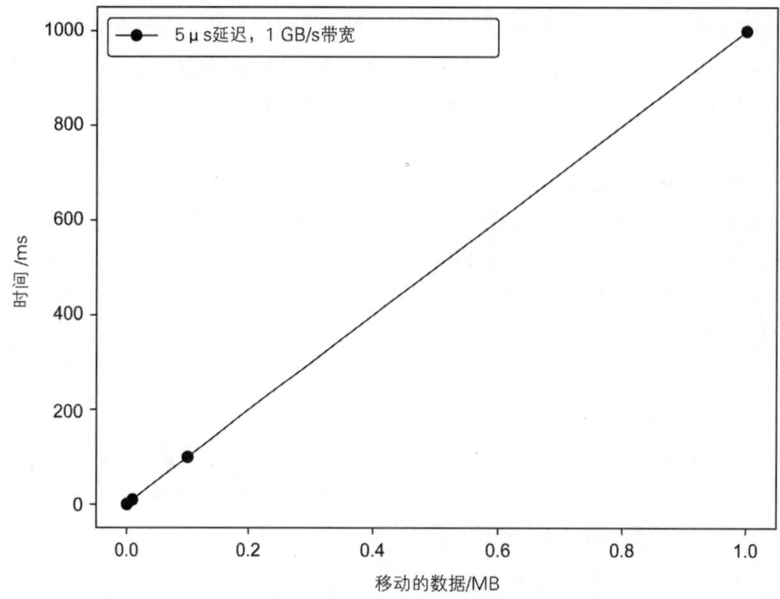

图4-23 通过典型的网络传输时间与传输数据大小构成的函数，我们可得到：1MB 数据需要 1s，1KB 数据需要 1ms，1 字节数据需要 1μs

示例：ghost cell 通信

以 1000 × 1000 的 mesh 为例。我们需要将如图 4-24 所示的处理器外部 cell 与相邻的处理器进行通信，以便它可以完成计算。放置在处理器 mesh 外部的额外 cell 称为 ghost cell。

外部 cell 中的 1000 个元素 × 8B=8KB

通信时间=5μs+8ms

外部 cell 数据与相邻处理器交换，以便 stencil 计算在当前值上运行。虚线 cell 称为 ghost cell，因为它们保存来自另一个处理器的重复数据。为让图中的信息更便于理解，箭头仅显示部分 cell 的数据交换。

示例：跨处理器的 cell 求和

需要将 cell 的数量转移到相邻的处理器进行求和，然后返回总和。这将产生两个 4 字节整数的通信。

通信时间=(5μs+4μs)×2=18μs

这种情况下，延迟将占用消息传输所用的大部分时间。

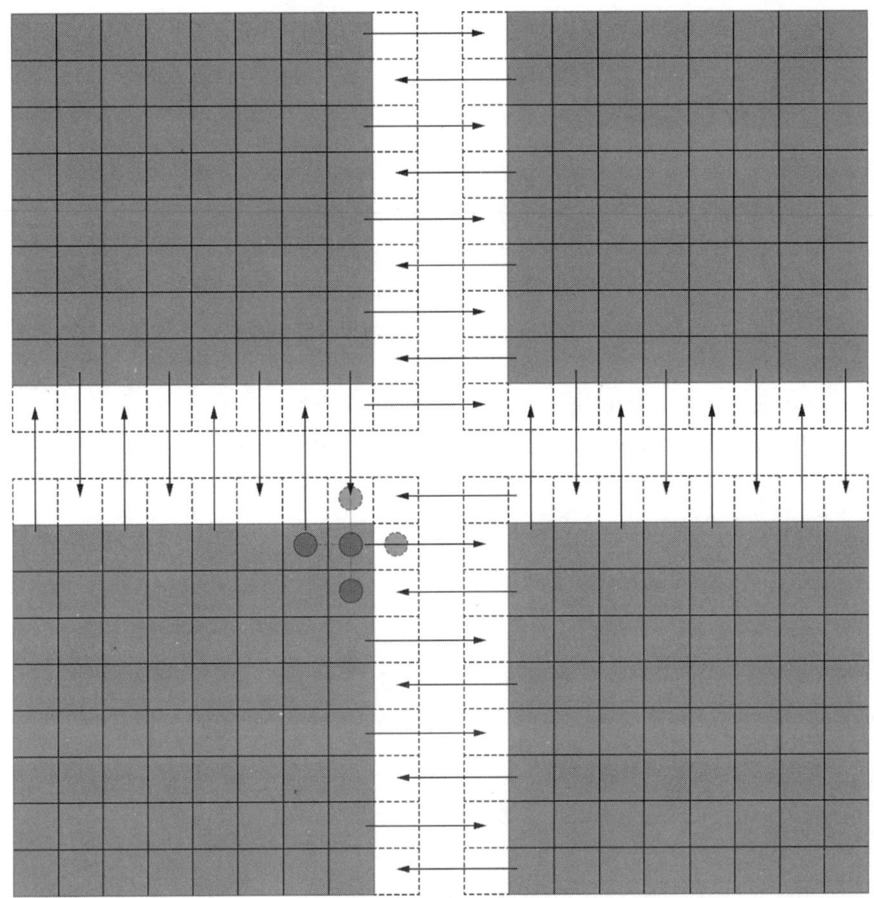

图 4-24　通信示例

上面的示例是计算机科学术语中的约减运算。跨处理器的 cell 计数数组将减少为单个值。更一般的情况是约减运算将 1 到 N 维的多维数组约减到至少降低一维的数组，并且通常是标量值的操作。这些都是并行计算中的常见操作，涉及处理器之间的协作。此外，对于最后一个示例中的约减求和，可以通过树状模式以成对的方式执行，通信跳数为 $\log_2 N$，其中 N 是 rank(处理器)的数量。当处理器数量达到数千个时，操作的时间就会变长。也许更重要的是，所有处理器都必须在操作时同步，这将导致许多处理器等待其他处理器进行归约调用。

对于特定的网络硬件，可能有更复杂的网络消息模型。但是，网络硬件的细节差异很大，因此可能无法展现所有可用硬件的常规行为。

4.6　进一步探索

下面是一些相关参考资料，用于探讨本章中的主题，包括面向数据的设计、数据结构和性能模型。大多数应用程序开发人员都对有关面向数据设计的其他材料感兴趣。许多应用程序都可以利用稀疏性，我们可以从压缩稀疏数据结构的案例研究中了解如何利用稀疏性。

4.6.1 扩展阅读

以下两个参考资料很好地描述了游戏社区开发的面向数据的设计方法，在程序设计中充分考虑了性能。第二个参考资料还提供了 Acton 在 CppCon 上演示的视频。

- Noel Llopis, "Data-oriented design (or why you might be shooting yourself in the foot with OOP)" (Dec, 2009). Accessed February 21, 2021. http://gamesfromwithin.com/data-oriented-design.
- Mike Acton and Insomniac Games, "Data-oriented design and C++." Presentation at CppCon (September, 2014):

  Powerpoint 可在 https://github.com/CppCon/CppCon2014 下载

  视频地址为 https://www.youtube.com/watch?v=rX0ItVEVjHc

以下参考资料有助于更详细地了解使用简单性能模型的压缩稀疏数据结构的案例研究。你可以使用它来测量多核 CPU 或 GPU 的性能：

- Shane Fogerty，Matt Martineau，"A comparative study of multi-material data structures for computational physics applications." In Computers & Mathematics with Applications Vol. 78, no. 2 (July, 2019): 565–581. https://github.com/LANL/MultiMatTest.

以下论文简要介绍了用于执行缓存模型的方法：

- Holger Stengel, Jan Treibig, "Quantifying performance bottlenecks of stencil computations using the execution-cache-memory model. "

4.6.2 练习

1. 为左下三角矩阵编写一个二维连续内存分配器。
2. 使用 C 语言编写一个二维分配器，采用与 Fortran 相同的方式分配内存。
3. 为第 4.1 节中的 RGB 颜色模型的 AoSoA 设计宏。
4. 修改 cell-centric 的全矩阵数据结构的代码，使其不使用条件语句并估计其性能。
5. AVX-512 向量单元将如何改变 stream triad 的 ECM 模型？

4.7 本章小结

- 数据结构是应用程序设计的基础，通常决定性能和并行代码的最终实现。为数据布局开发一个良好的设计是值得付出额外努力的。
- 你可以使用面向数据设计的概念来开发更高性能的应用程序。
- 有一些方法可以为多维数组或特殊情况编写连续内存分配器，从而减少内存使用，并提高性能。
- 你可以使用压缩存储结构来减少应用程序的内存使用，同时可以提高性能。
- 通过基于负载和存储计数的简单性能模型，可以预测许多基本 kernel 的性能。
- 利用更复杂的性能模型在硬件架构中的底层细节，可了解缓存层次结构的性能。

第 5 章

并行算法与模式

本章涵盖以下内容：

- 什么是并行算法和模式，以及它们的重要性
- 如何比较不同算法的性能
- 并行算法与其他算法的区别

算法是计算科学的核心。与前一章所讲的数据结构一样，算法构成了所有计算应用程序的基础。因此，用心设计代码中的关键算法是非常重要的。首先，让我们定义什么是并行算法和并行模式。

- 并行算法是一种定义良好的、循序渐进的计算过程，它强调使用并发来解决问题。并行算法的例子包括排序、搜索、优化和矩阵运算等。
- 并行模式是一个并发的、可分离的代码片段，它以一定的频率出现在不同的场景中。就其本身而言，这些代码片段通常不能解决所有关心的问题。并行模式的例子有：约减、前缀扫描和 ghost cell 更新等。

我们将在第 5.7 节介绍约减，第 5.6 节介绍 profix sum 扫描，第 8.4.2 节介绍 ghost cell 更新。并行过程可以被视为一种算法，或被视为一种模式。识别"并行友好"的模式对于为以后的并行工作做准备是非常重要的。

5.1 并行计算应用的算法分析

并行算法是一种新兴技术。即使是分析并行算法的术语及技术也仍然停留在串行世界中。评估算法的一种更传统的方法是分析算法的复杂度。我们对算法复杂度的定义如下：

定义： 算法复杂度是完成一个算法所需操作数的指标。算法复杂度是算法的一个属性，是计算过程中工作量或操作量的指标。

复杂度通常用渐近表示法进行表示。渐近表示法是一种指定性能极限的表达式。基本上，这种表示法可以识别运行时间是线性增长还是随着问题的规模而加速增长。在这种表示法中，使用各种形式的字母 O 进行表示，如 O(N)、O(NlogN)或 O(N^2)。N 是一个长数组的大小，例如 cell、粒子或元素的数量。O()和 N 的组合指的是算法的成本如何随着数组大小 N 的增长而增长。O 可被认为是"序"，如同"尺度上的顺序"一样。一般来说，一个简单的 N 项循环是 O(N)，一个双嵌套循环是

$O(N^2)$，基于树的算法是 O(NlogN)。按照惯例，去掉前面的常量。最常用的渐近表示法如下。

- Big O：算法性能最差的情况。例如，对于大小为 N 的大型数组，使用双重嵌套的 for 循环，复杂度为 $O(N^2)$。
- Big Ω：算法在最佳情况下的性能。
- Big ɵ：算法在一般情况下的平均性能。

在传统的算法分析中，将交替使用算法复杂度、计算复杂度和时间复杂度。我们将以不同方式定义这些术语，从而帮助评估运行在当今并行计算硬件上的算法。因为有时，运行时间不随工作量而变化，计算工作量和成本也不随运行时间而变化。所以，我们对计算复杂度和时间复杂度的定义做了如下调整：

- 计算复杂度(也称为步骤复杂度)是指完成一个算法所需的步骤数量。这种复杂性指标是所使用的计算硬件类型的一种属性。它包括可能存在的并行度。如果你使用的是向量计算机或多核计算机，那么一个步骤(cycle)可以是 4 个或更多的浮点操作。你可以使用这些附加操作来减少步骤的数量吗？
- 时间复杂性考虑了典型的当代计算系统上操作的实际成本。对时间的最大调整是考虑内存负载和数据缓存的成本。

我们将对一些算法进行复杂性分析，比如第 5.6 节中的 prefix sum 算法。但对于应用计算科学家来说，算法的渐进复杂性在某种程度上是一维的，且用途有限。因为它只告诉我们：一个算法在极限下的成本随着算法的渐进复杂而增大。在应用环境中，我们需要一个更完整的算法模型。下一节将解释其中的原因。

5.2　性能模型与算法复杂性

在第 4 章中，首先介绍了通过性能模型来分析不同数据结构的相对性能。在性能模型中，我们建立了比算法复杂度分析中更完整的算法性能描述。最大的区别在于，我们没有在算法前面隐藏常数乘法器。但在用于缩放的 logN 等情况中也存在差异。实际操作计数来自二叉树，应该是 $\log_2 N$。

在传统的算法复杂性分析中，两个对数项之间的差异是一个常数，被纳入常数乘数中。在一般问题中，这些常数可能很重要，不会被抵消掉；因此，我们需要使用性能模型对这些相似算法进行区分。为了进一步了解使用性能模型的优势，让我们从日常生活中的一个例子开始。

示例

你组织了一次会议，有 100 名参会者。你想将手册分发给每个参与者。以下是一些可供使用的算法：

1. 当你搜索 100 个文件夹以找到要依次交给每个参与者的手册时，让所有 100 名参与者排成一行。最坏的情况是你必须查看所有 100 个文件夹。平均而言，你将浏览 50 个。如果没有找到正确的手册，你必须浏览所有 100 个文件夹。

2. 在注册之前按字母顺序对手册进行事先排序。现在你可以使用二分搜索来查找每个文件夹，从而加快找到正确手册的速度。

我们思考上面示例中的第一个算法。为简单起见，假设在将注册手册分发给参与者之后，之前存放注册手册的文件夹仍然存在，这样文件夹的数量就保持在原始数量不变。因为有 N 个参与者和 N 个文件夹，所以创建了一个双重嵌套循环。对于最坏的情况，计算是 N^2 次操作或大 O 渐近表示法中的 $O(N^2)$次。如果文件夹每次都减少，则计算的算法将是 (N + N -1 + N-2 . . .) 或 $O(N^2)$ 。第二种算法可以利用文件夹的排序顺序进行二分搜索，因此该算法可以在 O(N log N)操作的最坏情况下执行。

渐进复杂性告诉我们，当规模更大时(比如有 100 万参与者)算法将如何运行。但我们永远不会有 100 万参与者，而是 100 名参与者的有限规模。对于有限规模，需要更完整的算法性能图。

为说明这一点，我们将性能模型应用于一个最基本的计算机算法。我们将使用基于时间的模型，其中包括实际的硬件成本，而不是基于操作的计数。在这个例子中，我们考虑使用二分搜索，也称为二分查找。它是最常用的计算机算法和数值优化技术之一。传统的渐近分析认为二分搜索比线性搜索快得多。通过这个例子，考虑到计算机实际运行的情况，速度的增加并没有预期的那么多。这个分析还有助于解释 5.5.1 节中的表查找结果。

示例：二分搜索与线性搜索

二分搜索算法可用于在由 256 个整数元素组成的排序数组中找到正确的项。该算法通过对排序的数组取中点，以递归方式平分剩余的可能范围。在性能模型中，二分搜索将有 $\log_2{}^{256}$ 个步骤或 8 个步骤，而线性搜索的最坏情况是 256 个步骤，平均为 128 个步骤。如果计算一个 4 字节整数数组的缓存行负载，最坏情况下的线性搜索有 16 个缓存行负载，平均有 8 个。对于最坏的情况，二分搜索将需要 4 次缓存行负载，对于平均情况大约也只需要 4 次。必须强调的是，使用二分搜索只比线性搜索快了 2 倍，而不是我们预期的 16 倍。

在这个分析中，我们假设对缓存中的数据的任何操作基本上都是无成本的(实际上是几个 cycle)，而缓存行负载大约是 100 个 cycle 的量级。我们只计算缓存行负载，并忽略比较操作。对于基于时间的性能模型，可以说线性搜索的成本是$(n / 16) / 2 = 8$，而二分搜索的代价是 $\log_2(n / 16) = 4$。

对于这些长度较短的数组，缓存的行为会对结果产生很大的影响。虽然二分搜索仍然比其他方式更快，但依旧没有达到我们的预期。

虽然渐进复杂度被用来理解如何评判一个算法的质量(算法性能)，但没有提供计算绝对性能的公式。对于特定的问题，线性搜索(线性缩放)可能比二分搜索(对数缩放)更好。在使用并行化算法时尤其如此，因为线性缩放算法比对数缩放算法要简单得多。此外，计算机被设计成线性遍历数组及对数据进行预先取得，这可以稍微提升性能。最后，这个特定问题可能让条目出现在数组的起始位置，这样使用二分搜索的执行效果会比线性搜索差得多。

我们再看看其他并行场景的例子，让我们了解一下在多核 CPU 或 GPU 的 32 个线程上的搜索实现。这组线程必须在每个操作期间等待最慢的线程完成。二分搜索总是需要 4 次缓存加载。而线性搜索会因每个线程所需的缓存行数而异。操作所需的时间是由最坏的情况决定的，使成本接近 16 个缓存行，而不是平均的 8 个缓存行。

你可能会问，在现实中的情况会怎样？让我们研究下面的示例中描述的表格查找代码的两种变体。可以在你的系统上使用优秀的哈希代码测试以下算法，这些哈希代码包含在本章的 https://github.com/EssentialsofParallelComputing/Chapter5 源代码中。首先，下面的程序代码清单显示了表查找代码的线性搜索算法版本。

代码清单 5-1 表查找中的线性搜索算法

```
PerfectHash/table.c

268 double *interpolate_bruteforce(int isize, int xstride,
        int d_axis_size, int t_axis_size, double *d_axis, double *t_axis,
269     double *dens_array, double *temp_array, double *data)
270 {
271 int i;
272
273   double *value_array=(double *)malloc(isize*sizeof(double));
274
275   for (i = 0; i<isize; i++){
276     int tt, dd;
277
276     int tt, dd;
277
278     for (tt=0; tt<t_axis_size-2 &&
              temp_array[i] > t_axis[tt+1]; tt++);
279     for (dd=0; dd<d_axis_size-2 &&
              dens_array[i] > d_axis[dd+1]; dd++);
280
281     double xf = (dens_array[i]-d_axis[dd])/
                    (d_axis[dd+1]-d_axis[dd]);
282     double yf = (temp_array[i]-t_axis[tt])/
                    (t_axis[tt+1]-t_axis[tt]);
283     value_array[i] =
               xf *     yf *data(dd+1,tt+1)
284      + (1.0-xf)*     yf *data(dd, tt+1)
285      +       xf *(1.0-yf)*data(dd+1,tt)
286      + (1.0-xf)*(1.0-yf)*data(dd, tt);
287
288   }
289
290 return(value_array);
291 }
```

指定从 0 到 axis_size 的线性搜索（第 278～279 行）

插入计算法（第 281～286 行）

两个轴的线性搜索在第 278 和 279 行完成。我们通过观察可以发现，编码简单而直接，从而实现了 cache-friendly 的思想。现在让我们看看下面代码清单中的二分搜索。

代码清单 5-2 表查找中的二分搜索算法

```
PerfectHash/table.c

double *interpolate_bisection(int isize, int xstride,
    int d_axis_size, int t_axis_size, double *d_axis, double *t_axis,
  double *dens_array, double *temp_array, double *data)
{
  int i;

  double *value_array=(double *)malloc(isize*sizeof(double));
```

```

  for (i = 0; i<isize; i++){
    int tt = bisection(t_axis, t_axis_size-2,
                         temp_array[i]);              二分调用
    int dd = bisection(d_axis, d_axis_size-2,
                         dens_array[i]);

  double xfrac = (dens_array[i]-d_axis[dd])/
                 (d_axis[dd+1]-d_axis[dd]);
  double yfrac = (temp_array[i]-t_axis[tt])/
                 (t_axis[tt+1]-t_axis[tt]);
  value_array[i] =                                    插入计算法
         xfrac *    yfrac *data(dd+1,tt+1)
  + (1.0-xfrac)*      yfrac *data(dd, tt+1)
  +       xfrac * (1.0-yfrac)*data(dd+1,tt)
  + (1.0-xfrac)* (1.0-yfrac)*data(dd, tt);
 }

 return(value_array);
}

int bisection(double *axis, int axis_size, double value)
{
 int ibot = 0;
 int itop = axis_size+1;

 while (itop - ibot > 1){                  二分算法
   int imid = (itop + ibot) /2;
   if ( value >= axis[imid] )
      ibot = imid;
   else
     itop = imid;
 }
 return(ibot);
}
```

二分代码比线性搜索稍长(代码清单 5-1)，但它的操作复杂度应该更低。我们将在 5.5.1 节中查看其他的表搜索算法，并在图 5-8 中显示它们的相对性能。

需要指出的是，即使在考虑插值成本的情况下，二分搜索也不比线性搜索快很多。换句话说，这个分析表明，线性搜索也没有我们认为的那么慢。

5.3 什么是并行算法

现在让我们再通过一个日常生活中的例子，来介绍一些并行算法的概念。第一个示例演示一种无比较且不同步的算法为什么更容易实现，并且对于高度并行的硬件可以获得更好的执行结果。稍后将列举更多例子，这些例子强调了空间局部性、再现性和并行性等其他重要属性，本章末尾的 5.8 节中总结了所有这些思想。

示例：比较排序与哈希排序

你希望对前面示例提到的 100 个参会者进行排序。首先尝试比较排序。

1. 在房间中，对参会者进行排序，让每个人将自己的姓氏与站在同一行中的其他与会者进行比较，如果姓氏在字母顺序中较早，则向左移动；如果姓氏在字母顺序中较靠后，则向右移动。

2. 继续执行 N 步，N 是房间里的人数。

对于 GPU 来说，一个工作组无法与另一个工作组通信。让我们假设礼堂里的每一排都是一个工作组。当你到达这一行的末尾时，就好比已经达到了 GPU 工作组的极限，必须退出 kernel 来与下一行进行比较。必须退出 kernel 意味着需要多次 kernel 调用，这将增加编码的复杂性和程序运行时间。第 9 章和第 10 章将更详细地介绍 GPU 功能。

现在，让我们看看另一种排序算法：哈希排序。理解哈希排序的最佳方法是通过下面的示例。我们将在第 5.4 节详细讨论哈希函数中的元素。

1. 在桌子上放一个带有大写字母的牌子，如 A、B 或 C 等。

2. 每个人走到带有自己姓氏第一个字母的桌前。

3. 如果某一个姓氏首字母对应了大量的参会者，那么使用类似的办法，通过姓氏的第二个字母对这些参会者进行进一步分组。如果姓氏首字母对应少量的参会者，那么做任何简单的排序即可，包括前面描述的排序方法。

第一种排序是使用冒泡排序算法的比较排序，这种算法通常性能较差。冒泡排序步骤将遍历整个列表，并比较相邻的元素，如果它们的顺序不正确，就交换位置。该算法重复遍历列表，直至列表完成排序。最好的比较排序算法的复杂度限制是 O(N log N)。哈希排序打破了这个障碍，因为它不使用比较方法。平均而言，哈希排序对每个参会者是 θ(1)操作，对所有参与者是 θ(N)操作。虽然取得更高的性能很重要，但更重要的是，每个参会者的操作都是完全独立的。操作完全独立使得算法更易于并行化，即使是在使用更少同步技术的 GPU 架构上也能轻松实现。

将所有这些组合在一起，我们可以使用哈希排序将参会者和文件夹按字母顺序排列，并通过在会议注册表中按字母表划分来增加并行性。两个哈希排序将是 θ(N)并且并行将是 θ(N/P)，其中 P 是处理器的数量。对于 16 个处理器和 100 个参会者的情况，与暴力串行方法相比，并行算法将加速 $100^2/(100/16) = 1600$ 倍。哈希设计与我们在组织良好的会议或学校注册中看到的情况类似。

5.4　什么是哈希函数

在这一节中，我们将讨论哈希函数的重要性。哈希技术起源于 20 世纪 50 年代，但在许多应用领域没有得到广泛使用。具体来说，我们将讨论什么是完美哈希、空间哈希、完美空间哈希，以及所有相关的用例。

哈希函数将键(key)映射到值(value)，这种工作方式很像字典通过单词作为查找键，来找到它对应的具体定义。在图 5-1 中，单词 Romero 是用于查找值的哈希键，在本例中它可能是人名或用户名。与我们现实生活中使用的字典(如英文词典)不同，计算机需要至少 26 个可能的存储位置乘以字典键的最大长度。因此，对于计算机来说，绝对有必要将键(key)编码成一种更短的形式，称为哈希。术语“哈希”指将键“分割”成更短的形式，作为对应存储值的索引。存储特定键值集合的位置称为 bucket 或 bin。有许多不同的方法可以从键生成哈希，应该为特定问题选择最合适的生成哈希的方法。

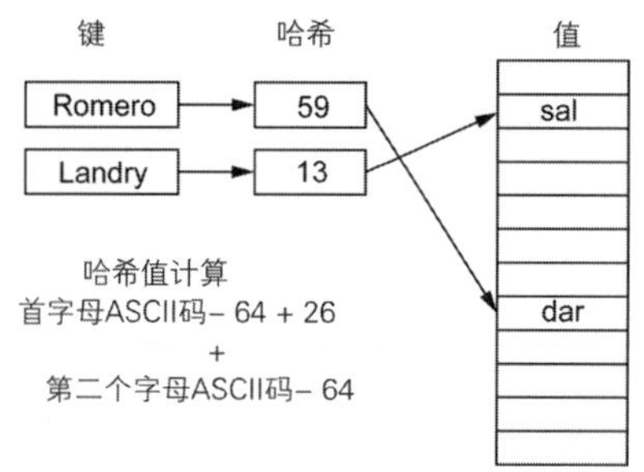

图 5-1　按姓氏查找的哈希表。在 ASCII 中，R 是 82，o 是 79。然后我们可以用算式 82-64+26+79-64=59 计算第一个哈希键。存储在哈希表中的值是用户名，有时也称为 moniker

完美哈希是每个 bucket 中最多有一个条目的哈希。完美哈希很容易处理，但会占用过多的内存。最小的完美哈希是每个 bucket 中只有一个条目，并且没有空的 bucket。计算最小完美哈希需要更长时间，但对于固定的编程关键字集，花费额外的时间是值得的。对于将在这里讨论的大多数哈希，哈希被动态创建、查询以及丢弃，因此更快的创建速度比内存大小更重要。在完美哈希不可行或占用太多内存的情况下，可以使用压缩哈希。压缩哈希将对哈希进行压缩，因此它使用更少的存储内存。与往常一样，需要在编程复杂性、运行时间和所需内存之间进行平衡。

负载因子是填充的哈希的分数。它由 n/k 计算得出，其中 n 是哈希表中的条目数，k 是 bucket 的数量。压缩哈希仍可在 0.8~0.9 的负载因子下工作，但之后由于冲突，效率将会下降。当多个键想要将其值存储在同一个 bucket 中时，就会发生冲突。重要的是要有一个出色的哈希函数，它可以更均匀地分配 key，避免条目聚集，从而得到更高的负载因子。使用压缩哈希，键和值都将被存储，以便在检索时可以对键进行检查，确定它是不是正确的条目。

在前面的示例中，我们使用姓氏的第一个字母作为简单的哈希键。虽然有效，但使用第一个字母肯定存在缺陷。一是字母表中以每个字母开头的姓氏数量分布不均匀，导致每个 bucket 中的条目数量存在较大差异。我们可以改用字符串的整数表示，它为名称的前 4 个字母生成一个哈希。但是字符集只为每个字节的 256 个存储位置提供 52 个可能的值，导致只有一小部分可能的整数键。只使用字符的特殊哈希函数所需的存储位置与其他哈希函数相比要少得多。

5.5　空间哈希：一种高并行度算法

我们在第 1 章的讨论中，使用了 Krakatau 示例的统一大小的常规网格。对于这个关于并行算法和空间哈希的讨论，我们需要使用更复杂的计算网格。在科学仿真计算中，通过更复杂的网格，更详细地定义我们所关心的问题。在大数据，特别是图像分析和分类中，这些比较复杂的网格没有被广泛采用。然而，这项技术在这方面却有很大的价值，当图像中的 cell 具有混合特征时，只需要拆分单元格即可。

使用更复杂网格的最大障碍是编码将变得更加复杂，因此，我们必须使用新的计算技术。对于复杂的网格，找到在并行架构中运行和扩展良好的方法是一个更大的挑战。在本节中，将向你展示如何使用高度并行的算法处理一些常见的空间操作。

示例： Krakatau 波浪仿真

你的团队正在研究波浪仿真应用程序，并确定在图 1-10 所示的波前和海岸线的某些区域进行模拟需要更高的分辨率。然而，它们在网格的其他部分不需要这么高的分辨率。于是团队决定考虑自适应网格细化(AMR)，在那里他们可以把更精细的网格分辨率提供给所需区域。

基于 cell 的自适应网格细化(AMR)属于一类非结构化网格技术，不再具有结构化网格定位数据的简单性。在基于 cell 的 AMR 中(如图 5-2 所示)，cell 数据数组是一维的，数据可以是任意顺序的。网格位置存在于附加数组中，这些数组保存每个 cell 的大小和位置信息。因此，网格虽然带有一些结构，但数据是完全非结构化的。如果在非结构化领域深入研究，完全非结构化的网格可能是具有三角形、多面体或其他复杂形状的 cell。这使得 cell 可以“适应”陆地和海洋之间的边界领域，但代价是要使用更复杂的数值运算。由于许多用于非结构化数据的并行算法都适用于这两种情况，所以我们将主要使用基于 cell 的 AMR 示例。

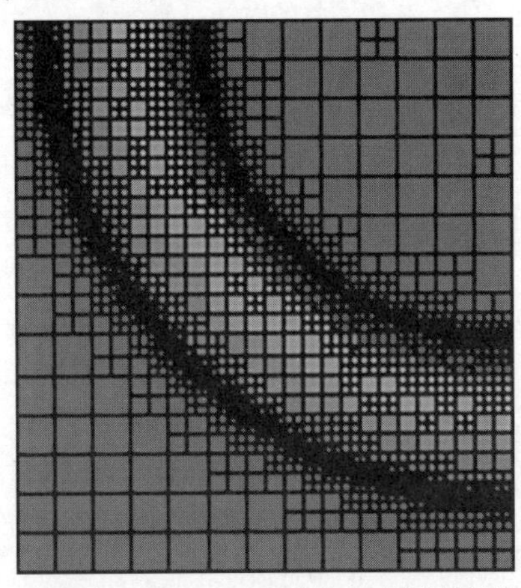

图 5-2 一个基于 cell 的 AMR 网格，用于 CLAMR 迷你应用程序的波浪模拟。黑色的方块是 cell，不同阴影的方块代表从右上角向外辐射的波的高度

AMR 技术可以分为补丁、块和基于 cell 的方法。补丁和块方法使用不同大小的补丁或固定大小的块，至少可以部分利用这些 cell 组的常规结构。基于 cell AMR 具有真正的非结构化数据，可以通过任何顺序排列。2011 年，戴维斯、尼古拉夫和特鲁希略在洛斯阿拉莫斯国家实验室(Los Alamos National Laboratory)暑期学习时，开发了一款基于 cell 浅水 AMR 迷你应用程序 CLAMR (https://github.com/lanl/CLAMR.git)。他们想看看基于 cell 的 AMR 应用程序能否在 GPU 上运行。在这个过程中，他们发现了突破性的并行算法，这也使 CPU 实现更快的运算。其中最重要的是空间哈希。

空间哈希是一种基于空间信息的技术。哈希算法为每次查找保留相同 θ(1)操作的平均算法复杂度。所有空间查询都可以使用空间哈希来执行，这比其他替代方法提供更高的计算速度。它的基本原则是将对象映射到按常规规则排列的 bucket 网格上。

图 5-3 中间图显示了空间哈希的使用。bucket 的大小是根据要映射对象的特征大小选择的。对于基于 cell 的 AMR 网格，将使用最小 cell 大小。对于粒子或对象，如图 5-3 中右侧所示，cell 大小是基于相互作用距离的。这种选择意味着，对于交互或碰撞计算只需要查询紧邻的 cell 即可。碰撞

计算是空间哈希的一个重要应用领域，不仅在光滑粒子流体动力学、分子动力学和天体物理学的科学计算中，同时在游戏引擎和计算机图形学中也有着广泛的应用。很多情况下，我们可以利用空间局部性来降低计算成本。

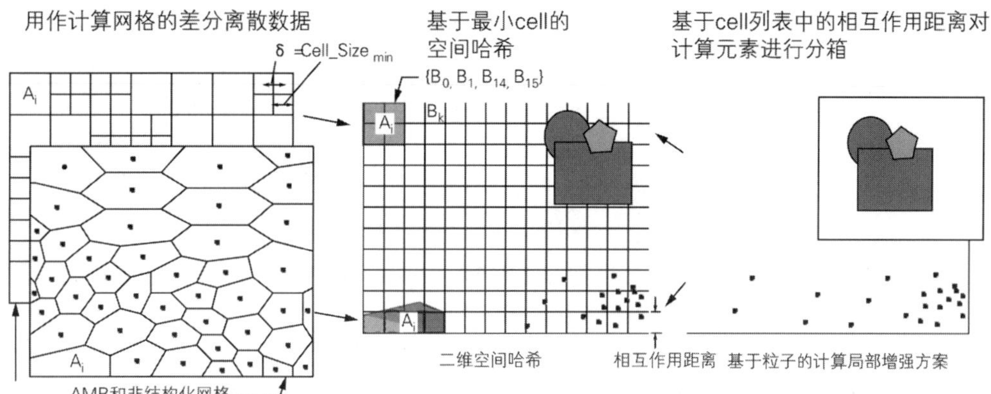

图 5-3　映射到空间哈希上的计算网格、粒子和对象。将非结构化网格的多面体和基于 cell 的自适应细化网格的矩形单元映射为空间哈希，并用于空间操作。粒子和几何对象也可以从映射到空间哈希中受益，只需要考虑附近的元素，就可以提供关于其空间位置的信息

AMR 和图中左侧的非结构化网格都被称为差分离散数据，因为在梯度更陡的地方，cell 更小，以便更好地解决物理现象。但是这些 cell 的大小是有限制的。这个限制可以防止 bucket 变得过小。两个网格都将它们的 cell 索引存储在空间哈希的所有底层 bucket 中。对于粒子和几何对象，粒子索引和对象标识符都被存储在 bucket 中。这提供了一种局部性形式，可以防止计算成本随着问题规模的变大而增加。例如，如果问题域在左边和上面增加，那么空间哈希右下方的交互计算保持不变。因此，粒子计算的算法复杂度保持在 θ(N)，而不是增长到 $\theta(N^2)$。下面的代码清单显示了交互循环的伪代码，它位于内循环的附近位置，因此不必搜索所有粒子。

代码清单 5-3　粒子交互的伪代码

```
forall particles, ip, in NParticles{
  forall particles, jp, in Adjacent_Buckets{
     if (distance between particles < interaction_distance){
       perform collision or interaction calculation
     }
  }
}
```

5.5.1　使用完美哈希进行空间网格操作

我们将首先介绍完美哈希，并重点关注哈希的使用，而不是哈希的内部机制。这些方法都依赖于能够保证每个 bucket 中只有一个条目，从而避免当在一个 bucket 可能有多个数据条目时，需要处理冲突的问题。对于完美哈希，我们将研究 4 个最重要的空间操作。

- 邻近搜索：定位单元每边的一个或两个相邻单元。

- 重新映射：将另一个 AMR 网格映射到当前的 AMR 网格。
- 查找表(table lookup)：在二维表中定位间隔，从而执行插值。
- 排序：对于 cell 数据的一维或者二维排序。

对于一维和二维的四种空间操作示例的所有源代码都可以在 https://github.com/lanl/PerfectHash.git 上获得，它使用的是开源许可证。本章示例中也提供相关源代码。完美的哈希代码使用了 CMake 并测试了 OpenCL 的可用性。如果你没有 OpenCL 功能，代码将检测到这一点，并且不会编译 OpenCL 实现，但仍然可以在 CPU 上运行代码中的其他部分。

使用空间完美哈希进行邻近搜索

邻体搜索是最重要的空间操作之一。在科学计算中，material 移动时，必须从当前 cell 移入相邻的 cell 中。我们需要知道要移到哪个 cell 才能计算 material 的数量并移动它。在图像分析中，相邻 cell 的特征可以给出关于当前 cell 组成的重要信息。

CLAMR 中 AMR 网格的规则是，在一个 cell 的一个面上只能有一个单级的细化跳跃。此外，每边的每个 cell 的相邻列表只是其中一个相邻 cell，可选择每对 cell 中较低的 cell 或每对 cell 左边的 cell，如图 5-4 所示。第二对将通过使用第一个 cell 的邻近列表进行查找，如 ntop[nleft[ic]]。然后问题就变成为每个 cell 设置邻近数组。

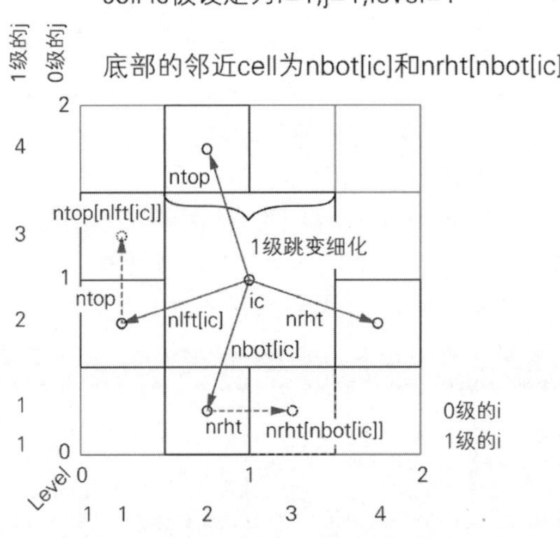

图 5-4 左邻是左边两个 cell 中较低的那个，而下邻是下面两个 cell 左边的那个。类似地，右邻是右边两个 cell 中较低的那个，而上邻是上面两个 cell 中左边的那个

邻近搜索可能使用哪些算法？简单的方法是在所有其他 cell 中搜索相邻的 cell。这可以通过查看每个 cell 中的 i、j 和 level 变量来实现。朴素算法的规模为 $O(N^2)$，在 cell 数量较少的情况下这种算法的性能较好，但在运行时复杂度会迅速增大。一些常见的替代算法是基于树的算法，如 k-D 树和四叉树算法(或称为三维八叉树)。这些是基于比较的算法，规模是 O(N log N)，稍后再定义。二维邻近计算的代码，包括 k-D 树、强力(brute force)、CPU 和 GPU 哈希实现，可以在 https://github.com/lanl/PerfectHash.git 上找到，本章后面讨论的其他空间完美哈希应用程序也有相关介绍。

k-D 树将网格在 x 维上分成相等的两部分，然后在 y 维上分成相等的两部分，不断重复，直到找到目标。构建 k-D 树的算法是 O(NlogN)，每次搜索也是 O(NlogN)。

四叉树每个父节点有 4 个子节点，每个象限一个。这将精确地映射到基于 cell 的 AMR 网格的细分部分。一个完整的四叉树从顶部或根开始，从一个 cell 开始并细分到 AMR 网格的最细层次。一个“截断的”四叉树从网格的最粗层开始，每个粗 cell 都有一个四叉树映射到最细层。四叉树算法是一个基于比较的算法：O(NlogN)。

一个平面上只有一级跳跃的限制被称为梯度网格。在基于 cell 的 AMR 中，梯度网格比较常见，但其他四叉树应用，如天体物理中的 n-body 应用程序，会导致四叉树数据结构的更大跳跃。

细化的一级跳跃使我们能够改进寻找邻近 cell 的算法设计。可以从代表 cell 的叶子开始搜索，最多只需要爬上树的两层就可以找到邻近 cell。为了搜索相似大小的近邻，搜索应该从叶子开始并使用四叉树进行。对于大的不规则对象的搜索，应该使用 k-D 树，并且搜索应该从树的根开始。正确使用基于树的搜索算法可以在 CPU 上进行运算，因为无法轻松完成工作组以外的比较，所以树的构建和比较操作在 GPU 上存在困难。

上面介绍的内容为空间哈希的设计奠定了基础，以便执行邻近搜索操作。可以保证在空间哈希中没有冲突，方法是将哈希中的 bucket 设置为 AMR 网格中最细的 cell 的大小。算法就变成下面的样子：

- 分配一个空间哈希大小为基于 cell 的 AMR 网格的最细级别。
- 对于 AMR 网格中的每个 cell，将 cell 编号写入 cell 底层的哈希 bucket 中。
- 计算每侧除了当前 cell 外，每个 cell 的更精细 cell 的索引。
- 读取放在该位置的哈希 bucket 中的值。

对于图 5-5 所示的网格，在写入阶段之后，将进入读取阶段，从而查找右邻 cell 的索引。

如代码清单 5-5 所示，这个算法非常适合在 GPU 环境中运行。其中代码中的第一个实现，用了不到一天的时间就从 CPU 环境移植到 GPU 环境。最初的 k-D 树需要数周或数月才能在 GPU 上实现。算法复杂度也突破了 O(log N)的阈值，N 个 cell 的平均复杂度为 θ(N)。

这个完美哈希邻接计算的第一个实现在 CPU 上比 k-D 树方法快一个数量级，在 GPU 上比单个 CPU 核又提升了一个数量级，总共加速 3157 倍(如图 5-6 所示)。对于这个算法的性能研究是在 NVIDIA V100 GPU 和 Skylake Gold 5118 CPU 上完成的，标准时钟频率为 2.30 GHz。本章中的所有结果也都使用了这种硬件架构。这种硬件架构在 2018 年前后是最佳的 CPU 核心和 GPU 架构，图中给出了 Best(2018)并行加速比较(参见 1.6 节加速表示法)。但需要注意的是这并不是 CPU 和 GPU 之间的架构比较。如果利用了这个 CPU 上的 24 个虚拟核，那么 CPU 也会得到相当大的并行加速。

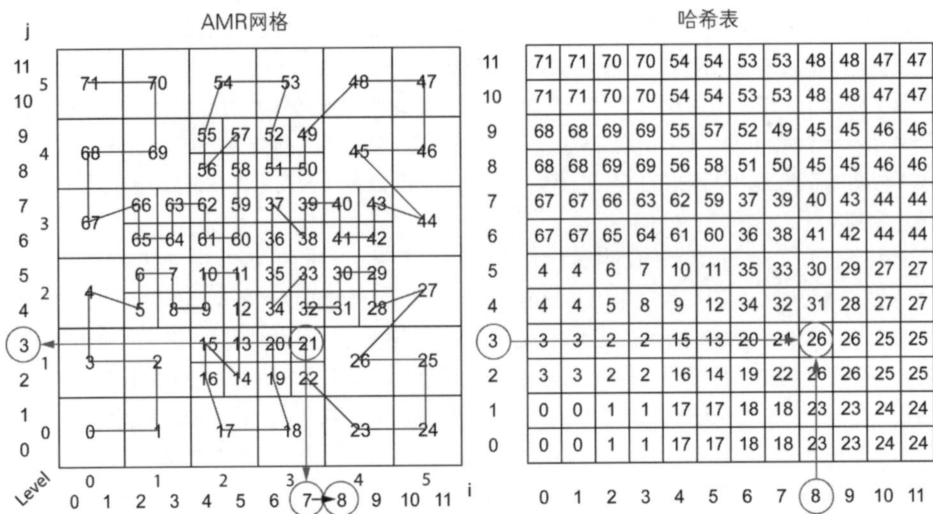

每个cell将其编号写入对应的哈希bucket

cell 21的右侧邻近cell位于第8列第3行。在哈希中查找，将得到cell 26

图 5-5　使用空间完美哈希找到 cell 21 的右侧邻近 cell

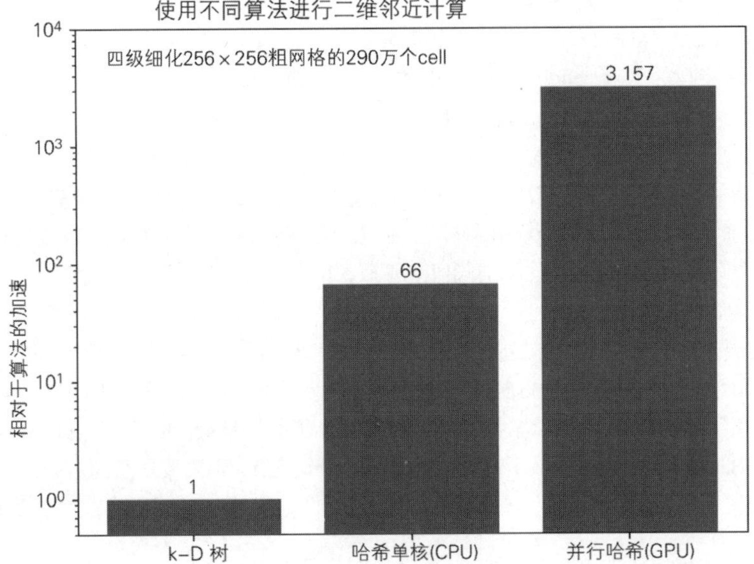

图 5-6　该算法结合并行技术，可以提供 3157 倍的加速。新算法实现了 GPU 的并行加速

编写这种性能的代码到底有多难？让我们看一下代码清单 5-4 中用于 CPU 的哈希表代码。例程的输入是一维数组 i、j 和 level，其中 level 是细化级别，i 和 j 是该 cell 细化级别的网格中 cell 的行和列。整个代码清单大约只有 12 行。

代码清单 5-4　为 CPU 编写一个空间哈希表

```
neigh2d.c from PerfectHash
```

```
452 int *levtable = (int *)malloc(levmx+1);
453 for (int lev=0; lev<levmx+1; lev++)
        levtable[lev] = (int)pow(2,lev);
454
455 int jmaxsize = mesh_size*levtable[levmx];
456 int imaxsize = mesh_size*levtable[levmx];
457 int **hash = (int **)genmatrix(jmaxsize,
                     imaxsize, sizeof(int));
458
459 for(int ic=0; ic<ncells; ic++){
460   int lev = level[ic];
461   for (int jj=j[ic]*levtable[levmx-lev];
          jj<(j[ic]+1)*levtable[levmx-lev]; jj++) {
462      for (int ii=i[ic]*levtable[levmx-lev];
             ii<(i[ic]+1)*levtable[levmx-lev]; ii++) {
463        hash[jj][ii] = ic;
464      }
465   }
466 }
```

构造 2 的一个幂表(1, 2, 4, …)

在最佳级别设置行和列的数量

分配哈希表

将 cell 映射到哈希表

第 459、461 和 462 行上的循环引用一维数组 i、j 和 level；level 是细化级别，其中 0 是粗级别，1 到 levmx 是细化级别。数组 i 和 j 是网格中 cell 细化级别上的行和列。

代码清单 5-5 显示了在 OpenCL 中为 GPU 编写空间哈希的代码，与代码清单 5-4 类似。即使不了解 OpenCL 的所有细节，GPU 代码的简单性也是显而易见的。让我们做一个简单的比较，以了解如何为 GPU 修改代码。我们定义了一个宏来处理二维索引，并使代码看起来更接近 CPU 版本。最大的区别就是没有 cell 循环。这是典型的 GPU 代码，其中外部循环被删除，通过 kernel 启动进行处理。通过调用 get_global_id 内部函数为每个线程提供 cell 索引。第 12 章将介绍关于这个示例和编写 OpenCL 代码的更多内容。

代码清单 5-5　使用 OpenCL 在 GPU 上写一个空间哈希表

```
neigh2d_kern.cl from PerfectHash
#define hashval(j,i) hash[(j)*imaxsize+(i)]

__kernel void hash_setup_kern(
      const uint isize,
      const uint mesh_size,
      const uint levmx,
      __global const int *levtable,
      __global const int *i,
      __global const int *j,
      __global const int *level,
      __global int *hash
      ) {

  const uint ic = get_global_id(0);
  if (ic >= isize) return;

  int imaxsize = mesh_size*levtable[levmx];
  int lev = level[ic];
  int ii = i[ic];
```

将 2 的幂表与 i、j 和 level 一起传递

GPU kernel 隐含了跨 cell 的循环；每个线程都对应一个 cell

返回值对于避免越界读取数组很重要

```
  int jj = j[ic];
  int levdiff = levmx - lev;

  int iimin = ii *levtable[levdiff];
  int iimax = (ii+1)*levtable[levdiff];
  int jjmin = jj *levtable[levdiff];
  int jjmax = (jj+1)*levtable[levdiff];

 for ( int jjj = jjmin; jjj < jjmax; jjj++) {
    for (int iii = iimin; iii < iimax; iii++) {
      hashval(jjj, iii) = ic;
    }
 }
}
```

计算要设置的底层哈希 bucket 的边界

将哈希表值设置为线程 ID(cell 编号)

检索邻接索引的代码也很简单，如代码清单 5-6 所示，只需要在 cell 之间进行循环，并读取哈希表；在该哈希表中，邻接位置将位于网格的最细级别。你可以通过将行或列按所需方向增加一个 cell 来查找相邻行或列的位置。对于左邻体或下邻体，增量为 1，而对于右邻体或上邻体，增量为 x 方向上网格的全宽度或 imaxsize。

代码清单 5-6　通过 CPU 在空间哈希表中寻找邻接 cell　。

```
neigh2d.c from PerfectHash
for (int ic=0; ic<ncells; ic++){
  int ii = i[ic];
  int jj = j[ic];
  int lev = level[ic];
  int levmult = levtable[levmx-lev];
  int nlftval =
      hash[      jj      *levmult              ]
           [MAX(  ii      *levmult-1,0       )];
  int nrhtval =
      hash[      jj      *levmult              ]
           [MIN((ii+1)    *levmult, imaxsize-1)];
  int nbotval =
      hash[MAX(   jj      *levmult-1,0       ) ]
       [      ii      *levmult              ];
  int ntopval =
      hash[MIN((jj+1)     *levmult, jmaxsize-1 )]
           [      ii      *levmult              ];
  neigh2d[ic].left   = nlftval;
  neigh2d[ic].right  = nrhtval;
  neigh2d[ic].bot    = nbotval;
  neigh2d[ic].top    = ntopval;
}
```

计算查询的邻接 cell 位置，使用 max/min 确保它在边界范围内

为输出数组赋值

对于 GPU 而言，我们再次删除 cell 的循环，并将其替换为 get_global_id 调用，如代码清单 5-7 所示。

代码清单 5-7　使用 OpenCL 通过 GPU 在空间哈希表中寻找邻接 cell

```
neigh2d_kern.cl from PerfectHash
```

```
#define hashval(j,i) hash[(j)*imaxsize+(i)]

__kernel void calc_neighbor2d_kern(
      const int isize,
      const uint mesh_size,
      const int levmx,
      __global const int *levtable,
      __global const int *i,
      __global const int *j,
      __global const int *level,
      __global const int *hash,
      __global struct neighbor2d *neigh2d
      ) {

   const uint ic = get_global_id(0);
   if (ic >= isize) return;

   int imaxsize = mesh_size*levtable[levmx];
   int jmaxsize = mesh_size*levtable[levmx];

   int ii = i[ic];
   int jj = j[ic];
   int lev = level[ic];
   int levmult = levtable[levmx-lev];

   int nlftval = hashval(      jj      *levmult              ,
                          max( ii      *levmult-1,0       ));
   int nrhtval = hashval(      jj      *levmult              ,
                          min((ii+1)   *levmult, imaxsize-1));
   int nbotval = hashval(max( jj       *levmult-1,0)         ,
                               ii      *levmult             );
   int ntopval = hashval(min((jj+1)   *levmult, jmaxsize-1),
                               ii      *levmult             );
   neigh2d[ic].left = nlftval;
   neigh2d[ic].right = nrhtval;
   neigh2d[ic].bottom = nbotval;
   neigh2d[ic].top = ntopval;
}
```

获取线程的 cell ID

其余代码与 CPU 版本类似

上面这段代码体现了很好的简洁性，如果使用 CPU 的 k-D 树来完成，那么代码将达到上千行。

使用空间完美哈希重新映射计算

另一个重要的数值网格操作是从一个网格到另一个网格的重新映射。快速重映射允许在针对其需求独立优化的网格上执行不同的物理操作。

在本例中，我们将考虑将值从一个基于 cell 的 AMR 网格重新映射到另一个基于 cell 的 AMR 网格。网格重映射也可以涉及非结构化网格或基于粒子的仿真，但使用的技术将会更复杂。设置阶段与相邻情况相同，其中每个 cell 的索引被写入空间哈希。在本例中，为源网格创建空间哈希。然后在读取阶段(如代码清单 5-8 所示)查询目标网格每个 cell 编号的空间哈希，并在调整 cell 的大小差异后，将源网格的值累加到目标网格中。对于这个演示，我们对 https://github.com/EssentialsofParallelComputing/Chapter5.git 中的源代码进行了简化。

代码清单 5-8 通过 CPU 运行：重新映射值的读取阶段

```
remap2.c from PerfectHash
for(int jc = 0; jc < ncells_target; jc++) {
   int ii = mesh_target.i[jc];
   int jj = mesh_target.j[jc];
   int lev = mesh_target.level[jc];
   int lev_mod = two_to_the(levmx - lev);
   double value_sum = 0.0;
   for(int jjj = jj*lev_mod;
            jjj < (jj+1)*lev_mod; jjj++) {
      for(int iii = ii*lev_mod;
               iii < (ii+1)*lev_mod; iii++) {
         int ic = hash_table[jjj*i_max+iii];
         value_sum += value_source[ic] /
               (double)four_to_the(
                  levmx-mesh_source.level[ic]
               );
      }
   }
   value_remap[jc] += value_sum;
}
```

获取目标网格 cell 的位置

查询源网格 cell 的空间哈希

对源网格中的值求和，然后调整相对 cell 大小

图 5-7 显示了使用空间完美哈希重新映射的性能提升。通过该算法带来了加速的效果，然后 GPU 提供了额外的并行加速，总加速将超过 1000 倍。在 GPU 上的并行加速是通过 GPU 上的算法实现的。同样，在多核处理器上也可以得到很好的并行加速。

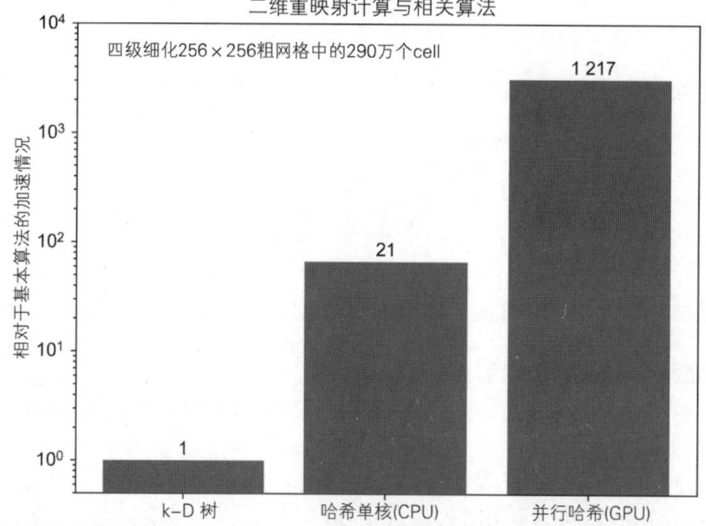

图 5-7 将算法从 k-D 树更改为 CPU 单核上的哈希，然后移植到 GPU 进行并行加速，从而得到重映射算法的加速

使用空间完美哈希的表查找

从表数据中查找值的操作提供了一种不同的局部性，并且空间哈希可以利用这种局部性。你可以使用哈希在两个轴上搜索插值的间隔。在本例中，我们使用了状态方程值的 51×23 查找表。两个轴分别表示密度和温度，每个轴上的值之间使用相等的间隔。我们将使用 n 表示轴的长度，N 表示

要执行的表查找次数。我们将在这个研究例子中，使用 3 种算法。

- 第一个算法是：从第一列和第一行开始的线性搜索(brute force，强力搜索)。使用 brute force 对于每个数据的查询应该是一个 O(n)算法，对于所有的 N，则是 O(N * n)，其中 n 代表每个轴的列数或行数。
- 第二个算法是二分搜索，它查看可能范围的中点值，并递归缩小区间的位置。对于每个数据查询，二分搜索应该是 O(log n)算法。
- 最后，我们使用哈希对每个轴的间隔进行 O(1)查找。并在单核 CPU 和 GPU 上测量哈希的性能。测试代码在两个轴上搜索间隔，并对表中的数据值进行简单插值，从而获得结果。

图 5-8 显示了不同算法的性能结果。结果有些出人意料。尽管二分搜索是 O(N log N)算法而不是 O(N * N)算法，但它并不能比 brute force(线性搜索)提供更好的性能。这似乎与简单性能模型相反，后者表明在每个轴上搜索的加速应该达到 4~5 倍。使用插值运算，我们仍然期望得到 2 倍左右的性能提升。对于这种情况，有一个简单的解释，我们将在 5.2 节中进行讨论。

对于线性搜索，在每个轴上搜索间隔最多只需要在一个轴上加载两个缓存，在另一个轴上加载四个缓存。这种分割需要相同数量的缓存加载。因为考虑缓存加载，所以性能将不会有任何差异。哈希算法可以直接找到正确的间隔，但它仍然需要缓存加载。缓存加载将大概减少 3 倍。额外的性能提升可能是由于减少了哈希算法的条件。一旦我们考虑了缓存层次结构的影响，观察到的性能将与预期一致。

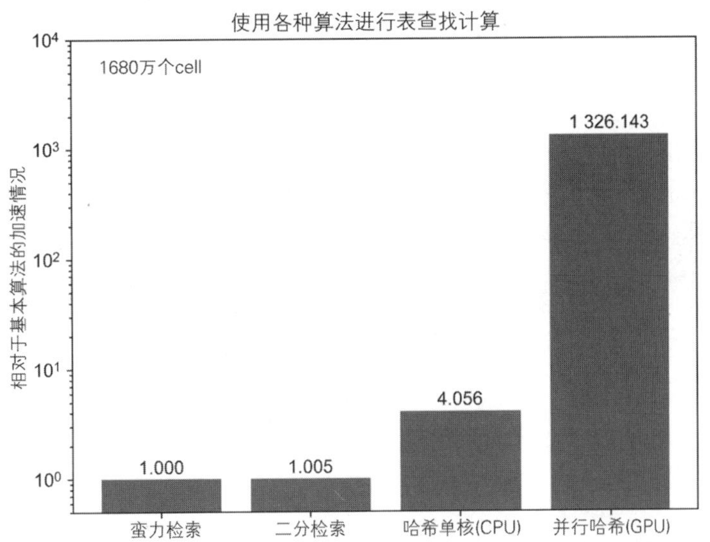

图 5-8　用于表格查找的算法显示 GPU 上的哈希算法将带来明显的加速效果

将算法移植到 GPU 上，涉及的内容可能要多一些，我们需要了解移植过程中可能出现哪些性能增强。为理解运行的原理，让我们首先看看代码清单 5-9 中 CPU 上的哈希实现方法。该代码循环遍历所有 1600 万个值，找到每个轴上的间隔，然后对表中的数据进行插值，从而获得结果值。通过使用哈希技术，我们可以使用没有条件的简单算术表达式找到区间位置。

代码清单 5-9 适用 CPU 环境的表插补代码

```
table.c from PerfectHash
double dens_incr =
      (d_axis[50]-d_axis[0])/50.0;
double temp_incr =
     (t_axis[22]-t_axis[0])/22.0;

for (int i = 0; i<isize; i++){
   int tt = (temp[i]-t_axis[0])/temp_incr;
   int dd = (dens[i]-d_axis[0])/dens_incr;

   double xf = (dens[i]-d_axis[dd])/
                  (d_axis[dd+1]-d_axis[dd]);
   double yf = (temp[i]-t_axis[tt])/
                  (t_axis[tt+1]-t_axis[tt]);
   value_array[i] =
             xf  * yf      *data(dd+1,tt+1)
    +   (1.0-xf) * yf      *data(dd, tt+1)
    +        xf  *(1.0-yf) *data(dd+1,tt)
    +  (1.0-xf)  *(1.0-yf) *data(dd, tt);
}
```

计算每个轴数据查找的恒定增量

确定插值的区间和区间内的分数

用结果填充 value_array 的双线性插值

我们可以像在之前的例子中所做的那样，简单地将上面的代码移植到 GPU 环境中，移除 for 循环，并使用 get_global_id 的调用进行替换。GPU 带有一个小型的本地内存缓存，这个缓存将被每个工作组共享，它可以大约保存 4000 个双精度值。现在，表中有 1173 个值和 51+23 个轴值。这些值可以放在本地内存缓存中，从而可以进行快速访问，并在工作组中的所有线程之间进行共享。代码清单 5-10 中的代码展示了我们是如何做到这一点的。在代码的第一部分，使用所有线程将数据值协同加载到本地内存中。然后需要进行同步，以确保在转移到插值 kernel 之前所有的数据已经被加载。其余代码与代码清单 5-9 中用于 CPU 的代码非常相似。

代码清单 5-10 在 GPU 环境下使用 OpenCL 进行表格插值

```
table_kern.cl from PerfectHash
#define dataval(x,y) data[(x)+((y)*xstride)]

__kernel void interpolate_kernel(
   const uint isize,
   const uint xaxis_size,
   const uint yaxis_size,
   const uint dsize,
   __global const double *xaxis_buffer,
   __global const double *yaxis_buffer,
   __global const double *data_buffer,
   __local        double *xaxis,
   __local        double *yaxis,
   __local        double *data,
   __global const double *x_array,
   __global const double *y_array,
   __global double *value
   )
```

```
{
   const uint tid = get_local_id(0);
   const uint wgs = get_local_size(0);
   const uint gid = get_global_id(0);

   if (tid < xaxis_size)
      xaxis[tid]=xaxis_buffer[tid];
   if (tid < yaxis_size)
      yaxis[tid]=yaxis_buffer[tid];

   for (uint wid = tid; wid<d_size; wid+=wgs){
     data[wid] = data_buffer[wid];
   }

   barrier(CLK_LOCAL_MEM_FENCE);

   double x_incr = (xaxis[50]-xaxis[0])/50.0;
   double y_incr = (yaxis[22]-yaxis[0])/22.0;

   int xstride = 51;

   if (gid < isize) {
      double xdata = x_array[gid];
      double ydata = y_array[gid];

      int is = (int)((xdata-xaxis[0])/x_incr);
      int js = (int)((ydata-yaxis[0])/y_incr);
      double xf = (xdata-xaxis[is])/
                     (xaxis[is+1]-xaxis[is]);
      double yf = (ydata-yaxis[js])/
                     (yaxis[js+1]-yaxis[js]);

      value[gid] =
             xf   * yf *dataval(is+1,js+1)
      + (1.0-xf)  * yf *dataval(is, js+1)
      +      xf  *(1.0-yf)*dataval(is+1,js)
      + (1.0-xf) *(1.0-yf)*dataval(is, js);
   }
}
```

加载轴数据值

加载数据表

需要在表查询之前进行同步

计算每个轴数据查找的固定增量

加载下一个数据值

确定插值的区间和区间内的分数

双线性插值

GPU 哈希代码的性能结果显示了这种优化带来的影响，它比其他 kernel 的单核 CPU 性能提供了更大的加速以及更好的性能。

使用空间完美哈希对网格数据进行排序

排序运算是被研究最多的算法之一，排序也是许多其他运算的基础。在这一节中，我们将介绍对空间数据进行排序的特殊情况。你可以使用空间排序来查找最近的邻近元素、消除重复、简化范围查找、输出图形以及执行其他许多操作。

为简单起见，我们将使用最小 cell size 为 2.0 的一维数据。所有 cell 必须比最小 cell size 大 2 的幂次倍。除了以下可能的最小单元大小外，测试用例允许多达五个级别的粗化：2.0、4.0、8.0、16.0 和 32.0。cell 大小将随机生成，cell 也将被随机排序。排序将使用快速排序，然后在 CPU 和 GPU 上使用哈希排序。空间哈希排序的计算，利用了有关一维数据的信息。我们知道 X 的最小值和最大值以及最小 cell 大小。利用这些信息，我们可以计算一个 bucket 索引，它可以保证使用以下公式实现完美哈希：

$$b_k = \left\lceil \frac{X_i - X_{min}}{\Delta_{min}} \right\rceil$$

其中 b_k 是放置条目的 bucket，X_i 是 cell 的 X 坐标，X_{min} 是 X 的最小值，Δ_{min} 是 X 的任意两个相邻值之间的最小距离。

通过图 5-9，我们可以演示哈希排序的运行过程。值之间的最小差值是 2.0，所以 bucket 的大小为 2 可以保证不发生冲突。最小值为 0，因此可以通过 $B_i = X_i / \Delta_{min} = X_i / 2.0$ 来计算 bucket 的位置。我们可以在哈希表中存储值或索引。例如，第一个键 8 可以存储在 bucket 4 中，或者原始索引位置 0 也可以存储。如果存储了值，则使用 hash[4]可以取得 8。如果存储了索引，则使用 keys[hash[4]]对值进行检索。在这种情况下，存储索引位置会稍微慢一些，但这是常用的做法。它也可以用来重新排列网格中的所有数组。在性能研究的测试用例中，我们使用了存储索引的方法。

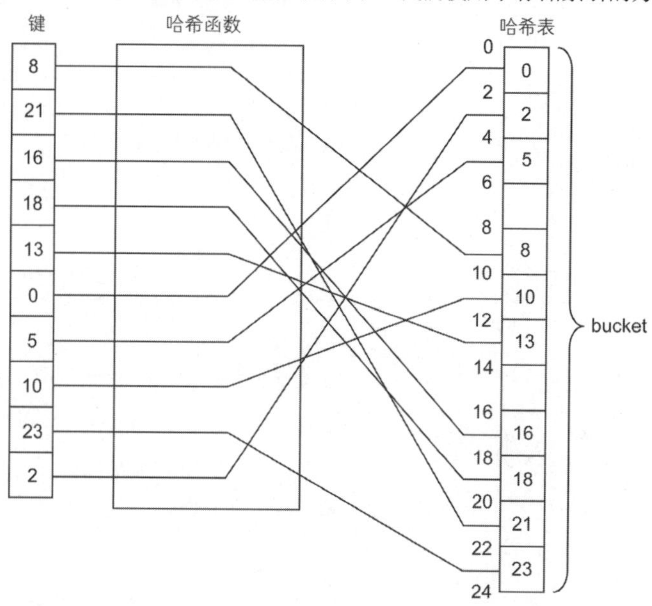

图 5-9 使用空间完美哈希进行排序。该方法使用 bucket 将值存储在哈希中，但也可以将值的索引位置存储在原始数组中。注意，bucket 大小为 2，范围从 0 到 24，通过哈希表左边的数字进行表示

空间哈希排序算法是 θ(N)，而快速排序是 θ(N log N)。但是空间哈希排序更专注于当前的问题，可以暂时占用更多的内存。剩下的问题是这个算法编写起来的难度是多大，以及它是如何执行的？代码清单 5-11 显示了通过空间哈希实现的写阶段的代码。

代码清单 5-11 在 CPU 环境进行空间哈希排序

```
sort.c from PerfectHash
uint hash_size =
        (uint)((max_val - min_val)/min_diff);
hash = (int*)malloc(hash_size*sizeof(int));
```

使用大小为min_diff的bucket创建一个哈希表

```
memset(hash, -1, hash_size*sizeof(int));

for(uint i = 0; i < length; i++) {
hash[(int)((arr[i]-min_val)/min_diff)] = i;
}

int count=0;
for(uint i = 0; i < hash_size; i++) {
   if(hash[i] >= 0) {
       sorted[count] = arr[hash[i]];
       count++;
   }
}

free(hash);
```

将哈希数组的所有元素都设置为-1

根据 arr 值的位置将当前数组元素的索引放入哈希中

遍历哈希并将设置值放入排序数组中

需要注意的是，代码清单中的代码只有短短的十几行。与此相比，快速排序代码的长度估计是它的五倍，而且更加复杂。

图 5-10 显示了空间排序在 GPU 和单核 CPU 上的性能。正如我们将看到的，CPU 和 GPU 上的并行实现需要一些改进来获得更好的性能。该算法的读阶段需要一个精心设计和实现的 prefix sum，以便能够并行地检索排序值。prefix sum 是许多算法的重要模式；我们将在 5.6 节中进一步讨论。

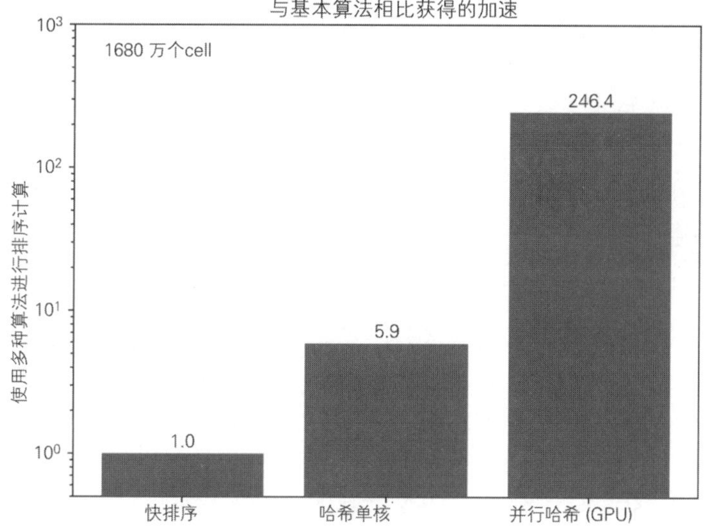

图 5-10　空间哈希排序显示了单核 CPU 的加速和 GPU 的进一步并行加速。我们的排序比当前最快的排序快 6 倍

在这个例子中，GPU 实现使用了一个良好的 prefix sum，因此空间哈希排序的性能非常好。在早期的 200 万数组测试中，这种 GPU 排序比最快的通用 GPU 排序快 3 倍，串行 CPU 版本比标准快速排序快 4 倍。使用当前的 CPU 架构和更大的 1600 万数组大小，这种空间哈希排序速度几乎快了 6 倍(如图 5-10 所示)。值得注意的是，我们通过两三个月的时间编写的排序比当前 CPU 和 GPU 上最快的参考排序(参考排序是数十年来许多研究人员努力的结果)要快得多，这一点着实令人兴奋。

5.5.2　使用紧凑哈希进行空间网格操作

我们还没有结束对哈希方法的探索。某些完美哈希算法还有更大的改进空间。在前一节中，我们研究了如何使用紧凑哈希查找邻近元素和重新映射操作。关键的观察结果是，我们不需要写入每个空间哈希 bin，我们可以通过处理冲突来改进算法。因此，可以压缩空间哈希并使用更少的内存。这为我们提供了更多针对不同内存需求和运行时的算法选择。

使用写优化和紧凑哈希进行邻体(neighbor)查找

先前用于查找邻体的简单完美哈希算法对于 AMR 网格中的少量网格细化级别表现良好。但当有 6 个或更多级别的细化时，粗 cell 将写入 64 个哈希 bucket，而细化 cell 只需要写入一个，从而导致负载不平衡以及并行实现的线程发散(Thread divergence)问题。

线程发散是指每个线程的工作量不同，并且始终需要等待运行最慢的线程。我们可以通过图 5-11 所示的优化，进一步改进完美哈希算法。第一个优化是实现邻体查找，只对一个 cell 的外部哈希 bucket 进行采样，因此不需要写入内部。进一步的分析表明，它只会查询哈希中 cell 表示的角或中点，从而进一步减少所需的写入次数。在图中，序列最右侧显示的示例进一步优化了每个 cell，仅需一个写入操作，并执行多个读取操作，其中条目存在于更精细、相同大小或更粗糙的相邻 cell 中。最后一种技术需要将哈希表初始化为一个标记值，例如-1 用来指示该位置没有条目。

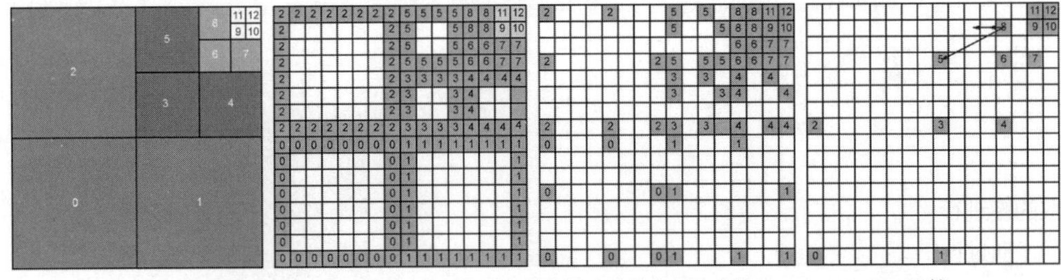

图 5-11　通过减少写入和读取次数，使用完美空间哈希优化邻体查找(neighbor-finding)计算

因为现在写入哈希的数据与之前相比更少，所以我们就有了大量的空闲空间，或者说稀疏性，可以对哈希表进行 1.25 倍的压缩，这大大减少了算法对内存的需求。大小乘数的倒数称为哈希负载因子，定义为填充的哈希表条目数除以哈希表的大小。对于大小为 1.25 的乘数，哈希负载因子为 0.8。我们通常使用一个比这小得多的负载因子，通常约为 0.333 或大小乘数为 3。这是因为在并行处理中，我们希望避免某一个处理器比其他处理器运行得慢。哈希稀疏性表示哈希中的空白空间。并且，稀疏性提供了压缩的机会。

图 5-12 显示了创建紧凑哈希的过程。由于使用紧凑哈希技术，所以如果两个条目试图将它们的值存储在 bucket 1 中。第二个条目看到那里已经有一个值，所以它在一种称为开放寻址的技术中寻找下一个空位。在开放寻址中，我们在哈希表中寻找下一个开放槽，并将值存储在那个槽中。除了开放寻址之外，还有其他哈希方法，但这些方法通常需要在操作期间具有分配内存的能力。在 GPU 上分配内存是比较困难的，所以我们坚持使用开放寻址技术，即通过在已经分配的哈希表中寻找下一个可用存储位置来解决冲突。

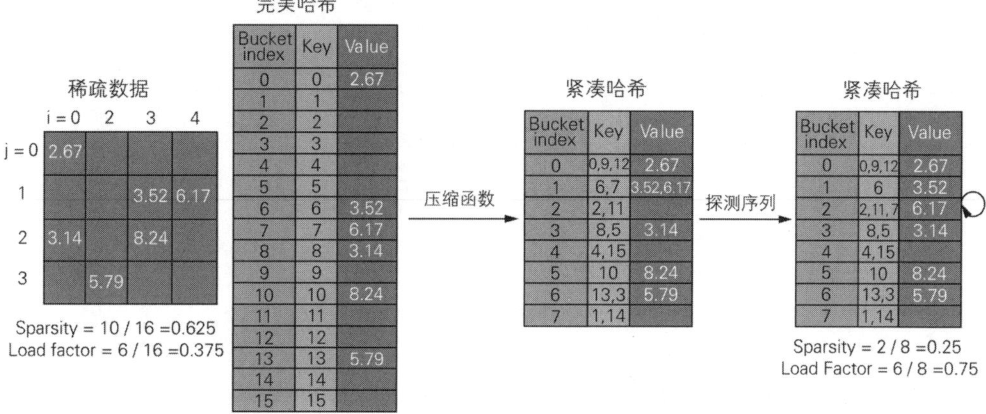

图 5-12　创建紧凑哈希的过程

在开放寻址中，有几种选择，我们可以用来尝试寻找下一个开放槽，这些选择如下。

- 线性探测(Linear probing)：在序列中线 1 性地检索下一个可用的 bucket，直至找到为止。
- 二次探测(Quadratic probing)：在探测过程中，每次增量是平方数，以便从原始位置尝试的 bucket 位置是+1、+4、+9 等。
- 双重哈希(Double hashing)：双重哈希是开放寻址法中的冲突解决技术。双重哈希是在发生冲突时，对键(key)使用第二个哈希函数的算法。

在下一个试验中进行更复杂选择的原因是避免在哈希表的某一部分产生值聚集的情况，这会导致生成更长的存储和查询序列。我们使用二次探测方法是因为前几次尝试都在缓存中，这会带来更好的性能。一旦找到一个可用的槽，键和值都将被存储在里面。当读取哈希表时，对存储的键与读取的键进行比较；如果它们不相同，则读取操作会尝试表中的下一个槽进行比较。

通过计算写和读的次数，可以对这些优化的改进进行性能评估。但需要调整这些写和读的数值，从而考虑缓存行的数量，而不仅仅是它们原始值的数量。此外，被优化的代码有更多的条件。因此，运行时的改进是有限的，并且只适合于更高级别的网格细化。并行代码在 GPU 上显示出了更好的表现，因为线程的分歧被减少。

图 5-13 显示了一个样本 AMR 网格的不同哈希表优化的性能测试结果，该样本 AMR 网格的稀疏度系数是相对适中的，系数为 30。这段代码可在 https://github.com/lanl/CompactHash.git 进行下载。图 5-13 中显示的 CPU 和 GPU 的最后一个性能数字是针对紧凑哈希运行的。紧凑哈希的成本因没有足够的内存来初始化为标记值–1 而被抵消。结果是，与完美哈希方法相比，紧凑哈希的性能是具有竞争力的。在这个测试案例中，哈希表中的稀疏性比 30 倍压缩因子更高，所以紧凑哈希甚至比完美哈希方法更快。基于 cell 的 AMR 方法通常应该至少有 10 倍的压缩，更常见的是可以超过 100 倍的压缩。

这些哈希方法已经在 CLAMR 迷你应用程序中实现了。当哈希中有很多空白空间时，代码可以在用于低稀疏性的完美哈希算法和紧凑哈希之间进行切换。

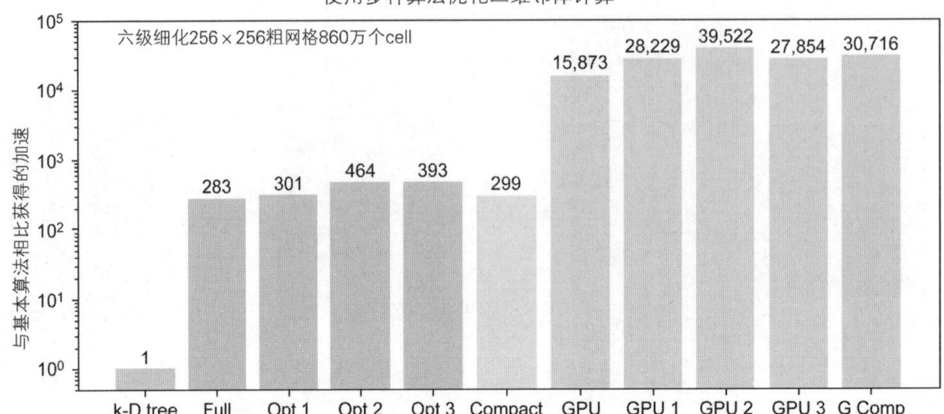

图 5-13 对应于图 5-11 所示的方法，使用 CPU 和 GPU 的优化版本。Compact 是 CPU compact，G Comp 是每个集合中最后一个方法的 GPU compact。紧凑哈希比原始完美哈希运行得更快，并大幅减少了内存的使用。在更高级别的细化中，减少写入次数的方法也显示出某些性能优势

对于非结构化网格的邻面查找

到目前为止，我们还没有讨论用于非结构化网格的算法，因为很难保证能够轻松地为这些网格创建完美哈希。最实用的做法是使用一种处理冲突的方法，因此需要使用紧凑哈希技术。让我们探讨一种简单使用哈希的情况。寻找多边形网格的邻面是一个代价很高的搜索过程。因为寻找的代价过高，所以许多非结构化代码将存储邻体映射。接下来为你展示的技术处理速度非常快，可以实现实时计算邻体映射。

示例：寻找非结构化网格的邻面

图 5-14 展示了一个带有多边形 cell 的非结构化网格中的一小部分。对于这种类型的网格的计算挑战之一是找到多边形每个面的连接图。对于少量的多边形，强力搜索其他所有元素似乎是合理的，但对于大量的 cell，这可能就需要几分钟甚至几小时才能完成。通过 k-D 树搜索可以减少检索的时间，但有没有更快的方法呢？让我们试试基于哈希的方法。我们将图叠加在图右侧的哈希表顶部。算法如下：

- 我们在每个面对应的哈希 bucket 中，为每个面的中心放置一个点。
- 每个 cell 将其编号写入每个面中心的 bin 中。如果面位于中心的左侧和上方，则将其索引写入 bin 中两个位置中的第一个；否则，将它写入第二个位置。
- 每个 cell 检查每个面，从而查看另一个存储 bucket 中是否有数字。如果存在数字，则它是相邻的 cell。如果不存在，则它是没有邻体的外部面。

我们通过一次写入和一次读取找到了邻体！

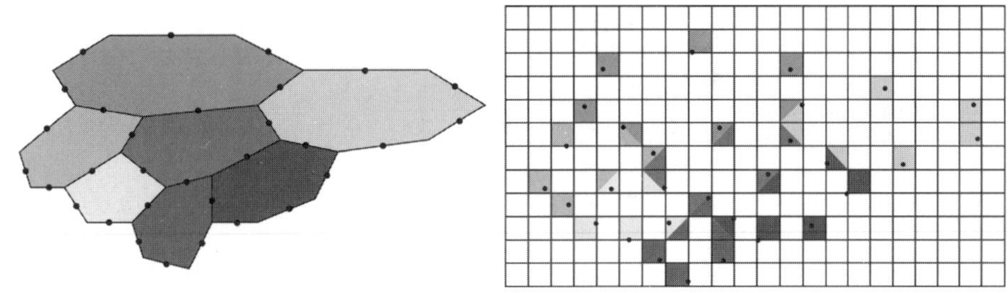

图 5-14　使用空间哈希为每个 cell 的每个面查找邻体。每个面写入空间哈希中的两个 bin 中的一个。如果面朝左且从中心向上，则写入第一个 bin。如果向右和向下，则写入第二个。在读取过程中，它会查看另一个 bin 是否已被填充，如果已填充，则该 cell 编号就是它的邻体

哈希表的适当大小很难指定。最好的解决方案是根据面数或最小面长选择一个合理的值，然后在发生冲突时处理这些冲突。

通过写优化和紧凑哈希重新映射

另一个操作是重新映射，因为完美哈希方法读取所有底层 cell，所以要优化和设置紧凑哈希有些困难。首先，我们必须想出一种不需要填满每个哈希 bucket 的方法。

我们将每个 cell 的索引写在底层哈希的左下角。然后，在读取过程中，如果没有找到一个值，或者输入网格中的 cell 级别不正确，那么我们将寻找输入网格中的 cell(如果它处于下一个粗级别)将要写入的位置。图 5-15 显示了这种方法，其中输出网格中的 cell 1 查询哈希位置(0,2)并找到-1，然后查找下一个较粗的 cell 在(0,0)的位置，并找到 cell 索引 1。然后将输出网格中 cell 1 的密度设置为输入网格中 cell 1 的密度。对于输出网格中的 cell 9，它在哈希(4,4)中找到 3 的输入 cell 索引。然后在输入网格中查找 cell 3 的级别，由于输入网格单元级别更精细，它还必须查询哈希位置(6,4)来获得 9 的 cell 索引和位置(4, 6)，它返回 4 的 cell 索引和位置(6,6)从而得到 7 的索引。前两个 cell 索引位于同一级别，因此它们不需要进一步移动。7 的 cell 索引处于更精细的级别，因此我们必须递归下降到该位置，从而找到 8、5 和 6 的 cell 索引。代码清单 5-12 显示了具体代码。

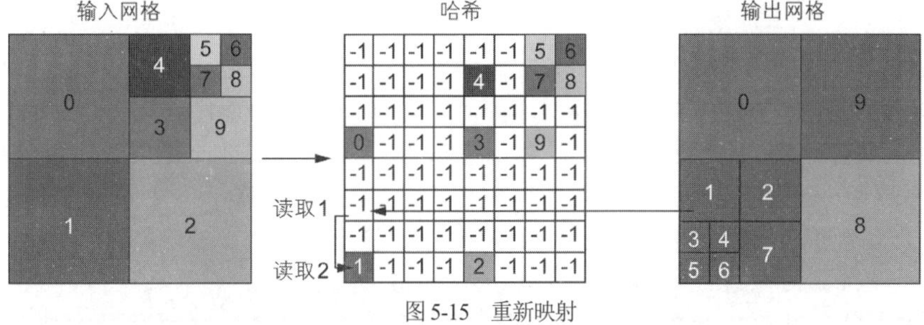

图 5-15　重新映射

代码清单 5-12　在 CPU 上运行 single-write 空间哈希重新映射的设置阶段

```
singlewrite_remap.cc and meshgen.cc from CompactHashRemap/AMR_remap
#define two_to_the(ishift) (1u <<(ishift) )

typedef struct {
```

将速度的移位运算符定义为幂函数

保持网格特征的结构

```
   uint ncells;
   uint ibasesize;
   uint levmax;
   uint *dist;
   uint *i;
   uint *j;
   uint *level;
   double *values;
} cell_list;

cell_list icells, ocells;


<... lots of code to create mesh ...>

size_t hash_size = icells.ibasesize*two_to_the(icells.levmax)*
                   icells.ibasesize*two_to_the(icells.levmax);
int *hash = (int *) malloc(hash_size *
                           sizeof(int));
uint i_max = icells.ibasesize*two_to_the(icells.levmax);
```

网格中的 cell 数量

x 维度上的粗 cell 数

除基础网格外的细化级别数

跨细化级别的 cell 分布

设置输入和输出网格

为完美哈希分配哈希表

在写操作之前，分配一个完美哈希表并初始化为标记值-1 (如图 5-10)。然后将来自输入网格的 cell 索引写入哈希(如代码清单 5-13 所示)。该代码以及使用紧凑哈希表和 OpenMP 的变体可以在 https://github.com/lanl/CompactHashRemap.git 里面的 AMR_remap/singlewrite_remap.cc 文件中获得。GPU 的 OpenCL 版本在 AMR_remap/h_remap_kern.cl 中可以获得。

代码清单 5-13 CPU 上 single-write 空间哈希重映射的写阶段

```
AMR_remap/singlewrite_remap.cc from CompactHashRemap
for (uint i = 0; i < icells.ncells; i++) {
   uint lev_mod =
          two_to_the(icells.levmax -
                     icells.level[i]);
  hash[((icells.j[i] * lev_mod) * i_max)
        + (icells.i[i] * lev_mod)] = i;
}
```

hash write 的实际读取部分只有 4 行

在网格层之间转换的乘数

计算一维哈希表的索引

读取阶段的代码中(如代码清单 5-14 所示)有一个有趣的结构。第一部分基本上分为两种情况：输入网格中相同位置的 cell 是相同级别的或更粗糙的 cell，或是更精细的 cell。在第一种情况下，通过对层次的循环，直至找到正确的层次，并将输出网格中的值设置为输入网格中的值。如果是更精细 cell，我们就递归到下面的层次，并在此过程中对值进行求和。

代码清单 5-14 在 CPU 上运行 single-write 空间哈希重映射的读取阶段

```
AMR_remap/singlewrite_remap.cc from CompactHashRemap
for (uint i = 0; i < ocells.ncells; i++) {
   uint io = ocells.i[i];
   uint jo = ocells.j[i];
   uint lev = ocells.level[i];

   uint lev_mod = two_to_the(ocells.levmax - lev);
   uint ii = io*lev_mod;
```

```
    uint ji = jo*lev_mod;

    uint key = ji*i_max + ii;
    int probe = hash[key];

    if (lev > ocells.levmax){lev = ocells.levmax;}

    while(probe < 0 && lev > 0) {
        lev--;
        uint lev_diff = ocells.levmax - lev;
        ii >>= lev_diff;
        ii <<= lev_diff;
        ji >>= lev_diff;
        ji <<= lev_diff;
        key = ji*i_max + ii;
        probe = hash[key];
    }
    if (lev >= icells.level[probe]) {
        ocells.values[i] = icells.values[probe];
    } else {
        ocells.values[i] =
          avg_sub_cells(icells, ji, ii,
                        lev, hash);
    }
}
double avg_sub_cells (cell_list icells, uint ji, uint ii,
         uint level, int *hash) {
    uint key, i_max, jump;
    double sum = 0.0;
    i_max = icells.ibasesize*two_to_the(icells.levmax);
    jump = two_to_the(icells.levmax - level - 1);

    for (int j = 0; j < 2; j++) {
        for (int i = 0; i < 2; i++) {
        key = ((ji + (j*jump)) * i_max) + (ii + (i*jump));
        int ic = hash[key];
        if (icells.level[ic] == (level + 1)) {
            sum += icells.values[ic];
        } else {
            sum += avg_sub_cells(icells, ji + (j*jump),
            ii + (i*jump), level+1, hash);
        }
    }
  }

  return sum/4.0;
}
```

如果发现一个标记值，则继续使用粗级别

由于这处于同一层次或较粗级别，设置输入网格中找到的 cell ID 值

对于更精细的 cell，递归下降并求和

累积到新值

递归再次下降

这对 CPU 来说似乎没问题，但它如何在 GPU 上工作呢？根据推测，GPU 目前不支持递归。如果没有递归，似乎没有简单的方法来完成这段代码。但我们在 GPU 上对这段代码进行了测试，发现代码可以在 GPU 上运行。该代码在所有 GPU 上运行得都很好，并且我们尝试了任何实际网格中所用的有限数量的细化级别。显然，有限的递归工作在 GPU 上可以运行！在那之后，我们实现了该方法的紧凑哈希版本，这些版本都表现出良好的性能。

用于重映射操作的层次哈希技术

另一种将哈希技术用于重映射操作的创新方法涉及一组分层哈希和一种 breadcrumb 技术。使用 breadcrumb 跟踪标记值的优势在于，我们不需要在开始时将哈希表初始化为标记值(如图 5-16 所示)。

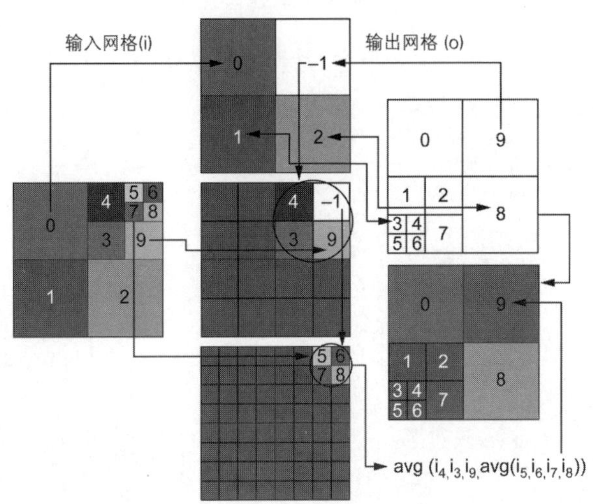

图 5-16 一个层次哈希表，每个级别都有一个单独的哈希。当在一个更精细的级别中完成写操作时，在上面的每个级别中都放置一个标记值，形成一个 breadcrumb 跟踪，并告知查询在更精细级别中还存在数据

操作的第一步是为网格的每一层分配一个哈希表。然后将单元索引写入适当的级别哈希中，通过较粗的哈希向上递归，同时留下一个标记值，以便查询知道在更精细级别的哈希表中存在数值。查看图 5-15 中输入网格中的 cell 9，我们可以看到：

- 将 cell 索引写入 mid-level 哈希表，然后将标记值写入较粗略的哈希表中的哈希 bin。
- cell 9 的读操作首先进入哈希表的最粗层，在那里它找到一个标记值 –1。于是它知道必须进入更精细的层次。
- 它在 mid-level 哈希表中找到 3 个 cell 和另一个标记值，以告诉读取操作递归下降到最精细的级别，在那里它将找到 4 个要添加到总和中的值。
- 其他查询都可以在最粗略的哈希表中找到，并将值分配给输出网格。

每个哈希表都可以是完美哈希或紧凑哈希。该方法中使用了递归结构，类似于先前我们提到的技术。并且这些代码可以在 GPU 上正常运行。

5.6 prefix sum(扫描)模式及其在并行计算中的重要性

在 5.5.1 节中，prefix sum 和是让哈希排序能够并行工作的关键元素。prefix sum 操作也称为扫描，是不规则大小计算中的常见操作。许多具有不规则大小的计算，需要知道从哪里开始写入才能使用并行操作。举个简单的例子，每个处理器都有不同数量的粒子。为了能够写入输出数组或访问其他处理器或线程上的数据，每个处理器都需要知道局部索引与全局索引的关系。在 prefix sum 中，输出数组 y 是原始数组中在它之前的所有数字的运行和：

$$y_j = \sum_{i=0}^{j-1} x_i$$

prefix sum 可以是包含扫描(包含当前值)，也可以是独占扫描(不包含当前值)。前面的公式适用于独占扫描方式。在图 5-17 中，为你显示了独占扫描和包含扫描。独占扫描是全局数组的起始索引，而包含扫描是每个进程或线程的结束索引。

在代码清单 5-15 中，显示了扫描操作的标准串行代码。

x	3	4	6	3	8	7	5	4	
y	0	3	7	13	16	24	31	36	独占扫描
y	3	7	13	16	24	31	36	40	包含扫描

图 5-17　数组 x 给出了每个 cell 中的粒子数。数组的独占扫描和包含扫描给出全局数据集中的起始地址和结束地址

代码清单 5-15　包含扫描操作的串行实现

```
y[0] = x[0];
for (int i=1; i<n; i++){
   y[i] = y[i-1] + x[i];
}
```

一旦扫描操作完成，因为进程知道存放结果的目标位置，每个进程就可以自由地并行执行相关操作。然而，扫描操作本身似乎本质上是串行的。每次迭代都依赖于前一次迭代。但是可以通过有效的方法将它并行化。在本节中，我们将介绍 Step-efficient 算法、Work-efficient 算法以及大型数组算法。

5.6.1　Step-efficient 并行扫描操作

顾名思义，Step-efficient 算法将使用最少的步数。但对于操作数，这种算法可能不能提供最少的操作数。因为每一步都可能有不同数量的操作。这在前面 5.1 节定义计算复杂度时已经进行了讨论。

prefix sum 运算可以与基于树的约减模式并行进行，如图 5-18 所示。每个元素都将自己的值和前面的值进行相加，而不是等待前一个元素对其值进行求和。之后它将执行相同的操作，但值为两个元素、四个元素，以此类推。最终结果是一个包含扫描；在操作过程中，所有进程都处于繁忙状态。

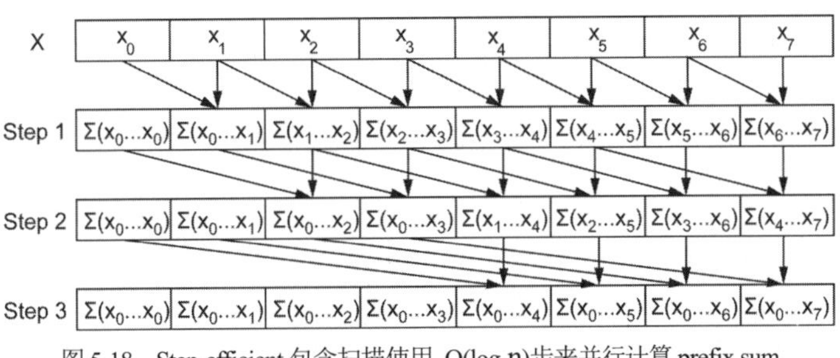

图 5-18　Step-efficient 包含扫描使用 $O(\log_2 n)$步来并行计算 prefix sum

现在有一个并行 prefix，它只在 $\log_2 n$ 步中运行，但我们发现串行算法的工作量增加了。可以设计一个具有相同工作量的并行算法吗？

5.6.2 Work-efficient 并行扫描操作

Work-efficient 算法将使用最少的操作数。但这也许不能实现最少的步骤数，因为每个步骤都可能有不同数量的操作。选择 Work-efficient 还是 Step-efficient 算法取决于可以存在的并行进程的数量。

Work-efficient 并行扫描操作使用两次扫描数组。第一种扫描称为向上扫描(upsweep)，尽管它更像是右扫描。图 5-19 中显示了从上到下的过程，而不是传统的从下到上，这是为了与 Step-efficient 算法进行比较。

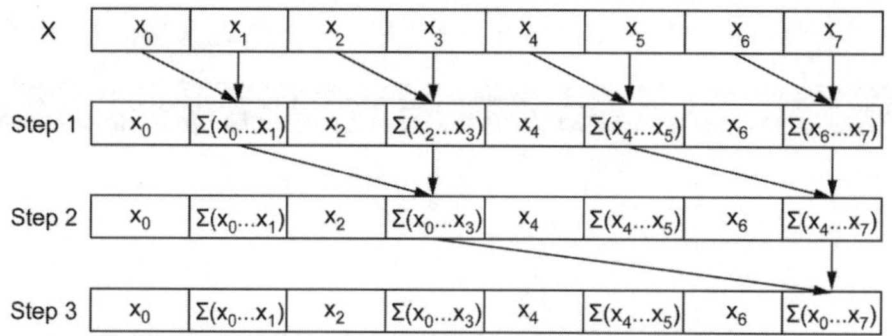

图 5-19 Work-efficient 扫描的向上扫描阶段从上到下显示，其操作数比 Step-efficient 扫描少得多。基本上，其他所有值都不作修改

第二个阶段称为下扫(downsweep)阶段，但看起来更像是向左扫描。它首先将最后一个值设置为零，然后进行另一次基于树的扫描(如图 5-20 所示)从而获得最终结果。通过这种操作，工作量显著减少，但需要更多步骤。

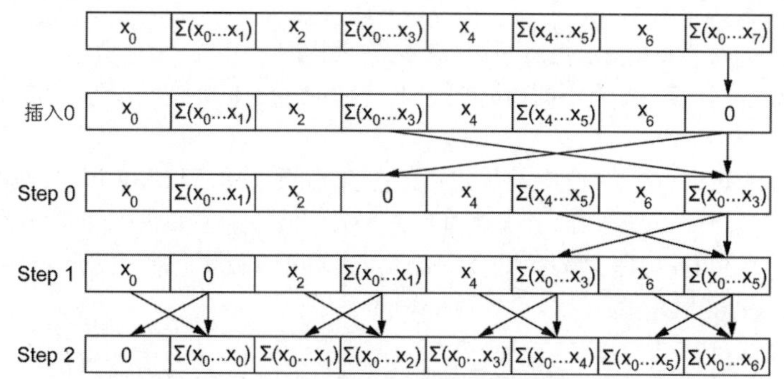

图 5-20 Work-efficient 排他扫描操作的下扫阶段比 Step-efficient 扫描的操作数量要少得多

当以这种方式显示时，Work-efficient 扫描具有一个有趣的模式，从一半线程开始向右扫描，然后逐渐减少，直到只有一个线程在操作。然后它开始向左扫回，以一个线程开始，以所有线程繁忙结束。这些额外的步骤将允许重用前面的计算，从而使总的操作数仅为 O(N)。

这两个并行 prefix sum 算法为我们提供了一些不同的选择，来说明如何在这个基本操作中使用并行性。但是这两种方法都受到 GPU 上一个工作组中可用线程数或 CPU 上处理器数量的限制。

5.6.3　用于大型数组的并行扫描操作

对于更大的数组，需要使用另外的并行方法。图 5-21 显示了使用三个 kernel 的 GPU 算法。第一个 kernel 从每个工作组的约减和(reduction sum)开始，并将结果存储在一个临时数组中，这个临时数据的大小为：原来的数组的大小减去工作组中的线程数所得的值。在 GPU 环境下，一个工作组中的线程数通常高达 1024 个。接下来，第二个 kernel 将遍历上一步的那个临时数组，在每个工作组大小的块上执行扫描。这将导致临时数组现在包含每个工作组的偏移量。然后调用第三个 kernel 对原始数组的工作组大小的块执行扫描操作，并为这个级别上的每个线程计算偏移量。

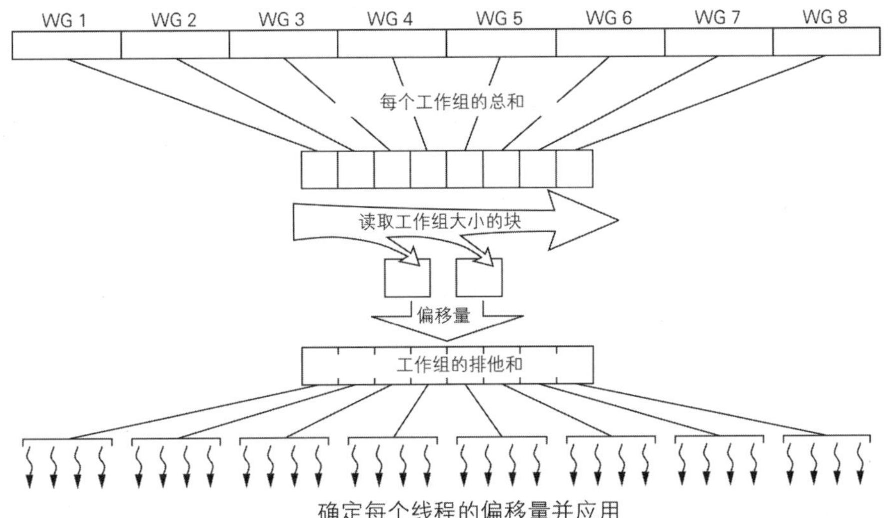

图 5-21　大型数组的扫描分为三个阶段，作为 GPU 的三个 kernel。第一阶段为一个中间数组计算约减和(reduction sum)。第二阶段进行扫描，为工作组创建偏移量。然后，第三阶段扫描原始数组，并应用工作组偏移量来获得数组中每个元素的扫描结果

因为并行 prefix sum 在排序等操作中有着非常重要的作用，所以它对 GPU 架构进行了大量优化。在本书中，我们没有对细节进行展开讲解。相反，我们建议应用程序开发人员在他们的工作中使用函数库或其他免费的实现方式。对于 CUDA 可用的并行 prefix 扫描，可以在 https://github.com/cudpp/cudpp 上找到 CUDPP(CUDA Data Parallel Primitives)库的实现。对于 OpenCL，我们建议从它的并行原语库 CLPP 实现，或者从哈希排序代码的扫描实现，这些代码可以在 https://github.com/LANL/PerfectHash.git 的 sort_kern.cl 文件中获得。我们将在第 7 章中介绍 OpenMP 的 prefix 扫描版本。

5.7　并行全局和：解决关联性问题

并不是所有的并行算法都是为了加快计算速度。全局和(global sum)就是这种情况的一个主要例子。从早期开始，并行计算就一直受到处理器间求和不可再现性的困扰。在本节中，我们将展示一

个算法示例，该算法提高了并行计算的可再现性，使其更接近原始串行计算的结果。

改变加法的顺序会改变有限精度算术中的结果。这种情况是存在问题的，因为并行计算改变了加法的顺序。问题是由于有限精度算术不是关联的。情况将随着问题规模的增大而恶化，因为最后一个值的相加在总和中所占的比例越来越小。最终，添加最后一个值可能根本不会改变求和结果。将两个几乎相同但符号不同的值相加时，对于有限精度值的相加将带来更糟的结果。当这些值几乎相同时，将一个值与另一个值相减，就会造成巨量消失(catastrophic cancellation)结果。导致最后只有几个有意义的数字，其余的都是噪声。

示例：巨量消失

将两个接近的值相减，得到的结果只有少数几个有效数字。将以下代码放在一个名为 catastrophic.py 的文件中，并使用 python catastrophic.py 运行该程序。

Python 代码中的巨能消失

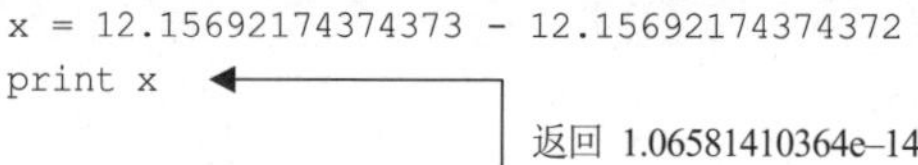

x = 12.15692174374373 - 12.15692174374372
print x
返回 1.06581410364e–14

示例中的结果只剩下几个有效数字！打印值中的其余数字在哪里？并行计算中的问题在于，求和不是将数组中的所有值进行线性相加。比如在两个处理器上做相加运算时，会将数组分成两份，然后每份数据在一个处理器上进行线性相加，最后将两部分数据合并起来。顺序的变化导致全局和(global sum)出现不同。差异可能很小，但现在的问题是代码的并行化是否能够正确完成计算。当今我们所接触到的并行化技术和硬件都将这个问题不断放大，例如向量化和线程，也会导致这样的问题。这种全局求和运算的模式称为约减(reduction)。

定义：约减(reduction)是一种操作，将一个或多个维的数组简化为至少减少一个维度的数据，通常为标量值。

这个操作是并行计算中最常见的操作之一，通常与性能相关，在本例中，还与结果的正确性相关。比如计算问题中的总质量或总能量。这需要每个 cell 中质量的全局数组，并产生单个标量值。

所有计算机进行的计算结果一样，全局和约减(global sum reduction)的结果是不精确的。在串行计算中，这并不构成严重的问题，因为我们总是得到相同的不精确结果。但在并行的情况下，很可能得到一个具有更合理有效数字的更准确的结果，但与串行结果却完全不同。这就是所谓的全局和(global sum)问题。每当串行版程序和并行版程序之间的结果稍有不同时，原因往往就是这个。但通常情况下，当花时间更深入地研究代码时，问题可能是一个并行编程错误，例如未能更新处理器之间的 ghost cell。在 ghost cell 中保存着本地处理器所需的、来自相邻处理器的值，如果这些值没有被更新，那么与串行运行相比，没有被更新的值就会导致一个小错误。

多年来，我和其他并行程序员一样，认为唯一的解决方案是将数据排列成固定的顺序，然后在串行操作中进行求和。因为这样做的代价太高，所以我们只能忍受这个问题一直存在。大约在 2010 年的时候，包括我在内的几个并行程序员意识到我们对这个问题的看法是错误的。它不仅是一个排序问题，也是一个精度问题。在实数算术中，加法是相关联的！所以增加精度也是一种解决问题的方法，并且成本远低于排序数据。

为了更好地理解这个问题，以及找到解决办法，让我们来看一个可压缩流体动力学中的问题，称为勒布朗问题，也称为“来自地狱的激波管”。在勒布朗问题中，高压区域与低压区域通过在零点时移除的膜片进行隔离。由于会产生的强烈冲击，所以这是一个具有挑战性的问题。但我们最感兴趣的特征是密度和能量变量的大动态范围。我们将使用能量变量，其高值为 1.0e-1，低值为 1.0e-10。动态范围是实数工作集的范围，或者在本例中是最大值和最小值的比值。动态范围是 9 个数量级，这意味着将小值与大值相加时，双精度浮点数的有效位数约为 16 位，实际上，结果中只有大约 7 位有效位数。

让我们看看在单个处理器上规模为 134 217 728 的问题，其中一半值处于高能量状态，另一半处于低能量状态。这两个区域在问题开始时被膜片隔开。对于单个处理器来说，问题的规模比较大，但是对于并行计算来说，则相对较小。如果先对高能量值进行求和，则下一个添加的低能量值将贡献很少的有效数字。接下来，颠倒求和的顺序，先对低能量值进行求和，使比较小的值在求和过程中大小相近，当高能量值相加时，就会产生更多有效数字，使求和更加准确。这给了我们一个可能的基于排序的(sorting-based)解决方案。只需要将值按从最小到最大的顺序排序，你将得到更精确的结果。有几种解决方案比排序技术更容易处理全局和(global sum)。这里列出几种可能用到的技术：

- Long-double 数据类型
- Pairwise 求和
- kahan 求和
- knuth 求和
- 四精度求和

可以在 https://github.com/EssentialsOfParallelComputing/Chapter5.git 下载代码，并尝试本章练习中提到的各种方法。最初的研究将着眼于并行 OpenMP 实现和截断技术，我们不在这里进行讨论。

最简单的解决方法是在 x86 架构上使用 Long-double 数据类型。在这种架构中，长双精度浮点数(Long-double)在硬件中被实现为一个 80 位的浮点数，提供额外的 16 位精度。遗憾的是，这不是一种可移植的技术。在某些架构和编译器上，Long-double 只有 64 位，而在另一些架构和编译器上，Long-double 却有 128 位，并可以在软件中实现。一些编译器还强制在操作过程中进行舍入，从而保持与其他架构的一致性。在使用这些技术时，请仔细查阅编译器文档，了解它是如何实现 Long-double 精度的。在下一个代码清单中显示的代码只是一个常规和(regular sum)，其累加器的数据类型设置被为 Long double。

代码清单 5-16　x86 架构上的 Long-double 数据类型和(sum)

```
GlobalSums/do_ldsum.c
double do_ldsum(double *var, long ncells)
{
   long double ldsum = 0.0;
   for (long i = 0; i < ncells; i++){
      ldsum += (long double)var[i];
   }
   double dsum = ldsum;
   return(dsum);
}
```

var 是一个双精度浮点数数组，而累加器是一个 Long double 精度浮点数

函数的返回类型也可以是 Long double，返回的是 ldsum 的值

返回双精度

在程序代码清单的第 8 行，返回了双精度值，使返回结果与数组具有相同数据类型，但与精度更高的累加器中的内容保持一致。稍后我们将看到它是如何执行的，但首先，让我们了解用于寻址全局和(global sum)的其他方法。

Pairwise 求和是全局求和问题的一个非常简单的解决方案，尤其是在单个处理器中。它的代码相对简单，如代码清单 5-17 所示，需要一个额外的数组，数组大小是原始数组的一半。

代码清单 5-17　处理器上的 Pairwise 求和

```
GlobalSums/do_pair_sum.c
double do_pair_sum(double *var, long ncells)
{
   double *pwsum =
  (double *)malloc(ncells/2*sizeof(double));

   long nmax = ncells/2;
   for (long i = 0; i<nmax; i++){
      pwsum[i] = var[i*2]+var[i*2+1];
   }

   for (long j = 1; j<log2(ncells); j++){
      nmax /= 2;
      for (long i = 0; i<nmax; i++){
         pwsum[i] = pwsum[i*2]+pwsum[i*2+1];
      }
   }
   double dsum = pwsum[0];
   free(pwsum);
   return(dsum);
}
```

需要临时空间进行成对递归求和

将初始成对和添加到新数组中

递归求和剩余的 $\log_2 N$ 步，每步将数组大小减少 2

将结果分配给返回的标量值

释放临时空间

当跨处理器工作时，Pairwise 求和将变得较为复杂。如果算法保持其基本结构不变，则可能需要在递归求和的每个步骤中进行通信。

接下来我们一起来了解 kahan 求和。kahan 求和也许是全局求和方法中最实用的方法。它使用一个额外的双变量执行剩余的操作，从而将有效精度加倍。该技术由 William kahan 在 1965 年研发(kahan 后来成为早期 IEEE 浮点标准的主要贡献者之一)。当累加器是两个值中较大的值时，kahan 求和最适用于运行求和。下面的代码清单显示了这种技术。

代码清单 5-18　kahan 求和

```
GlobalSums/do_kahan_sum.c
double do_kahan_sum(double *var, long ncells)
{
   struct esum_type{
      double sum;
      double correction;
   };

   double corrected_next_term, new_sum;
   struct esum_type local;

```

声明 double - double 数据类型

```
   local.sum = 0.0;
   local.correction = 0.0;
   for (long i = 0; i < ncells; i++) {
      corrected_next_term = var[i] + local.correction;
      new_sum = local.sum + local.correction;
      local.correction = corrected_next_term -
                         (new_sum - local.sum);
      local.sum = new_sum;
   }

  double dsum = local.sum + local.correction;
  return(dsum);
}
```

计算余数以进行下一次迭代

返回双精度结果

kahan 求和大约需要 4 个浮点运算，而不是 1 个。因为数据可以保存在寄存器或 L1 缓存中，这使得操作所需的成本比最初预期的要低。通过向量化，可以使操作成本与标准求和相同。在这个示例中，我们使用处理器的额外浮点能力来获得更好的结果。

我们将在第 6.3.4 节中研究 kahan 和(kahan sum)的向量实现方法。一些新的数值处理方法正在尝试类似的技术来使用当前处理器过剩的浮点计算能力。它们将当前每个数据负载 50 flop 的机器平衡看作一个机会，并实施需要更多浮点运算的高阶方法来利用未使用的浮点资源，因为它本质上是没有额外资源开销的。

通过 knuth 求和方法，可以处理可能存在更大规模的加法。该技术由 Donald Knuth 在 1969 年研发出来。它以 7 次浮点运算为代价对两项误差进行收集，如代码清单 5-19 所示。

代码清单 5-19 knuth 求和

```
GlobalSums/do_knuth_sum.c
double do_knuth_sum(double *var, long ncells)
{
   struct esum_type{
      double sum;
      double correction;
   };

   double u, v, upt, up, vpp;
   struct esum_type local;

   local.sum = 0.0;
   local.correction = 0.0;
   for (long i = 0; i < ncells; i++) {
      u = local.sum;
      v = var[i] + local.correction;
      upt = u + v;
      up = upt - v;
      vpp = upt - up;
      local.sum = upt;
      local.correction = (u - up) + (v - vpp);
   }

   double dsum = local.sum + local.correction;
   return(dsum);
```

定义 double-double 数据类型

对每个项目进行取值

合并为一个 correction

返回双精度结果

```
}
```

最后我们来介绍四精度和(quad-precision sum)，这种算法的编码相对简单，但因为四精度类型几乎总是在软件中进行实现，所以成本相对较高。移植性有时也会是问题，因为不是所有的编译器都支持四精度类型。下面的代码清单给出了四精度和(quad-precision sum)的代码。

代码清单 5-20 四精度全局和

```
GlobalSums/do_qdsum.c
double do_qdsum(double *var, long ncells)
{
   __float128 qdsum = 0.0;
   for (long i = 0; i < ncells; i++){
      qdsum += (__float128)var[i];
   }
   double dsum =qdsum;
   return(dsum);
}
```

四精度数据类型

将输入值从数组转换为四精度

现在来评估一下这些不同的方法是如何工作的。因为一半的值是 1.0e-1，另一半是 1.0e-10，我们可以通过乘法而不是加法，得到一个准确的答案并进行比较：

```
accurate_answer = ncells/2 * 1.0e-1 + ncells/2 * 1.0e-10
```

在表 5-1 中，显示了实际获得的全局和值(global sum values)与准确答案的比较结果，并计算了运行时间。我们使用双精度的标准求和基本上得到了 9 位数字的精度。使用具有 80 位浮点表示的系统上的 Long-double 得到了更好的效果，但并不能完全消除误差。Pairwise 求和、kahan 求和以及 knuth 求和都将误差减小到零，但运行时间略有增加。kahan 求和与 knuth 求和的向量化实现(见第 6.3.4 节)消除了运行时间的增长。即便如此，当考虑跨处理器通信和 MPI 调用的成本时，运行时间的增加几乎是微不足道的。

表 5-1 各种全局求和技术的精度和运行时间

计算方法	误差	运行时间
Double	-1.99e-09	0.116
Long-double	-1.31e-13	0.118
Pairwise 求和	0.0	0.402
kahan 求和	0.0	0.406
knuth 求和	0.0	0.704
Quad double	5.55e-17	3.010

既然我们理解了全局和(global sum)技术在处理器上的实现方式，现在可以考虑当数组分布在多个处理器上时的情况。为了研究这一情况，需要对 MPI 有一些了解，在学习 MPI 的基础知识后，我们将在 8.3.3 节中展示如何做到这一点。

5.8　并行算法研究的未来

在本章中，我们已经看到了并行算法的一些特性，包括那些适用于极端并行架构的特性。下面来总结一下。

- 局部性：在描述优秀的算法时，经常使用这个术语，但是没有进行任何定义。它可能包含很多种不同的含义。下面是一些常用的含义。

  缓存局部性将经常一起使用的数据保存在一起。从而提高缓存的利用率。

  操作局部性避免在不需要所有数据时，对所有数据进行操作。一个经典的例子是用于粒子相互作用的空间哈希，它使算法的复杂度保持在 O(N)而不是 $O(N^2)$。
- 异步：避免可能引起同步线程之间的协同操作。
- 更少的条件：除了条件逻辑带来的额外性能影响外，线程分歧在某些架构上也可能变成一个问题。
- 再现性：通常，高度并行的技术会导致有限精度算术缺乏关联性。使用提高精度的技术可帮助解决这个问题。
- 更高的算术强度：当今的架构增加了比内存带宽更快的浮点功能。使用增加算术强度的算法可以很好地利用并行性，如向量运算。

5.9　进一步探索

并行算法的发展仍然是一个年轻的研究领域，还有许多新的算法有待发现。但也有许多已知的技术没有被广泛传播或使用。特别具有挑战性的是，这些算法通常发布在计算机或计算科学的不同领域。

5.9.1　扩展阅读

关于算法的更多信息，我们推荐一本流行的教科书：

- Thomas Cormen 等人撰写的《算法导论》。

如果要了解更多关于模式和算法的信息，这里有两本好书可供进一步阅读：

- Michael McCool、Arch D. Robison 和 James Reinders 撰写的《结构化并行编程：高效计算模式》。
- Timothy G. Mattson、Beverly A. Sanders 和 Berna L. Massingill 撰写的《并行编程模式》。

空间哈希的概念是由我的一些学生发展起来的(从高中水平到研究生都有)：

- Rachel N. Robey、David Nicholaeff 和 Robert W. Robey 撰写的“离散数据的哈希算法”,《SIAM 科学计算》杂志 35 期。

用并行紧凑哈希算法寻找邻体的想法来自于 Rebecca Tumblin、Peter Ahrens 和 Sara Hartse。这些是根据 David Nicholaeff 开发的减少读写的方法为基础构建的：

- Rebecka Tumblin, Peter Ahrens 等人撰写的“计算网格的并行紧哈希算法”，《SIAM 科学计算》杂志 37 期。

为重映射操作开发优化方法更具挑战性。Gerald Collom 和 Colin Redman 解决了这个问题，并在 GPU 和 OpenMP 上提出了一些真正创新的技术和实现方法。本章只涉及其中一小部分内容。在他们的论文中有更多介绍：

- Gerald Collom, Colin Redman 和 Robert W. Robey 撰写的“使用哈希算法的快速网格到网格重新映射”，《SIAM 科学计算》杂志 40 期。

大约在 2010 年，我首次提出了增强精度全局求和的概念。Jonathan Robey 在他的 Sapient hydrocode 中实现了这项技术，而来自洛斯阿拉莫斯国家实验室的 Rob Aulwes 帮助开发了理论基础。以下两篇参考文献详细介绍了该方法：

- Robert W. Robey、Jonathan M. Robey 和 Rob Aulwes 撰写的“在并行编程中寻找数值一致性”。
- Robert W. Robey 撰写的“生产物理应用中的计算再现性”。https://github.com/lanl/ExascaleDocs/blob/master/ComputationalReproducibilityNRE2015.pdf。

5.9.2 练习

1. 火山灰羽中的云碰撞模型适用于距离 1 毫米以内的粒子。为空间哈希实现编写伪代码。并计算操作的复杂度。

2. 邮政服务如何使用空间哈希？

3. 大数据使用 map-reduce 算法来高效处理大数据集。它与这里介绍的哈希概念有什么不同？

4. 波浪仿真代码使用 AMR 网格来更好地完善海岸线。仿真要求记录特定位置浮标和岸上设施的波高与时间。因为 cell 是不断被细化的，应该如何实现它呢？

5.10 本章小结

- 算法和模式是计算应用的基础。在首次开发应用程序时，选择具有低计算复杂度并易于并行化的算法非常重要。
- 基于比较的算法具有较低的复杂度限制，值为 O(N log N)。可以通过非比较算法打破这个算法的下限。
- 哈希是一种非比较技术，已被用于空间哈希，从而实现 θ(N)的空间操作复杂度。
- 对于任何空间操作，都有空间哈希算法可以扩展为 O(N)。在本章中，我们提供了可以在许多场景中使用的技术示例。
- 某些模式已被证明可以用于 GPU 的并行性和异步性。prefix 扫描和哈希技术就是两种可以提供并行和异步性的模式。prefix 扫描对于并行化不规则大小的数组很重要。哈希是一种非比较、高度可扩展的异步算法。
- 再现性是开发健壮的生产应用程序的一个重要属性。这对于可再现的全局和(global sum)以及处理非关联的有限精度算术运算尤其重要。
- 增强的精度是一种恢复关联性的新技术，允许重新排序操作，从而实现更好的并行性。

第 II 部分

CPU：并行的主力

今天，每个开发人员都应该了解现代 CPU 处理器中不断增长的并行性。对并行和高性能计算应用程序来说，释放未被利用的 CPU 性能是一项关键技术。为了展示如何利用 CPU 并行性，我们将介绍以下内容：

- 使用向量硬件
- 使用线程技术在多核处理器上进行并行工作
- 通过消息传递技术协调多 CPU 和多核处理器上的工作

CPU 的并行能力是并行策略的核心。CPU 是核心主力，控制着所有的内存分配、内存中数据的移动以及通信。应用程序开发人员的知识和技能，决定着能否充分利用 CPU 的并行性。CPU 优化不是由某些神奇的编译器自动完成的。通常，CPU 上的许多并行资源都没有被应用程序所使用。我们可以将可用的 CPU 并行性按工作顺序分解为以下三个组件。

- 向量化：使用可以同时执行多个操作的专用硬件来实现并行运行。
- 多核与多线程：将工作分散运行到当代 CPU 中的多个处理核心上。
- 分布式内存：将多个计算节点整合到单个协作计算应用程序中来使用。

因此，我们从向量化开始。向量化是一种高度未被充分利用的功能，在实现时可以获得显著的性能提升。虽然编译器可以完成一些向量化工作，但还有更多的向量化工作需要程序员来完成。对于复杂的代码，这些限制尤其明显。因为编译器还没发展到能够处理所有向量化工作的程度。尽管编译器不断改进，但没有足够的资金或人力来快速实现大幅度的优化。因此，程序员必须以各种方式人工实现向量化。遗憾的是，在工作中很少有关于向量化的参考文档。在第 6 章中，我们将介绍更多使用向量化的相关知识。

随着每个 CPU 上处理核心的爆炸式增长，利用节点上并行性的需求以及相关知识正在迅速增加。两种常见的 CPU 资源包括线程和共享内存。有许多不同的线程系统和共享内存方法。在第 7 章中，我们将提供使用 OpenMP 的技术指南，这是用于高性能计算的最常用线程包。

为实现节点间(甚至节点内)并行的主导语言，需要使用开源的标准，即消息传递接口(Message Passing Interface，MPI)。MPI 标准源自并行编程早期对许多消息传递库的整合。MPI 是一种设计精良的语言，经受住了时间和硬件架构变化的考验，还添加了许多新功能并做了许多改进。尽管如此，大多数程序员只使用了该语言的最基本功能。在第 8 章中，我们将介绍 MPI 的基础知识，以及在科学和大数据应用中使用的一些高级功能。

在 CPU 上获得高性能的关键是关注内存带宽，为并行引擎提供数据。良好的并行性能始于良好的串行性能(并理解本书前五章所介绍的主题)。CPU 为最广泛的应用程序提供了最通用的并行性。从适度的并行度到极限的规模，CPU 通常都能完成相关任务。CPU 也是进入并行世界之旅的起点。即便在使用加速器的解决方案中，CPU 仍然是系统中的重要组件。

到目前为止，提高性能的解决方案是通过向集群或高性能计算机中添加更多节点来增加计算能力。在并行和高性能计算社区中已经使用了这种方法，这种方法已经开始引发电力和能源消耗的限制。此外，如果节点和处理器的数量继续增长，就会遇到扩展应用程序的限制。为此，我们必须转向其他途径来提高效率。在处理节点中，有许多未被充分利用的并行硬件功能。正如我们在 1.1 节中首先提到的，节点内的并行性将继续增长。

即使在计算能力和其他潜在的阈值的持续限制下，鲜为人知的工具所提供的关键洞察力和知识也可以释放实质性的性能。通过本书和你的研究，我们可以帮助应对这些挑战。最后，你的技能和掌握的知识是实现并行性能的重要因素。

本书第Ⅱ部分中的 3 章所附带的示例位于 https://github.com/EssentialsofParallelComputing，每章都有一个单独的存储库。为每一章构建的 Docker 容器可以在任何操作系统上安装并正常运行。本部分的前两章(第 6 章和第 7 章)的容器构建使用了图形界面，允许使用性能和正确性分析工具。

第 6 章

向量化：免费的 flop

本章涵盖以下内容：

- 向量化的重要性
- 向量单元提供的并行化类型
- 使用向量并行化的多种方式
- 向量化带来的性能优势

通过处理器特殊的向量单元，可以同时加载和操作多个数据元素。在工作中，如果我们受到浮点操作的限制，那么绝对有必要使用向量化来发挥硬件的峰值能力。向量化是将操作组合在一起的过程，以便一次可以执行多个操作。但是，当应用程序受内存限制时，为硬件增加更多的 flop 带来的性能提升是非常有限的。但需要注意的是，大多数应用程序都是内存绑定的。虽然编译器的功能越来越强大，但通过向量化获得实际的性能可能不像编译器文档中描述的那么容易。尽管存在困难，使用向量化还是可以带来很大的性能提升，所以我们需要给予向量化足够的重视，并努力提升程序的整体性能。

在本章中，我们将展示程序员如何利用自己所掌握的知识，通过向量化实现性能提升。其中一些技术只需要使用恰当的编译器标志和编程风格即可实现，另外一些技术则需要付出更多的努力。本章将通过真实的例子，为你讲解实现向量化的各种方法。

注意：本章所使用的示例可以通过如下地址获得，我们建议你在学习过程中充分使用这些示例代码：https://github.com/EssentialsofParallelComputing/Chapter6。

6.1 向量及单指令多数据流(SIMD)概要

我们在第 1.4 节中，作为 Flynn 分类法的一个组成部分，为大家介绍了单指令多数据(single instruction, multiple data，SIMD)架构。使用这种分类法对架构上指令流和数据流中的并行进行分类。在使用 SIMD 的情况下，只有一条指令跨多个数据流执行。通过一条向量相加指令代替了指令队列中的 8 个单独的标量相加指令，从而减少了指令队列和缓存的压力。这样做的最大的优势在于，在一个向量单元中执行 8 次加法，但所消耗的电能与 1 次标量加法所需的能耗大致相同。图 6-1 显示了一个向量单元，它的向量宽度为 512 位，向量长度为 8 个双精度值。

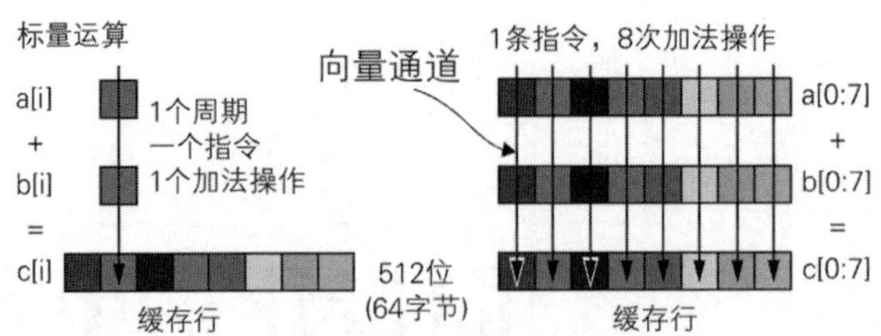

图 6-1 标量运算在 1 个周期内只执行 1 次双精度加法。处理 64 字节的缓存行需要 8 个周期。相比之下，512 位向量单元上的向量运算可以在 1 个周期内处理全部 8 个双精度值

让我们简要总结一下向量化中使用的术语。

- 向量(SIMD)通道：对单个数据元素的向量寄存器进行向量运算的通道，类似于多车道高速公路上的车道。
- 向量宽度：向量单位的宽度，通常以位(bit)表示。
- 向量长度：在一次向量操作中可以处理的数据元素的数量。
- 向量(SIMD)指令集：专门用于向量处理器的指令集和，对常规标量处理器指令进行扩展。

向量化是通过软件和硬件两种组件来实现的，具体要求如下：

- 生成指令：向量指令必须由编译器生成，也可通过内在函数或汇编程序编码手动指定。
- 将指令与处理器的向量单元进行匹配：可能出现指令与硬件环境不匹配的情况。但通常来讲，较新硬件可处理目前常见的指令，但旧硬件可能就无法对这些指令进行处理(很遗憾，AVX 指令不能在十年前生产的芯片上运行)。

目前没有特别好的方法可对常规标量指令进行即时转换。如果你和许多程序员一样，使用的是版本较旧的编译器，那么这些编译器将无法为最新的硬件生成指令。很遗憾的是，编译器的研发人员也需要时间将新的硬件和新的指令集加入编译器中。并且可能需要更长的时间对新加入的功能和特性进行优化。

提示：当使用最新的处理器时，务必确保使用最新版的编译器。

你还应该指定生成的适当向量指令集。默认情况下，大多数编译器采用最兼容的方法生成 SSE2(流 SIMD 扩展)指令，以便代码可以在任何硬件上运行。SSE2 指令一次只执行两个双精度操作，而不是像在最新的处理器上可以执行的 4 个或 8 个操作。对于性能要求较高的应用程序，我们有更好的选择：

- 可以对正在使用的架构进行编译。
- 可以为过去 5 年或 10 年内制造的处理器架构进行编译。指定 AVX(高级向量扩展)指令将给出 256 位的向量宽度，并可在 2011 年以后制造的任何处理器上运行。
- 可以让编译器生成多个向量指令集，然后让硬件选择使用最合适的指令集。

提示：在编译器标记中，指定你会用到的最高级向量指令集。

6.2 向量化的硬件趋势

为了更好地实现本章中所讨论的内容，了解硬件和指令集发布的时间将有助于选择合适的向量指令集。表 6-1 中显示了一些向量硬件的关键版本，并在图 6-2 中显示了向量单元大小的变化

趋势。

表 6-1　在过去 10 年中，向量硬件的发展极大地完善了向量功能

发行版	功能
MMX(没有正式含义的商标)	目标定位为图形市场，但 GPU 很快提供了该功能。于是向量单元将重点从图形转移到计算，AMD 以 3DNow! 命名并发布了这个版本，这个版本提供了对单精度的支持
SSE(单指令多数据流扩充)	Intel 首个提供带有单精度支持的浮点运算的向量单元
SSE2	增加对双精度的支持
AVX (高级向量扩展)	提供两倍向量长度，AMD 在其具有竞争力的硬件中添加了融合乘加(FMA)运算向量指令，有效地使某些环路的性能翻倍
AVX2	Intel 为其向量处理器添加了乘积累加运算 FMA
AVX512	首次出现在 Knights Landing 处理器上。 并在 2017 年进入多核处理器主线硬件产品阵容。作为向量硬件架构的持续改进，从 2018 年起，Intel 和 AMD 已经实现了 AVX512 的多个版本

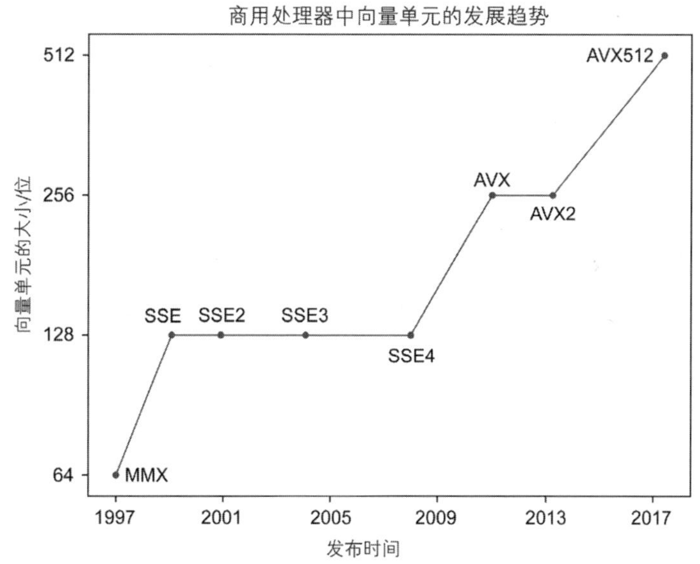

图 6-2　用于商用处理器的向量单元硬件开始于 1997 年左右，并在过去 20 年中缓慢增长，在向量宽度大小和支持的操作类型方面都是如此

6.3　向量化方法

在程序中实现向量化有若干种方法，按照程序员工作量的升序排列，这些方法为：

- 优化软件库
- 自动向量化

- 在编译器中使用 hits
- 向量内在函数
- 汇编指令

6.3.1 使用优化软件库可以轻松提高性能

为了更容易地实现向量化，程序员应该研究应用程序可以使用哪些软件库。许多低级软件库为追求性能的程序员提供了高度优化的例程。一些最常用的库包括：

- BLAS (Basic Linear Algebra System)：这是高性能线性代数软件的基本组件
- LAPACK：线性代数软件包
- SCALAPACK：可伸缩的线性代数软件包
- FFT (Fast Fourier Transform)：提供各种用于实施的软件包
- 稀疏求解器(Sparse Solvers)：稀疏求解器的各种实现软件包

Intel Math kernel Library (MKL)为 Intel 处理器提供了 BLAS、LAPACK、SCALAPACK、FFT、稀疏求解器以及数学函数等技术的优化版本。MKL 作为某些 Intel 商业软件包的一部分提供给使用者，另外，该库也有免费版本可供使用。此外，硬件供应商也根据不同的使用许可，提供了经过优化的软件库。

6.3.2 自动向量化：向量化加速的简单方法(大多数情况下[1])

自动向量化是大多数程序员推荐使用的方法，因为这种方法可以大大减少编程的工作量。话虽如此，但编译器并不总能够正确识别可以安全应用向量化的场景。在本节中，我们首先了解编译器可以使用自动向量化的代码类型。然后，将展示如何验证你是否实现了预期的向量化效果。你还将了解使编译器能够向量化代码和执行其他优化的编程风格。这包括在 C 语言中使用 restrict 关键字，在 C++中使用__restrict 或__restrict__属性等。

随着硬件架构和编译器的不断改进，自动向量化可以提供显著的性能提升。使用恰当的编译器标志和编程风格可以进一步提高性能。

定义：自动向量化指由编译器对标准 C、C++或 Fortran 语言的源代码进行向量化操作。

示例：自动向量化

让我们看看自动向量化如何在 stream triad(可参见 3.2.4 节介绍的 STREAM benchmark)中的简单循环上工作。我们将 triad 代码从 STREAM benchmark 中分离出来，生成一个独立的测试场景，如下所示。

1 需要注意，尽管自动向量化通常会带来显著的性能提升，但由于设置向量指令的开销可能大于性能增益，所以有时自动向量化会降低代码执行的速度。编译器通常使用一个成本函数来决定是否进行向量化。该函数在进行判断时，将使用猜测的数组长度，并假设所有数据都来自一级缓存。

stream_triad.c 中的自动向量化

```
autovec/stream_triad.c
#include <stdio.h>
#include <sys/time.h>
#include "timer.h"

#define NTIMES 16
#define STREAM_ARRAY_SIZE 80000000
static double a[STREAM_ARRAY_SIZE],
              b[STREAM_ARRAY_SIZE],
              c[STREAM_ARRAY_SIZE];

int main(int argc, char *argv[]){
   struct timeval tstart;
   double scalar = 3.0, time_sum = 0.0;
   for (int i=0; i<STREAM_ARRAY_SIZE; i++) {
     a[i] = 1.0;
     b[i] = 2.0;
   }

   for (int k=0; k<NTIMES; k++){
      cpu_timer_start(&tstart);
      for (int i=0; i<STREAM_ARRAY_SIZE; i++){
        c[i] = a[i] + scalar*b[i];
      }
      time_sum += cpu_timer_stop(tstart);
      c[1] = c[2];
   }
  printf("Average runtime is %lf msecs\n", time_sum/NTIMES);
}
```

流数组足够大，因此可以直接进入主内存

初始化数据和数组

stream triad 循环具有三个带有乘法和加法的操作

防止编译器优化循环

```
Makefile for the GCC compiler
CFLAGS=-g -O3 -fstrict-aliasing \
       -ftree-vectorize -march=native -mtune=native \
       -fopt-info-vec-optimized

stream_triad: stream_triad.o timer.o
```

我们将在 6.4 节更详细地讨论编译器标志，并在 17.2 节讨论 timer.c 和 timer.h 文件的细节。使用 GCC 编译器的第 8 版编译 stream_triad.c 文件会得到以下编译器反馈：

```
stream_triad.c:19:7: note: loop vectorized
stream_triad.c:12:4: note: loop vectorized
```

我们可以看到 GCC 对初始化循环和 Stream triad 循环进行了向量化。可使用以下命令运行 stream triad：

```
./stream_triad
```

可通过 likwid 工具(在第 3.3.1 节中介绍过)验证编译器是否使用了向量指令。

```
likwid-perfctr -C 0 -f -g MEM_DP ./stream_triad
```

在这个命令输出的报告结果中，可以看到如下内容：

```
| FP_ARITH_INST_RETIRED_128B_PACKED_DOUBLE | PMC0 |          0 |
|    FP_ARITH_INST_RETIRED_SCALAR_DOUBLE   | PMC1 |         98 |
| FP_ARITH_INST_RETIRED_256B_PACKED_DOUBLE | PMC2 | 640000000  |
| FP_ARITH_INST_RETIRED_512B_PACKED_DOUBLE | PMC3 |          0 |
```

在输出中，可以看到大多数操作计数出现在第三行 256B_PACKED_DOUBLE 类别中。为什么所有都是 256 位操作呢？GCC 编译器的一些版本，包括当前测试中所使用的 8.2 版本，为 Skylake 处理器生成了 256 位的向量指令，而不是 512 位的向量指令。如果没有像 likwid 这样的工具，我们将需要仔细检查向量化报告或检查生成的汇编指令，才能发现编译器没有生成正确的指令。对于 GCC 编译器，可通过添加编译器标志- mpreference -vector-width=512 来改变生成的指令，然后重试。现在可得到计算 8 个双精度值的 AVX512 指令：

```
| FP_ARITH_INST_RETIRED_256B_PACKED_DOUBLE | PMC2 |         0 |
| FP_ARITH_INST_RETIRED_512B_PACKED_DOUBLE | PMC3 | 320000000 |
```

示例：函数中的自动向量化

在本例中，我们尝试使用前一个示例中代码的稍微复杂的版本，在一个单独的函数中使用 stream triad 循环。下面的代码清单展示了具体操作。

在单个函数中使用 stream triad 循环

```
autovec_function/stream_triad.c
#include <stdio.h>
#include <sys/time.h>
#include "timer.h"

#define NTIMES 16
#define STREAM_ARRAY_SIZE 80000000
static double a[STREAM_ARRAY_SIZE], b[STREAM_ARRAY_SIZE],
              c[STREAM_ARRAY_SIZE];

void stream_triad(double* a, double* b,
       double* c, double scalar){
   for (int i=0; i<STREAM_ARRAY_SIZE; i++){
      a[i] = b[i] + scalar*c[i];
   }
}

int main(int argc, char *argv[]){
   struct timeval tstart;
   double scalar = 3.0, time_sum = 0.0;
   for (int i=0; i<STREAM_ARRAY_SIZE; i++) {
      a[i] = 1.0;
      b[i] = 2.0;
   }

```

在单个函数中使用 stream_triad 循环

```
   for (int k=0; k<NTIMES; k++){
      cpu_timer_start(&tstart);
      stream_triad(a, b, c, scalar);
      time_sum += cpu_timer_stop(tstart);
      // to keep the compiler from optimizing out the loop
      c[1] = c[2];
   }
   printf("Average runtime is %lf msecs\n", time_sum/NTIMES);
}
```

stream triad 函数调用

让我们看看 GCC 编译器输出的前一个 stream_triad 循环代码清单中的代码：

```
stream_triad.c:10:4: note: loop vectorized
stream_triad.c:10:4: note: loop versioned for vectorization because of
   possible aliasing
stream_triad.c:10:4: note: loop vectorized
stream_triad.c:18:4: note: loop vectorized
```

编译器无法判断函数的参数是指向相同的数据还是指向重叠的数据。这会导致编译器创建多个版本，并生成测试参数，从而确定使用哪个版本的代码。C99 标准提供了 restrict 属性，我们可以通过在函数定义中添加 restrict 属性来解决问题。遗憾的是，在 C++中没有对 restrict 关键字进行标准化，但可在 GCC、Clang 和 Visual C++中使用__restrict 属性实现相同的效果。在 C++编译器中，该属性的另一种常见形式是__restrict__：

```
void stream_triad(double* restrict a, double* restrict b,
    double* restrict c, double scalar){
```

使用 GCC 来编译添加了 restrict 关键字的代码，将得到如下结果：

```
stream_triad.c:10:4: note: loop vectorized
stream_triad.c:10:4: note: loop vectorized
stream_triad.c:18:4: note: loop vectorized
```

可以看出，现在编译器生成的函数版本已经减少。-fstrict-aliasing 标志告诉编译器，在没有别名的情况下应尽可能多地生成代码。

定义：混叠(Aliasing)指针指向内存的重叠区域。这种情况下，编译器无法判断它是不是相同的内存，并且生成向量化代码或其他优化是不安全的。

近年来，-fstrict-aliasing 选项已经成为 GCC 和其他编译器的默认选项(当优化级别-O2 和-O3 时会默认使用-fstrict-aliasing)。这将破坏许多实际存在别名变量的代码。因此，编译器降低了生成更高效代码的可能性。所有这些都告诉你，使用不同的编译器，或者使用相同编译器的不同版本，都可能带来不同的结果。

通过使用 restrict 属性，明确告知编译器不存在别名。我们建议同时使用 restrict 属性和-fstrict-aliasing 编译器标志。在兼容性方面，使用该属性可以将代码在所有架构和编译器之间进行移植。在编程过程中，可以为每个编译器设定编译器标志，这些标志将影响所有源代码。

通过以上这些例子可以看出，程序员获得向量化的最佳方法是让编译器使用自动向量化功能。虽然编译器在不断改进，但对于更复杂的代码，编译器通常无法认识到这些代码可以安全地进行向量化循环。因此，程序员需要通过 hits 来帮助编译器对这些代码进行向量化。接下来就讨论这种技术。

6.3.3 通过提示来指导编译器：pragma 和指令

有时编译器不能准确找出可以进行向量化的代码，为此我们能做些什么吗？在本节中，我们将介绍如何为编译器提供更精确的指示，使你能更好地控制代码的向量化过程。在这里，你将学习如何使用 pragma 和指令，向编译器传递信息，从而实现可移植的向量化。

定义： pragma 是对 C 或 C++编译器使用的指令，用来帮助编译器解释源代码。该指令通常是一个以#pragma 开头的预处理语句(在 Fortran 中，它被称为 directive，通常是一个以!$开头的注释行)。

示例：通过手动指定 hits，让编译器进行向量化

为了完成这个演示，我们需要一个在没有额外指导的情况下，编译器不会对代码进行向量化的例子。为此，将使用以下代码清单中的示例代码。下例将计算 cell 中的波速，从而确定在计算中使用的 timestep。timestep 不能大于波穿过网格中任何 cell 所用的最短时间。

在 timestep /main.c 中使用最小约减循环计算 timestep

```
timestep/main.c
#include <stdio.h>
#include "timestep.h"
#define NCELLS 10000000
static double H[NCELLS], U[NCELLS], V[NCELLS], dx[NCELLS],
           dy[NCELLS];
static int celltype[NCELLS];

int main(int argc, char *argv[]){
   double mymindt;
   double g = 9.80, sigma = 0.95;
   for (int ic=0; ic<NCELLS ; ic++) {
      H[ic] = 10.0;
      U[ic] = 0.0;
      V[ic] = 0.0;
      dx[ic] = 0.5;
      dy[ic] = 0.5;
      celltype[ic] = REAL_CELL;
   }
   H[NCELLS/2] = 20.0;

   mymindt = timestep(NCELLS, g, sigma,
              celltype, H, U, V, dx, dy);

   printf("minimum dt is %lf\n",mymindt);
}
```

初始化数组和数据

调用 timestep 计算

在 timestep/timestep.c 中使用最小约减循环计算 timestep

```
timestep/timestep.c
#include <math.h>
#include "timestep.h"
```

```
3 #define REAL_CELL 1
4
5 double timestep(int ncells, double g, double sigma, int* celltype,
6 double* H, double* U, double* V, double* dx, double* dy){
7    double wavespeed, xspeed, yspeed, dt;
8    double mymindt = 1.0e20;
9    for (int ic=0; ic<ncells ; ic++) {
10      if (celltype[ic] == REAL_CELL) {
11         wavespeed = sqrt(g*H[ic]);
12         xspeed = (fabs(U[ic])+wavespeed)/dx[ic];
13         yspeed = (fabs(V[ic])+wavespeed)/dy[ic];
14         dt=sigma/(xspeed+yspeed);
15         if (dt < mymindt) mymindt = dt;
16      }
17   }
18   return(mymindt);
19 }
```

波速

波穿过 cell 的时间乘以安全系数(sigma)

获取所有 cell 的最短时间，并将这个时间作为 timestep

```
Makefile for GCC
CFLAGS=-g -O3 -fstrict-aliasing -ftree-vectorize -fopenmp-simd \
  -march=native -mtune=native -mprefer-vector-width=512 \
  -fopt-info-vec-optimized -fopt-info-vec-missed

stream_triad: main.o timestep.o timer.o
```

在这个例子中，我们添加了编译器标识 -fopt-info-vec-missed，从而获取有关没有进行循环向量化的报告。对代码完成编译之后，将得到如下信息：

```
main.c:10:4: note: loop vectorized

timestep.c:9:4: missed: couldn't vectorize loop
timestep.c:9:4: missed: not vectorized: control flow in loop.
```

这个向量化报告告诉我们，循环中的条件造成 timestep 循环没有进行向量化。让我们看看是否可以通过添加一个 pragma 来优化这个循环。在 timestep.c(在第 9 行)的 for 循环语句之前添加以下一行：

```
#pragma omp simd reduction(min:mymindt)
```

现在编译代码会显示有关 timestep 向量化的相关消息：

```
main.c:10:4: note: loop vectorized
timestep_opt.c:9:9: note: loop vectorized
timestep_opt.c:11:7: note: not vectorized: control flow in loop.
```

可以使用 likwid 等性能工具来检查是否真正已经被向量化：

```
likwid-perfctr -g MEM_DP -C 0 ./timestep_opt
```

通过观察，我们发现 likwid 工具的输出结果显示没有向量指令正在执行：

```
|          DP MFLOP/s          | 451.4928  |
|        AVX DP MFLOP/s        |         0 |
|       Packed MUOPS/s         |         0 |
```

在 GCC 9.0 版本的编译器中，可以通过添加-fno-trap-math 标志进行向量化。如果条件块中有一个除法，这个标志将告诉编译器忽略抛出的错误异常，并且将进行向量化。如果条件块中有一个 sqrt，使用-fno-math-errno 标志将允许编译器进行向量化。为提高可移植性，pragma 还应该告诉编译器有些变量不会在循环迭代中被保留，因此将不会有 flow 或 anti-flow 依赖。稍后将讨论这些依赖选项。

```
#pragma omp simd private(wavespeed, xspeed, yspeed, dt) reduction(min:mymindt)
```

如果想将变量的作用域限制在循环的每次迭代中，通常的做法是在循环的作用域内部声明变量。如下所示：

```
double wavespeed = sqrt(g*H[ic]);
double xspeed = (fabs(U[ic])+wavespeed)/dx[ic];
double yspeed = (fabs(V[ic])+wavespeed)/dy[ic];
double dt=sigma/(xspeed+yspeed);
```

现在可将 private 子句和循环之前的变量声明删除。还可在函数接口中添加 restrict 属性，从而通知编译器指针不会重叠，代码如下：

```
double timestep(int ncells, double g, double sigma, int* restrict celltype,
                double* restrict H, double* restrict U, double* restrict V,
                double* restrict dx, double* restrict dy);
```

即便做了以上更改，还是无法让 GCC 编译器对代码进行向量化。通过对 GCC 9.0 版本编译器进行进一步的研究，我们最终成功地添加了-fno-trap-math 标志，并实现了向量化。如果条件块中有一个除法，这个标志将告诉编译器忽略抛出的错误异常，从而进行向量化。如果条件块中有一个 sqrt，使用-fno-math-errno 标志将允许编译器进行向量化。需要注意，与之前提到的编译器不同，Intel 编译器可对所有版本进行向量化，而无须进行额外设定。

在工作中，一个较常见的操作是数组的求和。在 4.5 节中，我们介绍了如何简化这种操作，你可以回到该节进行复习。我们将通过加入一个条件，来限制网格中 real cells 的总和，虽然这样会带来一些操作上的复杂性。此处 real cells 被视为不在边界上的元素或来自其他处理器的 ghost cell。关于 ghost cell，我们将在第 8 章详细讨论。

程序清单 6-1　使用约减总和(sum reduction)循环进行质量和(mass sum)计算

```
mass_sum/mass_sum.c
#include "mass_sum.h"
#define REAL_CELL 1

double mass_sum(int ncells, int* restrict celltype, double* restrict H,
                double* restrict dx, double* restrict dy){
   double summer = 0.0;
#pragma omp simd reduction(+:summer)
   for (int ic=0; ic<ncells ; ic++) {
      if (celltype[ic] == REAL_CELL) {
         summer += H[ic]*dx[ic]*dy[ic];
      }
   }
   return(summer);
}
```

将约减变量设定为0

线程循环将 summer 视为约减变量

条件可以用掩码来实现

OpenMP SIMD pragma 应该自动将约减变量设定为 0，但当 pragma 被忽略时，必须使用第 6 行的代码进行初始化。第 7 行的 OpenMP SIMD 编译标记将告诉编译器：我们在约减求和中使用 summer 变量。在循环中，第 9 行的条件可以用掩码在向量运算中实现。每个向量通道都有自己的 summer 副本，这些副本将在 for 循环结束时进行合并。

Intel 编译器成功地识别了约减求和，并在不使用 OpenMP SIMD pragma 的情况下实现循环的自动向量化。如果使用 GCC 编译器，需要使用 9.0 及之后版本来实现向量化。

示例：使用编译器向量化报告作为添加 pragma 的指南

因为 Intel 编译器会生成更好的向量化报告，所以我们将在这个例子中使用 Intel 编译器。这个示例中的源代码来自代码清单 4-14。你可以看到，代码清单中显示了主循环的行号。

代码清单 4-14 中的模板示例的主循环

```
56   for (int j = 1; j < jmax-1; j++){
57      for (int i = 1; i < imax-1; i++){
58         xnew[j][i] = (x[j][i] + x[j ][i-1] + x[j ][i+1]
                                  + x[j-1][i ] + x[j+1][i ])/5.0;
59      }
60 }
```

在这个例子中，使用了带有以下编译器标志的 Intel v19 编译器：

```
CFLAGS=-g -O3 -std=c99 -qopenmp-simd -ansi-alias -xHost \
   -qopt-zmm-usage=high -qopt-report=5 -qopt-report-phase=vec,loop
```

通过观察向量化报告，编译器没有对第 57 行内循环和第 56 行外循环进行向量化：

```
remark #15344: loop was not vectorized: vector dependence prevents
               vectorization
remark #15346: vector dependence: assumed OUTPUT dependence between
               xnew[j][i] (58:13)and xnew[j][i] (58:13)
remark #15346: vector dependence: assumed OUTPUT dependence between
               xnew[j][i] (58:13)and xnew[j][i] (58:13)
   LOOP BEGIN at stencil.c(57,10)
     remark #15344: loop was not vectorized: vector dependence prevents
                    vectorization
     remark #15346: vector dependence: assumed FLOW dependence between
                   xnew[j][i] (58:13)and x[j][i] (58:13)
     remark #15346: vector dependence: assumed ANTI dependence between
                   x[j][i] (58:13)and xnew[j][i] (58:13)
   remark #25438: unrolled without remainder by 4
  LOOP END
LOOP END
```

在上例中，因为 x 和 xnew 之间可能出现混叠，所以表现出 flow 和 anti-flow 的依赖关系。在这种情况下，编译器会表现得更加保守。具体表现为，输出依赖项仅在尝试向量化外部循环时被调用。编译器不能确定内部循环的后续迭代会不会将结果写入与前一次迭代相同的位置。在继续下面的内容之前，我们先定义一些术语。

- Flow 依赖(Flow dependency)：循环中的变量将在被写入后再进行读取，也被称为写后读取(read-after-write，RAW)。
- Anti-flow 依赖(Anti-flow dependency)：循环中的变量先读取然后被写入，也称为读取后写(write-after-read，WAR)。
- 输出依赖(Output dependency)：一个变量在循环中多次被写入。

对于 GCC v8.2 编译器，向量化报告如下所示：

```
stencil.c:57:10: note: loop vectorized
stencil.c:57:10: note: loop versioned for vectorization because of
                possible aliasing
stencil.c:51:7: note: loop vectorized
stencil.c:37:7: note: loop vectorized
stencil.c:37:7: note: loop versioned for vectorization because of
                possible aliasing
```

GCC 编译器创建了两个版本，并对这两个版本进行测试，从而决定在运行时使用哪个版本。归功于这份报告，让我们对问题的原因有了清晰的认识。为了解决这个问题，我们有如下两种方法。首先，可通过如下代码在第 57 行循环之前添加一个 pragma 来指导编译器的行为：

```
#pragma omp simd
for (int i = 1; i < imax-1; i++){
```

另一种方法是，在 x 和 xnew 的定义中添加一个 restrict 属性，如下所示：

```
double** restrict x = malloc2D(jmax, imax);
double** restrict xnew = malloc2D(jmax, imax);
```

Intel 的向量化报告显示内部循环已经通过向量化 Peel loop 进行向量化，还显示了主向量化循环以及向量化 Remainder loop。为了理解 Peel loop 和 Remainder loop，我们看看下面的术语定义。

- Peel loop：这是对未对齐的数据执行的循环，从而使主循环随后可以使用对齐的数据。在工作中，如果发现数据存在不对齐的情况，则可以选择性地使用 Peel loop 来对齐数据。
- Remainder loop：这是在主循环之后执行的一种循环，通常使用这种循环来处理那些相对于整个向量长度来说，过于短小的部分数据集。

添加 Peel loop 是为了在循环开始时处理未对齐的数据，而 Remainder loop 负责在循环结束时处理任何额外的数据。这些循环的报告看起来十分相似。通过查看主循环报告可以了解到，预计可提供 6 倍的加速：

```
LOOP BEGIN at stencil.c(55,21)
    remark #15388: vec support: reference xnew[j][i] has aligned access
    [ stencil.c(56,13) ]
    remark #15389: vec support: reference x[j][i] has unaligned access
    [ stencil.c(56,28) ]
    remark #15389: vec support: reference x[j][i-1] has unaligned access
    [ stencil.c(56,38) ]
    remark #15389: vec support: reference x[j][i+1] has unaligned access
    [ stencil.c(56,50) ]
    remark #15389: vec support: reference x[j-1][i] has unaligned access
    [ stencil.c(56,62) ]
    remark #15389: vec support: reference x[j+1][i] has unaligned access
```

```
    [ stencil.c(56,74) ]
    remark #15381: vec support: unaligned access used inside loop body
    remark #15305: vec support: vector length 8
    remark #15399: vec support: unroll factor set to 2
    remark #15309: vec support: normalized vectorization overhead 0.236
    remark #15301: OpenMP SIMD LOOP WAS VECTORIZED
    remark #15449: unmasked aligned unit stride stores: 1
    remark #15450: unmasked unaligned unit stride loads: 5
    remark #15475: --- begin vector cost summary ---
    remark #15476: scalar cost: 43
    remark #15477: vector cost: 6.620
    remark #15478: estimated potential speedup: 6.370
    remark #15486: divides: 1
    remark #15488: --- end vector cost summary ---
    remark #25015: Estimate of max trip count of loop=125
LOOP END
```

需要注意，在报告中预测的加速被标记为潜在加速(potential speedup)，在实际工作中，不太可能达到报告中所预测的加速效果。除非满足以下条件：

- 数据被存储在高级别的缓存中。
- 实际数组的长度足够长。
- 从主内存加载数据不受到带宽的限制

在前面的例子中，使用 Intel 编译器的 Skylake Gold 处理器实际测量的加速是未向量化版本的 1.39 倍。这些向量化报告是关于处理器加速的，除此之外，kernel 的主内存带宽受限依旧是我们要处理的问题。

对于 GCC 编译器，使用 SIMD pragma 可成功地消除两个循环的版本控制问题。实际上，添加 restrict 子句没有任何效果，因为两个循环依旧是使用版本控制的。此外，因为在之前提到的所有情况中，都存在一个向量化版本，所以总体性能不会改变。为了更好地观察加速的效果，可与未使用向量化的版本进行比较；通过观察发现，使用 GCC 进行向量化可得到大概 1.22 倍的加速。

6.3.4　使用向量本征库处理无法向量化的循环

对于那些即便使用了标记也无法进行向量化的循环，使用向量本征库(vector intrinsics)也许是不错的选择。在这一节中，我们将使用向量本征库来更好地控制向量化操作。但需要注意的是，向量本征库的一致性较差。这里将为你介绍一些使用向量本征库成功进行向量化的案例。比如使用向量本征库对 5.7 节中介绍的 kahan sum 进行向量化。在那一节中，我们介绍过在一个普通的求和操作中，kahan sum 的成本大概是 4 个 flop，而不是 1 个 flop。但如果将 kahan sum 进行向量化，它的运行成本将大大降低。

在这些实例中，将使用 256 位的向量本征库来加速操作，可以大概达到串行执行速度的 4 倍。在下面的程序代码清单中，展示了实现 kahan sum kernel 的三种不同方法。可以在 https://github.com/lanl/GlobalSums.git 上找到相关代码，这部分代码是从 global sums 示例中截取的。完整代码可在本章代码的 GlobalSumsVectorized 目录中找到。

示例：利用向量本征库实现 kahan sum

在第一个向量本征库的例子中，来自洛斯阿拉莫斯国家实验室的 Andy Dubois 和 Brett Neuman 使用了 Intel x86 的向量本征库。这个向量本征库在工作中被广泛使用，它可以在支持 AVX 向量指令的 Intel 和 AMD 处理器上运行。

使用 Intel x86 的向量本征库增强 kahan sum 精度

GlobalSumsVectorized/kahan_intel_vector.c

```
#include <x86intrin.h>

static double
      sum[4] __attribute__ ((aligned (64)));

double do_kahan_sum_intel_v(double* restrict var, long ncells)
{
   double const zero = 0.0;
   __m256d local_sum = _mm256_broadcast_sd(
                        (double const*) &zero);
   __m256d local_corr = _mm256_broadcast_sd(
                        (double const*) &zero);

   #pragma simd
   #pragma vector aligned
   for (long i = 0; i < ncells; i+=4) {
      __m256d var_v = _mm256_load_pd(&var[i]);
      __m256d corrected_next_term =
             var_v + local_corr;
      __m256d new_sum =
               local_sum + local_corr;
      local_corr = corrected_next_term -
               (new_sum - local_sum);
      local_sum = new_sum;
   }
   __m256d sum_v;
   sum_v = local_corr;
   sum_v += local_sum;
   _mm256_store_pd(sum, sum_v);

   struct esum_type{
      double sum;
      double correction;
   } local;
   local.sum = 0.0;
   local.correction = 0.0;

   for (long i = 0; i < 4; i++) {
      double corrected_next_term_s =
                   sum[i] + local.correction;
      double new_sum_s =
             local.sum + local.correction;
      local.correction =
             corrected_next_term_s -
             (new_sum_s - local.sum);
```

引入 Intel 和 AMD x86 的向量本征库支持文件

定义一个由 4 个双精度值组成的规则对齐数组

使用 0 来填充 4-wide 的双精度向量变量

告知编译器为对齐向量变量进行操作的编译标记

将标准数组中的 4 个值加载到向量变量中

是否对所有 4-wide 向量变量进行标准 kahan 操作

将 4 个向量通道存储到一个常规对齐的 4 值数组中

使用标量变量对来自 4 个向量通道的 4 个求和值进行求和计算

```
        local.sum = new_sum_s;
    }
    double final_sum =
        local.sum + local.correction;
    return(final_sum);
}
```

使用标量变量对来自 4 个向量通道的 4 个求和值进行求和计算

示例：使用 GCC 向量本征库实现 kahan sum

kahan sum 的第二个实现是使用 GCC 向量扩展。这些向量指令支持除 x86 架构上的 AVX 向量单元以外的其他所有架构。如果考虑移植性，使用 GCC 向量扩展，只能移植到使用 GCC 编译器的环境中。如果指定的向量长度超过硬件所支持的长度，那么编译器将使用较短向量长度组合来生成指令。

使用 GCC 向量扩展增强 kahan sum 精度

GlobalSumsVectorized/kahan_gcc_vector.c

```
static double
 sum[4] __attribute__ ((aligned (64)));

double do_kahan_sum_gcc_v(double* restrict var, long ncells)
{
    typedef double vec4d __attribute__
        ((vector_size(4 * sizeof(double))));

    vec4d local_sum = {0.0};
    vec4d local_corr = {0.0};

    for (long i = 0; i < ncells; i+=4) {
        vec4d var_v = *(vec4d *)&var[i];
        vec4d corrected_next_term =
            var_v + local_corr;
        vec4d new_sum =
            local_sum + local_corr;
        local_corr = corrected_next_term -
            (new_sum - local_sum);
        local_sum = new_sum;
    }
    vec4d sum_v;
    sum_v = local_correction;
    sum_v += local_sum;
    *(vec4d *)sum = sum_v;

    struct esum_type{
    double sum;
    double correction;
    } local;
    local.sum = 0.0;
    local.correction = 0.0;

    for (long i = 0; i < 4; i++) {
        double corrected_next_term_s =
            sum[i] + local.correction;
```

定义一个由 4 个双精度值组成的规则对齐数组

声明 vec4d 向量数据类型

用 0 填充一个 4-wide 的双精度向量变量

将标准数组中的 4 个值加载到向量变量中

标准 kahan 操作是在所有 4-wide 向量变量上完成的

将 4 个向量通道存储到一个规则对齐的 4 值数组中

使用标量变量对来自 4 个向量通道的 4 个求和值进行求和计算

```
        double new_sum_s =
            local.sum + local.correction;
        local.correction =
            corrected_next_term_s
             (new_sum_s - local.sum);
        local.sum = new_sum_s;
    }
    double final_sum =
        local.sum + local.correction;
    return(final_sum);
}
```

使用标量变量对来自 4 个向量通道的 4 个求和值进行求和计算

示例：使用 C++向量本征库实现 kahan sum

对于 C++代码，丹麦技术大学的 Agner Fog 在开源许可下编写了一个 C++向量类库。这个类库可以跨硬件架构进行移植，并自动适应使用较短向量长度的旧硬件。Fog 向量类库设计良好，提供内容丰富的参考手册。关于这个库的更多细节，将在本章末尾的“扩展阅读”一节提供给大家。

在这个例子中，我们将用 C++编写 kahan sum 的向量版本，然后从 C 主程序中调用它。我们还将使用 load_partial 函数来处理那些不满足完整向量宽度的其余数值块。我们不会总是将数组均匀划分为 4-wide 分组。有时，可用额外的 0 对数组进行填充，使数组的大小满足处理要求，但更好的方法是在循环结束时，在单独的代码块中对剩余的值进行处理。需要注意，Vec4d 数据类型是在 vector 类头文件中进行定义的。

使用 Agner Fog 的 C++向量类库提高 kahan sum 的精度

```
GlobalSumsVectorized/kahan_fog_vector.cpp
#include "vectorclass.h"

static double
    sum[4] __attribute__ ((aligned (64)));

extern "C" {
double do_kahan_sum_agner_v(double* var,
long ncells);
}

double do_kahan_sum_agner_v(double* var, long ncells)
{
    Vec4d local_sum(0.0);
    Vec4d local_corr(0.0);
    Vec4d var_v;

    int ncells_main=(ncells/4)*4;
    int ncells_remainder=ncells%4;
    for (long i = 0; i < ncells_main; i+=4) {
        var_v.load(var+i);
        Vec4d corrected_next_term =
            var_v + local_corr;
        Vec4d new_sum =
            local_sum + local_corr;
        local_corr = corrected_next_term -
             (new_sum - local_sum);
```

包含向量类头文件

定义一个由 4 个双精度值组成的规则对齐数组

指定生成一个 C 风格的子程序

用 0 填充一个 4-wide 的双精度向量变量

定义一个 256 位(或 4 个双精度)的双精度向量变量

将标准数组中的 4 个值加载到向量变量中

```
        local_sum = new_sum;
    }
    if (ncells_remainder > 0) {
        var_v.load_partial(ncells_remainder,var+ncells_main);
        Vec4d corrected_next_term = var_v + local_corr;
        Vec4d new_sum = local_sum + local_corr;
        local_corr = corrected_next_term - (new_sum - local_sum);
        local_sum = new_sum;
    }

    Vec4d sum_v;
    sum_v = local_corr;
    sum_v += local_sum;
    sum_v.store(sum);

    struct esum_type{
        double sum;
        double correction;
    } local;
    local.sum = 0.0;
    local.correction = 0.0;
  for (long i = 0; i < 4; i++) {
      double corrected_next_term_s =
        sum[i] + local.correction;
      double new_sum_s =
        local.sum + local.correction;
      local.correction =
              corrected_next_term_s -
        (new_sum_s - local.sum);
      local.sum = new_sum_s;
    }
    double final_sum =
      local.sum + local.correction;
    return(final_sum);
}
```

标准的 kahan 运算将被应用于所有 4-wide 向量变量

将 4 个向量通道存储到一个规则对齐的 4 值数组中

使用标量变量对来自 4 个向量通道的 4 个求和值进行求和计算

在这个向量类库中，使用 load 和 store 命令比其他向量本征库的语法显得更好理解。

现在对使用了以上 3 种向量本征库的 kahan 求和、原始的串行求和以及原始的 kahan 求和进行测试。在测试中使用了 Skylake Gold 处理器以及 GCC 8.2 的编译器，默认情况下，GCC 编译器无法对串行求和以及原始 kahan 求和的代码进行向量化，可以通过添加 OpenMP pragma 对串行求和进行向量化，但是 kahan sum 中的 loop-carried 依赖将阻止编译器对代码进行向量化。

对于如下性能结果，需要注意的是，对于所有 3 个向量本征库(用粗体显示)的串行求和以及 kahan sum 的向量化版本运行时间几乎相同。因此，我们可以完成更多浮点运算，同时减少数值误差。通过对代码的改进，可以获得更多浮点运算能力。

```
SETTINGS INFO -- ncells 1073741824 log 30
Initializing mesh with Leblanc problem, high values first
  relative diff  runtime    Description
  8.423e-09      1.273343   Serial sum
          0      3.519778   kahan sum with double double accumulator
```

```
4 wide vectors serial sum
   -3.356e-09  0.683407   Intel vector intrinsics Serial sum
   -3.356e-09  0.682952   GCC vector intrinsics Serial sum
   -3.356e-09  0.682756   Fog C++ vector class Serial sum
4 wide vectors kahan sum
            0  1.030471   Intel Vector intrinsics kahan sum
            0  1.031490   GCC vector extensions kahan sum
            0  1.032354   Fog C++ vector class kahan sum
8 wide vector serial sum
   -1.986e-09  0.663277   Serial sum (OpenMP SIMD pragma)
   -1.986e-09  0.664413   8 wide Intel vector intrinsic Serial sum
   -1.986e-09  0.664067   8 wide GCC vector intrinsic Serial sum
   -1.986e-09  0.663911   8 wide Fog C++ vector class Serial sum
8 wide vector kahan sum
   -1.388e-16  0.689495   8 wide Intel Vector intrinsics kahan sum
   -1.388e-16  0.689100   8 wide GCC vector extensions kahan sum
   -1.388e-16  0.689472   8 wide Fog C++ vector class kahan sum
```

6.3.5 大胆尝试：使用汇编代码进行向量化

在这一节中，我们将讨论什么时候应该在应用程序中创建向量程序集，同时介绍向量汇编程序代码的相关知识，包括如何对已经编译的代码进行反汇编，以及如何了解编译器生成了哪些向量指令集。

如果可以直接使用向量汇编指令对向量单元进行编程，将可能实现性能的最大化。要实现这一点，需要了解不同处理器中与性能相关的向量指令。如果程序开发者没有这方面的相关知识储备，那么使用传统的向量编程(如上一节中介绍的)可能会获得比使用向量汇编指令编程更好的结果。需要注意，使用向量汇编技术编写的代码的移植性往往会受到较大限制，也许只适合很少一部分处理器架构。因为以上这些原因，在实际工作中，使用向量汇编指令的情况相对较少。

示例：了解向量汇编指令

如果想了解向量汇编指令，可以使用 objdump 命令从对象文件中将这些指令显示出来。该命令的使用方法如下：

```
objdump -d -M=intel --no-show-raw-insn <object code file.o>
```

该命令的输出结果如下：

汇编代码：kahan sum 的 GCC 向量扩展

```
0000000000000000 <do_kahan_sum_gcc_v>:
0:   test    %rsi,%rsi
3:   jle     90 <do_kahan_sum_gcc_v+0x90>
9:   vxorpd %xmm2,%xmm2,%xmm2
d:   xor     %eax,%eax
f:   vmovapd %ymm2,%ymm0
13:  nopl 0x0(%rax,%rax,1)

18:  vmovapd %ymm0,%ymm1
1c:  vaddpd  %ymm2,%ymm0,%ymm0
```

```
20:   vaddpd (%rdi,%rax,8),%ymm2,%ymm3
25:   add    $0x4,%rax
29:   vsubpd %ymm1,%ymm0,%ymm1
2d:   vsubpd %ymm1,%ymm3,%ymm2
31:   cmp    %rax,%rsi
34:   jg     18 <do_kahan_sum_gcc_v+0x18>
36:   vaddpd %ymm2,%ymm0,%ymm0
3a:   vmovapd %ymm0,0x0(%rip)           # 42 <do_kahan_sum_gcc_v+0x42>
42:   vxorpd %xmm2,%xmm2,%xmm2
46:   vaddsd 0x0(%rip),%xmm2,%xmm0      # 4e <do_kahan_sum_gcc_v+0x4e>
4e:   vaddsd %xmm2,%xmm0,%xmm2
52:   vaddsd 0x0(%rip),%xmm0,%xmm0      # 5a <do_kahan_sum_gcc_v+0x5a>
5a:   vsubsd %xmm2,%xmm0,%xmm0
5e:   vaddsd %xmm2,%xmm0,%xmm3
62:   vaddsd 0x0(%rip),%xmm0,%xmm1      # 6a <do_kahan_sum_gcc_v+0x6a>
6a:   vsubsd %xmm2,%xmm3,%xmm2
6e:   vsubsd %xmm2,%xmm1,%xmm1
72:   vaddsd %xmm1,%xmm3,%xmm2
76:   vaddsd 0x0(%rip),%xmm1,%xmm0      # 7e <do_kahan_sum_gcc_v+0x7e>
7e:   vsubsd %xmm3,%xmm2,%xmm3
82:   vsubsd %xmm3,%xmm0,%xmm0
86:   vaddsd %xmm2,%xmm0,%xmm0
8a:   vzeroupper
8d:   retq
8e:   xchg %ax,%ax
90:   vxorpd %xmm0,%xmm0,%xmm0
94:   jmp 3a <do_kahan_sum_gcc_v+0x3a>
```

如果可以看到 ymm 寄存器，那么表示向量指令已经生成。zmm 寄存器表示存在 AVX512 向量指令。xmm 寄存器表示生成了标量向量指令或者 SSE 向量指令。从上面的输出结果我们可以判定，上面这些结果来自 kahan_gcc_vector.c.o 文件，因为在输出中没有看到 zmm 指令。如果我们查看生成了 512-bit 指令的 kahan_gcc_vector8.c.o 文件，将看到 zmm 指令。

如我们之前所说，虽然汇编向量指令可以在某种程度上提升性能，但是由于移植性较差，所以除了简单地查看编译器所生成的汇编程序指令之外，执行其他操作的意义不大。由于篇幅的限制，也不会从头开始讲述如何使用汇编方式进行向量编程，如果你对此感兴趣，可以参考相关资料进行学习。

6.4　实现更好向量化的编程风格

建议你采用适合向量化以及其他循环并行化的编程风格。基于本章中介绍的示例，可以了解到某些编程风格可以帮助编译器生成向量化的代码。接下来将介绍可以带来更高性能的编程风格，同时，使用这些编程风格也可以减少优化所需的工作。

一般建议：

- 对函数参数和声明中的指针，使用 restrict 属性(C 和 C++)。
- 合理使用 pragma 和指令来影响编译器行为。

- 使用#pragma unroll 和其他优化编译器技术时要格外小心；因为这些操作可能会对编译器转换的可用选项进行限制[2]。
- 在单独的循环中，放置带有打印语句的异常和错误检查，从而更好地跟踪程序运行，并方便故障排除。

关于数据结构：

- 尝试对最内层循环使用较长的数据结构。
- 尽可能使用所需的最小数据类型(short 而不是 int)。
- 使用连续的内存访问。一些较新的指令集实现了 gather/scatter 内存加载，但效率较低。
- 使用数组结构(SOA)而不是结构数组(AOS)。
- 尽可能使用内存对齐的数据结构。

循环结构相关的建议：

- 使用没有特殊退出条件的简单循环。
- 通过将全局值复制到局部变量，然后使用局部变量来创建循环边界。
- 如果可能，为数据地址使用循环索引。
- 向编译器公开循环绑定的大小。如果循环只有 3 个迭代，编译器可能会展开循环，而不是生成一个 4-wide 向量指令。
- 避免在性能关键循环中使用数组语法(在 Fortran 语言中)。

在循环体中的建议：

- 在循环中定义局部变量，这样它们就不会被带到后续的迭代中(适用 C 和 C++)。
- 循环中的变量和数组应该是只写或只读的(只将它们放在等号的左边或右边，约减操作 reduction 除外)。
- 在循环体内部，不要出于其他目的而重用局部变量，应该重新创建一个新变量；原因在于，为创建新变量而多使用的内存空间付出的代价远小于由于重用局部变量给编译器造成的混乱所要付出的代价。
- 避免使用函数调用，而是通过手动或编译器来使用内联技术。
- 对循环内的条件进行限制，并在必要时使用可用掩码表示的简单形式。

关于编译器设置和标志：

- 使用最新版本，并能更好地进行向量化的编译器。
- 使用 strict-aliasing 编译器标志。
- 为可供使用的最强大的向量指令集编写代码。

6.5　与编译器向量化相关的编译器标志

表 6-2 和表 6-3 显示了使用各种编译器的最新版本进行向量化时，推荐使用的编译器标志。由于向量化的编译器标志经常更改，因此在使用前，请仔细查看你所使用的编译器的相关文档。

2　#pragma unroll 告诉编译器插入指定数量的语句以替换循环的迭代，并减少循环控制语句中的循环迭代或将其完全删除。

在表 6-2 中的第 2 列，列出的严格别名标志将有助于 C 和 C++的自动向量化，但在使用前，需要验证它不会破坏其他代码。表 6-2 中的第 3 列提供了各种可用的选项，用于指定某些编译器使用哪个向量化指令集。表格中显示的这些信息为程序开发者提供了很好的指导。比如，可以使用表 6-2 的第 2 列中的编译器标志来生成向量化报告。对于大多数编译器来说，编译器报告仍然在不断改进，而且报告的内容可能会发生变化。对于 GCC 编译器来说，建议使用与 optimized 和 missed 相关的标志。另外，在向量化的同时，获得循环优化报告将是一个很好的选择，因为这样就可以看到循环是否被展开或被互换了。如果不使用 OpenMP 的其他部分，而是使用 OpenMP SIMD 指令，那么应该使用表 6-3 最后一列中介绍的标志。

表 6-2　编译器的向量化标志

编译器	严格别名标志	向量化	浮点标志
GCC, G++, GFortran v9	-fstrict-aliasing	-ftree-vectorize -march=native -mtune=native ver 8.0+: -mprefer-vector -width=512	-fno-trapping-math -fno-math-errno
Clang v9	-fstrict-aliasing	-fvectorize -march=native -mtune=native	-fno-math-errno
Intel icc v19	-ansi-alias	-restrict -xHost -vecabi=cmdtarget ver 18.0+: -qopt-zmm-usage=high	
MSVC	未实现	默认开启	
IBM XLC v16	-qalias=ansi -qalias=restrict	-qsimd=auto -qhot -qarch=pwr9 -qtune=pwr9	
Cray	-h restrict=[a,f]	-h vector3 -h preferred_vector_width=# where # can be [64,128,256,512]	

表 6-3 编译器的 OpenMP SIMD 和向量化报告标志

编译器	向量化报告	OpenMP SIMD
GCC, G++, GFortran v9	-fopt-info-vec-optimized[=file] -fopt-info-vec-missed[=file] -fopt-info-vec-all[=file] 循环优化也一样，用 loop 替换 vec	-fopenmp-simd
Clang v9	-Rpass-analysis=loop-vectorize	-fopenmp-simd
Intel icc v19	-qopt-report=[1-5] -qopt-report-phase=vec,loop -qopt-report-filter= "filename,ln1-ln2"	-qopenmp-simd
MSVC	-Qvec-report:[1,2]	-openmp:experimental
IBM XLC v16	-qreport	-qopenmp
Cray	-h msgs -h negmsgs -h list=a	-h omp (默认)

可将向量指令设置为单个集合(如 AVX2)或多个集合。对于单个指令集，前两个表中显示的标志要求编译器应该为处理器使用向量指令集(march=native、-xHost 和-qarch=pwer9)。如果没有这个标志，编译器将使用 SSE2 指令集。如果你对跨多个处理器运行感兴趣，可能希望指定一个较早版本的指令集，或者只使用默认指令集。需要注意，如果使用较早期的指令集，将带来一些性能上的损失。

Intel 编译器可实现对多个向量指令集的支持。这是使用 Intel Knights Landing 处理器的常见做法，但其中用于主机处理器的指令集可能会有不同。因此，你必须为它们指定指令集，如下所示：

```
-axmic-avx512 -xcore-avx2
```

其中-ax 表示添加额外的指令集。需要注意，当要求使用两个指令集的时候，不能使用 host 关键字。

在讨论代码清单 6-1 时，我们简单介绍了浮点标志的使用，来加强求和 kernel 中的向量化。当使用条件进行向量化循环时，编译器会插入一个掩码，该掩码只使用向量结果的一部分。但是掩码操作中出现除以零或取负数的平方根时，将产生浮点错误。GCC 和 Clang 编译器要求将表 6-2 最后一列中显示的额外浮点标志，设置为使用条件和任何带有潜在问题浮点操作的向量化循环。

某些情况下，可能需要关闭向量化功能。关闭向量化后，可以通过对比来得知使用向量化所带来的性能提升。同时，有时自动向量化会出现错误的结果，所以通过关闭向量化来避免错误结果的产生。另外，有时我们只希望对计算密集型的文件进行向量化，而其他部分不进行向量化操作。可使用编译器来关闭向量化，如表 6-4 所示。

表 6-4　使用编译器标志来关闭向量化

编译器	标记
GCC	-fno-tree-vectorize (在 - O3 中，默认开启)
Clang	-fno-vectorize (默认开启)
Intel	-no-vec (在 - O2 及之后版本，默认开启)
MSVC	没有编译器标志来关闭向量化(默认开启)
XLC	-qsimd=noauto(默认在-O3 级别开启)
Cray	-h vector0 -hpf0 或-hfp1(默认向量化级别为-h vector2)

本章中的向量化和性能结果是使用 GCC v8 和 v9，以及 Intel v19 编译器为运行环境得到的。对于 512-bit 向量的支持是从 GCC v8 以及 Intel v18 开始的。因此，新的 512-bit 向量硬件拥有最新的计算能力。

用于设置编译器标志 CMAKE 模块

为编译器设置标志往往是一件让人头疼的事情。因为标记众多，经常出现错误和混乱的情况。因此，我们创建了一个 CMake 模块，它类似于 FindOpenMP.cmake 和 FindMPI.cmake 模块。然后 CMakeLists.txt 文件只需要按照如下进行设定：

```
find_package(Vector)
if (CMAKE_VECTOR_VERBOSE)
   set(VECTOR_C_FLAGS "${VECTOR_C_FLAGS} ${VECTOR_C_VERBOSE}")
endif()
set(CMAKE_C_FLAGS "${CMAKE_C_FLAGS} ${VECTOR_C_FLAGS}")
```

CMake 模块可在本章示例 https://github.com/EssentialsofParallelComputing/Chapter6.git 中的 FindVector.cmake 文件里可以找到。请参见使用 FindVector.cmake 模块的 GlobalSumsVectorized 代码示例。稍后，我们将把这个模块迁移到其他示例中，从而帮助你更好地理解 CMakeLists.txt 文件。下面的代码清单是从 C 编译器的模块中摘录的。C++和 Fortran 的标志也可通过 FindVector.cmake 模块中类似的代码进行设置。

代码清单 6-2　摘自 C 编译器的 FindVector.cmake

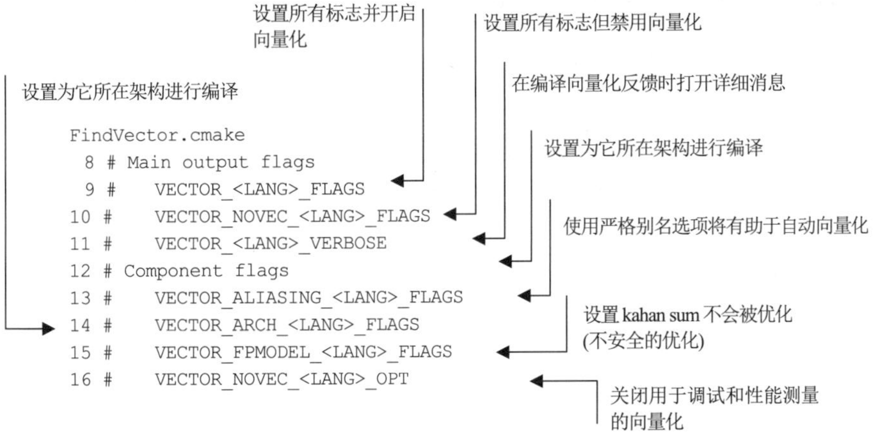

```
#    VECTOR_VEC_<LANG>_OPTS
...
if(CMAKE_C_COMPILER_LOADED)
  if ("${CMAKE_C_COMPILER_ID}" STREQUAL "Clang") # using Clang
    set(VECTOR_ALIASING_C_FLAGS "${VECTOR_ALIASING_C_FLAGS}
        -fstrict-aliasing")
  if ("${CMAKE_SYSTEM_PROCESSOR}" STREQUAL "x86_64")
    set(VECTOR_ARCH_C_FLAGS "${VECTOR_ARCH_C_FLAGS}
       -march=native -mtune=native")
    elseif ("${CMAKE_SYSTEM_PROCESSOR}" STREQUAL "ppc64le")
    set(VECTOR_ARCH_C_FLAGS "${VECTOR_ARCH_C_FLAGS}
      -mcpu=powerpc64le")
    elseif ("${CMAKE_SYSTEM_PROCESSOR}" STREQUAL "aarch64")
    set(VECTOR_ARCH_C_FLAGS "${VECTOR_ARCH_C_FLAGS}
      -march=native -mtune=native")
    endif ("${CMAKE_SYSTEM_PROCESSOR}" STREQUAL "x86_64")

    set(VECTOR_OPENMP_SIMD_C_FLAGS "${VECTOR_OPENMP_SIMD_C_FLAGS}
        -fopenmp-simd")
    set(VECTOR_C_OPTS "${VECTOR_C_OPTS} -fvectorize")
    set(VECTOR_C_FPOPTS "${VECTOR_C_FPOPTS} -fno-math-errno")
    set(VECTOR_NOVEC_C_OPT "${VECTOR_NOVEC_C_OPT} -fno-vectorize")
    set(VECTOR_C_VERBOSE "${VECTOR_C_VERBOSE} -Rpass=loop-vectorize
        -Rpass-missed=loop-vectorize -Rpass-analysis=loop-vectorize")

  elseif ("${CMAKE_C_COMPILER_ID}" STREQUAL "GNU") # using GCC
    set(VECTOR_ALIASING_C_FLAGS "${VECTOR_ALIASING_C_FLAGS}
        -fstrict-aliasing")
    if ("${CMAKE_SYSTEM_PROCESSOR}" STREQUAL "x86_64")
    set(VECTOR_ARCH_C_FLAGS "${VECTOR_ARCH_C_FLAGS}
        -march=native -mtune=native")
  elseif ("${CMAKE_SYSTEM_PROCESSOR}" STREQUAL "ppc64le")
    set(VECTOR_ARCH_C_FLAGS "${VECTOR_ARCH_C_FLAGS}
        -mcpu=powerpc64le")
  elseif ("${CMAKE_SYSTEM_PROCESSOR}" STREQUAL "aarch64")
    set(VECTOR_ARCH_C_FLAGS "${VECTOR_ARCH_C_FLAGS}
        -march=native -mtune=native")
  endif ("${CMAKE_SYSTEM_PROCESSOR}" STREQUAL "x86_64")

  set(VECTOR_OPENMP_SIMD_C_FLAGS "${VECTOR_OPENMP_SIMD_C_FLAGS}
      -fopenmp-simd")
  set(VECTOR_C_OPTS "${VECTOR_C_OPTS} -ftree-vectorize")
  set(VECTOR_C_FPOPTS "${VECTOR_C_FPOPTS} -fno-trapping-math
      -fno-math-errno")
  if ("${CMAKE_SYSTEM_PROCESSOR}" STREQUAL "x86_64")
    if ("${CMAKE_C_COMPILER_VERSION}" VERSION_GREATER "7.9.0")
      set(VECTOR_C_OPTS "${VECTOR_C_OPTS} -mprefer-vector-width=512")
    endif ("${CMAKE_C_COMPILER_VERSION}" VERSION_GREATER "7.9.0")
  endif ("${CMAKE_SYSTEM_PROCESSOR}" STREQUAL "x86_64")

  set(VECTOR_NOVEC_C_OPT "${VECTOR_NOVEC_C_OPT} -fno-tree-vectorize")
  set(VECTOR_C_VERBOSE "${VECTOR_C_VERBOSE} -fopt-info-vec-optimized
    -fopt-info-vec-missed -fopt-info-loop-optimized
    -fopt-info-loop-missed")

```

开启向量化

```
elseif ("${CMAKE_C_COMPILER_ID}" STREQUAL "Intel") # using Intel C
  set(VECTOR_ALIASING_C_FLAGS "${VECTOR_ALIASING_C_FLAGS} -ansi-alias")
  set(VECTOR_FPMODEL_C_FLAGS "${VECTOR_FPMODEL_C_FLAGS} -fp-model:precise")

  set(VECTOR_OPENMP_SIMD_C_FLAGS "${VECTOR_OPENMP_SIMD_C_FLAGS} -qopenmp-simd")
  set(VECTOR_C_OPTS "${VECTOR_C_OPTS} -xHOST")
  if ("${CMAKE_C_COMPILER_VERSION}" VERSION_GREATER "17.0.4")
    set(VECTOR_C_OPTS "${VECTOR_C_OPTS} -qopt-zmm-usage=high")
  endif ("${CMAKE_C_COMPILER_VERSION}" VERSION_GREATER "17.0.4")
  set(VECTOR_NOVEC_C_OPT "${VECTOR_NOVEC_C_OPT} -no-vec")
  set(VECTOR_C_VERBOSE "${VECTOR_C_VERBOSE} -qopt-report=5 -qopt-report-phase=openmp,loop,vec")

  elseif (CMAKE_C_COMPILER_ID MATCHES "PGI")
  set(VECTOR_ALIASING_C_FLAGS "${VECTOR_ALIASING_C_FLAGS} -alias=ansi")
  set(VECTOR_OPENMP_SIMD_C_FLAGS "${VECTOR_OPENMP_SIMD_C_FLAGS} -Mvect=simd")

  set(VECTOR_NOVEC_C_OPT "${VECTOR_NOVEC_C_OPT} -Mnovect ")
  set(VECTOR_C_VERBOSE "${VECTOR_C_VERBOSE} -Minfo=loop,inline,vect")

elseif (CMAKE_C_COMPILER_ID MATCHES "MSVC")
  set(VECTOR_C_OPTS "${VECTOR_C_OPTS}" " ")

  set(VECTOR_NOVEC_C_OPT "${VECTOR_NOVEC_C_OPT}" " ")
  set(VECTOR_C_VERBOSE "${VECTOR_C_VERBOSE} -Qvec-report:2")

elseif (CMAKE_C_COMPILER_ID MATCHES "XL")
  set(VECTOR_ALIASING_C_FLAGSS "${VECTOR_ALIASING_C_FLAGS} -qalias=restrict")
  set(VECTOR_FPMODEL_C_FLAGSS "${VECTOR_FPMODEL_C_FLAGS} -qstrict")
  set(VECTOR_ARCH_C_FLAGSS "${VECTOR_ARCH_C_FLAGS} -qhot -qarch=auto -qtune=auto")

  set(CMAKE_VEC_C_FLAGS "${CMAKE_VEC_FLAGS} -qsimd=auto")
  set(VECTOR_NOVEC_C_OPT "${VECTOR_NOVEC_C_OPT} -qsimd=noauto")
  # "long vector" optimizations
  #set(VECTOR_NOVEC_C_OPT "${VECTOR_NOVEC_C_OPT} -qhot=novector")
  set(VECTOR_C_VERBOSE "${VECTOR_C_VERBOSE} -qreport")

elseif (CMAKE_C_COMPILER_ID MATCHES "Cray")
  set(VECTOR_ALIASING_C_FLAGS "${VECTOR_ALIASING_C_FLAGS} -h restrict=a")
  set(VECTOR_C_OPTS "${VECTOR_C_OPTS} -h vector=3")

set(VECTOR_NOVEC_C_OPT "${VECTOR_NOVEC_C_OPT} -h vector=0")
  set(VECTOR_C_VERBOSE "${VECTOR_C_VERBOSE} -h msgs -h negmsgs -h list=a")

endif()

```

```
set(VECTOR_BASE_C_FLAGS "${VECTOR_ALIASING_C_FLAGS}
    ${VECTOR_ARCH_C_FLAGS} ${VECTOR_FPMODEL_C_FLAGS}")
set(VECTOR_NOVEC_C_FLAGS "${VECTOR_BASE_C_FLAGS}
    ${VECTOR_NOVEC_C_OPT}")
set(VECTOR_C_FLAGS "${VECTOR_BASE_C_FLAGS} ${VECTOR_C_OPTS}
    ${VECTOR_C_FPOPTS} ${VECTOR_OPENMP_SIMD_C_FLAGS}")
endif()
```

6.6　使用 OpenMP SIMD 指令实现更好的移植性

随着 OpenMP 4.0 标准的发布，我们可以选择使用一组移植性更好的 SIMD 指令。这些指令是作为命令而不是提示来实现的。在 6.3.3 节中，我们已经看到了这些指令的使用方法。这些指令还可被用于仅请求向量化，或者可以与 for/do 指令结合，从而同时请求线程化和向量化。C 和 C++的常用语法为：

```
#pragma omp simd      / 向量化下面的循环或代码块
#pragma omp for simd / 线程化并向量化下面的循环
```

在 Fortran 中，常用语法为：

```
!$omp simd     / 向量化下面的循环或代码块
!$omp do simd  / 线程化并向量化下面的循环
```

基本的 SIMD 指令可以用附加的子句进行补充，从而传达更多的信息。最常见的附加子句是私有子句的某些变体。该子句通过为每个向量通道创建一个单独的私有变量来消除错误的依赖关系。语法如下所示：

```
#pragma omp simd private(x)
   for (int i=0; i<n; i++){
      x=array(i);
      y=sqrt(x)*x;
   }
```

对于简单的私有子句，C 和 C++中推荐的做法是在循环中定义变量，从而使你的意图更加明确，如下所示：

```
double x=array(i);
```

firstprivate 子句使用进入循环的值，来初始化每个线程的私有变量。而 lastprivate 子句将循环后的变量设置为在循环的顺序形式中逻辑上的最后一个值。

reduce 子句为每个通道创建一个私有变量，然后在循环结束时，在每个通道的值之间执行指定的操作。比如，为每个向量通道初始化约减变量，这对于指定的操作是很有意义的。

aligned 子句告诉编译器数据是在 64 字节边界上对齐的，因此不需要生成 peel 循环。对齐后的数据可以更有效地被加载到向量寄存器中。但需要注意的是，首先需要通过内存对齐来分配内存。虽然你可以使用许多不同的函数来处理对齐内存问题，但在可移植性方面仍然存在问题。下面是一些可能遇到的情况：

```
void *memalign(size_t alignment, size_t size);
int posix_memalign(void **memptr, size_t alignment, size_t size);
void *aligned_alloc(size_t alignment, size_t size);
void *aligned_malloc(size_t alignment, size_t size);
```

你也可以使用属性来指定内存对齐：

```
double x[100] __attribute__((aligned(64)));
```

另一个重要的修饰符是 collapse 子句。它告诉编译器将嵌套循环转变为一个通过向量化实现的单一循环。子句的参数给出要折叠循环的个数：

```
#pragma omp collapse(2)
   for (int j=0; j<n; j++){
      for (int i=0; i<n; i++){
         x[j][i] = 0.0;
      }
   }
```

循环往往需要完美嵌套才能更好地工作。对于完美嵌套的循环，一般只在最里面的循环中编写语句，每个循环块之前或之后都没有无关的语句。以下是对更特殊情况的说明：

- linear 子句表示变量在每次迭代中都会因某个线性函数而发生变化。
- safelen 子句告诉编译器依赖项由指定的长度分隔，这允许编译器对于那些向量长度小于等于安全长度参数的代码进行向量化。
- simdlen 子句生成指定长度的向量化，而不是默认长度。

OpenMP SIMD 函数

还可以向量化整个函数或子例程，从而可在代码的向量化区域内调用它。C/C++和 Fortran 的语法稍有不同。对于 C/C++，我们将使用一个示例进行说明，其中使用勾股定理计算点数组的径向距离：

```
#pragma omp declare simd
double pythagorean(double a, double b){
   return(sqrt(a*a + b*b));
}
```

对于 Fortran 而言，必须将子例程或函数名称指定为 SIMD 子句的参数，如下所示：

```
subroutine pythagorean(a, b, c)
!$omp declare simd(pythagorean)
real*8 a, b, c
   c = sqrt(a**2+b**2)
end subroutine pythagorean
```

OpenMP SIMD 函数指令可以使用我们刚刚讲过的那些子句，也可以使用一些新的子句，如下所示：

- inbranch 或 notinbranch 子句通知编译器该函数是否在条件函数内被调用。
- uniform 子句规定子句中指定的参数对于所有调用都保持不变，不需要在向量化调用中将它设置为向量。
- linear(ref, val, uval)子句向编译器指定子句参数中的变量，在某种形式上是线性的。例如，Fortran 按引用传递参数以及在传递后续的数组位置时传递参数。在前面的 Fortran 示例中，该子句如下所示：

```
!$omp declare simd(pythagorean) linear(ref(a, b, c))
```

该子句还可用于指定值是线性的，以及步长是否为可能出现在跨步访问中的较大常量。

- aligned 和 simdlen 子句类似于面向循环的 OpenMP SIMD 子句中的用法。

6.7　进一步探索

目前关于向量化的材料不是十分丰富，如果想进行进一步探索，可以从向量化较小的代码块开始，并使用常用的编译器进行试验。Intel 提供了很多简短且极受欢迎的向量化指南，所以经常浏览 Intel 的网站，可以获取最新的资料。

6.7.1　扩展阅读

Cray 公司的 John Levesque 最近写了一本关于向量化的书，其中有一章很适合对本章内容进行补充：

- John Levesque 和 Aaron Vose 编写的《混合多核 MPP 系统编程》。

Agner Fog 在他的优化指南中有一些关于向量化的最佳参考，例如：

- Agner Fog，《C++软件优化：Windows、Linux 和 Mac 平台的优化指南》。
- Agner Fog，《VCL C++向量类库》，可在 https://www.agner.org/optimize/vectorclass.pdf 获得 PDF 版本。

6.7.2　练习

1. 从 4.3 节(https://github.com/LANL/MultiMatTest.git)的多材料代码中，尝试对循环使用自动向量化技术。添加向量化和循环报告标志，并查看编译器的输出结果。

2. 为上面练习中的循环添加 OpenMP SIMD pragma，以帮助编译器进行向量化。

3. 将向量长度从 4 个双精度值改为 8-wide 向量宽度。请查看本章的源代码，以获得 8-wide 工作代码示例。

4. 如果你使用的是较旧的 CPU，那么练习 3 中的程序能成功运行吗？性能会有怎样的影响？

6.8　本章小结

自动和手动向量化都可以显著提升代码的性能。需要理解如下内容：

- 在本章中，我们展示了几种不同的方法对各种场景的代码进行向量化。
- 总结了编译器标志及其用法。
- 提供了实现向量化编程风格的列表。

第 7 章

使用 OpenMP 实现并行计算

本章涵盖以下内容：

- 设计和实现高性能的 OpenMP 程序
- 使用 loop-level OpenMP 实现并行
- 检查有关正确性的问题并提高鲁棒性
- 修复 OpenMP 性能问题
- 编写高性能可伸缩的 OpenMP 程序

随着多核心架构的不断发展，线程级的并行成为影响软件性能的关键因素。在本章中，首先介绍 OpenMP 这种共享编程标准的基础知识，以及 OpenMP 在并行软件开发中的重要性。将通过一些示例进行讲解，从最简单的“Hello World”到使用 OpenMP 进行并行的复杂分割方向 Stencil 实现。在本章中，我们还将深入分析 OpenMP 指令与底层 OS 核心之间的交互，以及内存层次结构和硬件特性。最后，将介绍一种非常有发展潜力的高级 OpenMP 编程方法，用于处理未来的极大规模应用程序。在工作中证明，高级 OpenMP 对于包含许多短循环计算工作的算法是十分有效的。

与标准的线程处理方法相比，高级 OpenMP 范式降低了线程成本开销、同步等待、缓存抖动以及内存使用。鉴于这些优点，现代并行计算程序开发者必须同时了解共享和分布式内存编程范式。我们将在第 8 章介绍 MPI 时讨论分布式内存编程方法。

本章所涉及的程序源代码可从 https://github.com/EssentialsofParallelComputing/Chapter7 进行下载。

7.1　OpenMP 介绍

OpenMP 是被广泛使用的线程和共享内存并行开放标准之一。在这一节中，我们将解释标准、易用性、预期收益、存在的挑战以及内存模型。

今天我们所接触到的 OpenMP 已历经长时间的发展，并在不断持续优化中。OpenMP 起源于上世纪 90 年代初，当时一些硬件供应商在他们的产品中实现了 OpenMP 技术。最早在 1994 年的 ANSI X3H5 标准草案中就提出对这些实现进行标准化，但以失败告终。直到 90 年代末随着大规模多核系统的出现，OpenMP 方法才重新出现，并在 1997 年成功实现了第一个 OpenMP 标准。

如今，OpenMP 为编写使用线程共享内存并行程序提供了一个标准的、可移植的 API；众所周知，经常出现在 pragma 或指令上下文中的 OpenMP 易于使用，只需要添加非常少量的代码就可以进行快速实现。在 C 或 C++中使用 pragma 或在 Fortran 中使用 directive 指示编译器初始化 OpenMP 线程的位置。pragma 和 directive 这两个术语经常可以互换使用。pragma 是 C 和 C++中的预处理器语句。而在 Fortran 中，使用 directive 将 OpenMP 写在注释中，从而可以在不使用 OpenMP 时，让程序依旧保持标准的编程风格。OpenMP 的使用是需要编译器支持的，但请放心，当前流行的编译器几乎都支持 OpenMP。

OpenMP 的学习成本较低，即便是初学者也可以轻松实现并行化，可以通过一种非常简单的方式将应用程序在多个核心上运行。只需要使用简单的 OpenMP pragma 和 directive，就可快速实现代码块的并行执行。在图 7-1 中，你可以了解到 OpenMP 与 MPI 在性能和所付出的代价之间的关系；关于进一步的细节，我们将在第 8 章进行讨论。一般来说，使用 OpenMP 是扩展应用程序的首要步骤。接下来将详细介绍这种简单高效的并行技术。

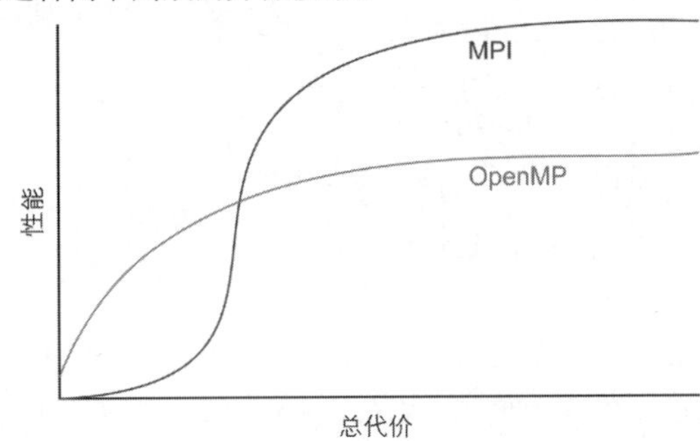

图 7-1　使用 MPI 或 OpenMP 提升性能的代价与性能关系图

7.1.1 OpenMP 概念

虽然使用 OpenMP 可以轻松地在一定程度上提高并行性，从而提高应用程序的性能，但如果要使用 OpenMP 将应用程序的性能提升到极致，依旧是一个挑战。这种挑战来自于允许线程竞态条件存在的弱内存模型(relaxed memory model)。所谓的 relaxed，指的是主内存中的变量值不会被立即更新，因为如果对变量的每次变化，都在内存中立即更新，这样的操作成本过高。由于内存中变量更新存在延迟，会造成每个线程对共享变量的内存操作存在微小的时间差，而这种微小的时间差可能导致每次执行的结果都存在差异。让我们首先了解一些概念。

- 弱内存模型：所有处理器的主内存或缓存中的变量的值不会立即被更新。
- 竞态条件(race condition)：对于相同的运算却得到多个不同结果的情况，运算所得到的结果取决于参与运算线程的时间安排。

OpenMP 最初用于配置了共享内存的多处理器中，对高度规则的循环进行线程并行化。在线程并行构造中，每个变量都可以是共享的或私有的。术语“共享”和“私有”对于 OpenMP 来说具有特殊含义。接下来，我们看看它们的定义。

- 私有变量：在 OpenMP 的上下文中，私有变量是本地的，并且仅对其线程可见。

- 共享变量：在 OpenMP 的上下文中，共享变量对任何线程都可见，并且可以被所有线程进行修改。

如果想真正理解这些术语，那么需要掌握线程化应用程序如何管理内存的相关基础知识。如图 7-2 所示，每个线程在它自己的堆栈中有一个私有内存，在堆中有相关的共享内存。

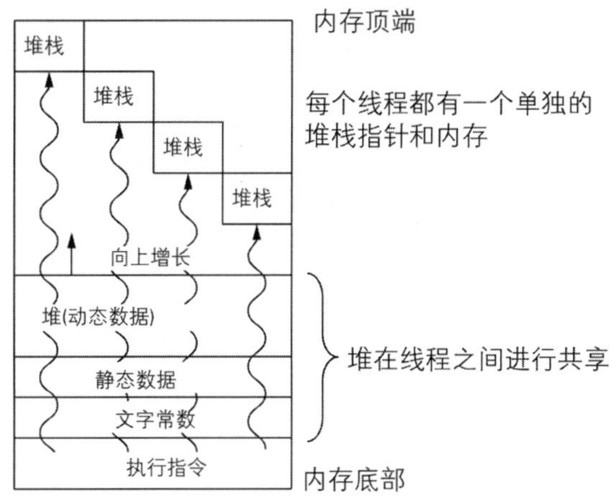

图 7-2　线程内存模型有助于理解哪些变量是共享的，哪些是私有的。由弯弯曲曲的线条所示的每个线程都有自己的指令指针、堆栈指针和堆栈内存。但是它们共享堆以及静态内存数据

虽然 OpenMP 指令指定了 Work sharing，但是没有给出内存或数据的位置。作为一名程序员，你必须理解变量在内存中的作用域的隐式规则。操作系统核心可以使用多种技术来管理内存、OpenMP 以及线程。最常见的技术是 first touch，将在距离线程 first touch 最近的地方分配内存。接下来解释一下什么是 work sharing 和 first touch。

- work sharing：将工作任务拆分到多个线程或进程中执行。
- first touch：first touch 是由数组引起的内存分配。内存将被分配到 touch 发生的线程位置附近。在 first touch 之前，所需内存只作为虚拟内存表中的一个条目存在。与虚拟内存对应的物理内存将在第一次访问时真正分配。

first touch 之所以重要，是因为许多高端的高性能计算节点中存在多个内存区域。当存在多个内存区域时，通常会出现从 CPU 及其线程到内存不同区域的非同一内存访问(Non-Uniform Memory Access，NUMA)。由于 NUMA 的存在，对代码优化时，first touch 成为一个需要重点考虑的因素。

定义：在某些计算节点上，内存块与某些处理器的距离比与其他处理器的距离更近。这种情况称为非统一内存访问(NUMA)。当一个节点有两个 CPU 插槽，每个插槽都有自己的内存时，通常就会出现这种情况。处理器相对于访问自己的内存来说，访问其他 NUMA 域中的内存通常需要两倍的时间(差损值)。

此外，因为 OpenMP 具有弱内存模型，所以一个线程的内存视图需要 OpenMP barrier 或 flush 操作才能与其他线程通信。刷新操作可以确保值在两个线程之间进行传递，从而防止出现竞态条件。OpenMP barrier 会刷新所有本地修改的值并与其他线程进行同步。具体更新这些值在硬件和操作系统中都是一个复杂的操作。

在使用共享内存的多核系统中，在缓存中修改的值必须与主内存进行同步。近年来出现的新款

CPU 使用专门的硬件来检测具体的更新信息，这样几十个核心中的缓存只有在必要时才会被更新。但这仍然是一个代价高昂的操作，会迫使线程在等待更新完成之前暂停工作。这类似于从电脑中移除 U 盘时，需要等待 U 盘中的操作结束才能执行一样，告诉操作系统要清除所有与 U 盘相关的缓存，将相关的内容与 U 盘进行同步，在操作系统完成这些工作的时候，使用者只能等待。在一般情况下，将 barrier 和刷新的代码与小型并行区域结合使用，会造成过多的同步过程，从而导致性能较差。

OpenMP 适用于单个节点，而不是使用分布式内存架构的多个节点。因此，OpenMP 的内存可伸缩性仅限于单个节点上的内存。对于具有较大内存需求的并行应用程序，需要将 OpenMP 与分布式内存并行技术结合使用，才能得到最佳性能。我们将在第 8 章中讨论常见的 MPI 标准。

表 7-1 列出常见的 OpenMP 概念、术语和指令。我们将在本章的其余部分，通过演示来详细介绍这些内容。

表 7-1 本章中 OpenMP 主题路线图

OpenMP 主体	OpenMP pragma	描述
并行区域 (详见代码清单 7-2)	#pragma omp parallel	将在该指令后面的区域内生成线程
work sharing 循环 (详见代码清单 7-7)	#pragma omp for 在 Fortran 中： #pragma do for	在线程之间平均分配工作。调度语句包括静态、动态、引导和自动
将并行区域与 work sharing 相结合 (详见代码清单 7-7)	#pragma omp parallel for	也可以为例程中的特定调用使用组合指令
约减(详见 7.3.5 节)	#pragma omp parallel for reduction (+: sum), (min: xmin), or (max: xmax)	
同步(详见代码清单 7-15)	#pragma omp barrier	在运行多个线程时，此调用创建一个停止点，以便在进行下一步动作之前，所有线程都可以重新组合
串行部分(详见代码清单 7-4 和代码清单 7-5)	#pragma omp masked 在线程 0 上执行时，使用 no barrier 结尾* #pragma omp single) 线程在程序块的末尾有一个隐式的 barrier	该指令可防止多个线程执行同一代码。当在一个并行区域中有一个函数，并且只允许这个函数在一个线程上执行时，可以使用这个指令
锁	#pragma omp critical or atomic	这条指令仅在特殊情况下使用，用于高级实现

* #pragma omp masked 就是之前的#pragma omp master。2020 年 11 月发布了 OpenMP 标准 v 5.1，术语 master 被更改为 mask。我们强烈支持这一更改，因此在本章中将为你讲解新语法。需要注意，编译器可能需要一些时间来适应这些更改。特别注意，因为大多数编译器还没有适应这种更改，所以本章的示例使用的都是旧语法。

7.1.2　OpenMP 简单程序示例

现在将详细介绍 OpenMP 的每个概念与指令，在这一节中，你将学习如何使用 OpenMP 并行 pragma 来创建具有多个线程的代码区域，从而解决分布在线程之间的传统“Hello World”问题。在这个过程中，将了解到使用 OpenMP 带来潜在性能提升的便捷性。以下几种方法可以控制并行区域中的线程数量。

- Default：Default 通常是节点的最大线程数，但也会根据编译器以及是否存在 MPI 级别，而有所不同。
- 环境变量(environment variable)：通过 OMP_NUM_THREADS 环境变量来设置具体大小；例如：export OMP_NUM_THREADS=16。
- 函数调用(function call)：调用 OpenMP 函数 omp_set_threads，例如：omp_set_threads(16)。
- pragma：例如：#pragma omp parallel num_threads(16)。

在代码清单 7-1 到代码清单 7-6 中的简单示例，为你展示了如何获取线程 ID 和线程数。在代码清单 7-1 中，显示了我们第一次尝试编写的 Hello World 程序。

代码清单 7-1　简单的 Hello OpenMP 程序，打印 Hello OpenMP

```
HelloOpenMP/HelloOpenMP.c
#include <stdio.h>
#include <omp.h>

int main(int argc, char *argv[]){
  int nthreads, thread_id;
  nthreads = omp_get_num_threads();
  thread_id = omp_get_thread_num();
  printf("Goodbye slow serial world and Hello OpenMP");
  printf("I have %d thread(s) and my thread id is %d\n",nthreads,thread_id);
}
```

包含 OpenMP 函数调用的 OpenMP 头文件(强制)

通过函数调用来获取线程数和线程 ID

使用 GCC 进行编译，命令如下：

```
gcc -fopenmp -o HelloOpenMP HelloOpenMP.c
```

其中-fopen 是打开 OpenMP 的编译器标志。

接下来，我们将通过设置一个环境变量来设置程序所使用的线程数。还可以使用函数调用 omp_set_num_threads()，或让 OpenMP 根据运行的硬件来选择线程数。可以通过以下命令来设置环境变量：

```
export OMP_NUM_THREADS=4
```

现在通过./HelloOpenMP 来运行程序，将得到如下输出结果：

```
Goodbye slow serial world and Hello OpenMP!
 I have 1 thread(s) and my thread id is 0
```

这并不是我们想要的；因为只有一个线程。我们必须添加一个并行区域来获得更多的线程。代码清单 7-2 中显示了如何添加并行区域。

注意：在本章的代码清单中，你将看到注释>> Spawn threads >>和 Implied Barrier Implied Barrier。这些是用于显示线程在何处生成以及编译器在何处插入 barrier 的提示。在后面的程序代码清单中，当插入一个 barrier 指令时，将对 Explicit Barrier Explicit Barrier 使用相同的注释。

代码清单 7-2　向 Hello OpenMP 添加并行区域

```
HelloOpenMP/HelloOpenMP_fix1.c
#include <stdio.h>
#include <omp.h>

int main(int argc, char *argv[]){
   int nthreads, thread_id;
   #pragma omp parallel >> Spawn threads >>
   {
     nthreads = omp_get_num_threads();
     thread_id = omp_get_thread_num();
     printf("Goodbye slow serial world and Hello OpenMP!\n");
     printf(" I have %d thread(s) and my thread id is %d\n",nthreads,thread_id);
   } Implied Barrier Implied Barrier
}
```

添加并行区域

更改程序之后，我们将得到如下输出：

```
Goodbye slow serial world and Hello OpenMP!
  I have 4 thread(s) and my thread id is 3
Goodbye slow serial world and Hello OpenMP!
  I have 4 thread(s) and my thread id is 3
Goodbye slow serial world and Hello OpenMP!
Goodbye slow serial world and Hello OpenMP!
  I have 4 thread(s) and my thread id is 3
  I have 4 thread(s) and my thread id is 3
```

正如你所看到的，所有线程都报告它们是 3 号线程。这是因为 nthreads 和 thread_id 是共享变量。在运行时为共享变量赋的值是最后一个执行指令的线程所提供的值。如图 7-3 所示，这是典型的竞态条件。在任何类型的线程程序中，都会见到这种常见问题。

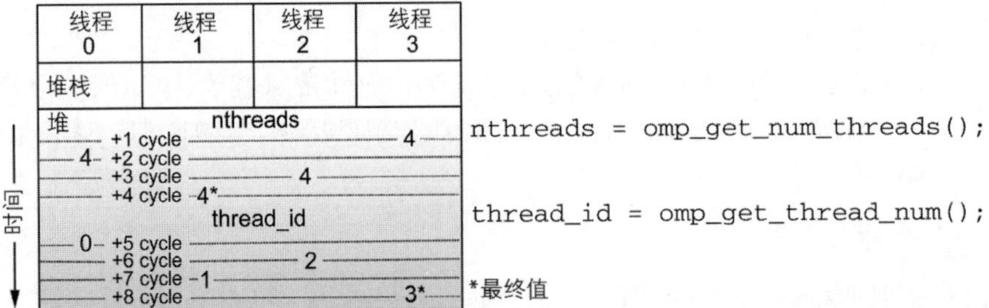

图 7-3　前面示例中的变量是在并行区域之前定义的，因此它是 heap 中的共享变量。每个线程都可以对这个变量执行写入操作，最终的值将取决于最后写入的那个线程。图中阴影表示不同线程通过不确定的方式，在不同的时钟周期进行写操作的时间进程。这种情况称为竞态条件，因为每次运行的结果都会不同

还需要注意，打印输出的顺序是随机的，这取决于每个处理器的写入顺序以及它们被刷新到标准输出设备的方式。为了获得正确的线程号，可在循环中定义 thread_id 变量，从而让该变量的作用域仅在该线程范围内，变成该线程的私有变量，如下所示。

代码清单 7-3　定义 Hello OpenMP 中使用的变量

```
HelloOpenMP/HelloOpenMP_fix2.c
#include <stdio.h>
#include <omp.h>

int main(int argc, char *argv[]){
   #pragma omp parallel >> Spawn threads >>
   {
      int nthreads = omp_get_num_threads();
      int thread_id = omp_get_thread_num();
      printf("Goodbye slow serial world and Hello OpenMP!\n");
      printf(" I have %d thread(s) and my thread id is %d\n",nthreads,thread_id);
   } Implied Barrier Implied Barrier
}
```

将 nthreads 和 thread_id 的定义移到并行区域内部

执行上面的程序，我们将得到如下输出：

```
Goodbye slow serial world and Hello OpenMP!
Goodbye slow serial world and Hello OpenMP!
  I have 4 thread(s) and my thread id is 2
Goodbye slow serial world and Hello OpenMP!
  I have 4 thread(s) and my thread id is 3
Goodbye slow serial world and Hello OpenMP!
  I have 4 thread(s) and my thread id is 0
  I have 4 thread(s) and my thread id is 1
```

每个线程都有不同的 thread_id

假设我们真的不想把每个线程都打印出来。将输出最小化，并将打印语句放在 OpenMP 子句中，如下面的代码清单所示，这样只有一个线程将结果写入输出。

代码清单 7-4　在 Hello OpenMP 中添加 single pragma 来输出结果

```
HelloOpenMP/HelloOpenMP_fix3.c
#include <stdio.h>
#include <omp.h>

int main(int argc, char *argv[]){
   #pragma omp parallel >> Spawn threads >>
   {
      int nthreads = omp_get_num_threads();
      int thread_id = omp_get_thread_num();
      #pragma omp single
      {
         printf("Number of threads is %d\n",nthreads);
         printf("My thread id %d\n",thread_id);
      } Implied Barrier Implied Barrier
   } Implied Barrier Implied Barrier
```

在并行区域中定义的变量是私有变量

将输出语句放置到 OpenMP 的 single pragma 块中

```
}
```

运行上面程序，将得到如下结果：

```
Goodbye slow serial world and Hello OpenMP!
 I have 4 thread(s) and my thread id is 2
```

线程 ID 在每次运行时都具有不同的值。如果我们希望输出的是第一个线程的结果，则将在下一个程序代码清单中将 OpenMP 子句中的 single 改为 masked。

代码清单 7-5　在 Hello OpenMP 中将 single pragma 更改为 masked pragma

```
HelloOpenMP/HelloOpenMP_fix4.c
#include <stdio.h>
#include <omp.h>

int main(int argc, char *argv[]){
  #pragma omp parallel >> Spawn threads >>
  {
    int nthreads = omp_get_num_threads();
    int thread_id = omp_get_thread_num();
    #pragma omp masked
    {
      printf("Goodbye slow serial world and Hello OpenMP!\n");
      printf(" I have %d thread(s) and my thread id is
  %d\n",nthreads,thread_id);
    }
  } Implied Barrier Implied Barrier
}
```

添加只在主线程上运行的指令

运行这段代码，返回结果如下：

```
Goodbye slow serial world and Hello OpenMP!
 I have 4 thread(s) and my thread id is 0
```

如代码清单 7-6 所示，可对上面的操作进一步优化，并且使用更少的 pragma。第一个打印语句不需要放入并行区域中。另外，可通过简单地对线程号使用一个条件，来让第二次打印输出是线程 0 的相关信息。需要注意，omp parallel pragma 带有隐含的 barrier。

代码清单 7-6　在 Hello OpenMP 中减少 pragma 的数量

```
HelloOpenMP/HelloOpenMP_fix5.c
#include <stdio.h>
#include <omp.h>

int main(int argc, char *argv[]){
  printf("Goodbye slow serial world and Hello OpenMP!\n");
  #pragma omp parallel >> Spawn threads >>
  if (omp_get_thread_num() == 0) {
    printf(" I have %d thread(s) and my thread id is %d\n",
           omp_get_num_threads(), omp_get_thread_num());
```

将打印语句移出并行区域

将 OpenMP masked pragma 替换为线程 0 的条件

pragma 适用于下一条语句或用花括号分隔的作用域块

```
    }
    Implied Barrier Implied Barrier
}
```

通过这个例子，我们学到了如下重要内容：

- 在并行区域之外定义的变量，默认情况下这个变量将在并行区域中共享。
- 始终应该为变量设定满足需求的最小作用域。通过在循环中定义变量，编译器可更好地理解我们的意图并正确地处理变量。
- 使用 masked 子句比 single 子句的限制更严格，因为它需要线程 0 来执行代码块。masked 子句在结尾也没有隐含的 barrier。
- 需要注意，不同线程的操作之间可能存在竞态条件。

OpenMP 不断更新并发布新版本。在使用 OpenMP 之前，你应该了解所支持的版本和相关特性。OpenMP 最初提供了跨单个节点利用线程的能力，并在 OpenMP 标准中增加了其他新功能，比如向量化和将任务转移到加速器(如 GPU)中。表 7-2 显示了过去十年中 OpenMP 增加的一些主要特性。

表 7-2　OpenMP 过去十年增加的一些主要特性

版本	新增特性
3.0 版本(2008)	加入任务并行性。提高循环并行性的支持，包括循环折叠和嵌套并行性
3.1 版本(2011)	向 C 和 C++添加约减 min 和 max 操作符(其他操作符已在 C 和 C++中提供；min 和 max 也已在 Fortran 中提供)和线程绑定控制
4.0 版本(2013)	添加 OpenMP SIMD(向量化)指令、用于发送到 GPU 及其他加速器设备的目标指令，以及线程关联控制
4.5 版本(2015)	为 GPU 加速器设备提供了重大改进
5.0 版本(2018)	对加速器设备的支持提供了进一步改进

需要注意，为适应硬件的飞速发展，OpenMP 的更新速度自 2011 年开始也相应加快。其中 3.0 和 3.1 版本中，主要针对标准 CPU 线程模型进行了改进，而在 4.0、4.5 和 5.0 版本中，提供了对其他形式硬件更多的支持与优化，比如加速器的向量化功能。

7.2　典型的 OpenMP 用例：循环级 OpenMP、高级 OpenMP 和 MPI + OpenMP

在 OpenMP 中，有 3 个特定的用例来满足 3 种不同类型用户的需求。你首先要根据具体情况来决定选择哪个用例。对于循环级 OpenMP、高级 OpenMP 和 MPI+OpenMP 来说，每种情况的策略和技术都不相同。在本章中，将详细介绍每个用例，包括何时、为什么以及如何使用这些用例。图 7-4 中显示了涉及每个用例的相关章节，请仔细阅读。

循环级OpenMP
7.3节主要介绍循环级OpenMP
高级OpenMP
7.3节主要介绍循环级OpenMP
7.4节主要介绍变量范围
7.5节主要介绍函数级OpenMP
7.6节主要介绍高级OpenMP
MPI+OpenMP
7.3节主要介绍循环级OpenMP
7.4节主要介绍变量范围
7.5节主要介绍函数级OpenMP
7.6节主要介绍高级OpenMP

图 7-4 根据应用程序的用例，选择相应章节进行阅读

7.2.1 使用循环级 OpenMP 进行快速并行化

循环级 OpenMP 的一个常用场景是，应用程序只需要小幅度的性能提升，并且有充足的内存资源，这意味着你可以利用单个硬件节点上的内存完成这项工作。这种情况下，循环级 OpenMP 完全能够满足你的需求。我们将使用循环级 OpenMP 技术的应用程序特点总结如下：

- 只需要适度或小幅度提升并行度
- 有充足的内存可用资源(或应用程序对内存的需求较少)
- 大量的计算需求只集中在若干个 for 循环或 do 循环中

如果你的应用程序满足上面几项条件，就可以使用循环级 OpenMP 花费很少的时间与精力，快速实现并行度的提升。使用单独的并行代码，可以减少线程的竞态条件的产生。通过将 OpenMP 的并行 pragma 或者并行 do 指令放在循环之前，可以很容易实现循环的并行性。虽然对这个应用程序来说，并行度可以提升到更高的水平，但向应用程序中引入并行性，往往都是从使用循环级 OpenMP 开始的。

注意：如果应用程序只需要小幅度的性能提升或者进行适度的加速，请参考 7.3 节中的示例来了解详细使用方法。

7.2.2 使用高级 OpenMP 获得更好的并行度

接下来讨论一个与循环级 OpenMP 不同的应用场景，高级 OpenMP 可以提供更高的性能。高级 OpenMP 和标准的循环级 OpenMP 在策略上有着本质的不同。标准的 OpenMP 自下而上运行，并在循环级实现应用程序的并行性。而高级 OpenMP 是从整个系统的角度进行设计，采用自上而下的方法来处理系统内存、系统核心以及相关硬件，在这个过程中 OpenMP 的语言没有发生变化，只是改变了用法，我们最终实现的效果是减少了很多线程启动的成本，以及阻碍循环级 OpenMP 伸缩能力的同步成本。

如果想将应用程序的性能发挥到极致，那么使用高级 OpenMP 将是一个非常好的选择。在 7.3 节中，首先将循环级 OpenMP 作为应用程序并行化的起点，然后在 7.4 节和 7.5 节中深入分析 OpenMP 变量的作用域。最后，在 7.6 节中讨论高级 OpenMP 是如何使用与循环级 OpenMP 截然相反的方法获得更好的性能。在那一节中，我们将研究模型的实现以及通过循序渐进的方法来实现所需结构。并在后面提供实现高级 OpenMP 的详细示例。

7.2.3　使用 MPI + OpenMP 获得极限可扩展性

OpenMP 也可以用来增加分布式内存的并行性(将在第 8 章详细讨论)。在进程的一个小型子集上应用 OpenMP 的基本想法增加了从另一个层次上实现并行的可能性，这种方法有助于实现极限可扩展性。这可以是在节点内进行，或者更好地是在可以对共享内存进行快速访问的处理器集合内进行，通常称为非统一内存访问(Non-Uniform Memory Access，NUMA)区域。

在第 7.1.1 节中首先讨论了 OpenMP 概念中，作为性能优化额外考虑因素的 NUMA 区域。通过只在一个内存区域内使用线程(所有内存访问都有相同的代价)，可以避免 OpenMP 的某些复杂性和性能陷阱。在适度的混合实现中，OpenMP 可用于为每个处理器使用 2~4 个超线程。了解 MPI 的基础知识后，我们将在第 8 章中讨论这种情况，即 MPI + OpenMP。

在 7.3 节中介绍的循环级 OpenMP 技术已经足够实现这种使用小线程数的混合方法。然后逐步转移到更高效和可扩展的 OpenMP 实现，它允许使用越来越多的线程来替换 MPI rank。在 7.6 节中，我们将介绍为实现高级 OpenMP 所需的步骤。至此，我们大致介绍了 OpenMP 的三种实现方法，你应该了解哪种方法更适合你的应用程序。那么接下来将详细介绍这些方法的具体实现技术。

7.3　标准循环级 OpenMP 示例

在本节中，我们将了解循环级并行化的示例。在之前的 7.2.1 节中介绍了循环级的用例；现在将讲解循环级 OpenMP 的更多细节。

并行区域是通过在代码块周围插入 pragma 来设定的，这些代码块可以被划分为独立的线程(如 do 循环、for 循环)。OpenMP 依赖于操作系统核心进行内存处理。这种对内存处理的依赖常常是限制 OpenMP 达到其最大潜力的一个重要原因。接下来，我们看看造成这种情况的原因。首先，在并行构造中，每个变量可以是共享的，也可以是私有的。此外，OpenMP 使用宽松的内存模型。每个线程都有一个临时的内存视图，这样就可以消除每次操作都要对内存进行存储的成本。当临时视图最终必须与主存协调时，需要使用 OpenMP barrier 或 flush 操作来完成内存同步。这些同步都是有成本的，因为执行刷新需要时间，但快速结束的线程等待较慢结束的线程也耗费一些时间。同时，我们需要了解 OpenMP 函数如何减少这些性能瓶颈。

性能并不是 OpenMP 程序开发者关心的唯一问题。你还应该注意线程竞态条件引起的结果准确性问题。线程在处理器上可能以不同的速度工作，再加上宽松的内存同步策略，即使是经过精心测试的代码，也可能突然发生严重的错误。认真编写代码并使用 7.9.2 节中讨论的专用工具对于构建健壮的 OpenMP 应用程序是至关重要的。

在本节中，我们将列举几个循环级 OpenMP 示例，从而了解它在实践中是如何使用的。本章的源代码包含了每个示例的更多变体。我们强烈建议你在经常使用的架构和编译器上尝试这些方法，比如在 Skylake Gold 6152 双插槽系统和一台 2017 版 Mac 笔记本电脑上运行上述每个例子。线程是由核心进行分配的，线程绑定使用以下 OpenMP 环境变量来减少运行的性能变化：

```
export OMP_PLACES=cores
export OMP_CPU_BIND=true
```

我们将在第 14 章深入探讨线程放置和绑定问题。现在，为了让你更好地了解循环级 OpenMP 的使用方法，我们将提供 3 个不同的示例：向量加法、stream triad 和 stencil 代码。在完成 7.3.4 节的所有示例之后，我们将比较这 3 个例子的并行加速情况。

7.3.1 循环级 OpenMP：向量加法示例

代码清单 7-7 中展现了向量加法的示例，可以看到 OpenMP 工作共享指令、隐含变量作用域以及操作系统内存放置，这三个组件是如何进行交互的。这三个组件是 OpenMP 程序正确性和性能的必需组件。

代码清单 7-7 使用简单循环级 OpenMP pragma 实现向量加法

```
VecAdd/vecadd_opt1.c
#include <stdio.h>
#include <time.h>
#include <omp.h>
#include "timer.h"

#define ARRAY_SIZE 80000000
static double a[ARRAY_SIZE], b[ARRAY_SIZE], c[ARRAY_SIZE];

void vector_add(double *c, double *a, double *b, int n);

int main(int argc, char *argv[]){
   #pragma omp parallel >> Spawn threads >>
     if (omp_get_thread_num() == 0)
        printf("Running with %d thread(s)\n",omp_get_num_threads());
   Implied Barrier Implied Barrier

   struct timespec tstart;
   double time_sum = 0.0;
   for (int i=0; i<ARRAY_SIZE; i++) {
      a[i] = 1.0;
      b[i] = 2.0;
   }

   cpu_timer_start(&tstart);
   vector_add(c, a, b, ARRAY_SIZE);
   time_sum += cpu_timer_stop(tstart);

   printf("Runtime is %lf msecs\n", time_sum);
}

void vector_add(double *c, double *a, double *b, int n)
{
   #pragma omp parallel for >> Spawn threads >>
   for (int i=0; i < n; i++){
      c[i] = a[i] + b[i];
   }
   Implied Barrier Implied Barrier
}
```

数组足够大，可以强制进入主内存

初始化循环

Single-combined OpenMP 并行 pragma

向量加循环

这种特殊的实现风格在单个节点上将带来一定程度的并行性能提升。需要注意的是，这种实现还有更大的提升空间。如图 7-5 左边所示，在主循环之前的初始化过程中，主线程首先会访问到所有的数组内存。这可能导致内存位于不同的内存区域，造成某些线程的内存访问时间过长。

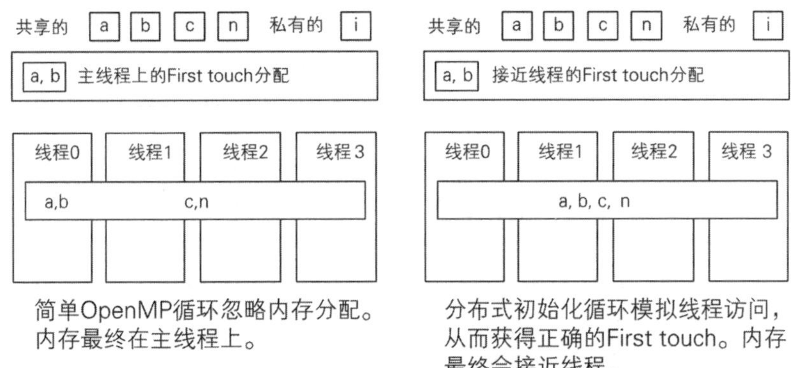

图 7-5　在左边图中，在主向量 add 计算循环上添加一个 OpenMP pragma，会导致主线程首先访问到 a 和 b 数组；数据被分配到线程 0 附近。如果在计算循环期间首先访问 c 数组，那么，c 数组的内存将靠近每个线程。在右边图中，在初始化循环中，添加一个 OpenMP pragma 将使 a 和 b 数组的内存被分配到完成具体工作的线程附近

现在，为提高 OpenMP 的性能，我们在初始化循环中插入 pragma，如代码清单 7-8 所示。这些循环分布在同一个静态线程分区中，因此在初始化循环中，将把操作系统中靠近这些线程的内存分配给需要访问内存的线程(如图 7-5 右侧所示)。

代码清单 7-8　使用 First touch 的向量加法

```
VecAdd/vecadd_opt2.c
int main(int argc, char *argv[]){
   #pragma omp parallel >> Spawn threads >>
      if (omp_get_thread_num() == 0)
         printf("Running with %d thread(s)\n",omp_get_num_threads());
    Implied Barrier Implied Barrier

   struct timespec tstart;
   double time_sum = 0.0;
   #pragma omp parallel for >> Spawn threads >>
   for (int i=0; i<ARRAY_SIZE; i++) {
      a[i] = 1.0;
      b[i] = 2.0;
   }
    Implied Barrier Implied Barrier

   cpu_timer_start(&tstart);
   vector_add(c, a, b, ARRAY_SIZE);
   time_sum += cpu_timer_stop(tstart);

   printf("Runtime is %lf msecs\n", time_sum);
}

void vector_add(double *c, double *a, double *b, int n)
```

在“parallel for” pragma 中进行初始化，所以 First touch 可以在适当位置获取内存

初始化 a 和 b 数组

```
{
   #pragma omp parallel for >> Spawn threads >>
   for (int i=0; i < n; i++){
      c[i] = a[i] + b[i];
   }
   Implied Barrier Implied Barrier
}
```

OpenMP 的 pragma 将向量加法循环的工作在多个线程之间分配

向量加法循环

由于第二个 NUMA 区域中的线程不再存在较慢的内存访问时间，所以提高了第二个 NUMA 区域中线程的内存带宽，同时提高了线程之间的负载平衡。在前面的 7.1.1 节中，我们介绍了 First touch 这个操作系统策略，良好的 First touch 实现通常可以获得 10%~20%的性能提升。关于具体性能提升数据，请参见 7.3.4 节中的表 7-3，从而了解这些示例中的性能提升。

如果在 BIOS 中启用 NUMA，Skylake Gold 6152 CPU 在访问远程内存时会有两倍的性能损失。与大多数可调参数一样，在不同系统中的配置可能不同。如果想查询配置，可以使用 Linux 的 numactl 和 numastat 命令。需要注意，使用这些命令，需要事先安装 numactl-libs 或 numactl-devel 包。

图 7-6 显示了 Skylake Gold 平台的测试输出结果。在输出的结尾部分，列出了访问远程节点内存的大致成本。可以把它看作到达内存的相对跳转数。这里的内存访问成本略高于两倍(21 比 10)。请注意，有时候会列出两个 NUMA 区域系统，分别将成本设定为 20 和 10 作为默认配置，而不是它们的实际成本。

- **numactl --hardware**

```
available: 2 nodes (0-1)
node 0 cpus: 0 1 2 3 4 5 6 7 8 9 10 11 12 13 14 15 16 17 18 19 20 21 44 45 46 47 48 49 50 51
52 53 54 55 56 57 58 59 60 61 62 63 64 65
node 0 size: 195243 MB
node 0 free: 189993 MB
node 1 cpus: 22 23 24 25 26 27 28 29 30 31 32 33 34 35 36 37 38 39 40 41 42 43 66 67 68 69 70
71 72 73 74 75 76 77 78 79 80 81 82 83 84 85 86 87
node 1 size: 196608 MB
node 1 free: 190343 MB
node distances:
node   0   1
  0:  10  21
  1:  21  10
```

- **numastat**

```
                         node0           node1
numa_hit             311179492       298484169
numa_miss                    0               0
numa_foreign                 0               0
interleave_hit          106713          106520
local_node           310521578       296233768
other_node              657914         2250401
```

图 7-6　numactl 和 numastat 命令的输出结果。内存区域之间的距离被突出显示。请注意，NUMA 实用程序对术语“node”的使用与我们对它的定义不同。在术语中，每个 NUMA 区域是一个 node。我们为单独的分布式内存系统保留了 node 这个术语，比如 node 被定义为机架式系统中的一个 desktop 或 tray

通过 NUMA 的配置信息，可了解与优化相关的重要信息。如果你只有一个 NUMA 区域，或者内存访问成本的差异很小，那么可能不需要太在意 First touch 优化的问题。如果将系统配置为对 NUMA 区域的交错内存访问，那么为了获得更快的本地内存访问而进行优化将无济于事。在对缺少特定信息或试图为大型 HPC 系统进行总体优化时，应该优化 First touch 来获得更快的本地内存访问。

7.3.2　stream triad 示例

下面的代码清单显示了 stream triad benchmark 的另一个类似示例。这个示例运行核心的多次迭代从而获得平均性能。

代码清单 7-9　stream triad 的循环级 OpenMP 线程

```
StreamTriad/stream_triad_opt2.c
 1 #include <stdio.h>
 2 #include <time.h>
 3 #include <omp.h>
 4 #include "timer.h"
 5
 6 #define NTIMES 16
 7 #define STREAM_ARRAY_SIZE 80000000
 8 static double a[STREAM_ARRAY_SIZE], b[STREAM_ARRAY_SIZE],
     c[STREAM_ARRAY_SIZE];
 9
10 int main(int argc, char *argv[]){
11    #pragma omp parallel >> Spawn threads >>
12       if (omp_get_thread_num() == 0)
13          printf("Running with %d thread(s)\n",omp_get_num_threads());
      Implied Barrier Implied Barrier
14
15    struct timeval tstart;
16    double scalar = 3.0, time_sum = 0.0;
17    #pragma omp parallel for >> Spawn threads >>
18    for (int i=0; i<STREAM_ARRAY_SIZE; i++) {
19       a[i] = 1.0;
20       b[i] = 2.0;
21    }
      Implied Barrier Implied Barrier
22
23    for (int k=0; k<NTIMES; k++){
24       cpu_timer_start(&tstart);
25       #pragma omp parallel for >> Spawn threads >>
26       for (int i=0; i<STREAM_ARRAY_SIZE; i++){
27          c[i] = a[i] + scalar*b[i];
28       }
         Implied Barrier Implied Barrier
29       time_sum += cpu_timer_stop(tstart);
30       c[1]=c[2];
31    }
32
33    printf("Average runtime is %lf msecs\n", time_sum/NTIMES);
34 }
```

数组足够大，可以强制进入主内存（第 7 行）

初始化数据和数组（第 16～21 行）

stream triad 循环（第 26～27 行）

防止编译器对循环进行优化（第 30 行）

在上面的程序中，在第 25 行只需要使用一个 pragma 就可以实现 OpenMP 线程计算。在第 17 行插入的第二个 pragma 进一步提升了性能，这是因为通过 First touch 技术取得了更好的内存分布。

7.3.3　循环级 OpenMP：stencil 示例

循环级 OpenMP 的第 3 个例子是第 1 章中首先介绍的 stencil 操作(如图 1-11)。这个 Stencil 操作符添加周围的邻域，并取得 cell 新的平均值。在代码清单 7-10 中，带有更复杂的内存读访问模式，在优化例程时，它向我们展示了线程如何访问由其他线程写入的内存。在第一个循环级 OpenMP 实现中，每个并行的 block 默认是同步的，这是为了防止潜在的竞态条件发生。在后面 stencil 的优化版本中，将添加显式同步指令。

代码清单 7-10　带有 First touch 的 stencil 示例使用循环级 OpenMP 线程

```
Stencil/stencil_opt2.c
#include <stdio.h>
#include <stdlib.h>
#include <time.h>
#include <omp.h>

#include "malloc2D.h"
#include "timer.h"

#define SWAP_PTR(xnew,xold,xtmp) (xtmp=xnew, xnew=xold, xold=xtmp)

int main(int argc, char *argv[])
{
   #pragma omp parallel >> Spawn threads >>
   #pragma omp masked
     printf("Running with %d thread(s)\n",omp_get_num_threads());
   Implied Barrier Implied Barrier

   struct timeval tstart_init, tstart_flush, tstart_stencil, tstart_total;
   double init_time, flush_time, stencil_time, total_time;
   int imax=2002, jmax = 2002;
   double** xtmp;
   double** x = malloc2D(jmax, imax);
   double** xnew = malloc2D(jmax, imax);
   int *flush = (int *)malloc(jmax*imax*sizeof(int)*4);

   cpu_timer_start(&tstart_total);
   cpu_timer_start(&tstart_init);
   #pragma omp parallel for >> Spawn threads >>
   for (int j = 0; j < jmax; j++){
      for (int i = 0; i < imax; i++){
         xnew[j][i] = 0.0;
         x[j][i] = 5.0;
      }
   } Implied Barrier Implied Barrier

   #pragma omp parallel for >> Spawn threads >>
   for (int j = jmax/2 - 5; j < jmax/2 + 5; j++){
      for (int i = imax/2 - 5; i < imax/2 -1; i++){
         x[j][i] = 400.0;
   }
```

使用 OpenMP pragma 初始化从而进行 First-touch 内存分配

```
40    } Implied Barrier Implied Barrier
41    init_time += cpu_timer_stop(tstart_init);
42
43    for (int iter = 0; iter < 10000; iter++){
44       cpu_timer_start(&tstart_flush);
45       #pragma omp parallel for >> Spawn threads >>
46       for (int l = 1; l < jmax*imax*4; l++){
47          flush[l] = 1.0;
48       } Implied Barrier Implied Barrier
49       flush_time += cpu_timer_stop(tstart_flush);
50       cpu_timer_start(&tstart_stencil);
51       #pragma omp parallel for >> Spawn threads >>
52       for (int j = 1; j < jmax-1; j++){
53          for (int i = 1; i < imax-1; i++){
54             xnew[j][i]=(x[j][i] + x[j][i-1] + x[j][i+1] +
                                  x[j-1][i] + x[j+1][i])/5.0;
55          }
56       } Implied Barrier Implied Barrier
57       stencil_time += cpu_timer_stop(tstart_stencil);
58
59       SWAP_PTR(xnew, x, xtmp);
60       if (iter%1000 == 0) printf("Iter %d\n",iter);
61    }
62    total_time += cpu_timer_stop(tstart_total);
63
64    printf("Timing: init %f flush %f stencil %f total %f\n",
65       init_time,flush_time,stencil_time,total_time);
66
67    free(x);
68    free(xnew);
69    free(flush);
70 }
```

插入并行线程循环的 pragma

在这个例子中，我们在第 46 行插入了一个 flush 循环，通过这个循环，清空 x 和 xnew 数组的缓存。这样做的目的是模拟在缓存中没有来自之前操作的变量时的代码性能。当缓存中没有数据时，这个缓存被称为冷缓存，当缓存中包含数据时称为热缓存。冷缓存和热缓存都是针对不同用例场景进行分析的有效案例。简单地说，这两种情况在实际应用程序中都是可能存在的，为了解缓存的具体情况，需要进行仔细分析。

7.3.4　循环级示例的性能

让我们回顾一下本节中前面示例的性能。如代码清单 7-8、代码清单 7-9 和代码清单 7-10 所示，引入循环级 OpenMP 只需要对源代码做少许更改。如表 7-3 所示，使用这种方法将带来 10 倍的性能提升。对于为提升性能而付出的工作量来说，这是一个非常好的性能回报。但是对于一个拥有 88 个线程的系统，所实现的并行效率是有限的，如下面计算所示性能提升只有 19%，这为我们提供了很大的改进空间。为了计算性能提升的比率，可以用串行运行的时间除以并行运行的时间，如下所示：

stencil 性能提升比率=串行运行时间/并行运行时间=17 倍加速

如果使用 88 个线程运行这个程序，在理想情况下应该得到 88 倍的性能提升。将实际的性能提升除以理想情况下的性能提升将得到并行效率：

stencil 并行效率=stencil 实际性能提升比率/理想性能提升比率=17/88 ≈ 19%

通过实验我们发现，线程数越小，并行效率越高，比如当使用 4 个线程时，并行效率可以达到 85%。虽然将内存分配到线程附近所取得的性能提升效果不明显，但这样的操作却是很重要的。在表 7-3 中，简单循环级 OpenMP 通过在计算循环上使用 OpenMP 并行 pragma 进行优化。而 first touch 为初始化循环添加 OpenMP 并行 pragma 进行优化。表 7-2 中显示了这两种优化所带来的性能提升情况。实验中的计时是通过 OMP_PLACES=cores 和 OMP_CPU_BIND=true 来完成的。

表 7-3 这里显示的是以毫秒为单位的运行时间。使用 GCC 8.2 编译器在 Skylake Gold 6152 双插槽节点上运行，使用 88 个线程时将得到 10 倍的性能提升。在初始化时添加 OpenMP pragma 从而获得正确的 first touch 内存分配，这将得到额外的性能提升

	串行	简单循环级 OpenMP	添加 first touch
向量加法	0.253	0.0301	0.0175
stream triad	0.164	0.0203	0.0131
stencil	62.56	3.686	3.311

通过对使用 OpenMP 的 stencil 应用程序进行线程分析，我们发现 10%~15%的运行时间被 OpenMP 所消耗，这包括线程等待和线程启动的成本。可通过采用高级 OpenMP 设计来减少 OpenMP 的开销，我们将在第 7.6 节中详细讨论。

7.3.5 使用 OpenMP 线程的 global sum 的约减示例

另一种常见的循环类型是约减循环。约减是第 5.7 节介绍的并行编程中的一种常见模式。约减是任何通过数组计算标量结果的操作。在 OpenMP 中，也可通过在循环级 pragma 添加一个 reduce 子句来轻松实现，如下所示。

代码清单 7-11 使用 OpenMP 线程的 global sum

```
GlobalSums/serial_sum_novec.c
double do_sum_novec(double* restrict var, long ncells)
{
double sum = 0.0;
#pragma omp parallel for reduction(+:sum)
for (long i = 0; i < ncells; i++){
sum += var[i];
}

return(sum);
}
```

global sum 的约减代码

带有约减子句的 OpenMP 并行循环 pragma

约减操作在每个线程上计算一个局部和(local sum)，然后将所有线程的结果加在一起。约减变量 sum 将被初始化为适当的值，比如在代码清单 7-11 中，约减变量被初始化为 0。当我们不使用 OpenMP 时，仍然需要在第 3 行将 sum 变量初始化为 0，从而可以让程序正常运行。

7.3.6　循环级 OpenMP 的潜在问题

循环级 OpenMP 可以被应用于大多数循环中，但并不是所有循环。循环必须具有规范形式，以便 OpenMP 编译器可以使用工作共享操作。规范形式是程序开发者已经掌握的传统的、直接的循环实现。这些循环实现有如下要求：

- 循环索引变量必须是整数。
- 循环索引不能在循环中修改。
- 循环必须有标准的退出条件。
- 循环迭代必须是有限次数的。
- 循环不能有任何 loop-carried 的依赖项。

可通过颠倒循环的顺序或改变循环操作的顺序来测试上面提到的最后一个要求。如果答案发生变化，则循环具有 loop-carried 的依赖关系。对于 CPU 上的向量化和 GPU 上的线程实现，也有类似的限制，就好比细粒度并行化与分布式内存消息传递方法中使用的粗粒度结构。以下是相关定义。

- 细粒度并行化：是一种并行化，其中计算循环或其他小代码块将在多个处理器或线程上运行，并且可能需要频繁进行同步。
- 粗粒度并行化：是一种并行化，在处理器上运行不需要频繁同步的大代码块。

许多编程语言都提出一种经过修改的循环类型，它告诉编译器允许以某种形式实现循环级并行。现在需要先设定 pragma 或编译指令，然后为循环设定上述循环类型。

7.4　OpenMP 中变量范围对结果准确性的重要性

要将应用程序或例程转换为高级 OpenMP，首先需要了解变量的作用范围。OpenMP 规范在许多范围设定细节上十分模糊。图 7-7 显示了编译器的作用域规则。通常，堆栈(stack)上的变量被认为是私有的，而放置在堆(heap)中的变量则是共享的(如图 7-2 所示)。对于高级 OpenMP，我们需要关注如何管理并行区域中被调用例程内的变量作用范围。

作用域规则

<table>
<tr><th colspan="2">规范</th><th>共享</th><th>私有</th><th>约减</th></tr>
<tr><td colspan="2">并行结构</td><td>在并行结构外部或在共享子句中声明的变量</td><td>自动变量在并行结构中。也可以在 private 或 firstprivate 子句中</td><td rowspan="4">约减子句</td></tr>
<tr><td rowspan="3">并行区域</td><td>Fortran 例程</td><td>保存属性，初始化变量，普通块，模块变量</td><td rowspan="2">所有局部变量或者声明的 threadprivate，以及动态分配</td></tr>
<tr><td>C 例程</td><td>文件范围变量，extern 或者 static</td></tr>
<tr><td>参数</td><td colspan="2">继承自调用环境</td></tr>
<tr><td colspan="2">常规</td><td colspan="3">所有循环索引都是私有的</td></tr>
</table>

图 7-7　OpenMP 应用程序的线程范围规则概要

在确定变量的范围时，应该将更多注意力放在表达式左边的变量上。要获得正确结果，更重要的是要确定变量被写入的范围。请注意，如代码清单 7-12 所示，私有变量在并行区域外是未被定义的。可以通过 firstprivate 和 lastprivate 子句在特殊情况下修改这种行为。如果一个变量是私有的，我们应该在并行块中使用它之前，看到它的定义，而不是在并行块之后对它进行定义。如果一个变量是私有的，那么最好在循环中声明该变量，因为本地声明的变量将带有与私有 OpenMP 变量完全相同的行为。简而言之，在循环中声明变量可以更加明确变量的使用范围，从而消除相关的困扰，因为这些变量在循环之前和之后都不存在，所以不可能出现错误的用法。

代码清单 7-12 OpenMP 并行块中的私有变量

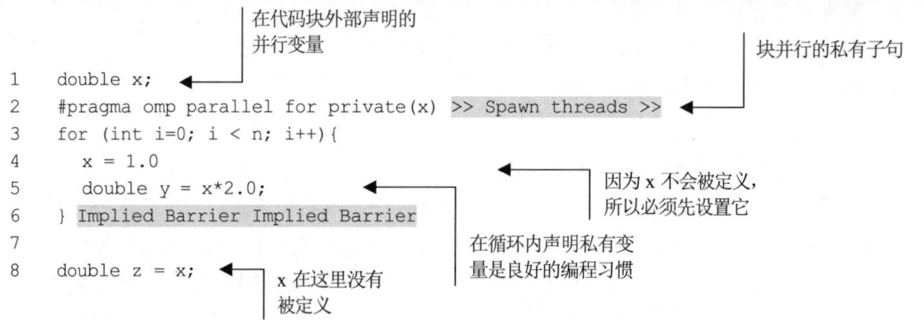

在代码清单 7-11 的第 4 行的指令中，我们添加了一个 reduction 子句来说明 sum 变量所需的特殊处理。在代码清单 7-12 的第 2 行，我们展示了 private 指令的用法。还有其他子句可用于并行指令和其他程序块，比如：

- shared(var,var)
- private(var,var)
- firstprivate(var,var)
- lastprivate(var, var)
- reduction([+,min,max]:<var,var>)
- *threadprivate (在线程并行函数中使用的特殊指令)

我们强烈推荐使用 Intel Inspector 和 Allinea/ARM MAP 等工具来开发更高效的代码并实现高级 OpenMP。我们将在 7.9 节中详细讨论这些工具的使用。在开始实现高级 OpenMP 之前，必须先熟悉各种重要的工具。通过这些工具运行应用程序，可以更好地理解应用程序如何顺利地过渡到高级 OpenMP 实现。

7.5 函数级 OpenMP：使整个函数实现线程并行

我们将在第 7.6 节中介绍高级 OpenMP 的概念。但是在我们尝试高级 OpenMP 之前，有必要了解如何扩展循环级实现从而可以应用于更大范围的代码。扩展循环级实现的目的是降低开销，并提高并行效率。当扩展并行区域时，它最终会覆盖整个子程序。一旦我们将整个函数转换为 OpenMP 并行区域，OpenMP 对变量的线程控制范围就会小得多。同时，并行区域的子句将不再有效，因为没有地方可以添加作用域子句。那么我们要如何控制变量作用域呢？

虽然默认情况下函数中变量的作用域可以良好地工作，但某些情况下这些变量的作用域将出现问题。函数的唯一 OpenMP pragma 控制是让声明变量变为私有变量的 threadprivate 指令。函数中的大多数变量都在堆栈上，并且已经是私有的。如果在例程中动态分配了一个数组，那么分配给它的指针是堆栈上的一个局部变量，这意味着它是私有的，并且每个线程都有不同的变量。需要注意的是，没有指令可以将这个数据设定为共享的。使用图 7-7 中的特定编译器作用域规则，我们在 Fortran 的指针声明中添加一个 save 属性，使编译器将变量放入堆(heap)中，从而在线程之间对这个变量进行共享。在 C 语言中，变量可以声明为静态的，也可以设置为文件作用域。下面的代码清单显示了一个 Fortran 线程变量作用域的例子，代码清单 7-14 则显示了 C 和 C++相关的例子。

代码清单 7-13　Fortran 中的函数级变量作用域

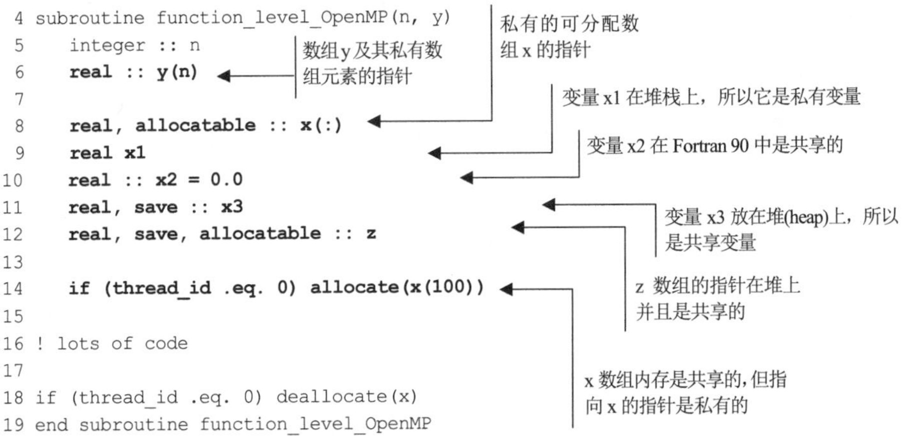
```
4 subroutine function_level_OpenMP(n, y)
5    integer :: n
6    real :: y(n)
7
8    real, allocatable :: x(:)
9    real x1
10   real :: x2 = 0.0
11   real, save :: x3
12   real, save, allocatable :: z
13
14   if (thread_id .eq. 0) allocate(x(100))
15
16 ! lots of code
17
18 if (thread_id .eq. 0) deallocate(x)
19 end subroutine function_level_OpenMP
```


第 6 行数组 y 的指针是子例程位置上变量的作用域。这种情况下，它在一个并行区域中，并被设定为私有的。x 的指针和变量 x1 都是私有的。第 10 行中变量 x2 的作用域更复杂，它在 Fortran 90 中是共享的，在 Fortran 77 中是私有的。在 Fortran 90 中的初始化变量位于堆中，并且只在第一次出现时被初始化(在本例中为 0)。第 11 行和第 12 行的变量 x3 和 z 因为在堆(heap)中，所以是共享的。在第 14 行为 x 分配的内存在堆上，并被共享，但指针是私有的，这将导致只能在线程 0 上对内存进行访问。

代码清单 7-14　C 和 C++中的函数级变量作用域

```
void function_level_OpenMP(int n, double *y)
{
   double *x;
   static double *x1;

   int thread_id;
#pragma omp parallel
   thread_id = omp_get_thread_num();

   if (thread_id == 0) x = (double *)malloc(100*sizeof(double));
```

指向数组 y 的指针是私有的

指向数组 x 的指针是私有的

指向数组 x1 的指针是共享的

x 数组的内存是共享的

```
15   if (thread_id == 0) x1 = (double *)malloc(100*sizeof(double));
16
17 // lots of code
18   if (thread_id ==0) free(x);
19   if (thread_id ==0) free(x1);
20 }
```

x1 数组的内存是共享的

第 5 行参数列表中指向数组 y 的指针位于堆栈上，它的作用域由变量被调用的位置来决定。在并行区域中，指向 y 的指针是私有的。x 数组的内存在堆上并且是共享的，但是指针是私有的，所以内存只能通过线程 0 进行访问。x1 数组的内存位于堆上并被共享，并且指针也是共享的，因此所有线程都可以对内存进行访问和共享。

你需要时刻警惕由那些影响线程范围的变量声明和定义造成的意外情况。例如，在 Fortran 90 子例程中，用一个值初始化一个局部变量会自动为该变量提供 save 属性，并使这个变量被共享[1]。我们建议显式地将 save 属性添加到声明(而不是上面提到的隐式声明)中，以避免任何问题或混淆的出现。

7.6 使用高级 OpenMP 改进并行可伸缩性

为什么要使用高级 OpenMP？高级 OpenMP 的核心策略是通过最小化 fork/join 开销和内存延迟来改进标准的循环级并行性。减少线程等待时间通常被视为高级 OpenMP 实现的另一个主要激励因素。通过显式地在线程之间划分工作，线程将不再隐式地等待其他线程，因此可以继续完成其他部分的计算。这样，将允许显式控制同步点。在图 7-8 中，与标准 OpenMP 的典型 fork-join 模型不同，高级 OpenMP 使线程处于休眠状态，但仍然可用，这将极大地减少开销。

在本节中，我们将了解实现高级 OpenMP 所需的显式步骤。然后，将展示如何从循环级实现过渡到高级实现。

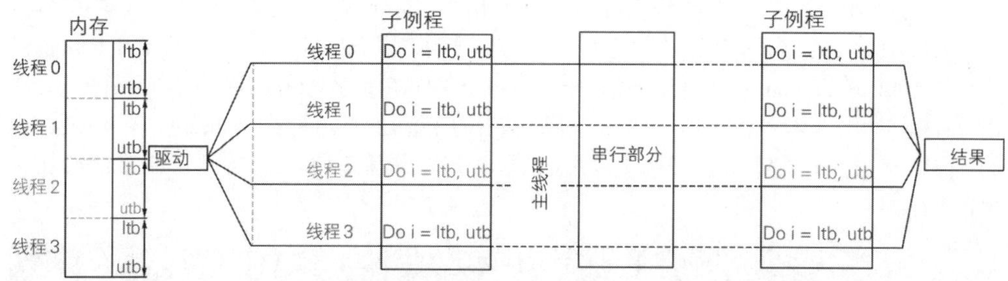

图 7-8 高级 OpenMP 线程的可视化。线程只生成一次，当不需要时进入休眠状态。线程的边界是手动指定的，并且同步被降至最低

1 在 Fortran 77 标准下，情况与此不同。但即便使用 Fortran 77，一些编译器(如 DEC Fortran 编译器)也要求例程中的每个变量都具有 save 属性，这导致了潜在的 bug 和可移植性问题。了解这点之后，我们可以确保使用 Fortran 90 标准进行编译，并可能通过初始化数组指针来修复私有作用域的问题，这将使它被移到堆中，并使变量成为共享变量。

7.6.1　如何实现高级 OpenMP

高级 OpenMP 的实现通常更耗时，因为它需要使用高级工具和进行大量的测试。同时，实现高级 OpenMP 也可能很困难，因为它比标准的循环级实现更容易出现竞态条件。此外，使用循环级实现和高级实现的界线通常并不明显。

当你想要更高的效率并想要摆脱线程衍生和同步成本时，通常会使用更繁杂的高级开放实现。有关高级 OpenMP 的更多信息，请参见 7.11 节。你可以通过深入理解应用程序中所有循环的内存边界，使用概要分析工具，并有条不紊地执行以下步骤来实现高效的高级 OpenMP。我们建议并展示了一种渐进的、有条理的实现策略，可以帮助你成功地、平稳地过渡到高级 OpenMP 实现。高级 OpenMP 实现的步骤如下。

- 基本实现：实现循环级 OpenMP。
- 第 1 步“减少线程启动”：合并并行区域，并将所有的循环级并行合并为更大的并行区域。
- 第 2 步“同步”：在不需要同步的 for 循环中添加 nowait 子句，并手动跨线程划分循环，从而消除 barrier 和所需的同步操作。
- 第 3 步“优化”：尽可能为每个线程进行数组和变量的私有化。
- 第 4 步“代码准确性”：在每一步之后，彻底检查竞态条件。

图 7-9 和图 7-10 显示了对应于前四个步骤的伪代码，从使用 OMP PARALLEL DO pragma 的典型循环级实现开始，然后过渡到更高效的高级并行。

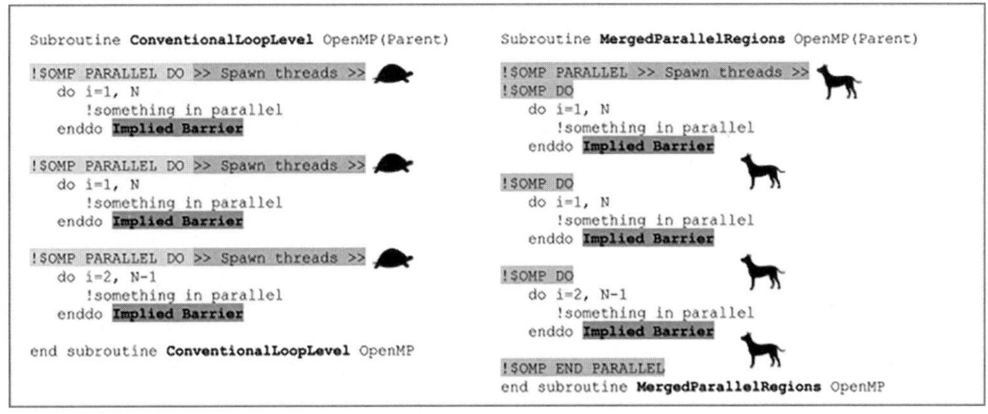

图 7-9　高级 OpenMP 从循环级 OpenMP 实现开始，并将并行区域合并在一起以降低线程生成的成本。我们使用动物图像来表示进行更改的位置以及实际实现的相对速度。使用乌龟显示的传统循环级 OpenMP 执行速度很快，但每个并行执行的开销都会限制性能提升。狗代表合并并行区域的相对速度增益

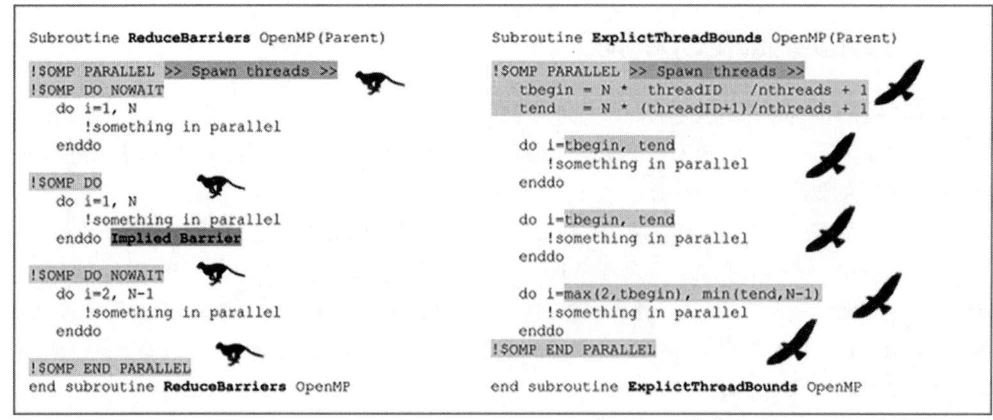

图 7-10　高级 OpenMP 的下一步是添加 NOWAIT 子句或 for 循环，这将降低同步的成本。然后我们自己计算循环的边界，并在循环中显式地使用这些边界以避免更多的同步操作。在这里，猎豹和鹰标识了两个实现中所做的更改。随着 OpenMP 的开销减少，鹰(右侧)比猎豹(左侧)速度更快

在实现高级 OpenMP 的步骤中，线程启动时间在高级 OpenMP 的第一步中减少了。整个代码被放置在一个单独的并行区域中，从而最小化分支和连接的开销。在高级 OpenMP 中，线程在程序执行的开始由并行指令生成一次。未使用的线程不会被销毁，但在运行串行部分时线程会处于休眠状态。为保证这一点，串行部分将由主线程执行，这将很少或几乎不对串行部分的代码进行更改。一旦程序结束串行部分的运行或再次启动并行区域，在程序开始时分支的相同线程将被调用或重用。

第 2 步解决了 OpenMP 中默认添加到每个 for 循环中的同步操作。减少同步成本的最简单方法是在可能的情况下，向所有循环添加 NOWAIT 子句，同时保持结果正确性。进一步的操作是显式地在线程之间对工作进行划分。下面显示了用于显式划分 C 语言工作的典型代码。

```
tbegin = N * threadID /nthreads
tend = N * (threadID+1)/nthreads
```

对于数组进行手动分区的影响在于，它通过不允许线程共享内存中的相同空间来减少缓存抖动和竞态条件。

第 3 步“优化”意味着明确说明某些变量是共享的还是私有的。通过在内存中给予线程一个特定的空间，编译器(和程序员)可以不用对变量状态进行猜测。这可以通过使用图 7-7 中的变量范围规则来完成。此外，编译器无法正确并行化包含复杂 loop-carried 依赖项和非规范形式的循环。高级 OpenMP 通过更明确地了解变量的线程范围来帮助编译器，从而允许并行化复杂的循环。这就引出了高级 OpenMP 方法这一步的最后一部分。数组将跨线程进行分区。数组的显式分区保证了一个线程只接触分配给它的内存，并允许我们处理内存局部性问题。

最后一步“代码准确性”使用 7.9 节中列出的工具来检测和修复竞态条件。在下一节中，我们将展示上述内容的具体操作步骤。在接下来的内容中，我们将逐步验证在本章的 GitHub 源代码中所提供程序的有效性。

7.6.2　实现高级 OpenMP 的示例

你可以通过一系列步骤完成完整的高级 OpenMP 实现。除了找到代码中计算强度最高的循环外，你应该首先找出应用程序中代码的瓶颈在哪里。然后，你可以找到代码的最内层循环，并添加标准的基于循环的 OpenMP 指令。如果需要了解密集循环和内部循环中变量的作用域，可以参考图 7-7。

在第 1 步中，你应该关注减少线程启动的成本。代码清单 7-15 通过合并并行区域，将整个迭代循环包含在单个并行区域中来减少线程启动。我们开始慢慢地向外移动 OpenMP 指令，扩展并行区域。第 49~57 行上的原始 OpenMP pragma 可以合并到第 44~70 行之间的单个并行区域。并行区域的范围由第 45~70 行上的花括号定义，因此并行区域只需要开始一次，而不是 10 000 次。

代码清单 7-15　将并行区域合并为单个并行区域

```
HighLevelOpenMP_stencil/stencil_opt4.c
44 #pragma omp parallel >> Spawn threads >>
45 {
46    int thread_id = omp_get_thread_num();
47    for (int iter = 0; iter < 10000; iter++){
48       if (thread_id ==0) cpu_timer_start(&tstart_flush);
49       #pragma omp for nowait
50       for (int l = 1; l < jmax*imax*4; l++){
51          flush[l] = 1.0;
52       }
53       if (thread_id == 0){
54          flush_time += cpu_timer_stop(tstart_flush);
55          cpu_timer_start(&tstart_stencil);
56       }
57       #pragma omp for >> Spawn threads >>
58       for (int j = 1; j < jmax-1; j++){
59          for (int i = 1; i < imax-1; i++){
60             xnew[j][i]=(x[j][i] + x[j][i-1] + x[j][i+1] + x[j-1][i] +
   x[j+1][i])/5.0;
61          }
62       } Implied Barrier Implied Barrier
63       if (thread_id == 0){
64          stencil_time += cpu_timer_stop(tstart_stencil);
65
66          SWAP_PTR(xnew, x, xtmp);
67          if (iter%1000 == 0) printf("Iter %d\n",iter);
68       }
69    }
70 } // end omp parallel
Implied Barrier Implied Barrier
```

单个 OpenMP 并行区域

omp for pragma 在循环结束时没有同步 barrier

用于 pragma 的第二个 OpenMP

需要串行运行的部分代码由主线程进行控制，这将允许并行区域在包含串行和并行区域的大部分代码中进行扩展和应用。并且在每一步中，使用 7.9 节中讨论的工具来确保应用程序仍然可以正确运行，并生成正确的结果。

在实现的第二部分中，通过将主 OpenMP 并行循环放置在程序的开始部分，可完成向高级

OpenMP 的过渡。此后，可以继续计算循环上限和下限。代码清单 7-16(以及在线示例中的 stencil_opt5.c 和 stencil_opt6.c)显示了如何计算特定并行区域的上限和下限。请记住，数组索引从哪个值开始取决于编程语言，比如 Fortran 从 1 开始，C 语言从 0 开始。具有相同上限和下限的循环可使用相同的线程而无须重新计算边界。

注意：我们需要在插入 barrier 的时候要特别注意，防止出现竞态条件的产生。在添加 pragma 的时候也需要格外小心，因为如果使用过多 pragma 将损害应用程序的整体性能。

代码清单 7-16 预计算循环的下界和上界

```
HighLevelOpenMP_stencil/stencil_opt6.c
#pragma omp parallel >> Spawn threads >>
{
  int thread_id = omp_get_thread_num();
  int nthreads = omp_get_num_threads();

  int jltb = 1 + (jmax-2) * ( thread_id ) / nthreads;
  int jutb = 1 + (jmax-2) * ( thread_id + 1 ) / nthreads;

  int ifltb = (jmax*imax*4) * ( thread_id ) / nthreads;
  int ifutb = (jmax*imax*4) * ( thread_id + 1 ) / nthreads;

  int jltb0 = jltb;
  if (thread_id == 0) jltb0--;
  int jutb0 = jutb;
  if (thread_id == nthreads-1) jutb0++;

  int kmin = MAX(jmax/2-5,jltb);
  int kmax = MIN(jmax/2+5,jutb);

  if (thread_id == 0) cpu_timer_start(&tstart_init);
  for (int j = jltb0; j < jutb0; j++){
    for (int i = 0; i < imax; i++){
      xnew[j][i] = 0.0;
      x[j][i] = 5.0;
    }
  }

  for (int j = kmin; j < kmax; j++){
    for (int i = imax/2 - 5; i < imax/2 -1; i++){
      x[j][i] = 400.0;
    }
  }
  #pragma omp barrier
 Explicit Barrier Explicit Barrier
  if (thread_id == 0) init_time += cpu_timer_stop(tstart_init);

  for (int iter = 0; iter < 10000; iter++){
    if (thread_id == 0) cpu_timer_start(&tstart_flush);
    for (int l = ifltb; l < ifutb; l++){
      flush[l] = 1.0;
    }
```

计算循环边界

使用手动计算的循环边界

用线程 ID 代替 OpenMP 掩码来消除同步

```
    if (thread_id == 0){
      flush_time += cpu_timer_stop(tstart_flush);
      cpu_timer_start(&tstart_stencil);
    }
    for (int j = jltb; j < jutb; j++){
    for (int i = 1; i < imax-1; i++){
      xnew[j][i]=( x[j][i] + x[j][i-1] + x[j][i+1] + x[j-1][i] +
  x[j+1][i] )/5.0;
    }
  }
  #pragma omp barrier
  Explicit Barrier Explicit Barrier
  if (thread_id == 0){
    stencil_time += cpu_timer_stop(tstart_stencil);

    SWAP_PTR(xnew, x, xtmp);
    if (iter%1000 == 0) printf("Iter %d\n",iter);
  }
  #pragma omp barrier
  Explicit Barrier Explicit Barrier
}
} // end omp parallel
 Implied Barrier Implied Barrier
```

用线程 ID 代替 OpenMP 掩码来消除同步

手动计算循环边界

使用线程 ID 代替 OpenMP 掩码来消除同步

与其他线程同步的 barrier

为获得准确的答案，关键是从最内层的循环开始设计，了解哪些变量需要保持私有，哪些变量需要在线程之间进行共享。当开始扩大并行区域时，代码的串行部分将被放置到一个掩码区域。用单独的线程来完成该区域中的所有工作，而其他线程将依旧有效但处于休眠状态。将代码的串行部分放入主线程，几乎不必对程序进行更改，或者只需要非常少量的更改即可完成。当程序完成串行区域的执行，进入并行区域后，那些之前休眠的线程将结束休眠状态并再次进入工作状态，从而通过并行方式完成当前的循环工作。

最后，在代码清单 7-14 和代码清单 7-15 以及提供的在线 stencil 示例中，将对各个步骤以及高级 OpenMP 实现的结果进行比较，你可以看到代码的数量大大减少了，同时更好地提升了性能(如图 7-11 所示)。

```
Stencil_opt2    Timing: init 0.003746 flush 3.495596 stencil 3.306887 total 6.808650
Stencil_opt3    Timing: init 0.003081 flush 3.158420 stencil 3.568470 total 6.735474
Stencil_opt4    Timing: init 0.002930 flush 2.853069 stencil 3.491407 total 6.355609
Stencil_opt5    Timing: init 0.002973 flush 3.077176 stencil 3.140370 total 6.227241
Stencil_opt6    Timing: init 0.002831 flush 2.947900 stencil 3.186743 total 6.255831
```

图 7-11　对 OpenMP pragma 进行优化，既减少了所需的 pragma 数量，又提高了 stencil kernel 的性能

7.7　使用 OpenMP 混合线程及向量化

在这一节中，我们将把第 6 章的内容和本章介绍的内容结合起来，这将在利用向量处理器的同时，产生更好的并行化效果，从而进一步提升应用程序的性能。

代码清单 7-17 stream triad 的循环级 OpenMP 线程化及向量化

```
StreamTriad/stream_triad_opt3.c
#include <stdio.h>
#include <time.h>
#include <omp.h>
#include "timer.h"

#define NTIMES 16
#define STREAM_ARRAY_SIZE 80000000
static double a[STREAM_ARRAY_SIZE], b[STREAM_ARRAY_SIZE],
   c[STREAM_ARRAY_SIZE];

int main(int argc, char *argv[]){
  #pragma omp parallel >> Spawn threads >>
    if (omp_get_thread_num() == 0)
      printf("Running with %d thread(s)\n",omp_get_num_threads());
  Implied Barrier Implied Barrier

  struct timeval tstart;
  double scalar = 3.0, time_sum = 0.0;
  #pragma omp parallel for simd >> Spawn threads >>
  for (int i=0; i<STREAM_ARRAY_SIZE; i++) {
    a[i] = 1.0;
    b[i] = 2.0;
  }
  Implied Barrier Implied Barrier
  for (int k=0; k<NTIMES; k++){
    cpu_timer_start(&tstart);
    #pragma omp parallel for simd >> Spawn threads >>
    for (int i=0; i<STREAM_ARRAY_SIZE; i++){
      c[i] = a[i] + scalar*b[i];
    }
    Implied Barrier Implied Barrier
    time_sum += cpu_timer_stop(tstart);
    c[1]=c[2];
  }

  printf("Average runtime is %lf msecs\n", time_sum/NTIMES);
}
```

数组足够大，以使数组进入主内存
初始化数据和数组
stream triad 循环
防止编译器对循环进行优化

带有线程化和向量化混合实现的stencil示例，将for pragma放在外部循环上，并将SIMD pragma放在内部循环上，如下面的代码清单所示。对大型数据上的循环进行线程化和向量化将得到非常好的性能提升，就像stencil示例中使用的那样。

代码清单 7-18 同时使用线程化和向量化的 stencil 示例

```
HybridOpenMP_stencil/stencil_hybrid.c
#pragma omp parallel >> Spawn threads >>
{
  int thread_id = omp_get_thread_num();
  if (thread_id == 0) cpu_timer_start(&tstart_init);
  #pragma omp for
```

```
  for (int j = 0; j < jmax; j++){
    #ifdef OMP_SIMD
    #pragma omp simd
    #endif
    for (int i = 0; i < imax; i++){
      xnew[j][i] = 0.0;
      x[j][i] = 5.0;
    }
  } Implied Barrier Implied Barrier

  #pragma omp for
  for (int j = jmax/2 - 5; j < jmax/2 + 5; j++){
    for (int i = imax/2 - 5; i < imax/2 -1; i++){
      x[j][i] = 400.0;
    }
  } Implied Barrier Implied Barrier
  if (thread_id == 0) init_time += cpu_timer_stop(tstart_init);

  for (int iter = 0; iter < 10000; iter++){
    if (thread_id ==0) cpu_timer_start(&tstart_flush);
    #ifdef OMP_SIMD
    #pragma omp for simd nowait
    #else
    #pragma omp for nowait
    #endif
    for (int l = 1; l < jmax*imax*10; l++){
      flush[l] = 1.0;
    }
    if (thread_id == 0){
      flush_time += cpu_timer_stop(tstart_flush);
      cpu_timer_start(&tstart_stencil);
    }
    #pragma omp for
    for (int j = 1; j < jmax-1; j++){
      #ifdef OMP_SIMD
      #pragma omp simd
      #endif
      for (int i = 1; i < imax-1; i++){
          xnew[j][i]=(x[j][i] + x[j][i-1] + x[j][i+1] +
                                  x[j-1][i] + x[j+1][i])/5.0;
      }
    } Implied Barrier Implied Barrier
    if (thread_id == 0){
      stencil_time += cpu_timer_stop(tstart_stencil);

      SWAP_PTR(xnew, x, xtmp);
      if (iter%1000 == 0) printf("Iter %d\n",iter);
    }
   #pragma omp barrier
  }
} // end omp parallel
Implied Barrier Implied Barrier
```

为内部循环添加 OpenMP SIMD pragma

在单个循环中，为 for pragma 添加额外的 OpenMP SIMD pragma

对于 GCC 编译器，对比使用向量化及未使用向量化的效果；通过结果可看出，使用向量化将得到显著的性能提升：

```
4 threads, GCC 8.2 compiler, Skylake Gold 6152
Threads only:   Timing init 0.006630 flush 17.110755 stencil 17.374676
   total 34.499799
Threads & vectors: Timing init 0.004374 flush 17.498293 stencil 13.943251
   total 31.454906
```

7.8 使用 OpenMP 的高级示例

到目前为止，我们所提供的示例都是对一组数据进行简单的循环，其复杂性较低。在本节中，将展示 3 个需要付出更大工作量的高级示例。

- Split-direction，two-step stencil：关于变量的线程范围的高级处理。
- Kahan 求和：一个较复杂的约减循环。
- prefix scan：显式地处理线程之间的分区工作。

通过本节中展现的更复杂的示例，以及处理这些复杂示例所采用的方法，可让你对 OpenMP 有更深入的理解。

7.8.1 在 x 和 y 方向单独传递的 stencil 示例

在这里，我们将研究 Split-direction 和 two-step stencil 操作符在实现 OpenMP 过程中存在的潜在困难，在该操作符中，每个空间方向都有一个单独的通道。这里说的 stencil 是数值科学应用程序的构建块，用于计算偏微分方程的动态解。

在 two-step stencil 中，值是在面上计算的，数据数组有不同的数据共享需求。图 7-12 展示了一个带有二维面数据数组的 stencil。此外，这些二维数组的一个维度通常需要在所有线程或进程之间进行共享。x-face 的数据更容易处理，因为它与线程数据分解对齐，但我们不需要在每个线程上使用完整的 x-face 数组。y-face 数据的情况截然不同，因为数据是跨线程的，因此需要对 y-face 二维数组进行共享。高级 OpenMP 允许对所需维度进行快速私有化。图 7-12 显示了数组的某些维度如何保持私有、共享或两者兼而有之。

大多数 kernel 的 first touch 原则指出，内存很可能是线程的本地内存(除了页面边界上的线程之间的边缘)。可改进内存局部性，在可能的情况下，使数组的一部分对线程完全私有，如 x-face 数据。由于处理器数量的增加，所以增加数据局部性对于最小化处理器和内存之间的速度差距至关重要。下面的代码清单显示了一个串行实现。

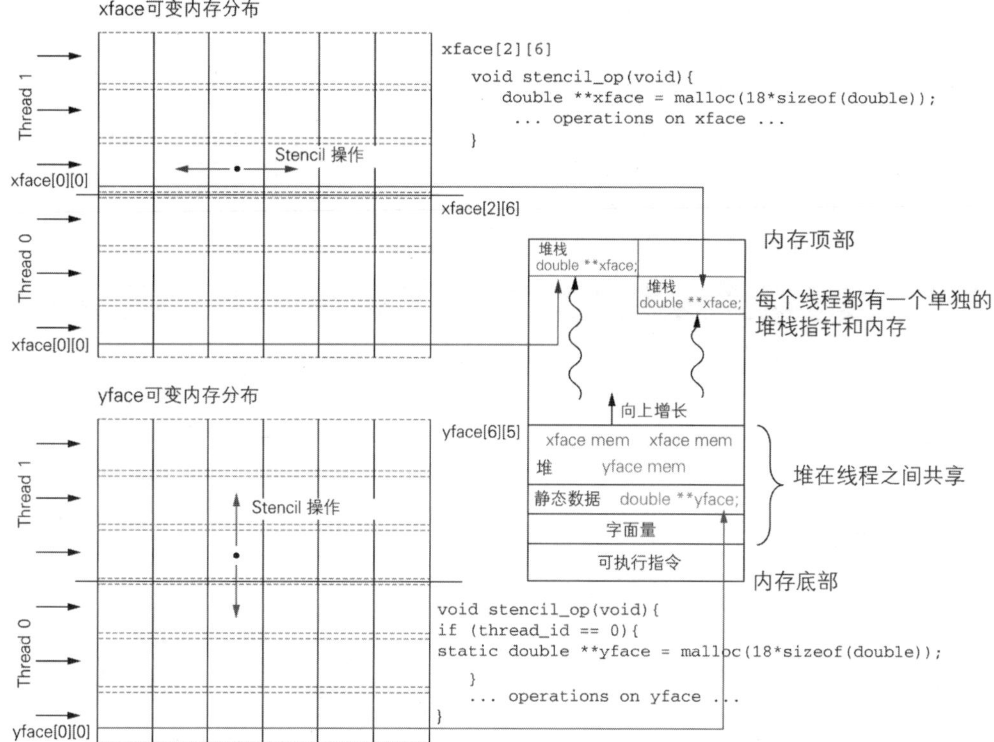

图 7-12　与线程对齐的 stencil，x-face 需要为每个线程使用私有存储。指针应该保存在堆栈中，并且每个线程应该有一个不同的指针。y-face 的数据需要共享，因此我们在静态数据区域中定义了一个指针，所以两个线程都可以访问它

代码清单 7-19　Split-direction stencil 运算符

```
SplitStencil/SplitStencil.c
void SplitStencil(double **a, int imax, int jmax)
{
  double** xface = malloc2D(jmax, imax);
  double** yface = malloc2D(jmax, imax);
  for (int j = 1; j < jmax-1; j++){
    for (int i = 0; i < imax-1; i++){
      xface[j][i] = (a[j][i+1]+a[j][i])/2.0;
    }
  }
  for (int j = 0; j < jmax-1; j++){
    for (int i = 1; i < imax-1; i++){
      yface[j][i] = (a[j+1][i]+a[j][i])/2.0;
    }
  }
  for (int j = 1; j < jmax-1; j++){
    for (int i = 1; i < imax-1; i++){
      a[j][i] = (a[j][i]+xface[j][i]+xface[j][i-1]+
                         yface[j][i]+yface[j-1][i])/5.0;
    }
  }
```

计算 x-face 和 y-face 上 cell 中的值

x-face 的计算只需要 x 方向上的相邻 cell 即可

y-face 面的计算只需要 y 方向上的相邻 cell 即可

添加来自所有面上 cell 的贡献

```
  free(xface);
  free(yface);
}
```

当使用带有 stencil 操作符的 OpenMP 时，你必须确定每个线程的内存是私有的还是共享的。在前面代码清单 7-18 中，用于 x 方向的内存可以是完全私有的，从而实现更快的计算。在 y 方向(如图 7-12 所示)，stencil 需要访问相邻线程的数据；因此，该数据必须在线程之间进行共享。以上所述的这些内容，将在的程序代码清单 7-20 中进行实现。

代码清单 7-20　使用 OpenMP 的 Split-direction stencil 操作符

```
SplitStencil/SplitStencil_opt1.c
void SplitStencil(double **a, int imax, int jmax)
{
  int thread_id = omp_get_thread_num();
  int nthreads = omp_get_num_threads();

  int jltb = 1 + (jmax-2) * ( thread_id ) / nthreads;
  int jutb = 1 + (jmax-2) * ( thread_id + 1 ) / nthreads;

  int jfltb = jltb;
  int jfutb = jutb;
  if (thread_id == 0) jfltb--;

  double** xface = (double **)malloc2D(jutb-jltb, imax-1);
  static double** yface;
  if (thread_id == 0) yface = (double **)malloc2D(jmax+2, imax);
#pragma omp barrier
    Explicit Barrier Explicit Barrier
  for (int j = jltb; j < jutb; j++){
    for (int i = 0; i < imax-1; i++){
      xface[j-jltb][i] = (a[j][i+1]+a[j][i])/2.0;
    }
  }
  for (int j = jfltb; j < jfutb; j++){
    for (int i = 1; i < imax-1; i++){
      yface[j][i] = (a[j+1][i]+a[j][i])/2.0;
    }
  }
#pragma omp barrier
  Explicit Barrier Explicit Barrier
  for (int j = jltb; j < jutb; j++){
    for (int i = 1; i < imax-1; i++){
      a[j][i] = (a[j][i]+xface[j-jltb][i]+xface[j-jltb][i-1]+
                         yface[j][i]+yface[j-1][i])/5.0;
    }
  }
  free(xface);
#pragma omp barrier
    Explicit Barrier Explicit Barrier
   if (thread_id == 0) free(yface);
}
```

手动计算跨线程的数据分布

y-face 分布的数据值少了一个

为每个线程分配 x-face 数据的私有部分

将 y-face 数据指针声明为静态的，以便它具有共享作用域

插入一个 OpenMP barrier，以便所有线程都被分配内存

每个线程上的局部 x-face 计算

分配一个版本的 y-face 数组，从而在线程间进行共享

y-face 的计算带有 j+1，因此需要一个共享数组

我们需要进行 OpenMP 同步，因为下一个循环将使用相邻的线程工作

将之前的 x-face 和 y-face 循环的工作组合成一个新的 cell 值

为每个线程释放本地 x-face 数组

barrier 确保所有线程都使用共享的 y-face 数组并成功运行

仅在一个处理器上释放 y-face 数组

要在 x 方向上定义堆栈上的内存，我们需要一个指向双精度(double **xface)的指针，以便该指针位于堆栈上，并且对每个线程都是私有的。然后在代码清单 7-20 的第 98 行使用自定义二维 malloc 调用进行内存分配。我们只需要确保每个线程被分配了足够的内存即可，所以在第 91 和 92 行计算线程边界，并在二维 malloc 调用中使用它们。因为内存是从堆(heap)进行分配的，所以这些内存可以被共享，但因为每个线程只有自己的指针，所以每个线程不能访问其他线程的内存。

可对内存进行自动分配，而不是从堆中进行分配。例如 double xface[3][6]，其中内存就是在堆栈(stack)上自动分配的。当编译器自动看到此声明时，将内存空间压入堆栈(stack)。在数组较大的情况下，编译器可能会将内存需求移到堆(heap)中。每个编译器在决定是将内存放在堆(heap)上还是放在堆栈(stack)上时，将使用不同的阈值。如果编译器将内存移到堆(heap)中，则只有一个线程拥有指向该位置的指针。实际上，即使它位于共享内存空间中，它依旧是私有的。

对于 y-face，我们定义了一个指向指针的静态指针(静态 double **yface)，其中所有线程都可以访问同一个指针。这种情况下，只有一个线程需要执行内存分配，所有剩余的线程都可以访问这个指针和对应内存。在本例中，可以查看共享内存的不同选项。你可以选择 Parallel Region 和 C Routine，并选择一个文件作用域变量(extern 或 static)，使指针在线程之间进行共享。需要注意的是，在变量作用域、内存分配或同步方面很容易出错。例如，如果我们只定义一个常规的 double **yfaces 指针会发生什么？现在每个线程都有自己的私有指针，只有其中一个得到了内存分配。第二个线程的指针不会指向任何东西，因此在使用它时会产生错误。

图 7-13 显示了在 Skylake Gold 处理器上运行线程版本代码的性能。当线程数较少时，比如少于 8 个线程时，我们得到了超线性加速。超线性加速的出现，是因为数据在跨线程或处理器进行分区时，缓存性能得到了改善。

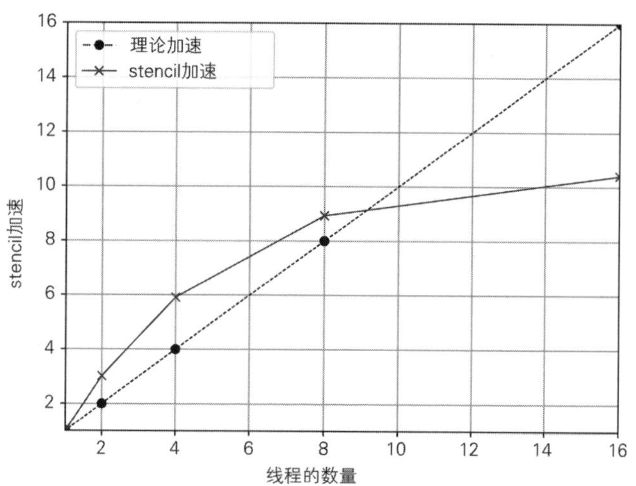

图 7-13　Split stencil 的线程版本对于 2~8 个线程具有超线性加速

定义： 超线性加速提供了比强缩放的理想缩放曲线更好的性能。之所以会发生这种情况，是因为使用较小的数组，搭配更高级别的缓存，从而提高缓存性能。

7.8.2 使用 OpenMP 线程实现 kahan 求和

对于 5.7 节介绍的增强精度 kahan 求和算法，因为存在 loop-carried 依赖关系，所以我们不能使用 pragma 来让编译器生成多线程实现。因此，我们将采用 6.3.4 节向量化实现中使用的类似算法。首先在计算的第一阶段对每个线程上的值进行求和。然后对各个线程的值进行求和，从而得到最终的和，如下所示。

代码清单 7-21 kahan 求和的 OpenMP 实现

```
GlobalSums/kahan_sum.c
#include <stdlib.h>
#include <omp.h>

double do_kahan_sum(double* restrict var, long ncells)
{
   struct esum_type{
      double sum;
      double correction;
   };

   int nthreads = 1;
   int thread_id = 0;
#ifdef _OPENMP
   nthreads = omp_get_num_threads();
   thread_id = omp_get_thread_num();
#endif

   struct esum_type local;
   local.sum = 0.0;
   local.correction = 0.0;

   int tbegin = ncells * ( thread_id ) / nthreads;
   int tend = ncells * ( thread_id + 1 ) / nthreads;

   for (long i = tbegin; i < tend; i++) {
      double corrected_next_term = var[i] + local.correction;
      double new_sum = local.sum + local.correction;
      local.correction = corrected_next_term - (new_sum - local.sum);
      local.sum = new_sum;
   }

   static struct esum_type *thread;
   static double sum;

#ifdef _OPENMP
#pragma omp masked
   thread = malloc(nthreads*sizeof(struct esum_type));
#pragma omp barrier
   Explicit Barrier Explicit Barrier

   thread[thread_id].sum = local.sum;
   thread[thread_id].correction = local.correction;
```

获取线程总数和 thread_id

计算此线程的作用范围

将变量放在共享内存中

在使用 OpenMP 时定义编译器变量 _OPENMP

在共享内存中分配一个线程

在数组中存储每个线程的总和

```

#pragma omp barrier
    Explicit Barrier Explicit Barrier

   static struct esum_type global;
#pragma omp masked
   {
      global.sum = 0.0;
      global.correction = 0.0;
      for ( int i = 0 ; i < nthreads ; i ++ ) {
         double corrected_next_term = thread[i].sum +
                 thread[i].correction + global.correction;
         double new_sum = global.sum + global.correction;
         global.correction = corrected_next_term -
                            (new_sum - global.sum);
         global.sum = new_sum;
   }

      sum = global.sum + global.correction;
      free(thread);
   } // end omp masked
#pragma omp barrier
    Explicit Barrier Explicit Barrier
#else
   sum = local.sum + local.correction;
#endif

   return(sum);
}
```

等待所有线程运行到这里，然后对所有线程进行求和

使用单个线程计算每个线程的起始偏移量

7.8.3 通过线程实现的 prefix scan 算法

在本节中，我们将研究前缀扫描(prefix scan)操作的线程实现。之前在 5.6 节中介绍的前缀扫描操作，对于不规则数据的算法很重要，这是因为在确定队列或线程起始位置的计数之后，将允许剩余的计算通过并行方式完成。正如在那一节中讨论的，前缀扫描也可以通过并行方式执行，从而提供另一种并行化优势。具体的实现分为 3 个阶段。

- 所有线程：为每个线程的数据部分计算前缀扫描
- 单线程：计算每个线程数据的起始偏移量
- 所有线程：对每个线程的所有数据应用新的线程偏移量

代码清单 7-22 中的实现方法适用于串行执行，也适合在 OpenMP 并行区域内进行调用。这样做的优势在于，可以将代码清单中的代码同时用于串行场景和线程场景，从而减少此操作的代码重复。

代码清单 7-22　前缀扫描的 OpenMP 实现

```
PrefixScan/PrefixScan.c
void PrefixScan (int *input, int *output, int length)
{
```

```
   int nthreads = 1;
   int thread_id = 0;
#ifdef _OPENMP
   nthreads = omp_get_num_threads();
   thread_id = omp_get_thread_num();
#endif

   int tbegin = length * ( thread_id ) / nthreads;
   int tend = length * ( thread_id + 1 ) / nthreads;

   if ( tbegin < tend ) {
      output[tbegin] = 0;
      for ( int i = tbegin + 1 ; i < tend ; i++ ) {
         output[i] = output[i-1] + input[i-1];
      }
   }
   if (nthreads == 1) return;

#ifdef _OPENMP
#pragma omp barrier
   Explicit Barrier Explicit Barrier

   if (thread_id == 0) {
   for ( int i = 1 ; i < nthreads ; i ++ ) {
      int ibegin = length * ( i - 1 ) / nthreads;
      int iend = length * ( i ) / nthreads;

      if ( ibegin < iend )
         output[iend] = output[ibegin] + input[iend-1];

      if ( ibegin < iend - 1 )
         output[iend] += output[iend-1];
      }
   }
#pragma omp barrier
   Explicit Barrier Explicit Barrier

#pragma omp simd
   for ( int i = tbegin + 1 ; i < tend ; i++ ) {
      output[i] += output[tbegin];
   }
#endif
}
```

获取线程总数以及 thread_id

计算该线程的作用域

只有条目数为正数时，才执行该操作

对每个线程进行独占扫描

仅针对多线程，对每个线程的起始值进行前缀扫描调整

等待所有线程运行到这里

使用主线程对每个线程的起始偏移量进行计算

使用 barrier 结束主线程上的计算

再次启动所有线程

在该线程的作用范围内应用偏移量

该算法理论上的性能提升为：

```
Parallel_timer = 2 * serial_time/nthreads
```

Skylake Gold 6152 架构的性能峰值约为 44 个线程，比串行运行快 9.4 倍。

7.9　线程工具对健壮程序的重要性

如果不使用专门的工具来检测线程竞态条件和性能瓶颈，开发健壮的 OpenMP 实现是很困难的。当你试图获得更高性能的 OpenMP 实现时，工具的使用变得必不可少，你可以使用商业软件，

也可以使用开源技术来检测线程的竞态条件和性能瓶颈。在应用程序中集成 OpenMP 高级实现时，可以使用以下的典型工具。

- valgrind：2.1.3 节介绍过这个内存工具。可以与 OpenMP 联合使用，用来找到线程中未初始化的内存或越界访问。
- Call graph：cachegrind 工具生成应用程序的调用图以及概要文件。通过调用图，可以确定哪些函数调用其他函数，从而清楚地显示调用层次结构和代码路径。3.3.1 节列出了 cachegrind 工具的示例。
- Allinea/ARM Map：获得线程启动和 barrier(适用于 OpenMP 应用程序)的总体成本的高级分析器。
- Intel Inspector：用于检测线程的竞态条件(适用于 OpenMP 应用程序)。

我们在前面的章节中介绍了前两个工具的使用，你可以参考其中的使用细节。在本节中，我们将讨论后两个工具的使用，因为它们与 OpenMP 应用程序的相关性更大。需要这些工具来分析瓶颈，并了解这些瓶颈在应用程序中的位置，因此，在程序中找到哪些代码需要被优化对程序来说至关重要。

7.9.1　使用 Allinea/ARM MAP 快速获得应用程序的高层概要文件

Allinea/ARM MAP 是一个用来获得应用程序高层概要文件的优秀工具之一。图 7-14 中显示了其接口的简化视图。对于 OpenMP 应用程序来说，它显示了线程启动和等待的成本，将应用程序的瓶颈重点显示出来，并显示了内存、CPU 浮点利用率。通过这个工具，可以轻松地比较代码更改前后的收益。Allinea/ARM MAP 擅长为应用程序生成快速、高层的视图，与它类似的分析器还有许多，我们将在 17.3 节中进一步介绍。

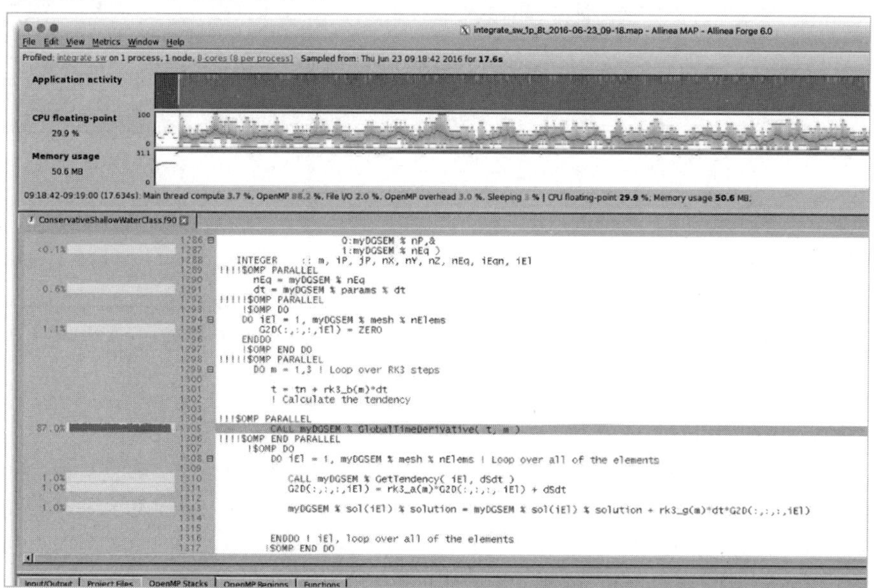

图 7-14　Allinea/ARM MAP 运行结果图，其中耗费计算时间最多的代码突出显示出来。通过这样的指示器，我们很容易确定瓶颈所在位置

7.9.2　使用 Intel Inspector 查找线程竞态条件

在 OpenMP 实现中找到并消除线程竞争条件对于生成健壮的企业级应用程序至关重要。为了达到这个目的，使用工具是必不可少的，因为即使是最优秀的程序员也不可能捕获所有的线程竞态条件。对应用程序进行扩展时，内存错误会更频繁地发生，并可能导致应用程序崩溃。及早捕获这些内存错误可为以后应用程序的运行节省时间和精力。

能够有效地查找线程竞态条件的工具并不多。我们将展示如何使用 Intel Inspector 来检测和定位这些竞态条件的位置。在程序中使用更多线程的时候，使用能够找到内存中线程竞态条件的工具就变得尤为重要。图 7-15 提供了 Intel Inspector 的使用截图。

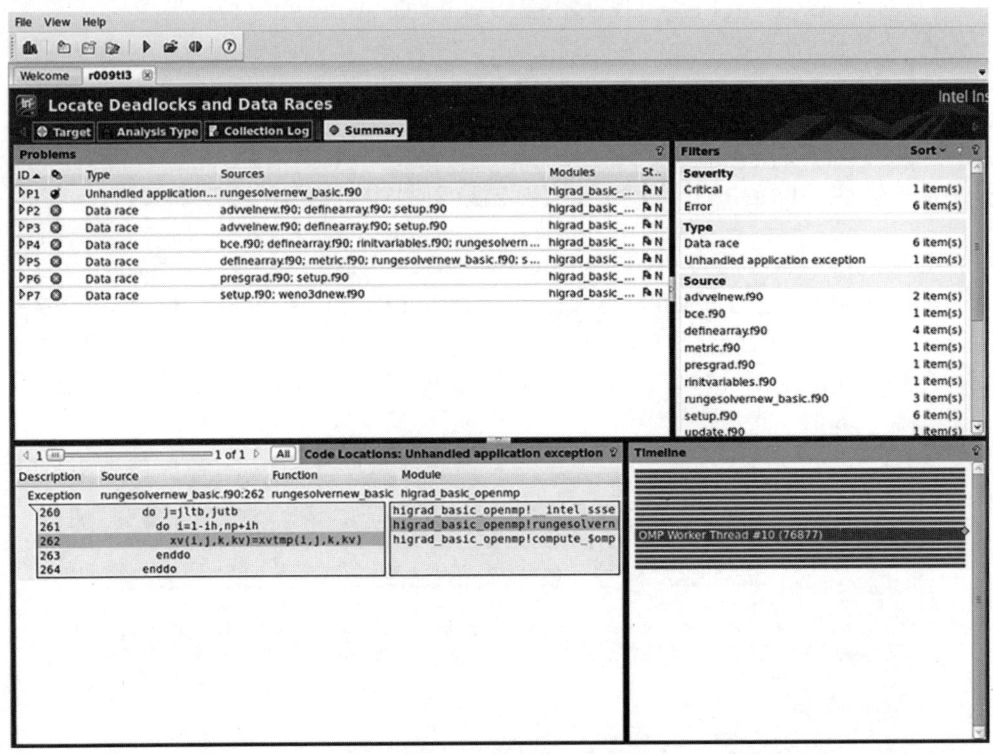

图 7-15　通过 Intel Inspector 的报告检测到的线程竞态条件。这里，左上角面板的 Type 标题下作为 Data race 列出的项目显示了当前存在竞争条件的所有地方

对原始应用程序进行更改之前，完成回归测试是至关重要的。同时，确保程序正确性对于 OpenMP 线程的成功实现也是至关重要的。除非应用程序或整个子例程处于正确的工作状态，否则无法实现正确的 OpenMP 代码。这还要求在回归测试中也必须执行使用 OpenMP 线程化的代码段。如果不能进行回归测试，就很难取得稳定的改进。总之，使用这些工具以及回归测试可以更好地理解大多数应用程序中的依赖关系、效率和正确性问题。

7.10　基于任务的支持算法示例

我们在第 1 章中为大家介绍了基于任务的并行策略，并使用图 1-26 进行了说明。使用基于任务的方法，可将工作划分为独立的任务，然后将这些任务分配给各个独立的处理过程。在许多算法中，都使用了基于任务的方法，OpenMP 从 3.0 版本开始就支持这种类型的方法。在随后的标准版本中，对基于任务的模型进行了进一步的改进。在本节中，我们将展示在 OpenMP 中，一个简单的基于任务的算法。

实现可再现的全局和(global sum)的方法之一是以成对方式将这些值进行相加。普通的数组方法需要分配一个工作数组和一些复杂的索引逻辑。使用图 7-16 所示的基于任务的方法，在向下扫描中通过递归方式将数据分成两份，直至到达长度为 1 的数组，然后在向上扫描中对这些“数组对”进行求和，从而避免使用工作数组。

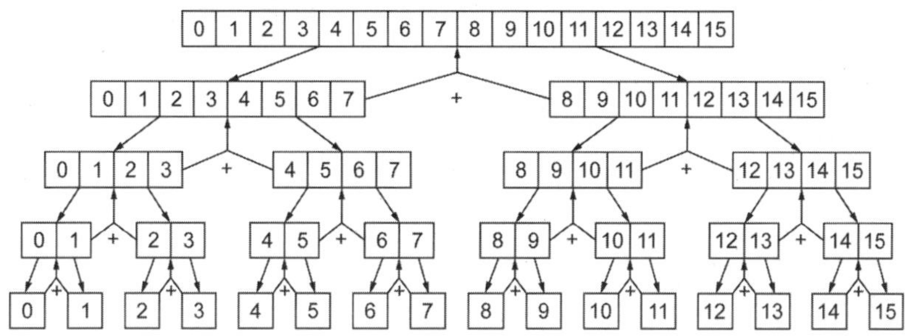

图 7-16　基于任务的实现，在向下扫描时递归地将数组分成两半。当出现大小为 1 的数组时，任务就开始向上扫描，对“数据对”进行求和操作

代码清单 7-23 显示了基于任务方法的代码。任务的生成需要在一个并行区域中完成，但只能由一个线程完成，所以第 8~14 行中的嵌套块中使用 pragma 来指定并行区域。

代码清单 7-23　使用 OpenMP 任务的成对求和

```
PairwiseSumByTask/PairwiseSumByTask.c
 1 #include <omp.h>
 2
 3 double PairwiseSumBySubtask(double* restrict var, long nstart, long nend);
 4
 5 double PairwiseSumByTask(double* restrict var, long ncells)
 6 {
 7    double sum;
 8    #pragma omp parallel >> Spawn threads >>
 9    {
10       #pragma omp masked
11       {
12          sum = PairwiseSumBySubtask(var, 0, ncells);
13       }
14    } Implied Barrier Implied Barrier
15    return(sum);
16 }
17
```

启动并行区域

在一个线程上启动主要任务

```
double PairwiseSumBySubtask(double* restrict var, long nstart, long nend)
{
   long nsize = nend - nstart;
   long nmid = nsize/2;
   double x,y;
   if (nsize == 1){
      return(var[nstart]);
   }

   #pragma omp task shared(x) mergeable final(nsize > 10)
   x = PairwiseSumBySubtask(var, nstart, nstart + nmid);
   #pragma omp task shared(y) mergeable final(nsize > 10)
   y = PairwiseSumBySubtask(var, nend - nmid, nend);
   #pragma omp taskwait

   return(x+y);
}
```

将数组细分为两部分

用数组中的单个值初始化叶子上的 sum

启动一对子任务，每个子任务处理一半的数据

等待两个任务完成

将两个子任务的值相加并返回给调用线程

如果想通过使用基于任务的算法获得优异的性能，则需要进行大量的优化工作，以防止生成过多的线程，并保持合理的任务粒度。对于某些算法来说，使用基于任务的算法是并行策略的优先选择。

7.11　进一步探索

有许多关于传统基于线程的 OpenMP 编程的资料。但对于几乎所有支持 OpenMP 的编译器来说，最好的学习方法是简单地将 OpenMP 指令添加到代码中。有很多关于 OpenMP 的学习机会，包括 11 月举行的年度超级计算会议。相关信息请参见 https://sc21.supercomputing.org/。对于那些对 OpenMP 感兴趣的人，每年都有关于 OpenMP 的国际研讨会，在会议中将讨论最新的发展方向。相关信息请参见 http://www.iwomp.org/。

7.11.1　扩展阅读

Barbara Chapman 是 OpenMP 的主要作者和权威之一。她的书是 OpenMP 编程的标准参考：

- Barbara Chapman, Gabriele Jost, Ruud Van Der Pas, *Using OpenMP: portable shared memory parallel programming*, vol. 10 (MIT Press, 2008)。

有许多研究者致力于开发被称为高级 OpenMP 的更有效的 OpenMP 实现技术，下面是一个幻灯片链接，详细介绍了高级 OpenMP：

- Yuliana Zamora, "Effective OpenMP Implementations on Intel's Knights Landing,"Los Alamos National Laboratory Technical Report LA-UR-16-26774, 2016. https://www.osti.gov/biblio/1565920-effective-openmp-implementations-in tel-knights-landing。

Peter Pacheco 写了一本优秀的关于 OpenMP 和 MPI 的教科书。在书中列出很多优秀的 OpenMP 代码示例：

- Peter Pacheco, *An introduction to parallel programming* (Elsevier, 2011)。

劳伦斯利弗莫尔国家实验室的 Blaise Barney 撰写了优秀的 OpenMP 参考资料，可以在如下地址找到该信息：

- Blaise Barney, OpenMP Tutorial, https://computing.llnl.gov/tutorials/openMP/。

通过 OpenMP 架构审查委员会(ARB)的官方网站，可以了解关于 OpenMP 的所有权威信息，包括规范、演示以及教程：

- https://www.openmp.org。

为了更深入的讨论与线程相关的难题，可以阅读如下材料：

- Edward A Lee, "The problem with threads." Computer 39, no. 5 (2006): 33-42.。

7.11.2　练习

1. 按照 7.2.2 节中的步骤将代码清单 7-8 中的向量加法示例转换为高级 OpenMP。
2. 编写一个例程用来获取数组中的最大值。并添加一个 OpenMP pragma 来实现例程的线程并行性。
3. 编写上一个练习中约简(reduction)的高级 OpenMP 版本。

本章中涵盖了大量材料。将这些材料作为坚实的基础，将帮助你开发高效的 OpenMP 应用程序。

7.12　本章小结

- 可以快速轻松地创建 OpenMP 的循环级实现。
- OpenMP 的有效实现可以带来很大的应用程序性能提升。
- 优秀的 first-touch 实现通常可以获得 10%~20%的性能提升。
- 理解跨线程的变量作用域对于运行 OpenMP 代码非常重要。
- 高级 OpenMP 可以在当前和未来的多核心架构上提供更高的性能。
- 在实现更复杂的 OpenMP 程序时，线程技术和调试工具是必不可少的。
- 在本章中建议使用的编程风格包括：

  在应用变量时，原地声明变量，从而使这些变量自动成为私有变量。

  修改声明以获得变量在线程中的正确作用域，而不是在私有和公共子句中使用扩展列表。

  尽可能避免关键子句或其他锁定结构。因为这些构造通常会严重影响性能。

  通过在 for 循环中添加 nowait 子句来减少同步，并谨慎使用#pragma omp barrier，只在必要时使用。

  将多个小的并行区域合并成更少、更大的并行区域，从而减少 OpenMP 的开销。

第 8 章

MPI：并行骨干

本章涵盖以下内容：

- 在进程之间进行消息传递
- 使用集合 MPI 调用来实现常见的通信模式
- 使用通信交换来连接单独进程中的网格
- 创建自定义 MPI 数据类型并使用 MPI 笛卡儿拓扑函数
- 混合使用 MPI 和 OpenMP 编写应用程序

消息传递接口(Message Passing Interface, MPI)标准的重要性在于，它允许程序访问额外的计算节点，从而通过向仿真程序中添加更多节点来处理规模越来越大的问题。消息传递指的是将消息从一个进程迅速发送到另一个进程的能力。MPI 在高性能计算领域中无处不在，在许多科学领域以及超级计算机领域都需要使用 MPI 技术。

1994 年，MPI 作为开放标准与大家见面，并在几个月内成为基于并行计算库的主导语言。自 1994 年以来，MPI 的应用带来了从物理学到机器学习，再到汽车自动驾驶技术的突破！在当今工作中，有若干种 MPI 的实现被广泛使用，来自阿贡国家实验室的 MPICH 和 OpenMPI 是其中最常见的两种。硬件供应商通常为他们的平台定制这两种实现之一的版本。MPI 标准(目前为 2015 年的 3.1 版本)正随着时间的推移在不断发展与进化。

在本章中，将展示如何在应用程序中实现 MPI。将从一个简单的 MPI 程序开始，然后晋级到更复杂的例子，讲述如何使用通信边界信息将独立过程中的独立计算网格连接在一起。我们将讨论一些用于编写优秀 MPI 程序所需要的重要高级技术，例如构建自定义 MPI 数据类型和使用 MPI 笛卡儿拓扑函数。最后，将介绍 MPI 与 OpenMP 的混合以及向量化，从而获得多级的并行。

注意：我们鼓励你在 https://github.com/EssentialsofParallelComputing/Chapter8 下载本章的示例并完成相关练习。

8.1 MPI 程序基础

在本节中，我们将介绍小型 MPI 程序所需的基础知识。其中一些基本需求是由 MPI 标准指定的，而其他需求是由大多数 MPI 实现通过约定提供的。MPI 的基本结构和操作，自第一个标准以来一直保持着显著的一致性。

首先，MPI 是一种完全基于库的语言。它不需要特殊的编译器或操作系统的调整，所有 MPI 程序都有一个基本的结构和流程，如图 8-1 所示。MPI 总是在程序开始时调用 MPI_Init，在程序退出时调用 MPI_Finalize。这与第 7 章中讨论的 OpenMP 形成对比，后者不需要特殊的启动和关闭命令，只需要在关键循环周围放置并行指令即可。

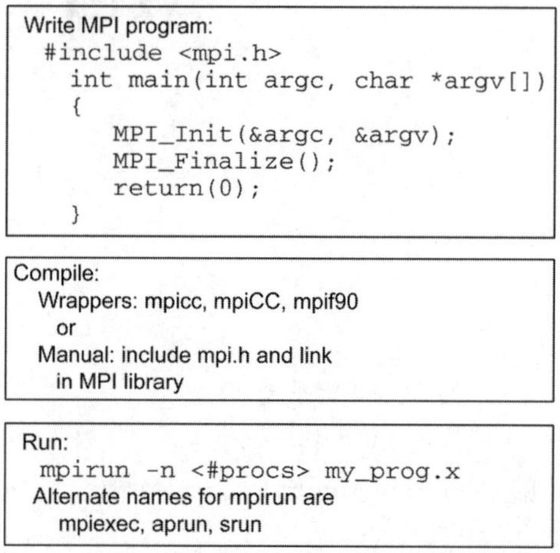

```
Write MPI program:
  #include <mpi.h>
    int main(int argc, char *argv[])
    {
       MPI_Init(&argc, &argv);
       MPI_Finalize();
       return(0);
    }
```

```
Compile:
  Wrappers: mpicc, mpiCC, mpif90
    or
  Manual: include mpi.h and link
    in MPI library
```

```
Run:
  mpirun -n <#procs> my_prog.x
  Alternate names for mpirun are
    mpiexec, aprun, srun
```

图 8-1 MPI 方法是基于库的。只需要编译、链接 MPI 库，然后使用特殊的并行启动程序进行启动即可

创建 MPI 程序后，它将被编译为包含文件和库。然后用一个特殊的启动程序来执行它，通过该程序，可以在节点之间和节点内部建立并行进程。

8.1.1 为每个 MPI 程序进行基本 MPI 函数调用

基本的 MPI 函数调用包括 MPI_Init 和 MPI_Finalize。应该在程序启动之后对 MPI_Init 进行调用，并且必须将来自主例程的参数传递给初始化调用。下面是一个典型的调用示例，这个调用可以带有返回变量，也可以不带返回变量。

```
iret = MPI_Init(&argc, &argv);
iret = MPI_Finalize();
```

大多数程序在可以通信的组中，将所需进程的数量和进程 rank 称为通信器。MPI 的一个主要功能是启动远程进程，并将这些进程绑定起来，以便在进程之间进行消息传递。默认通信器是 MPI_COMM_WORLD，它是由 MPI_Init 在每个并行作业开始时设置的。让我们先了解一下相关定义：

- 进程(Process)：是一种独立的计算单元，拥有部分内存的所有权并控制用户空间中的资源。
- rank：是一种唯一的、可移植的标识符，用于区分进程集中的各个进程。通常，这个值是从 0 到进程数减 1 的整数。

可通过如下方式获取这些重要变量的调用：

```
iret = MPI_Comm_rank(MPI_COMM_WORLD, &rank);
iret = MPI_Comm_size(MPI_COMM_WORLD, &nprocs);
```

8.1.2　简单 MPI 程序的编译器包装器

虽然 MPI 是一个库，但我们可以通过使用 MPI 编译器包装器将其视为一个编译器。因为不需要知道需要哪些库以及这些库的存储位置，所以构建 MPI 应用程序将变得更加容易。这对于小型 MPI 应用程序尤其方便。每种编程语言都有编译器包装器：

- mpicc——C 语言包装器
- mpicxx——C++ 包装器(也可以是 mpiCC 或者 mpic++)
- mpifort——Fortran 语言包装器(也可以是 mpif77 或者 mpif90)

这些包装器不是必需的，如果没有使用编译器包装器，它们对于识别构建应用程序所需的编译标志仍然很有价值。mpicc 命令带有输出此信息的选项，你可以为 MPI 的 man mpicc 使用这些选项。对于两个最流行的 MPI 实现，下面列出了 mpicc、mpicxx 和 mpifort 的命令行选项。

- 对于 OpenMPI 使用如下命令选项：

  --showme

  --showme:compile

  --showme:link

- 对于 MPICH 使用如下命令选项：

  -show

  -compile_info

  -link_info

8.1.3　使用并行启动命令

MPI 并行进程的启动是一个复杂的操作，将由一个特殊命令来处理。起初，这个命令通常是 mpirun。但是随着在 1997 年 MPI 2.0 标准的发布，推荐使用 mpiexec 作为启动命令，从而提供更大的可移植性。然而，这种标准化的尝试并没有取得完全成功，现在常用的启动命令如下：

- mpirun -n <nprocs>
- mpiexec -n <nprocs>
- rprun
- srun

大多数 MPI 启动命令使用-n 作为进程数，但也可能使用-np。随着当今计算机节点架构的复杂程度不断增加，启动命令有大量的关联性、放置以及环境选项(将在第 14 章讨论中讨论其中的部分内容)。这些选项会根据每个 MPI 实现的不同而异，甚至会根据其 MPI 库的版本而异。最初的启动命令提供的简单选项已经演变成大量尚未稳定且令人困惑的复杂选项组合。幸运的是，对于 MPI 初学者来说，可以忽略大多数选项，但这些选项对于高级应用和优化依旧非常重要。

8.1.4　MPI 程序的最小工作示例

我们已经学习了所有的基本组件，我们可将它们应用到代码清单 8-1 所示的最小工作示例中：启动并行作业并打印每个进程的 rank 和进程数。在获取 rank 和 size 的调用中，可以使用在 MPI 头文件中预定义的 MPI_COMM_WORLD 变量，这个变量包含所有 MPI 进程。注意，输出结果可能是任意顺序的；MPI 程序将由操作系统决定何时以及通过怎样的方式输出结果。

代码清单 8-1　MPI 最小工作示例

```
MinWorkExampleMPI.c
#include <mpi.h>
#include <stdio.h>
int main(int argc, char **argv)
{
   MPI_Init(&argc, &argv);

   int rank, nprocs;
   MPI_Comm_rank(MPI_COMM_WORLD, &rank);
   MPI_Comm_size(MPI_COMM_WORLD, &nprocs);

   printf("Rank %d of %d\n", rank, nprocs);

   MPI_Finalize();
   return 0;
}
```

MPI 函数和变量的包含文件

在程序启动后初始化，包括程序参数

获取进程的 rank number

获取由 mpirun 命令确定的程序中的 rank number

完成 MPI 来同步 rank，然后退出

代码清单 8-2 定义了一个简单的 makefile，用于使用 MPI 编译器包装器构建这个示例。在本例中，我们使用 mpicc 包装器来提供 mpi.h 包含文件以及 MPI 库的位置。

代码清单 8-2　使用 MPI 编译器包装器的简单 makefile

```
MinWorkExample/Makefile.simple

default:       MinWorkExampleMPI
all:    MinWorkExampleMPI

MinWorkExampleMPI: MinWorkExampleMPI.c Makefile
      mpicc MinWorkExampleMPI.c -o MinWorkExampleMPI

clean:
      rm -f MinWorkExampleMPI MinWorkExampleMPI.o
```

可使用 CMake 在各种系统上完成更精细的构建工作。下面的代码清单显示了这个程序的 CMakeLists.txt 文件内容。

代码清单 8-3　用于 CMake 的 CMakeLists.txt 文件

```
MinWorkExample/CMakeLists.txt
cmake_minimum_required(VERSION 2.8)

project(MinWorkExampleMPI)

# Require MPI for this project:
find_package(MPI REQUIRED)

add_executable(MinWorkExampleMPI MinWorkExampleMPI.c)
```

调用一个特殊模块来查找 MPI 并设置变量

```
target_include_directories(MinWorkExampleMPI
      PRIVATE ${MPI_C_INCLUDE_PATH})
target_compile_options(MinWorkExampleMPI
   PRIVATE ${MPI_C_COMPILE_FLAGS})
target_link_libraries(MinWorkExampleMPI
   ${MPI_C_LIBRARIES} ${MPI_C_LINK_FLAGS})
```

修改编译标志

```
# Add a test:
enable_testing()
add_test(MPITest ${MPIEXEC} ${MPIEXEC_NUMPROC_FLAG}
    ${MPIEXEC_MAX_NUMPROCS}
    ${MPIEXEC_PREFLAGS}
    ${CMAKE_CURRENT_BINARY_DIR}/MinWorkExampleMPI
    ${MPIEXEC_POSTFLAGS})
```

创建可移植的 MPI 测试

```
# Cleanup
add_custom_target(distclean COMMAND rm -rf CMakeCache.txt CMakeFiles
                  Makefile cmake_install.cmake CTestTestfile.cmake Testing)
```

现在使用 CMake 构建系统，通过以下命令进行配置、构建，然后运行测试：

```
cmake .
make
make test
```

printf 命令的写操作将以任意顺序显示输出结果。最后，在程序执行完毕后，使用如下命令执行清理动作：

```
make clean
make distclean
```

8.2 用于进程间通信的发送和接收命令

消息传递方法的核心是点对点的消息传递，或者更准确地说，是进程对进程的消息传递。并行处理的重点是协调这些消息传递工作。为此，在消息发送过程中需要同时考虑消息发送的控制以及对消息发送工作进行分配。我们将展示如何编写消息发送程序并将消息正确发送到目的地。点对点例程有许多变体，下面将介绍工作中推荐使用的常用例程。

图 8-2 中显示了消息的组成部分。系统的两端都必须有一个邮箱，并且邮箱的容量很重要。在消息传递过程中，发送方知道消息的大小，但接收方不知道。为了确保有合适的空间存储消息，通常最好先发布接收消息。如果不事先发布接收信息，接收进程创建临时空间来存储接收到的消息，并在消息完成接收后将其复制到正确位置，这一过程将造成消息传递的延迟，因此，建议事先发布接收信息，从而避免造成消息传递延迟。打个比方，如果接收邮件(邮箱)没有发布(不存在)，邮递员必须等待，直到有人放置一个邮件。事先发布接收信息，降低了接收端因内存空间不足而分配临时缓冲区来存储消息的可能性。

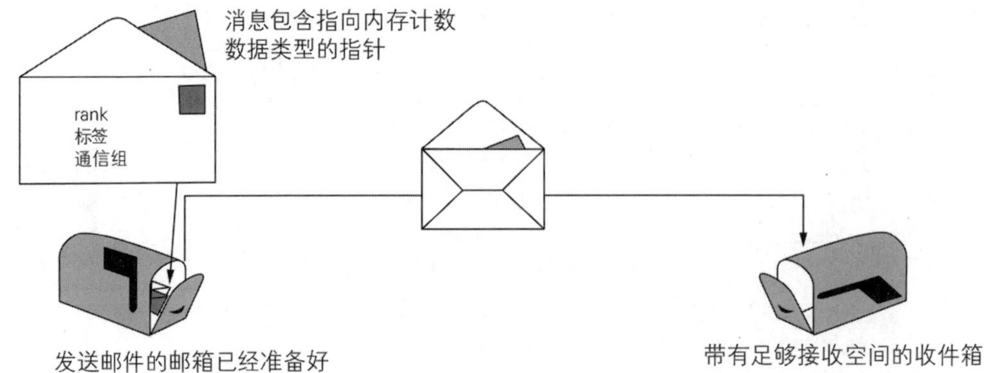

图 8-2 MPI 中的消息由内存指针、计数和类型组成。信封带有由 rank、标签、通信组以及内部 MPI 上下文组成的地址

消息本身在接收端和发送端，总是由三个元素组成：指向内存缓冲区的指针、计数以及类型。发送的类型和计数，可以与接收的类型与计数不同。使用类型和计数的基本原理是：允许在源和目的地的传输之间进行类型转换。这将允许在接收端将消息转换为另一种形式。在异构环境中，这可能意味着将 lower-endian 数据转换为 big-endian 数据(lower-endian 和 big-endian 是不同硬件供应商所使用的数据字节顺序)，另外，接收的大小可以大于发送的数量，这将允许接收方查询数据发送的总量，以便对消息进行正确处理。需要注意，接收大小不能小于发送大小，因为这会导致写入超过缓冲区的上限而产生错误。

信封也由三元组组成。它定义了消息来自谁，发送给谁，以及一个消息标识符，用来避免混淆多条消息。三元组由 rank、标签和通信组组成。rank 针对指定的通信组，标签帮助程序员和 MPI 区分哪个消息发往哪个接收端。在 MPI 中，标签是一种便利条件。如果不想明确给出标签编号，可将其设置为 MPI_ANY_TAG，MPI 将使用在库内部创建的上下文来正确分离消息。需要注意的是，通信器和标签都完全匹配才能完成消息传递。

注意：消息传递方法的优势之一是内存模型。每个进程对其数据有明确的所有权，以及对数据更改时的控制和同步。这可以保证其他进程不会更改内存数据。现在让我们了解一个带有简单发送/接收的 MPI 程序。必须在一个进程上发送数据，在另一个进程上接收数据。可以通过不同的方式对多个进程发出这些调用(如图 8-3 所示)。一些基本阻塞发送和接收的组合是不安全的，因为可能造成挂起，例如图 8-3 左边的两个组合。右边的第三种组合需要使用条件语句对程序进行控制。最右边的方法是通过使用非阻塞发送和接收来安排通信的安全方法之一。这些调用也称为异步调用或即时调用，这解释了为什么会在发送和接收关键字前面带有 I 字符(如图最右侧所示)。

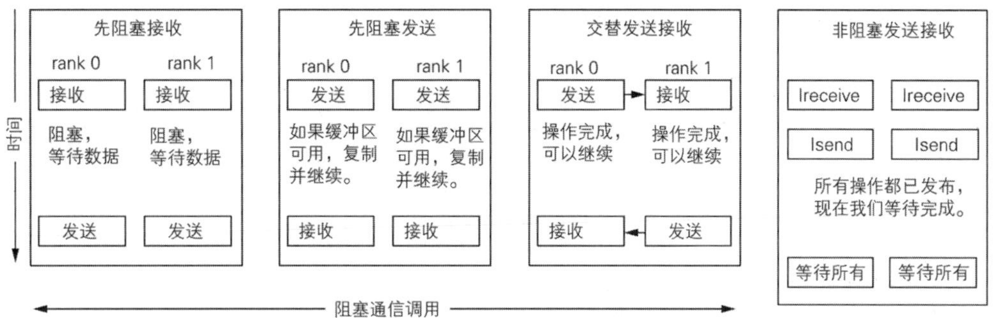

图 8-3　通过阻塞发送和接收顺序来传递消息很难正确执行。使用非阻塞或立即形式的消息发送和接收操作并等待完成，将更安全、更迅速

最基本的 MPI 发送和接收是 MPI_Send 和 MPI_Recv。基本的发送和接收函数有以下原型：

```
MPI_Send(void *data, int count, MPI_Datatype datatype, int dest, int tag,
         MPI_COMM comm)
MPI_Recv(void *data, int count, MPI_Datatype datatype, int source, int tag,
         MPI_COMM comm, MPI_Status *status)
```

现在让我们逐个分析图 8-3 中的四种情况，来理解为什么消息传递有些被挂起，有些可以正常工作。我们从前面的函数原型以及图中最左边的示例显示的 MPI_Send 和 MPI_Receive 开始。这两个例程都发生了阻塞，阻塞意味着在满足特定条件之前它们不会执行返回操作。在存在两个调用的情况下，返回的条件是缓冲区可以安全地再次使用。在发送时，缓冲区必须已经完成读取并且可以释放。在接收时，缓冲区必须被填充。如果通信中的两个进程都阻塞，就会出现挂起的情况。当一个或多个进程在等待一个永远不会发生的事件时，也会发生挂起。

示例：存在挂起的发送/接收程序

这个例子讲解了并行编程中的一个常见问题。你必须始终保持警惕，以避免出现挂起(死锁)的情况。在下面的代码清单中，我们将研究如何避免挂起的发生。

MPI 中简单的发送/接收示例(始终存在挂起)

```
Send_Recv/SendRecv1.c
#include <mpi.h>
#include <stdio.h>
#include <stdlib.h>
int main(int argc, char **argv)
{
   MPI_Init(&argc, &argv);

   int count = 10;
   double xsend[count], xrecv[count];
   for (int i=0; i<count; i++){
      xsend[i] = (double)i;
   }

   int rank, nprocs;
```

```
   MPI_Comm_rank(MPI_COMM_WORLD, &rank);
   MPI_Comm_size(MPI_COMM_WORLD, &nprocs);
   if (nprocs%2 == 1){
      if (rank == 0){
         printf("Must be called with an even number of processes\n");
      }
      exit(1);
   }

   int tag = rank/2;
   int partner_rank = (rank/2)*2 + (rank+1)%2;
   MPI_Comm comm = MPI_COMM_WORLD;

   MPI_Recv(xrecv, count, MPI_DOUBLE,
            partner_rank, tag, comm,
            MPI_STATUS_IGNORE);
   MPI_Send(xsend, count, MPI_DOUBLE,
            partner_rank, tag, comm);

   if (rank == 0) printf("SendRecv successfully completed\n");

   MPI_Finalize();
   return 0;
}
```

通过整数除法将发送和接收操作的标签进行配对

partner_rank 配对信息中的相对成员

接收首先发布

在接收之后完成发送

通过整数和模运算，计算通信组合的标签和 rank，该算法将每个发送和接收的标签进行配对，并获得对中另一个成员的 rank。然后为其伙伴成员发布每个过程的接收信息。这些将是阻塞接收，直到缓冲区被填满才完成(返回)。因为直到接收完成后才会调用发送，所以程序将出现挂起。请注意，我们在编写发送和接收调用时没有基于 rank 的 if 语句(条件语句)。条件语句是并行代码中诸多 bug 的来源，所以通常最好避免使用条件语句。

让我们试着颠倒发送和接收的顺序。下面的代码清单中列出了在上一个示例中进行更改的代码部分。

代码清单 8-4　MPI 中简单的发送/接收示例(可能存在执行失败)

```
Send_Recv/SendRecv2.c
   MPI_Send(xsend, count, MPI_DOUBLE,
            partner_rank, tag, comm);
   MPI_Recv(xrecv, count, MPI_DOUBLE,
            partner_rank, tag, comm,
            MPI_STATUS_IGNORE);
```

首先调用发送操作

在发送完成后调用接收操作

那么这个操作会出现失败吗？这需要视情况而定。在使用发送数据缓冲区完成后，发送调用返回。如果数据大小足够小，大多数 MPI 实现都会将数据复制到发送端或接收端预先分配的缓冲区中。这种情况下，发送完成并调用接收。如果消息很大，发送在返回之前将等待接收调用分配一个缓冲区来放置消息。但因为接收从未被调用，因此程序挂起。可根据 rank 进行交替的发送和接收，这样就不会发生挂起。同时，必须为这个变体使用条件语句，如下所示。

代码清单 8-5　按 rank 进行交替发送与接收

```
Send_Recv/SendRecv3.c
   if (rank%2 == 0) {
      MPI_Send(xsend, count, MPI_DOUBLE, partner_rank, tag, comm);
      MPI_Recv(xrecv, count, MPI_DOUBLE, partner_rank, tag, comm,
                  MPI_STATUS_IGNORE);
   } else {
      MPI_Recv(xrecv, count, MPI_DOUBLE, partner_rank, tag, comm,
               MPI_STATUS_IGNORE);
      MPI_Send(xsend, count, MPI_DOUBLE, partner_rank, tag, comm);
   }
```

rank 为偶数，先发布发送信息

rank 为奇数，先发布接收信息

但在更复杂的传输中，正确使用条件语句就变得更加复杂，并且需要谨慎使用条件语句。更好的实现方法是使用 MPI_Sendrecv 调用，如下面的代码清单所示。通过使用这个调用，可以让 MPI 库来负责通信的正确性。对于程序开发者来说，这是一个非常明智的选择。

代码清单 8-6　使用 MPI_Sendrecv 调用进行发送与接收

```
Send_Recv/SendRecv4.c
   MPI_Sendrecv(xsend, count, MPI_DOUBLE,
                partner_rank, tag,
                 xrecv, count, MPI_DOUBLE,
                partner_rank, tag, comm,
                MPI_STATUS_IGNORE);
```

使用发送/接收调用来替代单独的 MPI_Send 和 MPI_Recv

MPI_Sendrecv 调用是利用集合通信调用优势的一个很好的例子，我们将在 8.3 节中介绍这些优势。在工作中尽可能使用集合通信调用，因为通过它可以避免挂起和死锁的产生，并为 MPI 库提供良好的性能。

作为前面例子中阻塞通信调用的替代方法，我们将在代码清单 8-7 中使用 MPI_Isend 和 MPI_Irecv。因为它们立即返回，所以称为即时(I)版本。这通常也被称为异步或非阻塞调用。异步意味着调用发起操作，但不等待工作的完成。

代码清单 8-7　使用 Isend 和 Irecv 的简单发送/接收示例

```
Send_Recv/SendRecv5.c
27    MPI_Request requests[2] =
          {MPI_REQUEST_NULL, MPI_REQUEST_NULL};
28
29    MPI_Irecv(xrecv, count, MPI_DOUBLE,
              partner_rank, tag, comm,
              &requests[0]);
30    MPI_Isend(xsend, count, MPI_DOUBLE,
              partner_rank, tag, comm,
              &requests[1]);
31    MPI_Waitall(2, requests, MPI_STATUSES_IGNORE);
```

定义请求数组并将其设置为 null，以便在测试完成时定义这些请求

首先发布 Irecv 信息

然后在 Irecv 完成后调用 Isend

调用 Waitall 以等待发送和接收完成

每个进程在代码清单第 31 行的 MPI_Waitall 处等待消息完成。通过将阻塞每个发送和接收调用

的位置数量减少到只阻塞一个 MPI_Waitall，你将看到程序性能显著提升。但必须注意，在操作完成之前不要修改发送缓冲区或访问接收缓冲区。除了上面介绍的内容之外，还有其他有效的组合，让我们来了解下面的代码清单，它使用了另一种不同的组合。

代码清单 8-8 一个混合即时与阻塞的发送/接收示例

```
Send_Recv/SendRecv6.c
    MPI_Request request;

    MPI_Isend(xsend, count, MPI_DOUBLE,
              partner_rank, tag, comm,
              &request);
    MPI_Recv(xrecv, count, MPI_DOUBLE,
              partner_rank, tag, comm,
              MPI_STATUS_IGNORE);
    MPI_Request_free(&request);
```

使用 MPI_Isend 来发布发送信息，从而获得返回

调用接收阻塞。这个过程一旦返回，就可以继续运行

释放请求句柄以避免内存泄漏

我们使用异步发送开始通信，然后用阻塞接收对通信进行阻塞。即使发送还没有完成，一旦阻塞接收完成，这个过程就可以继续运行，你仍然必须使用 MPI_Request_free 或由调用 MPI_Wait 或 MPI_Test 产生的效果来释放请求句柄，以避免内存泄漏。你也可以在 MPI_Isend 之后立即调用 MPI_Request_free。

发送/接收的其他变体可能适用于某些特殊情况。比如，模式由一个或两个字母的前缀表示，类似于直接变体，如下所示：

- B (Buffered，缓冲)
- S (Synchronous，同步)
- R (Ready，就绪)
- IB (Immediate Buffered，立即缓冲)
- IS (Immediate Synchronous，立即同步)
- IR (Immediate Ready，立即就绪)

C 语言预定义的 MPI 数据类型列表非常广泛，数据类型几乎映射到 C 语言中的所有类型。MPI 也有与 Fortran 数据类型对应的类型。下面只列出最常见的 C 语言数据类型映射：

- MPI_CHAR (1 字节的 C 字符类型)
- MPI_INT (4 字节整型类型)
- MPI_FLOAT (4 字节的实数类型)
- MPI_DOUBLE (8 字节的实数类型)
- MPI_PACKED (通用字节大小的数据类型，通常用于混合数据类型)
- MPI_BYTE (通用字节大小的数据类型)

MPI_PACKED 和 MPI_BYTE 是特殊类型，可以匹配任何其他类型。MPI_BYTE 表示一个非类型化值，count 表示字节数。它避免了异构数据通信中的任何数据转换操作。如 8.4.3 节中的 ghost exchange 示例所示，MPI_PACKED 与 MPI_PACK 例程一起使用。你也可在这些调用中使用自己的数据类型。还有许多通信完成测试例程，其中包括：

```
int MPI_Test(MPI_Request *request, int *flag, MPI_Status *status)
int MPI_Testany(int count, MPI_Request requests[], int *index, int *flag,
                MPI_Status *status)
int MPI_Testall(int count, MPI_Request requests[], int *flag,
                MPI_Status statuses[])
int MPI_Testsome(int incount, MPI_Request requests[], int *outcount,
                int indices[], MPI_Status statuses[])
int MPI_Wait(MPI_Request *request, MPI_Status *status)
int MPI_Waitany(int count, MPI_Request requests[], int *index,
                MPI_Status *status)
int MPI_Waitall(int count, MPI_Request requests[], MPI_Status statuses[])
int MPI_Waitsome(int incount, MPI_Request requests[], int *outcount,
                int indices[], MPI_Status statuses[])
int MPI_Probe(int source, int tag, MPI_Comm comm, MPI_Status *status)
```

这里没有列出 MPI_Probe 的其他变体，MPI_Waitall 在本章的几个示例中都有使用，其他例程将更适用于更特殊的情况。通过例程的名称可以很好地了解它们所提供的功能。

8.3　聚合通信：MPI 的强大组件

在本节中，我们将研究 MPI 中丰富的聚合通信调用集。聚合通信将对 MPI 通信器中的一组进程进行操作。操作部分进程集时，你可以为 MPI_COMM_WORLD 的子集(如其他每个进程)创建自己的 MPI 通信器。然后，可在聚合通信调用中使用通信器来代替 MPI_COMM_WORLD。大多数聚合通信例程都是对数据执行操作的。图 8-4 给出了每个聚合操作的可视化概念。

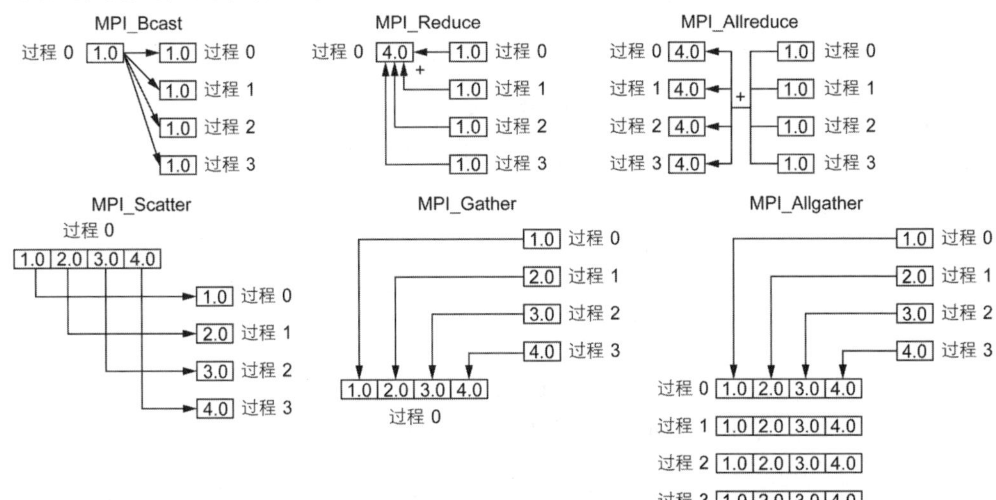

图 8-4　最常见的 MPI 聚合例程的数据移动，为并行程序提供了重要功能。其他变量 MPI_Scatterv、MPI_Gatherv 和 MPI_Allgatherv 允许从进程发送或接收可变数量的数据。这里没有显示额外例程，比如 MPI_Alltoall 和类似的函数

我们将列举一些示例，说明如何使用常用的聚合操作，因为这些操作可能被用在应用程序中。第一个例子(在 8.3.1 节)展示了如何使用 barrier，它是唯一不操作数据的聚合程序。然后，我们将展

示一些关于广播(第 8.3.2 节)、约减(第 8.3.3 节)和最后的 scatter/gather 操作(第 8.3.4 和 8.3.5 节)的示例。MPI 也有各种各样的 all-to-all 例程，但是这些例程成本过高而且很少使用，所以我们将不讨论相关内容。这些聚合操作都在由一个通信组表示的一组进程上进行操作。通信组的所有成员必须调用聚合通信，否则程序将挂起。

8.3.1 使用 barrier 来同步计时器

最简单的聚合通信调用是使用 MPI_Barrier。它用于同步 MPI 通信器中的所有进程。在大多数程序中，这不是必要的操作，但它经常被用于调试和同步计时器。让我们看看如何在下面的代码清单中使用 MPI_Barrier 来同步计时器，在程序中还将使用 MPI_Wtime 函数来获取当前时间。

代码清单 8-9 使用 MPI_Barrier 对 MPI 程序中的计时器进行同步

SynchronizedTimer/SynchronizedTimer1.c

```
#include <mpi.h>
#include <unistd.h>
#include <stdio.h>
int main(int argc, char *argv[])
{
   double start_time, main_time;

   MPI_Init(&argc, &argv);
   int rank;
   MPI_Comm_rank(MPI_COMM_WORLD, &rank);

   MPI_Barrier(MPI_COMM_WORLD);
   start_time = MPI_Wtime();

   sleep(30);

   MPI_Barrier(MPI_COMM_WORLD);
   main_time = MPI_Wtime() - start_time;
   if (rank == 0) printf("Time for work is %lf seconds\n", main_time);

   MPI_Finalize();
   return 0;
}
```

同步所有进程，使它们几乎同时启动

使用 MPI_Wtime 例程获取计时器的起始值

代表任务正在完成中

对进程进行同步，从而获得最长的时间

获取计时器当前值，并减去起始值，从而得到运行时间

在启动计时器之前及停止之前插入 barrier，这将迫使所有进程上的计时器几乎在同一时间启动。通过在计时器停止之前插入 barrier，可得到所有进程的最长运行时间。有时使用同步计时器可以减少混淆时间，但在其他情况下，使用非同步计时器的效果更好。

注意：在生产运行中不应使用同步计时器和 barrier，因为这样会导致应用程序严重性能下降。

8.3.2 使用广播处理小文件输入

广播将数据从一个处理器发送到其他所有处理器。该操作如图 8-4 中的左上角所示。MPI_Bcast 的用途之一是将从输入文件中读取的值发送给所有其他进程。如果每个进程都试图打开一个文件，

并且当进程数量很多，那么完成打开文件可能需要几分钟的时间。这是因为文件系统本质上是串行的，是计算机系统中较慢的组件之一。由于这些原因，对于小文件的输入，最好只从单个进程打开并读取其中的内容。下面的代码清单展示了如何通过单线程打开并读取小型文件。

代码清单 8-10 使用 MPI_Bcast 处理小文件输入

```
FileRead/FileRead.c
#include <stdio.h>
#include <string.h>
#include <stdlib.h>
#include <mpi.h>
int main(int argc, char *argv[])
{
   int rank, input_size;
   char *input_string, *line;
   FILE *fin;

   MPI_Init(&argc, &argv);
   MPI_Comm_rank(MPI_COMM_WORLD, &rank);

   if (rank == 0){
      fin = fopen("file.in", "r");
      fseek(fin, 0, SEEK_END);
      input_size = ftell(fin);
      fseek(fin, 0, SEEK_SET);
      input_string = (char *)malloc((input_size+1)*sizeof(char));
      fread(input_string, 1, input_size, fin);
      input_string[input_size] = '\0';
   }

   MPI_Bcast(&input_size, 1, MPI_INT, 0,
             MPI_COMM_WORLD);
   if (rank != 0)
      input_string =
         (char *)malloc((input_size+1)*
                       sizeof(char));
   MPI_Bcast(input_string, input_size,
             MPI_CHAR, 0, MPI_COMM_WORLD);

   if (rank == 0) fclose(fin);

   line = strtok(input_string,"\n");
   while (line != NULL){
      printf("%d:input string is %s\n",rank,line);
      line = strtok(NULL,"\n");
   }
   free(input_string);

   MPI_Finalize();
   return 0;
}
```

获取用于分配输入缓冲区的文件大小

将文件指针重置到文件的开头

读取整个文件

null 将终止输入缓冲区

广播输入缓冲区的大小

在其他进程上分配输入缓冲区

广播输入缓冲区

广播更大的数据块比单独广播多个较小的数据块会取得更好的效果。因此，我们将广播整个文件。要做到这一点，首先需要对文件的大小进行广播，以便每个进程可分配一个合适的输入缓冲区，然后对数据进行广播。文件读取和广播从 rank 0 开始，通常称为主进程。

MPI_Bcast 使用一个指针作为第一个参数，因此在发送标量变量时，通过使用&操作符发送引用，从而获得变量的地址，接下来是完整定义要发送的数据计数和类型，并使用下一个参数来指定起始进程，在这两个调用中，因为它们是数据所在的 rank，所以这两个参数都是 0。接下来 MPI_COMM_WORLD 通信中的所有其他进程将对数据进行接收。这种技术适用于小文件输入，对于更大的文件输入或输出，可以通过其他方法执行并行文件操作。复杂的并行输入和输出将在第 16 章进行讨论。

8.3.3 使用约减从所有进程中获取单个值

第 5.7 节中讨论的约减模式是最重要的并行计算模式之一。约减操作如图 8-4 所示。Fortran 数组约减语法的一个例子是 xsum = sum(x(:))，其中 Fortran sum 内在函数对 x 数组求和并将其放入标量变量 xsum 中。MPI reduce 调用接收一个普通数组或多维数组作为参数，并将这些值合并为一个标量结果。在约减过程中可执行许多其他操作，例如下方这些操作：

- MPI_MAX (数组中的最大值)
- MPI_MIN (数组中的最小值)
- MPI_SUM (数组的总和)
- MPI_MINLOC (最小值的索引)
- MPI_MAXLOC (最大值的索引)

下面的代码清单展示了如何使用 MPI_Reduce 从每个进程中获取变量的最小值、最大值以及平均值。

代码清单 8-11 使用约减获取计时器的最小值、最大值和平均值

SynchronizedTimer/SynchronizedTimer2.c

```
#include <mpi.h>
#include <unistd.h>
#include <stdio.h>
int main(int argc, char *argv[])
{
   double start_time, main_time, min_time, max_time, avg_time;

   MPI_Init(&argc, &argv);
   int rank, nprocs;
   MPI_Comm_rank(MPI_COMM_WORLD, &rank);
   MPI_Comm_size(MPI_COMM_WORLD, &nprocs);

   MPI_Barrier(MPI_COMM_WORLD);
   start_time = MPI_Wtime();

   sleep(30);

   main_time = MPI_Wtime() - start_time;
```

同步所有进程，使它们几乎同时启动

代表任务正在完成中

获取计时器当前值并减去起始值，从而得到运行时间

```
   MPI_Reduce(&main_time, &max_time, 1,
      MPI_DOUBLE, MPI_MAX, 0, MPI_COMM_WORLD);
   MPI_Reduce(&main_time, &min_time, 1,
      MPI_DOUBLE, MPI_MIN, 0,MPI_COMM_WORLD);
   MPI_Reduce(&main_time, &avg_time, 1,
      MPI_DOUBLE, MPI_SUM, 0,MPI_COMM_WORLD);
   if (rank == 0)
      printf("Time for work is Min: %lf Max: %lf Avg: %lf seconds\n",
   min_time, max_time, avg_time/nprocs);

   MPI_Finalize();
   return 0;
}
```

使用约减调用来计算时间的最大值、最小值和平均值

约减结果(本例中的最大值)存储在本例中的进程 rank 0 上 (MPI_Reduce 调用中的第 6 个参数)。如果我们只想在主进程上打印它，这种操作将非常合适，但如果希望所有进程都带有这个值，我们将使用 MPI_Allreduce 例程。

还可以定义自己的操作符。我们将使用第 5.7 节中介绍的 kahan 增强精度求和的例子进行说明。在分布式内存并行环境中，存在的挑战是跨进程级别执行 kahan 求和。我们先了解下面代码清单中的主程序，然后看一下代码清单 8-13 和代码清单 8-14 中的其他两个程序。

代码清单 8-12　kahan 求和的 MPI 实现

```
GlobalSums/globalsums.c
int main(int argc, char *argv[])
{
   MPI_Init(&argc, &argv);
   int rank, nprocs;
   MPI_Comm_rank(MPI_COMM_WORLD, &rank);
   MPI_Comm_size(MPI_COMM_WORLD, &nprocs);

   init_kahan_sum();

   if (rank == 0) printf("MPI kahan tests\n");

   for (int pow_of_two = 8; pow_of_two < 31; pow_of_two++){
      long ncells = (long)pow((double)2,(double)pow_of_two);

      int nsize;
      double accurate_sum;
      double *local_energy =
         init_energy(ncells, &nsize,
         &accurate_sum);

      struct timespec cpu_timer;
      cpu_timer_start(&cpu_timer);

      double test_sum =
         global_kahan_sum(nsize, local_energy);

      double cpu_time = cpu_timer_stop(cpu_timer);

```

初始化新的 MPI 数据类型并创建一个新的操作符

获取将使用的分布式数组

计算跨所有进程的能量数组的 kahan 求和

```
      if (rank == 0){
         double sum_diff = test_sum-accurate_sum;
         printf("ncells %ld log %d acc sum %-17.16lg sum %-17.16lg ",
              ncells,(int)log2((double)ncells),accurate_sum,test_sum);
         printf("diff %10.4lg relative diff %10.4lg runtime %lf\n",
              sum_diff,sum_diff/accurate_sum, cpu_time);
      }

      free(local_energy);
   }

   MPI_Type_free(&EPSUM_TWO_DOUBLES);
   MPI_Op_free(&KAHAN_SUM);
   MPI_Finalize();
   return 0;
}
```

释放自定义数据类型和操作符

主程序显示了在程序开始时，新的 MPI 数据类型只需要创建一次，并在 MPI_Finalize 之前进行释放。执行全局 kahan 求和的调用在循环中被执行多次，其中数据大小以 2 的幂次进行增加。现在我们来了解下一个程序代码清单，看看如何初始化新的数据类型和操作符。

代码清单 8-13 为 kahan 求和初始化新的 MPI 数据类型和操作符

```
GlobalSums/globalsums.c
struct esum_type{
   double sum;
   double correction;
};

MPI_Datatype EPSUM_TWO_DOUBLES;
MPI_Op KAHAN_SUM;

void kahan_sum(struct esum_type * in,
              struct esum_type * inout, int *len,
   MPI_Datatype *EPSUM_TWO_DOUBLES)
{
   double corrected_next_term, new_sum;
   corrected_next_term = in->sum + (in->correction + inout->correction);
   new_sum = inout->sum + corrected_next_term;
   inout->correction = corrected_next_term - (new_sum - inout->sum);
   inout->sum = new_sum;
}

void init_kahan_sum(void){
   MPI_Type_contiguous(2, MPI_DOUBLE,
                       &EPSUM_TWO_DOUBLES);
   MPI_Type_commit(&EPSUM_TWO_DOUBLES);

   int commutative = 1;
   MPI_Op_create((MPI_User_function *)kahan_sum,
                 commutative, &KAHAN_SUM);
}
```

定义一个 esum_type 结构来保存 sum 以及校正项

声明一个由两个双精度数组成的新 MPI 数据类型

声明一个新的 kahan 求和运算符

使用预定义签名为新操作符定义函数

创建类型并提交

创建新操作符并提交它

我们首先在第 33 行通过组合两个基本 MPI_DOUBLE 数据类型来创建新的数据类型 EPSUM_TWO_DOUBLES。并且必须在第 19 行在例程之外声明该类型，以便求和例程可以使用它。如果要创建新的运算符，首先要编写函数作为第 22~30 行中的运算符，然后使用 esum_type 对双精度值进行传入和传出操作。我们还需要传入用来操作新的 EPSUM_TWO_DOUBLES 类型时使用的长度和数据类型。

在创建 kahan 求和约减操作符的过程中，我们展示了如何创建新的 MPI 数据类型和新的 MPI 约减操作符。现在，让我们通过程序来实际计算跨 MPI ranks 数组的全局和，如下所示。

代码清单 8-14　执行 MPI kahan 求和

```
GlobalSums/globalsums.c
40 double global_kahan_sum(int nsize, double *local_energy){
41    struct esum_type local, global;
42    local.sum = 0.0;
43    local.correction = 0.0;
44
45    for (long i = 0; i < nsize; i++) {
46       double corrected_next_term =
             local_energy[i] + local.correction;
47       double new_sum =
             local.sum + local.correction;
48       local.correction = corrected_next_term -
                            (new_sum - local.sum);
49       local.sum = new_sum;
50    }
51
52    MPI_Allreduce(&local, &global, 1, EPSUM_TWO_DOUBLES, KAHAN_SUM,
                    MPI_COMM_WORLD);
53
54    return global.sum;
55 }
```

将 esum_type 的两个成员初始化为 0

执行进程上的 kahan 求和

使用新的 KAHAN_SUM 操作符执行约减操作

与之前相比，现在计算 kahan 求和变得相对容易。我们也可以在局部计算 kahan 求和，如第 5.7 节所示。但是我们必须在第 52 行添加 MPI_Allreduce 从而获得全局结果。在程序最后定义 Allreduce 操作来得到所有处理器上的运行结果，如图 8-4 右上角所示。

8.3.4　使用 gather 在调试打印输出中排序

收集操作可以描述为整理操作，其中来自所有处理器的数据将汇集在一起并堆叠到单个数组中，如图 8-4 中下部所示。你可以使用此聚合通信调用将命令从程序输出到控制台。到现在为止，你应该已经注意到，从 MPI 程序的多个 rank 打印的输出结果以随机顺序出现，这将产生混乱。让我们通过一个更好的方法来处理这个问题，通过自主进程进行唯一的输出。通过仅打印主进程的输出结果，这次输出的顺序是正确的。下一个代码清单显示了一个示例程序，它从所有进程中获取数据，并以格式良好的有序输出方式进行打印。

代码清单 8-15　使用 gather 打印调试消息

```
DebugPrintout/DebugPrintout.c
#include <stdio.h>
#include <time.h>
#include <unistd.h>
#include <mpi.h>
#include "timer.h"
int main(int argc, char *argv[])
{
   int rank, nprocs;
   double total_time;
   struct timespec tstart_time;

   MPI_Init(&argc, &argv);
   MPI_Comm_rank(MPI_COMM_WORLD, &rank);
   MPI_Comm_size(MPI_COMM_WORLD, &nprocs);

   cpu_timer_start(&tstart_time);
   sleep(30);
   total_time += cpu_timer_stop(tstart_time);

   double times[nprocs];
   MPI_Gather(&total_time, 1, MPI_DOUBLE,
       times, 1, MPI_DOUBLE, 0, MPI_COMM_WORLD);
   if (rank == 0) {
      for (int i=0; i<nprocs; i++){
      printf("%d:Work took %lf secs\n",
              i, times[i]);
      }
   }

   MPI_Finalize();
   return 0;
}
```

为我们的示例获取每个进程的唯一值

需要一个数组来收集所有的时间数据

使用 gather 将所有值处理为零

只在主进程上进行打印

循环打印过程

打印每个进程的时间

MPI_Gather 采用描述数据源的标准三元组。我们需要使用&符号来获取变量 total_time 的地址。目的地也是具有目的地时间数组的三元组。因为数组已经是地址数据，所以不需要使用&符号。MPI world 通信组的 0 号进程已经完成了 gather 动作。然后，需要一个循环来打印每个进程的时间。每一行前面都加一个格式为#:的数字，以便清楚指明该输出对应哪个进程。

8.3.5　使用 scatter 和 gather 将数据发送到工作进程

图 8-4 中的 scatter 操作是 gather 操作的逆向操作。在这个操作中，数据将从一个进程发送到通信组中的所有其他进程。scatter 操作最常见的用途是在并行策略中将数据数组分发给其他进程，这将由 MPI_Scatter 和 MPI_Scatterv 例程来实现。下面的代码清单显示了具体实现过程。

代码清单 8-16　用 scatter 对数据进行分发，再用 gather 将数据取回

```
ScatterGather/ScatterGather.c
#include <stdio.h>
```

```c
#include <stdlib.h>
#include <mpi.h>
int main(int argc, char *argv[])
{
   int rank, nprocs, ncells = 100000;

   MPI_Init(&argc, &argv);
   MPI_Comm comm = MPI_COMM_WORLD;
   MPI_Comm_rank(comm, &rank);
   MPI_Comm_size(comm, &nprocs);

   long ibegin = ncells *(rank )/nprocs;
   long iend = ncells *(rank+1)/nprocs;
   int nsize = (int)(iend-ibegin);

   double *a_global, *a_test;
   if (rank == 0) {
      a_global = (double *)
          malloc(ncells*sizeof(double));
      for (int i=0; i<ncells; i++) {
         a_global[i] = (double)i;
      }
   }

   int nsizes[nprocs], offsets[nprocs];
   MPI_Allgather(&nsize, 1, MPI_INT, nsizes,
                 1, MPI_INT, comm);
   offsets[0] = 0;
   for (int i = 1; i<nprocs; i++){
      offsets[i] = offsets[i-1] + nsizes[i-1];
   }

   double *a = (double *)
      malloc(nsize*sizeof(double));
   MPI_Scatterv(a_global, nsizes, offsets,
      MPI_DOUBLE, a, nsize, MPI_DOUBLE, 0, comm);

   for (int i=0; i<nsize; i++){
      a[i] += 1.0;
   }

   if (rank == 0) {
      a_test = (double *)
          malloc(ncells*sizeof(double));
   }

   MPI_Gatherv(a, nsize, MPI_DOUBLE,
               a_test, nsizes, offsets,
               MPI_DOUBLE, 0, comm);

   if (rank == 0){
      int ierror = 0;
      for (int i=0; i<ncells; i++){
         if (a_test[i] != a_global[i] + 1.0) {
            printf("Error: index %d a_test %lf a_global %lf\n",
```

计算每个进程上的数组大小

设置主进程的数据

获取全局数组的大小和偏移量，从而进行通信

将数据分发到其他进程

进行计算

将数组数据返回到主进程，可以用于输出

```
52                   i,a_test[i],a_global[i]);
53             ierror++;
54          }
55       }
56       printf("Report: Correct results %d errors %d\n",
               ncells-ierror,ierror);
57    }
58
59    free(a);
60    if (rank == 0) {
61       free(a_global);
62       free(a_test);
63    }
64
65    MPI_Finalize();
66    return 0;
67 }
```

我们首先需要计算每个进程上的数据大小，并期望数据尽可能平均分配。第 13~15 行显示了一种使用简单的整数算术来计算大小的简单方法。现在我们需要使用全局数组，但请注意全局数组只运行在主进程上。程序中第 18~23 行对这个全局数组进行分配并设置。为了分发或收集数据，必须知道所有进程的大小和偏移量，程序中第 25~30 行实现了获取进程大小及偏移量的典型计算。具体的 scatter 操作是用 MPI_Scatterv 在第 32~34 行完成的，并使用参数 buffer、计数、偏移量和数据类型对数据源进行描述。并且，目的地使用标准三元组进行处理。然后将发送数据的源 rank 指定为 rank 0。最后一个参数是 comm，代表接收数据的通信组。

如图 8-4 所示，MPI_Gatherv 执行相反的操作。我们只在主进程上需要全局数组，所以只在第 40~42 行对这个全局数组进行分配。MPI_Gatherv 的参数以标准三元组的源描述开始。然后使用与 scatter 中相同的四个参数来描述目的地。接下来是目标 rank 参数，最后的参数是通信组。

需要注意，在 MPI_Gatherv 调用中使用的大小和偏移量都是整数类型。这将限制可以处理的数据的大小。有人试图将数据类型更改为长整数类型，以便在 MPI 标准 V3 版本中处理更大的数据。但遗憾的是，这种操作没能成功，因为这会对应用程序造成太多不良影响。在下一个 MPI 标准中，请持续关注新添加的调用方式，这些调用将提供对长整数类型的支持。

8.4 数据并行示例

在第 1.5 节中定义的数据并行策略是并行应用程序中最常见的方法。在本节中，我们将了解几个并行策略的示例。首先是简单的 stream triad，其中不需要通信。然后，我们将研究典型的、将分布到每个进程的细分域连接在一起的 ghost cell 交换技术。

8.4.1 使用 stream triad 来测量节点上的带宽

stream triad 是第 3.2.4 节介绍的带宽测试 benchmark 代码。在下面的版本中，使用 MPI 来让更多的进程在单个节点甚至是多个节点上工作。使用更多进程的目的是查看当所有处理器都被使用时，节点的最大带宽是多少。这为更复杂的应用程序提供了目标带宽。如代码清单 8-17 所示，因为不需要在 rank 之间进行通信，所以程序代码相对简单。只在主进程报告运行时间。程序运行时，可以先在一个处理器上运行，然后在节点上的所有处理器上运行。我们需要思考如下问题：能从处理器的增加中得到所期望的全部并行加速吗？系统内存带宽对系统性能提升有怎样的限制？

代码清单 8-17　MPI 版的 stream triad

```
StreamTriad/StreamTriad.c
#include <stdio.h>
#include <stdlib.h>
#include <time.h>
#include <mpi.h>
#include "timer.h"

#define NTIMES 16
#define STREAM_ARRAY_SIZE 80000000

int main(int argc, char *argv[]){

   MPI_Init(&argc, &argv);

   int nprocs, rank;
   MPI_Comm_size(MPI_COMM_WORLD, &nprocs);
   MPI_Comm_rank(MPI_COMM_WORLD, &rank);
   int ibegin = STREAM_ARRAY_SIZE *(rank )/nprocs;
   int iend = STREAM_ARRAY_SIZE *(rank+1)/nprocs;
   int nsize = iend-ibegin;
   double *a = malloc(nsize * sizeof(double));
   double *b = malloc(nsize * sizeof(double));
   double *c = malloc(nsize * sizeof(double));

   struct timespec tstart;
   double scalar = 3.0, time_sum = 0.0;
   for (int i=0; i<nsize; i++) {
      a[i] = 1.0;
      b[i] = 2.0;
   }

   for (int k=0; k<NTIMES; k++){
      cpu_timer_start(&tstart);
      for (int i=0; i<nsize; i++){
         c[i] = a[i] + scalar*b[i];
      }
      time_sum += cpu_timer_stop(tstart);
      c[1]=c[2];
   }

   free(a);
   free(b);
   free(c);

   if (rank == 0)
       printf("Average runtime is %lf msecs\n", time_sum/NTIMES);
   MPI_Finalize();
   return(0);
}
```

数组的尺寸足够大，以至于可以使数组进入主内存

初始化数据和数组

stream triad 循环

防止编译器对循环进行优化

8.4.2 二维网格中的 ghost cell 交换

ghost cell 是用来连接相邻处理器上的网格的机制，用于对来自相邻处理器上的值进行缓存，从而减少需要的通信操作。ghost cell 技术是 MPI 中实现分布式存储并行性的最重要方法。

首先了解一下 halo 和 ghost cell 的相关术语。即使在并行处理之前，网格周围的 cell 区域常用来实现边界条件。这些边界条件可以是反射的、流入的、流出的或周期性的。为了提高效率，程序开发者希望在主计算循环中避免 if 语句，为实现这一点，他们在网格周围添加了 cell，并在主计算循环之前将它们设置为适当的值。这些 cell 具有光晕的(halo)外观，所以这个名字就被保留了下来。halo cell 是指围绕在计算网格周围的任何一组 cell，不论其目的如何。域边界晕(domain-boundary halo)是用于施加一组特定边界条件的 halo cell。

一旦应用程序被并行化，一个相似的外部 cell 区域将被添加进来，用于保存来自相邻网格的值。这些 cell 不是真正的 cell，只是作为减少通信成本的一种辅助手段而存在。因为它们不是真正的 cell，所以就被称为 ghost cell。ghost cell 的真实数据存储在相邻的处理器上，而本地拷贝只是一个虚值。ghost cell 因为看起来也有光晕的形态，所以也被称作 halo cell。ghost cell 更新或交换指的是 ghost cell 中的信息变更，当并行执行的多个进程中需要更新来自相邻进程的真实值时才会发生 ghost cell 更新或者交换。

需要为串行运行和并行运行完成边界条件。让我们觉得混淆的是，这些操作通常被称为 halo update，尽管目前还不清楚它们的确切含义。在我们的术语中，halo update 指的是域边界更新和 ghost cell 更新。为了优化 MPI 通信，我们只需要关注 ghost cell 的更新或交换，暂不考虑边界条件的计算。

现在让我们了解一下在每个进程上为本地网格的边界设置 ghost cell，并在子域之间进行通信。通过使用 ghost cell，将对通信进行分组，而不是每次需要另一个进程的 cell 值时进行单独通信，从而减少通信操作的数量。这是对数据执行并行操作的常用技术。在 ghost cell 更新的实现中，将演示 MPI_Pack 例程的使用，并使用一个简单的 cell-by-cell 数组赋值加载通信缓冲区。在后面的介绍中，我们还将了解到如何通过 MPI 拓扑调用进行设置和通信，从而与 MPI 数据类型实现相同的通信。

一旦在数据并行代码中实现 ghost cell 更新，大部分需要完成的通信就得到很好的处理。这将把并行性代码隔离在应用程序中的一小部分中，这一小段代码对于优化并行效率非常重要。让我们通过代码清单 8-18 中的设置和代码清单 8-19 中 stencil 循环所做的工作开始，了解这一功能的一些具体实现。你可在 https://github.com/EssentialsOfParallelComputing/Chapter8 的 GhostExchange/GhostExchange_Pack 目录中查看完整的代码。

代码清单 8-18 在二维网格中设置 ghost cell 交换

-t do_timing 同步时间

输入设置：-i <imax> -j <jmax> 是网格的大小

```
GhostExchange/GhostExchange_Pack/GhostExchange.cc
int imax = 2000, jmax = 2000;
int nprocx = 0, nprocy = 0;
int nhalo = 2, corners = 0;
int do_timing;
....
```

-x <nprocx> -y <nprocy>是 x 和 y 方向上的进程数

-h<nhalo> -c 是 halo cell 的数目，-c 包含 corner cell

```
int xcoord = rank%nprocx;
int ycoord = rank/nprocx;

int nleft = (xcoord > 0 ) ?
               rank - 1 : MPI_PROC_NULL;
int nrght = (xcoord < nprocx-1) ?
               rank + 1 : MPI_PROC_NULL;
int nbot = (ycoord > 0 ) ?
               rank - nprocx : MPI_PROC_NULL;
int ntop = (ycoord < nprocy-1) ?
               rank + nprocx : MPI_PROC_NULL;

int ibegin = imax *(xcoord )/nprocx;
int iend = imax *(xcoord+1)/nprocx;
int isize = iend - ibegin;
int jbegin = jmax *(ycoord )/nprocy;
int jend = jmax *(ycoord+1)/nprocy;
int jsize = jend - jbegin;
```

xcoord 和 ycoord 的进程。行索引变化最快

对每个进程的邻域通信进行邻域 rank

每个进程的计算域大小，以及全局开始和结束索引

我们为每个进程的本地大小和 halo 空间进行内存分配。为使索引更加简单，我们将内存索引偏移设置为从-nhalo 开始，到 isize+nhalo 结束。那么，真正的 cell 总是从 0 到 isize-1，而不管 halo 的宽度如何。

以下几行显示了对一个特殊的 malloc2D 的调用，它带有两个附加参数，用于偏移数组寻址，使数组的实部从 0,0 到 jsize,isize，这是通过移动每个指针起始位置的运算来实现的。

```
double** x = malloc2D(jsize+2*nhalo, isize+2*nhalo, nhalo, nhalo);
double** xnew = malloc2D(jsize+2*nhalo, isize+2*nhalo, nhalo, nhalo);
```

我们将在图 1-11 中介绍的模糊算子的简单 stencil 计算作为工作场景。许多应用程序有更复杂的计算场景，需要更多的时间。以下代码清单显示了 stencil 计算循环。

代码清单 8-19　在 stencil 迭代循环中完成工作

```
GhostExchange/GhostExchange_Pack/GhostExchange.cc
for (int iter = 0; iter < 1000; iter++){
cpu_timer_start(&tstart_stencil);

for (int j = 0; j < jsize; j++){
   for (int i = 0; i < isize; i++){
      xnew[j][i]=
           (x[j][i] + x[j][i-1] + x[j][i+1] +
            x[j-1][i] + x[j+1][i])/5.0;
      }
   }

    SWAP_PTR(xnew, x, xtmp);

    stencil_time += cpu_timer_stop(tstart_stencil);

    boundarycondition_update(x, nhalo, jsize,
       isize, nleft, nrght, nbot, ntop);
    ghostcell_update(x, nhalo, corners,
```

迭代循环

stencil 计算

为新旧 x 数组进行指针交换

ghost cell 更新调用将对 ghost cell 进行刷新

```
             jsize, isize, nleft, nrght, nbot, ntop);
      }
```

迭代循环

现在我们可以看看关键的 ghost cell 更新代码。图 8-5 显示了所需的操作。ghost cell 区域的宽度可以是一个、两个或更多个 cell。有些应用程序也许需要 corner cell。上、下、左、右四个进程(或 rank)都需要来自该 rank 的数据。每个进程都需要一个单独的通信和一个单独的数据缓冲区。halo 区域的宽度以及是否需要 corner cell，会根据应用程序的不同而异。

图 8-5 显示了 9 个进程中 4×4 网格的 ghost cell 交换的示例，其中包括一个 cell 宽的 halo cell 和 corner cell。首先更新外边界 halo，然后进行水平数据交换、同步和垂直数据交换。如果不需要 corner cell，可以同时执行水平和垂直的交换。如果需要 corner cell，则需要在水平和垂直交换之间进行同步。

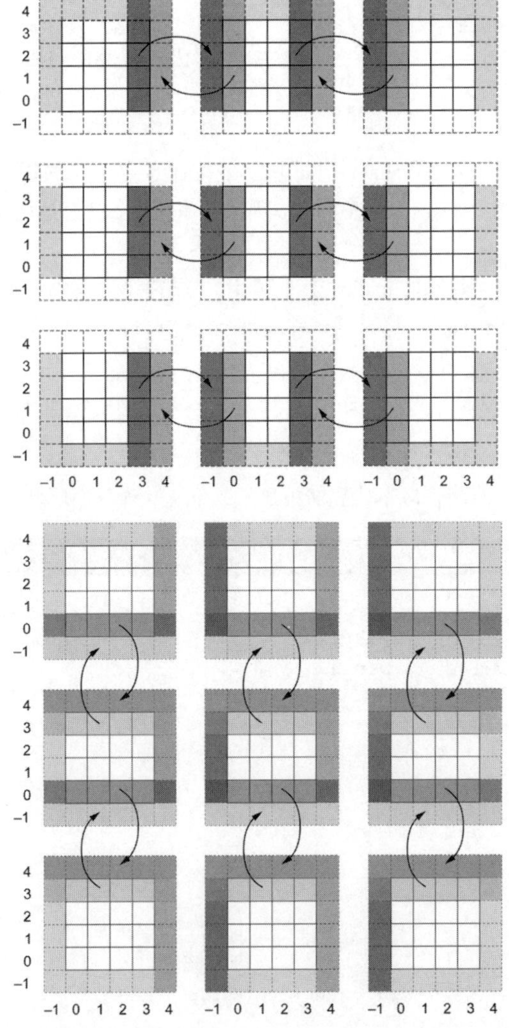

图 8-5 ghost cell 更新的 corner cell 版本首先向左边和右边交换数据(在图的上半部分)，然后顶部和底部交换数据(在图的下半部分)。需要注意，左边和右边的交换可以更小，只有真实的 cell 加上外部边界 cell，使其成为网格的完整垂直尺寸并无害处。网格周围的边界 cell 的更新是单独完成的

对 ghost cell 数据更新的一个关键观察是，在 C 语言中，行数据是连续的，而列数据是由行大小的跨度隔开的。为列发送单独值的代价相当高，因此我们需要以某种方式将它们组合在一起。

可以通过几种方式使用 MPI 执行 ghost cell 更新。在代码清单 8-20 的第一个版本中，我们将看到一个使用 MPI_Pack 调用来打包列数据的实现。行数据只通过一个标准的 MPI_Isend 调用发送。ghost cell 区域的宽度由 nhalo 变量指定，并可以通过适当的输入来请求 corner cell。

代码清单 8-20　用 MPI_Pack 更新二维网格的 ghost cell 例程

```
GhostExchange/GhostExchange_Pack/GhostExchange.cc
void ghostcell_update(double **x, int nhalo,
int    corners, int jsize, int isize,
    int nleft, int nrght, int nbot, int ntop,
    int do_timing)
{
    if (do_timing) MPI_Barrier(MPI_COMM_WORLD);

    struct timespec tstart_ghostcell;
    cpu_timer_start(&tstart_ghostcell);

    MPI_Request request[4*nhalo];
    MPI_Status status[4*nhalo];

    int jlow=0, jhgh=jsize;
    if (corners) {
       if (nbot == MPI_PROC_NULL) jlow = -nhalo;
       if (ntop == MPI_PROC_NULL) jhgh = jsize+nhalo;
    }
    int jnum = jhgh-jlow;
    int bufcount = jnum*nhalo;
    int bufsize = bufcount*sizeof(double);

    double xbuf_left_send[bufcount];
    double xbuf_rght_send[bufcount];
    double xbuf_rght_recv[bufcount];
    double xbuf_left_recv[bufcount];

    int position_left;
    int position_right;
    if (nleft != MPI_PROC_NULL){
       position_left = 0;
       for (int j = jlow; j < jhgh; j++){
          MPI_Pack(&x[j][0], nhalo, MPI_DOUBLE,
             xbuf_left_send, bufsize,
             &position_left, MPI_COMM_WORLD);
       }
    }

    if (nrght != MPI_PROC_NULL){
       position_right = 0;
       for (int j = jlow; j < jhgh; j++){
          MPI_Pack(&x[j][isize-nhalo], nhalo,
          MPI_DOUBLE, xbuf_rght_send,
          bufsize, &position_right,
          MPI_COMM_WORLD);
       }
    }
```

从相邻进程中更新 ghost cell

为左邻域和右邻域的 ghost cell 更新打包缓冲区

```

MPI_Irecv(&xbuf_rght_recv, bufsize,
          MPI_PACKED, nrght, 1001,
           MPI_COMM_WORLD, &request[0]);
MPI_Isend(&xbuf_left_send, bufsize,
          MPI_PACKED, nleft, 1001,
MPI_COMM_WORLD, &request[1]);

MPI_Irecv(&xbuf_left_recv, bufsize,
          MPI_PACKED, nleft, 1002,
           MPI_COMM_WORLD, &request[2]);
MPI_Isend(&xbuf_rght_send, bufsize,
          MPI_PACKED, nrght, 1002,
           MPI_COMM_WORLD, &request[3]);
MPI_Waitall(4, request, status);

if (nrght != MPI_PROC_NULL){
   position_right = 0;
   for (int j = jlow; j < jhgh; j++){
      MPI_Unpack(xbuf_rght_recv, bufsize,
         &position_right, &x[j][isize],
          nhalo, MPI_DOUBLE, MPI_COMM_WORLD);
      }
}

if (nleft != MPI_PROC_NULL){
   position_left = 0;
   for (int j = jlow; j < jhgh; j++){
      MPI_Unpack(xbuf_left_recv, bufsize,
         &position_left, &x[j][-nhalo],
          nhalo, MPI_DOUBLE, MPI_COMM_WORLD);
   }
}

if (corners) {
   bufcount = nhalo*(isize+2*nhalo);
   MPI_Irecv(&x[jsize][-nhalo],
      bufcount, MPI_DOUBLE, ntop, 1001,
      MPI_COMM_WORLD, &request[0]);
   MPI_Isend(&x[0 ][-nhalo],
      bufcount, MPI_DOUBLE, nbot, 1001,
          MPI_COMM_WORLD, &request[1]);

   MPI_Irecv(&x[ -nhalo][-nhalo],
      bufcount, MPI_DOUBLE, nbot, 1002,
      MPI_COMM_WORLD, &request[2]);
   MPI_Isend(&x[jsize-nhalo][-nhalo],
      bufcount, MPI_DOUBLE,ntop, 1002,
      MPI_COMM_WORLD, &request[3]);
   MPI_Waitall(4, request, status);
} else {
```

左右邻域的通信

解压左邻域和右邻域的缓冲区

ghost cell 在一个连续的块中更新底部和顶部邻域

等待所有通信完成

```
   for (int j = 0; j<nhalo; j++){
      MPI_Irecv(&x[jsize+j][0],
         isize, MPI_DOUBLE, ntop, 1001+j*2,
         MPI_COMM_WORLD, &request[0+j*4]);
      MPI_Isend(&x[0+j ][0],
         isize, MPI_DOUBLE, nbot, 1001+j*2,
         MPI_COMM_WORLD, &request[1+j*4]);

      MPI_Irecv(&x[ -nhalo+j][0],
         isize, MPI_DOUBLE, nbot, 1002+j*2,
         MPI_COMM_WORLD, &request[2+j*4]);
      MPI_Isend(&x[jsize-nhalo+j][0],
         isize, MPI_DOUBLE, ntop, 1002+j*2,
      MPI_COMM_WORLD, &request[3+j*4]);
   }
   MPI_Waitall(4*nhalo, request, status);
  }

  if (do_timing) MPI_Barrier(MPI_COMM_WORLD);

  ghostcell_time += cpu_timer_stop(tstart_ghostcell);
}
```

ghost cell 每次更新一行的底部和顶部邻域 cell

等待所有通信完成

当有多个数据类型需要在 ghost 更新中通信时，使用 MPI_Pack 调用是一个极好的选择。这些值被打包到类型不可知的缓冲区中，然后在另一端进行解包操作。垂直方向上的邻域通信是通过连续的行数据完成的。当包含 corner cell 时，使用单个缓冲区即可。当没有 corner cell 时，将发送单独的 halo 行。因为通常只有一个或两个 halo cell，所以这种做法是可行的。

为通信加载缓冲区的另一种方法是使用数组分配。当只有一个简单的数据类型时(比如本例中使用的双精度浮点类型)，数组赋值是一个很好的方法。下面的代码清单显示了用数组分配替换 MPI_Pack 循环的代码。

代码清单 8-21　具有数组分配的二维网格 ghost cell 更新例程

```
GhostExchange/GhostExchange_ArrayAssign/GhostExchange.cc
   int icount;
   if (nleft != MPI_PROC_NULL){
      icount = 0;
      for (int j = jlow; j < jhgh; j++){
         for (int ll = 0; ll < nhalo; ll++){
            xbuf_left_send[icount++] = x[j][ll];
         }
      }
   }
   if (nrght != MPI_PROC_NULL){
      icount = 0;
      for (int j = jlow; j < jhgh; j++){
         for (int ll = 0; ll < nhalo; ll++){
         xbuf_rght_send[icount++] =
            x[j][isize-nhalo+ll];
         }
      }
   }
```

填充发送缓冲区

```

    MPI_Irecv(&xbuf_rght_recv, bufcount,
               MPI_DOUBLE, nrght, 1001,
               MPI_COMM_WORLD, &request[0]);
    MPI_Isend(&xbuf_left_send, bufcount,
               MPI_DOUBLE, nleft, 1001,
               MPI_COMM_WORLD, &request[1]);

    MPI_Irecv(&xbuf_left_recv, bufcount,
               MPI_DOUBLE, nleft, 1002,
               MPI_COMM_WORLD, &request[2]);
    MPI_Isend(&xbuf_rght_send, bufcount,
               MPI_DOUBLE, nrght, 1002,
               MPI_COMM_WORLD, &request[3]);
    MPI_Waitall(4, request, status);

    if (nrght != MPI_PROC_NULL){
       icount = 0;
       for (int j = jlow; j < jhgh; j++){
          for (int ll = 0; ll < nhalo; ll++){
             x[j][isize+ll] =
                xbuf_rght_recv[icount++];
             }
          }
       }
       if (nleft != MPI_PROC_NULL){
          icount = 0;
          for (int j = jlow; j < jhgh; j++){
             for (int ll = 0; ll < nhalo; ll++){
                x[j][-nhalo+ll] =
                   xbuf_left_recv[icount++];
             }
       }
    }
```

执行左右邻域 cell 之间的通信

将接收缓冲区复制到 ghost cell 中

MPI_Irecv 和 MPI_Isend 调用将使用一个计数和 MPI_DOUBLE 数据类型，而不是 MPI_Pack 的通用字节类型。我们还需要知道用于将数据复制进通信缓冲区和复制出缓冲区的数据类型。

8.4.3 三维 stencil 计算中的 ghost cell 交换

你也可以为三维 stencil 计算应用 ghost cell 交换。我们将在代码清单 8-22 中来实现这一交换，然而，这种操作的设置相比之下稍微复杂。进程布局首先计算 xcoord、ycoord 和 zcoord 的值。然后确定邻域 cell，并计算每个处理器上的数据大小。

代码清单 8-22 设置三维网格

```
GhostExchange/GhostExchange3D_*/GhostExchange.cc
   int xcoord = rank%nprocx;
   int ycoord = rank/nprocx%nprocy;
   int zcoord = rank/(nprocx*nprocy);

```

设置进程坐标

```
int nleft = (xcoord > 0 ) ?
    rank - 1 : MPI_PROC_NULL;
int nrght = (xcoord < nprocx-1) ?
    rank + 1 : MPI_PROC_NULL;
int nbot = (ycoord > 0 ) ?
    rank - nprocx : MPI_PROC_NULL;
int ntop = (ycoord < nprocy-1) ?
    rank + nprocx : MPI_PROC_NULL;
int nfrnt = (zcoord > 0 ) ?
    rank - nprocx * nprocy : MPI_PROC_NULL;
int nback = (zcoord < nprocz-1) ?
    rank + nprocx * nprocy : MPI_PROC_NULL;

int ibegin = imax *(xcoord )/nprocx;
int iend   = imax *(xcoord+1)/nprocx;
int isize  = iend - ibegin;
int jbegin = jmax *(ycoord )/nprocy;
int jend   = jmax *(ycoord+1)/nprocy;
int jsize  = jend - jbegin;
int kbegin = kmax *(zcoord )/nprocz;
int kend   = kmax *(zcoord+1)/nprocz;
int ksize  = kend - kbegin;
```

计算每个进程的邻域进程

计算每个进程的开始和结束索引，然后计算其大小

ghost cell 更新(包括将数组复制到缓冲区、进行通信和将数组从缓冲区中复制出来)涉及的程序代码有几百行，由于篇幅有限，不能在这里显示。关于详细的实现细节，请参考本章附带的代码示例(https://github.com/EssentialsofParallelComputing/Chapter8)。我们将在 8.5.1 节中展示 ghost cell 更新的 MPI 数据类型实现。

8.5 使用高级 MPI 功能来简化代码和启用优化

当我们看到使用基本 MPI 组件与高级功能相结合并发挥作用时，MPI 的优秀设计思想就变得显而易见，在 8.3.3 节中，我们已经对创建一个新的 double-double 类型和一个新的约减运算符有了初步了解，这种可扩展性为 MPI 提供了重要的功能。我们将研究几个在通用数据并行应用程序中使用的高级函数，比如下面两个函数。

- MPI 自定义数据类型：以基本 MPI 类型为基础，创建新的数据类型。
- 拓扑支持：可以使用基本的笛卡儿常规网格拓扑以及更一般的图拓扑。这里，我们关注简单的 MPI 笛卡儿函数。

8.5.1 使用自定义 MPI 数据类型来简化代码并提升性能

MPI 有一组丰富的函数，可以从基本 MPI 类型创建新的自定义 MPI 数据类型。这将允许将复杂数据封装为可以在通信调用中使用的单个自定义数据类型。因此，一个通信调用可以将许多较小的数据块作为一个单元进行发送和接收。下面是一些 MPI 数据类型创建函数的列表。

- MPI_Type_contiguous：将一个连续的数据块转换为一种类型。
- MPI_Type_vector：通过跨步数据块创建一个类型。

- MPI_Type_create_subarray：创建较大数组的矩形子集。
- MPI_Type_indexed 或 MPI_Type_create_hindexed：创建通过一组块长度和位移描述的不规则索引。为了提高通用性，在 hindexed 版本中，通过字节而不是数据类型来表示位移。
- MPI_Type_create_struct：创建一种数据类型，以可移植方式将数据项封装在结构中。在这种方式中，考虑到了编译器的填充。

通过可视化的说明，将有助于理解其中一些数据类型。图 8-6 显示了一些更简单和更常用的函数，包括 MPI_Type_ continuous、MPI_Type_vector 和 MPI_Type_create_subarray。

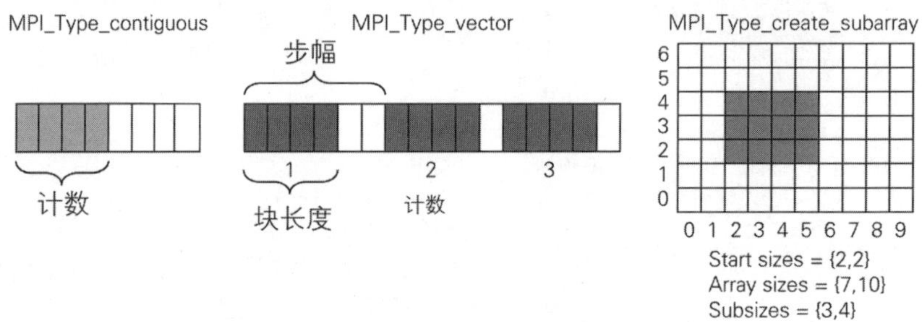

图 8-6 三种 MPI 自定义数据类型及其创建过程中使用的参数

描述数据类型并将其转换为新数据类型后，必须在使用它之前进行初始化。为此，需要使用两个额外的例程来提交和释放这些类型。类型必须在使用之前提交，并且必须释放它，从而避免内存泄漏。这两个例程如下。

- MPI_Type_Commit：使用所需的内存分配或其他设置，对新的自定义类型进行初始化。
- MPI_Type_Free：释放数据类型创建中用到的所有内存资源或数据结构条目。

如图 8-6 所示，可自定义 MPI 数据类型来表示数据列，并避免 MPI_Pack 调用，从而大大简化 ghost cell 通信。通过定义 MPI 数据类型，可以避免额外的数据复制。数据可以从其常规位置直接复制到 MPI 发送缓冲区中，代码清单 8-23 将详细解释如何实现这一点，程序代码清单 8-24 中显示了这个程序的第二部分。

我们首先设置自定义数据类型，并使用 MPI_Type_vector 调用来访问跨步数组。对于包含 corner 的垂直类型的连续数据，使用 MPI_TYPE_continuous 调用，并且在第 139 和 140 行，在 MPI_Finalize 之前释放最后的数据类型。

代码清单 8-23 为 ghost cell 更新创建二维向量数据类型

```
GhostExchange/GhostExchange_VectorTypes/GhostExchange.cc
56    int jlow=0, jhgh=jsize;
57    if (corners) {
58       if (nbot == MPI_PROC_NULL) jlow = -nhalo;
59       if (ntop == MPI_PROC_NULL) jhgh = jsize+nhalo;
60    }
61    int jnum = jhgh-jlow;
62
63    MPI_Datatype horiz_type;
64    MPI_Type_vector(jnum, nhalo, isize+2*nhalo,
                     MPI_DOUBLE, &horiz_type);
65    MPI_Type_commit(&horiz_type);
```

```
MPI_Datatype vert_type;
if (! corners){
   MPI_Type_vector(nhalo, isize, isize+2*nhalo,
                   MPI_DOUBLE, &vert_type);
} else {
   MPI_Type_contiguous(nhalo*(isize+2*nhalo),
                   MPI_DOUBLE, &vert_type);
}
MPI_Type_commit(&vert_type);
...
MPI_Type_free(&horiz_type);
MPI_Type_free(&vert_type);
```

在此之后，可以使用 MPI 数据类型更简洁地编写 ghostcell_update，同时提供更好的性能，如下所示。如果我们需要更新 corner，则需要在两个通信通道之间进行同步。

代码清单 8-24　使用向量数据类型的二维 ghost cell 更新例程

```
GhostExchange/GhostExchange_VectorTypes/GhostExchange.cc
int jlow=0, jhgh=jsize, ilow=0, waitcount=8, ib=4;
if (corners) {
   if (nbot == MPI_PROC_NULL) jlow = -nhalo;
   ilow = -nhalo;
   waitcount = 4;
   ib = 0;
}

MPI_Request request[waitcount];
MPI_Status status[waitcount];

MPI_Irecv(&x[jlow][isize], 1,
  horiz_type, nrght, 1001,
   MPI_COMM_WORLD, &request[0]);
MPI_Isend(&x[jlow][0], 1,
  horiz_type, nleft, 1001,
   MPI_COMM_WORLD, &request[1]);

MPI_Irecv(&x[jlow][-nhalo], 1,
  horiz_type, nleft, 1002,
   MPI_COMM_WORLD, &request[2]);
MPI_Isend(&x[jlow][isize-nhalo], 1,
  horiz_type, nrght, 1002,
   MPI_COMM_WORLD, &request[3]);

if (corners)
  MPI_Waitall(4, request, status);

MPI_Irecv(&x[jsize][ilow], 1,
  vert_type, ntop, 1003,
   MPI_COMM_WORLD, &request[ib+0]);
MPI_Isend(&x[0 ][ilow], 1,
  vert_type, nbot, 1003,
   MPI_COMM_WORLD, &request[ib+1]);
```

使用自定义的 horizon_type MPI 数据类型向左和向右发送数据

如果 corner 被发送，将进行同步操作

更新顶部和底部的 ghost cell

```
    MPI_Irecv(&x[ -nhalo][ilow], 1,
       vert_type, nbot, 1004,
        MPI_COMM_WORLD, &request[ib+2]);
    MPI_Isend(&x[jsize-nhalo][ilow], 1,
       vert_type, ntop, 1004,
        MPI_COMM_WORLD, &request[ib+3]);

    MPI_Waitall(waitcount, request, status);
```

更新顶部和底部的 ghost cell

使用 MPI 数据类型的原因通常是为了获得更好的性能，它允许 MPI 实现在某些情况下避免产生额外的副本。但是从我们的角度看，使用 MPI 数据类型的最大原因是可以使代码更加简洁并更不容易出错。

使用 MPI 数据类型的 3D 版本稍微复杂一些。在下面的代码清单中，将使用 MPI_Type_create_subarray 创建在通信中使用的三种自定义 MPI 数据类型。

代码清单 8-25 为 3D ghost cell 创建 MPI 子数组数据类型

```
GhostExchange/GhostExchange3D_VectorTypes/GhostExchange.cc
    int array_sizes[] = {ksize+2*nhalo, jsize+2*nhalo, isize+2*nhalo};
    if (corners) {
       int subarray_starts[] = {0, 0, 0};
       int hsubarray_sizes[] =
          {ksize+2*nhalo, jsize+2*nhalo,
          nhalo};
       MPI_Type_create_subarray(3,
          array_sizes, hsubarray_sizes,
           subarray_starts, MPI_ORDER_C,
          MPI_DOUBLE, &horiz_type);

       int vsubarray_sizes[] =
          {ksize+2*nhalo, nhalo,
          isize+2*nhalo};
       MPI_Type_create_subarray(3,
          array_sizes, vsubarray_sizes,
           subarray_starts, MPI_ORDER_C,
          MPI_DOUBLE, &vert_type);

       int dsubarray_sizes[] =
          {nhalo, jsize+2*nhalo,
          isize+2*nhalo};
       MPI_Type_create_subarray(3,
          array_sizes, dsubarray_sizes,
           subarray_starts, MPI_ORDER_C,
          MPI_DOUBLE, &depth_type);
    } else {
       int hsubarray_starts[] = {nhalo,nhalo,0};
       int hsubarray_sizes[] = {ksize, jsize,
                                        nhalo};
       MPI_Type_create_subarray(3,
          array_sizes, hsubarray_sizes,
           hsubarray_starts, MPI_ORDER_C,
          MPI_DOUBLE, &horiz_type);
```

使用 MPI_Type_create_subarray 创建垂直数据类型

使用 MPI_Type_create_subarray 创建深度数据类型

使用 MPI_Type_create_subarray 创建水平数据类型

```

      int vsubarray_starts[] = {nhalo, 0,
                                nhalo};
      int vsubarray_sizes[] = {ksize, nhalo,
                                isize};
      MPI_Type_create_subarray(3,
         array_sizes, vsubarray_sizes,
         vsubarray_starts, MPI_ORDER_C,
         MPI_DOUBLE, &vert_type);

      int dsubarray_starts[] = {0, nhalo,
                                nhalo};
      int dsubarray_sizes[] = {nhalo, ksize,
                                isize};
      MPI_Type_create_subarray(3,
         array_sizes, dsubarray_sizes,
         dsubarray_starts, MPI_ORDER_C,
         MPI_DOUBLE, &depth_type);
   }

   MPI_Type_commit(&horiz_type);
   MPI_Type_commit(&vert_type);
   MPI_Type_commit(&depth_type);
```

使用 MPI_Type_create_subarray 创建垂直数据类型

使用 MPI_Type_create_subarray 创建深度数据类型

下面的代码清单显示了使用这三种 MPI 数据类型的通信例程，代码非常简洁。

代码清单 8-26　使用 MPI 数据类型的 3D ghost cell 更新

```
GhostExchange/GhostExchange3D_VectorTypes/GhostExchange.cc
   int waitcount = 12, ib1 = 4, ib2 = 8;
   if (corners) {
      waitcount=4;
      ib1 = 0, ib2 = 0;
   }

   MPI_Request request[waitcount*nhalo];
   MPI_Status status[waitcount*nhalo];

   MPI_Irecv(&x[-nhalo][-nhalo][isize], 1,
            horiz_type, nrght, 1001,
            MPI_COMM_WORLD, &request[0]);
   MPI_Isend(&x[-nhalo][-nhalo][0], 1,
            horiz_type, nleft, 1001,
            MPI_COMM_WORLD, &request[1]);

   MPI_Irecv(&x[-nhalo][-nhalo][-nhalo], 1,
            horiz_type, nleft, 1002,
            MPI_COMM_WORLD, &request[2]);
   MPI_Isend(&x[-nhalo][-nhalo][isize-1], 1,
            horiz_type, nrght, 1002,
            MPI_COMM_WORLD, &request[3]);
   if (corners)
      MPI_Waitall(4, request, status);

```

水平方向的 ghost cell 更新

如果更新中需要 corner，则进行同步操作

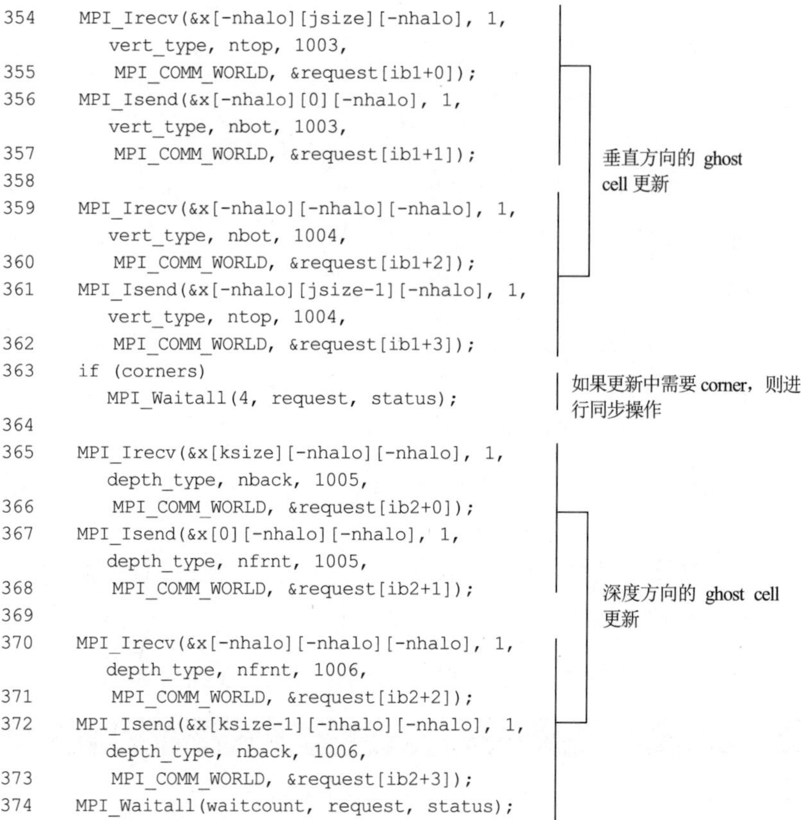

```
MPI_Irecv(&x[-nhalo][jsize][-nhalo], 1,
   vert_type, ntop, 1003,
    MPI_COMM_WORLD, &request[ib1+0]);
MPI_Isend(&x[-nhalo][0][-nhalo], 1,
   vert_type, nbot, 1003,
    MPI_COMM_WORLD, &request[ib1+1]);

MPI_Irecv(&x[-nhalo][-nhalo][-nhalo], 1,
   vert_type, nbot, 1004,
    MPI_COMM_WORLD, &request[ib1+2]);
MPI_Isend(&x[-nhalo][jsize-1][-nhalo], 1,
   vert_type, ntop, 1004,
    MPI_COMM_WORLD, &request[ib1+3]);
if (corners)
   MPI_Waitall(4, request, status);

MPI_Irecv(&x[ksize][-nhalo][-nhalo], 1,
   depth_type, nback, 1005,
    MPI_COMM_WORLD, &request[ib2+0]);
MPI_Isend(&x[0][-nhalo][-nhalo], 1,
   depth_type, nfrnt, 1005,
    MPI_COMM_WORLD, &request[ib2+1]);

MPI_Irecv(&x[-nhalo][-nhalo][-nhalo], 1,
   depth_type, nfrnt, 1006,
    MPI_COMM_WORLD, &request[ib2+2]);
MPI_Isend(&x[ksize-1][-nhalo][-nhalo], 1,
   depth_type, nback, 1006,
    MPI_COMM_WORLD, &request[ib2+3]);
MPI_Waitall(waitcount, request, status);
```

垂直方向的 ghost cell 更新
如果更新中需要 corner，则进行同步操作
深度方向的 ghost cell 更新

8.5.2 MPI 中的笛卡儿拓扑

在本节中，将向你展示 MPI 中的拓扑函数是如何工作的。操作仍然是使用图 8-5 所示的 ghost 交换，但是我们可以使用笛卡儿函数来简化编码，这里未涵盖非结构化应用程序的通用图形函数。我们先从设置例程开始，然后讨论通信例程。

如代码清单 8-18 和代码清单 8-22 所示，设置例程需要先设置进程网格分配的值，然后设置相邻节点。如代码清单 8-24 (2D)和代码清单 8-25 (3D)所示，该进程将 dims 数组设置为在每个维度中使用的处理器数量。如果 dims 数组中的任何值为零，则将通过 MPI_Dims_create 函数计算出有效的值。请注意，由于每个方向的进程数没有考虑网格大小，所以对于长而窄的网格情况可能不会产生良好的计算结果。比如一个 8×8×1000 的网格，为它提供 8 个处理器，进程网格是 2×2×2，从而导致每个进程的网格域为 4×4×500。

MPI_Cart_create 接受生成的 dims 数组和一个 periodic 输入数组，periodic 数组声明边界是否封装到另一边，反之亦然。最后一个参数允许 MPI 对进程进行重新排序，在本例中设置为 0 (不排序)。现在我们有了一个新的通信器，它包含关于拓扑的信息。

只需要调用 MPI_Cart_coords 即可获取进程网格布局。可以通过调用 MPI_Cart_shift 来完成对邻域的获取，通过第二个参数指定方向，第三个参数指定该方向上的进程的位移或数量。输出结果是相邻处理器的 rank。

代码清单 8-27 在 MPI 中使用二维笛卡儿拓扑

```
GhostExchange/CartExchange_Neighbor/CartExchange.cc
int dims[2] = {nprocy, nprocx};
int periodic[2]={0,0};
int coords[2];
MPI_Dims_create(nprocs, 2, dims);
MPI_Comm cart_comm;
MPI_Cart_create(MPI_COMM_WORLD, 2, dims, periodic, 0, &cart_comm);
MPI_Cart_coords(cart_comm, rank, 2, coords);

int nleft, nrght, nbot, ntop;
MPI_Cart_shift(cart_comm, 1, 1, &nleft, &nrght);
MPI_Cart_shift(cart_comm, 0, 1, &nbot, &ntop);
```

对于 3D 笛卡儿拓扑的设置与上面程序类似，但具有如下代码清单所示的 3 个维度。

代码清单 8-28 MPI 中的 3D 笛卡儿拓扑支持

```
GhostExchange/CartExchange3D_Neighbor/CartExchange.cc
65 int dims[3] = {nprocz, nprocy, nprocx};
66 int periods[3]={0,0,0};
67 int coords[3];
68 MPI_Dims_create(nprocs, 3, dims);
69 MPI_Comm cart_comm;
70 MPI_Cart_create(MPI_COMM_WORLD, 3, dims, periods, 0, &cart_comm);
71 MPI_Cart_coords(cart_comm, rank, 3, coords);
72 int xcoord = coords[2];
73 int ycoord = coords[1];
74 int zcoord = coords[0];
75
76 int nleft, nrght, nbot, ntop, nfrnt, nback;
77 MPI_Cart_shift(cart_comm, 2, 1, &nleft, &nrght);
78 MPI_Cart_shift(cart_comm, 1, 1, &nbot, &ntop);
79 MPI_Cart_shift(cart_comm, 0, 1, &nfrnt, &nback);
```

如果我们将此代码与代码清单 8-19 和代码清单 8-23 中的版本进行比较，就会发现在这个相对简单的设置示例中，拓扑函数并没有节省很多代码量，也没有大幅度降低编程复杂度。还可以利用代码清单 8-28 中第 70 行创建的笛卡儿通信器进行邻域通信，这可减少代码量。MPI 函数有以下参数：

```
int MPI_Neighbor_alltoallw(const void *sendbuf,
                           const int sendcounts[],
                           const MPI_Aint sdispls[],
                           const MPI_Datatype sendtypes[],
                           void *recvbuf,
                           const int recvcounts[],
                           const MPI_Aint rdispls[],
                           const MPI_Datatype recvtypes[],
                           MPI_Comm comm)
```

虽然邻域调用中有许多参数，但是一旦设置好这些参数，通信就会非常简洁，并且在一个语句中即可完成。稍后将详细讨论所有细节信息，因为对这些细节信息的配置往往是一件繁杂而困难的事情。

邻域通信调用可以使用一个已填充的缓冲区进行发送和接收，也可以就地执行操作，稍后将展示就地操作的方法。发送和接收缓冲区是二维 x 数组。我们将使用 MPI 数据类型对数据块进行描述，因此计数将是一个数组，二维的所有四个笛卡儿边或三维的六个边的值都为 1。侧面的通信顺序为下、上、左、右(二维)和前、后、下、上、左、右(三维)，并且发送和接收类型相同。

每个方向(水平、垂直和深度)的数据块都不相同，我们将按照标准透视图的惯例，即 x 向右，y 向上，z(深度)指向左下方。但是在每个方向内，数据块都是相同的，只是这些数据块到起点有不同的位移。位移以字节为单位，这就是为什么将会看到偏移量乘以 8(即双精度值的数据类型大小)。现在让我们通过如下代码来了解如何对二维通信进行设置。

代码清单 8-29　二维笛卡儿邻域通信设置

```
GhostExchange/CartExchange_Neighbor/CartExchange.c
   int ibegin = imax *(coords[1]  )/dims[1];
   int iend = imax *(coords[1]+1)/dims[1];
   int isize = iend - ibegin;
   int jbegin = jmax *(coords[0]  )/dims[0];
   int jend = jmax *(coords[0]+1)/dims[0];
   int jsize = jend - jbegin;

   int jlow=nhalo, jhgh=jsize+nhalo,
       ilow=nhalo, inum = isize;
   if (corners) {
      int ilow = 0, inum = isize+2*nhalo;
      if (nbot == MPI_PROC_NULL) jlow = 0;
      if (ntop == MPI_PROC_NULL) jhgh = jsize+2*nhalo;
   }
   int jnum = jhgh-jlow;

   int array_sizes[] = {jsize+2*nhalo, isize+2*nhalo};

   int subarray_sizes_x[] = {jnum, nhalo};
   int subarray_horiz_start[] = {jlow, 0};
   MPI_Datatype horiz_type;
   MPI_Type_create_subarray (2, array_sizes,
       subarray_sizes_x, subarray_horiz_start,
      MPI_ORDER_C, MPI_DOUBLE, &horiz_type);
   MPI_Type_commit(&horiz_type);

   int subarray_sizes_y[] = {nhalo, inum};
   int subarray_vert_start[] = {0, jlow};
   MPI_Datatype vert_type;
   MPI_Type_create_subarray (2, array_sizes,
       subarray_sizes_y, subarray_vert_start,
      MPI_ORDER_C, MPI_DOUBLE, &vert_type);
   MPI_Type_commit(&vert_type);
```

计算全局起始索引和结束索引以及本地数组大小

包括 corners 值(如有必要)

使用子数组函数创建用于水平方向通信的数据块

使用子数组函数创建垂直方向通信的数据块

顶行位于开始位置向上偏移 jsize 的位置

底行位于开始位置上方偏移 nhalo 的位置

位移是从内存块的左下角开始的，以字节为单位

```
MPI_Aint sdispls[4] = {
   nhalo *(isize+2*nhalo)*8,
   jsize *(isize+2*nhalo)*8,
   nhalo *8,
   isize *8};
MPI_Aint rdispls[4] = {
   0,
   (jsize+nhalo) *(isize+2*nhalo)*8,
   0,
   (isize+nhalo)*8};
MPI_Datatype sendtypes[4] = {vert_type,
   vert_type, horiz_type, horiz_type};
MPI_Datatype recvtypes[4] = {vert_type,
   vert_type, horiz_type, horiz_type};
```

左边列位于开始位置向右偏移 nhalo 的位置

右边的列位于开始位置向右偏移 isize 的位置

底部 ghost 行位于开始位置向上偏移 0 的位置

顶部 ghost 行是位于开始位置向上偏移 jsize+nhalo 的位置

右侧 ghost 行位于开始位置向右偏移 jsize+nhalo 的位置

左侧 ghost 列位于开始位置向右偏移 0 的位置

接收类型按底部、顶部、左侧和右侧邻域进行排序

发送类型按底部、顶部、左侧和右侧邻域进行排序

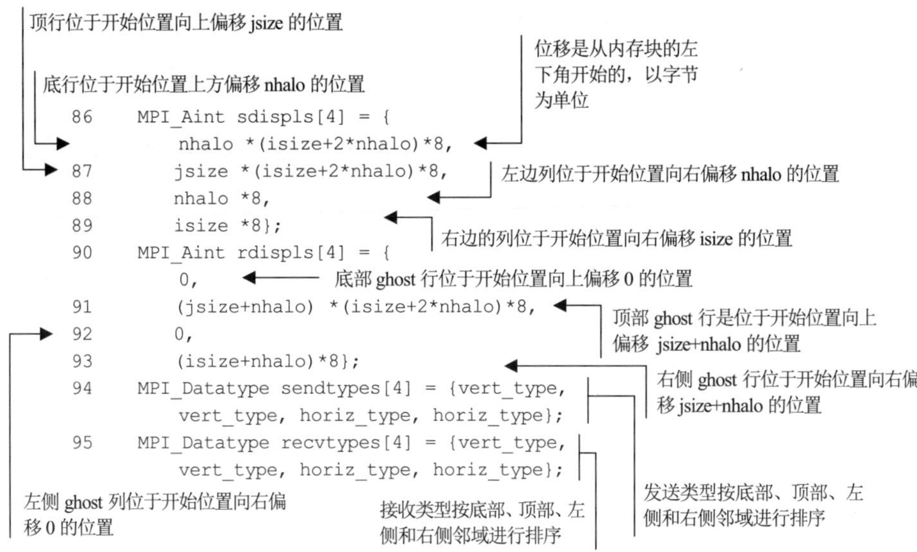

使用代码清单 8-25 中的 MPI 数据类型对 3D 笛卡儿邻域通信进行设置。数据类型定义了要移动的数据块，我们还需要定义发送和接收数据块起始位置的字节偏移量，需要按照正确顺序定义 sendtypes 和 recvtypes 的数组，如下面的代码清单所示。

代码清单 8-30　3D 笛卡儿邻域通信设置

back 位于 front 向后偏移 ksize 的位置

front 位于 front 向后偏移 nhalo 的位置

位移来自内存块的左下角，以字节为单位

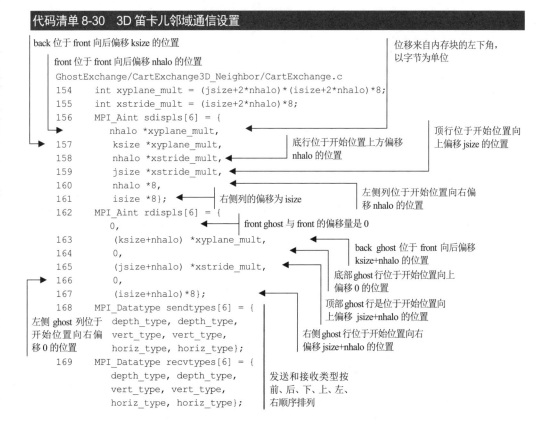

GhostExchange/CartExchange3D_Neighbor/CartExchange.c

```
int xyplane_mult = (jsize+2*nhalo)*(isize+2*nhalo)*8;
int xstride_mult = (isize+2*nhalo)*8;
MPI_Aint sdispls[6] = {
   nhalo *xyplane_mult,
   ksize *xyplane_mult,
   nhalo *xstride_mult,
   jsize *xstride_mult,
   nhalo *8,
   isize *8};
MPI_Aint rdispls[6] = {
   0,
   (ksize+nhalo) *xyplane_mult,
   0,
   (jsize+nhalo) *xstride_mult,
   0,
   (isize+nhalo)*8};
MPI_Datatype sendtypes[6] = {
   depth_type, depth_type,
   vert_type, vert_type,
   horiz_type, horiz_type};
MPI_Datatype recvtypes[6] = {
   depth_type, depth_type,
   vert_type, vert_type,
   horiz_type, horiz_type};
```

顶行位于开始位置向上偏移 jsize 的位置

底行位于开始位置上方偏移 nhalo 的位置

左侧列位于开始位置向右偏移 nhalo 的位置

右侧列的偏移为 isize

front ghost 与 front 的偏移量是 0

back ghost 位于 front 向后偏移 ksize+nhalo 的位置

底部 ghost 行位于开始位置向上偏移 0 的位置

顶部 ghost 行是位于开始位置向上偏移 jsize+nhalo 的位置

右侧 ghost 行位于开始位置向右偏移 jsize+nhalo 的位置

左侧 ghost 列位于开始位置向右偏移 0 的位置

发送和接收类型按前、后、下、上、左、右顺序排列

如代码清单 8-31 所示，实际的通信操作是通过对 MPI_Neighbor_alltoallw 的单个调用来完成的。还有第二个代码块用于存在 corners 的情况，它需要在两个调用之间进行同步，以确保 corners 被正确填充。第一个调用只处理水平方向，并在处理完成之后，对垂直方向进行处理。

代码清单 8-31 二维笛卡儿邻域通信

```
GhostExchange/CartExchange_Neighbor/CartExchange.c
if (corners) {
   int counts1[4] = {0, 0, 1, 1};
   MPI_Neighbor_alltoallw (
      &x[-nhalo][-nhalo], counts1,
         sdispls, sendtypes,
          &x[-nhalo][-nhalo], counts1,
         rdispls, recvtypes,
       cart_comm);

   int counts2[4] = {1, 1, 0, 0};
   MPI_Neighbor_alltoallw (
      &x[-nhalo][-nhalo], counts2,
         sdispls, sendtypes,
       &x[-nhalo][-nhalo], counts2,
         rdispls, recvtypes,
       cart_comm);
} else {
   int counts[4] = {1, 1, 1, 1};
   MPI_Neighbor_alltoallw (
      &x[-nhalo][-nhalo], counts,
         sdispls, sendtypes,
       &x[-nhalo][-nhalo], counts,
         rdispls, recvtypes,
       cart_comm);
}
```

将水平方向计数设置为 1

水平通信

将垂直方向计数设置为 1

将所有方向的所有计数都设置为 1

所有的邻域通信都在同一个调用中完成

垂直通信

三维笛卡儿邻域通信与上面的情况类似，但增加了 z 坐标(深度)，深度首先出现在计数和类型数组中。在 corners 的分阶段通信中，深度排在水平和垂直 ghost cell 交换之后，如下面的代码清单所示。

代码清单 8-32 三维笛卡儿邻域通信

```
GhostExchange/CartExchange3D_Neighbor/CartExchange.c
if (corners) {
   int counts1[6] = {0, 0, 0, 0, 1, 1};
   MPI_Neighbor_alltoallw(
      &x[-nhalo][-nhalo][-nhalo], counts1,
         sdispls, sendtypes,
       &x[-nhalo][-nhalo][-nhalo], counts1,
         rdispls, recvtypes,
       cart_comm);

```

水平 ghost 交换

```
    int counts2[6] = {0, 0, 1, 1, 0, 0};
    MPI_Neighbor_alltoallw(
       &x[-nhalo][-nhalo][-nhalo], counts2,
          sdispls, sendtypes,
       &x[-nhalo][-nhalo][-nhalo], counts2,
          rdispls, recvtypes,
       cart_comm);
```

垂直 ghost 交换

```

    int counts3[6] = {1, 1, 0, 0, 0, 0};
    MPI_Neighbor_alltoallw(
       &x[-nhalo][-nhalo][-nhalo], counts3,
          sdispls, sendtypes,
       &x[-nhalo][-nhalo][-nhalo], counts3,
          rdispls, recvtypes,
       cart_comm);
```

深度 ghost 交换

```
 } else {
    int counts[6] = {1, 1, 1, 1, 1, 1};
    MPI_Neighbor_alltoallw(
       &x[-nhalo][-nhalo][-nhalo], counts,
          sdispls, sendtypes,
       &x[-nhalo][-nhalo][-nhalo], counts,
          rdispls, recvtypes,
       cart_comm);
 }
```

同时处理所有邻域

8.5.3　ghost cell 交换变体的性能测试

通过一个测试系统对这些 ghost cell 的交换变体进行性能测试。我们将使用两个 Broadwell 节点 (Intel Xeon CPU E5-2695 v4, 2.10GHz)，每个节点有 72 个虚拟核。也可在更多具有不同 MPI 库实现、halo 大小、网格大小的计算节点上运行这个程序，并使用更高性能的通信互连，从而更全面地了解每个 ghost cell 交换变体的执行情况。程序代码如下：

```
mpirun -n 144 --bind-to hwthread ./GhostExchange -x 12 -y 12 -i 20000 \
      -j 20000 -h 2 -t -c
mpirun -n 144 --bind-to hwthread ./GhostExchange -x 6 -y 4 -z 6 -i 700 \
      -j 700 -k 700 -h 2 -t -c
```

GhostExchange 程序的选项如下：

- -x (x 方向的进程)
- -y (y 方向的进程)
- -z (z 方向的进程)
- -i (在 i 或 x 方向上的网格大小)
- -j (在 j 或 y 方向上的网格大小)
- -k (在 k 或 z 方向上的网格大小)
- -h (halo cell 的宽度，通常是 1 或 2)
- -c (包含 corner cell)

练习：ghost cell 测试

附带的源代码中带有整个 ghost cell 交换变体的集合。在 batch.sh 文件中，你可以更改 halo 的大小和是否需要 corners。使用该文件会在两个 Skylake Gold 节点(共计 144 个进程)上将所有测试用例运行 11 次。

```
cd GhostExchange
./build.sh
./batch.sh |& tee results.txt
./get_stats.sh > stats.out
```

可以使用我们提供的脚本生成图像，如果使用 Python 绘图，需要使用 matplotlib 库，结果显示了中值运行时间。

```
python plottimebytype.py
python plottimeby3Dtype.py
```

图 8-7 显示了小型测试用例生成的图像。使用 MPI 数据类型，即使在这个小范围内也表现出明显的性能优势，这表明运算过程中可能避免了数据的复制。对 MPI 笛卡儿拓扑调用和 MPI 数据类型的更大优势是极大简化了 ghost 交换的代码。虽然使用这些更高级的 MPI 调用确实需要更多的设置工作，但这种设置只需要在启动时设定一次即可。

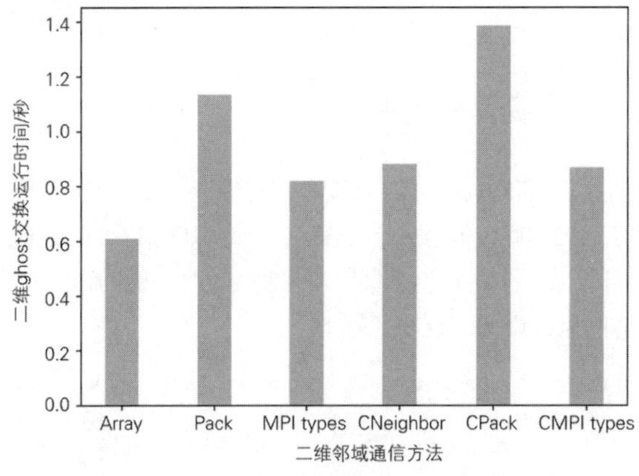

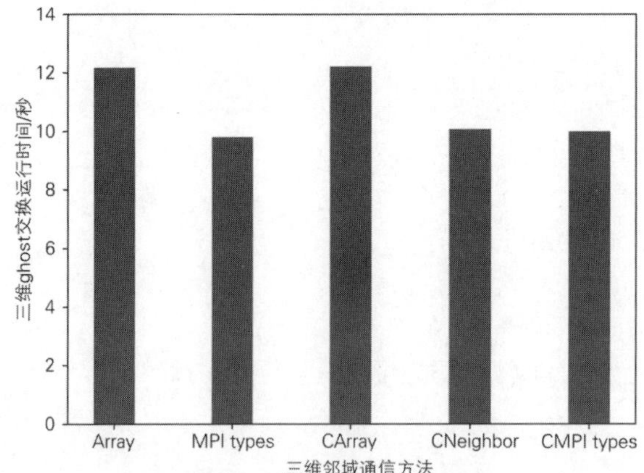

图 8-7 小型测试用例生成的图像

上面两个图是在 2 个节点，共 144 个进程上运行二维和三维 ghost 交换的相对性能。MPI types 和 CNeighbor 中的 MPI 数据类型比由数组赋值循环显式填充的缓冲区性能稍好一些。在二维 ghost 交换中，pack 例程运行比较慢，而显式填充的缓冲区比 MPI 数据类型运行速度要快。

8.6　通过联合使用 MPI 和 OpenMP 实现极高的可扩展性

将两种或两种以上并行化技术组合在一起称为混合并行化，这与所有 MPI 实现(也称为纯 MPI 或 MPI-everywhere)不同。在本节中，我们将研究将 MPI 和 OpenMP 在应用程序中混合使用的情况。这通常相当于用 OpenMP 线程替换一些 MPI rank。对于涉及数千个进程的大型并行应用程序，使用 OpenMP 线程替换 MPI rank 可能会减少 MPI 域的总大小以及极端规模所需的内存数量。然而为了实现线程级别并行层的性能提升，需要增加应用程序的复杂度，并且增加开发时间，在实际开发过程中需要将性能的提升和程序复杂度及所需开发时间进行平衡。出于这个原因，MPI 和 OpenMP 的混合实现通常只适用于对规模和性能要求都非常极端的应用程序。

8.6.1　混合 MPI 和 OpenMP 的优势

当性能的提升比混合并行复杂性更重要时，将 OpenMP 并行层添加到基于 MPI 的代码可能具有如下几个优势：

- 在节点之间减少 ghost cell 通信
- 对 MPI 缓冲区的内存要求更低
- 减少了对 NIC 的争用
- 减少基于树的通信规模
- 增强负载均衡能力
- 提供对所有硬件组件的访问能力

当添加线程级并行性时，使用带有 ghost(halo)cell 的子域空间分解并行应用程序将可以减少每个节点上 ghost cell 的总数量。这将在降低内存需求量的同时，降低通信的成本，尤其是在像 Intel 的 Knights Landing (KNL)这样的多核架构上。使用共享内存并行还可以通过避免 MPI 在节点间进行消息复制，从而减少对网络接口卡(NIC)的争用情况，进而提高应用程序的性能。此外，许多 MPI 算法是基于树的，缩放比例为 $\log_2 n$。通过 2n 个线程来减少运行时间，将会降低树的深度并逐步提高性能。虽然剩余的工作依旧必须由线程完成，但它通过减少同步和通信延迟成本来提升性能。线程还可用于改善 NUMA 区域或计算节点内的负载平衡问题。

某些情况下，混合并行方法的优势不止以上那些，还可以发挥出所有硬件资源的潜力。例如，一些硬件(可能还带有内存控制器功能)只能由线程访问，而不能被进程访问(MPI 级别)，Intel 的 Knights Corner 和 Knights Landing 多核架构就存在这些问题。在 MPI+X+Y 中，X 是线程化的，Y 是 GPU 语言，我们经常将 rank 与 GPU 的数量进行匹配。在 CPU 环境中，OpenMP 允许应用程序在运行中继续访问其他处理器。对于上面的问题，也有其他解决方案，比如 MPI_COMM 组和 MPI 共享内存功能，或简单地从多个 MPI 级别驱动 GPU 进行运算。

8.6.2　MPI 与 OpenMP 混合示例

MPI 和 OpenMP 混合实现的第一步，是在程序开始时调用 MPI_Init 让 MPI 知道你将做什么。你可以按照下面示例所示，使用 MPI_Init_thread 调用来替换 MPI_Init 调用：

```
MPI_Init_thread(&argc, &argv, int thread_model required,
int *thread_model_provided);
```

MPI 标准定义了四种线程模型。这些模型通过 MPI 调用提供了不同级别的线程安全。按照线程安全性的递增顺序，这些线程模型如下。

- MPI_THREAD_SINGLE：只执行一个线程(标准 MPI)
- MPI_THREAD_FUNNELED：多线程，但只有主线程进行 MPI 调用
- MPI_THREAD_SERIALIZED：多线程，但每次只有一个线程进行 MPI 调用
- MPI_THREAD_MULTIPLE：多线程，并且多个线程对 MPI 进行调用

许多应用程序在主循环级别进行通信，OpenMP 线程被用于关键的计算循环，在这种情况下，MPI_THREAD_FUNNELED 是一个很好的选择。

注意：推荐你使用所需的最低级别的线程安全。由于 MPI 库必须在发送和接收队列以及 MPI 的其他基本部分周围放置互斥锁或关键块，所以更高级别的线程安全会造成性能损失。

现在我们以 stencil 示例为基础，看看对程序做怎样的更改来添加 OpenMP 线程。我们使用 CartExchange_Neighbor 作为这个示例的基础。下面的代码清单显示了第一个更改：MPI 初始化。

代码清单 8-33　OpenMP 线程的 MPI 初始化

```
HybridMPIPlusOpenMP/CartExchange.cc
26 int provided;
27 MPI_Init_thread(&argc, &argv,
       MPI_THREAD_FUNNELED, &provided);
28
29 int rank, nprocs;
30 MPI_Comm_rank(MPI_COMM_WORLD, &rank);
31 MPI_Comm_size(MPI_COMM_WORLD, &nprocs);
32 if (rank == 0) {
33    #pragma omp parallel
34    #pragma omp master
35       printf("requesting MPI_THREAD_FUNNELED"
                " with %d threads\n",
36             omp_get_num_threads());
37    if (provided != MPI_THREAD_FUNNELED){
38       printf("Error: MPI_THREAD_FUNNELED"
                  " not available. Aborting ...\n");
39       MPI_Finalize();
40       exit(0);
41    }
42 }
```

OpenMP 线程的 MPI 初始化

打印线程数，用来检查程序是否满足我们的预期

检查此 MPI 是否支持我们需要的线程安全级别

更改是在第 27 行使用 MPI_Init_thread 替代 MPI_Init。附加代码将用来检查请求的线程安全级别是否可用，如果不可用则退出。我们还打印 rank 0 的主线程上的线程数。现在来看下个代码清单

中关于计算循环中的变化。

代码清单 8-34　将 OpenMP 线程化和向量化添加到计算循环中

```
HybridMPIPlusOpenMP/CartExchange.cc
157 #pragma omp parallel for
158 for (int j = 0; j < jsize; j++){
159    #pragma omp simd
160    for (int i = 0; i < isize; i++){
161       xnew[j][i] = ( x[j][i] + x[j][i-1] + x[j][i+1]
                       + x[j-1][i] + x[j+1][i] )/5.0;
162    }
163 }
```

为外循环添加 OpenMP 线程

为内循环添加 SIMD 向量化

通过在第 157 行添加一个 pragma 使程序实现 OpenMP 线程化。作为额外的收益，在第 159 行插入另一个 pragma 可为内循环实现向量化。

现在可以尝试在你的系统上运行这个 MPI + OpenMP+Vectorization 混合示例。为了获得良好的性能，你需要通过设置关联性来控制 MPI rank 和 OpenMP 线程的位置，我们将在第 14 章中更深入地讨论这个主题。

定义：关联性(Affinity)为特定硬件组件分配进程、rank 或线程调度的首选项。这也被称为固定或绑定。

随着节点复杂度的增加以及混合并行应用程序的使用，为 rank 和线程设置关联性变得更加重要。在前面的示例中，我们使用了--bind-to core 和--bind-to hwthread 来提高性能，并减少由于从一个核心迁移到另一个核心而导致的运行时性能变化。在 OpenMP 中，将使用环境变量来设置位置和关联性。如下所示：

```
export OMP_PLACES=cores
export OMP_CPU_BIND=true
```

正如 Skylake Gold 处理器的 ghost cell 测试示例中所示，将 MPI rank 固定到处理器的特定插槽，这样线程就可以扩展到其他核心。如下所示：

```
export OMP_NUM_THREADS=22
mpirun -n 4 --bind-to socket ./CartExchange -x 2 -y 2 -i 20000 -j 20000 \
-h 2 -t -c
```

我们运行 4 个 MPI rank，每个 rank 生成由 OMP_NUM_THREADS 环境变量指定的 22 个线程，共有 88 个进程。mpirun 的--bind-to socket 选项告诉它将进程绑定到这些进程所在的 CPU 插槽。

8.7　进一步探索

虽然本章中已经讨论了很多内容，但随着你对 MPI 的使用经验不断增加，会发现有更多特性等待你去挖掘和探索。下面给出一些重要特性，供你深入学习。

- 通信组：MPI 具有丰富的函数集，可以创建、拆分标准的 MPI COMM_WORLD 通信器；还可创建新的分组，用于专门的操作，如行内通信或基于任务的子分组。有关通信器分组使用的一些示例，请参见代码清单 16-4。我们使用通信组将文件输出拆分为多个文件，并将域分解为行和列通信器。

- 非结构化网格边界通信：非结构化网格需要以与常规笛卡儿网格类似的方式交换边界数据。这些操作比较复杂，这里不做介绍。有许多支持非结构化网格应用程序的稀疏的、基于图形的通信库。比如现在由桑迪亚国家实验室的 Richard Barrett 开发的 L7 通信库。该通信库包含在 CLAMR 迷你应用程序中，请参阅 https://github.com/LANL/CLAMR 上的 L7 子目录获取详细信息。
- 共享内存：在几乎所有情况下，原始 MPI 实现都通过网络接口发送数据。随着核心数量的增加，MPI 开发人员意识到他们可以在共享内存中进行通信，这是作为通信优化在后台完成的。通过使用 MPI 共享内存“窗口”继续添加其他共享内存功能，这个功能起初存在一些问题，但现在已经做了大量改进，并可以被应用于应用程序中。
- 单边通信：为了完成对其他编程模型的响应，MPI 以 MPI_Puts 和 MPI_Gets 的形式提供了单边通信功能。与原始 MPI 消息传递模型(发送方和接收方都必须是活动的参与者)相反，单边模型只允许其中一方执行操作。

8.7.1 扩展阅读

如果想了解更多关于 MPI 的介绍材料，可以阅读 Peter Pacheco 的经典著作：

- Peter Pacheco，《并行编程介绍》。

也可以找到由原始 MPI 开发团队成员撰写的关于 MPI 的全面报道：

- William Gropp 等人，《使用 MPI：带有消息传递接口的可移植并行编程》。

关于 MPI + OpenMP 的介绍，可以参加 Bill Gropp 的讲座，他是最初 MPI 标准的开发人员之一。链接如下：

- http://wgropp.cs.illinois.edu/courses/cs598-s16/lectures/lecture36.pdf。

8.7.2 练习

1. 为什么我们不能分别使用代码清单 8-20 和代码清单 8-21 中的 pack 或数组缓冲区方法来阻塞接收，就像在 ghost 交换中的发送/接收所做的那样？

2. 如代码清单 8-8 所示，在 ghost 交换的向量类型实现中，在接收上阻塞是否安全？如果我们只阻塞接收，将带来什么好处？

3. 修改代码清单 8-21 中的 ghost cell 交换向量类型示例，以使用阻塞接收而不是 waitall。它更快吗？总是有效吗？

4. 尝试用 MPI_ANY_TAG 替换一个 ghost 交换例程中的显式标签。它有效吗？有没有更快的方式？你认为使用显式标签有什么优势？

5. 在其中一个 ghost 交换示例中移除同步计时器的 barrier。使用原始同步计时器和未同步计时器运行代码。

6. 将代码清单 8-11 中的计时器统计信息添加到代码清单 8-17 中的 stream triad 带宽测量代码中。

7. 在本章的代码(HybridMPIPlusOpenMP 目录)中，将示例中的高级 OpenMP 转换为混合 MPI + OpenMP。并在平台上试验向量化、线程数以及 MPI rank。

8.8　本章小结

- 使用合适的方式进行点对点消息的发送和接收。这避免了挂起的情况，并获得了更好的性能。
- 为常规操作采用聚合通信。这有助于简化编程，避免挂起，并提高性能。
- 使用 ghost 交换，将来自不同处理器的子域连接在一起。这些交换使子域充当单个全局计算网格。
- 通过将 MPI 与 OpenMP 线程化及向量化相结合，添加更多层次的并行性。额外的并行性将有助于提供更好的性能。

第 III 部分

GPU：加速应用程序运行

在本部分，你将学习使用 GPU 计算技术来加快科学计算。将包括如下主题：

- 在第 9 章中，你将了解到 GPU 的架构以及它在通用计算领域中的优势。
- 在第 10 章中，你将学习如何为 GPU 构建编程模型。
- 在第 11 章和第 12 章中，你将探索适用于 GPU 的编程语言。在第 11 章中，将学习 OpenACC 和 OpenMP 中的基本示例。在第 12 章中，将学习更广泛的 GPU 编程语言，从较低级的本地语言(如 CUDA、OpenCL 和 HIP)到较高级的语言(如 SYCL、Kokkos 和 Raja)。
- 在第 13 章中，你将学习分析工具，以及可提高开发人员生产效率的工作流模型。

通过 GPU 可以实现计算的加速，早期 GPU 被用于提高计算机动画的帧率，因此 GPU 硬件开发者不遗余力地提高数字运算吞吐量。在那时，这些设备被当作处理大规模并行计算的加速器，因为当时这些硬件主要用于图形处理，所以被称为图形处理单元。

时至今日，许多软件开发人员已经意识到 GPU 提供的计算加速能力同样适用于各种各样的应用领域。2002 年，Mark Harris 北卡罗来纳大学创造了通用图形处理单元(GPGPU)这个术语，提出 GPU 不仅仅适用于图形这一概念。目前，比特币挖矿、机器学习和高性能计算已经成为 GPU 的主要市场。GPU 硬件的微小改动，如双精度浮点单元和张量运算，都为不同的细分市场做了相应的定制化，从而满足特定应用场景的计算需求。现在，GPU 不再仅仅用于图像处理。

现在发布的每一款 GPU 模型都针对不同的细分市场。价格高达 1 万美元的高端 GPU 产品与大家在大众数码市场看到的 GPU 产品存在很大差异。虽然 GPU 在许多应用程序中使用的数量远远超过了它们最初的设计预期，但在不久的将来，仍然很难看到 GPU 完全取代 CPU 的通用功能，因为串行操作更适合 CPU。

所有使用 GPU 领域的共性是，为了让 GPU 充分发挥出它应有的能力，必须有大量的工作负载同时运行。这里的“大量”指的是成千上万个同时进行的并行操作。GPU 本质上是并行加速器，也许我们应该称它们为并行处理单元(Parallel Processing Units，PPU)或并行处理加速器(Parallel Processing Accelerators，PPA)，从而更好地了解它们的功能。但是，我们将坚持使用 GPU 这个术语，因为我们认为意义远不止于此。从这个角度看待 GPU，就应该能理解为什么 GPU 对并行计算社区如此重要了。

GPU 的设计和制造要比 CPU 简单得多，所以通常 GPU 的设计周期是 CPU 的一半。2012 年与 GPU 相关的应用程序，在性能方面出现与 CPU 的交叉点。从那时起，GPU 的性能一直在以大约两倍于 CPU 的速度增长。粗略地说，今天的 GPU 可以提供比 CPU 快十倍的速度。当然，由于应用程序的类型和代码实现的方式不同，这种性能的提升存在很大的弹性。毫无疑问，GPU 将继续为那些大规模并行架构的应用程序提供更大的性能提升。

为了帮助你理解这些新的硬件设备，我们将在第 10 章中介绍硬件设计的基本内容。然后，我们试图帮助大家建立一个如何理解它们的心智模型。在处理一个 GPU 项目之前，获得相关知识是非常必要的。现实中存在很多将 CPU 程序移植到 GPU 环境而导致失败的案例，因为程序开发者认为他们只需要将运算成本最高的循环移到 GPU 上，就可以获得惊人的性能提升。但当应用程序运行速度变慢时，他们就放弃了对程序改进的努力。因为将数据传输到 GPU 是昂贵的；因此，必须将大部分应用程序移植到 GPU 上才能带来相应的性能提升。在 GPU 实现之前，通过简单的性能模型及相关分析，会让程序开发者对运行在 GPU 上的应用程序持有合理的性能期望，并提醒他们为取得最后的成功，需要付出足够的时间和精力对应用程序进行优化。

也许对 GPU 进行编程的最大障碍就是编程语言的快速变化，似乎每隔几个月就会有一种新的语言发布。尽管这些语言带来了高度的创新，但这种持续的变化给应用程序开发人员带来了困扰。然而，仔细研究这些编程语言就会发现，它们之间存在大量的相似之处，这些编程语言通常都是针对常见的硬件而设计的。在未来几年里，我们还要面对日新月异的编程语言，但这些语言更像是当前语言的变体，而不是完全不同的新语言。在第 11 章中，将介绍基于 pragma 的编程语言。在第 12 章中，将介绍原生的 GPU 语言以及一种新的性能可移植语言，这种语言发挥了 C++构造的优势。尽管我们提供了各种语言实现，但还是建议你首先选择两种语言，从而获得一些使用这些语言的实际经验。需要注意，具体使用哪种语言，往往取决于你所使用的 GPU 硬件。

强烈建议你在 https://github.com/EssentialsofParallelComputing 上查看每一章中的示例，并完成相应的练习。GPU 编程的常见障碍是对硬件的正确设置及访问。安装支持 GPU 的系统软件有时可能会很困难，示例中列出了来自硬件供应商的用于 GPU 的软件包；当你在自己的系统中安装 GPU 软件时，需要对示例中的代码进行修改，只保留适合你所使用的系统的那部分代码，并将其他代码注释掉，在这个过程中可能会遇到错误，这是正常的，多尝试不同的配置与组合，最终你将找到合适你系统的配置。在第 13 章，我们将讨论不同的工作流和替代方案，比如设置 Docker 容器和虚拟机(VM)。Docker 或者虚拟机的使用，将为使用 Windows 或者 macOS 的用户提供一个在笔记本或者台式机上运行的开发环境，在某种程度上，降低了在应用程序开发时对所使用系统的要求。

如果你没有可用的本地 GPU 硬件环境，可以尝试使用 GPU 的云服务。如提供 200~300 美金使用额度的谷歌云，以及其他一些免费的试用云服务。这些服务甚至提供商业级附加组件，如可以使用 GPU 配置 HPC 集群；Fluid Numerics Google Cloud Platform 就是一个带有 GPU 环境的 HPC 云服务，Intel 也为大家提供了 GPU 云服务的试用环境。可以通过访问如下站点获得更多信息：

- Fluid-Slurm Google Cloud Cluster 的网址是 https://console.cloud.google.com/marketplace/details/fluid- cluster-ops/fluid-slurm-gcp。
- Intel 云端 oneAPI 和 DPCPP 的网址是 https://software.intel.com/en-us/oneapi(使用前需要先注册)。

第 9 章 GPU 架构及概念

本章涵盖以下内容：

- 了解 GPU 硬件及相关连接组件
- 评估 GPU 的理论性能
- 测量 GPU 的性能
- 使 GPU 高效服务于不同的应用程序

我们为什么要在高性能计算中关注图形处理单元(GPU)呢？因为 GPU 可以提供大大超过传统 CPU 架构的并行操作。为了充分发挥 GPU 的并行计算能力，我们首先需要了解 GPU 的架构，虽然从名称上看，GPU 常用于图像处理，但 GPU 也非常适合常规的通用并行计算。在本章中，将概述 GPU 加速平台的硬件。

当今，哪些系统中使用了 GPU 进行加速？其实每个计算系统中，从 CPU 内置的小部件，到占据机箱中大量空间的外置图形加速卡，都为用户提供了强大的图形计算功能。另外，在使用 CPU 的高性能计算系统中，也越来越多地配备了多个 GPU 对计算进行加速。有时，甚至用于模拟或游戏的个人计算机也可以连接两个 GPU 以获得更高的图形处理性能。在本章中，我们提出了一个概念模型来识别 GPU 加速系统的关键硬件组件，如图 9-1 所示。

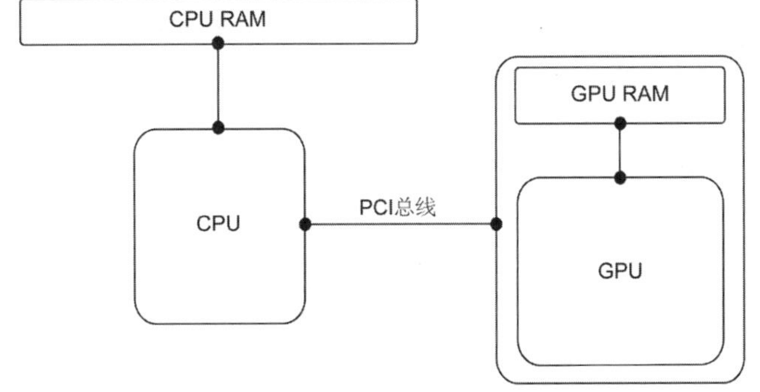

图 9-1　使用专用 GPU 的 GPU 加速系统框架图。CPU 和 GPU 分别带有自己的内存。CPU 和 GPU 通过 PCI 总线进行通信

由于在高性能计算社区中，存在术语不统一的情况，这为理解 GPU 的相关信息造成了困扰。

在本书中，将使用通过 OpenCL 标准建立的术语，因为这个标准得到多家 GPU 厂商的认可。在本章中，我们将使用到一些常用的术语，比如与 NVIDIA 相关的术语。在我们进一步学习之前，我们先了解一些常用定义。

- CPU：安装在主板 CPU 插槽中的主处理器。
- CPU RAM：也叫做“内存条”或者包含 DRAM 的双列直插式内存模块(DIMM)，它们插入主板的内存插槽中。
- GPU：安装在主板上的 Express(PCIe)插槽中的大型外围设备。
- GPU RAM：GPU 外设卡上的内存模块，专供 GPU 使用。
- PCI 总线：将外围设备与主板上其他组件进行连接的接线。

在本章中，我们将介绍 GPU 加速系统中的每个组件，并演示如何计算每个组件的理论性能，并通过 micro-benchmark 应用程序检查它们的实际性能。这将有助于了解阻止你使用 GPU 加速应用程序的硬件组件瓶颈。获取以上信息后，我们将讨论可以通过 GPU 获得最大性能提升的应用程序类型，以及将应用移植到 GPU 上运行时，如何制定我们所期待的性能提升指标。本章中所使用的程序源代码可从 https://github.com/EssentialsofParallelComputing/Chapter9 下载。

9.1 作为加速计算平台的 CPU-GPU 系统

在今天，GPU 无处不在。在手机、平板电脑、个人电脑、消费级工作站、游戏机、高性能计算中心和云计算平台，都可以看到 GPU 的身影。GPU 在大多数现代硬件上提供了额外的计算能力，并加快了许多你可能没有意识到的操作。顾名思义，GPU 是为图形相关的计算而设计的，因此，为满足图形应用程序的需求，GPU 设计专注于并行处理大块数据(三角形或多边形)。与可以在一个时钟周期内处理数十个并行线程或进程的 CPU 相比，GPU 可以同时处理数千个并行线程；正是归功于这种设计，GPU 提供了相当高的理论峰值性能，从而缩短应用程序运行的时间，进而减少能耗。

因为计算科学家总是在关注计算能力，所以他们开始使用 GPU 来执行通用的计算任务。因为 GPU 是为图形处理而设计的，所以最初为图形处理编程而开发的语言(如 OpenGL)更专注于对图形的操作。为了在 GPU 上实现通用计算的算法，程序开发者必须根据 GPU 的环境重新设计算法，这既耗时又容易出错。将图形处理器的应用扩展到非图形工作负载被称为通用图形处理单元(GPGPU)计算。

GPGPU 计算的热度不减，取得了前所未有的成功，这促使一系列 GPGPU 语言的产生。第一个获得广泛应用的是在 2007 年引入的、用于 NVIDIA GPU 的计算统一设备架构(CUDA)编程语言。目前占主导地位的开放标准 GPGPU 计算语言是 OpenCL(Open Computing Language)，由苹果公司领导的一组供应商开发，并于 2009 年发布。我们将在第 12 章中详细介绍 CUDA 和 OpenCL。

尽管新的 GPGPU 语言不断产生，许多计算科学家发现最初的、原生的 GPGPU 语言很难使用。因此，基于指令 API 的高级方法被广泛使用，并刺激了硬件供应商为此投入更多研发资金。我们将在第 11 章中列举基于指令语言的例子，如 OpenACC 和 OpenMP(带有新的目标指令)。新的基于指令的 GPGPU 语言 OpenACC 和 OpenMP 所获得的成功已经被广泛认可。这些语言及 API 允许程序开发者更多地专注于开发他们的应用程序，而不是用图形操作来表达算法。最终带来的效果是，科学计算和数据科学应用程序获得了前所未有的性能提升。

GPU 被称为加速器，在计算领域中被广泛使用。首先让我们定义一下什么是加速器。

定义：加速器(硬件)是一种特殊用途的设备，是对通用 CPU 的补充，从而实现某些操作的加速运行。

一个经典的加速器应用例子是使用 8088 CPU 的原始 PC，它带有可用于浮点运算的 8087 协处理器插槽，从而可以在硬件(而不是在软件)中执行浮点运算。如今，最常见的硬件加速器是图形处理器，它可以是一个单独的硬件组件，也可以集成在主处理器上。之所以被称为加速器，是因为它是一种特殊用途的设备，但这种特殊性在当今的环境下变得不再那么明显。GPU 是一种附加的硬件组件，可与 CPU 一起执行操作，GPU 有两种常见的类型。

- 集成 GPU：一种存在于 CPU 上的图形处理器引擎
- 独立 GPU：安装在主板上的独立外部硬件

集成图形处理器直接部署在 CPU 芯片上。集成 GPU 与 CPU 共享 RAM 资源。专用 GPU 通过 PCI(Peripheral Component Interconnect)插槽连接到主板上。PCI 插槽是 CPU 和 GPU 之间进行数据传输的物理组件，通常被称为 PCI 总线。

9.1.1　集成 GPU：商业化系统中没有被充分使用的资源

Intel 长期以来为消费市场提供集成 GPU 的 CPU 芯片。因为 Intel 知道如果用户真正关心计算性能，那么他们会直接购买独立的 GPU。所以带有集成 GPU 的 AMD CPU 相比，Intel 的性能表现一直相对较弱，但近期，随着 Intel 发布带有集成 GPU 的 Ice Lake 系列处理器，情况发生了改变。

AMD 的集成 GPU 被称为加速处理单元(APU)，这将 CPU 和 GPU 紧密结合在一起。GPU 设计的来源最初来自 AMD 在 2006 年收购的 ATI 显卡公司。在 AMD 的 APU 中，CPU 和 GPU 共享相同的处理器内存，并且这些 GPU 比独立的 GPU 体积更小，但仍然按比例提供 GPU 图形和计算性能。AMD APU 的真正目标是为大众市场提供一种性价比更高、性能更好的系统。共享内存的使用也很有吸引力，因为它消除了 PCI 总线上的数据传输(这通常是严重的性能瓶颈)。

集成 GPU 被广泛用在各种系统中对我们来说很重要，因为这意味着现在许多台式电脑和笔记本电脑都有加速计算的能力。对于这些系统来说，使用集成 GPU 的目标是相对地提高性能，同时降低能源成本以及延长电池续航时间。但对于极端的性能需求，独立图形处理器仍然是无可争议的性能冠军。

9.1.2　独立 GPU：高性能计算的主力

在本章中，将主要关注带有专用 GPU 的 GPU 加速平台，也称为独立 GPU。专用 GPU 通常比集成 GPU 提供更高的计算能力。此外，这些 GPU 可以被隔离使用，从而执行通用计算任务。图 9-1 从概念上说明了一个具有专用 GPU 的 CPU-GPU 系统。CPU 可以访问自己的内存空间(CPU RAM)，并通过 PCI 总线与 GPU 连接。CPU 能够通过 PCI 总线发送数据和指令，从而和 GPU 协同工作。GPU 有自己的独立于 CPU 的内存空间。

为在 GPU 上执行计算工作，在某些时候，数据必须从 CPU 传输到 GPU，当工作完成并且要将结果输出到文件时，GPU 必须将数据发送回 CPU。GPU 需要执行的指令也从 CPU 发送到

GPU，这些事务中的每一个步骤都由 PCI 总线进行调解。尽管本章不讨论如何执行这些操作，但将讨论 PCI 总线的硬件性能限制。由于这些限制，设计不佳的 GPU 应用程序可能比仅使用 CPU 技术完成的应用程序性能更差。我们还将讨论 GPU 的内部架构以及 GPU 在内存和浮点运算方面的性能。

9.2 GPU 和线程引擎

对于常年使用 CPU 进行线程编程的程序开发者来说，图形处理器就像是理想的线程引擎。这个线程引擎的组件能够提供：

- 看似无限多的线程数量
- 对线程的启动与切换几乎没有时间成本
- 通过工作组之间的自动切换消除内存访问的延迟

让我们了解一下 GPU 的硬件架构，从而了解它是如何发挥神奇功效的。为了展示 GPU 的概念模型，我们从不同 GPU 厂商(甚至是同一厂商)的设计差异中抽象出若干共同的元素。需要注意的是，这些抽象模型没有包含硬件上的细微变化，再加上目前使用的术语过多，对于这个领域的新人来说，理解 GPU 硬件和编程语言不是一件容易的事，这并不奇怪。尽管如此，与具有顶点着色器、纹理映射单元和片段生成器的图形领域相比，这些术语还是相对简单的。表 9-1 总结了术语的粗略等同性，但请注意，由于硬件架构并不完全相同，术语的对应关系会因上下文和用户而异。

表 9-1 硬件术语：概要对应

主机	OpenCL	AMD GPU	NVIDIA/CUDA	Intel Gen11
CPU	计算设备	GPU	GPU	GPU
多处理器	计算单元(Compute Unit，CU)	计算单元(Compute Unit，CU)	流多处理器(Streaming Multiprocessor，SM)	子切片
处理核心(简称为核)	处理单元(Processing Element，PE)	处理单元(Processing Element，PE)	计算核或者 CUDA 核	执行单元(Execution Units，EU)
线程	工作条目	工作条目	线程	
向量或 SIMD	向量	向量	使用 SIMT 线程束模拟	SIMD

表 9-1 的最后一行显示了使用一条指令操作多条数据的硬件层，通常称为 SIMD。严格来说，NVIDIA 硬件没有向量硬件或 SIMD，而是通过在单指令多线程(SIMT)模型中称为线程束的一组线程进行模拟，从而实现这一点。你可能需要回顾我们在 1.4 节中对并行类别的初步讨论，从而对这些方法有新的认知。其他 GPU 也可通过 OpenCL 和 AMD 调用的子组执行 SIMT 操作，这相当于 NVIDIA 线程束。我们将在第 10 章对此进行更多讨论，将集中关注 GPU 编程模型。而本章将重点介绍 GPU 硬件及其架构和概念。

通常，如表 9-2 所示，GPU 上也带有用于复制的硬件单元，从而可与更多的图形加速设备进行连接并扩展计算能力。这些用于复制的硬件单元经常出现在规范列表和相关讨论中。

表 9-2　常见的 GPU 硬件复制单元

AMD	NVIDIA/CUDA	Intel Gen11
着色引擎(Shader Engine，SE)	图形处理集群	切片

图 9-2 描述了带有单个多核处理器 CPU 和两个 GPU 的单节点系统的简化框图。单个节点可以有多种配置，包括一个或多个带有集成 GPU 的多核处理器 CPU，以及 1~6 个独立 GPU。在 OpenCL 术语中，每个 GPU 都是一个计算设备。但需要注意，计算设备也可以是 OpenCL 中的 CPU。

定义： OpenCL 中的计算设备是任何能执行计算并支持 OpenCL 的计算硬件。包括 GPU、CPU，还包括以及其他非标准计算硬件，如嵌入式处理器或 FPGA。

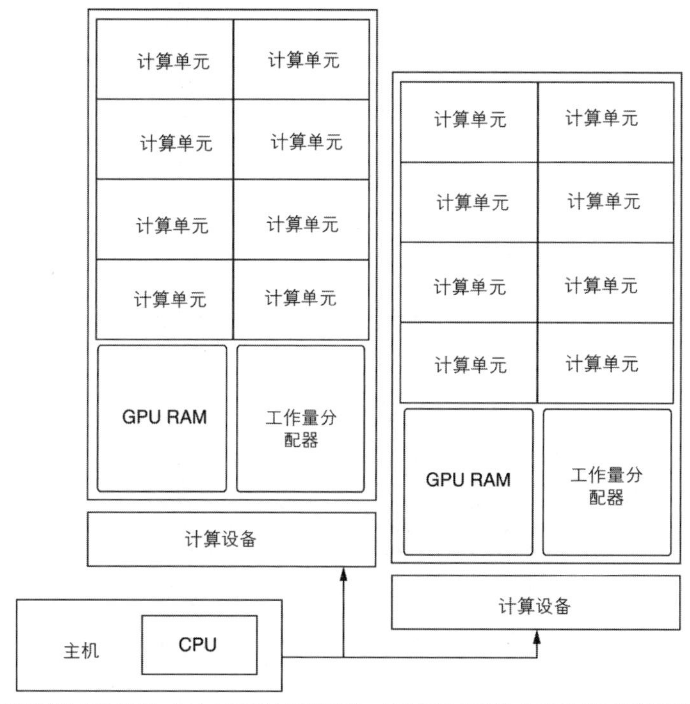

图 9-2　图形处理器系统的简化框图，图中显示两个计算设备，每个设备都有独立的图形处理器以及图形处理器使用的内存和多个计算单元(CU)。NVIDIA CUDA 术语将 CU 称为流多处理器(SM)

图 9-2 中的简化图是我们通常描述 GPU 组件的模型，通过它可以更好地理解 GPU 如何处理数据。通常，GPU 由如下组件组成：

- GPU RAM(也被称作全局内存)
- 工作负载分配器
- 计算单元(在 CUDA 中被称为 SM)

CU 有自己的内部架构，通常称为微架构。从 CPU 接收的指令和数据由工作负载分发器进行处理。分发器将协调指令的执行，以及数据在 CU 中的移入和移出操作。GPU 的可实现性能取决于如下方面：

- 全局内存带宽

- 计算单元带宽
- 计算单元的数量

在本节中，我们将探索 GPU 模型的每个组件，并对每个组件理论上的峰值带宽模型进行讨论。此外，将展示如何使用 micro-benchmark 工具来衡量组件的实际性能。

9.2.1　使用流多处理器(或子片)作为计算单元

GPU 计算设备有多个 CU。NVIDIA 将其称为流多处理器(SM)，Intel 将其称为子片。

9.2.2　作为独立处理器的处理单元

每个 CU 包含多个图形处理器，在 OpenCL 中称为处理单元，或 NVIDIA 称之为 CUDA 核(或计算核)。Intel 称它们为执行单元(EU)，图形界称它们为着色处理器。

图 9-3 给出了 PE 的简化概念图。这些处理器并不等同于 CPU 处理器，它们的设计更简单，并用来执行图形运算，图形所需要的运算几乎包括程序开发者在普通处理器上使用的所有算术运算。

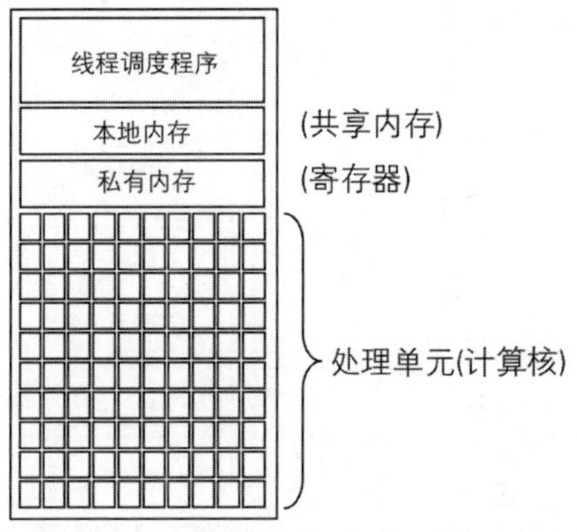

图 9-3　具有大量处理单元的计算单元简化框图

9.2.3　每个处理单元进行多个数据操作

在每个 PE 中，可以对多个数据项执行操作。根据 GPU 微处理器架构以及具体的 GPU 供应商不同，这些操作被称为 SIMT、SIMD 或向量操作。将 PE 组合在一起也可以提供相似的功能。

9.2.4　计算最新 GPU flop 的理论峰值

随着对 GPU 硬件的不断理解，我们现在可以计算一些最新 GPU flop 的峰值理论。其中包括 NVIDIA V100、AMD Vega 20、AMD Arcturus，还包括集成在 Intel Ice Lake CPU 上的 Gen11 GPU，这些 GPU 的具体规格如表 9-3 所示。我们将使用这些规格来计算每个设备的理论性能。了解各个设备的理论性能后，就可对每个设备的表现进行比较。这可以在你购买相关硬件时作为参考依据，或者估算一个 GPU 在你的计算场景中可能提供的性能表现。许多 GPU 的硬件规格可以在

TechPowerUp 上找到，具体地址如下：https://www.techpowerup.com/gpu-specs/。

对于 NVIDIA 和 AMD 来说，针对 HPC 市场的 GPU 硬件核心是每执行两个单精度操作就执行一个双精度操作。这种相对的 flop 能力可以用 1:2 来表示，在高端 GPU 上，双精度与单精度的比率为 1:2。这个比率的重要性在于，它告诉你，通过将精度要求从双精度降低到单精度，可以将性能大致提高一倍。对于许多 GPU 来说，半精度与单精度的比例是 2:1，这将带来翻倍的 flop 能力。Intel 集成 GPU 的双精度与单精度比率为 1:4，部分商用 GPU 的双精度与单精度比率为 1:8。具有这些较低双精度比率的 GPU 主要针对图形市场或机器学习。要得到这些比率，可以用 FP64 行除以 FP32 行。

表 9-3　最新的 NVIDIA、AMD 独立 GPU 和 Intel 集成 GPU 的规格

GPU	NVIDIA V100 (Volta)	NVIDIA A100 (Ampere)	AMD Vega 20 (MI50)	AMD Arcturus (MI100)	Intel Gen11 集成 GPU
计算单元(CU)	80	108	60	120	8
FP32 cores/CU	64	64	64	64	64
FP64 cores/CU	32	32	32	32	
GPU 时钟 常规/加速	1290/1530 MHz	1410 MHz	1200/1746 MHz	1000/1502 MHz	400/1000 MHz
子组或线程束大小	32	32	64	64	
内存时钟	876 MHz	1215 MHz	1000 MHz	1200 MHz	共享内存
内存类型	HBM2 (32 GB)	HBM2(40 GB)	HBM2	HBM2 (32 GB)	LPDDR4X-3733
内存数据宽度	4096 位	5120 位	4096 位	4096 位	384 位
内存总线类型	NVLink 或 PCIe 3.0×16	NVLink 或 PCIe Gen 4	Infinity Fabric 或 PCIe 4.0×16	Infinity Fabric 或 PCIe 4.0×16	共享内存
设计功率	300W	400W	300W	300W	28W

可以通过将计算时钟速率乘以每个周期使用的处理器数量，再乘以浮点运算数量来计算理论 flop 峰值。每个循环的 flop 考虑了融合乘加(FMA)，将在一个周期中执行两个操作。

理论 flop 峰值(Gflop/s)=时钟频率 MHz×计算单元数量×处理单元数量×flop/周期

示例：计算某些最新 GPU 的 flop 理论峰值

NVIDIA V100 的 flop 理论峰值：

- 2×1530×80×64 /10^6 ≈ 15.6 Tflop(单精度)
- 2×1530×80×32 /10^6 ≈ 7.8 Tflop(双精度)

NVIDIA Ampere 的 flop 理论峰值：

- 2 × 1410 × 108 × 64 /10^6 ≈ 19.5 Tflop(单精度)
- 2 × 1410 × 108 × 32 /10^6 ≈ 9.7 Tflop(双精度)

AMD Vega 20 (MI50)的 flop 理论峰值：

- 2 × 1746 × 60 × 64 /10^6 ≈ 13.4 Tflops (单精度)
- 2 × 1746 × 60 × 32 /10^6 ≈ 6.7 Tflops (双精度)

AMD Arcturus (MI100)的 flop 理论峰值：

- 2 × 1502 × 120 × 64 /10^6 ≈ 23.1 Tflops (单精度)
- 2 × 1502 × 120 × 32 /10^6 ≈ 11.5 Tflops (双精度)

Intel Ice Lake Gen 11 集成 GPU 的 flop 理论峰值：

- 2 × 1000 × 64 × 8 /10^6 ≈ 1.0 Tflops (单精度)

NVIDIA V100 和 AMD Vega 20 都提供了令人印象深刻的浮点峰值性能。Ampere 显示出浮点性能上的一些额外改进，但更大的改进是内存性能方面。AMD 的 MI100 在浮点性能上有了更大的飞跃。Intel 集成 GPU 受到可用的硅空间和较低的 CPU 标称设计功耗的限制，但目前得到的理论峰值依旧非常优秀。随着 Intel 为几个细分市场开发独立显卡的计划发布，预计在未来可以看到更多的 GPU 选择。

9.3 GPU 内存空间的特点

典型的 GPU 带有不同类型的内存。正确使用内存空间会对性能产生很大的影响。在图 9-4 中，通过概念图的形式展示了 GPU 中使用的内存，它有助于了解每一层内存的物理位置，从而理解它是如何工作的。尽管硬件制造商可以把 GPU 内存放在他们想要的任何地方，但它们的工作方式必须按照图 9-4 所示的方式进行。

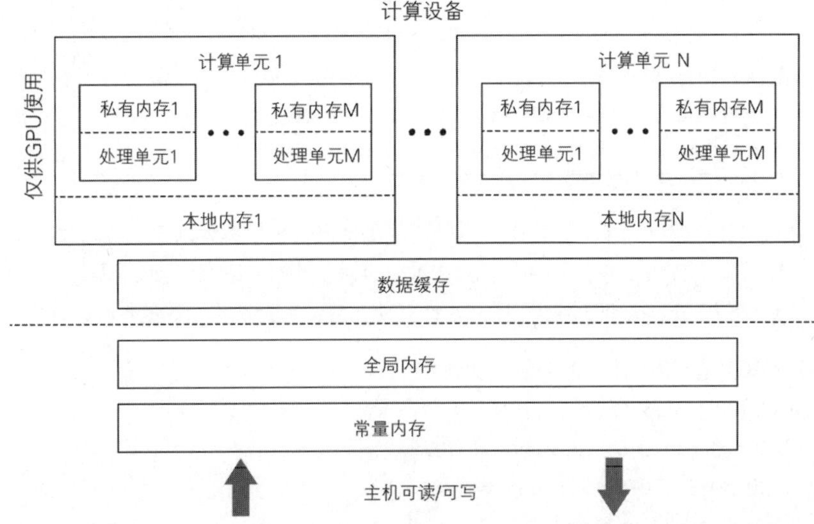

图 9-4 图中矩形显示 GPU 的每个组件和每个硬件级别的内存。主机读写全局内存和常量内存。每个 CU 都可从全局内存中读写，也可从常量内存中读取

GPU 内存类型及其属性如下所示。

- 私有内存(寄存器存储器)：单个 PE 可立即访问，并且只能由该 PE 访问。
- 本地内存：可访问单个 CU 和该 CU 上的所有 PE。本地内存可以分为用作可编程缓存的暂存器，以及一些供应商提供的 GPU 上的传统缓存。本地内存大小约为 64~96KB。
- 常量内存：可在所有 CU 之间访问和共享的只读存储器。
- 全局内存：位于 GPU 上且可由所有 CU 访问的内存。

GPU 处理速度快的一个原因是它们使用专门的全局内存(RAM)，这提供了更高的带宽，而当前的 CPU 使用 DDR4 内存，并且刚刚开始使用 DDR5。而 GPU 使用一种叫做 GDDR5 的特殊内存，能提供更高的性能。最新的 GPU 正转向使用可提供更高带宽的高带宽内存(HBM2)。除了增加带宽，HBM 还降低了功耗。

9.3.1 计算内存带宽的理论峰值

可以通过 GPU 上的内存时钟速率和内存事务的比特宽度来计算 GPU 的理论内存峰值带宽。表 9-4 显示了每种内存类型中较高的理论带宽值。我们还需要 2 倍的数据速率，这将在周期的顶部和底部检索内存。某些 DDR 内存甚至可在每个周期中执行更多事务。表 9-4 还显示了不同类型显存的一些事务因子。

表 9-4　常见 GPU 内存类型

显存类型	内存时钟/MHz	内存事务/(GT/s)	内存总线宽度/比特	事务因子	理论带宽/(GB/s)
GDDR3	1000	2.0	256	2	64
GDDR4	1126	2.2	256	2	70
GDDR5	2000	8.0	256	4	256
GDDR5X	1375	11.0	384	8	528
GDDR6	2000	16.0	384	8	768
HBM1	500	1000.0	4096	2	512
HBM2	1000	2000.0	4096	2	1000

计算内存理论带宽需要将内存时钟速率乘以每个周期的事务数，然后乘以每个事务检索的比特数：

理论带宽=内存时钟速率(GHz)×内存总线(比特)×(1 字节/8 比特)×事务因子

某些规格表给出了以 Gbps 为单位的内存事务速率，而不是内存时钟频率。这个速率是每个周期的事务数乘以时钟速率。有了这个规范，带宽方程就变成：

理论带宽=内存事务速率(Gbps)×内存总线(比特)×(1 字节/8 比特)

示例：理论带宽计算

- 对于运行在 876 MHz 及使用 HBM2 内存的 NVIDIA V100：

理论带宽=0.876 × 4096 × 1/8 × 2 ≈ 897 GB/s

- 对于运行在 1000 MHz 的 AMD Radeon Vega20 (MI50) GPU：

$$理论带宽=1.000 \times 4096 \times 1/8 \times 2 = 1024 \text{ GB/s}$$

9.3.2　测量 GPU stream benchmark

因为大多数应用程序的性能都与内存带宽息息相关，因此用于测量内存带宽的 stream benchmark 是最重要的 micro-benchmark 之一。在之前的 3.2.4 节中，我们使用 stream benchmark 对 CPU 上的带宽进行了测试，现在需要使用 GPU 语言来重写这个 kernel。幸运的是，布里斯托大学的 Tom Deakin 在他的 Babel stream 代码中，已经针对各种 GPU 语言和硬件完成了相关测试。

Babel stream benchmark 代码可以测量使用不同编程语言的各种硬件的带宽。这里使用 CUDA 来测量 NVIDIA GPU 的带宽。此外，还有 OpenCL、HIP、OpenACC、Kokkos、Raja、SYCL 和带有 GPU 目标的 OpenMP 版本，这些都是可用于 GPU 硬件(如 NVIDIA、AMD 以及 Intel GPU)的不同编程语言。

示例：使用 Babel stream benchmark 测量带宽

在 NVIDIA GPU 上对 CUDA 使用 stream benchmark 的步骤如下。

1. 使用如下命令克隆 Babel STREAM benchmark：

```
git clone git@github.com:UoB-HPC/BabelStream.git
```

2. 然后输入：

```
make -f CUDA.make
./cuda-stream
```

NVIDIA V100 GPU 的结果如下：

```
Function      MBytes/sec         Min (sec)          Max Average
Copy          800995.012         0.00067            0.00067            0.00067
Mul           796501.837         0.00067            0.00068            0.00068
Add           838993.641         0.00096            0.00097            0.00096
Triad         840731.427         0.00096            0.00097            0.00096
Dot           866071.690         0.00062            0.00063            0.00063
```

AMD GPU 的测试过程与上面相似。

1. 编辑 OpenCL.make 文件并将路径添加到 OpenCL 头文件和库中。
2. 然后输入：

```
make -f OpenCL.make
./ocl-stream
```

AMD Vega 20 GPU 带宽略低于 NVIDIA GPU。

```
Using OpenCL device gfx906+sram-ecc
Function      MBytes/sec     Min (sec)    Max          Average
Copy          764889.965     0.00070      0.00077      0.00072
Mul           764182.281     0.00070      0.00076      0.00072
Add           764059.386     0.00105      0.00134      0.00109
```

```
Triad         763349.620    0.00105     0.00110     0.00108
Dot           670205.644    0.00080     0.00088     0.00083
```

9.3.3　GPU 的 Roofline 性能模型

第 3.2.4 节介绍了 CPU 的 Roofline 性能模型。该模型考虑了系统的内存带宽和 flop 性能限制，这同样适用于理解 GPU 的性能限制。

示例：使用 Empirical Roofline Toolkit 测量带宽

在本示例中，我们将使用 NVIDIA 以及 AMD 的 GPU，如下操作也适用于其他厂商提供的 GPU。

1. 通过如下命令获得 Roofline toolkit：

```
git clone https://bitbucket.org/berkeleylab/cs-roofline-toolkit.git
```

2. 然后输入如下命令：

```
cd cs-roofline-toolkit/Empirical_Roofline_Tool-1.1.0
cp Config/config.voltar.uoregon.edu Config/config.V100_gpu
```

3. 编辑 Config/config.V100_gpu 中的设定：

```
ERT_RESULTS Results.V100_gpu
ERT_PRECISION FP64
ERT_NUM_EXPERIMENTS 5
```

4. 运行如下命令：

```
tests ./ert Config/config.V100_gpu
```

5. 查看 Results.config.V100_gpu/Run.001/roofline.ps 文件：

```
cp Config/config.odinson-ocl-fp64.01 Config/config.Vega20_gpu
```

6. 编辑 Config/config.Vega20_gpu 中的设定：

```
ERT_RESULTS Results.Vega20_gpu
ERT_CFLAGS -O3 -x c++ -std=c++11 -Wno-deprecated-declarations
-I<path to OpenCL headers>
ERT_LDLIBS -L<path to OpenCL libraries> -lOpenCL
```

7. 运行如下命令：

```
tests ./ert Config/config.Vega20_gpu
```

8. 查看 Results.config.Vega20_gpu/Run.001/roofline.ps 中的输出结果。

图 9-5 显示了 NVIDIA V100 和 AMD Vega20 GPU 的 Roofline benchmark 结果。

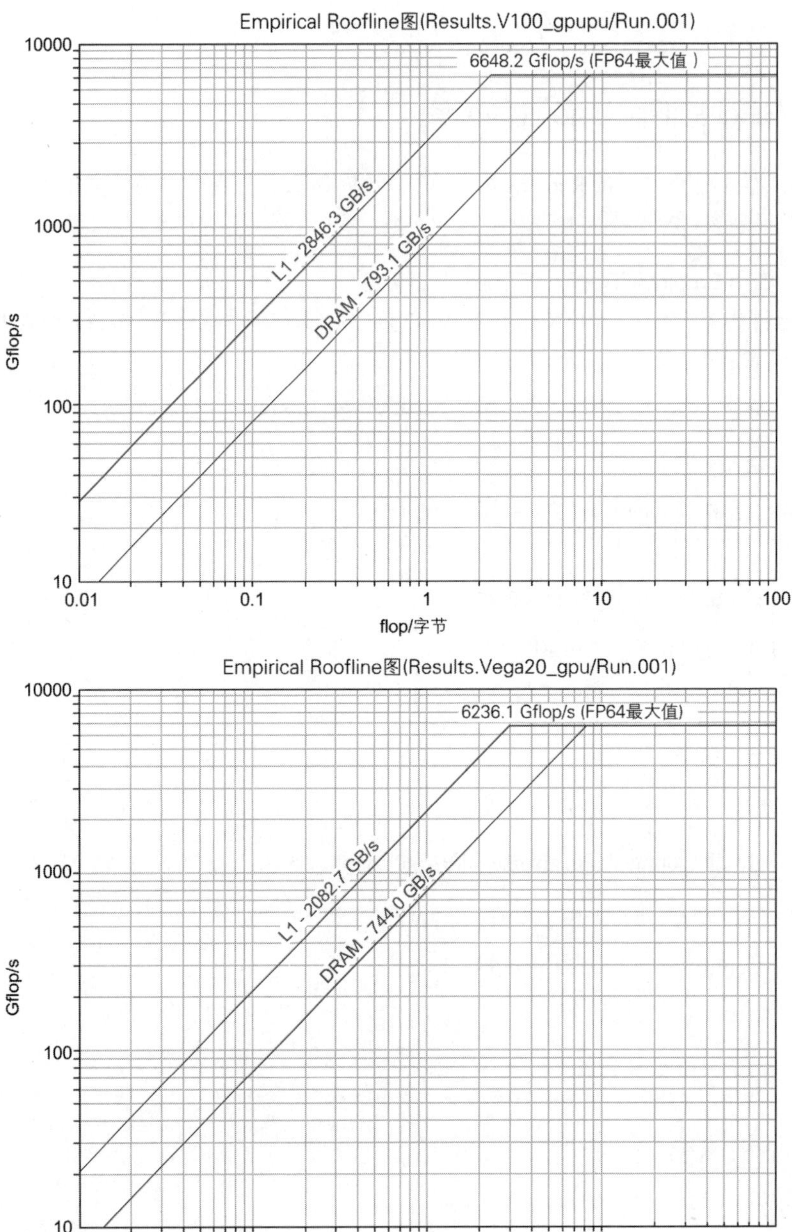

图 9-5 NVIDIA V100 和 AMD Vega 20 的 Roofline 图显示了两个 GPU 的带宽和 flop 限制

9.3.4 使用 mixbench 性能工具为工作负载选择最佳 GPU

在云服务和 HPC 服务器市场上有许多 GPU 可供选择。有没有一种方法可以帮助我们选择最适合应用程序的 GPU？接下来将看到一个性能模型，通过这个模型可以帮助你为工作负载选择最佳的 GPU。

通过将 Roofline 图中的自变量从算术强度改为内存带宽，可以突出显示应用程序相对于每个 GPU 设备的性能限制。我们开发了 mixbench 工具来绘制不同 GPU 设备之间的性能差异。这个信息实际上与 Roofline 模型中显示的信息无异，但视觉上却有不同的影响。让我们通过一个使用 mixbench 工具的练习来展示如何获得峰值 flop 以及带宽。

示例：使用 mixbench 工具获得 flop 峰值与带宽

1. 使用如下命令获得 mixbench 代码：

```
git clone https://github.com/ekondis/mixbench.git
```

2. 检查是否已经安装 CUDA 或 OpenCL，并在必要时安装：

```
cd mixbench; edit Makefile
```

3. 设定 CUDA 以及 OpenCL 安装的路径。
4. 设置要构建的可执行文件。你可以使用以下命令覆盖 CUDA 安装的路径：

```
make CUDA_INSTALL_PATH=<path>
```

5. 根据具体情况，执行如下命令：

```
./mixbench-cuda-ro
./mixbench-ocl-ro
```

benchmark 的结果显示了计算速率(Gflop/sec)与内存带宽(GB/s)的关系(如图 9-6 所示)。基本上，benchmark 的结果是在 flop 峰值速率处出现一条水平线，在内存带宽限制处出现垂直下降。取这些值的最大值，并用于绘制右上方的单点，该单点确定了 GPU 设备的 flop 峰值以及带宽峰值能力。

可为各种 GPU 设备使用 mixbench 工具，并得到它们的峰值性能特征。为高性能计算应用场景设计的 GPU 设备具有高双精度浮点能力，而为图形和机器学习等其他应用场景设计的 GPU 则更专注于单精度计算。

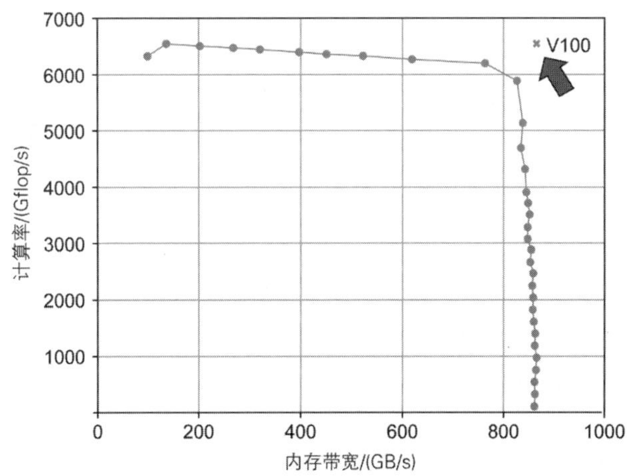

图 9-6　在 V100 上运行 mixbench 的输出结果。找到最大带宽和浮点率，并用于在图的右上方绘制 V100 性能点

可在图 9-7 中绘制每个 GPU 设备的情况，并用一条线表示应用程序的算术或操作强度。大多数典型应用程序的算术强度大约是 1flop/load。在另一个极端，矩阵乘法的运算强度为 65 flop/load，图 9-7 展示了这两种应用程序的斜线。如果 GPU 点位于应用程序线上方，我们会在应用程序线下方画一条垂直线，从而找出可实现的应用程序性能。对于位于应用程序线右侧且低于应用程序线的设备，使用水平线来查找性能极限。

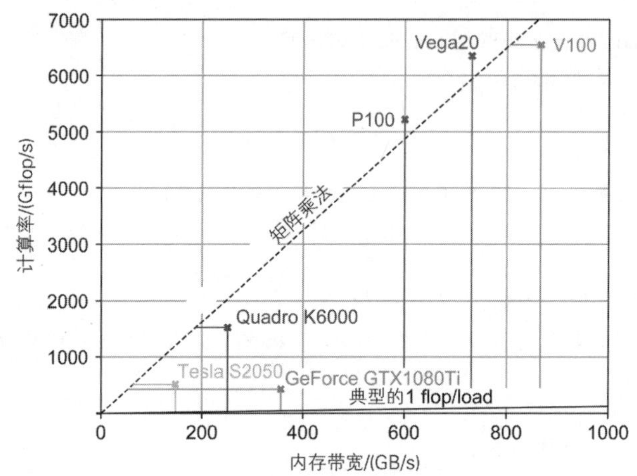

图 9-7 GPU 设备的性能点集合以及应用程序的算术强度(如图中所示的直线)。线上方的值表示应用程序受内存限制，而线下方的值表示它受计算限制

该图清楚地表明 GPU 设备特性与应用程序要求的匹配情况。对于具有 1flop/load 计算强度的典型应用程序，使用像 GeForce GTX 1080Ti 这样为图形市场设计的 GPU 就是一个很好的选择。V100 GPU 更适合用于大型计算系统 TOP 500 排名的 Linpack benchmark，因为它基本上是由矩阵乘法组成的。像 V100 这样的 GPU 是专门为高性能计算市场打造的专用硬件，价格较高，对于一些运算强度较低的应用程序，为图形市场设计的消费级图形处理器可提供更好的性价比。

9.4 PCI 总线：CPU 与 GPU 之间的数据传输桥梁

如图 9-1 所示，数据在 CPU 与 GPU 之间，需要通过 PCI 总线进行双向传输，数据传输的速度对 GPU 的性能有很大的影响。为了从 GPU 获得更多的性能提升，限制 CPU 与 GPU 之间传输的数据量通常是至关重要的。

PCI 总线的当前版本称为 PCI Express。在撰写本书时，从 1.0 版本到 6.0 版本经历了几代产品的升级，作为程序开发者，你应该了解你所使用的硬件系统支持第几代 PCIe 总线，从而了解它的性能限制。在本节中，我们展示了两种估算 PCI 总线带宽的方法：

- 通过粗略的峰值性能理论模型进行计算
- 通过 micro-benchmark 应用程序进行计算

理论峰值性能模型对于快速评估新系统上的性能预期非常有用。该模型的好处是，不需要在系统上运行任何应用程序即可获得粗略的系统峰值。在项目开始的初期，当希望快速评估可能存在的性能瓶颈时，这是一种非常有效的方法。此外，通过 benchmark 示例显示，可以达到的峰值带宽取决于对硬件的使用方法。

9.4.1　PCI 总线的理论带宽

在专用的 GPU 平台上，GPU 和 CPU 之间的所有数据通信都是通过 PCI 总线进行的。因此，PCI 总线是一个非常重要的硬件组件，对于应用程序的整体性能有着至关重要的影响。在本节中，我们将介绍 PCI 总线的关键特性和描述符，为了计算理论上的 PCI 总线带宽，你需要了解这些特性和描述符。将应用程序移植到 GPU 时，知道如何动态地计算这个数字将有助于估计应用程序的性能限制。

PCI 总线是一个物理组件，它专门用于将 GPU 连接到 CPU 和其他设备。它允许 CPU 和 GPU 之间通过多个 PCIe 通道进行通信。我们将首先给出一个理论带宽的计算公式，然后对公式中的每一项进行详细解释。

理论带宽(GB/s)=通道数 × 传输速率(GT/s) × 开销因子(Gb/GT) × 字节/8 比特

理论带宽的单位是 GB/s。它的计算方法是每个通道的最大传输速率乘以通道的数量，然后将比特转换为字节。我们将在公式中进行转换，因为传输速率通常以 GT/s 为单位。由于使用了一种确保数据完整性的编码方案，因此降低了有效的传输速率。对于第 1.0 代设备，编码方案的成本为 20%，因此开销因子为 100%-20%，即 80%。从第 3.0 代开始，编码方案开销下降到仅为 1.54%，因此实现的带宽基本上与传输速率相同。现在让我们深入研究带宽方程中的每一个因素。

PCIe 通道

可以通过查看制造商规范找到 PCI 总线的通道数量，或者可以使用 Linux 平台上的许多工具进行查询，需要注意的是，在 Linux 平台上查询 PCI 总线通道数量时，有时可能需要 root 权限。如果你没有 root 权限，可以从系统管理员那里了解 PCI 总线的相关信息。下面将提供两种选择来查看 PCIe 通道的数量。

Linux 系统上的一个常用实用程序是 lspci。这个实用程序列出了连接到主板的所有组件。我们可以使用 grep 正则表达式对结果进行过滤。下面的命令显示厂商信息和带有 PCIe 通道号的设备名称。对于本例，输出中的(x16)表示有 16 个通道。

```
$ lspci -vmm | grep "PCI bridge" -A2
Class:        PCI bridge
Vendor:       Intel Corporation
Device:       Sky Lake PCIe Controller (x16)
```

也可以通过 dmidecode 命令获取类似的信息：

```
$ dmidecode | grep "PCI"
PCI is supported
Type: x16 PCI Express
```

确定最大传输速率

PCIe 总线中每个通道的最大传输速率可以直接由其设计 generation 来确定。generation 是硬件所需性能的规范，就像 4G 是手机的行业标准一样。PCI Special Interest Group (PCI SIG)代表行业合作伙伴来建立 PCIe 规范，通常简称为 generation 或 gen。表 9-5 显示了每个 generation 的 PCI 通道最大传输速率。

表 9-5 generation 的 PCI Express (PCIe)规格

PCIe generation	最大传输速率(双向)	编码消耗	消耗因子(100%-编码消耗)	理论带宽 16 通道 - GB/s
Gen1	2.5 GT/s	20%	80%	4
Gen2	5.0 GT/s	20%	80%	8
Gen3	8.0 GT/s	1.54%	98.46%	15.75
Gen4	16.0 GT/s	1.54%	98.46%	31.5
Gen5 (2019)	32.0 GT/s	1.54%	98.46%	63
Gen6 (2021)	64.0 GT/s	1.54%	98.46%	126

如果不知道 PCIe 总线属于哪个 generation，可使用 lspci 获取该信息。在 lspci 输出的信息中，可以看到 PCI 总线的链路容量，链路容量缩写为 LnkCap：

```
$ sudo lspci -vvv | grep -E 'PCI|LnkCap'
Output:

00:01.0 PCI bridge:
        Intel Corporation Sky Lake PCIe Controller (x16) (rev 07)
LnkCap: Port #2, Speed 8GT/s, Width x16, ASPM L0s L1, Exit Latency L0s
```

当我们从这个输出结果中了解到最大传输率之后，可将它带入前面的带宽计算公式中。结合表 9-5 以及输出结果中的最大传输率，可判断出当前使用的是 Gen3 PCIe 系统。

注意： 在某些系统上，lspci 和其他系统实用程序的输出可能不会提供很多信息。因为输出结果会根据系统不同而异，所以有时输出仅显示每个设备的标识。如果你无法从这些实用程序中确定所需的硬件特征，你可使用第 9.4.2 节中给出的 PCI benchmark 代码来确定你系统的能力。

开销率

在 PCI 总线上传输数据需要额外的开销。在 Gen 1 和 Gen 2 标准中，每 8 字节的有用数据将传输 10 字节。从 Gen 3 开始，每 128 字节的有效数据将传输 130 字节。开销因子是可用字节数与实际传输的总字节数的比值(如表 9-5 所示)。

PCIe 理论峰值带宽参考数据

现在我们已经有了所有必要的信息，让我们通过一个示例来估计理论带宽，并使用前几节所学习的内容。

示例：估计理论带宽值

通过之前的查询，已经确定该硬件是一个带有 16 个通道的 Gen3 PCIe 系统。Gen3 系统的最大传输速率为 8.0 GT/s，开销因子为 0.985。当使用 16 个通道时，理论带宽为 15.75 GB/s，计算方法如下：

理论带宽(GB/s)=16 个通道 × 8.0 GT/s × 0.985 (Gb/GT) × 字节/8 比特

= 15.76 GB/s

9.4.2 PCI 带宽 benchmark 应用程序

通过 PCI 理论带宽方程可以得到预期的最佳峰值带宽。换句话说，这是应用程序对于给定平台所能达到的最高带宽。在现实中，最终获得的带宽可能取决于许多因素，包括操作系统、系统驱动程序、计算节点上的其他硬件组件、GPU 编程 API 以及通过 PCI 总线发送的数据块的大小。在你可以使用的大多数系统中，除了最后两个选项外，其他选项都可能是固定的，不可修改。但在开发应用程序时，你可以控制编程 API 和跨 PCI 总线传输的数据块的大小。

接下来的问题是数据块大小如何影响应用程序能够实现的带宽。这类问题通常可以通过 micro-benchmark 得到答案。micro-benchmark 是一个小程序，用于测试大型应用程序中的单个进程或硬件，使用 micro-benchmark 可以获得某些系统性能的指示。

我们可以设计自己的 micro-benchmark，因为数据在 CPU 与 GPU 之间移动只需要几微秒到几十微秒的时间，为了方便测量，在 micro-benchmark 中将进行 1000 次的数据复制操作，并记录完成所有这些操作所用的时间，最后将这个时间除以 1000，将得到在 CPU 与 GPU 之间进行数据复制的平均时间。

我们将详细介绍通过一个 benchmark 应用程序来测量 PCI 带宽。代码清单 9-1 显示了将数据从主机复制到 GPU 的代码。关于 CUDA GPU 编程语言的使用将在第 10 章中介绍，但从函数名称可以清楚地了解基本的操作。在代码清单 9-1 中，我们将一个平面一维数组的大小作为输入，并将它从 CPU 复制到 GPU 中。

注意： 此示例代码可以在 https://github.com/EssentialsofParallelComputing/Chapter9 中的 PCI_Bandwidth_benchmark 子目录中找到。

代码清单 9-1　从主机 CPU 拷贝数据到 GPU 设备

```
PCI_Bandwidth_benchmark.c
void Host_to_Device_Pinned( int N, double *copy_time )
{
   float *x_host, *x_device;
   struct timespec tstart;

   cudaError_t status = cudaMallocHost((void**)&x_host, N*sizeof(float));
   if (status != cudaSuccess)
        printf("Error allocating pinned host memory\n");
   cudaMalloc((void **)&x_device, N*sizeof(float));

   cpu_timer_start(&tstart);
   for(int i = 1; i <= 1000; i++ ){
      cudaMemcpy(x_device, x_host, N*sizeof(float),
       cudaMemcpyHostToDevice);
   }
   cudaDeviceSynchronize();
```

为 CPU 上的数组分配固定主机内存

为 GPU 上的数组分配内存

将内存数据复制到 GPU

同步 GPU 以完成工作

```
50
51    *copy_time = cpu_timer_stop(tstart)/1000.0;
52
53    cudaFreeHost( x_host );
54    cudaFree( x_device );
55 }
```

释放数组

在代码清单 9-1 中，第一步是为主机和 GPU 设备拷贝分配内存。代码清单中第 40 行的例程使用 cudaMallocHost 在主机上分配固定内存从而加快数据传输。对于使用常规可分页内存的例程来说，将使用标准的 malloc 和 free 调用。cudaMemcpy 例程将数据从主机 CPU 传输到 GPU 中。cudaDeviceSynchronize 调用会等待复制完成。在循环之前，我们重复主机到 GPU 设备的拷贝，并记录开始时间。然后，我们执行主机到 GPU 设备的 1000 次复制，并再次记录当前时间。最后通过将得到的总时间除以 1000，来计算从主机复制到 GPU 设备的平均时间。作为程序的结束，释放数组在主机和 GPU 设备上所占用的空间。

通过了解将大小为 N 的数组从主机传输到 GPU 设备所需的时间，我们现在可以多次调用这个例程，并且每次使用不同的 N 值。然而，我们更感兴趣的是估计获得的带宽。

复习一下，带宽是单位时间内传输的字节数。目前，我们知道数组元素的数量以及在 CPU 和 GPU 之间复制数组所需的时间。传输的字节数取决于数组中存储的数据类型。例如，在一个大小为 N 的浮点数(4 字节)数组中，CPU 和 GPU 之间复制的数据量为 4N。如果以时间 T 传输 4N 字节，则实际带宽为：

```
B = 4N/T
```

这允许我们构建一个数据集，将能够实现的带宽表示为 N 的函数。在下面代码清单中的子例程中指定最大数组大小，然后返回每次实验测量的带宽。

代码清单 9-2 在 CPU 到 GPU 内存之间传输不同大小的数组

```
PCI_Bandwidth_benchmark.c
void H2D_Pinned_Experiments(double **bandwidth, int n_experiments,
      int max_array_size){
   long long array_size;
   double copy_time;

   for(int j=0; j<n_experiments; j++){
      array_size = 1;
      for(int i=0; i<max_array_size; i++ ){

         Host_to_Device_Pinned( array_size, &copy_time );

         double byte_size=4.0*array_size;
         bandwidth[j][i] = byte_size/(copy_time*1024.0*1024.0*1024.0);

         array_size = array_size*2;
      }
   }
}
```

重复几次实验

每次迭代都将数组大小翻倍

调用 CPU 到 GPU 的内存测试并计时

计算带宽

在这里，我们对数组大小进行循环，对于每个数组大小，我们获取主机到 GPU 设备的平均复制时间。并通过复制的字节数除以复制所需的时间来计算带宽。数组包含浮点数，每个数组元素有 4 个字节。现在，让我们通过一个示例来展示如何使用 micro-benchmark 应用程序来测试 PCI 总线的性能。

计算笔记本电脑上 Gen3 x16 的性能

在带有 GPU 加速器的笔记本电脑上运行 PCI 带宽 benchmark 应用程序。在这个系统上，通过 lspci 命令了解它配备了 Gen3 x16 PCI 总线：

```
$ sudo lspci -vvv | grep -E 'PCI|LnkCap'
00:01.0 PCI bridge: Intel Corporation Sky Lake PCIe Controller (x16)
                    (rev 07)
           LnkCap: Port #2, Speed 8GT/s, Width x16, ASPM L0s L1,
                    Exit Latency L0s
```

对于这个系统，PCI 总线的理论峰值带宽为 15.8GB/s。图 9-8 显示了 micro-benchmark 应用程序中实现的带宽(曲线)与理论峰值带宽(水平虚线)的对比图。实现带宽周围的阴影区域表示带宽的 +/- 1 标准差。

首先请注意，当小块数据通过 PCI 总线发送时，实现的带宽很低。除了 10^7 字节的数组大小之外，实现的带宽都接近 11.6GB/s 左右的最大值。还要注意，使用固定内存的带宽要比可分页内存高得多，而且对于每种内存大小，可分页内存性能结果也存在很大的变化。了解什么是固定内存和可分页内存有助于理解造成这种差异的原因。

- 固定内存：内存不用从 RAM 中分页，因此，可以直接发送到 GPU，而不需要先创建一个副本。
- 分页内存：分页内存是虚拟内存，是可将内存扩展到磁盘的标准内存分配方法。

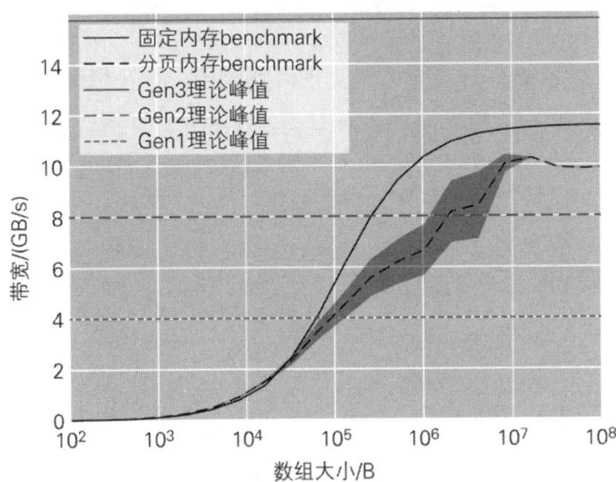

图 9-8　图中展示了 Gen3 x16 PCIe 系统的理论峰值带宽(水平线)和来自 micro-benchmark 应用程序的实证测量带宽。图中还显示了固定内存和可分页内存的测试结果

如果使用固定内存，因为操作系统核心不能再将内存分页到磁盘上，供其他进程使用，所以分配固定内存会减少其他进程可用的内存数量，固定内存是从标准 DRAM 内存中分配给处理器的，这个分配过程比常规分配要长一点。当使用可分页内存时，必须在发送之前将其复制到固定的内存

位置。使用固定内存可以防止在内存传输时将其换出到磁盘上。通过本节中的示例表明，CPU 和 GPU 之间的数据传输越大，实现的带宽越大。此外，在该系统上，最大实现带宽仅达到理论峰值性能的 72%左右。

9.5 多 GPU 平台和 MPI

在前面的内容中，已经介绍了 GPU 加速平台的基本组件，现在我们一同了解一下使用多个 GPU 协同工作的平台。在某些平台中为每个节点提供多个 GPU，并将这些 GPU 连接到一个或多个 CPU。甚至在某些情况下，通过网络硬件将带有多个 GPU 的节点连接在一起进行协同工作。

在多 GPU 平台的情况下(如图 9-9 所示)，通常需要使用 MPI+GPU 方法来实现并行化。对于数据并行性，每个 MPI rank 将分配一个 GPU。让我们来看看几种可能性：

- 使用单个 MPI rank 驱动多个 GPU
- 使用多个 MPI rank 在一个 GPU 上复用工作量

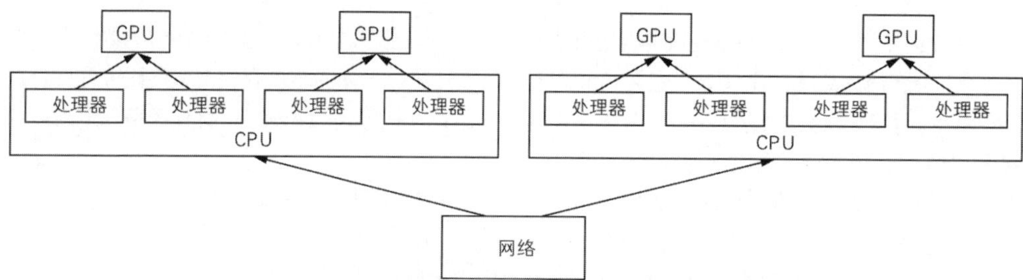

图 9-9 图中展示了一个多 GPU 的平台，单个计算节点可以配置多个 GPU 和多个处理器。也可以通过网络将多个计算节点连接起来

一些早期的 GPU 软件和硬件没有有效地处理多路复用，导致性能较差。随着软件不断更新，许多性能问题已经得到修复，将多路 MPI rank 传输到 GPU 上得到越来越多的关注。

9.5.1 优化网络中 GPU 之间的数据移动

要使用多个 GPU，我们必须将数据在 GPU 之间进行移动。在讨论优化之前，我们需要了解标准的数据传输过程。

1. 将数据从 GPU 拷贝到主机处理器

a. 通过 PCI 总线将数据移到处理器

b. 将数据存储在 CPU DRAM 内存中

2. 将 MPI 消息中的数据发送到另一个处理器

a. 将数据从 CPU 内存转移到处理器

b. 将数据通过 PCI 总线移到网络接口卡(NIC)

c. 将数据从处理器存储到 CPU 内存

3. 将数据从第二个处理器复制到第二个 GPU

a. 将数据从 CPU 内存加载到处理器

b. 将数据通过 PCI 总线发送到 GPU

如图 9-10 所示，当对大量的数据进行移动时，这将成为应用程序性能的主要限制。

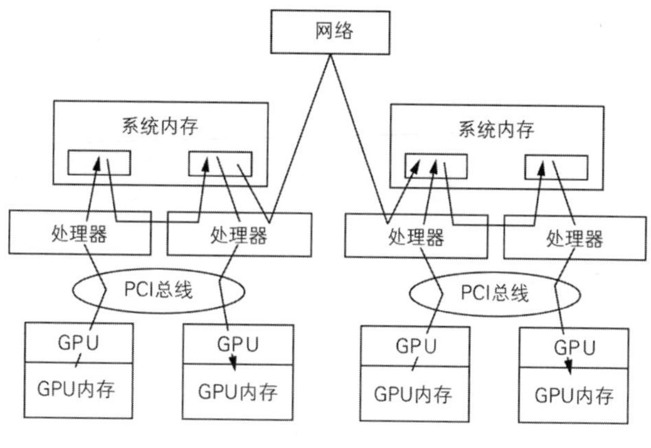

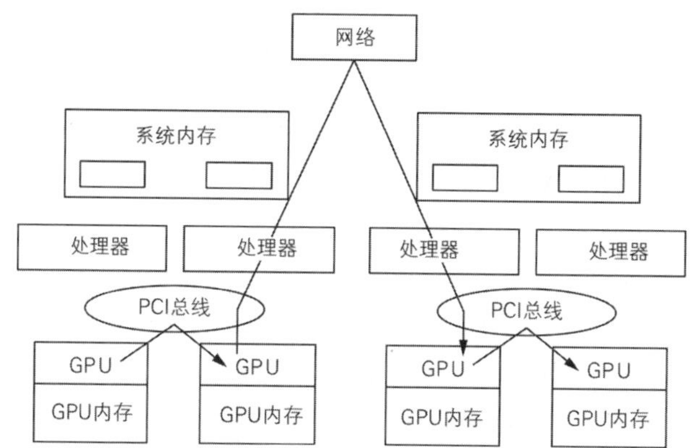

图 9-10　上面的图是标准的数据移动，用于将数据从 GPU 发送到其他 GPU。下面的图中，当数据从一个 GPU 移到另一个 GPU 时，数据绕过 CPU 直接通过 PCI 总线进行传输

在 NVIDIA GPUDirect 中，CUDA 增加了在消息中发送数据的功能。AMD 在 OpenCL 中也有一个类似的功能，叫做 DirectGMA，用于在 GPU 之间传输数据。指向数据的指针仍然需要传输，但消息本身通过 PCI 总线直接从一个 GPU 发送到另一个 GPU，从而减少内存移动。

9.5.2　一种比 PCI 总线性能更高的替代方案

对于使用多 GPU 的计算节点来说，PCI 总线毫无疑问是性能的主要限制，虽然这主要是大型应用程序所关注的问题，但也会影响很多大型的工作负载，比如在较小集群上进行机器学习。NVIDIA 推出了 NVLink，以其 P100 和 V100 GPU 的 Volta 线取代 GPU 到 GPU 和 GPU 到 CPU 的连接。使用 NVLink 2.0，数据传输速率可以达到 300GB/s。AMD 使用 Infinity Fabric 在 CPU 和 GPU 之间加速数据传输。Intel 也花了几年的时间来提升 CPU 和内存之间的数据传输速度。

9.6 GPU 加速平台的潜在收益

什么时候将应用程序移植到 GPU 平台是值得的？至此，你已经看到了现代 GPU 的理论峰值性能以及它与 CPU 的比较。将图 9-5 中的 GPU 的 Roofline 图与 3.2.4 节中的 CPU Roofline 图，在浮点计算和内存带宽限制方面进行比较。在实际操作中，许多应用程序都没有达到这些峰值性能。然而，随着 GPU 性能的提高，在某些指标上，有可能超过 CPU 架构。这包括执行应用程序的时间、能源消耗、云计算成本以及可伸缩性等。

9.6.1 缩短解决问题的时间

假设你有一个正在 CPU 上运行的代码，你已经花费大量的时间将 OpenMP 以及 MPI 融入代码中，以便可以使用 CPU 上所有的计算核心。你认为代码已经完成优化，并且以让人满意的效率运行，但某个朋友告诉你，如果将这些代码移植到 GPU 环境运行，将得到极大的性能提升。但因为你的代码超过 10 000 行，将如此庞大的代码移植到 GPU 上并不是一件容易的事情，但考虑到 GPU 的发展前景，以及你勇于创新的个性，你决定采纳你朋友的意见。但在做具体实施之前，你需要先向你的同事及领导对程序的移植进行说明。

对于应用程序来说，减少需要运行数天来完成的作业的运行时间是非常重要的。了解减少应用程序运行时间的最好方法是通过示例进行检验。我们将通过 Cloverleaf 应用程序来完成这项研究。

示例：考虑升级你当前使用的主力系统

下面是在基础系统上收集 Cloverleaf 性能的具体步骤，我们使用 Intel Ivybridge 系统(E5-2650 v2 @ 2.60GHz)，它带有 16 个物理核。应用程序平均运行 500 000 个周期。通过以下步骤，你可以获得一个简短示例的运行时间估计值。

1. 使用如下命令克隆 Cloverleaf.git：

```
git clone --recursive git@github.com:UK-MAC/CloverLeaf.git CloverLeaf
```

2. 然后输入如下命令：

```
cd CloverLeaf_MPI
make COMPILER=INTEL
sed -e ‘1,$s/end_step=2955/end_step=500/’ InputDecks/clover_bm64.in\
        >clover.in
mpirun -n 16 --bind-to core ./clover_leaf
```

500 个周期的运行时间为 615.1 秒，即每个周期约为 1.23 秒。换算后，执行 500 000 个周期所需的运行时间为 171 小时或 7 天 3 小时。

现在让我们在两个替代平台上运行上述操作，并记录运行时间。

使用新的 CPU 平台：带有 36 个物理核的 Skylake Gold 6152(2.10GHz)CPU 平台

只需要在 mpirun 命令中将 16 个处理器增加到 36 个即可：

```
mpirun -n 36 --bind-to core ./clover_leaf
```

在 Skylake 系统中的运行时间为 273.3 秒，即每周期约为 0.55 秒。经过换算，执行 500 000 个周期所需的运行时间为 76.4 小时。

通过结果看，运行时间比之前减少了一半。但在具体购买硬件系统之前，也许可以测试一下 GPU 环境的性能，然后做决定。

使用 V100 的 GPU 平台进行测试

CloverLeaf 提供可以运行在 V100 上的 CUDA 版本，可以通过如下步骤来测试性能。

1. 使用如下命令克隆 Cloverleaf.git：

```
git clone --recursive git@github.com:UK-MAC/CloverLeaf.git CloverLeaf
```

2. 然后输入如下命令：

```
cd CloverLeaf_CUDA
```

3. 将 Volta 的 CUDA 架构标志添加到当前 CODE_GEN 架构列表的 makefile 中：

```
CODE_GEN_VOLTA=-arch=sm_70
```

4. 如有必要，添加 CUDA 库 CUDART 的路径：

```
make COMPILER=GNU NV_ARCH=VOLTA
sed -e '1,$s/end_step=2955/end_step=500/' clover_bm64.in >clover.in
./clover_leaf
```

本次运行的时间令人非常满意，只需要 59.3 秒，折合每个周期只需要约 0.12 秒，或者对于完整测试的 500 000 个周期，只需要约 16.5 小时。与 Skylake 系统相比，速度提升了 4.6 倍；与之前的 Ivy Bridge 系统相比，提升了 10.4 倍。这使得很多繁重的工作负载只需要一夜的时间即可完成，而不再像以前需要几天的时间才能完成，利用节省下来的时间，我们可以做更多事情。

这是通过 GPU 提升性能的典型案例，可以从很多方面对应用程序的性能进行提升，使用 GPU 来加速程序的运行是比较常见的方法。

9.6.2　使用 GPU 降低能耗

对于并行计算来说，能源成本变得越来越重要。在早期的计算机中，能源消耗不是问题，但随着计算机硬件的不断发展，如今计算设备、存储设备以及冷却系统所使用的能源成本正迅速接近计算系统生命周期中硬件购买成本的水平。

在百亿亿次级计算的竞赛中，最大的挑战之一是保持百亿亿次级系统的电力需求在 20 兆瓦左右。这些电能足够供应 13 000 个家庭。数据中心所能提供的电力根本无法满足以上需求。另一方面，智能手机、平板电脑和笔记本电脑使用的电池可用电量有限，在这些设备上，专注于降低计算的能源成本以延长电池寿命。让人欣喜的是，积极减少能源消耗使电力需求的增长速度保持在合理水平。

在没有直接测量电力使用量的情况下，精确计算应用程序的能源成本是一项挑战。但是，通过将制造商的热设计功率(TDP)乘以应用程序的运行时间和所使用的处理器数量，可以得到较高的成本上限。TDP 是在典型运行负载下能量消耗的速率。应用程序的能耗可以使用以下公式来估算。

能耗=(N 个处理器) × (R 瓦特/处理器) × (T 小时)

在上面的公式中，N 是处理器的数量，R 是 TDP，T 是应用程序运行的时间。让我们通过表 9-6 比较基于 GPU 系统与 CPU 系统的电能消耗。假设应用程序是内存受限的，我们将计算一个 10 TB/s 系统的成本和能耗。

表 9-6 设计一个 10TB /s 带宽的 GPU 和 CPU 系统

	NVIDIA V100	Intel CPU Skylake Gold 6152
数量	12 个 GPU	45 个处理器 (CPU)
带宽	12×850 GB/s = 10.2 TB/s	45×224 GB/s = 10.1 TB/s
成本	12×$11 000 = $132 000	45×$3 800 = $171 000
功率	300W/GPU	140W/ CPU
每日能耗	86.4kWh	151.2kWh

为了获取能源成本，我们使用表 9-6 所提供的参数粗略计算能源成本。

示例：计算 Intel 22 核 Xeon Gold 6152 处理器的 TDP

Intel 的 22 核 Xeon Gold 6152 处理器的 TDP 为 140 瓦。假设应用程序需要 45 个这样的处理器通过 24 小时来运行。该应用程序的估计能源使用量为：

能耗=(45 个处理器) × (140W/处理器) × (24h)=151.2kWh

这是非常惊人的能量消耗，因为使用相同的电量，可以供 7 个家庭同时使用 24 小时。

一般来说，GPU 的 TDP 比 CPU 要高(从表 9-6 中就可以看出，比如 300Wvs. 140W)，所以它们消耗的能量也更高。但是 GPU 可以潜在地减少运行时间或者只需要少量的时间就可以完成计算。我们利用上面的公式来计算 GPU 的功耗，其中 N 为 GPU 的数量。

示例：多 GPU 平台的 TDP

假设你已经将应用程序移植到带有多个 GPU 的平台。现在，在 12 个 NVIDIA Tesla V100 GPU 上通过 24 小时运行应用程序。NVIDIA 的 Tesla V100GPU 最大 TDP 为 300 瓦。应用程序的估计能源使用量为：

能耗=(12 个 GPU) × (300W/处理器) × (24h)=86.4 kWh

在本例中，GPU 加速应用程序运行时的能源成本比仅使用 CPU 的版本低得多。请注意，在这种情况下，即使应用程序运行的时间保持不变，能源消耗也减少了 40%左右。同时，初始硬件成本也降低了 20%，但我们没有考虑 GPU 所在主机的 CPU 成本。

现在可看到 GPU 系统的巨大潜力，但我们使用的标称值可能与现实相差甚远。可通过测量算法的性能和能耗来进一步完善这个估计。

通过 GPU 加速器设备降低能源消耗，需要应用程序能够提供足够的并行性，并且设备的资源被有效地利用。在这个假设的示例中，当运行在 12 个 GPU 上的时间与运行在 45 个被充分利用的 CPU 处理器上的时间相同时，我们可将能耗减少一半。能耗公式还提出了降低能源成本的其他策略，我们将简单讨论一下这些策略，但需要注意，通常情况下，GPU 在单位时间内消耗的能量比 CPU 更多。我们将首先比较单个 CPU 处理器和单个 GPU 之间的能耗。

代码清单 9-3 显示了如何绘制 V100 GPU 的功率和利用率。

示例：在应用程序生命周期内监控 GPU 功耗

让我们回到之前在 V100 GPU 上运行的 CloverLeaf 问题。我们使用 nvidia-smi 工具来收集运行的性能指标，包括功耗和 GPU 利用率。为此，我们在运行应用程序之前，先运行以下命令：

```
nvidia-smi dmon -i 0 --select pumct -c 65 --options DT\
--filename gpu_monitoring.log &
```

表 9-7 显示了 nvidia-smi 命令的选项。

表 9-7　命令选项

选　项	作　用
dmon	收集监测数据
-i 0	查询 id 为 0 的 GPU 设备
--select pumct	选择功率[p]、利用率[u]、内存利用率[m]、时钟[c]、PCI 吞吐量[t]。还可使用-s 作为--select 的简写
-c 65	收集 65 个样本。默认时间为 1 秒
-d <#>	改变采样间隔
--options DT	在监控数据前分别添加 YYYMMDD 格式的日期和 HH:MM:SS 格式的时间
--filename <name>	将输出写入指定的文件
&	将作业放在后台，以便你可以运行应用程序

运行上述命令后，得到的输出结果如下所示：

```
Time      pwr  gtemp  mtemp  sm   mem  enc  dec  fb     bar1  mclk  pclk  rxpci  txpci
HH:MM:SS  W    C      C      %    %    %    %    MB     MB    MHz   MHz   MB/s   MB/s
21:36:47  64   43     41     24   28   0    0    0      0     877   1530  0      0
21:36:48  176  44     44     96   100  0    0    11181  0     877   1530  0      0
21:36:49  174  45     45     100  100  0    0    11181  0     877   1530  0      0
 ...
```

代码清单 9-3　使用 nvidia-smi 对功率和利用率数据进行绘图

```
power_plot.py
import matplotlib.pyplot as plt
import numpy as np
import re
from scipy.integrate import simps

fig, ax1 = plt.subplots()

gpu_power = []
gpu_time = []
```

```
sm_utilization = []

# Collect the data from the file, ignore empty lines
data = open('gpu_monitoring.log', 'r')

count = 0
energy = 0.0
nominal_energy = 0.0

for line in data:
   if re.match('^ 2019',line):
      line = line.rstrip("\n")
      dummy, dummy, dummy, gpu_power_in, dummy, dummy,
sm_utilization_in, dummy,
       dummy, dummy, dummy, dummy, dummy, dummy, dummy, dummy =
line.split()
      if (float(sm_utilization_in) > 80):
      gpu_power.append(float(gpu_power_in))
      sm_utilization.append(float(sm_utilization_in))
      gpu_time.append(count)
      count = count + 1
      energy = energy + float(gpu_power_in)*1.0
      nominal_energy = nominal_energy + float(300.0)*1.0

print(energy, "watts-secs", simps(gpu_power, gpu_time))
print(nominal_energy, "watts-secs", " ratio
",energy/nominal_energy*100.0)

ax1.plot(gpu_time, gpu_power, "o", linestyle='-', color='red')
ax1.fill_between(gpu_time, gpu_power, color='orange')
ax1.set_xlabel('Time (secs)',fontsize=16)
ax1.set_ylabel('Power Consumption (watts)',fontsize=16, color='red')
#ax1.set_title('GPU Power Consumption from nvidia-smi')

ax2 = ax1.twinx() # instantiate a second axes that shares the same x-axis

ax2.plot(gpu_time, sm_utilization, "o", linestyle='-', color='green')
ax2.set_ylabel('GPU Utilization (%)',fontsize=16, color='green')

fig.tight_layout()
plt.savefig("power.pdf")
plt.savefig("power.svg")
plt.savefig("power.png", dpi=600)

plt.show()
```

将功率与时间相乘，将能耗以 W/s 为单位进行显示

获取基于标称功率指标的能耗

计算实际和标称能耗

使用 scipy 的 simps 集成函数打印计算出的能耗

图 9-11 显示了上面程序的结果图。同时对曲线下的面积进行积分，得到能耗。请注意，即使利用率为 100%，功率也只有 GPU 额定功率的 61%左右。空闲时，GPU 能耗约为标称值的 20%；这表明 GPU 的实际能耗明显低于基于标称规格的估计。CPU 的能耗也比标称规格低，但相差不大。

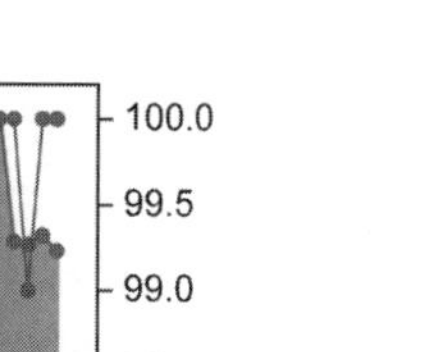
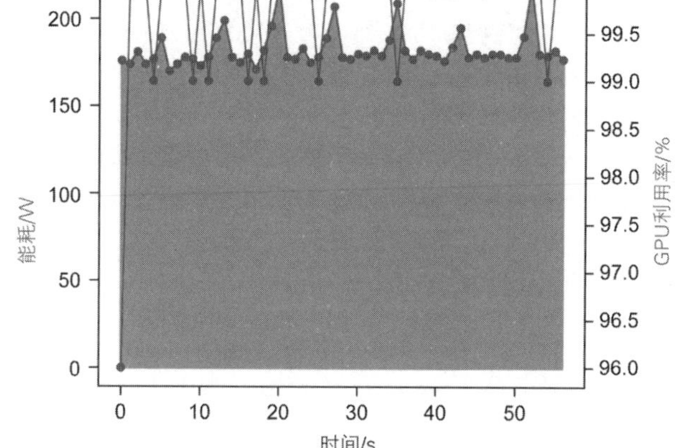

图 9-11　在 V100 上运行的 CloverLeaf 测试的能耗情况。能耗为 10.4kJ，持续时间约 60s。能耗约为 V100 GPU 标称能耗的 61%

什么情况下使用多 GPU 平台可以减少能耗？

一般来说，当增加更多的 CPU 或 GPU 资源时，并行效率会下降(还记得第 1.2 节的 Amdahl 定律吗？)，计算作业的成本会上升。有时，如果作业提前完成且数据可以传输或删除，那么与作业的总体运行时间相关的固定成本(如存储)就会减少。但是，通常的情况是，你有一组作业要运行，并可为每个作业选择特定数量的处理器。下面的示例强调在这种情况下应该如何进行合理资源分配。

示例：运行并行作业

你有 100 个作业要运行，这些作业的类型和长度大致相同，并可在 20 个或 40 个处理器上运行。如果使用 20 个处理器，每个任务需要 10 小时完成，使用这些处理器所得到的并行效率约为 80%。也可以访问云端集群中的 200 个处理器。让我们看看这两个场景。

场景 1：使用 20 个处理器同时运行 10 个作业。

总运行时间=10 小时 × 100/10=100 小时

场景 2：使用 40 个处理器同时运行 5 个作业。

如果并行效率非常理想，将处理器数量增加到 40 个会使运行时间减少到 5 小时。但因为并行效率只有 80%，所以实际运行时间为 6.25 小时。我们是怎么得到这个数字的？假设 20 个处理器是基本情况，为使处理器数量加倍，并行效率公式为：

$$P_{efficiency} = S/P_{mult} = 80\%$$

其中 S 是该问题的加速率，P_{mult} 是处理器乘数，值为 2。经过计算加速率为：

$$S = 0.8 \times P_{mult} = 0.8 \times 2 = 1.6$$

现在我们用加速方程来计算新的时间 TN：

$$S = T_{base}/T_{new}$$

我们用 T_{base} 代替 T_{serial} 来表示这种形式的加速方程。当增加处理器数量时，并行效率通常会降低，因此需要通过效率曲线获得 T_{new}，我们得到：

$$T_{new} = T_{base}/S = 10/1.6 = 6.25 \text{ 小时}$$

现在得到 40 个处理器运行 5 个作业所需的时间，那么 100 个作业所需的时间为：

总运行时间=6.25 小时 × 100/5=125 小时

总之，在场景 1 中处理相同工作量的作业，速度要比场景 2 快得多。

通过上面的示例表明，如果要优化大型作业任务的运行时间，通常最好使用更少的并行性。相反，如果更关心单个作业的运行时间，那么处理器越多越好。

9.6.3　使用 GPU 降低云计算成本

由谷歌和亚马逊提供的云计算服务，可以让你根据不同的工作负载选择最合适的云端计算资源。

- 如果你的应用程序是内存受限的，可以使用较低 flop-to-load 比率的低成本 GPU 资源。
- 如果更关心程序运行时间，可以添加更多的 GPU 或 CPU 资源。
- 如果你对程序的运行时间要求不高，可以使用云端的抢占式资源，这将大大降低成本。

随着云计算服务的计算成本更加明显，优化应用程序的性能变得更加重要。云计算的优势在于，你可以访问比本地更广泛的硬件，并为工作负载提供更多的硬件选择。

9.7　何时使用 GPU

GPU 不是通用处理器。当计算工作负载与图形工作负载相似时，使用 GPU 是一个非常好的选择。尽管 GPU 硬件和软件的每一次迭代都解决了某些特定问题，但依旧存在不适用 GPU 的情况。

- 缺乏并行性：套用蜘蛛侠的话，“能力越大，就越需要并行。”如果应用程序没有并行性，GPU 就不能发挥它应有的作用。这也是 GPGPU 编程的第一定律。
- 不规则的内存访问：CPU 也在努力解决这个问题。GPU 的巨大并行性对这种情况没有任何优势。这是 GPGPU 编程的第二定律。
- 线程分歧：GPU 上的线程都是在每个分支上执行的。这是 SIMD 和 SIMT 架构的一个特征(请参见 1.4 节)。少量的短分支将带来较好的效果，但相差较大的分支路径，则效果不佳。
- 动态内存需求：内存分配是在 CPU 上完成的，这将严重限制需要动态确定内存大小的算法。
- 递归算法：GPU 的堆栈内存资源是有限的，而且硬件制造商经常明确指出不支持递归。然而，在 5.5.2 节的网格到网格重映射算法中，已经证明了可以使用有限数量的递归。

9.8　进一步探索

GPU 架构随着硬件设计的每次迭代而不断发展。我们建议你持续关注最新的发展与创新。起初，GPU 架构是为了提供更高性能的图形处理功能，但如今市场也已扩展到机器学习和高性能计算领域。

9.8.1 扩展阅读

关于 stream benchmark 性能的更详细讨论，以及它如何在并行编程语言中变化，请参阅以下文章：

- T. Deakin, J. Price 等人，“跨不同并行编程模型的多核处理器可实现的内存带宽基准测试”。在德国法兰克福 ISC 高性能研讨会上发表。

关于 GPU Roofline 模型的一个有用的资源可以在 Lawrence Berkeley Lab 上找到：

- Charlene Yang 和 Samuel Williams，"Performance Analysis of GPU-Accelerated Applications using the Roofline Model"，在 GPU 技术大会(2019)发表，可通过 https://crd.lbl.gov/assets/Uploads/GTC19-Roofline.pdf 下载。

在本章中，我们通过假设简单的应用程序性能要求，展示了 mixbench 性能模型的简化视图。下面的论文提出了一个更完整的程序来解释实际应用程序的复杂性：

- Elias Konstantinidis 和 Yiannis Cotronis，"A quantitative roofline model for GPU kernel performance estimation using micro-benchmarks and hardware metric profiling"。

9.8.2 练习

1. 表 9-7 显示了一个 1flop/load 应用程序的可实现性能。查看当前市场上可用 GPU 的价格，并填写最后两栏以获得每个 GPU 的 flop 价格。哪一个看起来最有价值？如果应用程序运行时间是重要指标，那么最好购买哪种 GPU？

表 9-7　1 flop/load 的应用程序与各种图形处理器性价比

GPU	可实现的性能/(Gflop/s)	价格	flop/$
V100	108.23		
Vega 20	91.38		
P100	74.69		
GeForce GTX1080Ti	44.58		
Quadro K6000	31.25		
Tesla S2050	18.50		

2. 测量你的 GPU 或其他特定的 GPU 的流带宽。它与本章所述的相比效果如何？

3. 在可以访问电源硬件信息的系统上，使用 likwid 性能工具来获取 CloverLeaf 应用程序的 CPU 功耗要求。

9.9 本章小结

- CPU-GPU 系统可为许多并行应用程序提供强大动力。任何需要大量并行工作的应用程序都应该考虑使用这种架构。

- 系统的 GPU 组件实际上是一个通用的并行加速器。这意味着应该将并行工作放在 GPU 组件上运行。
- 在 CPU-GPU 系统中，PCI 总线上的数据传输和内存带宽是最常见的性能瓶颈。优化数据传输和内存使用可以有效地提升系统性能。
- 在市场上可以找到用于各种用途及工作负载的 GPU 硬件，选择适合你工作负载的型号，将获得最佳的性价比。
- GPU 可减少应用程序运行的时间以及降低能源成本。这可能是将应用程序移植到 GPU 环境的主要动机。

第 *10* 章
GPU 编程模型

本章涵盖以下内容：

- 开发通用的 GPU 编程模型
- 理解 GPU 编程模型如何应用于不同厂商的硬件
- 理解编程模型中影响性能的关键因素
- 将编程模型映射到不同的 GPU 编程语言

在本章中，我们将开发一个关于如何在 GPU 上运行程序的抽象模型。这种编程模型适用于来自不同硬件制造商的各种 GPU 设备，以及来自各个硬件制造商的模型。为便于讲解，这个模型比实际中使用的模型要简单，它仅涵盖开发应用程序所需的基本方面。幸运的是，各种 GPU 在结构上有很多相似之处，从而可以满足各种高性能图形应用程序的需求。

数据结构和算法的选择对 GPU 的性能和编程的复杂度具有长期影响。创建一个良好的 GPU 心智模型后，就可以规划数据结构和算法如何在 GPU 上并行执行。应用程序开发人员的主要工作是尽可能地在应用程序中挖掘出可以并行执行的部分。因为可以使用数千个线程，所以我们需要从根本上转变工作方法，以便将许多小型任务分布到各个线程中去执行。在 GPU 语言中，就像在任何其他并行编程语言中一样，有几个组件必须存在，如下所示：

- 以并行形式为 GPU 表达计算循环(参见第 10.2 节)
- 在主机 CPU 和 GPU 计算设备之间移动数据(请参阅第 10.2.4 节)
- 在需要约减的线程之间进行协调(参见第 10.4 节)

我们来了解一下这三个组件是如何在每种 GPU 编程语言中实现的。在某些语言中，你直接控制程序的某些操作，而在另一些语言中，则需要依赖编译器或模板编程来实现所需的操作。虽然 GPU 的操作可能看起来很神秘，但这些操作与 CPU 上的并行代码所执行的操作并没有什么不同。我们必须为细粒度并行编写安全的循环，比如 Fortran 语言中的 do concurrent，以及 C/C++中的 forall 或 foreach。必须考虑节点、进程和处理器之间的数据移动，还必须有专门的约减机制。

对于像 CUDA 和 OpenCL 这样的原生 GPU 计算语言，编程模型已经作为语言的一部分提供给程序开发者。这些 GPU 语言将在第 12 章中详细介绍。在第 12 章中，你可以在程序中管理 GPU 并行化的许多细节。但对于编程模型而言，将可以帮助你做出更好的编程决策，从而在各种 GPU 硬件上获得更好的性能和扩展性。

如果你正在使用一种高级编程语言，如第 11 章中提到的基于 pragma 的 GPU 语言，那么真的需要了解 GPU 编程模型的所有细节吗？即使使用了 pragma，理解工作是如何分配的仍然有帮助。当使用 pragma 时，可以指示编译器和软件库做正确的事情。在某些方面，这比直接编写程序要困难得多。

本章的目标是帮助你开发运行在GPU上的应用程序设计方法。这与具体的GPU编程语言无关。在开始编程之前，有一些问题需要提前考虑，比如将如何组织工作以及期待得到怎样的结果？或者更基本的问题是，应用程序是否应该移植到 GPU 上，还是留在 CPU 上运行会更好？GPU 可以提供很好的性能提升以及更低的能耗，但这些也许并不适用于每个应用程序和用例。对于 GPU 编程模型有了深入的了解后，将有助于你很好地回答上面的问题。

注意：本章涉及的程序示例可以通过访问 https://github.com/EssentialsofParallelComputing/Chapter10 获得，我们建议你仔细研读这些示例。

10.1 GPU 编程抽象：通用框架

使用GPU编程抽象是有原因的。下面将更详细地探讨它的基本特征，然后将带你快速了解GPU并行性的一些基本术语。首先，我们要清楚以下事实：

- 图形操作具有巨大的并行性。
- 任务之间的操作无法协调。

10.1.1 大规模并行处理

抽象是基于 GPU 的高性能图形处理所必需的。GPU 工作流具有一些特殊特性，有助于 GPU 处理技术的推广。为了获得高帧率和高质量的图形，则需要处理和显示大量的像素、三角形以及多边形。

由于需要处理的数据量较大，GPU 提供了大规模的并行性。因为对数据的操作通常是相同的，所以 GPU 使用类似的技术将一条指令应用于多个数据项，从而大幅提升运行效率。图 10-1 显示了不同厂商和 GPU 模型的通用编程抽象。这些可以概括为三到四种基本技术。

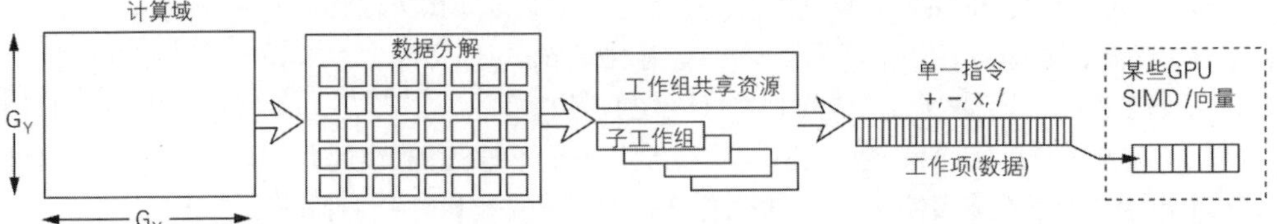

图 10-1 GPU 并行化心智模型包含大多数 GPU 硬件上的通用编程抽象

我们从计算域开始，使用如下组件对工作进行迭代分解。将在第 10.1.4 至 10.1.8 节讨论这些工作的具体内容：

- 数据分解
- chunk-sized 工作，用于处理某些共享的本地内存
- 使用单一指令操作多个数据项

- 向量化(在某些 GPU 上提供)

在这些 GPU 并行抽象中需要注意的是，从根本上讲，你可将三个或四个不同的并行级别应用到计算循环中。在最初的图形处理用例中，一般不需要超出二维或三维以及相应数量的并行化级别。但如果你的算法有更高的维度或更多的层次，那么必须结合某些计算循环将你的问题充分并行化。

10.1.2 无法在任务之间进行协调

图形工作负载在运行中不需要太多的协调工作。但正如你将在本章后面看到的，有些算法需要协调，如约减算法。必须制定复杂的计划来应对这些情况。

10.1.3 GPU 并行性的术语

GPU 并行性组件的术语因厂商而异，这为阅读编程文档或文章增加了一定程度的困扰。为了更充分地理解这些术语，表 10-1 中总结了常见 GPU 硬件制造商的官方术语。

表 10-1 图形处理器的编程抽象及相关术语

OpenCL	CUDA	HIP	AMD GPU (HC 编译器)	C++ AMP	CPU
NDRange(N 维范围内)	网格	网格	extent	extent	带有循环阻塞的标准循环边界或索引集
工作组	块或线程块	块	tile	tile	循环块
子组或 Wavefront	warp	warp	Wavefront	无	SIMD 长度
工作项	线程	线程	线程	线程	线程

OpenCL 是 GPU 编程的开放标准，所以我们用它作为基础术语。OpenCL 可以运行在所有 GPU 硬件和许多其他设备上，比如 CPU，甚至那些让人意想不到的硬件，如 FPGA 以及其他嵌入式设备。CUDA 是 NVIDIA GPU 的专有语言，是 GPU 计算中使用最广泛的语言之一，因此，在 GPU 编程过程中有很大一部分使用了 CUDA。HIP (Heterogeneous Computing Interface for Portable)是 AMD 为其 GPU 开发的适用于 CUDA 的便携式衍生程序，使用与 CUDA 类似的术语。AMD 本地异构计算(HC)编译器和微软的 C++ AMP 语言使用了很多相同的术语(在撰写本书时，C++ AMP 处于维护模式且未处于活动开发阶段) 。当尝试获得可移植性能时，同样重要的是考虑相应的 CPU 特性及术语，如表 10-1 的最后一列所示。

10.1.4 将数据分解成独立的工作单元：NDRange 或网格

数据分解技术是 GPU 获得更高性能的核心技术。GPU 将问题分解成许多更小的数据块。然后不断分解这些数据块。

GPU 必须通过绘制大量三角形和多边形才能产生高帧率，这些操作彼此完全独立。因此，对 GPU 上的计算工作进行顶级数据分解，也会生成独立的异步工作步骤。

因为需要对大量数据进行处理，GPU 通过切换到另一个准备进行计算的工作组来抵消延迟(暂停内存负载)。图 10-2 显示了由于资源限制，只能使用四个子工作组(warp 或 Wavefront)的情况。当子工作组读取内存并停止工作时，程序执行将切换到其他子工作组。执行开关，也被称为上下文开关，通过计算而不是深度缓存层次结构来隐藏延迟。如果你在一个数据块上只有一个指令流，那么 GPU 处理速度将很慢，因为它没有办法处理延迟。但如果你有很多指令流，那么处理速度将非常快。

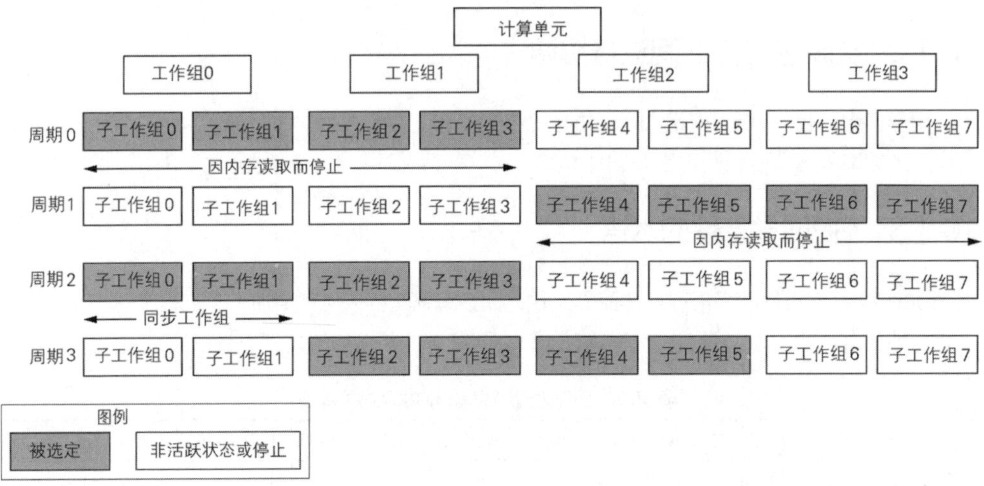

图 10-2 GPU 子工作组(warp)调度器切换到其他子工作组，从而隐藏内存读取和指令暂停。使用多个工作组允许在某个工作组正在同步的情况下完成工作

表 10-2 显示了当前 NVIDIA 和 AMD 调度器的设备限制。对于这些设备，我们希望有大量的候选工作组和子工作组，从而保持处理元素一直处于工作状态，提升利用率。

数据移动(特别是在高速缓存层次结构中上下移动数据)是处理器能源成本的重要组成部分。因此，减少对深度缓存层次结构的需求将带来显著的收益，并将大量减少能源消耗。此外，处理器释放了大量宝贵的缓存空间。并将这些节省下来的空间提供给更多算术逻辑单元(alu)，从而提高性能。

表 10-2 GPU 子工作组(warp 或 wavefront)调度程序的限制

	NVIDIA Volta 和 Ampere	AMD MI50
每个计算单元的活动子工作组数量	64	40
每个计算单元的活动工作组数	32	40
为每个计算单元的执行而选定的子工作组	4	4
子工作组(warp 或 wavefront)大小	32	64

在图 10-3 中展示了数据分解操作，其中一个 2D 计算域被分割成更小的 2D 数据块(block)。在 OpenCL 中，这被称为 NDRange，是 N 维范围的缩写(在 CUDA 术语中，被称为 grid 更合适一些)。在本例中，NDRange 是一个由 tile(每个 tile 的大小为 8×8)组成的 3×3 集合。数据分解过程将全局计算域(G_y, G_x)分解为尺寸为(T_y, T_x)的更小的 block 或 tile。

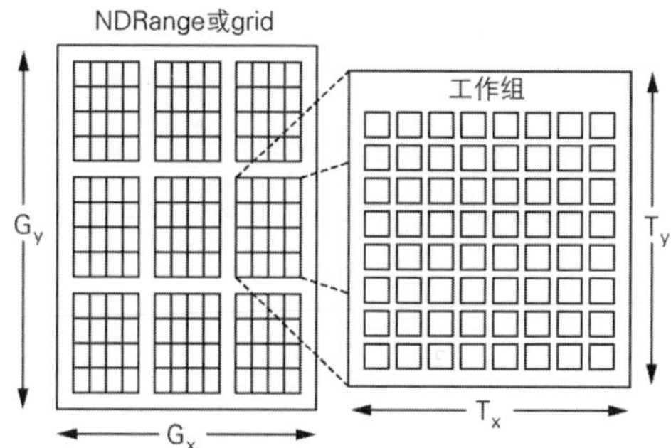

图 10-3　将计算域分解为小的、独立的工作单元

让我们通过一个示例来了解这个过程的具体细节。

示例：1024x1024 二维计算域的数据分解

如果将 tile 的尺寸设定为 16 × 8，那么数据分解过程如下：

$$NT_x = G_x/T_x = 1024/16 = 64$$
$$NT_y = G_y/T_y = 1024/8 = 128$$
$$NT = 64 \times 128 = 8192 \text{ tile}$$

在数据分解的第一级，将数据集分解为大量较小的 block 或 tile。GPU 对数据分解所创建的工作组的特征做了一些假设。具体假设如下：

- 完全独立并且异步执行
- 可以访问全局内存和常量内存

创建的每个工作组都是一个独立的工作单元。这意味着每一个工作组都可以通过任何顺序进行操作，这提供了程序的并行性，可以将工作分散在 GPU 上的众多计算单元上执行。这些属性与我们在第 7.3.6 节中定义的细粒度并行性相同。对于 OpenMP 和向量化的独立迭代循环的更改，同样适用于 GPU 并行。

表 10-3 展示了在一维、二维和三维计算域中如何进行数据分解的示例。变化最快的 tile 维度 T_x 应该是缓存行长度的倍数、内存总线的宽度，或者子工作组(wavefront 或 warp)大小，从而获取最佳性能。整体和每个维度中的 tile 数量 NT，将生成大量分布在 GPU 计算引擎和处理元素之间的工作组(tile)。

表 10-3　将计算域数据分解为 tile 或 block

	1D	小型 2D	大型 2D	3D
全局尺寸	1 048 576	1024×1024	1024×1024	128×128×128
$T_z \times T_y \times T_x$	128	8×8	8×16	4×4×8
tile 尺寸	128	64	128	128
$NT_z \times NT_y \times NT_x$	8 192	128×128	128×64	32×32×16
NT(工作组的数量)	8 192	16 384	8 192	16 384

对于需要邻域信息的算法，内存访问的最佳 tile 大小需要与 tile 的最小表面积进行平衡(如图 10-4 所示)。必须为相邻 tile 多次加载相邻数据，这是一个重要的考虑因素。

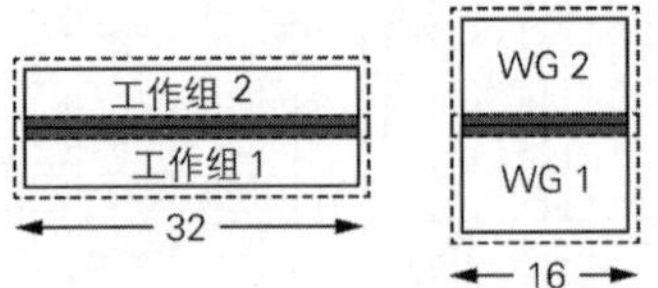

图 10-4　每个工作组都需要从图中虚线矩形加载相邻数据，这将导致阴影区域中的数据被重复加载，对于左侧的情况将重复加载更多数据。这必须与 x 方向上的最佳连续数据负载进行平衡

10.1.5　为工作组提供大小合适的工作块

工作组将工作分散到计算单元的各个线程中，每个图形处理器模型都有硬件的最大尺寸。OpenCL 在查询报告中通过 CL_DEVICE_MAX_WORK_GROUP_SIZE 表示该值。PGI 在其 pgaccelinfo 命令的输出中将其显示为每个块的最大线程数。工作组的最大大小通常在 256 到 1024 之间。对于计算场景，工作组的大小通常要小得多，因此每个工作项或线程可以获得更多的内存资源。

工作组被细分为子工作组或 warp(如图 10-5 所示)，子工作组是同步执行的线程集。对于 NVIDIA 来说，warp 的大小为 32 个线程。对于 AMD 来说，它被称为 wavefront，尺寸通常为 64 个工作项。需要注意，工作组大小必须是子工作组大小的整数倍。

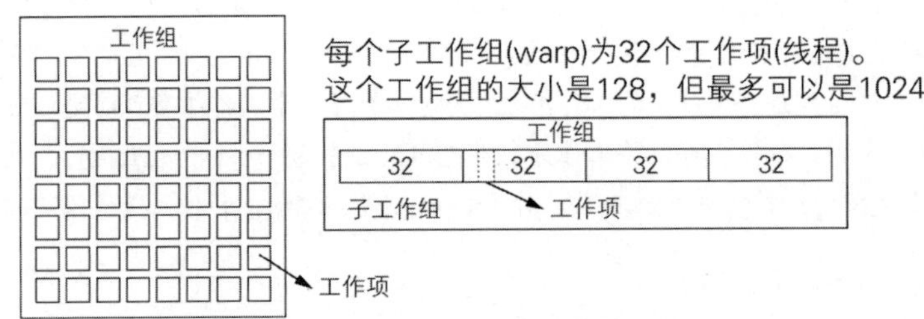

图 10-5　一个多维工作组被线性化为 1 维条带，并在那里被分解为带有 32 或 64 个工作项的子工作组。出于性能考量，工作组的大小应该是子工作组的整数倍

GPU 上工作组的典型特征为：

- 循环处理每个子工作组
- 在组内共享本地内存(共享内存)和其他资源
- 可以在工作组或者子工作组内进行同步

本地内存可以提供快速访问，可以当作一种可编程缓存或暂存存储器使用。如果在一个工作组中有多个线程需要相同的数据，那么通常可以通过在 kernel 开始时将其加载到本地内存中来提高性能。

10.1.6　通过 lockstep 执行子工作组、warp 与 wavefront

为了进一步优化图形操作，GPU 意识到可以在许多数据元素上执行相同的操作。因此，GPU

通过单一指令处理数据集，而不是为每个数据集使用单独的指令，从而提高性能。这种操作减少了需要处理的指令数量。在 CPU 环境中，这种技术被称为单指令多数据(single instruction, multiple data, SIMD)。所有 GPU 都使用一组线程来模拟这一过程，这些线程被称为单指令、多线程(SIMT)。有关 SIMD 和 SIMT 的更多讨论，请参阅 1.4 节。

因为 SIMT 模仿 SIMD 操作，所以它不一定像 SIMD 操作一样受到底层向量硬件的约束。当前的 SIMT 操作是通过 lockstep 方式执行的，如果任何一个线程必须通过一个分支，那么子工作组中的每个线程都会通过分支执行所有路径(如图 10-6 所示)。这类似于使用掩码完成 SIMD 操作的方式。但是因为 SIMT 操作是模拟的，因此可以通过指令 pipeline 中的更大灵活性来放松这种限制，在指令 pipeline 中可以支持不止一条指令。

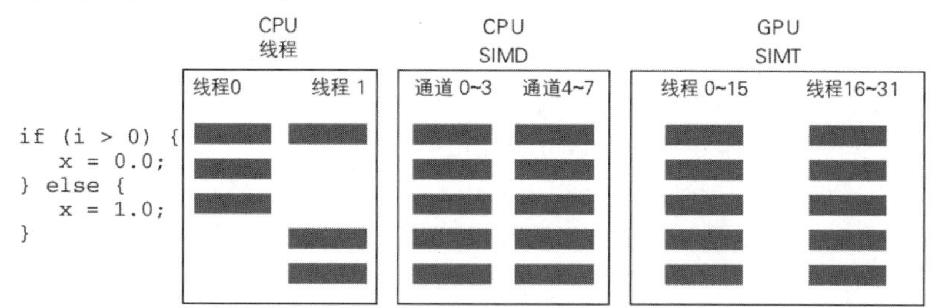

图 10-6　矩形阴影显示线程和通道执行的语句。SIMD 和 SIMT 操作以 lockstep 方式执行所有语句，并为结果为 false 的语句提供掩码。大块的条件语句可能导致 GPU 的分支发散问题

在 GPU 上执行少部分条件对整体性能没有显著影响。但是，如果某些线程比其他线程多花费数千个周期，那么会导致严重的问题。如果将线程进行分组，使得所有长分支都在同一个子工作组(wavefront)中，将大大降低线程分歧，甚至消除线程分歧。

10.1.7　工作项：操作的基本单元

操作的基本单元在 OpenCL 中被称为工作项。该工作项可以映射到线程或处理核心，具体取决于所使用的硬件实现。在 CUDA 中，它被简单地称为线程，因为它在 NVIDIA GPU 中是被映射到线程的。将其称为线程是将编程模型与其在硬件中的实现方式混合在一起，但对程序员来说将更容易理解。

如图 10-7 所示，工作项可以在带有向量硬件单元的 GPU 上调用其他级别的并行性。这种操作模型还可以映射到可以让线程执行向量操作的 CPU。

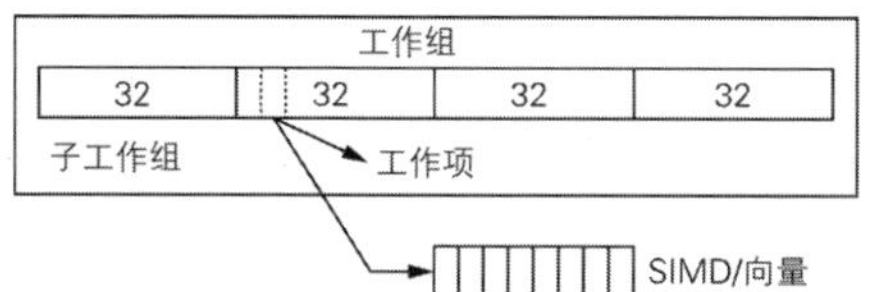

图 10-7　AMD 或 Intel GPU 上的每个工作项都可以执行 SIMD 或向量操作。这也可以很好地映射到 CPU 上的向量单元

10.1.8　SIMD 或向量硬件

某些 GPU 也带有向量硬件单元，除了 SIMT 操作外，还可以执行 SIMD(向量)操作。在图形领

域中，向量单元用于处理空间或颜色模型。在科学计算中的使用将更为复杂，因此不一定可以在不同 GPU 硬件之间进行移植。对每个工作项执行的向量操作，增加了 kernel 的资源利用率。但这通常会需要额外的向量寄存器来处理额外的工作。有效地利用向量单元可以显著提高性能。

向量操作可以被应用在 OpenCL 语言和 AMD 语言中。因为 CUDA 硬件没有向量单元，所以在 CUDA 语言中不支持向量操作。尽管如此，通过仿真技术，可将带有向量操作的 OpenCL 代码在 CUDA 硬件上运行。

10.2 GPU 编程模型的代码结构

现在，我们可以开始研究 GPU 编程模型的代码结构。为了方便理解和减少误解，我们将 CPU 称为主机，而将 GPU 称为设备。

GPU 编程模型将循环体与应用于函数的数组范围或索引集分开。循环体创建 GPU kernel，索引集和参数将在主机上用于进行 kernel 调用。图 10-8 显示了从标准循环到 GPU kernel 主体的转换。这个例子使用了 OpenCL 语法。对于 CUDA kernel，可用下面代码来替换 get_global_id：

```
gid = blockIdx.x *blockDim.x + threadIdx.x
```

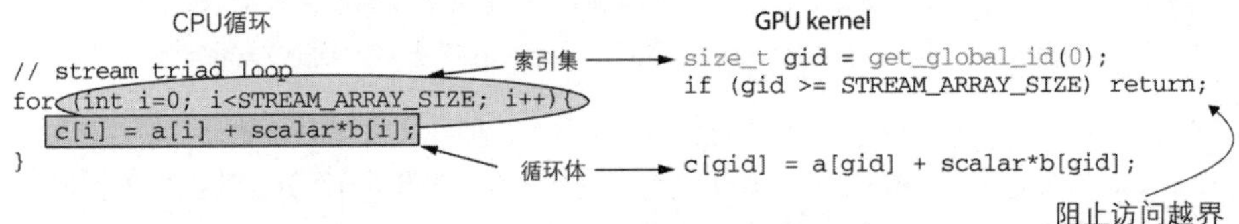

图 10-8 标准循环与 GPU kernel 代码结构之间的对应关系

在接下来的四个小节中，我们将分别讨论循环体如何成为并行 kernel，以及如何将它绑定回主机上的索引集。具体分为如下四个步骤：

1. 提取并行 kernel
2. 将本地数据 tile 映射到全局数据
3. 在主机上将数据分解为数据块
4. 分配所需内存

10.2.1 “Me”编程：并行 kernel 的概念

GPU 编程是“Me”一代的完美语言。在 kernel 中，一切都与自身有关。例如：

```
c[i] = a[i] + scalar*b[i];
```

在这个表达式中，没有关于循环范围的信息。这可能是一个循环，其中 i(全局 i 索引)涵盖从 0 到 1000 的范围，或仅仅是单个值 22。每个数据项都知道且仅知道自己需要做的操作。这真的是一个“Me”编程模型，因为只关心自身。这方面的强大之处在于对每个数据元素的操作变得完全独立。让我们观察一个更复杂的 stencil 运算符示例。尽管我们有两个索引，i 和 j，并且某些引用是对相邻的数据值的引用，但是一旦确定了 i 和 j 的值，这行代码仍然是完全定义的。

```
xnew[j][i] = (x[j][i] + x[j][i-1] + x[j][i+1] + x[j-1][i] + x[j+1][i])/5.0;
```

对于循环体和索引集的分离，在 C++中可以通过仿函数或 lambda 表达式来完成。在 C++中，lambda 表达式从 C++11 标准开始就存在了。lambda 用作编译器的一种方式，为 CPU 或 GPU 的单一源代码提供了可移植性。代码清单 10-1 显示了 C++ lambda 的使用。

定义：lambda 表达式是未命名的本地函数，可以分配给变量并在本地使用或传递给其他例程。

代码清单 10-1　用于 stream triad 的 C++ lambda 表达式

```
lambda.cc
 1 int main() {
 2   const int N = 100;
 3   double a[N], b[N], c[N];
 4   double scalar = 0.5;
 5
 6   // c, a, and b are all valid scope pointers on the device or host
 7
 8   // We assign the loop body to the example_lambda variable
 9   auto example_lambda = [&] (int i) {
10     c[i] = a[i] + scalar * b[i];
11   };
12
13   for (int i = 0; i < N; i++)
14   {
15     example_lambda(i);
16   }
17 }
```

lambda 变量
lambda 主体
为 lambda 设置的参数或索引
调用 lambda

lambda 表达式由四个主要部分组成。

- lambda 主体：调用要执行的函数。在这个例子中，lambda 主体如下。

```
c[i] = a[i] + scalar * b[i];.
```

- 参数：后面调用 lambda 表达式时使用的参数(int i)。
- 闭包捕获：函数体中，外部定义的变量列表，以及如何将这些变量传递给例程，如代码清单 10-1 中的[&]所示。&表示该变量是通过引用进行赋值的，而=符号表示将按值对它进行复制。单个&通过引用来设置默认变量。我们可以使用[&c, &a, &b, &scalar]的捕获规范来更全面地给出变量。
- 调用：代码清单 10-1 中第 13~16 行中的 for 循环，是对指定的数组值调用 lambda 函数。

lambda 表达式构成了使用新兴 C++语言(如 SYCL、Kokkos 和 Raja)更自然地为 GPU 生成代码的基础。我们将在第 12 章中简要介绍作为高级 C++语言的 SYCL(最初构建在 OpenCL 之上)。来自桑迪亚国家实验室(SNL)的 Kokkos 和起源于劳伦斯利弗莫尔国家实验室(LLNL)的 Raja 是两种高级语言，旨在为当今广泛使用的计算硬件简化便携式科学应用程序的开发。我们也会在第 12 章介绍 Kokkos 和 Raja。

10.2.2　线程索引：将本地 tile 映射到全局中

kernel 如何组成其本地操作的关键在于，作为数据分解的产物，我们为每个工作组提供了一些关于它在本地和全局中的位置信息。在 OpenCL 中，你将得到如下信息。

- 维度：通过 kernel 调用来获取该 kernel 的维度信息，即一维、二维或是三维。
- 全局信息：每个维度中的全局索引(对应于一个局部工作单元)或每个维度中的全局大小(对应于每个维度中的全局计算域)。
- 本地信息：每个维度中的本地大小(对应于此维度中的 tile 大小)或每个维度中的本地索引(对应于此维度中的 tile 索引)。
- 组信息：每个维度中的组的数量(对应于此维度中的组数)，或每个维度中的组索引(对应于此维度中的组索引)。

CUDA 中也有类似的信息，但是全局索引必须通过本地线程索引加上块(tile)信息计算出来：

```
gid = blockIdx.x *blockDim.x + threadIdx.x;
```

图 10-9 给出了 OpenCL 的工作组(block 或 tile)的索引，首先是 OpenCL 的函数调用，然后是 CUDA 定义的变量。所有这些索引支持都是通过 GPU 的数据分解自动完成的，极大地简化了从全局空间到 tile 的映射处理。

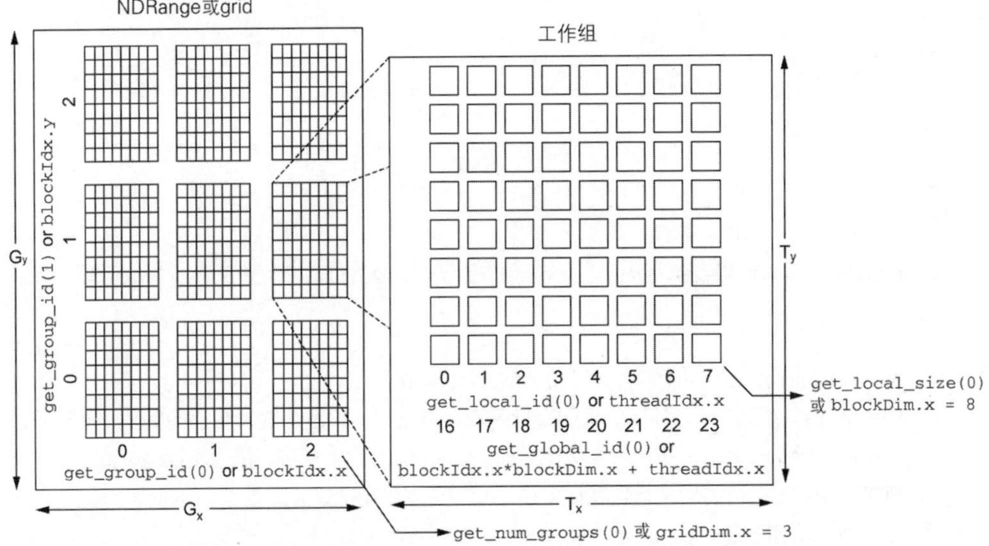

图 10-9　将单个工作项的索引映射到全局索引空间。首先给出 OpenCL 调用，然后是 CUDA 中定义的变量

10.2.3　索引集

每个工作组的索引大小应该是相同的。这是通过将全局计算域填充为本地工作组大小的整数倍来实现的。我们可以通过一些整数运算来实现这一点，以获得一个额外的工作组和一个填充的全局工作大小。下面的示例展示了一种使用基本整数运算的方法，然后使用 C ceil 内在函数。

```
global_work_size_x = ((global_size_x + local_work_size_x - 1)/
local_work_size_x) * local_work_size_x
```

示例：计算工作组大小

此代码使用 kernel 调用的参数来获得统一的工作组大小。

```
int global_sizex = 1000;
int local_work_sizex = 128;
int global_work_sizex = ((global_sizex + local_work_sizex - 1)/
                         local_work_sizex) * local_work_sizex = 1024;
int number_work_groupsx = (global_sizex + local_work_sizex - 1)/
                         local_work_sizex = 8
// or, alternatively
int global_work_sizex = ceil(global_sizex/local_work_sizex) *
                          local_work_sizex = 1024;
int number_work_groupsx = ceil(global_sizex/local_work_sizex) = 8;
```

为了避免数据被越界读取，我们应该测试每个 kernel 中的全局索引，如果存在数据的越界读取，则跳过读取，例如：

```
if (gidx > global_sizex) return;
```

注意：避免越界读取和写入，在 GPU kernel 中非常重要，因为它们会导致 kernel 的随机崩溃而没有任何错误消息或提示。

10.2.4　如何在 GPU 编程模型中对内存资源进行寻址

内存仍然是影响应用程序编程计划的最重要问题。幸运的是，今天的 GPU 上配置了大量内存。NVIDIA V100 和 AMD Radeon Instinct MI50 GPU 均支持 32GB RAM。这与带有 128GB 内存的高端配置 HPC CPU 节点相比，具有 4~6 个 GPU 的 GPU 计算节点具有相同的内存配置，GPU 计算节点上的内存与 CPU 环境中的内存一样多。因此，我们可以使用与 CPU 相同的内存分配策略，而不必由于 GPU 内存有限而反复进行传输数据。

GPU 的内存分配必须在 CPU 上完成。通常，同时为 CPU 和 GPU 分配内存，然后在它们之间传输数据。但如果可能，你应该只为 GPU 分配内存，这避免了在 CPU 上极为珍贵的内存中间反复传输数据造成的性能损失，同时减少 CPU 上的内存使用。动态内存分配的算法为 GPU 带来了新问题，因此需要转换为静态内存算法，这就需要提前知道内存大小。在可能的情况下，最新的 GPU 可以很好地将不规则或无序的内存访问合并为单个、连贯的缓存行负载。

定义：“合并内存加载”将来自线程组的单独内存加载合并到单个缓存行的加载中。

在 GPU 上，内存合并是在内存控制器的硬件层完成的。这些合并的负载可以带来巨大的性能增益。但同样重要的是，许多早期 GPU 编程指南中所使用的优化技术将不再使用，这极大地减少了 GPU 编程的工作量。

你可以通过在本地(共享)内存重复利用数据来获得一些额外的性能提升。这种优化曾经对性能很重要，但 GPU 上带有效率更高的缓存使加速变得不那么重要。关于如何使用本地内存有几种策略，这取决于你是否可以预测所需的本地内存大小。在图 10-10 中，左边是规则网格方法，右边是用于非结构化和自适应网格细化的不规则网格。规则网格有四个相邻的 tile，具有重叠的 halo 区域。自适应网格细化仅显示四个 cell；典型的 GPU 应用程序会加载 128 或 256 个 cell，然后在外围引入所需的相邻 cell。

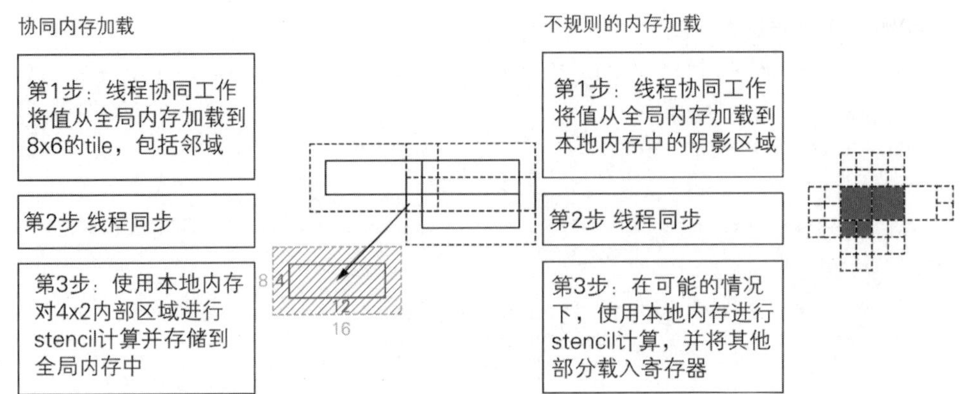

图 10-10　对于规则网格上的 stencil，将所有数据加载到本地内存中，然后使用本地内存进行计算。内部实心矩形是计算 tile。外部虚线矩形包含计算所需的相邻数据。你可以使用协同加载将外部矩形中的数据加载到每个工作组的本地内存中。由于不规则网格具有不可预测的大小，因此仅将计算区域加载到本地内存中，其余每个线程使用寄存器

以上两种情况的流程分别为：

- 线程需要与相邻线程相同的内存加载。一个很好的例子是我们在整本书中使用的 stencil 操作。线程 i 需要 i－1 和 i+1 的值，这意味着多个线程将需要相同的值。这种情况的最佳方法是进行协作内存加载。将内存值从全局内存复制到本地(共享)内存将带来显著的性能提升。
- 不规则网格具有不可预测数量的邻域，因此难以加载到本地内存中。处理此问题的一种方法是将要计算的网格部分复制到本地内存中。然后将邻域数据加载到每个线程的寄存器中。

这些并不是利用 GPU 上的内存资源的唯一方法。重要的是要仔细思考与有限资源和特定应用程序的潜在性能优势相关的问题。

10.3　优化 GPU 资源利用

优秀的 GPU 编程关键是管理可用于执行 kernel 的有限资源。让我们看看表 10-4 中所示的更重要的资源限制，超额使用可用资源会导致性能显著下降。NVIDIA V100 芯片可以提供 7.0 的计算性能。较新的 Ampere A100 芯片使用 8.0 的计算性能，但资源限制几乎相同。

表 10-4　当前 GPU 的资源限制

资源限制	NVIDIA 计算性能 7.0	AMD Vega 20 (MI50)
每个工作组的最大线程数	1024	256
每个计算单元的最大线程数	2048	
每个计算单元的最大工作组	32	16
每个计算单元的本地内存	96KB	64KB
每个计算单元寄存器堆大小	64K	256KB 向量
每线程最大 32 位寄存器	255	

对 GPU 程序开发者来说，最重要的是控制工作组大小。起初，似乎每个工作组使用最大线程数是一个不错的选择。但对于计算 kernel 来说，计算 kernel 相对于图形 kernel 的复杂性意味着对计算资源的需求将是巨大的。这被通俗地称为内存压力或寄存器压力。减少工作组的规模可以为每个工作组提供更多资源，同时提供更多用于上下文切换的工作组，我们在 10.1.1 节中对此进行了讨论。获得令人满意的 GPU 性能的关键是找到合适的工作组大小与资源的平衡点。

定义：“内存压力”是计算 kernel 资源需求对 GPU kernel 性能的影响。“寄存器压力”是一个类似的术语，指的是对 kernel 中寄存器的需求。

要全面分析特定 kernel 的资源需求和 GPU 上可用的资源，需要复杂的分析过程。我们将通过几个例子进行详细说明。在接下来的两节中，你将了解到：

- 一个 kernel 将使用多少寄存器
- 如何将多处理器的利用率保持在较高水平

10.3.1　kernel 将使用多少寄存器

可以通过将-Xptxas="-v"标志添加到 nvcc 编译命令来了解你的代码使用了多少个寄存器。在用于 NVIDIA GPU 的 OpenCL 中，对 OpenCL 编译行使用-cl-nv-verbose 标志可以获得类似的输出。

示例：在 NVIDIA GPU 上获取 kernel 的寄存器使用情况

首先，使用额外的编译器标志构建 BabelStream：

```
git clone git@github.com:UoB-HPC/BabelStream.git
cd BabelStream
export EXTRA_FLAGS='-Xptxas="-v"'
make -f CUDA.make
```

NVIDIA 编译器的输出显示了 stream triad 的寄存器使用情况：

```
ptxas info    : Used 14 registers, 4096 bytes smem, 380 bytes cmem[0]
ptxas info    : Compiling entry function '_Z12triad_kernelIfEvPT_PKS0_S3_'
                 for 'sm_70'
ptxas info    : Function properties for _Z12triad_kernelIfEvPT_PKS0_S3_
    0 bytes stack frame, 0 bytes spill stores, 0 bytes spill loads
```

在这个简单的 kernel 中，我们使用了 NVIDIA GPU 上可用的 255 个寄存器中的 14 个。

10.3.2　利用率：提高工作组的负载率

我们已经讨论了延迟和上下文切换对于在 GPU 上获得良好性能的重要性。“适当规模”的工作组的好处是可以同时运行更多的工作组。对于 GPU 来说，这是非常重要的，因为当一个工作组的进程由于内存延迟而停止时，它需要让其他工作组运行来消除延迟带来的整体性能损失。为了设置适当的工作组规模，我们需要某种衡量标准。在 GPU 上，用于分析工作组的度量被称为利用率。利用率是计算单元在计算期间的繁忙程度的指标。这是一种复杂的计算方法，因为它依赖于很多因素，比如所需的内存和使用的寄存器数量。对于利用率的定义如下：

利用率=活动线程数/每个计算单元的最大线程数

因为每个子工作组的线程数是固定的，所以基于子工作组(也被称为 wavefront 或 warp)来定义利用率可以表示为：

利用率=活动的子工作组/每个计算单元最大的子工作组数量

活动子工作组或线程的数量由最先耗尽的工作组或线程资源决定。通常这是工作组需要的寄存器或本地内存的数量，从而阻止另一个工作组的启动。我们需要一个工具(如 CUDA 利用率计算器)来完成这一点(在下例中进行展示)。NVIDIA 的编程指南中指出，应该尽可能最大限度提升利用率。虽然这很重要，但需要做的只是在足够多的工作组中进行切换，从而隐藏延迟和停滞。

示例：CUDA 利用率计算器

1. 从以下位置下载 CUDA 利用率计算器电子表格：https://docs.nvidia.com/cuda/cuda-occupancy-calculator/index.html。

2. 输入来自 NVCC 编译器(第 10.3.1 节)的寄存器计数和工作组大小(1024)。

图 10-11 显示了利用率计算器的计算结果。电子表格上还有关于不同块大小、寄存器数量和本地内存使用情况的图表(未显示)。

CUDA occupancy calculator

Just follow steps 1, 2, and 3 below! (or click here for help)

1.) Select compute capability (click):	7.0	(Help)
1.b) Select shared memory size config (bytes)	32768	

2.) Enter your resource usage:		
Threads per block	1024	(Help)
Registers per thread	14	
Shared memory per block (bytes)	4096	

(Don't edit anything below this line)

3.) GPU occupancy data is displayed here and in the graphs:		
Active threads per multiprocessor	2048	(Help)
Active warps per multiprocessor	64	
Active thread blocks per multiprocessor	2	
Occupancy of each multiprocessor	100%	

Physical limits for GPU compute capability:	7.0
Threads per warp	32
Max warps per multiprocessor	64
Max thread blocks per multiprocessor	32
Max threads per multiprocessor	2048
Maximum thread block size	1024
Registers per multiprocessor	65536
Max registers per thread block	65536
Max registers per thread	255
Shared memory per multiprocessor (bytes)	32768
Max shared memory per block	32768
Register allocation unit size	256
Register allocation granularity	warp
Shared memory allocation unit size	256
Warp allocation granularity	4

Allocated Resources		Per block	Limit per SM	= Allocatable Blocks per SM
Warps	(Threads per block/Threads per warp)	32	64	2
Registers	(Warp limit per SM due to per-warp reg count)	32	128	4
Shared memory (bytes)		4096	32768	8

Note: SM is an abbreviation for (streaming) multiprocessor

Maximum thread blocks per multiprocessor	Blocks/SM	* Warps/Block	= Warps/SM
Limited by max warps or max blocks per multiprocessor	2	32	64
Limited by registers per multiprocessor	4		
Limited by shared memory per multiprocessor	6		

Note: Occupancy limiter is shown in orange

Physical max warps/SM = 64

Occupancy = 64/64 = 100%

图 10-11　计算结果

通过 CUDA 利用率计算器输出结果，我们了解到用于 stream triad 的 kernel 资源使用情况。在结果中，第三个区块显示了利用率。

10.4　约减模式需要跨工作组进行同步

到目前为止，我们在 cell、粒子、点以及其他计算元素上查看的计算循环可以通过图 10-8 中的方法进行处理，其中 for 循环从计算主体中剥离出来，从而创建 GPU kernel。进行这种转换既快速又容易，并且可以应用于科学应用程序中的绝大多数循环。但在其他情况下，对代码进行转换以适应 GPU 环境是非常困难的。我们将需要研究更复杂的算法。以使用数组语法的单行 Fortran 代码为例：

```
xmax = sum(x(:))
```

它在 Fortran 中看起来很简单，但在 GPU 上却复杂得多。之所以复杂，是因为我们无法进行跨工作组的协同工作或比较。完成此操作的唯一方法是退出 kernel。图 10-12 说明了处理这种情况的一般策略。

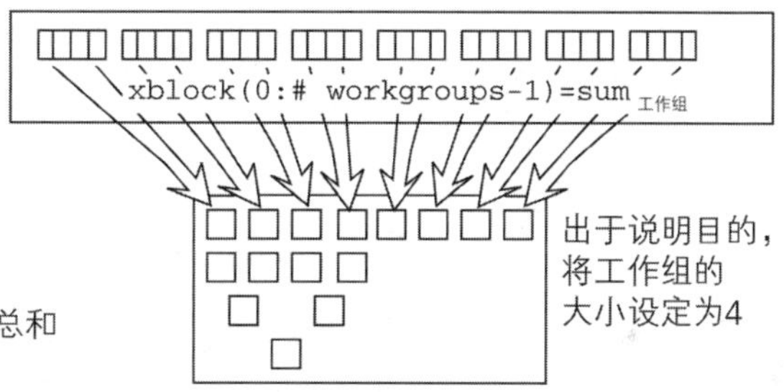
1. 计算每个工作组的总和，
并将global_size/work_group_size
的大小存储到临时数组(xblock) 中
xblock(0:# workgroups-1)=sum 工作组
2a.使用单个工作组并遍历数组以
查找每个工作项的总和
2b.在工作组内进行约减以获得全局总和
出于说明目的，
将工作组的
大小设定为4

图 10-12　GPU 上的约减模式需要两个 kernel 来同步多个工作组。我们退出第一个 kernel，由矩形表示，然后启动另一个大小为单个工作组的 kernel，从而允许线程协作执行最后的传递操作

为便于说明，图 10-11 显示了一个带有 32 个元素的数组。一般情况下，这个数组长度为数十万甚至数百万个元素，因此远大于工作组的大小。在第一步中，我们找到每个工作组的总和，并将其存储在一个临时数组中，该数组的长度为工作组或块的数量。第一次通过将数组的大小减少为工作组的大小，工作组的大小可以是 512 或 1024。此时，我们无法在工作组之间进行通信，因此需要退出 kernel，并启动一个只有一个工作组的新 kernel。剩余的数据可能大于工作组大小(512 或 1024)，因此我们循环遍历 scratch 数组，并将值汇总到每个工作项中。我们可以在工作组中的工作项之间进行通信，这样就可以对单个全局值执行约减操作，并在此过程中进行汇总。

是否已经感觉到上述过程的复杂性？在 GPU 上执行此操作需要数十行代码以及两个 kernel，而在 CPU 环境中，完成这个操作只需要一行代码。当我们介绍 CUDA 和 OpenCL 编程时，我们将在第 12 章中看到更多用于约减的实际代码。虽然在 GPU 上获得的性能比 CPU 高得多，但需要大量的编程工作。接下来，我们将看到 GPU 的特征之一：难以进行同步和比较。

10.5　通过队列(流)进行异步计算

我们将看到如何通过重叠数据传输和计算来更充分利用 GPU 资源。在 GPU 上，可以同时完成计算以及两次数据传输。

GPU 上任务的基本上是异步完成的。任务将在 GPU 上进行排队，通常只在请求结果或同步时才会被执行。图 10-13 显示了发送给 GPU 进行计算的一组典型命令。

命令0: 将图像从主机复制到设备

命令1: 调用kernel来计算修改后的图像

命令2: 将新图像从设备复制到主机并等待完成

图 10-13　只有当请求等待完成时，默认队列中 GPU 上计划的工作才会完成。我们计划将图像(图片)的副本复制到 GPU。然后通过对数据执行数学操作来修改它。我们还使用第三次操作把它带回。在请求等待完成之前，这些操作将不会运行

还可在独立和异步的多个队列中调度任务。如图 10-14 所示，使用多个队列展示了重叠数据传输和计算的可能性。大多数 GPU 语言都支持某种形式的异步任务队列。在 OpenCL 中，命令是放入队列的，而在 CUDA 中，操作放在流中。虽然提供了并行的可能性，但它否带来性能提升取决于硬件功能和编码细节。

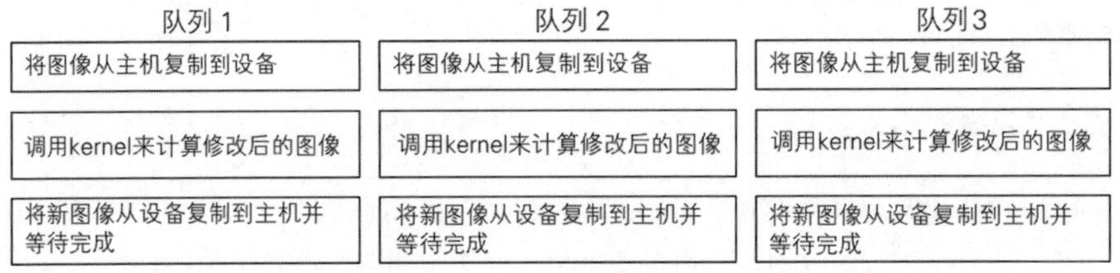
队列 1
队列 2
队列3
将图像从主机复制到设备
将图像从主机复制到设备
将图像从主机复制到设备
调用kernel来计算修改后的图像
调用kernel来计算修改后的图像
调用kernel来计算修改后的图像
将新图像从设备复制到主机并等待完成
将新图像从设备复制到主机并等待完成
将新图像从设备复制到主机并等待完成

图 10-14　通过并行队列处理三个图像

如果我们有一个 GPU 能够同时执行如下操作：

- 将数据从主机复制到设备
- kernel 计算
- 将数据从设备复制到主机

那么，在图 10-14 中设置的在三个独立队列中的工作可以重叠计算并通信，如图 10-15 所示。

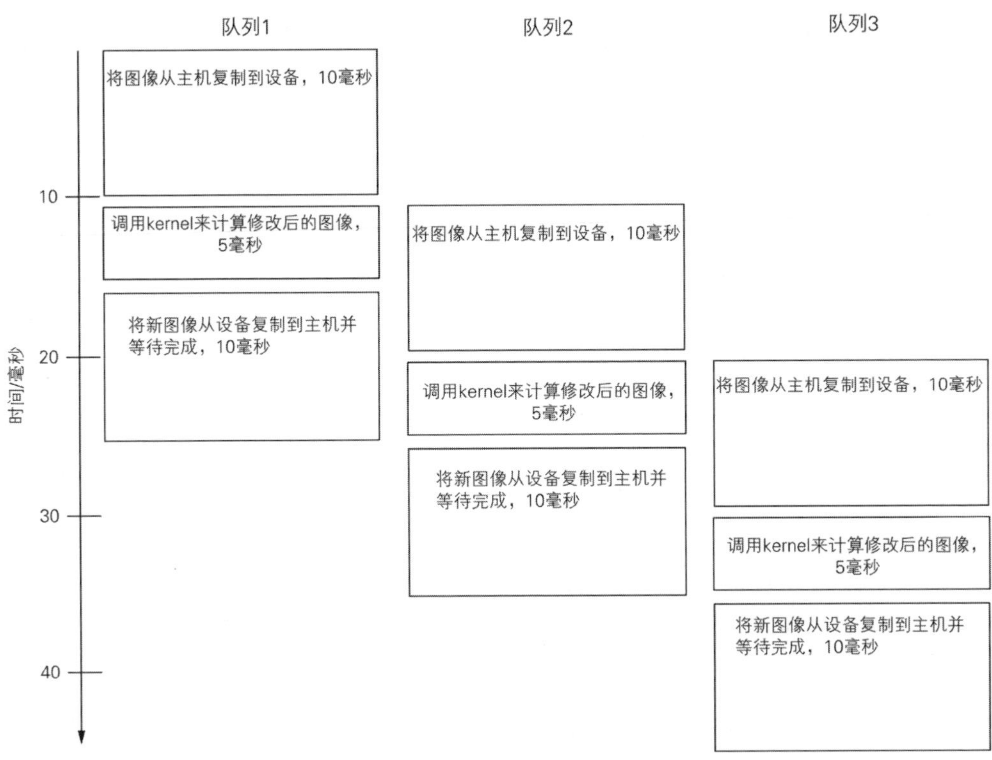
队列1
队列2
队列3
将图像从主机复制到设备，10毫秒
调用kernel来计算修改后的图像，5毫秒
将新图像从设备复制到主机并等待完成，10毫秒
将图像从主机复制到设备，10毫秒
调用kernel来计算修改后的图像，5毫秒
将新图像从设备复制到主机并等待完成，10毫秒
将图像从主机复制到设备，10毫秒
调用kernel来计算修改后的图像，5毫秒
将新图像从设备复制到主机并等待完成，10毫秒
时间/毫秒
10
20
30
40

图 10-15　重叠计算和数据传输，将处理三个图像的时间从 75 毫秒减少到 45 毫秒。这是可行的，因为 GPU 可以同时完成计算、从主机到设备的数据传输以及从设备到主机的数据传输

10.6　为 GPU 定制并行化应用程序的策略

现在，将继续使用我们对 GPU 编程模型的理解来开发应用程序的并行化策略。将使用两个应用程序示例来演示这个过程。

10.6.1　场景 1：三维大气环境仿真

应用程序是一个大气环境仿真，大小从 1024×1024×1024 到 8192×8192×8192，x 为垂直尺寸，y 为水平尺寸，z 为深度。让我们来看看你可能考虑的选项。

- 选项 1：在 z 维(深度)上以一维方式分布数据。

对于 GPU，我们需要数以万计的工作组来实现有效的并行性。根据 GPU 规范(表 9-3 所示)，我们有 60~80 个计算单元，其中包含 32 个双精度算术单元，可用于大约 2000 个同时算术路径。此外，需要更多工作组通过上下文切换进行延迟隐藏。在 z 维度上分布数据可以让我们有 1024~8192 个工作组，这对于 GPU 并行来说非常低。

让我们看看每个工作组所需的资源。最小的尺寸是一个 1024×1024 的平面，加上 ghost cell 中任何必需的邻域数据。假设两个方向都存在一个 ghost cell。因此，需要 1024×1024×3x8 字节或

24MiB 的本地数据。查看表 10-4 可知，GPU 可以提供 64~96KiB 的本地数据，因此无法将数据预加载到本地内存中来进行更快的处理。

- 选项 2：将数据分布在 y 和 z 维度的二维垂直列中。

跨两个维度分布将为我们提供超过一百万个潜在的工作组，因此可以为 GPU 提供足够的独立工作组。对于每个工作组，将带有 1024~8192 个 cell。我们有自己的 cell 加上 4 个邻域，所需的本地内存最少为 1024×5×8≈40KiB。对于更大规模的问题，如果每个 cell 有多个变量，我们将没有足够的本地内存可用。

- 选项 3：在 x、y 和 z 维之间以三维方式分布数据。

使用表 10-3 中的模板，对于每个工作组，让我们尝试使用 4×4×8 的 cell tile。对于邻域，将是 6×6×10×8 字节，所需的最小本地内存为 2.8 KiB。可在每个 cell 中设置更多变量，并可尝试增加 tile 的尺寸。

1024×1024×1024×8 字节约为 8GiB。这是一个规模较大的问题。而 GPU 有多达 32GiB 的 RAM，因此这个问题可能适合在 GPU 上运行。更大规模的问题可能需要多达 512 个 GPU。所以我们也应该通过 MPI 来规划分布式内存的并行化。

让我们将其与 CPU 进行比较，在 CPU 中，这些设计决策将产生不同的结果。我们可能需要跨越 44 个进程，每个进程的资源限制更少。虽然 3D 方法可行，但 1D 和 2D 方法也可用。现在将其与非结构化网格进行对比，在非结构化网格中，数据都包含在一维数组中。

10.6.2　场景 2：非结构化网格应用

这种情况下，应用程序将是一个 3D 非结构化网格，使用四面体或多边形 cell，数量范围从 1 到 1000 万个 cell。但数据是一维多边形列表，其中带有包含空间位置的 x、y 和 z 等数据。这种情况下，只有一种选择：一维数据分布。

因为数据是非结构化的，并且包含在一维数组中，所以选择更简单。通过 128 tile 大小的一维方式分布数据。这为我们提供了 8000 到 80 000 个工作组，为 GPU 提供了大量工作负载，从而在工作组之间切换并隐藏延迟。内存需求为 128×8 字节双精度值为 1KB，并且允许每个 cell 有多个数据值的空间。

还需要一些整数映射和邻域数组的空间来提供 cell 之间的连接。邻域数据被加载到每个线程的寄存器中，这样我们就不必担心对本地内存的影响，以及可能会超出内存限制的情况发生。1000 万个 cell 的最大尺寸网格需要 80MiB，加上用于平面、邻域和映射数组的空间。这些连接数组显著增加内存使用量，一般情况下，因为单个 GPU 上带有足够的内存来运行计算，所以即使是最大尺寸的网格也可以处理。

为获得最佳结果，我们需要使用数据分区库或空间填充曲线为非结构化数据提供一些局部性，使数组中的 cell 在空间上彼此接近。

10.7　进一步探索

虽然 GPU 编程模型的基本框架已经趋于稳定，但仍有很多变化正在发生。特别是，随着目标用途从 2D 扩展到 3D 图形和物理仿真，以及可用于 kernel 的资源逐渐增加，可以实现更逼真的游戏。科学计算和机器学习等市场也变得越来越重要，对于这两个市场，定制的 GPU 硬件已经开发上市：用于科学计算的双精度和用于机器学习的张量核(tensor core)。

我们主要讨论了独立 GPU。但是也有集成 GPU，如第 9.1.1 节中首次讨论的那样。加速处理单元(APU)是 AMD 产品，AMD 的 APU 和 Intel 的集成 GPU 在降低内存传输成本方面具有一定优势，因为它们不需要使用 PCI 总线来传输数据。集成 GPU 在减小 GPU 尺寸的同时降低能耗。然而，这种能力自出现以来一直没有被给予应有的重视。当今的硬件开发重点是高端 HPC 系统中的大型独立 GPU。但 GPU 编程语言和工具在集成的 GPU 上同样有效。

其他消费市场设备(如 Android 平板电脑和手机)也具有使用 OpenCL 语言的可编程 GPU。一些资源包括：

- 从 Google Play 下载 OpenCL-Z 和 OpenCL-X benchmark 应用程序，看看你的设备是否支持 OpenCL。驱动程序也可以从硬件制造商处获得。
- Compubench(https://compubench.com)提供一些使用 OpenCL 或 CUDA 的移动设备的性能结果。
- Intel 在 https://software.intel.com/en-us/android/articles/opencl-basic-sample-for-android-os 上介绍如何使用 OpenCL for Android 进行编程。

近年来，GPU 硬件和软件增加了对其他类型编程模型的支持，例如基于任务的方法和图算法。这些替代编程模型长期以来一直是并行编程的兴趣所在，并一直在努力提高效率和规模。如果不在这些领域取得某些进展，就无法轻松实现相关的关键应用，如稀疏矩阵求解器。但基本问题在于是否可以向硬件展示足够的并行性，从而利用 GPU 的大规模并行架构，只有时间会给出答案。

10.7.1　扩展阅读

NVIDIA 长期以来一直支持对 GPU 编程的研究。推荐你阅读 CUDA C 编程和最佳实践指南，来了解更多信息(可从 https://docs.nvidia.com/cuda 获得)。其他资源包括：

- GPU Gems 系列(https://developer.nvidia.com/gpugems)是一组时间较早的论文，其中包含很多相关资料。
- AMD 在其 GPUOpen 站点 https://gpuopen.com/compute-product/rocm/上也有很多 GPU 编程材料。也可以访问 https://rocm.github.io/documentation.html 获取相关信息。
- AMD 提供一个更好的表格，比较了 https://rocm.github.io/languages.html 上不同 GPU 编程语言中的术语。

尽管拥有大约 65%的 GPU 市场(主要是集成 GPU)，Intel 才刚刚开始成为 GPU 计算领域的重要参与者。该公司宣布了一款新的独立显卡，并将成为阿贡国家实验室 Aurora 系统的 GPU 硬件提供商(将于 2022 年交付)。Aurora 系统是有史以来第一个百亿亿级系统，其性能是目前世界顶级系统的 6 倍。所使用的 GPU 是基于英特尔 Iris Xe 架构，代号为“Ponte Vecchio”。Intel 大张旗鼓地发布了 oneAPI 编程计划，在 oneAPI 工具包中，附带英特尔 GPU 驱动程序、编译器和相关工具。如需更多信息和下载，请访问 https://software.intel.com/oneapi。

10.7.2 练习

1. 你有一个图像分类应用程序，将每个文件传输到 GPU 需要 5 毫秒，处理需要 5 毫秒，返回需要 5 毫秒。在 CPU 上，处理每个图像需要 100 毫秒。有一百万张图像需要处理。CPU 上有 16 个处理核心。那么 GPU 系统会更快地完成工作吗？

2. 问题 1 中 GPU 的传输时间基于第三代 PCI 总线。如果你可以使用 Gen4 PCI 总线，这将如何改变设计？那么使用 Gen5 PCI 总线呢？对于图像分类，如果你不需要取回修改后的图像，那么计算将发生什么改变？

3. 对于独立 GPU(或 NVIDIA GeForce GTX1060)，你可以运行多大的 3D 应用程序？假设每个 cell 有 4 个双精度变量，并且 GPU 内存的使用被限制为一半，因此你将有空间用于临时数组。如果使用单精度，这会如何改变？

10.8 本章小结

- 因为 GPU 上带有数千个独立的计算单元，因此在 GPU 上实现并行性需要数千个独立的工作项，而 CPU 只需要在数十个独立的工作项中并行，就可以在处理核心之间分配工作。因此，对于 GPU 来说，在应用程序中表现更多的并行性，从而保持处理单元在比较繁忙的水平上运行是非常重要的。
- 受高帧率图形需求的驱动，不同的 GPU 硬件制造商具有相似的编程模型。因此，在程序开发中，可以使用一种适用于更多不同 GPU 的通用方法。
- GPU 编程模型特别适用于具有大量计算数据集的数据并行性程序，但对于一些需要大量协调的任务(如约减)来说可能很困难。我们需要知道的是，许多高度并行的循环很容易移植，但有些则需要付出更多努力。
- 将计算循环分离为循环体和循环控制(或索引集)是 GPU 编程的一个强大概念。将循环体作为 GPU kernel，由 CPU 进行内存分配，并调用 kernel。
- 异步工作队列可以重叠通信和计算。这将有助于提高 GPU 的利用率。

第 11 章

基于指令的 GPU 编程

本章涵盖以下内容：

- 为 GPU 选择最合适的基于指令的语言
- 使用指令或 pragma 将代码移植到 GPU 或其他加速器设备
- 优化 GPU 应用程序的性能

业界一直热衷于为 GPU 制定基于指令的编程语言标准。卓越的基于指令的语言 OpenMP 发布于 1997 年，是针对 GPU 编程的最佳选择。那时，OpenMP 发展迅速，主要专注于新的 CPU 功能。为了解决 GPU 的可访问性问题，2011 年，部分编译器供应商(Cray、PGI 和 CAPS)与作为 GPU 供应商的 NVIDIA 一起发布了 OpenACC 标准，为 GPU 编程提供了更简单的途径。这与你在第 7 章中看到的 OpenMP 类似，OpenACC 也使用了 pragma。这种情况下，OpenACC 将引导编译器生成 GPU 代码。几年后，OpenMP 架构审查委员会(ARB)在 OpenMP 标准中添加了对 GPU 的 pragma 支持。

在本章中，我们将通过一些 OpenACC 和 OpenMP 中的基本示例，让你了解它们是如何工作的。建议你在目标系统上尝试使用这些示例，从而查看可用的编译器及其当前状态。

注意： 如其他章节一样，本章中涉及的程序代码可以通过链接 https://github.com/Essentialsof-ParallelComputing/Chapter11 获得，建议你充分利用这些代码，以更好地掌握相关知识。

许多程序开发者发现自己对于应该使用哪种基于指令的语言(OpenACC 还是 OpenMP)“犹豫不决”。一般情况下，当你了解所选择的编程系统可以支持哪些功能之后，就可以做出明确的选择。需要提醒自己的是，万事开头难，往往我们需要克服的最大障碍就是如何启动工作。如果你在以后决定更换其他 GPU 语言，之前的工作仍然是有价值的，因为编程的核心概念已经远远超越了编程语言本身。因为我们知道通过 pragma 和指令所生成 GPU 代码相当简洁，所以建议你在自己的编程过程中，尽量去使用它们，因为使用 pragma 和指令往往只需要更改少许的代码，就可以获得意想不到的性能提升效果。

OpenMP 和 OpenACC 的历史

OpenMP 和 OpenACC 标准的制定可认为是一场友好的竞赛；OpenACC 委员会的一些成员也是 OpenMP 委员会的成员。在劳伦斯利弗莫尔国家实验室、IBM 和 GCC 的共同努力下，新的实现技术仍不断涌现。虽然尝试将这两种方法进行合并，但它们依旧会在很长的时间内共存。

OpenMP 正在不断发展，并被认为具有巨大的潜力和极大的发展空间。但就目前而言，OpenACC 拥有更成熟的实现技术并受到更广泛的编译器支持。图 11-1 显示了标准发布的完整历史。注意，OpenMP 标准的 4.0 版是第一个支持 GPU 和加速器的标准。

OpenACC
- Version 1.0 Nov 2011
- Version 2.0 Jun 2013
- Version 2.5 Oct 2015
- Version 2.6 Nov 2017
- Version 2.7 Nov 2018

OpenMP with GPU support
- Version 4.0 July 2013
- Version 4.5 Nov 2015
- Version 5.0 Nov 2018
- Version 5.1 Nov 2020

图 11-1　基于 pragma 的 GPU 语言的发布日期

11.1　为 GPU 实现应用编译指令和 pragma 的过程

在 C、C++或 Fortran 应用程序中使用指令或基于 pragma 的注释，提供了发挥 GPU 计算能力的便捷方法。与第 7 章中介绍的 OpenMP 线程模型非常相似，只需要向应用程序添加几行代码，编译器就会生成可以在 GPU 或 CPU 上运行的代码。正如第 6 章和第 7 章中首次介绍的那样，pragma 是 C 和 C++中为编译器提供特殊指令的预处理语句。它们的使用方式如下所示：

```
#pragma acc <directive> [clause]
#pragma omp <directive> [clause]
```

使用特殊注释形式的指令为 Fortran 代码提供了相应的功能。指令以注释字符开始，通过后跟 acc 或 omp 关键字，来分别将它们标识为针对 OpenACC 和 OpenMP 的指令。

```
!$acc <directive> [clause]
!$omp <directive> [clause]
```

一般在应用程序中实现 OpenACC 和 OpenMP 的步骤是相同的。图 11-2 显示了这些步骤的基本情况，下面将进行详细说明。

步骤	CPU	GPU
原始情况	a[1000] for or do loop for or do loop free a	
1.将工作发送到GPU执行	a[1000] #work pragm a →← #work pragm a →← free a	for or do loop (128个线程) for or do loop (128个线程)

2.管理数据到GPU的移动	#data pragma{
	#work pragma
	#work pragma
	}
		a[1000]
		for or do loop (128个线程)
		for or do loop (128个线程)
		free a

3.优化GPU kernel	#data pragma{
	#work pragma
	#work pragma
	}
		a[1000]
		for or do loop (256个线程)
		for or do loop (64个线程)
		free a

图 11-2　使用基于 pragma 的语言实现 GPU 端口的步骤。将工作发送到 GPU 会引发数据传输操作，从而减慢应用程序的运行

下面总结了让应用程序通过 OpenACC 或 OpenMP 转换后，可以运行在 CPU 上的三个步骤：

1. 将计算密集型工作转移到 GPU 上运行。这将导致数据在 CPU 和 GPU 之间进行传输，将减慢代码的运行速度，但这是必要的工作，需要首先完成。

2. 减少 CPU 与 GPU 之间的数据移动。如果数据只在 GPU 中使用，则将它们分配到 GPU 中。

3. 调整工作组的大小、工作组的数量和其他 kernel 参数，从而提高 kernel 的性能。

通过上述调整，应用程序在 GPU 上的运行速度会提升很多。针对每个应用程序给予针对性的进一步优化，将带来更多的性能提升。

11.2　OpenACC：在 GPU 上运行的最简单方法

我们将首先使用 OpenACC 运行一个简单的应用程序。这样做的目的是为了展示常规处理方法的基本细节，然后将研究如何在应用程序运行后对其进行优化。正如基于 pragma 的方法所预期的那样，付出很小的努力就会获得巨大回报。但首先，你必须解决代码最初的速度下降问题。不必担心，在 GPU 上实现更快计算的过程中，遇到最初的速度下降是很正常的。

通常最困难的一步是获得一个有效的 OpenACC 编译器工具链。有几个可靠的 OpenACC 编译器可供选择。如下所示(最初的 OpenACC 编译器之一 CAPS，于 2016 年不再可用)。

- PGI：这是一个商业编译器，但 PGI 也提供免费下载的社区版。

- GCC：版本 7 和 8 实现了 OpenACC 2.0a 规范中的大部分内容。版本 9 实现了 OpenACC 2.5 规范中的大部分内容。GCC 中的 OpenACC 开发分支正在开发 OpenACC 2.6，将带来进一步的改进和优化。
- Cray：另一个商业编译器；它仅适用于 Cray 系统。Cray 宣布，从 9.0 版开始，将不再在基于 LLVM 的新 C/C++编译器中支持 OpenACC。但支持 OpenACC 的“经典”版编译器可以继续使用。

对于这些示例，我们将使用 PGI 编译器(版本 19.7)和 CUDA(版本 10.1)。PGI 编译器是那些容易取得的编译器中最成熟的选择。同样可以使用 GCC 编译器，但一定要使用最新版本。如果你使用 Cray 系统，那么 Cray 编译器是不错的选择。

注意：如果没有合适的 GPU 怎么办？你仍然可以通过使用 OpenACC 生成的 kernel 在 CPU 上运行这些示例代码，即便使用相同的基本代码，获得的性能也存在差异。

如果使用 PGI 编译器，可首先使用 pgaccelinfo 命令获取有关系统的信息。该命令还可以让你知道系统和环境是否正常工作。运行命令后，输出应该如图 11-3 所示。

```
CUDA Driver Version:           10010
NVRM version:                  NVIDIA UNIX x86_64 Kernel Module  418.87.00  Thu Aug  8 15:35:46 CDT 2019

Device Number:                 0
Device Name:                   Tesla V100-SXM2-16GB
Device Revision Number:        7.0
Global Memory Size:            16914055168
Number of Multiprocessors:     80
Concurrent Copy and Execution: Yes
Total Constant Memory:         65536
Total Shared Memory per Block: 49152
Registers per Block:           65536
Warp Size:                     32
Maximum Threads per Block:     1024
Maximum Block Dimensions:      1024, 1024, 64
Maximum Grid Dimensions:       2147483647 x 65535 x 65535
Maximum Memory Pitch:          2147483647B
Texture Alignment:             512B
Clock Rate:                    1530 MHz
Execution Timeout:             No
Integrated Device:             No
Can Map Host Memory:           Yes
Compute Mode:                  default
Concurrent Kernels:            Yes
ECC Enabled:                   Yes
Memory Clock Rate:             877 MHz
Memory Bus Width:              4096 bits
L2 Cache Size:                 6291456 bytes
Max Threads Per SMP:           2048
Async Engines:                 2
Unified Addressing:            Yes
Managed Memory:                Yes
Concurrent Managed Memory:     Yes
Preemption Supported:          Yes
Cooperative Launch:            Yes
  Multi-Device:                Yes
PGI Default Target:            -ta=tesla:cc70
```

图 11-3　pgaccelinfo 命令的输出显示了 GPU 的类型及其特征

11.2.1　编译 OpenACC 代码

代码清单 11-1 显示了 OpenACC 生成文件的一些摘录。CMake 提供了在代码清单的第 18 行中调用的 FindOpenACC.cmake 模块。完整的 CMakeLists.txt 文件可以在 https://github.com/EssentialsofParallelComputing/Chapter11 上的 OpenACC/StreamTriad 目录中找到。我们为编译器反馈设置了一些标志，并使编译器对潜在的别名降低保守性，上述地址的子目录中提供了 CMake 文件和简单的 makefile。

代码清单 11-1　OpenACC makefile 节选

```
OpenACC/StreamTriad/CMakeLists.txt
 8 if (NOT CMAKE_OPENACC_VERBOSE)
 9    set(CMAKE_OPENACC_VERBOSE true)
10 endif (NOT CMAKE_OPENACC_VERBOSE)
11
12 if (CMAKE_C_COMPILER_ID MATCHES "PGI")
13    set(CMAKE_C_FLAGS "${CMAKE_C_FLAGS} -alias=ansi")
14 elseif (CMAKE_C_COMPILER_ID MATCHES "GNU")
15    set(CMAKE_C_FLAGS "${CMAKE_C_FLAGS} -fstrict-aliasing")
16 endif (CMAKE_C_COMPILER_ID MATCHES "PGI")
17
18 find_package(OpenACC)
19
20 if (CMAKE_C_COMPILER_ID MATCHES "PGI")
21    set(OpenACC_C_VERBOSE "${OpenACC_C_VERBOSE} -Minfo=accel")
22 elseif (CMAKE_C_COMPILER_ID MATCHES "GNU")
23    set(OpenACC_C_VERBOSE
         "${OpenACC_C_VERBOSE} -fopt-info-optimized-omp")
24 endif (CMAKE_C_COMPILER_ID MATCHES "PGI")
25
26 if (CMAKE_OPENACC_VERBOSE)
27    set(OpenACC_C_FLAGS
         "${OpenACC_C_FLAGS} ${OpenACC_C_VERBOSE}")
28 endif (CMAKE_OPENACC_VERBOSE)
29
   < ... skipping first target ... >
33 # Adds build target of stream_triad with source code files
34 add_executable(StreamTriad_par1 StreamTriad_par1.c timer.c timer.h)
35 set_source_files_properties(StreamTriad_par1.c PROPERTIES COMPILE_FLAGS
     "${OpenACC_C_FLAGS}")
36 set_target_properties(StreamTriad_par1 PROPERTIES LINK_FLAGS
     "${OpenACC_C_FLAGS}")
```

通过 CMake 模块为 OpenACC 设置编译器标志

为加速器指令添加编译器反馈

添加 OpenACC 标志进行编译并链接 stream triad 源

简单的 Makefile 也可以用来构建示例代码，通过使用以下命令复制或链接到 Makefile：

```
ln -s Makefile.simple.pgi Makefile
cp Makefile.simple.pgi Makefile
```

从 PGI 和 GCC 编译器的 makefile 中，可以看到 OpenACC 的建议标志：

```
Makefile.simple.pgi
CFLAGS:= -g -O3 -c99 -alias=ansi -Mpreprocess -acc -Mcuda -Minfo=accel

%.o: %.c
   ${CC} ${CFLAGS} -c $^

StreamTriad: StreamTriad.o timer.o
   ${CC} ${CFLAGS} $^ -o StreamTriad
Makefile.simple.gcc
CFLAGS:= -g -O3 -std=gnu99 -fstrict-aliasing -fopenacc \
                              -fopt-info-optimized-omp

%.o: %.c
   ${CC} ${CFLAGS} -c $^

StreamTriad: StreamTriad.o timer.o
   ${CC} ${CFLAGS} $^ -o StreamTriad
```

对于 PGI，为 GCC 启用 OpenACC 编译的标志是-acc -Mcuda。-Minfo=accel 标志告诉编译器提供有关加速器指令的反馈。通过-alias=ansi 标志以告诉编译器不要担心指针别名，以便它可以更自由地生成并行 kernel。在源代码中包含参数的 restrict 属性，可以告诉编译器变量不指向重叠的内存区域。我们还在两个 makefile 中包含用来设置 C1999 标准的标志，以便可以在循环中定义循环索引变量，从而更清晰地界定范围。通过-fopenacc 标志打开对 GCC 的 OpenACC 指令的解析。通过-fopt-info-optimized-omp 标志，告诉编译器为加速器的代码生成反馈。

对于 Cray 编译器，默认情况下 OpenACC 处于开启状态。如果需要将其关闭，可以使用编译器的选项-hnoacc。OpenACC 编译器必须定义_OPENACC 宏，该宏特别重要，因为 OpenACC 对于许多编译器来说并没有完全实现，依旧在研发过程中。你可以使用它来判断编译器支持的 OpenACC 版本，并通过与编译器宏_OPENACC==yyyymm 进行比较，来判断是否可以使用新功能，其中版本日期如下。

- Version 1.0：201111
- Version 2.0：201306
- Version 2.5：201510
- Version 2.6：201711
- Version 2.7：201811
- Version 3.0：201911

11.2.2 OpenACC 中用于加速计算的并行计算区域

为计算声明加速代码块有两个不同的选项。第一个是 kernel pragma，它允许编译器自行自动并行化代码块。此代码块包含具有多个循环的较大代码段。第二个是并行循环 pragma，它告诉编译器为 GPU 或其他加速器设备生成代码。下面将列举示例来介绍这两种方法。

使用 kernel pragma 从编译器获得自动并行化

kernel pragma 允许编译器自动并行化代码块。它通常首先用于从编译器获得对一段代码的反馈。我们将讨论 kernel pragma 的正式语法，包括它的可选子句。然后，我们将看看在所有编程章节中都用到的 stream triad 示例，并对它应用 kernel pragma。首先，我们将列出 OpenACC 2.6 标准的 kernel pragma 规范：

```
#pragma acc kernels [ data clause | kernel optimization | async clause |
conditional ]
```

以及

```
data clauses - [ copy | copyin | copyout | create | no_create |
                present | deviceptr | attach | default(none|present) ]
kernel optimization - [ num_gangs | num_workers | vector_length |
                       device_type | self ]
async clauses - [ async | wait ]
conditional - [ if ]
```

我们将在第 11.2.3 节中更详细地讨论数据子句，不过如果数据子句只应用于单个循环，那么也可以在 kernel 实用程序中使用数据子句。我们将在第 11.2.4 节讨论 kernel 优化。在第 11.2.5 节简要介绍异步子句和条件子句。

首先，通过在目标代码块周围添加#pragma acc kernels 来指定希望并行化的位置。kernel pragma 作用于指令后面的代码块，或者作用于下面代码清单中 for 循环的代码块。

代码清单 11-2　添加 kernel pragma

```
OpenACC/StreamTriad/StreamTriad_kern1.c
#include <stdio.h>
#include <stdlib.h>
#include "timer.h"

int main(int argc, char *argv[]){

   int nsize = 20000000, ntimes=16;
   double* a = malloc(nsize * sizeof(double));
   double* b = malloc(nsize * sizeof(double));
   double* c = malloc(nsize * sizeof(double));

   struct timespec tstart;
   // initializing data and arrays
   double scalar = 3.0, time_sum = 0.0;
#pragma acc kernels
   for (int i=0; i<nsize; i++) {
      a[i] = 1.0;
      b[i] = 2.0;
   }

   for (int k=0; k<ntimes; k++){
      cpu_timer_start(&tstart);
      // stream triad loop
#pragma acc kernels
```

插入 OpenACC kernel pragma

kernel pragma 代码块

插入 OpenACC kernel pragma

```
25     for (int i=0; i<nsize; i++){
26        c[i] = a[i] + scalar*b[i];
27     }
28     time_sum += cpu_timer_stop(tstart);
29 }
30
31     printf("Average runtime for stream triad loop is %lf msecs\n",
               time_sum/ntimes);
32
33     free(a);
34     free(b);
35     free(c);
36
37     return(0);
38 }
```

kernel pragma 代码块（第 25~27 行）

以下输出显示了来自 PGI 编译器的反馈：

```
main:
  15, Generating implicit copyout(b[:20000000],a[:20000000])
      [if not already present]
  16, Loop is parallelizable
     Generating Tesla code
     16, #pragma acc loop gang, vector(128)
        /* blockIdx.x threadIdx.x */
  16, Complex loop carried dependence of a-> prevents parallelization
     Loop carried dependence of b-> prevents parallelization
  24, Generating implicit copyout(c[:20000000]) [if not already present]
     Generating implicit copyin(b[:20000000],a[:20000000])
      [if not already present]
  25, Complex loop carried dependence of a->,b-> prevents
     parallelization
     Loop carried dependence of c-> prevents parallelization
     Loop carried backward dependence of c-> prevents vectorization
     Accelerator serial kernel generated
     Generating Tesla code
  25, #pragma acc loop seq
  25, Complex loop carried dependence of b-> prevents parallelization
     Loop carried backward dependence of c-> prevents vectorization
```

此代码清单中没有清楚表明的是，OpenACC 将每个 for 循环视为它前面带有一个#pragma acc loop auto。我们将让编译器来决定它是否可以将该循环进行并行化。输出中的粗体部分，表明编译器认为它不能进行并行化，编译器告诉我们它需要帮助。最简单的解决方法是在代码清单 11-2 的第 8~10 行添加一个限制属性。

```
 8    double* restrict a = malloc(nsize * sizeof(double));
 9    double* restrict b = malloc(nsize * sizeof(double));
10    double* restrict c = malloc(nsize * sizeof(double));
```

第二个修复方法是改变指令，告诉编译器可以生成并行 GPU 代码。当前的问题在于前面提到的默认循环指令(loop auto)。以下是 OpenACC 2.6 标准的规范：

```
#pragma acc loop [ auto | independent | seq | collapse | gang | worker |
                 vector | tile | device_type | private | reduction ]
```

我们将在后面的章节中对上面的子句进行详细介绍。现在，我们主要专注于前三个：auto、independent 和 seq。

- auto：让编译器进行分析。
- seq：sequential 的缩写，表示生成顺序版本。
- independent：表明该循环，可以并且应该被并行化

将子句从 auto 改为 independent 将告诉编译器对循环进行并行化：

```
15 #pragma acc kernels loop independent
   <Skipping unchanged code>
24 #pragma acc kernels loop independent
```

注意，这些指令中组合了这两种构造。如果愿意，可以将有效的子句组合成单个指令。现在通过输出结果来看，循环已经被并行化：

```
main:
  15, Generating implicit copyout(a[:20000000],b[:20000000])
      [if not already present]
  16, Loop is parallelizable
     Generating Tesla code
     16, #pragma acc loop gang, vector(128)
        /* blockIdx.x threadIdx.x */
  24, Generating implicit copyout(c[:20000000]) [if not already present]
     Generating implicit copyin(b[:20000000],a[:20000000])
      [if not already present]
  25, Loop is parallelizable
     Generating Tesla code
     25, #pragma acc loop gang, vector(128)
        /* blockIdx.x threadIdx.x */
```

在这个输出结果中，需要注意的是，关于数据传输的反馈(用粗体表示)。我们将在第 11.2.3 节讨论如何处理这个反馈。

尝试通过并行循环编译指示来更好地控制并行化

接下来将介绍如何使用并行循环 pragma。这是我们建议你在应用程序中使用的技术，它更加符合其他并行语言(如 OpenMP)中使用的形式，它在不同编译器之间可以方便地移植，并提供几乎相同的性能。并不是所有的编译器都能执行 kernel 指令所需的充分分析工作。

并行循环指令实际上是两个独立的指令。第一个是并行指令，它打开一个并行区域。第二个是 loop pragma，它在并行工作元素之间分配工作。我们先来看看并行 pragma。并行 pragma 接受与 kernel 指令相同的子句。在下例中，会将 kernel 指令的附加子句加粗显示：

```
#pragma acc parallel [ clause ]
  data clauses - [ reduction | private | firstprivate | copy |
                   copyin | copyout | create | no_create | present |
                   deviceptr | attach | default(none|present) ]
  kernel optimization - [ num_gangs | num_workers |
                          vector_length | device_type | self ]
  async clauses - [ async | wait ]
  conditional - [ if ]
```

循环结构的子句在前面的 kernel 部分提到过。需要注意的是并行区域中循环构造的默认值是 independent 而不是 auto。同样，与在 kernel 指令中一样，组合并行循环结构可以采用适用于单个指令的任何子句。解释了并行循环构造后，我们继续讨论如何将它添加到 stream triad 示例中，如下所示。

代码清单 11-3 添加并行循环 pragma

```
OpenACC/StreamTriad/StreamTriad_par1.c
   struct timespec tstart;
   // initializing data and arrays
   double scalar = 3.0, time_sum = 0.0;
#pragma acc parallel loop
   for (int i=0; i<nsize; i++) {
      a[i] = 1.0;
      b[i] = 2.0;
   }

   for (int k=0; k<ntimes; k++){
      cpu_timer_start(&tstart);
      // stream triad loop
#pragma acc parallel loop
   for (int i=0; i<nsize; i++){
      c[i] = a[i] + scalar*b[i];
   }
   time_sum += cpu_timer_stop(tstart);
}
```

插入并行循环组合结构

PGI 编译器的输出结果为：

```
main:
  15, Generating Tesla code
     16, #pragma acc loop gang, vector(128)
        /* blockIdx.x threadIdx.x */
  15, Generating implicit copyout(a[:20000000],b[:20000000])
      [if not already present]
  24, Generating Tesla code
     25, #pragma acc loop gang, vector(128)
        /* blockIdx.x threadIdx.x */
  24, Generating implicit copyout(c[:20000000]) [if not already present]
     Generating implicit copyin(b[:20000000],a[:20000000])
      [if not already present]
```

即使没有限制属性，循环也是并行化的，因为循环指令的默认值是 independent 子句。这与我们之前看到的 kernel 指令的默认值不同。尽管如此，还是建议你在代码中使用限制属性来帮助编译器生成最佳代码。

输出结果类似于之前的 kernel 指令。此时，输出结果中出现用粗体表示的数据移动，这代表代码的性能可能会降低。不必担心；我们将在下一步通过其他方法来提升性能。

在继续处理数据移动之前，我们将快速了解约减和串行构造。代码清单 11-4 显示了第 6.3.3 节中首次引入的质量和示例。质量和是一个简单的约减运算。我们没有使用 OpenMP SIMD 向量化 pragma，而是在循环之前放置了一个带有 reduce 子句的 OpenACC 并行循环 pragma。关于约减的语法大家应该不会陌生，因为它使用与线程化 OpenMP 标准相同的语法结构。

代码清单 11-4　添加约减(reduction)子句

```
OpenACC/mass_sum/mass_sum.c
#include "mass_sum.h"
#define REAL_CELL 1

double mass_sum(int ncells, int* restrict celltype,
                double* restrict H, double* restrict dx,
                double* restrict dy){
   double summer = 0.0;
#pragma acc parallel loop reduction(+:summer)
   for (int ic=0; ic<ncells ; ic++) {
      if (celltype[ic] == REAL_CELL) {
         summer += H[ic]*dx[ic]*dy[ic];
      }
   }
   return(summer);
}
```

向并行循环结构添加一个约减(reduction)子句

还可以在约减子句中使用其他操作符，如*、max、min、&、|、&&和||。对于 OpenACC 2.6 之前的版本，用逗号分隔的变量或变量列表仅限于标量，不适用于数组。但从 OpenACC 2.7 版本开始，允许在 reduce 子句中使用数组和复合变量。

本节中介绍的最后一个结构是用于串行工作的结构。有些循环不能并行执行。对于这些串行执行，不用退出并行区域，而是留在其中，然后告诉编译器仅仅通过串行方式完成这一部分，这些操作通常通过串行指令来完成，如下所示：

```
#pragma acc serial
```

带有串行指令的代码块由一组向量长度为 1 的 worker 执行。现在，让我们将注意力转向处理数据移动反馈。

11.2.3　使用指令减少 CPU 和 GPU 之间的数据移动

在这一节中，我们将介绍之前提及的一个主题，即数据移动比 flop 更重要。虽然可以将计算放入 GPU，从而加快程序的运行，但由于存在数据移动的成本，这将增加程序整体的运行时间。从而减少数据的移动，为应用程序提供整体的性能提升。为减少数据移动，可将数据构造添加到代码中，在 OpenACC 标准 2.6 版本中，数据构造的规范如下所示：

```
#pragma acc data [ copy | copyin | copyout | create | no_create | present |
                   deviceptr | attach | default(none|present) ]
```

你还将看到对诸如 present_or_copy 或简写为 pcopy 等子句的引用，它们将在进行复制之前检查数据是否存在。虽然这不是必需的操作，但为了保持向后的兼容性，所以保留了它们。从 OpenACC 标准的 2.5 版开始，标准子句就包含了这种行为。例子如下所示：

```
#pragma acc data copy(x[0:nsize])
```

C/ C++和 Fortran 的范围规范略有不同。在 C/ C++中，规范中的第一个参数是起始索引，第二个参数是长度。而在 Fortran 中，第一个参数是开始索引，第二个参数是结束索引。

有两种不同的数据区域。第一个是在最初的 OpenACC 1.0 版本中提出的标准结构化数据区域。第二个是动态数据区域，这是在 OpenACC 2.0 版本引入的。我们首先来了解一下结构化数据区域。

用于简单代码块的结构化数据区域

结构化数据区域由代码块进行分隔。这可以是由循环或包含在一组花括号中的代码区域形成的自然代码块组成。在 Fortran 中，数据区域从起始指令标记开始，并以结束指令标记结束。在代码清单 11-5 中，显示了一个结构化数据区域的例子，它从第 16 行的指令开始，代码从第 17 行的大括号开始到第 37 行的结束大括号终止。我们在代码的结尾大括号中添加了注释，用来帮助识别大括号结束的代码块。

代码清单 11-5 结构化数据块的 pragma

```
OpenACC/StreamTriad/StreamTriad_par2.c
16 #pragma acc data create(a[0:nsize],\
                          b[0:nsize],c[0:nsize])
17    {
18
19 #pragma acc parallel loop present(a[0:nsize],\
                                     b[0:nsize])
20       for (int i=0; i<nsize; i++) {
21          a[i] = 1.0;
22          b[i] = 2.0;
23       }
24
25       for (int k=0; k<ntimes; k++){
26          cpu_timer_start(&tstart);
27          // stream triad loop
28 #pragma acc parallel loop present(a[0:nsize],\
                          b[0:nsize],c[0:nsize])
29          for (int i=0; i<nsize; i++){
30             c[i] = a[i] + scalar*b[i];
31          }
32          time_sum += cpu_timer_stop(tstart);
33       }
34
35       printf("Average runtime for stream triad loop is %lf msecs\n",
                time_sum/ntimes);
36
37    } //#pragma end acc data block(a[0:nsize],b[0:nsize],c[0:nsize])
```


结构化数据区域指定在数据区域的开始处创建三个数组。这些数组将在数据区域的末尾处被销毁。两个并行循环使用 present 子句来避免计算区域的数据拷贝。

用于更灵活数据范围的动态数据区域

结构化数据区域最初被 OpenACC 使用，并在区域内分配内存以及执行循环，这不适用于更复杂的程序。特别是在面向对象的代码中，内存分配发生在创建对象时，如何将数据区域放在这个程序结构的周围呢？

为了解决这个问题，在 OpenACC 2.0 版本中，添加了动态(也称为非结构化)数据区域。这个动态数据区域构造是专门为更复杂的数据管理场景而创建的，比如 C++中的构造函数和析构函数。与使用大括号来定义数据区域不同，该 pragma 使用 enter 和 exit 子句，如下所示：

```
#pragma acc enter data
#pragma acc exit data
```

对于 exit data 指令，我们可以使用一个额外的 delete 子句。这种 enter/exit 数据指令的使用最好在程序中内存分配和释放发生的地方完成。输入数据指令应该紧跟内存分配，而退出数据指令应该放在重新分配内存之前。这符合应用程序中变量的现有数据范围的要求。当你希望获得比循环级策略更好的性能时，这些动态数据区域就变得非常重要。对于更大范围的动态数据区域，则需要额外的指令来更新数据：

```
#pragma acc update [self(x) | device(x)]
```

其中 device 参数指定要更新设备上的数据。self 参数表示要更新本地数据，这通常是数据的本地版本。

下面查看代码清单 11-6 中使用动态数据 pragma 的示例。在第 12 行，输入数据指令被放在内存分配之后。在第 35 行中，在内存释放之前插入 exit data 指令。除了最简单的代码外，我们建议在几乎所有代码中优先使用动态数据区域而不是结构化数据区域。

代码清单 11-6　创建动态数据区域

```
OpenACC/StreamTriad/StreamTriad_par3.c
 8    double* restrict a = malloc(nsize * sizeof(double));
 9    double* restrict b = malloc(nsize * sizeof(double));
10    double* restrict c = malloc(nsize * sizeof(double));
11
12 #pragma acc enter data create(a[0:nsize],\
                         b[0:nsize],c[0:nsize])
13
14    struct timespec tstart;
15    // initializing data and arrays
16    double scalar = 3.0, time_sum = 0.0;
17 #pragma acc parallel loop present(a[0:nsize],b[0:nsize])
18    for (int i=0; i<nsize; i++) {
19       a[i] = 1.0;
20       b[i] = 2.0;
21    }
22
23    for (int k=0; k<ntimes; k++){
24       cpu_timer_start(&tstart);
25       // stream triad loop
26 #pragma acc parallel loop present(a[0:nsize],b[0:nsize],c[0:nsize])
27       for (int i=0; i<nsize; i++){
28             c[i] = a[i] + scalar*b[i];
29       }
30       time_sum += cpu_timer_stop(tstart);
31    }
32
```

在内存分配后启动动态数据区域

```
   printf("Average runtime for stream triad loop is %lf msecs\n",
          time_sum/ntimes);

#pragma acc exit data delete(a[0:nsize],\.
                  b[0:nsize],c[0:nsize])

   free(a);
   free(b);
   free(c);
```

在内存回收之前结束动态数据区域

如果仔细查看前面的代码清单，就会注意到数组 a、b 和 c 同时在主机和设备上进行了内存分配，但只在设备上使用。在代码清单 11-7 中，我们展示了一种解决这个问题的方法，即使用 acc_malloc 例程，然后对计算区域应用 deviceptr 子句。

代码清单 11-7 仅在设备上分配数据

```
OpenACC/StreamTriad/StreamTriad_par4.c
#include <stdio.h>
#include <openacc.h>
#include "timer.h"

int main(int argc, char *argv[]){

   int nsize = 20000000, ntimes=16;
   double* restrict a_d =
        acc_malloc(nsize * sizeof(double));
   double* restrict b_d =
        acc_malloc(nsize * sizeof(double));
   double* restrict c_d =
       acc_malloc(nsize * sizeof(double));

   struct timespec tstart;
   // initializing data and arrays
   const double scalar = 3.0;
   double time_sum = 0.0;
#pragma acc parallel loop deviceptr(a_d, b_d)
   for (int i=0; i<nsize; i++) {
      a_d[i] = 1.0;
      b_d[i] = 2.0;
   }

   for (int k=0; k<ntimes; k++){
      cpu_timer_start(&tstart);
      // stream triad loop
#pragma acc parallel loop deviceptr(a_d, b_d,
                                    c_d)
   for (int i=0; i<nsize; i++){
      c_d[i] = a_d[i] + scalar*b_d[i];
   }
      time_sum += cpu_timer_stop(tstart);
   }

   printf("Average runtime for stream triad loop is %lf msecs\n",
          time_sum/ntimes);
```

在设备上分配内存。_d 表示设备指针

deviceptr 子句将告诉编译器：内存已经在设备上

```

    acc_free(a_d);
    acc_free(b_d);
    acc_free(c_d);

    return(0);
}
```

释放设备上的内存

PGI 编译器的输出变得更加简洁，如下所示：

```
16 Generating Tesla code
17 #pragma acc loop gang, vector(128) /* blockIdx.x threadIdx.x */
25 Generating Tesla code
26 #pragma acc loop gang, vector(128) /* blockIdx.x threadIdx.x */
```

消除了数据移动并减少了对主机的内存要求。现在仍然有一些输出对生成的核心提供反馈，我们将在 11.2.4 节中查看。这个例子(代码清单 11-7)适用于一维数组。对于二维数组，deviceptr 子句不接受描述符参数，因此必须更改 kernel 以在一维数组中执行自己的二维索引。

在引用数据区域时，你可以使用一组丰富的数据指令和数据移动子句来减少不必要的数据移动。除了上面使用的技术之外，还有更多的子句和 OpenACC 函数，我们不在这里进行介绍；这些子句与函数在某些特殊的情况下将很有帮助。

11.2.4　优化 GPU kernel

通常，与优化 GPU kernel 本身相比，在 GPU 上运行更多核心和减少数据移动将产生更好的性能提升效果。OpenACC 编译器在生成 kernel 方面已经足够优秀，进一步优化的潜在收益不大。某些情况下，可以对应用程序做进一步的优化，使编译器为关键 kernel 的性能带来进一步提升。

在本节中，我们将介绍这些优化的常用策略。首先，我们将回顾在 OpenACC 标准中使用的术语。如图 11-4 所示，OpenACC 定义了应用于多个硬件设备的抽象并行级别。

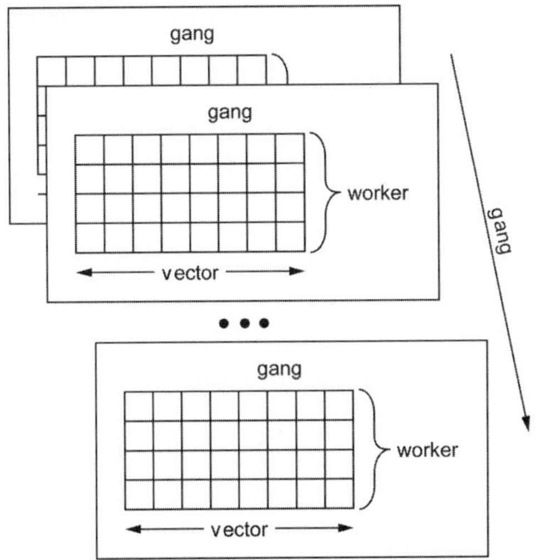

图 11-4　OpenACC 中的层级：gang、worker 和 vector

OpenACC 定义了如下并行级别。

- gang：共享资源的独立工作块。一个 gang 可以在组内进行同步，但不能跨组同步。对于 GPU，gang 可以映射到 CUDA 线程块或 OpenCL 工作组。
- worker：CUDA 中的 warp 或 OpenCL 工作组中的工作项(work item)
- vector：CPU 上的 SIMD 向量和具有连续内存引用的 GPU 上的 SIMT 工作组或 warp。

下面是一些设置特定循环指令级别的例子：

```
#pragma acc parallel loop vector
#pragma acc parallel loop gang
#pragma acc parallel loop gang vector
```

外部循环必须是 gang 循环，内部循环应该是向量循环。worker 循环既可以是外部循环也可以是内部循环。顺序循环(seq loop)可以出现在任何级别。

对于目前的大多数 GPU 来说，向量长度应该设置为 32 的倍数，所以它是 warp 大小的整数倍。但它不应该大于每个块的最大线程数，在当前 GPU 上通常是 1024(参见图 11-3 中 pgaccelinfo 命令的输出结果)。对于这里的示例，PGI 编译器将向量长度设置为一个合理的值，比如 128。你可以使用 vector_length(x)指令在循环中更改该值。

在什么情况下应该更改 vector_length 设置呢？如果连续数据的内部循环小于 128，那么部分向量将不被使用。这种情况下，你可以修改这个值，从而节省资源。对于该值的更改，还有一种情况，比如在做多个内部循环的折叠时，可以得到更长的向量，也可以修改这个值，从而获得更好的性能；关于这一点，将在稍后进行讨论。

可以使用 num_workers 子句修改 worker 设置。但本章的示例中没有使用它。即使如此，在缩短向量长度或增加并行度时使用这个设置也是有帮助的。如果你的代码需要在并行工作组中进行同步，应该使用 worker level，但是 OpenACC 不为用户提供同步指令。worker level 还将共享缓存和本地内存等资源。

其余的并行是与 gang 一起完成的，这是异步并行级别。在 GPU 上使用多个 gang 很重要，因为可以隐藏延迟并提升利用率。通常，编译器将其设置为一个较大的数值，因此用户不需要重写它，如果日后打算对这个指标进行设置，可通过 num_gangs 子句来完成。

需要注意，许多设置只适用于特定的硬件。通过子句前面的 device_type(type)将其限制为指定的设备类型。设备类型的设置将保持活动状态，直至遇到下一个设备类型设定子句。如下所示：

```
1 #pragma acc parallel loop gang \
2    device_type(acc_device_nvidia) vector_length(256) \
3    device_type(acc_device_radeon) vector_length(64)
4 for (int j=0; j<jmax; j++){
5    #pragma acc loop vector
6    for (int i=0; i<imax; i++){
7       <work>
8    }
9 }
```

有关有效设备类型的列表，请查看 PGI v19.7 的 openacc.h 头文件。需要注意，前面显示的 openacc.h 头文件中没有 acc_device_radeon，因此 PGI 编译器不支持 AMD Radeon 设备。这意味着在前面示例代码的第 3 行，需要一个 C 预处理器 ifdef，从而防止 PGI 编译器报错。

```
Excerpt from openacc.h file for PGI
typedef enum{
    acc_device_none            = 0,
    acc_device_default         = 1,
    acc_device_host            = 2,
    acc_device_not_host        = 3,
    acc_device_nvidia          = 4,
    acc_device_pgi_opencl      = 7,
    acc_device_nvidia_opencl   = 8,
    acc_device_opencl          = 9,
    acc_device_current         = 10
    } acc_device_t;
```

kernel 指令的语法略有不同，parallel 类型分别应用于每个循环指令，并直接接收 int 参数：

```
#pragma acc kernels loop gang
for (int j=0; j<jmax; j++){
      #pragma acc loop vector(64)
      for (int i=0; i<imax; i++){
         <work>
      }
}
```

循环可与 collapse(n)子句结合使用。如果有两个连续跨越数据的小型内部循环，这尤其有用。将这些组合起来就可以拥有更长的向量长度。循环必须紧密嵌套。

定义：两个或两个以上的循环，如果在 for 或 do 语句之间，或者在循环的结尾之间没有额外的语句，就是紧密嵌套循环。

结合两个循环，从而使用长向量的例子如下：

```
#pragma acc parallel loop collapse(2) vector(32)
for (int j=0; j<8; j++){
      for (int i=0; i<4; i++){
         <work>
      }
}
```

OpenACC 2.0 版本添加了一个可用于优化的 tile 子句。你可以指定 tile 大小或者使用星号让编译器自己选择：

```
#pragma acc parallel loop tile(*,*)
for (int j=0; j<jmax; j++){
      for (int i=0; i<imax; i++){
         <work>
      }
}
```

现在可以尝试各种核心的优化，stream triad 示例并没有显示出优化尝试所带来的任何实际收益，此处将使用前面章节中使用的 stencil 示例。

本章 stencil 示例的相关代码将通过相同的前两个步骤将计算循环移到 GPU 上，从而减少数据移动。stencil 代码还需要做一个额外的更改。在 CPU 上，我们在循环结束时需要交换指针。而在 GPU 上，在第 45~50 行，必须将新数据复制回原始数组。下面的代码清单展示了完成这些步骤的

stencil 代码示例。

代码清单 11-8 GPU 上的计算循环和数据移动优化的 stencil 示例

```
OpenACC/Stencil/Stencil_par3.c
#pragma acc enter data create( \
      x[0:jmax][0:imax], xnew[0:jmax][0:imax])

#pragma acc parallel loop present( \
      x[0:jmax][0:imax], xnew[0:jmax][0:imax])
   for (int j = 0; j < jmax; j++){
      for (int i = 0; i < imax; i++){
         xnew[j][i] = 0.0;
         x[j][i] = 5.0;
      }
   }

#pragma acc parallel loop present( \
      x[0:jmax][0:imax], xnew[0:jmax][0:imax])
   for (int j = jmax/2 - 5; j < jmax/2 + 5; j++){
      for (int i = imax/2 - 5; i < imax/2 -1; i++){
         x[j][i] = 400.0;
      }
   }

   for (int iter = 0; iter < niter; iter+=nburst){

      for (int ib = 0; ib < nburst; ib++){
         cpu_timer_start(&tstart_cpu);
#pragma acc parallel loop present( \
    x[0:jmax][0:imax], xnew[0:jmax][0:imax])
         for (int j = 1; j < jmax-1; j++){
            for (int i = 1; i < imax-1; i++){
               xnew[j][i]=(x[j][i]+x[j][i-1]+x[j][i+1]+
                                     x[j-1][i]+x[j+1][i])/5.0;
            }
         }

#pragma acc parallel loop present( \
      x[0:jmax][0:imax], xnew[0:jmax][0:imax])
         for (int j = 0; j < jmax; j++){
            for (int i = 0; i < imax; i++){
               x[j][i] = xnew[j][i];
            }
         }
         cpu_time += cpu_timer_stop(tstart_cpu);
      }

      printf("Iter %d\n",iter+nburst);
   }

#pragma acc exit data delete( \
    x[0:jmax][0:imax], xnew[0:jmax][0:imax])
```

动态数据区域指令（enter data create）

计算区域指令（各 parallel loop present）

动态数据区域指令（exit data delete）

首先注意，我们使用的是动态数据区域指令，因此不像结构化数据区域那样使用大括号包装数据区域。动态区域在遇到 enter 指令时开始数据区域，在到达 exit 指令时结束，无论这两个指令之间出现什么情况。在本例中，它是从 enter 到 exit 指令的线性执行。我们将在并行循环中添加 collapse 子句，以减少两个循环的开销，下面的代码清单显示了这个更改。

代码清单 11-9　带有 collapse 子句的 stencil 示例

```
OpenACC/Stencil/Stencil_par4.c
      for (int ib = 0; ib < nburst; ib++){
         cpu_timer_start(&tstart_cpu);
#pragma acc parallel loop collapse(2)\
      present(x[0:jmax][0:imax], xnew[0:jmax][0:imax])
         for (int j = 1; j < jmax-1; j++){
            for (int i = 1; i < imax-1; i++){
               xnew[j][i]=(x[j][i]+x[j][i-1]+x[j][i+1]+
                                       x[j-1][i]+x[j+1][i])/5.0;
            }
         }
#pragma acc parallel loop collapse(2)\
      present(x[0:jmax][0:imax], xnew[0:jmax][0:imax])
         for (int j = 0; j < jmax; j++){
            for (int i = 0; i < imax; i++){
               x[j][i] = xnew[j][i];
            }
         }
         cpu_time += cpu_timer_stop(tstart_cpu);

      }
```

将 collapse 子句添加到并行循环指令中

也可以尝试使用 tile 子句。首先让编译器确定 tile 的大小，如下面的代码清单中的第 41 和 48 行所示。

代码清单 11-10　带有 tile 子句的 stencil 示例

```
OpenACC/Stencil/Stencil_par5.c
39       for (int ib = 0; ib < nburst; ib++){
40          cpu_timer_start(&tstart_cpu);
41 #pragma acc parallel loop tile(*,*) \
42    present(x[0:jmax][0:imax], xnew[0:jmax][0:imax])
43       for (int j = 1; j < jmax-1; j++){
44          for (int i = 1; i < imax-1; i++){
45             xnew[j][i]=(x[j][i]+x[j][i-1]+x[j][i+1]+
                                    x[j-1][i]+x[j+1][i])/5.0;
46          }
47       }
48 #pragma acc parallel loop tile(*,*) \
49    present(x[0:jmax][0:imax], xnew[0:jmax][0:imax])
50         for (int j = 0; j < jmax; j++){
51           for (int i = 0; i < imax; i++){
52              x[j][i] = xnew[j][i];
53           }
54       }
55       cpu_time += cpu_timer_stop(tstart_cpu);
```

将 tile 子句添加到并行循环指令中

```
56
57    }
```

与最初的 OpenACC 实现相比，这些优化在运行时间上的变化很小。表 11-1 显示了使用 PGI V19.7 编译器的 NVIDIA V100 GPU 运行结果。

表 11-1　OpenACC stencil kernel 优化后的运行时间

	OpenACC stencil kernel 运行时间/秒
序列 CPU 代码	5.237
添加计算和数据区域	0.818
添加 collapse(2)子句	0.802
添加(*,*)子句	0.806

我们尝试将向量长度更改为 64 或 256 并且使用不同的 tile 大小，但在运行时间上没有看到任何改进。对于更复杂的代码，可以从核心优化中获得更多好处，但请注意，任何参数的特殊化设定(如向量长度)都会影响编译器对不同架构的可移植性。

另一个优化目标是在循环结束时实现指针交换。在原始 CPU 代码中使用指针交换作为将数据返回到原始数组的快速方法。将数据复制回原始数组将使 GPU 上的运行时间加倍。基于 Pragma 的语言的难点在于并行区域中的指针交换需要同时交换主机指针和设备指针。

11.2.5　stream triad 性能结果的总结

转换为 GPU 的运行时性能表现出典型的模式。将计算核心转移到 GPU 会导致速度降低约 3 倍，如表 11-2 中 kernel 2 和 parallel 1 的实现所示。在 kernel 1 的情况下，计算循环无法并行化。在 GPU 上串行运行，它的运行速度甚至更慢。一旦在 kernel 3 和 parallel 2~4 中减少了数据移动，就会有 67 倍的加速效果。特定类型的数据区域对性能影响不大，但对于在更复杂的代码中启用附加循环端口可能很重要。

表 11-2　OpenACC stream triad kernel 优化运行时间

	OpenACC stream triad 运行时间/秒
序列 CPU 代码	39.6
kernel 1. 未能并行化循环	1771
kernel 2. 添加计算区域	118.5
kernel 3. 添加动态数据区域	0.590
parallel 1. 添加计算区域	118.8
parallel 2. 添加结构化数据区域	0.589
parallel 3. 添加动态数据区域	0.590
parallel 4. 仅在设备上分配数据	0.586

11.2.6　高级 OpenACC 技术

OpenACC 中的许多其他功能可用于处理更复杂的代码。我们将简要介绍这些内容，以便你了解可用的功能。

使用 OpenACC 例程指令处理函数

在 OpenACC v1.0 中，需要内联 kernel 中使用的函数。但在 2.0 版中，添加了具有两个不同版本的 routine 指令，从而使调用例程更简单。这两个版本为：

```
#pragma acc routine [gang | worker | vector | seq | bind | no_host |
                    device_type]
#pragma acc routine(name) [gang | worker | vector | seq | bind | no_host |
                          device_type]
```

在 C 和 C++中，例程指令应该出现在函数原型或定义之前。而命名版本可以出现在函数定义或使用之前的任何地方。在 Fortran 中，应该在函数体或接口体中包含!#acc 例程指令。

使用 OpenACC 原子性避免竞态条件

许多线程例程都有一个必须由多个线程更新的共享变量。这种编程构造既是常见的性能瓶颈，也是潜在的竞态条件。为了处理这种情况，OpenACC v2 提供了原子性处理方式，一次只允许一个线程访问存储位置。原子性指令的语法和可用子句如下所示：

```
#pragma acc atomic [read | write | update | capture]
```

如果不指定子句，则默认为 update。使用原子性子句的例子如下：

```
#pragma acc atomic
cnt++;
```

OpenACC 中的异步操作

重叠的 OpenACC 操作将有助于提高性能。而重叠操作的恰当术语是异步。OpenACC 通过 async 和 wait 子句以及指令提供了这些异步操作。async 子句被添加到带有可选整型参数的 work 或 data 指令中：

```
#pragma acc parallel loop async([<integer>])
```

等待可以是一个指令，也可以是添加到 work 或 data 指令中的子句。代码清单 11-11 中的伪代码展示了如何使用它来启动计算网格的 x-face 和 y-face 计算，然后等待结果来更新下一次迭代的 cell 值。

代码清单 11-11　OpenACC 中的异步等待示例

```
for (int n = 0; n < ntimes; ) {
   #pragma acc parallel loop async
      <x face pass>
   #pragma acc parallel loop async
      <y face pass>
   #pragma acc wait
```

```
   #pragma acc parallel loop
      <Update cell values from face fluxes>
}
```

使用统一内存，避免管理数据移动

尽管统一内存目前还不是 OpenACC 标准的一部分，但已经有一些实验性的发展，就是让系统来管理内存移动。这种统一内存的实验性实现可以在 CUDA 和 PGI OpenACC 编译器中使用。在 PGI 编译器和最新的 NVIDIA GPU 上使用-ta=tesla:managed 标志，你可以尝试它们的统一内存实现。虽然编码简化了，但性能影响仍然未知，这种情况将随着编译器的日趋成熟而改变。

与 CUDA 库或 kernel 的互操作性

OpenACC 提供了一些指令和函数来实现与 CUDA 库的互操作。在调用库时，需要告诉编译器使用的是设备指针而不是主机数据。通过 host_data 指令来实现这个目的：

```
#pragma acc host_data use_device(x, y)
cublasDaxpy(n, 2.0, x, 1, y, 1);
```

在代码清单 11-7 中，我们展示了一个使用 acc_malloc 分配内存的类似示例。使用 acc_malloc 或 cudaMalloc，返回的指针已经在设备上。对于本示例，我们使用 deviceptr 子句将指针传递给数据区域。

在任何语言的图形处理器编程中，最常见的错误之一就是混淆设备指针和主机指针。比如去拜访旧金山派克广场 86 号，其实真要拜访的是西雅图派克广场 86 号。设备指针指向 GPU 硬件上不同的物理内存块。

图 11-5 显示了我们已经介绍过的三种不同的操作，从而帮助你理解它们的区别。在第一种情况下，malloc 例程返回一个主机指针。present 子句将其转换为设备 kernel 的设备指针。在第二种情况下，我们使用 acc_malloc 或 cudaMalloc 在设备上分配内存，我们将得到一个设备指针。我们使用 deviceptr 子句将它发送到 GPU 而无须做任何更改。在最后一种情况下，主机上根本没有指针。必须使用 host_data use_device(var)指令来获取指向主机的设备指针，以便将它放在设备函数的参数列表中发送给设备。

主机代码中的操作	主机		设备	
malloc present(x_host)	x_host	(dev *)x_host →		x_dev
acc_malloc, cudaMalloc deviceptr(x_dev)		x_dev →		x_dev
host_data use_device(x_dev) dev_function(x_dev)		x_dev ← →		x_dev x_dev
	host ptr	dev ptr	host ptr	dev ptr

图 11-5　它是设备指针还是主机指针？一个指向 GPU 内存，另一个指向 CPU 内存。OpenACC 在两个地址空间中的数组之间保留一个映射关系，并提供用于检索每个数组的例程

将_h 或_d 附加到指针名称上用来表示是主机指针还是设备指针，从而增强命名可读性，这是一种良好的编程习惯。在我们的示例中，所有指针和数组都假定在主机上，而那些以_d 结尾的指针或数组，表示它们将被用在设备上。

在 OpenACC 中管理多个设备

许多当前的 HPC 系统已经配备多个 GPU。我们在工作中也可能会遇到带有不同加速器的节点。因此管理我们正在使用的设备的能力变得越来越重要。OpenACC 通过以下函数提供了这种管理能力：

- int acc_get_num_devices(acc_device_t)
- acc_set_device_type() / acc_get_device_type()
- acc_set_device_num() / acc_get_device_num()

我们已经通过十几页的篇幅，尽可能详尽地介绍了 OpenACC。这些内容足以让你开始着手进行与 OpenACC 相关的工作。虽然 OpenACC 标准提供了更多功能，但其中大部分用于更复杂的情况或初级应用程序不需要的低级接口。

11.3　OpenMP：加速器领域的重量级选手

OpenMP 加速器功能是对传统线程模型的一个令人兴奋的补充。在本节中，将展示如何使用这些指令。并将使用与 OpenACC 第 11.2 节相同的示例。在本节结束时，你应该掌握这两种看似相近语言的不同之处，并根据具体应用程序的需要，选择最合适的语言。

与 OpenACC 相比，OpenMP 的加速器指令的情况如何？OpenMP 的实现显然还不够成熟，但它正在迅猛发展。目前在 GPU 上可用的实现如下所示：

- Cray 在 2015 年首次针对 NVIDIA GPU 实现了 OpenMP。目前 Cray 支持 OpenMP v4.5。
- IBM 在 Power 9 处理器和 NVIDIA GPU 上完全支持 OpenMP v4.5。
- Clang v7.0+支持将 OpenMP v4.5 负载分流到 NVIDIA GPU。
- GCC v6+可将负载分流到 AMD GPU；v7+可将负载分流到 NVIDIA GPU。

Cray 和 IBM 是两个最成熟的实现，但它们只能在各自的系统上使用。遗憾的是，并不是每个程序开发人员都可以访问这些硬件提供商的系统，好在有更广泛的编译器可以使用，其中 Clang 和 GCC 就是两个优秀的编译器，虽然它们依旧处于开发的阵痛之中，但现在已经有了一些边缘版本，你可以时刻关注这些编译器的新版本发布。在本节中的示例将使用 IBM XL 16 编译器和 CUDA v10。

11.3.1　编译 OpenMP 代码

我们将首先介绍如何设置构建环境和编译 OpenMP 代码。CMake 中带有一个 OpenMP 模块，但需要注意的是，它没有对 OpenMP 加速器指令的显式支持。我们将使用 OpenMPAccel 模块来调用常规的 OpenMP 模块，并添加加速器所需的标志。同时，将检查所支持的 OpenMP 版本；如果不是 v4.0 或更高版本，它将生成一个错误提示。本章的源代码中包含了这个 CMake 模块。

在代码清单 11-12 中，显示了本章中 CMakeLists.txt 文件的摘录。目前，来自大多数 OpenMP 编译器的反馈都很弱，所以为 CMake 设置-DCMAKE_OPENMPACCEL 标志所带来的收益微乎其微。在这些示例中，我们将利用其他工具来填补这一空白。

代码清单 11-12 OpenMPaccel makefile 文件片段

```
OpenMP/StreamTriad/CMakeLists.txt
if (NOT CMAKE_OPENMPACCEL_VERBOSE)
   set(CMAKE_OPENMPACCEL_VERBOSE true)
endif (NOT CMAKE_OPENMPACCEL_VERBOSE)

if (CMAKE_C_COMPILER_ID MATCHES "GNU")
   set(CMAKE_C_FLAGS "${CMAKE_C_FLAGS} -fstrict-aliasing")
elseif (CMAKE_C_COMPILER_ID MATCHES "Clang")
   set(CMAKE_C_FLAGS "${CMAKE_C_FLAGS} -fstrict-aliasing")
elseif (CMAKE_C_COMPILER_ID MATCHES "XL")
   set(CMAKE_C_FLAGS "${CMAKE_C_FLAGS} -qalias=ansi")
elseif (CMAKE_C_COMPILER_ID MATCHES "Cray")
   set(CMAKE_C_FLAGS "${CMAKE_C_FLAGS} -h restrict=a")
endif (CMAKE_C_COMPILER_ID MATCHES "GNU")

find_package(OpenMPAccel)

if (CMAKE_C_COMPILER_ID MATCHES "XL")
   set(OpenMPAccel_C_FLAGS
       "${OpenMPAccel_C_FLAGS} -qreport")
elseif (CMAKE_C_COMPILER_ID MATCHES "GNU")
   set(OpenMPAccel_C_FLAGS
       "${OpenMPAccel_C_FLAGS} -fopt-info-omp")
endif (CMAKE_C_COMPILER_ID MATCHES "XL")

if (CMAKE_OPENMPACCEL_VERBOSE)
   set(OpenACC_C_FLAGS "${OpenACC_C_FLAGS} ${OpenACC_C_VERBOSE}")
endif (CMAKE_OPENMPACCEL_VERBOSE)

# Adds build target of stream_triad_par1 with source code files
add_executable(StreamTriad_par1 StreamTriad_par1.c timer.c timer.h)
set_target_properties(StreamTriad_par1 PROPERTIES
                      COMPILE_FLAGS ${OpenMPAccel_C_FLAGS})
set_target_properties(StreamTriad_par1 PROPERTIES
                      LINK_FLAGS "${OpenMPAccel_C_FLAGS}")
```

CMake 模块为 OpenMP 加速器设备设置编译器标志

为加速器指令添加编译器反馈

添加 OpenMP 加速标志用于编译和链接 stream triad

这个简单的 makefile 也可以用来构建示例代码，方法是通过以下两种方法中的任意一种，将这些代码复制或链接到 makefile 中：

```
ln -s Makefile.simple.xl Makefile
cp Makefile.simple.xl Makefile
```

下面的代码片段显示了在 IBM XL 和 GCC 编译器的简单 makefile 中 OpenMP 加速器指令的建议标志：

```
Makefile.simple.xl
CFLAGS:=-qthreaded -g -O3 -std=gnu99 -qalias=ansi -qhot -qsmp=omp \
        -qoffload -qreport

%.o: %.c
```

```
${CC} ${CFLAGS} -c $^

StreamTriad: StreamTriad.o timer.o
    ${CC} ${CFLAGS} $^ -o StreamTriad
```

Makefile.simple.gcc

```
CFLAGS:= -g -O3 -std=gnu99 -fstrict-aliasing \
         -fopenmp -foffload=nvptx-none -foffload=-lm -fopt-info-omp

%.o: %.c
    ${CC} ${CFLAGS} -c $^

StreamTriad: StreamTriad.o timer.o
    ${CC} ${CFLAGS} $^ -o StreamTriad
```

11.3.2　使用 OpenMP 在 GPU 上生成并行工作

现在我们需要在 GPU 上生成并行工作。OpenMP 设备并行抽象，比我们看到的 OpenACC 更加复杂，但这也可以为未来的工作提供更大的灵活性。现在，你应该在每个循环的前面加上这样的指令：

```
#pragma omp target teams distribute parallel for simd
```

这看起来是一个冗长且令人困惑的指令。如图 11-6 所示对这个指令进行分解。前三个子句用于指定硬件资源：

- target 进入设备
- teams 创造一个 teams 联盟
- distribute 将工作分配给 teams

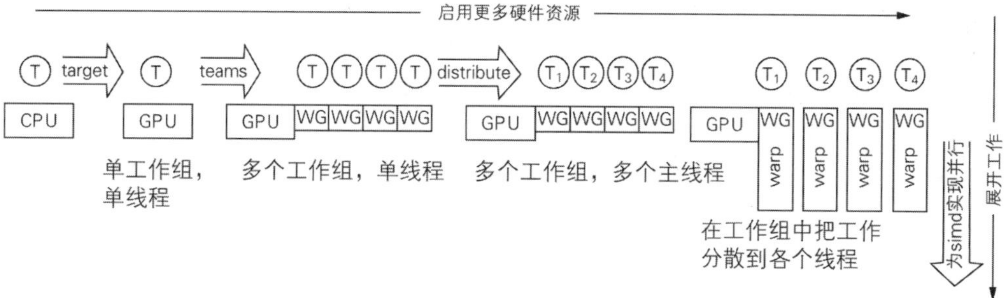

图 11-6　通过 target、teams 和 distribute 指令支持更多硬件资源。Parallel for simd 指令在每个工作组中展开工作

剩下的三个是并行工作子句。这三个子句对于可移植性来说都是必要的。这是因为编译器的实现以不同的方式展开工作。

- parallel 将复制每个线程的工作
- for 在每个 team 中展开工作
- simd 将工作扩展到线程(GCC)

对于有三个嵌套循环的 kernel，你可以使用以下方法来分散工作：

```
k loop: #pragma omp target teams distribute
j loop: #pragma omp parallel for
```

```
i loop: #pragma omp simd
```

每个 OpenMP 编译器可通过不同方式展开工作，因此需要该方案的一些变体。simd 循环应该是跨越连续内存位置的内循环。OpenMP v5.0 中的 loop 子句简化了这种复杂性，我们将在 11.3.5 节中详细介绍。也可以在这个指令中添加如下子句：

```
private, firstprivate, lastprivate, shared, reduction, collapse,
        dist_schedule
```

这些子句中的许多内容都与 OpenACC 相似，并且具有相同的行为方式。与 OpenACC 的主要区别之一在于，在输入并行工作区域时处理数据的默认方式有所不同。OpenACC 编译器通常会将所有必要的数组移到设备上。而对于 OpenMP，则有如下两种可能：

- 默认情况下，标量和静态分配的数组在执行前移到设备上。
- 堆上分配的数据需要显式复制到设备上或从设备上复制出来。

下面看一下代码清单 11-13 中添加并行工作指令的简单示例。在这个示例中，我们使用静态分配的数组，它们的行为就像是在堆栈上分配的一样；但由于内存较大，实际内存可能是由编译器在堆上分配的。

代码清单 11-13　添加 OpenMP pragma 在 GPU 上实现并行化工作

```
OpenMP/StreamTriad/StreamTriad_par1.c
int main(int argc, char *argv[]){

   int nsize = 20000000, ntimes=16;
   double a[nsize];
   double b[nsize];
   double c[nsize];

   struct timespec tstart;
   // initializing data and arrays
   double scalar = 3.0, time_sum = 0.0;
#pragma omp target teams distribute parallel for simd
   for (int i=0; i<nsize; i++) {
      a[i] = 1.0;
      b[i] = 2.0;
   }

   for (int k=0; k<ntimes; k++){
      cpu_timer_start(&tstart);
      // stream triad loop
#pragma omp target teams distribute parallel for simd
      for (int i=0; i<nsize; i++){
         c[i] = a[i] + scalar*b[i];
      }
      time_sum += cpu_timer_stop(tstart);
   }

   printf("Average runtime for stream triad loop is %lf secs\n",
        time_sum/ntimes);
```

在主机上分配静态数组

通过观察来自 IBM XL 编译器的反馈，这两个 kernel 已经转移到 GPU 上，但没有提供其他信息。而 GCC 完全不提供任何反馈信息。IBM XL 的输出结果如下：

```
"" 1586-672 (I) GPU OpenMP Runtime elided for offloaded kernel
                '__xl_main_l15_OL_1'
"" 1586-672 (I) GPU OpenMP Runtime elided for offloaded kernel
                '__xl_main_l23_OL_2'
```

为了获得关于 IBM XL 编译器的信息，将使用 NVIDIA 分析器：

```
nvprof ./StreamTriad_par1
```

第一部分数据结果如下：

```
==141409== Profiling application: ./StreamTriad_par1
==141409== Profiling result:
Time(%) Time     Calls    Avg      Min       Max       Name
64.11% 554.30ms   7652  72.439us  1.2160us  79.039us   [CUDA memcpy DtoH]
34.79% 300.82ms   7650  39.323us  23.392us  48.767us   [CUDA memcpy HtoD]
 1.06% 9.1479ms     16  571.75us  571.39us  572.32us   __xl_main_l23_OL_2
 0.04% 363.07us      1  363.07us  363.07us  363.07us   __xl_main_l15_OL_1
```

从这个输出结果可以了解到，在此过程中存在一个从主机到设备的内存拷贝(输出中是 HtoD)，然后从设备返回到主机(输出中是 DtoH)。GCC 的 nvprof 输出结果与之相似，但没有行号。关于操作发生顺序的更多细节可以通过以下方法获得：

```
nvprof --print-gpu-trace ./StreamTriad_par1
```

大多数程序不是用静态分配的数组编写的。让我们看看一种更常见的情况，这种情况下，数组是动态分配的，如下所示。

代码清单 11-14　动态分配数组的并行工作指令

```
OpenMP/StreamTriad/StreamTriad_par2.c
   double* restrict a =
       malloc(nsize * sizeof(double));
   double* restrict b =
       malloc(nsize * sizeof(double));
   double* restrict c =
       malloc(nsize * sizeof(double));

   struct timespec tstart;
   // initializing data and arrays
   double scalar = 3.0, time_sum = 0.0;
#pragma omp target teams distribute \
            parallel for simd \
            map(a[0:nsize], b[0:nsize],
                c[0:nsize])
   for (int i=0; i<nsize; i++) {
      a[i] = 1.0;
      b[i] = 2.0;
   }

   for (int k=0; k<ntimes; k++){
     cpu_timer_start(&tstart);
```

动态分配的内存

用于堆分配内存的并行工作指令

```
25        // stream triad loop
26 #pragma omp target teams distribute \
             parallel for simd \
27           map(a[0:nsize], b[0:nsize],
                c[0:nsize])
28        for (int i=0; i<nsize; i++){
29           c[i] = a[i] + scalar*b[i];
30        }
31        time_sum += cpu_timer_stop(tstart);
32     }
33
34     printf("Average runtime for stream triad loop is %lf secs\n",
             time_sum/ntimes);
35
36     free(a);
37     free(b);
38     free(c);
```

用于堆分配内存的并行工作指令

注意，第 17 行和第 27 行添加了 map 子句。如果你尝试不使用该子句的指令，尽管它在 IBM XLC 编译器中编译良好，但在运行时将看到以下消息：

```
1587-164 Encountered a zero-length array section that points to memory
      starting at address 0x200020000010. Because this memory is not currently
      mapped on the target device 0, a NULL pointer will be passed to the
      device.
1587-175 The underlying GPU runtime reported the following error "an illegal
      memory access was encountered".
1587-163 Error encountered while attempting to execute on the target device
      0. The program will stop.
```

GCC 编译器在没有 map 指令的情况下也可以很好地编译和运行。因此，GCC 编译器将堆分配的内存移到设备上，而 IBM XLC 不会。为了加强可移植性，我们应该在应用程序代码中包含 map 子句。

OpenMP 还有用于并行工作区指令的约减子句。它的语法类似于线程化的 OpenMP 工作指令和 OpenACC。该指令的例子如下所示：

```
#pragma omp teams distribute parallel for simd reduction(+:sum)
```

11.3.3　使用 OpenMP 创建数据区域来控制到 GPU 的数据移动

现在已将工作转移到 GPU 上运行，我们可以添加数据区域来管理进出 GPU 的数据移动。OpenMP 中的数据移动指令与 OpenACC 中使用的类似，有结构化和动态两种版本。指令的格式如下所示：

```
#pragma omp target data [ map() | use_device_ptr() ]
```

如代码清单 11-15 所示，工作指令被包装在结构化数据区域中。如果数据没有在 GPU 中，将被复制到 GPU 中，并将数据保存在那里，直到块的末尾(第 35 行)；然后将数据从 GPU 上复制出来。这大大减少了每个并行工作循环的数据传输量，这将带来整个应用程序运行时的大量性能提升。

代码清单 11-15　通过添加 OpenMP pragma 在 GPU 上创建结构化数据区域

```
OpenMP/StreamTriad/StreamTriad_par3.c
#pragma omp target data map(to:a[0:nsize], \
                    b[0:nsize], c[0:nsize])
  {
#pragma omp target teams distribute \
               parallel for simd
  for (int i=0; i<nsize; i++) {
     a[i] = 1.0;
     b[i] = 2.0;
  }

  for (int k=0; k<ntimes; k++){
     cpu_timer_start(&tstart);
     // stream triad loop
#pragma omp target teams distribute \
            parallel for simd
     for (int i=0; i<nsize; i++){
        c[i] = a[i] + scalar*b[i];
     }
     time_sum += cpu_timer_stop(tstart);
  }

 }
```

工作区域的指令

结构化数据区域指令

因为结构化数据区域无法处理移植性更好的编程模式。所以在 OpenACC 和 OpenMP(v4.5)都添加了动态数据区域，通常称为非结构化数据区域。该指令的形式是带有映射修饰符的 enter 和 exit 子句，用于指定数据传输操作(如默认的 to 和 from)：

```
#pragma omp target enter data map([alloc | to]:array[[start]:[length]])
#pragma omp target exit data map([from | release | delete]:
                                  array[[start]:[length]])
```

在代码清单 11-16 中，我们将 omp 目标数据指令转换为 omp 目标 enter 数据指令(第 13 行)。当遇到 omp 目标 exit 数据指令时，表示 GPU 上的数据范围结束(第 36 行)。这些指令的效果与代码清单 11-15 中的结构化数据区域相同。但动态数据区域可用于更复杂的数据管理场景，如 C++中的构造函数和析构函数。

代码清单 11-16　使用动态 OpenMP 数据区域

```
OpenMP/StreamTriad/StreamTriad_par4.c
13 #pragma omp target enter data \
     map(to:a[0:nsize], b[0:nsize], c[0:nsize])
14
15   struct timespec tstart;
16   // initializing data and arrays
17   double scalar = 3.0, time_sum = 0.0;
18 #pragma omp target teams distribute \
              parallel for simd
19   for (int i=0; i<nsize; i++) {
20      a[i] = 1.0;
```

开始动态数据区域指令

工作区域的指令

```
      b[i] = 2.0;
   }

   for (int k=0; k<ntimes; k++){
      cpu_timer_start(&tstart);
      // stream triad loop
#pragma omp target teams distribute \
             parallel for simd
      for (int i=0; i<nsize; i++){
         c[i] = a[i] + scalar*b[i];
      }
      time_sum += cpu_timer_stop(tstart);
   }

   printf("Average runtime for stream triad loop is %lf msecs\n",
          time_sum/ntimes);

#pragma omp target exit data \
   map(from:a[0:nsize], b[0:nsize], c[0:nsize])
```

工作区域的指令

结束动态数据区域指令

可通过在设备上分配数据并在退出数据区域时删除数组来进一步优化数据传输，从而消除另一次数据传输。当需要从 CPU 和 GPU 来回传输数据时，可使用 omp 目标更新指令。

可通过在设备上分配数据，并在退出数据区域时删除数组来进一步优化数据传输，从而消除另一次数据传输需求。当需要从 CPU 和 GPU 来回传输数据时，可使用 omp 目标更新指令。指令的语法如下：

```
#pragma omp target update [to | from] (array[start:length])
```

还应该认识到，在这个示例中，CPU 从不使用数组内存。对于只存在于 GPU 上的内存，我们可以在那里分配它，然后告诉并行工作区域，内存已经分配完毕。有几种方法可以做到这一点。一种是使用 OpenMP 函数调用来分配和释放设备上的内存。这些调用如下所示，需要包含 OpenMP 头文件：

```
#include <omp.h>
double *a = omp_target_alloc(nsize*sizeof(double), omp_get_default_device());
omp_target_free(a, omp_get_default_device());
```

还可使用 CUDA 内存分配例程。需要包含 CUDA 运行时头文件才能使用这些例程：

```
#include <cuda_runtime.h>
cudaMalloc((void *)&a,nsize*sizeof(double));
cudaFree(a);
```

在并行工作指令中，需要添加另一个子句，将设备指针传递给设备上的 kernel：

```
#pragma omp target teams distribute parallel for is_device_ptr(a)
```

结合上面所提到的内容，对代码进行如下面代码清单所示的更改。

代码清单 11-17　仅在 GPU 上创建数组

```
OpenMP/StreamTriad/StreamTriad_par6.c
double *a = omp_target_alloc(nsize*sizeof(double),
            omp_get_default_device());
double *b = omp_target_alloc(nsize*sizeof(double),
            omp_get_default_device());
double *c = omp_target_alloc(nsize*sizeof(double),
            omp_get_default_device());

   struct timespec tstart;
   // initializing data and arrays
   double scalar = 3.0, time_sum = 0.0;
#pragma omp target teams distribute
              parallel for simd is_device_ptr(a, b, c)
   for (int i=0; i<nsize; i++) {
      a[i] = 1.0;
      b[i] = 2.0;
   }

   for (int k=0; k<ntimes; k++){
      cpu_timer_start(&tstart);
      // stream triad loop
#pragma omp target teams distribute \
              parallel for simd is_device_ptr(a, b, c)
      for (int i=0; i<nsize; i++){
         c[i] = a[i] + scalar*b[i];
      }
      time_sum += cpu_timer_stop(tstart);
   }

   printf("Average runtime for stream triad loop is %lf msecs\n",
          time_sum/ntimes);

   omp_target_free(a, omp_get_default_device());
   omp_target_free(b, omp_get_default_device());
   omp_target_free(c, omp_get_default_device());
```

OpenMP 有另一种在设备上分配数据的方法。该方法使用 omp declare 目标指令，如代码清单 11-18 所示。我们首先在第 10~12 行声明指向数组的指针，然后用下面的代码块(第 14~19 行)在设备上分配这些指针。类似的块在第 42~47 行用于释放设备上的数据。

代码清单 11-18　使用 omp declare 只在 GPU 上创建数据

```
OpenMP/StreamTriad/StreamTriad_par8.c
10 #pragma omp declare target
11    double *a, *b, *c;
12 #pragma omp end declare target
13
14 #pragma omp target
15    {
16       a = malloc(nsize* sizeof(double);
17       b = malloc(nsize* sizeof(double);
18       c = malloc(nsize* sizeof(double);
```

声明目标在设备上创建一个指针

为设备分配数据

```
   }
  < unchanged code>
#pragma omp target
   {
      free(a);
      free(b);
      free(c);
   }
```

释放设备数据

正如我们所看到的，GPU 有很多不同的数据管理选项。现在已经介绍了 OpenMP 中最常见的数据区域指令和子句。通过 OpenMP 标准最近增加的功能，可以处理更复杂的数据结构和数据传输。

11.3.4　为 GPU 优化 OpenMP

让我们切换到 stencil 示例进行 kernel 优化，就像我们之前对 OpenACC 所做的那样。你可以尝试一些方法来加快单个 kernel 的运行速度，但大多数情况下，出于可移植性的考虑，最好由编译器完成优化工作。下面代码清单中包含 OpenMP 数据和工作区域 stencil kernel 的核心部分，这是优化工作的起点。

代码清单 11-19　最初的 OpenMP 版 stencil 示例

```
OpenMP/Stencil/Stencil_par2.c
   double** restrict x = malloc2D(jmax, imax);
   double** restrict xnew = malloc2D(jmax, imax);

#pragma omp target enter data \
     map(to:x[0:jmax][0:imax], \
             xnew[0:jmax][0:imax])

#pragma omp target teams
   {
#pragma omp distribute parallel for simd
      for (int j = 0; j < jmax; j++){
         for (int i = 0; i < imax; i++){
            xnew[j][i] = 0.0;
            x[j][i] = 5.0;
         }
      }

#pragma omp distribute parallel for simd
      for (int j = jmax/2 - 5; j < jmax/2 + 5; j++){
         for (int i = imax/2 - 5; i < imax/2 -1; i++){
            x[j][i] = 400.0;
         }
      }
   } // omp target teams

   for (int iter = 0; iter < niter; iter+=nburst){

      for (int ib = 0; ib < nburst; ib++){
         cpu_timer_start(&tstart_cpu);
#pragma omp target teams distribute \
```

OpenMP 数据区域

并行工作指令

并行工作指令

```
              parallel for simd
            for (int j = 1; j < jmax-1; j++){
              for (int i = 1; i < imax-1; i++){
                  xnew[j][i]=(x[j][i]+
                       x[j][i-1]+x[j][i+1]+
                       x[j-1][i]+x[j+1][i])/5.0;
              }
            }
```

stencil kernel

```
#pragma omp target teams distribute \
              parallel for simd
```

并行工作指令

```
            for (int j = 0; j < jmax; j++){
                for (int i = 0; i < imax; i++){
                   x[j][i] = xnew[j][i];
                }
            }
```

将新的还原为原始状态，将“交换”替换为“复制”

```
            cpu_time += cpu_timer_stop(tstart_cpu);

        }

        printf("Iter %d\n",iter+nburst);
    }

#pragma omp target exit data \
    map(from:x[0:jmax][0:imax], \
             xnew[0:jmax][0:imax])
```

OpenMP 数据区域

```
    free(x);
    free(xnew);
```

简单地为二维循环和数据构造添加单个工作指令，并不能为运行 IBM XL 编译器(v16)的 GPU 生成高效的工作负载。它的运行时间几乎是串行版本的两倍。你可以使用 nvprof 来查找时间都消耗在什么地方。输出结果如下：

```
==11376== Profiling application: ./Stencil_par2
==11376== Profiling result:
 Time(%)      Time      Calls      Avg       Min          Max       Name
  51.63%  9.73622s      1000  9.7362ms  9.6602ms  15.378ms  __xl_main_142_OL_3
  48.26%  9.10010s      1000  9.1001ms  9.0323ms  13.588ms  __xl_main_141_OL_2
   0.11%  20.439ms         1  20.439ms  20.439ms  20.439ms  __xl_main_118_OL_1
   0.00%  7.2960us         5  1.4590us  1.2160us  2.1440us  [CUDA memcpy DtoH]
   0.00%  5.3760us         2  2.6880us  2.5600us  2.8160us  [CUDA memcpy HtoD]

< more output>
```

第一行显示第三个 kernel 占用了超过 50%的运行时间。返回到原始数组的复制过程将额外占用 48%的运行时间。我们发现造成问题的是 kernel 代码而不是数据传输。要纠正这个问题，首先尝试将两个嵌套循环折叠成一个并行结构。对此的更改包括添加 collapse 子句以及工作指令上要折叠的循环数。这显示在下一个代码清单的第 22、30、42 和 49 行中。

代码清单 11-20　使用 collapse 进行优化

OpenMP/Stencil/Stencil_par3.c

```
#pragma omp target teams
   {
#pragma omp distribute parallel \
            for simd collapse(2)
      for (int j = 0; j < jmax; j++){
         for (int i = 0; i < imax; i++){
            xnew[j][i] = 0.0;
            x[j][i] = 5.0;
         }
      }

#pragma omp distribute parallel \
            for simd collapse(2)
      for (int j = jmax/2 - 5; j < jmax/2 + 5; j++){
         for (int i = imax/2 - 5; i < imax/2 -1; i++){
            x[j][i] = 400.0;
         }
      }
   }

   for (int iter = 0; iter < niter; iter+=nburst){

      for (int ib = 0; ib < nburst; ib++){
         cpu_timer_start(&tstart_cpu);
#pragma omp target teams distribute \
             parallel for simd collapse(2)
         for (int j = 1; j < jmax-1; j++){
            for (int i = 1; i < imax-1; i++){
               xnew[j][i]=(x[j][i]+x[j][i-1]+x[j][i+1]+
                                         x[j-1][i]+x[j+1][i])/5.0;
            }
         }

#pragma omp target teams distribute \
             parallel for simd collapse(2)
           for (int j = 0; j < jmax; j++){
             for (int i = 0; i < imax; i++){
               x[j][i] = xnew[j][i];
            }
         }
         cpu_time += cpu_timer_stop(tstart_cpu);

      }

      printf("Iter %d\n",iter+nburst);
   }
```

添加 collapse 子句

现在的运行时间比在 CPU 上快(见表 11-3)，尽管不及 PGI OpenACC 编译器生成的版本快(表 11-1)。我们希望随着 IBM XL 编译器的改进，运行结果也会让人更加满意。让我们尝试另一种方法，在两个循环中分解并行工作指令，如下所示。

代码清单 11-21　为优化分解工作指令

```
OpenMP/Stencil/Stencil_par4.c
```

```
#pragma omp target teams
   {
#pragma omp distribute
      for (int j = 0; j < jmax; j++){
#pragma omp parallel for simd
         for (int i = 0; i < imax; i++){
            xnew[j][i] = 0.0;
            x[j][i] = 5.0;
         }
      }

#pragma omp distribute
      for (int j = jmax/2 - 5; j < jmax/2 + 5; j++){
#pragma omp parallel for simd
         for (int i = imax/2 - 5; i < imax/2 -1; i++){
            x[j][i] = 400.0;
         }
      }
   }

   for (int iter = 0; iter < niter; iter+=nburst){

      for (int ib = 0; ib < nburst; ib++){
         cpu_timer_start(&tstart_cpu);
#pragma omp target teams distribute
         for (int j = 1; j < jmax-1; j++){
#pragma omp parallel for simd
            for (int i = 1; i < imax-1; i++){
               xnew[j][i]=(x[j][i]+x[j][i-1]+x[j][i+1]+
                                      x[j-1][i]+x[j+1][i])/5.0;
            }
         }

#pragma omp target teams distribute
         for (int j = 0; j < jmax; j++){
#pragma omp parallel for simd
            for (int i = 0; i < imax; i++){
                  x[j][i] = xnew[j][i];
            }
         }
         cpu_time += cpu_timer_stop(tstart_cpu);

      }

      printf("Iter %d\n",iter+nburst);
   }
```

在两个循环级别中进行分割

IBM XL 编译器对拆分并行工作指令的计时，类似于 collapse 子句。表 11-3 显示了对 kernel 优化的实验结果。

表 11-3 OpenMP stencil kernel 优化的运行时间

	OpenMP stencil kernel 运行时间/秒
序列 CPU 代码	5.497
添加工作指令	19.01
添加计算和数据区域	18.97
添加 collapse(2)子句	3.035
拆分并行指令	2.50

在表 11-4 中，我们还查看了 IBM XL 编译器 v16 在带有 NVIDIA V100 GPU 的 Power 9 处理器上的 stream triad 示例的运行时结果。我们发现 CPU 上运行的性能与之前不同，因为之前的测试，我们使用的是 Intel Skylake 处理器，而现在，我们使用的是 Power 9 处理器。但是令人鼓舞的是，在 V100 GPU 上使用 OpenMP 的 stream kernel 的性能基本上与表 11-2 中的 PGI OpenACC 编译器的性能相同。

表 11-4 OpenMP stream triad kernel 优化的运行时间

	OpenMP stream triad kernel 运行时间/毫秒
序列 CPU 代码	15.9
parallel 1. 计算添加的区域	85.7
parallel 3. 添加结构化数据区域	0.585
parallel 4. 添加动态数据区域	0.584
parallel 8. 仅在设备上分配数据	0.584

OpenMP 与 IBM XL 编译器的性能在简单的一维测试问题上表现很好，但在二维 stencil 情况下仍然有改进的空间。目前为止，重点一直是正确实施 OpenMP 标准，从而将工作量发送到设备上运行。我们希望随着每个编译器新版本的发布，以及更多的编译器厂商支持 OpenMP 设备工作量转移，性能将会得到改善。

11.3.5 用于 GPU 的高级 OpenMP

OpenMP 有许多附加的高级功能。OpenMP 也不断在发展变化，基于 GPU 上早期实现的经验和硬件的不断发展。我们将讨论一些重要的高级指令和子句，如下所示：

- kernel 微调
- 处理各种重要的编程构造(函数、扫描和对变量的共享访问)
- 重叠数据移动和计算的异步操作
- 控制内存位置
- 处理复杂的数据结构
- 简化工作指令

控制由 OpenMP 编译器实现的 GPU 核心参数

我们从查看可用于调优 kernel 性能的子句开始。可以将这些子句添加到指令中，从而修改编译器为 GPU 生成的 kernel：

- num_teams 定义了由 teams 指令生成的 teams 数量。
- thread_limit 增加每个 team 使用的线程数。
- schedule 或 schedule(static,1)指定工作项以循环方式(而不是块方式)进行分布。这有助于 GPU 上的内存负载合并。
- simdlen 为工作组指定向量长度或线程。

这些子句在特殊情况下可能会很有帮助，但一般来说，最好将这些参数留给编译器进行优化。

声明 OpenMP 设备函数

当我们在设备上的并行区域内调用函数时，需要通过一种方法来告诉编译器它也应该存在于设备上。这可以通过向函数中添加一个 declare 目标指令来实现。语法类似于变量声明。如下方示例所示：

```
#pragma omp declare target
int my_compute(<args>){
   <work>
}
```

新的扫描还原类型

我们在第 5.6 节讨论了扫描算法的重要性，其中我们也看到了在 GPU 上实现该算法的复杂性。这是并行计算中普遍存在的操作，编写起来比较复杂，所以添加新的扫描还原类型是有帮助的。该扫描类型将在 OpenMP 5.0 版本中提供。

```
int run_sum = 0;
#pragma omp parallel for simd reduction(inscan,+: run_sum)
for (int i = 0; i < n; ++i) {
    run_sum += ncells[i];
    #pragma omp scan exclusive(run_sum)
    cell_start[i] = run_sum;
    #pragma omp scan inclusive(run_sum)
    cell_end[i] = run_sum;
}
```

使用 OpenMP atomic 预防竞态条件产生

在一个算法中，多个线程访问一个公共变量是很正常的，但这通常是例程性能的瓶颈。atomic 已在各种编译器和线程实现中提供了此功能。OpenMP 还提供了一个 atomic 指令。该指令的使用方法如下所示：

```
#pragma omp atomic
   i++;
```

OpenMP 版的异步操作

在第 10.5 节中，我们讨论了通过异步操作进行重叠数据传输和计算的意义。OpenMP 也提供了这些操作的特性。

在数据或工作指令上使用 nowait 子句，可以创建异步设备操作。然后可以使用 depend 子句，指定新操作在前一个操作完成之前不能开始。这些操作可以串联起来形成一个操作序列。我们可以使用一个简单的 taskwait 指令来等待所有任务的完成，如下所示：

```
#pragma omp taskwait
```

访问特定内存空间

内存带宽通常是最重要的性能限制之一。对于基于 pragma 的语言，并不总是能够控制内存的位置和对应的内存带宽。为程序员提供更多的控制，是 OpenMP 中最受期待的新特性之一。使用 OpenMP 5.0，你将能够使用特定的内存空间，比如共享内存和高带宽内存。该功能是通过一个新的 allocator 子句修饰符实现的。allocate 子句接受一个可选修饰符，如下所示：

```
allocate([allocator:] list)
```

你可以使用以下两个函数直接分配和释放内存：

```
omp_alloc(size_t size, omp_allocator_t *allocator)
omp_free(void *ptr, const omp_allocator_t *allocator)
```

OpenMP 5.0 标准为 allocator 指定了一些预定义的内存空间，如表 11-5 所示。

表 11-5 指定的内存空间

内存空间	内存类型描述
omp_default_mem_alloc/omp_default_mem_space	定义系统存储空间
omp_large_cap_mem_alloc/omp_large_cap_mem_space	大容量存储空间
omp_const_mem_alloc/omp_const_mem_space	存储恒定不变的数据
omp_high_bw_mem_alloc/omp_high_bw_mem_space	高带宽内存
omp_low_lat_mem_alloc/omp_low_lat_mem_space	低延迟存储

可使用一组函数来定义新的内存分配器。两个主要的例程如下所示：

```
omp_init_allocator
omp_destroy_allocator
```

这些分配器采用一个预定义的空间参数和分配器特征，这些参数包括，是否应该被固定、对齐、私有、邻近以及许多其他参数。需要注意的是，该功能的实现仍在持续开发中。在新的架构中，这种功能将变得越来越重要，因为在新架构中存在具有不同延迟和带宽性能的特殊内存类型。

深度复制支持传输复杂的数据结构

在 OpenMP 5.0 中，还添加了一个可以进行深度复制的声明映射器构造。深度复制不仅复制具有指针的数据结构，还复制指针所引用的数据。之前，具有复杂数据结构和类的程序一直难以移植到 GPU 上，而深度复制的能力极大地简化了这些实现。

使用新的循环指令简化工作分配

在 OpenMP 5.0 标准中，引入了更灵活的工作指令。其中之一就是 loop 指令，它使用更加简单，更接近 OpenACC 的功能。loop 指令代替了 simd 的分发并行。使用 loop 指令，可以告诉编译器循环迭代可以并行执行，并将具体的实现留给编译器完成。下面的代码清单显示了在 stencil kernel 中使用这个指令的示例。

代码清单 11-22　在 OpenMP 5.0 中使用新的 loop 指令

```
#pragma omp target teams
#pragma omp loop
         for (int j = 1; j < jmax-1; j++){
#pragma omp loop
         for (int i = 1; i < imax-1; i++){
            xnew[j][i]=(x[j][i]+x[j][i-1]+x[j][i+1]+
                                    x[j-1][i]+x[j+1][i])/5.0;
         }
      }
```

与多个 teams 一起启动 GPU 工作

循环作为独立的工作进行并行化

loop 子句实际上是一个独立于循环或并发的子句，它告诉编译器循环的迭代没有依赖关系。loop 子句为编译器提供信息或一个描述性子句，而不是告诉编译器具体的工作，这是一个说明性子句。大多数编译器目前还没有实现这个新特性，所以我们继续使用本章前面示例中的说明性子句。如果你不熟悉这些概念，可以参考下面所示的定义。

- 规定性指令和子句：程序员发出的指令，告诉编译器要完成什么工作。
- 描述性指令和子句：向编译器提供以下循环构造信息的指令；同时为编译器提供适当的灵活性，从而生成最有效的实现。

一般情况下，OpenMP 在其规范中使用说明性子句。这减少了实现之间的差异，并提高了可移植性。但在 GPU 的环境中，它导致了冗长、复杂的指令，以及在线程和其他特定于硬件的功能之间是否可能进行同步的细微差别。

描述性方法更接近 OpenACC 的原理，不需要太多的硬件细节。这就为编译器正确及有效地为目标硬件生成代码提供了更大的灵活性。请注意，这不仅是 OpenMP 的一个重要转变，而且是一个非常有意义的转变。如果 OpenMP 继续尝试并沿着说明性指令的道路走下去，随着硬件复杂性的不断增加，OpenMP 语言将变得过于复杂，代码的可移植性将会逐步降低。

11.4　进一步探索

OpenACC 和 OpenMP 都是带有许多指令、子句、修饰符和函数的大型语言。除了这些语言的核心功能之外，还有一些示例和少量文档。事实上，许多较少使用的功能可能不适用于所有的编译器。在将新功能添加到大型应用程序之前，应该先在一个小示例中测试该功能。如果要学习更多关于这些语言的知识，请参考下面的额外阅读材料。另外，建议你从 11.4.2 节的练习中获得一些实践经验。

11.4.1　扩展阅读

由于 OpenACC 和 OpenMP 语言仍在发展中，获取额外资料的最佳来源就是它们各自的网站：

https://openacc.org 和 https://openmp.org。每个网站都列出了额外的资源，包括重要的 HPC 会议上的教程和演示。

OpenACC 资源和引用

OpenACC 问世的时间比 OpenMP 长一些，所以有更多的书籍和文档。该语言的起点是 OpenACC 标准。该标准的 3.0 版有 150 页，可读性很强，并且与最终用户相关。可以在 openacc.org 网站上找到它。以下 URL 提供了 OpenACC 应用程序编程接口 v3.0(2018 年 11 月)的链接：

```
https://www.openacc.org/sites/default/files/inline-images/Specification/OpenACC.3.0.pdf
```

OpenACC 网站还有一个关于编程和最佳实践的文档。它与该标准的特定版本没有关联，并且自 2015 年以来就没有更新过。你可以通过如下链接找到 OpenACC-standard.org 的 OpenACC 编程和最佳实践指南(2015 年 6 月)：

```
https://www.openacc.org/sites/default/files/inline-files/OpenACC_Programming_Guide_0.pdf
```

OpenACC 的主要书籍

Sunita Chandrasekaran 和 Guido Juckeland 撰写的《面向程序员的 OpenACC：概念和策略》。

OpenMP 资源和参考

OpenMP 语言规范描述了所有 OpenMP 设备负载转移指令。它超过 600 页，与其说是用户指南，不如说是参考。尽管如此，它仍然是有关该语言特性的重要文档。

OpenMP 架构审查委员会的“OpenMP 应用程序编程接口”可以通过如下地址获得：https://www.openmp.org/wp-content/uploads/OpenMP-API-Specification-5.0.pdf。

OpenMP 架构审查委员会的“OpenMP 应用程序编程接口：示例”可以通过如下地址获得：https://www.openmp.org/wp-content/uploads/openmp-examples-5.0.0.pdf。

由于 OpenMP 仍然发生着重大变化，并且编译器仍在努力实现 v5.0 功能，因此很少有书籍提到设备负载转移功能。Ruud van der Pas 和其他人最近完成了一本涵盖直至 OpenMP v4.5 版本新功能的书，即《使用 OpenMP 的下一步：关联、加速器、任务和 SIMD》。

11.4.2 练习

1. 找出你的本地 GPU 系统可用的编译器。OpenACC 和 OpenMP 编译器都可用吗？如果没有，你是否可以访问任何允许你尝试这些基于 pragma 的语言的系统？

2. 在本地 GPU 开发系统的 OpenACC/StreamTriad 和/或 OpenMP/StreamTriad 目录中运行 stream triad 示例。你可在 https://github.com/EssentialsofParallelComputing/Chapter11 上找到这些目录。

3. 将从练习 2 中得到的结果与 https://uob-hpc.github.io/BabelStream/results/上的 BabelStream 结果进行比较。对于 stream triad，移动的字节是 3 * nsize * sizeof(数据类型)。

4. 修改代码清单 11-16 中的 OpenMP 数据区域映射，从而反映 kernel 中数组的实际使用。

5. 在 OpenMP 中实现代码清单 11-4 中的质量和示例。

6. 对于大小为 20 000 000 的 x 和 y 数组，使用 OpenMP 和 OpenACC 查找数组的最大半径。使用双精度值初始化数组，x 数组从 1.0 线性增加到 2.0e7，y 数组从 2.0e7 线性减少到 1.0。

11.5 本章小结

- 基于 pragma 的语言是移植到 GPU 的最简单方法。使用这些方法，可付出最少的努力得到最快的结果。
- 移植过程将工作转移到 GPU 上运行，然后管理数据的移动。这可以在 GPU 上完成尽可能多的工作，同时最小化了昂贵的数据移动操作。
- 对 kernel 的优化放在最后。应该让编译器完成这些优化工作，从而生成移植性更强和面向未来的代码。
- 跟踪基于 pragma 的语言和编译器的最新发展。这些编译器仍在快速发展中，并会持续进化。

第 12 章

GPU 语言：深入了解基础知识

本章涵盖以下内容：

- 了解原生 GPU 语言的现状
- 使用各种 GPU 语言创建简单的 GPU 程序
- 处理更复杂的 multi-kernel 操作
- 在各种 GPU 语言之间进行移植

本章涵盖了 GPU 的底层语言。我们称这些语言为原生语言，是因为它们直接反映了目标 GPU 硬件的特性。我们涵盖了其中两种广泛使用的语言：CUDA 和 OpenCL。我们还涵盖了 HIP，它是 AMD GPU 的一个新变体。与基于 pragma 的实现相比，这些 GPU 语言对编译器的依赖较小。你应该使用这些语言来更好地控制程序的运行，以获取更好的性能。这些语言与第 11 章中的语言有何不同？它们的区别在于，这些语言是由 GPU 和 CPU 硬件的特性发展而来的，而 OpenACC 和 OpenMP 语言是从高级抽象开始发展的，它们依赖于编译器将它们映射到不同的硬件。

原生的 GPU 语言，CUDA、OpenCL 和 HIP，需要为 GPU kernel 创建单独的源代码。GPU 上独立的源代码通常与 CPU 代码类似。要维护两个不同的数据源是主要的困难与挑战。如果原生 GPU 语言只支持一种类型的硬件，那么如果你想在多个硬件供应商的 GPU 上运行程序，就需要维护更多源变体。一些应用程序已在多种 GPU 语言和 CPU 语言中实现了它们的算法。这就是为什么大家对具有更好移植性的 GPU 编程语言有着迫切的需求。

值得庆幸的是，可移植性越来越受到一些较新 GPU 语言的关注。OpenCL 是第一个在多种 GPU 硬件甚至是 CPU 上运行的开放标准语言。在最初的轰动之后，OpenCL 并没有像最初希望的那样得到广泛接受。另一种语言 HIP 是由 AMD 设计的，是 CUDA 的一个移植性更好的版本，CUDA 为 AMD 的 GPU 生成代码，作为 AMD 可移植性计划的一部分，它还包括了对其他厂商 GPU 的支持。

随着新语言的引入，这些原生语言和高级语言之间的区别正在逐渐变得模糊。SYCL 语言最初是 OpenCL 上的一个 C++层，是这些近期出现的、高可移植的语言中的典型代表。除了 Kokkos 和 RAJA 语言，SYCL 还支持 CPU 和 GPU 的单一来源。我们将在本章的最后讨论这些语言。图 12-1 显示了本章中讨论的当前 GPU 语言的互操作性。

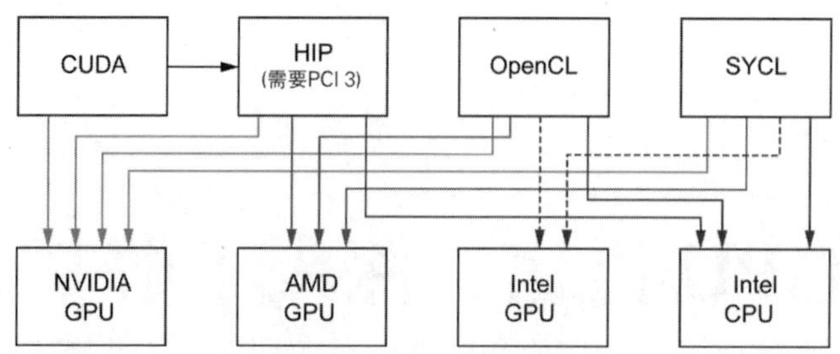

图 12-1 在 GPU 语言的互操作性图中，显示出越来越复杂的情况。顶部显示了 4 种 GPU 语言，底部显示了各种硬件设备。箭头表示从语言到硬件的代码生成路径。虚线表示仍在开发中的硬件

随着越来越多的 GPU 出现在大型 HPC 项目中，因此对语言互操作性的关注越来越多。能源部的顶级高性能计算系统 Sierra 和 Summit 都配备了 NVIDIA GPU。到 2021 年，Argonne 使用英特尔 GPU 的 Aurora 系统和 AMD GPU 的 Oak Ridge's Frontier 系统将被添加到能源部高性能计算系统的名单中。随着 Aurora 系统的引入，SYCL 从几乎默默无闻的状态成长为拥有多种实现方法的主要参与者。SYCL 最初是为了在 OpenCL 之上提供一个更自然的 C++层而开发的。SYCL 突然出现的原因是它被英特尔用作 Aurora 系统上英特尔 GPU 的 OneAPI 编程模型的一部分。由于 SYCL 如此重要，我们将在 12.4 节介绍 SYCL。在 GPU 领域提供可移植性的其他语言和软件库也得到了普遍关注与发展。

在本章的最后，将简要介绍两个性能可移植性系统，Kokkos 和 RAJA，它们的出现是为了解决在从 CPU 到 GPU 的各种硬件上运行的困难。这些工作将出现在稍高的抽象级别上，但保证了一个可以在任何地方运行的单一来源。它们的发展是美国能源部支持将大型科学应用程序移植到更新出现的硬件的一项重大努力的结果。RAJA 和 Kokkos 的目标是一次性重写(one-time rewrite)，从而创建单个来源代码库，在硬件设计发生巨大变化的时候，依旧提供可移植性和可维护性。

最后，我们在很短的篇幅中涵盖了许多不同的语言。因为开发人员喜欢追逐他们的近期目标而且新硬件不断出现，所以导致了语言的激增，这也反映了现在语言开发人员之间缺乏合作的情况。与其将这些语言视为不同的语言，不如将它们视为一种或两种语言略有不同的方言。我们建议你尝试学习这些语言中的几种，并了解它们与其他语言的差异和相似之处。我们将对这些语言进行比较，从而帮助你了解它们的不同之处。一旦你了解了每种语言的特定语法及其特殊之处，我们希望能将这些语言合并成一种更常见的形式，因为目前的情况并不是最佳状态。我们高兴地看到由大型应用程序的需求驱动的更多具有可移植性语言的兴起。

12.1 原生 GPU 编程语言的特性

GPU 编程语言必须具备几个基本特性。了解这些特性对你的学习非常重要，这样就可以在多种 GPU 语言中识别它们。这里总结了 GPU 语言主要的特性。

- 检测加速器装置：语言必须提供加速器设备的检测，以及在这些设备之间进行选择的方法。与其他语言相比，某些语言在设备选择上提供了更多控制。即使是像 CUDA 这样的语言，即便它只寻找 NVIDIA 的 GPU，它也必须提供一种方法在一个节点上处理多个 GPU。

- 支持写入设备 kernel：该语言必须提供一种为 GPU 或其他加速器生成低级指令的方法。GPU 提供与 CPU 几乎相同的基本操作，所以 kernel 语言不应该有太大的差异。与其发明一种新的语言，还不如利用当前的编程语言和编译器来生成新的指令集。GPU 语言通过采用特定版本的 C 或 C++语言作为其系统的基础来实现这一点。CUDA 最初是基于 C 语言的，但现在是基于 C++的，并对 STL(标准模板库)提供一定的支持。OpenCL 是基于 C99 标准的，并发布了一个支持 C++的新规范。

语言设计还需要解决主机和设计源代码是在同一个文件中还是在不同的文件中。无论哪种方式，编译器都必须能够区分主机和设计源，并必须提供一种为不同硬件生成指令集的方法，编译器还必须决定何时生成指令集。例如，OpenCL 等待选中设备，然后使用 JIT 编译器方法生成指令集。

- 从主机调用设备 kernel 的机制：现在我们已经得到设备代码，但还必须有从主机调用这些代码的方法。执行这个操作的语法在不同的语言中差异极大。但值得庆幸的是，这种机制只比标准的子例程调用稍微复杂一点。
- 内存处理：该语言必须支持内存的分配、释放，以及在主机和设备之间来回移动数据。最直接的方法就是为每一个操作调用一个子例程。也可以通过编译器检测何时移动数据，并在后台执行这些操作。由于这是 GPU 编程的一个重要部分，因此硬件和软件依旧在不断创新中。
- 同步：必须提供一种机制来指定 CPU 和 GPU 之间的同步要求。同步操作也必须在 kernel 中提供。
- 流：完整的 GPU 语言应该允许调度异步的操作流，以及 kernel 和内存传输操作之间的显式依赖关系。

上面的列表看起来非常严苛，但大多数情况下，原生 GPU 语言与当前 CPU 代码看起来并没有太大不同。此外，认识到这些原生 GPU 语言功能的共性，将有助于你从一种语言过渡到另一种语言。

12.2　CUDA 和 HIP GPU 语言：底层性能选项

我们将从两种低级 GPU 语言 CUDA 和 HIP 开始介绍，这是两种最常用的图形处理器编程语言。

计算统一设备架构(Compute Unified Device Architecture，CUDA)是一种来自 NVIDIA 的专有语言，只能运行在 NVIDIA 生产的 GPU 上。它首次发布于 2008 年，目前是 GPU 的主流原生编程语言。经过十年的发展，CUDA 拥有丰富的功能和优异的性能。CUDA 语言紧密反映了 NVIDIA GPU 的架构。它并不是一种通用的加速语言，尽管如此，大多数加速器的概念都是相似的，因此 CUDA 语言设计也适用于这些加速器。

AMD(以前的 ATI)的 GPU 有一系列生命周期不长的编程语言。可以通过使用 HIP 编译器来生成类似 CUDA 形式的“HIP 化”CUDA 代码。这是 ROCm 工具套件的一部分，提供 GPU 语言之间广泛的可移植性，将在第 12.3 节讨论 GPU(和 CPU)的 OpenCL 语言。

12.2.1 编写和构建第一个 CUDA 应用程序

我们将开始构建和编译一个简单的 CUDA 应用程序，并在 GPU 上运行它。我们将使用整本书中一直使用的 stream triad 示例来实现这个计算的循环：C = A +标量* B。CUDA 编译器对常规 C++代码进行分割，并传递给底层 C++编译器。然后编译剩余的 CUDA 代码。最后将来自这两条路径的代码链接到一个可执行文件中。

要学习这个示例，你可能首先需要安装 CUDA 软件[1]。CUDA 的每个版本都适用于有限范围的编译器版本。从 CUDA v10.2 开始，支持到 v8 的 GCC 编译器。如果你正在使用多种并行语言和软件包，这个不断与编译器版本斗争的问题可能是 CUDA 的最令人沮丧的问题之一。但从积极的方面讲，你可以使用大部分常规工具链并构建系统，只需要对版本进行控制和一些特殊修改即可。

我们将展示三种不同的方法，从一个简单的 makefile 开始，接下来介绍几种使用 CMake 的不同方法。我们鼓励你在 https://github.com/EssentialsofParallelComputing/Chapter12 下载并完成本章的例子。

可通过复制或链接到 makefile 来为 CUDA 选择这个简单的 makefile，makefile 是 makefile 的默认文件名。下面的代码清单显示了 makefile 的内容。

1. 为了链接到文件，输入 ln -s Makefile.simple Makefile。
2. 使用 make 创建应用程序。
3. 通过./StreamTriad 运行应用程序。

代码清单 12-1 简单的 CUDA makefile

CUDA/StreamTriad/Makefile.simple

```
 1 all: StreamTriad
 2
 3 NVCC = nvcc
 4 #NVCC_FLAGS = -arch=sm_30
 5 #CUDA_LIB = <path>
 6 CUDA_LIB=`which nvcc | sed -e 's!/bin/nvcc!!'`/lib
 7 CUDA_LIB64=`which nvcc | sed -e 's!/bin/nvcc!!'`/lib64
 8
 9 %.o : %.cu
10   ${NVCC} ${NVCC_FLAGS} -c $< -o $@
11
12 StreamTriad: StreamTriad.o timer.o
13   ${CXX} -o $@ $^ -L${CUDA_LIB} -lcudart
14
15 clean:
16   rm -rf StreamTriad *.o
```

指定 NVIDIA CUDA 编译器

可在这里设置库路径和 GPU 架构类型

编译 CUDA 源文件的隐式规则

CUDA 应用程序的链接行

上面代码中，加入的关键部分是第 9~10 行上的模式规则，它将后缀为.cu 的文件转换为目标文件。我们使用 NVIDIA NVCC 编译器来完成这个操作。然后需要将 CUDA 运行时库 CUDART 添加到链接行。可以通过第 4 行和第 5 行来指定特定 NVIDIA GPU 架构以及链接到 CUDA 库的特定路径。

---

1 有关详细信息，请参阅 CUDA 安装指南(https://docs.nvidia.com/cuda/cuda-installation-guide-linux/)。

定义：模式规则是 make 实用程序的规范，它提供了一个通用规则，说明如何将一种后缀模式的文件转换为另一种后缀模式的文件。

CUDA 在 CMake 构建系统中得到广泛的支持。接下来，我们将介绍旧式的支持和最近出现的新的现代 CMake 方法。代码清单 12-2 中展示了旧式方法。它的优势在于，对于使用较旧的 CMake 版本的系统，它具有更强的可移植性，并可自动检测 NVIDIA GPU 架构。这种检测硬件设备的特性非常方便，所以旧式的 CMake 是目前推荐使用的方法。要使用这个构建系统，请将 CMakeLists_old.txt 链接到 CMakeLists.txt，如下所示：

```
ln -s CMakeLists_old.txt CMakeLists.txt
mkdir build && cd build
cmake ..
Make
```

代码清单 12-2　旧式的 CUDA CMake 文件

```
CUDA/StreamTriad/CMakeLists_old.txt
cmake_minimum_required (VERSION 2.8)
project (StreamTriad)

find_package(CUDA REQUIRED)

set (CMAKE_CXX_STANDARD 11)
set (CMAKE_CUDA_STANDARD 11)

# sets CMAKE_{C,CXX}_FLAGS from CUDA compile flags.
 # Includes DEBUG and RELEASE
set (CUDA_PROPAGATE_HOST_FLAGS ON) # default is on
set (CUDA_SEPARABLE_COMPILATION ON)

if (CMAKE_VERSION VERSION_GREATER "3.9.0")
   cuda_select_nvcc_arch_flags(ARCH_FLAGS)
endif()

set (CUDA_NVCC_FLAGS ${CUDA_NVCC_FLAGS}
       -O3 ${ARCH_FLAGS})

# Adds build target of StreamTriad with source code files
cuda_add_executable(StreamTriad
    StreamTriad.cu timer.c timer.h)

if (APPLE)
   set_property(TARGET StreamTriad PROPERTY BUILD_RPATH
       ${CMAKE_CUDA_IMPLICIT_LINK_DIRECTORIES})
endif (APPLE)

# Cleanup
add_custom_target(distclean COMMAND rm -rf CMakeCache.txt CMakeFiles
                  Makefile cmake_install.cmake
                  StreamTriad.dSYM ipo_out.optrpt)

# Adds a make clean_cuda_depends target
 #    -- invoke with "make clean_cuda_depends"
CUDA_BUILD_CLEAN_TARGET()
```

你至少需要 CMake v2.8 来支持 CUDA

传统的 CMake 模块设置编译器标志

在其他编译单元中调用函数时设置为 on(默认为 off)

检测当前的 NVIDIA GPU 并设置合适的架构标志

设置 NVIDIA 编译器的编译器标志

为 CUDA 可执行文件设置正确的构建和链接标志

CMake 构建系统的大部分都是标准的。第 11 行上的可分离编译属性被建议用于更健壮的通用开发构建系统中。然后，你可以在稍后阶段关闭它，从而在 CUDA kernel 中节省一些寄存器空间，以便在生成的代码中进行部分优化。CUDA 的初衷是为了获得更高的性能，而不是为了更好的通用性或更健壮的构建。第 14 行的 NVIDIA GPU 架构的自动检测非常方便，这使你不必手动修改 makefile。

在 3.0 版本中，CMake 正在对其结构进行相当大的修改，以达到他们所谓的“现代”CMake。这种风格的关键在于提供一个集成度更高的系统，以及为每个目标应用程序提供属性设定。没有什么比支持 CUDA 更明显的了。让我们看一下代码清单 12-3，看看如何使用它。要将这个构建系统用于支持 CUDA 的现代新风格的 CMake，请将 CMakeLists_new.txt 链接到 CMakeLists.txt，如下所示：

```
ln -s CMakeLists_new.txt CMakeLists.txt
mkdir build && cd build
cmake ..
Make
```

代码清单 12-3 新风格(现代)的 CUDA CMake 文件

```
CUDA/StreamTriad/CMakeLists_new.txt
 1 cmake_minimum_required (VERSION 3.8)
 2 project (StreamTriad)
 3
 4 enable_language(CXX CUDA)
 5
 6 set (CMAKE_CXX_STANDARD 11)
 7 set (CMAKE_CUDA_STANDARD 11)
 8
 9 #set (ARCH_FLAGS -arch=sm_30)
10 set (CMAKE_CUDA_FLAGS ${CMAKE_CUDA_FLAGS};
      "-O3 ${ARCH_FLAGS}")
11
12 # Adds build target of StreamTriad with source code files
13    add_executable(StreamTriad StreamTriad.cu timer.c timer.h)
14
15    set_target_properties(StreamTriad PROPERTIES
         CUDA_SEPARABLE_COMPILATION ON)
16
17 if (APPLE)
18 set_property(TARGET StreamTriad PROPERTY BUILD_RPATH
${CMAKE_CUDA_IMPLICIT_LINK_DIRECTORIES})
19 endif(APPLE)
20
21 # Cleanup
22 add_custom_target(distclean COMMAND rm -rf CMakeCache.txt CMakeFiles
23                      Makefile cmake_install.cmake
                        StreamTriad.dSYM ipo_out.optrpt)
```

需要 CMake v3.8

设定为 CUDA 语言

手动设置 CUDA 架构

设置 CUDA 的编译标志

设置可分离编译标志

使用这种现代 CMake 方法首先要注意的是，它比旧的样式简单得多。关键在于，在第 4 行将 CUDA 设定为编程语言。从那之后，几乎没有额外的工作需要做。

我们可以通过设置标志为特定的 GPU 架构进行编译，如第 9-10 行所示。然而，对于现代的 CMake 风格，还没有一种自动检测架构的方法。如果没有架构标志，编译器将直接生成代码，并针对 sm_30 GPU 设备进行优化。sm_30 生成的代码可以在 Kepler K40 或更新版本的任何设备上运行，但它不会针对最新的架构进行优化。还可以在一个编译器中指定多个架构。但编译过程会更慢，生成的可执行文件也更大。

也可以为 CUDA 设置可分离编译属性，并使用不同的语法将其应用于特定目标。第 10 行上的优化标志-O3 表示这仅是发送到主机编译器的常规 C++代码。CUDA 代码的默认优化级别为-O3，这里不需要修改。

总的来说，构建 CUDA 程序的过程很容易，而且按照现在的发展趋势，以后将越来越容易。但需要注意的是，构建过程的发展会持续发生，以后的构建过程可能会发生改变。Clang 添加了对编译 CUDA 代码的原生支持，这为你提供了除 NVIDIA 编译器外的另一种选择。现在我们继续查看源代码。在下面的代码清单中，首先将介绍 GPU 的 kernel。

代码清单 12-4　CUDA 版本的 stream triad：kernel

```
CUDA/StreamTriad/StreamTriad.cu
 2 __global__ void StreamTriad(
 3                 const int n,
 4                 const double scalar,
 5                 const double *a,
 6                 const double *b,
 7                       double *c)
 8 {
 9    int i = blockIdx.x*blockDim.x+threadIdx.x;   ◄── 得到cell索引
10
11    // Protect from going out-of-bounds     防止越界
12    if (i >= n) return;
13
14    c[i] = a[i] + scalar*b[i];   ◄── stream triad 主体
15 }
```

就像典型的 GPU kernel 一样，我们从计算块中去掉了 for 循环。这使得循环体位于第 14 行。我们需要在第 12 行添加条件语句，从而防止访问越界数据。如果没有这种保护，kernel 可能会在没有消息的情况下发生随机崩溃。然后，在第 9 行，我们从 CUDA 运行时设置的块和线程变量中获得全局索引。将__global__属性添加到子例程中，告诉编译器这是一个将从主机调用的 GPU kernel。同时，在主机端，我们必须分配内存并进行 kernel 调用。下面的代码清单显示了这个过程。

代码清单 12-5　CUDA 版本的 stream triad：建立与拆除

```
CUDA/StreamTriad/StreamTriad.cu
   // allocate host memory and initialize
   double *a = (double *)malloc(
                  stream_array_size*sizeof(double));  │
   double *b = (double *)malloc(                      │
                  stream_array_size*sizeof(double));  │ 分配主机内存
   double *c = (double *)malloc(                      │
                  stream_array_size*sizeof(double));  │

   for (int i=0; i<stream_array_size; i++) {
      a[i] = 1.0;   │ 初始化数组
      b[i] = 2.0;   │
```

```
39    }
40
41    // allocate device memory. suffix of _d indicates a device pointer
42    double *a_d, *b_d, *c_d;
43    cudaMalloc(&a_d, stream_array_size*
                       sizeof(double));
44    cudaMalloc(&b_d, stream_array_size*
                       sizeof(double));            分配设备内存
45    cudaMalloc(&c_d, stream_array_size*
                       sizeof(double));
46
47    // setting block size and padding total grid size
      // to get even block sizes
48    int blocksize = 512;                               设置块大小并计
49    int gridsize =                                     算块的数量
          (stream_array_size + blocksize - 1)/
          blocksize;
50
      < ... timing loop ... code shown below in listing 12.6 >
78    printf("Average runtime is %lf msecs data transfer is %lf msecs\n",
            tkernel_sum/NTIMES, (ttotal_sum - tkernel_sum)/NTIMES);
79
80
81    cudaFree(a_d);
82    cudaFree(b_d);     释放设备内存
83    cudaFree(c_d);
84
85    free(a);
86    free(b);     释放主机内存
87    free(c);
88 }
```

首先，我们在主机上分配内存，并在第 31~39 行对这些内存进行初始化。我们还需要 GPU 上相应的内存空间来存放这些数组，而 GPU 将对这些数组进行操作。为此，我们在第 43~45 行使用 cudaMalloc 例程。现在我们来看一些有趣的行(从 47~49)，它们只需要使用 GPU。块的大小等于 GPU 上工作组的大小。这可以通过 tile 大小、块大小或工作组大小得知，具体数值取决于所使用的 GPU 编程语言(见表 10-1)。下一行计算网格大小，这是 GPU 代码的特征。数组的大小并不总是块大小的偶数倍。因此，我们需要选择一个等于或大于块数量的整数(请参考下例来计算这个整数)。让我们通过一个示例来理解这些内容。

示例：计算 GPU 的块大小

在下面程序代码清单中的第 3 行，我们计算了块的小数部分。对于这个数组大小为 1,000 的示例，块的大小为是 1.95 个块。我们需要舍入到 2，而不是将其截断为 1(这是整数算术的应用程序默认会发生的情况)。如果我们只是将数组大小除以块大小，就会得到整数截断。所以必须将计算结果转换为浮点值，以使用浮点除法。实际上，我们只需要强制转换其中一个值即可，而 C/C++标准则要求编译器提升其他项。但在我们的编程约定中，必须显式调用类型转换，否则就会出现编程错误。编译器通常不会标记这些情况，但可以掩盖意外情况。

代码清单中第 4 行和第 5 行使用的 C cell 函数取整到下一个等于或大于浮点数的整数值。可通过整数运算得到相同的结果，方法是将块大小加 1，然后执行截断的整数除法，就像第 6 行所做的那样。之所以选择使用这个版本，是因为整数形式不需要执行任何浮点运算，而且速度更快。

```
1 int stream_array_size = 1000
2 int blocksize = 512
3 float frac_blocks = (float)stream_array_size/(float)blocksize;
>>>frac_blocks = 1.95
4 int nblocks = ceil(frac_blocks);
>>> nblocks = 2
```

或

```
5 int nblocks = ceil((float)stream_array_size/(float)blocksize);
```

或

```
6 int nblocks = (stream_array_size + blocksize - 1)/blocksize;
```

现在除了最后一个块之外的所有块都有 512 个值。最后一个块的大小为 512，但将仅包含 488 个数据项。代码清单 12-4 第 12 行的越界检查使我们不会因为这个不完全填充的块而陷入困境。代码清单 12-5 的最后几行释放了设备指针和主机指针。你必须对设备指针使用 cudaFree 函数，并对主机指针使用 C 库函数 free，不要弄混。

我们剩下的就是把内存内容复制到 GPU 上，调用 GPU 的 kernel，然后把内存内容复制回来。在一个计时循环(见代码清单 12-6)中执行这个操作，该循环可以多次执行，从而获得更好的测量值。有时，由于初始化成本的原因，对 GPU 的第一次调用会很慢。我们可通过运行多次迭代来分摊这些额外的时间。如果依旧无法满足要求，你可在计算时间时，不将第一次时间计入其中。

代码清单 12-6 stream triad 的 CUDA 版本：kernel 调用及定时循环

```
CUDA/StreamTriad/StreamTriad.cu
for (int k=0; k<NTIMES; k++){
   cpu_timer_start(&ttotal);
   cudaMemcpy(a_d, a, stream_array_size*
       sizeof(double), cudaMemcpyHostToDevice);
   cudaMemcpy(b_d, b, stream_array_size*
       sizeof(double), cudaMemcpyHostToDevice);
   // cuda memcopy to device returns after buffer available
   cudaDeviceSynchronize();

   cpu_timer_start(&tkernel);
   StreamTriad<<<gridsize, blocksize>>>
        (stream_array_size, scalar, a_d, b_d, c_d);
   cudaDeviceSynchronize();
   tkernel_sum += cpu_timer_stop(tkernel);

   // cuda memcpy from device to host blocks for completion
   //    so no need for synchronize
   cudaMemcpy(c, c_d, stream_array_size*
       sizeof(double), cudaMemcpyDeviceToHost);
   ttotal_sum += cpu_timer_stop(ttotal);
```

将数组数据从主机复制到设备

只对 kernel 进行同步以获得准确时间

启动 streamtriad kernel

强制完成，从而获得计时

将数组数据从设备复制回主机

```
66    // check results and print errors if found.
      //    limit to only 10 errors per iteration
67    for (int i=0, icount=0; i<stream_array_size && icount < 10; i++){
68       if (c[i] != 1.0 + 3.0*2.0) {
69          printf("Error with result c[%d]=%lf on iter %d\n",i,c[i],k);
70          icount++;
71       } // if not correct, print error
72    } // result checking loop
73 } // timing for loop
```

定时循环中的模式由以下步骤组成：

1. 将数据复制到 GPU(第 53~54 行)。
2. 调用 GPU kernel 对数组进行操作(第 59 行)。
3. 将数据复制回来(第 64 行)。

我们添加了一些同步和计时器调用来获得 GPU kernel 的精确测量。在循环的末尾，我们会检查结果的正确性。一旦投入具体生产环境，我们就可以删除定时、同步和错误检查。对 GPU kernel 的调用可以很容易地通过“<<<”或角括号进行识别。如果我们忽略“<<<”和其中包含的变量，这行代码有一个典型的 C 子程序调用语法，如下所示：

```
StreamTriad(stream_array_size, scalar, a_d, b_d, c_d);
```

括号内的值是要传递给 GPU kernel 的参数。如下所示：

```
<<<gridsize, blocksize>>>
```

那么在“<<<”中包含的参数是什么？这些是 CUDA 编译器关于如何将问题分解为 GPU 块的参数。前面，在代码清单 12-5 的第 48~49 行中，我们设置了块大小并计算了块的数量(或网格大小)，从而包含数组中的所有数据。这里的参数是一维的。对于 N×N 矩阵，也可通过如下声明和设置参数来创建二维或三维数组。

```
dim3 blocksize(16,16); dim3 blocksize(8,8,8);
dim3 gridsize( (N + blocksize.x - 1)/blocksize.x,
               (N + blocksize.y - 1)/blocksize.y );
```

我们可以通过消除数据副本来加速内存传输。这可以通过更深入地了解操作系统的功能来实现。通过网络传输的内存必须位于一个固定位置，在操作期间不能移动。普通内存分配被放置到*可分页内存*或可按需移动的内存中。内存传输必须首先将数据移到*固定内存*，或无法移动的内存中。在 9.4.2 节中，当在 PCI 总线上对内存移动进行基准测试时，我们第一次看到了固定内存的使用。可以通过在固定内存(而不是可分页内存)中分配数组来消除内存拷贝。图 9-8 显示了我们可能获得的性能差异。现在，我们该怎么做呢？

CUDA 为我们提供了一个函数调用，叫做 cudaHostMalloc，它将自动执行上述操作。它是常规系统 malloc 例程的直接替代品，它的参数略有变化，其中指针作为参数返回，如下所示：

```
double *x_host = (double *)malloc(stream_array_size*sizeof(double));
cudaMallocHost((void**)&x_host, stream_array_size*sizeof(double));
```

使用固定内存有什么缺点吗？如果你确实使用了大量固定内存，那么在另一个应用程序中就没有空间进行交换。如果为一个应用程序交换内存，然后引入另一个应用程序，这将给用户带来极大的方便，这个过程称为内存分页。

定义：在多用户、多应用程序的操作系统中，**内存分页**是将内存页临时移到磁盘上，以便可以执行另一个进程的过程。

内存分页是操作系统的一个重要进步，它使你看起来比实际拥有更多的内存。例如，它允许你在使用 Word 时临时启动 Excel，而不必关闭原来的应用程序。它通过将数据写入磁盘，然后在返回 Word 时将数据读取回来，从而实现这一点。但是这个操作是昂贵的，所以在高性能计算中，我们应当避免内存分页，因为它会带来严重的性能损失。一些同时具有 CPU 和 GPU 的异构计算系统正在努力实现统一内存。

定义：统一内存是为 CPU 和 GPU 提供的单一地址空间的内存。

到目前为止，你已经看到在 CPU 和 GPU 上处理独立的内存空间，所带来的编写 GPU 代码的复杂性。如果使用统一内存，在 GPU 运行时，系统为你处理相关的内存问题。可能仍然有两个单独的数组，但数据会自动移动。在集成的 GPU 上，内存甚至可能根本不需要移动。尽管如此，还是建议你使用显式内存副本来编写程序，以便程序可移植到没有统一内存的系统中。如果架构不需要内存副本，就会跳过它。

12.2.2　CUDA 的约减 kernel：事情变得复杂

当我们需要在 GPU 线程之间进行合作时，底层的原生 GPU 语言会让事情变得复杂。我们将看一个简单的求和示例，看看如何处理这个问题。该示例需要两个独立的 CUDA kernel，如代码清单 12-7 到 12-10 所示。代码清单 12-7 显示了第一次传递，我们将线程块中的值相加，并将结果存储回约减暂存数组 redscratch。

代码清单 12-7　约减求和操作的第一次传递

```
CUDA/SumReduction/SumReduction.cu (four parts)
__global__ void reduce_sum_stage1of2(
                const int isize, // 0 Total number of cells.
                      double *array, // 1
                      double *blocksum, // 2
                      double *redscratch) // 3
{
   extern __shared__ double spad[];
   const unsigned int giX = blockIdx.x*blockDim.x+threadIdx.x;
   const unsigned int tiX = threadIdx.x;

   const unsigned int group_id = blockIdx.x;

   spad[tiX] = 0.0;
   if (giX < isize) {
      spad[tiX] = array[giX];
   }

   __syncthreads();

   reduction_sum_within_block(spad);
```

CUDA 共享内存中的 scratchpad 数组

将内存加载到 scratchpad 数组

在使用 scratchpad 数据之前进行线程同步

设置线程块内的约减

```
43
44    // Write the local value back to an array
      // the size of the number of groups
45    if (tiX == 0){
46       redscratch[group_id] = spad[0];
47       (*blocksum) = spad[0];
48    }
49 }
```

通过一个线程存储 block 的结果

首先，我们让所有线程将它们的数据存储到 CUDA 共享内存中的 scratchpad 数组中(第 35~38 行)。块中的所有线程都可以访问这个共享内存。共享内存可以在一个或两个处理器周期(而不是主 GPU 内存所需的数百个处理器周期)内进行访问。你可将共享内存视为可编程缓存或暂存存储器。为了确保所有线程都完成了存储操作，在第 40 行使用了一个同步调用。

因为块中的 reduction sum 将在两个 reduction 传递中使用，所以将代码放在一个设备子例程中，并在第 42 行调用它。设备子例程是从另一个设备子例程(而不是从主机)调用的子例程。在子例程之后，结果的和(sum)被存储到一个更小的 scratch 数组中，我们将在第二阶段读入这个数组。将结果存储在第 47 行，以防跳过第二次传递。因为我们不能访问其他线程块中的值，所以必须在另一个 kernel 的第二次传递中完成操作。在第一次传递中，我们通过块大小减少了数据的长度。

让我们继续观察在第一次传递中提到的通用设备代码。将需要对 CUDA 线程块在两个通道中进行约减求和，所以把它写为一个通用的设备例程。如以下代码清单所示，只需要对 HIP 和 OpenCL 稍加更改，就可很容易地修改为其他约减操作。

代码清单 12-8　通用约减求和的设备 kernel

```
CUDA/SumReduction/SumReduction.cu (four parts)
 1 #define MIN_REDUCE_SYNC_SIZE warpSize
 2
 3 __device__ void reduction_sum_within_block(double *spad)
 4 {
 5    const unsigned int tiX = threadIdx.x;
 6    const unsigned int ntX = blockDim.x;
 7
 8    for (int offset = ntX >> 1; offset > MIN_REDUCE_SYNC_SIZE;
           offset >>= 1) {
 9       if (tiX < offset) {
10          spad[tiX] = spad[tiX] + spad[tiX+offset];
11       }
12       __syncthreads();
13    }
14    if (tiX < MIN_REDUCE_SYNC_SIZE) {
15       for (int offset = MIN_REDUCE_SYNC_SIZE; offset > 1; offset >>= 1) {
16          spad[tiX] = spad[tiX] + spad[tiX+offset];
17          __syncthreads();
18       }
19       spad[tiX] = spad[tiX] + spad[tiX+1];
20    }
21 }
```

CUDA 将 warpSize 定义为 32

仅在大于 warp 尺寸时使用所需的线程

在传递的每个级别之间进行同步

第 3 行定义了将在两次传递中调用的公共设备例程。它在线程块中进行约减求和。例程前面的 __device__ 属性表明它将从 GPU kernel 调用。例程的基本概念是 $O(\log n)$操作的成对约减树，如图

12-2 所示。图中的基本约减树由第 15~18 行代码表示。当工作集大于第 8~13 行的 warp 大小和第 19 行的最终传递级别时，我们实施了一些小的修改，以避免不必要的同步。

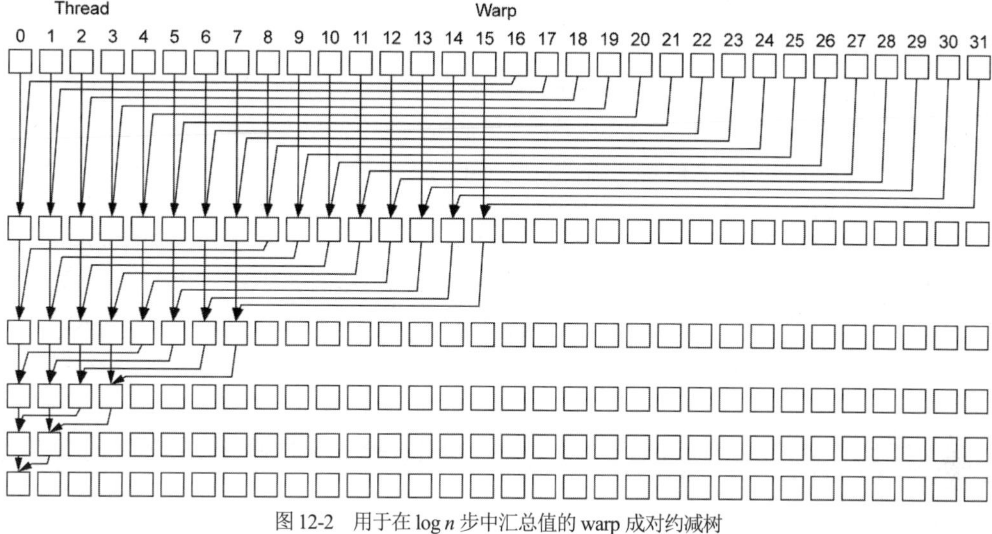

图 12-2 用于在 log n 步中汇总值的 warp 成对约减树

相同的成对约减概念用于全线程块，在大多数 GPU 设备上最多可达 1024，但更常用的是 128~256。但是如果数组大小大于 1024，你会怎么做？我们将添加第二个通道，它只使用一个线程块，如下面的代码清单所示。

代码清单 12-9 约减操作的第二次传递

```
CUDA/SumReduction/SumReduction.cu (four parts)
__global__ void reduce_sum_stage2of2(
                   const int isize,
                         double *total_sum,
                         double *redscratch)
{
   extern __shared__ double spad[];
   const unsigned int tiX = threadIdx.x;
   const unsigned int ntX = blockDim.x;

   int giX = tiX;

   spad[tiX] = 0.0;

   // load the sum from reduction scratch, redscratch
   if (tiX < isize) spad[tiX] = redscratch[giX];

   for (giX += ntX; giX < isize; giX += ntX) {
      spad[tiX] += redscratch[giX];
   }

   __syncthreads();

   reduction_sum_within_block(spad);
```

将值加载到暂存器数组中

按线程块大小递增循环以获取所有数据

当暂存器数组被填充时进行同步

调用通用的块约减例程

```
74
75    if (tiX == 0) {
76       (*total_sum) = spad[0];
77    }
78 }
```

通过一个线程设置返回的总和

为了避免在更大的数组中使用两个以上的 kernel，我们在第 67~69 行使用一个线程块以及循环来将任何额外的数据读入共享的暂存器中并进行相加。之所以使用单个线程块，是因为可以在它内部进行同步，从而避免另一个 kernel 调用的需求。如果使用大小为 128 的线程块，并且有一个包含 100 万个元素的数组，那么循环将在共享内存的每个位置对大约 61(1 000 000/128^2)个值进行求和操作。在第一次操作中，数组的大小减少了 128，然后我们将其加到一个大小为 128 的暂存器中，这样得到循环次数是 1 000 000 除以 128 的平方。如果我们使用更大的块大小，如 1024，可将循环从 60 次迭代减少到一次读取。现在调用之前用过的通用线程块进行约减。结果将是暂存器数组中的第一个值。最后一部分是设置并从主机调用这两个 kernel。可在下面的代码清单中看到这是如何实现的。

代码清单 12-10　CUDA 约减的主机代码

```
CUDA/SumReduction/SumReduction.cu (four parts)
size_t blocksize = 128;
size_t blocksizebytes = blocksize*
                        sizeof(double);
size_t global_work_size = ((nsize + blocksize - 1) /blocksize) *
                        blocksize;
size_t gridsize = global_work_size/blocksize;

double *dev_x, *dev_total_sum, *dev_redscratch;
cudaMalloc(&dev_x, nsize*sizeof(double));
cudaMalloc(&dev_total_sum, 1*sizeof(double));
cudaMalloc(&dev_redscratch,
           gridsize*sizeof(double));

cudaMemcpy(dev_x, x, nsize*sizeof(double),
          cudaMemcpyHostToDevice);

reduce_sum_stage1of2
       <<<gridsize, blocksize, blocksizebytes>>>
        (nsize, dev_x, dev_total_sum,
         dev_redscratch);

if (gridsize > 1) {
   reduce_sum_stage2of2
       <<<1, blocksize, blocksizebytes>>>
        (nsize, dev_total_sum, dev_redscratch);
}

double total_sum;
cudaMemcpy(&total_sum, dev_total_sum, 1*sizeof(double),
           cudaMemcpyDeviceToHost);
printf("Result -- total sum %lf \n",total_sum);

```

计算 CUDA kernel 的块和网格大小

为 kernel 分配设备内存

将数组复制到 GPU 设备

调用约减 kernel 的第一次传递

如果需要，调用第二次传递

```
122 cudaFree(dev_redscratch);
123 cudaFree(dev_total_sum);
124 cudaFree(dev_x);
```

主机代码首先在第 100 到 103 行计算 kernel 调用的大小。然后必须为设备数组分配内存。对于这个操作，我们需要使用一个 scratch 数组，用于存储第一个 kernel 的每个块的和。在第 108 行将它分配为网格大小，因为这是我们拥有的块的数量。还需要一个共享内存 scratchpad 数组，该数组的大小与块大小相同。我们在第 101 行计算这个大小，并在第 112 和 115 行将它作为 chevron 操作符的第三个参数传递给 kernel。第三个参数是可选参数，这是我们第一次看到它被使用。回看代码清单 12-9(第 56 行)和代码清单 12-7(第 29 行)，了解在 GPU 设备上处理暂存器的相应代码的位置。

试图遵循所有复杂的循环可能很困难。因此，我们创建了一个在 CPU 上执行相同的循环并在执行过程中打印其值的代码版本。它位于 https://github.com/EssentialsofParallelComputing/Chapter12 的 CUDA/SumReductionRevealed 目录中。

我们没有足够的空间在这里显示所有代码，但是你可能发现在它执行时探索和打印值是有用的。在下面的示例中，我们展示了经过编辑的输出版本。

示例： CUDA/SumReductionRevealed

```
Calling first pass with gridsize 2 blocksize 128 blocksizebytes 1024
SYNCTHREADS after all values are in shared memory block
Data count is 200
 ====== ITREE_LEVEL 1 offset 64 ntX is 128 MIN_REDUCE_SYNC_SIZE 32 ====
Data count is reduced to 128
Sync threads when larger than warp
 ====== ITREE_LEVEL 2 offset 32 ntX is 128 MIN_REDUCE_SYNC_SIZE 32 ====
Sync threads when smaller than warp
Data count is reduced to 64
 ====== ITREE_LEVEL 3 offset 16 ntX is 128 MIN_REDUCE_SYNC_SIZE 32 ====
Sync threads when smaller than warp
Data count is reduced to 32
 ====== ITREE_LEVEL 4 offset 8 ntX is 128 MIN_REDUCE_SYNC_SIZE 32 ====
Sync threads when smaller than warp
Data count is reduced to 16
 ====== ITREE_LEVEL 5 offset 4 ntX is 128 MIN_REDUCE_SYNC_SIZE 32 ====
Sync threads when smaller than warp
Data count is reduced to 8
 ====== ITREE_LEVEL 6 offset 2 ntX is 128 MIN_REDUCE_SYNC_SIZE 32 ====
Sync threads when smaller than warp
Data count is reduced to 4
 ====== ITREE_LEVEL 7 offset 1 ntX is 128 MIN_REDUCE_SYNC_SIZE 32 ====
Data count is reduced to 2

Finished reduction sum within thread block

End of first pass

Synchronization in second pass after loading data
Data count is reduced to 2

 ====== ITREE_LEVEL 8 offset 1 ntX is 128 MIN_REDUCE_SYNC_SIZE 32 ====
Data count is reduced to 1
```

```
Finished reduction sum within thread block
Synchronization in second pass after reduction sum
Result -- total sum 19900
```

这个例子是一个长度为 200 的整数数组，每个元素都初始化为它的索引值。我们建议你跟随源代码和图 12-1 了解它的运行。打印第一次和第二次传递的开始和结束。我们可以看到数据计数被减少了 2 倍，在第一次传递结束时只剩下 2 个。第二次传递将其快速地减少为包含加总值的单个值。

作为对需要线程协作 kernel 的一般介绍，我们已经展示了这种约减线程块的方法。你可以看到这是多么复杂，特别是与 Fortran 中内部调用所需的单行代码相比。在这个过程中，我们也在 CPU 上获得了很大的性能提升，并将数据保存在 GPU 上。该算法还有进一步优化的空间，也可以考虑使用一些软件库服务，比如 CUDA UnBound (CUB)、Thrust 或其他 GPU 软件库。

12.2.3 Hipifying CUDA 代码

CUDA 代码只能在 NVIDIA GPU 上运行。而 AMD 已经实现了一种类似的 GPU 语言，并将其命名为可移植性异构接口(HIP)。它是 AMD Radeon 开放计算平台(ROCm)工具套件的一部分。如果你用 HIP 语言进行编程，你可以调用在 NVIDIA 平台上使用 NVCC 的 hipcc 编译器，并在 AMD GPU 上使用 HCC 的 HCC 编译器。

要尝试这些示例，你可能需要安装 ROCm 软件和工具套件。需要注意的是，安装过程经常变化，所以请查看最新的说明文档。同时，在示例中还附有一些说明信息。

示例：HIPifying CUDA 代码的简单 makefile

makefile 有两个版本。一个使用 hipify-perl，另一个使用 hipify-clang。hipify-perl 是一个简单的 Perl 脚本。要了解更多语法感知的转译，你可以尝试 hipify-clang。这两种情况下，对于更复杂的程序来说，你可能需要手动完成最后的修改。我们将使用 Perl 版本，因此将从链接 Makefile 开始。将如下代码清单所示的 perl 文件转换为 Makefile：

```
ln -s Makefile.perl Makefile
Make
```

HIP 的简单 makefile

```
HIP/StreamTriad/Makefile.perl
all: StreamTriad

CXX = hipcc

%.cc : %.cu
   hipify-perl $^ > $@

StreamTriad: StreamTriad.o timer.o
   ${CXX} -o $@ $^

clean:
   rm -rf StreamTriad *.o StreamTriad.cc
```

将 C++编译器设置为 hipcc

将 CUDA 代码转换为 HIP 代码

对标准 makefile 唯一真正的补充是将编译器更改为 hipcc，并添加将 CUDA 源代码转换为 HIP 源代码的模式规则。可以通过手动调用 hipify-perl 脚本来进行代码转换，然后在 CUDA 和 AMD GPU 上使用 HIP 版本的代码。

在 CMake 中对 HIP 也有很好的支持，并且从 CMake 的 2.8.3 版本就开始提供了对 HIP 的支持。下面的代码清单显示了一个用于 HIP 的典型 CMakeList 文件。

代码清单 12-11　使用 CMake 构建 HIP 程序

```
HIP/StreamTriad/CMakeLists.txt
 1 cmake_minimum_required (VERSION 2.8.3)
 2 project (StreamTriad)
 3
 6 if(NOT DEFINED HIP_PATH)
 7    if(NOT DEFINED ENV{HIP_PATH})
 8       set(HIP_PATH "/opt/rocm/hip" CACHE PATH "Path to HIP install")
 9    else()
10       set(HIP_PATH $ENV{HIP_PATH} CACHE PATH "Path to HIP install")
11    endif()
12 endif()
13 set(CMAKE_MODULE_PATH "${HIP_PATH}/cmake" ${CMAKE_MODULE_PATH})
14
15 find_package(HIP REQUIRED)
16 if(HIP_FOUND)
17    message(STATUS "Found HIP: " ${HIP_VERSION})
20 endif()
21
22 set(CMAKE_CXX_COMPILER ${HIP_HIPCC_EXECUTABLE})
23 set(MY_HIPCC_OPTIONS )
24 set(MY_HCC_OPTIONS )
25 set(MY_NVCC_OPTIONS )
26
27 # Adds build target of StreamTriad with source code files
28 HIP_ADD_EXECUTABLE(StreamTriad StreamTriad.cc
                    timer.c timer.h)
29 target_include_directories(StreamTriad PRIVATE ${HIP_PATH}/include)
30 target_link_directories(StreamTriad PRIVATE ${HIP_PATH}/lib)
31 target_link_libraries(StreamTriad hip_hcc)
32
33 # Cleanup
34 add_custom_target(distclean COMMAND rm -rf CMakeCache.txt CMakeFiles *.o
35 Makefile cmake_install.cmake StreamTriad.dSYM ipo_out.optrpt)
```

适用于 HIP 的 CMake 最低版本为 2.8.3

设置 HIP 安装路径

使用路径查找 HIP

将 C++编译器设置为 hipcc

添加可执行文件、包含文件和库文件

在代码清单中，我们首先尝试为 HIP 的可能安装位置设置不同的路径选项，然后在第 15 行中为 HIP 调用 find_package。然后在第 22 行中将 C++编译器设置为 hipcc。HIP_ADD_EXECUTABLE 命令添加了可执行文件的构建，我们使用 HIP 头文件和库的设置(第 28~31 行)完善了代码清单。现在让我们把注意力转向代码清单 12-12 中的 HIP 源代码。我们强调了代码清单 12-5 到 12-6 中源代码的 CUDA 版本更改。

代码清单 12-12 stream triad 的 HIP 差异

```
HIP/StreamTriad/StreamTriad.c
#include "hip/hip_runtime.h"
     < . . . skipping . . . >
   // allocate device memory. suffix of _d indicates a device pointer
   double *a_d, *b_d, *c_d;
   hipMalloc(&a_d, stream_array_size*
             sizeof(double));
   hipMalloc(&b_d, stream_array_size*
             sizeof(double));
   hipMalloc(&c_d, stream_array_size*
             sizeof(double));
   < . . . skipping . . . >
   for (int k=0; k<NTIMES; k++){
      cpu_timer_start(&ttotal);
      // copying array data from host to device
      hipMemcpy(a_d, a, stream_array_size*
         sizeof(double), hipMemcpyHostToDevice);
      hipMemcpy(b_d, b, stream_array_size*
         sizeof(double), hipMemcpyHostToDevice);
      // cuda memcpy to device returns after buffer available,
      // so synchronize to get accurate timing for kernel only
      hipDeviceSynchronize();

      cpu_timer_start(&tkernel);
      // launch stream triad kernel
      hipLaunchkernelGGL(StreamTriad,
         dim3(gridsize), dim3(blocksize), 0, 0,
         stream_array_size, scalar, a_d, b_d,
                                          c_d);
      // need to force completion to get timing
      hipDeviceSynchronize();
      tkernel_sum += cpu_timer_stop(tkernel);

      // cuda memcpy from device to host blocks for completion
      // so no need for synchronize
      hipMemcpy(c, c_d, stream_array_size*
        sizeof(double), hipMemcpyDeviceToHost);
   < . . . skipping . . . >
   }
   < . . . skipping . . . >

   hipFree(a_d);
   hipFree(b_d);
   hipFree(c_d);
```

我们需要包含 HIP 运行时头文件(run-time header)

将 cudaMalloc 改成 hipMalloc

将 cudaDeviceSynchronize 改成 hipDeviceSynchronize

将 cudaMemcpy 改成 hipMemcpy

hipLaunchkernel 是一个比 CUDA kernel 启动更传统的语法

用 hipFree 替换 cudaFree

要将CUDA源转换为HIP源，我们将源中所有出现的CUDA替换为HIP。更重要的变化是kernel的启动调用，其中HIP使用比CUDA中使用的三重V形符号更传统的语法。奇怪的是，最大的变化居然是在两种语言的变量命名中使用的术语。

12.3　OpenCL：用于可移植的开源 GPU 语言

随着对可移植 GPU 代码的迫切需求，一种新的 GPU 编程语言 OpenCL 于 2008 年出现。OpenCL 是一种开源的标准 GPU 语言，可以运行在 NVIDIA 和 AMD/ATI 图形卡上，以及许多其他硬件设备上。OpenCL 标准是由苹果和许多其他组织领导的。OpenCL 的一个优点是你可以使用任何 C，甚至 C++编译器来编译主代码。对于 GPU 设备代码，OpenCL 最初是一个基于 C99 的子集。最近，OpenCL 的 2.1 和 2.2 版本增加了对 C++14 的支持，但目前具体实现仍然不可用。

OpenCL 发布初期就引起了很多人的兴趣。终于出现了编写可移植 GPU 代码的方法。例如，GIMP 宣布它将支持 OpenCL 作为 GPU 加速在众多硬件平台上可用的一种方式。但现实情况则没有那么令人信服，许多人认为 OpenCL 太过低级及冗长，无法被广泛接受。因此，它的最终角色甚至可能是作为高级语言的低级可移植性层而存在。但是它作为一种跨各种硬件设备的可移植语言的价值，已经在嵌入式设备社区的 FPGA 中得到了证实。OpenCL 被认为冗长的原因之一，是设备选择过于复杂(也更强大)。你必须检测并选择所要运行的设备。这可能意味着仅仅在程序开始部分就需要 100 行代码来完成这项工作。

几乎所有使用 OpenCL 的人都会编写一个库来处理低级别的问题。我们也不例外。我们的库叫做 EZCL。几乎每个 OpenCL 调用都至少包装了一个轻量级层来处理错误条件，同时，设备检测、编译代码和错误处理需要大量的代码行。

在我们的示例中，将使用 EZCL 库的简化版本 EZCL_Lite，以便你可以看到实际的 OpenCL 调用。EZCL_Lite 例程用于选择设备并为应用程序设置这些设备，然后编译设备代码并处理错误。因为这些操作的代码过多，无法在这里展示，所以请查看 https://github.com/EssentialsofParallelComputing/Chapter12 的 OpenCL 目录中的示例，完整的 EZCL 库也可以在该目录中找到。EZCL 例程可以给出详细的调用错误，以及它发生在源代码中的哪一行。

在开始尝试编写 OpenCL 代码之前，检查一下你是否有合适的设备并做了正确的配置。为此，可以使用 clinfo 命令进行查看。

示例：获取关于 OpenCL 的安装信息

执行 OpenCL info 命令：

```
clinfo
```

如果得到如下输出，说明 OpenCL 没有设置或者没有合适的 OpenCL 设备：

```
Number of platforms 0
```

如果你没有 clinfo 命令，请尝试使用适合你的系统的命令来安装它。对于 Ubuntu 系统来说，可以使用如下命令：

```
sudo apt install clinfo
```

本章附带的示例包括一些关于 OpenCL 安装的简短提示，但还是请检查你系统的最新信息，以确保程序可以正常运行。OpenCL 有一个扩展，它提供了一个详细的模型，说明每个设备应该如何在其 ICD(Installable Client Driver)规范中设置其驱动程序。这允许一个应用程序使用多个 OpenCL

平台及驱动程序。

12.3.1 编写和构建第一个 OpenCL 应用程序

为纳入 OpenCL，对标准 makefile 的更改并不太复杂。典型的变化如代码清单 12-13 所示。要为 OpenCL 使用简单的 makefile，可以输入：

```
ln -s Makefile.simple Makefile
```

然后使用 make 构建应用程序并使用./StreamTriad 运行该应用程序。

代码清单 12-13 OpenCL 的简单 makefile

```
OpenCL/StreamTriad/Makefile.simple
 1 all: StreamTriad
 2
 3 #CFLAGS = -DDEVICE_DETECT_DEBUG=1
 4 #OPENCL_LIB = -L<path>
 5
 6 %.inc : %.cl
 7    ./embed_source.pl $^ > $@
 8
 9 StreamTriad.o: StreamTriad.c StreamTriad_kernel.inc
10
11 StreamTriad: StreamTriad.o timer.o ezclsmall.o
12    ${CC} -o $@ $^ ${OPENCL_LIB} -lOpenCL
13
14 clean:
15    rm -rf StreamTriad *.o StreamTriad_kernel.inc
```

打开设备检测详细信息

模式规则嵌入 OpenCL 源代码

该 makefile 包含一种设置 DEVICE_DETECT_DEBUG 标志的方法，以打印出可用的 GPU 设备的详细信息。此标志在 ezcl_lite.c 源代码中提供更多详细信息的设置。它可以帮助解决设备检测的问题或获得错误的设备信息。在第 6 行还添加了一个模式规则，该规则将 OpenCL 源代码嵌入程序中，以便在运行时使用这些代码。这个 Perl 脚本将源代码转换为注释，并在第 9 行中将其作为依赖项，它将通过一个 include 语句加载到 StreamTriad.c 文件中。

embed_source.pl 实用程序是我们开发的一个实用程序，用于将 OpenCL 源代码直接链接到可执行文件中(有关此实用程序的源代码，请参见本章示例)。OpenCL 代码运行的常见方式是拥有一个必须在运行时定位的单独源文件，一旦设备可用，就会对其进行编译。使用单独的文件会产生无法找到或获取错误版本文件的问题，因此我们强烈建议将源代码嵌入可执行文件中以避免这些问题的出现。还可在构建系统中使用 CMake 对 OpenCL 的支持，如下面的代码清单所示。

代码清单 12-14 OpenCL CMake 文件

```
OpenCL/StreamTriad/CMakeLists.txt
cmake_minimum_required (VERSION 3.1)
project (StreamTriad)

if (DEVICE_DETECT_DEBUG)
   add_definitions(-DDEVICE_DETECT_DEBUG=1)
endif (DEVICE_DETECT_DEBUG)
```

CMake 在 3.1 版中增加了 OpenCL 的支持

打开设备检测详细信息

```
7
8 find_package(OpenCL REQUIRED)
9 set(HAVE_CL_DOUBLE ON CACHE BOOL
      "Have OpenCL Double")
10 set(NO_CL_DOUBLE OFF)
11 include_directories(${OpenCL_INCLUDE_DIRS})
12
13 # Adds build target of StreamTriad with source code files
14 add_executable(StreamTriad StreamTriad.c ezclsmall.c ezclsmall.h
               timer.c timer.h)
15 target_link_libraries(StreamTriad ${OpenCL_LIBRARIES})
16 add_dependencies(StreamTriad StreamTriad_kernel_source)
17
18 ########### embed source target ##############
19 add_custom_command(OUTPUT
   ${CMAKE_CURRENT_BINARY_DIR}/StreamTriad_kernel.inc
20    COMMAND ${CMAKE_SOURCE_DIR}/embed_source.pl
      ${CMAKE_SOURCE_DIR}/StreamTriad_kernel.cl
      > StreamTriad_kernel.inc
21          DEPENDS StreamTriad_kernel.cl ${CMAKE_SOURCE_DIR}/embed_source.pl)
22 add_custom_target(
         StreamTriad_kernel_source ALL DEPENDS
      ${CMAKE_CURRENT_BINARY_DIR}/
         StreamTriad_kernel.inc)
23
24 # Cleanup
25 add_custom_target(distclean COMMAND rm -rf CMakeCache.txt CMakeFiles
26                  Makefile cmake_install.cmake StreamTriad.dSYM
                    ipo_out.optrpt)
27
28 SET_DIRECTORY_PROPERTIES(PROPERTIES ADDITIONAL_MAKE_CLEAN_FILES
                          "StreamTriad_kernel.inc")
```

CMake 在 3.1 版中增加了 OpenCL 的支持

标志设置支持 CL_DOUBLE

自定义命令将 OpenCL 源代码嵌入可执行文件中

在 3.1 版添加了 CMake 中的 OpenCL 支持。我们在 CMakelists.txt 文件的第 1 行添加了这个版本需求。还有一些特别的事情需要注意。对于本例，我们使用 CMake 命令的 -DDEVICE_DETECT_DEBUG=1 选项来打开设备检测的详细信息。此外，我们还提供了一种开启和关闭 OpenCL 双精度支持的方法。我们在 EZCL_Lite 代码中使用它来设置 OpenCL 设备代码的即时(JIT)编译标志。最后，在第 19~22 行中添加了一个自定义命令，用于将 OpenCL 设备源嵌入可执行文件中。OpenCL kernel 的源代码位于一个名为 StreamTriad_kernel 的单独文件中。如以下的代码清单所示。

代码清单 12-15　OpenCL kernel

```
OpenCL/StreamTriad/StreamTriad_kernel.cl
// OpenCL kernel version of stream triad
__kernel void StreamTriad(
             const int n,
             const double scalar,
      __global const double *a,
      __global const double *b,
      __global double *c)
{
```

__kernel 属性表明这是从主机调用的

```
   int i = get_global_id(0);

   // Protect from going out-of-bounds
   if (i >= n) return;

   c[i] = a[i] + scalar*b[i];
}
```

获取线程索引

将此 kernel 代码与代码清单 12-4 中的 CUDA kernel 代码进行比较。你会发现它们与 OpenCL 代码几乎相同，主要是在子例程声明中用__kernel 替换了__global__而已，将__global 属性添加到指针参数，并且使用了一种不同的获取线程索引的方法。此外，不同之处还有 CUDA kernel 代码与主机源代码位于同一个.cu 文件中，而 OpenCL 代码位于单独的.cl 文件中。我们可将 CUDA 代码分离到它自己的.cu 文件中，并将主机代码放在一个标准的 C++源文件中。这与用于 OpenCL 应用程序的结构类似。

注意：CUDA 和 OpenCL 的 kernel 代码之间的许多差异都是表面的。

那么 OpenCL 主机端代码与 CUDA 版本有什么不同呢？让我们看一下代码清单 12-16 中的 OpenCl 版本代码，并将其与代码清单 12-5 中的代码进行比较。有两个版本的 OpenCL stream triad：不带错误检查的 StreamTriad_simple.c 和带有错误检查的 StreamTriad.c。错误检查增加了许多行代码，这些代码最初可能会对读者理解程序的运行造成困扰。

代码清单 12-16　OpenCL 版本的 stream triad：设置和拆除

```
OpenCL/StreamTriad/StreamTriad_simple.c
#include "StreamTriad_kernel.inc"
#ifdef __APPLE_CC__
#include <OpenCL/OpenCL.h>
#else
#include <CL/cl.h>
#endif
#include "ezcl_lite.h"
  < . . . skipping code . . . >
   cl_command_queue command_queue;
   cl_context context;
   iret = ezcl_devtype_init(
          CL_DEVICE_TYPE_GPU, &command_queue,
          &context);
   const char *defines = NULL;
   cl_program program =
       ezcl_create_program_wsource(context,
       defines, StreamTriad_kernel_source);
   cl_kernel kernel_StreamTriad =
       clCreatekernel(program, "StreamTriad",
       &iret);

   // allocate device memory. suffix of _d indicates a device pointer
   size_t nsize = stream_array_size*sizeof(double);
   cl_mem a_d = clCreateBuffer(context,
       CL_MEM_READ_WRITE, nsize, NULL, &iret);
   cl_mem b_d = clCreateBuffer(context,
       CL_MEM_READ_WRITE, nsize, NULL, &iret);
   cl_mem c_d = clCreateBuffer(context,
```

Apple 设定与众不同

EZCL_Lite 支持库

获取 GPU 设备

从源创建程序

在源代码中编译 StreamTriad kernel

```
         CL_MEM_READ_WRITE, nsize, NULL, &iret);
44
45    // setting work group size and padding
      //    to get even number of workgroups
46    size_t local_work_size = 512;
47    size_t global_work_size = ( (stream_array_size + local_work_size - 1)
         /local_work_size ) * local_work_size;
      < . . . skipping code . . . >
74    clReleaseMemObject(a_d);
75    clReleaseMemObject(b_d);
76    clReleaseMemObject(c_d);
77
78    clReleasekernel(kernel_StreamTriad);
79    clReleaseCommandQueue(command_queue);
80    clReleaseContext(context);
81    clReleaseProgram(program);
```

工作组大小的计算与 CUDA 相似

处理数组内存

清理 kernel 和设备相关的对象

在程序开始时，我们在第 34~37 行看到了一些差异，我们必须找到 GPU 设备并编译设备代码，这是在 CUDA 的后台完成的。两行 OpenCL 代码调用 EZCL_Lite 例程来检测设备并创建程序对象。我们之所以通过调用方式进行操作，是因为这些函数所需的代码量太长，无法在此处显示。这些例程的源代码长达数百行，而其中大部分是用来做错误检查的。

注意：可以在 https://github.com/EssentialsofParallelComputing/Chapter12 的 OpenCL/StreamTriad 目录中找到本章的示例。精简版本的 StreamTriad_simple.c 中省略了一些错误检查代码，这些被省略的部分可以在完整版本的 StreamTriad.c 中找到。

其余的设置和拆除代码遵循我们在 CUDA 代码中看到的相同模式，需要更多的清理操作，同样与设备和程序源处理相关。现在，对于代码清单 12-16，在计时循环中调用 OpenCL kernel 的部分代码与代码清单 12-6 中的 CUDA 代码相比有何不同？

代码清单 12-17　OpenCL 版本的 stream triad：kernel 调用和时序循环

```
OpenCL/StreamTriad/StreamTriad_simple.c
   for (int k=0; k<NTIMES; k++){
      cpu_timer_start(&ttotal);
      // copying array data from host to device
      iret=clEnqueueWriteBuffer(command_queue,
         a_d, CL_FALSE, 0, nsize, &a[0],
         0, NULL, NULL);
   iret=clEnqueueWriteBuffer(command_queue,
         b_d, CL_TRUE, 0, nsize, &b[0],
         0, NULL, NULL);

      cpu_timer_start(&tkernel);
      // set stream triad kernel arguments
      iret=clSetkernelArg(kernel_StreamTriad,
         0, sizeof(cl_int),
          (void *)&stream_array_size);
      iret=clSetkernelArg(kernel_StreamTriad,
         1, sizeof(cl_double),
          (void *)&scalar);
      iret=clSetkernelArg(kernel_StreamTriad,
         2, sizeof(cl_mem), (void *)&a_d);
```

内存移动调用

设置 kernel 参数

```
60       iret=clSetkernelArg(kernel_StreamTriad,
             3, sizeof(cl_mem), (void *)&b_d);
61       iret=clSetkernelArg(kernel_StreamTriad,
             4, sizeof(cl_mem), (void *)&c_d);
62       // call stream triad kernel
63       clEnqueueNDRangekernel(command_queue,
             kernel_StreamTriad, 1, NULL,
             &global_work_size, &local_work_size,
             0, NULL, NULL);
64       // need to force completion to get timing
65       clEnqueueBarrier(command_queue);
66       tkernel_sum += cpu_timer_stop(tkernel);
67
68       iret=clEnqueueReadBuffer(command_queue,
             c_d, CL_TRUE, 0, nsize, c,
             0, NULL, NULL);
69       ttotal_sum += cpu_timer_stop(ttotal);
70    }
```

设置 kernel 参数

调用 kernel

同步 barrier

第 57~61 行发生了什么？OpenCL 需要对每个 kernel 参数进行单独调用。如果检查每个返回的代码，会有更多代码行。这比代码清单 12-6 中的 CUDA 代码所用的第 53 行详细得多。两个版本之间存在直接对应关系，OpenCL 只是在描述参数传递的操作方面，更加冗长而已。除了设备检测和程序编译外，程序的操作几乎一致。而最大的区别是两种语言使用的语法不同。

代码清单 12-18 展示了设备检测和创建程序调用的大致顺序。错误检查和特殊情况所需的处理操作使这些例程变得比以前更长。对于这两个函数，良好的错误处理是非常重要的。我们需要编译器能够报告源代码中的错误或错误的 GPU 设备。

代码清单 12-18　OpenCL 支持库 ezcl_lite

```
OpenCL/StreamTriad/ezcl_lite.c
/* init and finish routine */
cl_int ezcl_devtype_init(cl_device_type device_type,
   cl_command_queue *command_queue, cl_context *context);
clGetPlatformIDs -- first to get number of platforms and allocate
clGetPlatformIDs -- now get platforms
Loop on number of platforms and
   clGetDeviceIDs -- once to get number of devices and allocate
   clGetDeviceIDs -- get devices
   check for double precision support -- clGetDeviceInfo
End loop
clCreateContext
clCreateCommandQueue

/* kernel and program routines */
cl_program ezcl_create_program_wsource(cl_context context,
   const char *defines, const char *source);
      clCreateProgramWithSource
      set a compile string (hardware specific options)
      clBuildProgram
      Check for error, if found
      clGetProgramBuildInfo
      and printout compile report
```

```
End error handling
```

我们通过为许多 OpenCL 创建的语言接口来结束本次关于 OpenCL 的介绍。这些语言接口包括 C++、Python、Perl 和 Java 版本。在每一种语言中，都创建了一个更高级别的接口，它隐藏了 C 版本 OpenCL 的某些细节。而且，强烈推荐你使用我们的 EZCL 库或者其他中间件的 OpenCL 库。

从 OpenCL v1.2 开始，就出现了一个非官方的 C++版本 OpenCL。这个实现其实是 OpenCL C 版本上的一个变体。尽管没有得到标准委员会的批准，但它对开发人员来说是完全可用的。可以在 https://github.com/KhronosGroup/OpenCL-CLHPP 上找到。由于最近才批准在 OpenCL 中使用 C++，所以目前还没有具体的实现方法可供使用。

12.3.2　OpenCL 中的约减

OpenCL 的约减求和与 CUDA 类似。我们将只关心 kernel 源代码中的不同之处，而不是详细研究每一行代码。首先在图 12-3 中显示的是 sum_within_block 的并行差异，sum_within_block 是两个 kernel 的通用例程。

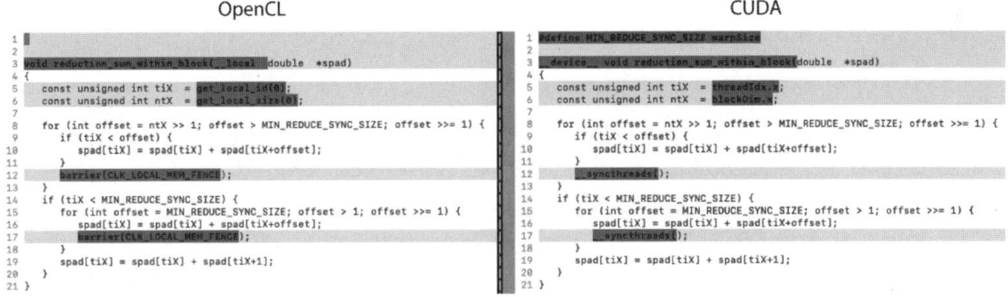

图 12-3　OpenCL 和 CUDA 约减 kernel 的比较：sum_within_block

这个被其他 kernel 调用的设备 kernel，与众不同的地方在于声明的属性。CUDA 在声明中需要__device__属性，而 OpenCL 则不需要。对于参数，传入 scratchpad 数组，OpenCL 需要__local 属性，而 CUDA 则不需要。下一个区别是获取本地线程索引和块(tile)大小的语法(如图 12-3 第 5 和第 6 行所示)。另外，同步调用也不相同。在程序的顶部，warp 大小是由宏定义的，用来帮助提升在 NVIDIA 和 AMD GPU 之间的可移植性。CUDA 将其定义为 warp-size 变量。对于 OpenCL，它则是通过编译器定义传入的。我们还将实际代码中的术语从 block 改为 tile，从而与每种语言的术语保持一致。

下一个例程是两个 kernel 传递中的第一个，称为 stage1of2，如图 12-4 所示。这个 kernel 是从主机调用的。CUDA 的__global__属性对应 OpenCL 的__kernel 属性。我们还必须将__global 属性添加到 OpenCL 的指针参数中。

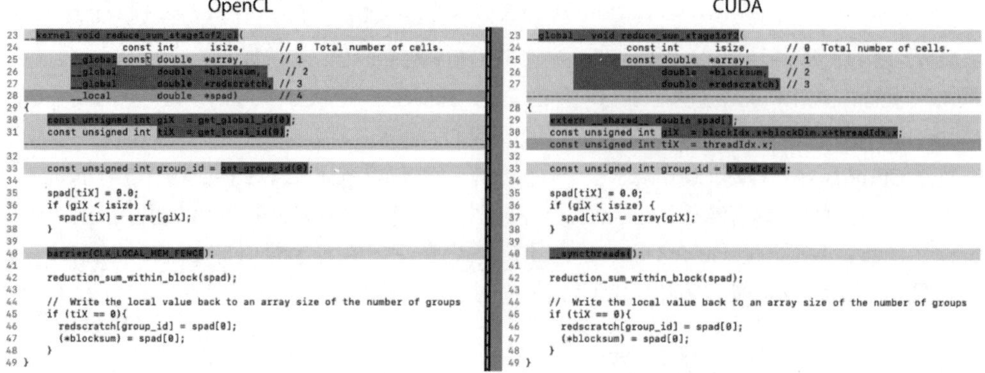

图 12-4 OpenCL 和 CUDA 约减 kernel 中，对两个 kernel 传递中的第一个传递进行比较

下一个差异是需要格外注意的。在 CUDA 中，我们将共享内存中的 scratchpad 声明为 kernel 主体中的 extern __shared__ 变量。在主机端，可选的第三个参数中以字节数形式给出共享内存空间的大小。而 OpenCL 的做法有所不同，它作为带有__local 属性的参数列表中的最后一个参数进行传递。在主机端，内存是在第四个 kernel 参数的 set 参数调用中指定的：

```
clSetkernelArg(reduce_sum_1of2, 4,
               local_work_size*sizeof(cl_double), NULL);
```

size 是函数调用中的第三个参数。其余的不同是在语法中设置线程参数和同步调用。进行比较的最后一部分是图 12-5 中约减求和 kernel 的第二次传递。

我们已经看到了第二个 kernel 中的所有变化模式。我们在 kernel 和参数的声明上仍然存在差异。对于第一次传递，本地 scratch 数组也与第一次传递的 kernel 具有相同的差异。另外，线程参数和同步也有相同的差异。

回顾图 12-3 到图 12-5 中的三个比较，可忽略的地方变得更明显。kernel 的主体本质上是相同的。

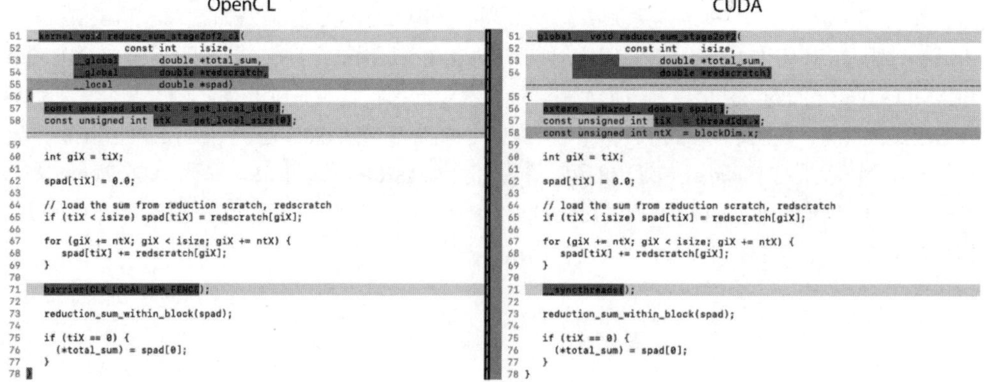

图 12-5 对约减求和的第二次传递进行比较

唯一的区别是同步调用的语法。下面的代码清单 12-19 显示了 OpenCL 中约减求和的主机端代码。

代码清单 12-19 OpenCL 约减求和的主机端代码

```
OpenCL/SumReduction/SumReduction.c
cl_context context;
cl_command_queue command_queue;
ezcl_devtype_init(CL_DEVICE_TYPE_GPU, &command_queue, &context);
const char *defines = NULL;
cl_program program = ezcl_create_program_wsource(context, defines,
     SumReduction_kernel_source);
cl_kernel reduce_sum_1of2=clCreatekernel(
     program, "reduce_sum_stage1of2_cl", &iret);
cl_kernel reduce_sum_2of2=clCreatekernel(
     program, "reduce_sum_stage2of2_cl", &iret);
struct timespec tstart_cpu;
cpu_timer_start(&tstart_cpu);
size_t local_work_size = 128;
size_t global_work_size = ((nsize + local_work_size - 1)
     /local_work_size) * local_work_size;
size_t nblocks = global_work_size/local_work_size;
cl_mem dev_x = clCreateBuffer(context, CL_MEM_READ_WRITE,
     nsize*sizeof(double), NULL, &iret);
cl_mem dev_total_sum = clCreateBuffer(context, CL_MEM_READ_WRITE,
     1*sizeof(double), NULL, &iret);
cl_mem dev_redscratch = clCreateBuffer(context, CL_MEM_READ_WRITE,
     nblocks*sizeof(double), NULL, &iret);
clEnqueueWriteBuffer(command_queue, dev_x, CL_TRUE, 0,
     nsize*sizeof(cl_double), &x[0], 0, NULL, NULL);
clSetkernelArg(reduce_sum_1of2, 0,
     sizeof(cl_int), (void *)&nsize);
clSetkernelArg(reduce_sum_1of2, 1,
     sizeof(cl_mem), (void *)&dev_x);
clSetkernelArg(reduce_sum_1of2, 2,
     sizeof(cl_mem), (void *)&dev_total_sum);
clSetkernelArg(reduce_sum_1of2, 3,
     sizeof(cl_mem), (void *)&dev_redscratch);
clSetkernelArg(reduce_sum_1of2, 4,
     local_work_size*sizeof(cl_double), NULL);
clEnqueueNDRangekernel(command_queue,
     reduce_sum_1of2, 1, NULL, &global_work_size,
     &local_work_size, 0, NULL, NULL);
if (nblocks > 1) {
    clSetkernelArg(reduce_sum_2of2, 0,
        sizeof(cl_int), (void *)&nblocks);
    clSetkernelArg(reduce_sum_2of2, 1,
        sizeof(cl_mem), (void *)&dev_total_sum);
    clSetkernelArg(reduce_sum_2of2, 2,
        sizeof(cl_mem), (void *)&dev_redscratch);
```

通过单个源来创建两个 kernel

调用第一次约减传递

如果需要第二次传递的话……

……调用第二次约减传递

```
54     clSetkernelArg(reduce_sum_2of2, 3,
           local_work_size*sizeof(cl_double), NULL);
55
56     clEnqueueNDRangekernel(command_queue,
           reduce_sum_2of2, 1, NULL, &local_work_size,
           &local_work_size, 0, NULL, NULL);
57 }
58
59 double total_sum;
60
61 iret=clEnqueueReadBuffer(command_queue, dev_total_sum, CL_TRUE, 0,
       1*sizeof(cl_double), &total_sum, 0, NULL, NULL);
62
63 printf("Result -- total sum %lf \n",total_sum);
64
65 clReleaseMemObject(dev_x);
66 clReleaseMemObject(dev_redscratch);
67 clReleaseMemObject(dev_total_sum);
68
69 clReleasekernel(reduce_sum_1of2);
70 clReleasekernel(reduce_sum_2of2);
71 clReleaseCommandQueue(command_queue);
72 clReleaseContext(context);
73 clReleaseProgram(program);
```

……调用第二次约减传递

对第一次 kernel 传递的调用在第 46 行创建了一个本地 scratchpad 数组。中间结果将存储回第 38 行创建的 redscratch 数组中。如果数据超过一个块大小，则需要第二次传递。redscratch 数组被传回来并完成约减操作。注意，参数 5 和 6 中的 kernel 参数被设置为 local_work_size 或单个工作组。这样就可以在所有剩余数据之间进行同步，而不需要再进行一次同步。

12.4　SYCL：一个成为主流的实验性 C++实现

SYCL 在 2014 年开始作为一个基于 OpenCL 的 C++实验性实现而出现。开发人员创建 SYCL 的目标是对 C++语言进行更自然的扩展，而不是让人觉得 OpenCL 是 C 语言的附属品而存在。它是作为一个跨平台抽象层进行开发的，利用了 OpenCL 的可移植性和高效率。当 Intel 将其作为美国能源部宣布的 Aurora HPC 系统的主要语言选择之一时，它的实验语言重点突然发生了变化。Aurora 系统将使用正在开发中的新型 Intel 独立图形处理器。Intel 对 SYCL 标准提出了一些补充，已经在其 oneAPI 开放式编程系统中的数据并行 C++ (DPCPP) 编译器中进行了原型设计。

你可以通过多种方式来了解 SYCL。其中甚至可以在不安装软件也不使用相关硬件的情况下，也可以了解 SYCL，可以首先尝试基于云端的系统：

- Interactive SYCL 在 tech.io 网站上提供了一个教程，网址为 https://tech.io/playgrounds/48226/introduction-to-sycl/introduction-to-sycl-2。
- Intel 提供了 oneAPI 和 DPCPP 的云端版本，网址为 https://software.intel.com/en-us/oneapi。需要注意，必须注册之后才能使用。

也可以从以下网站下载并安装 SYCL：

- ComputeCPP 社区版，网址为 https://developer.codeplay.com/products/computecpp/ce/home/。你必须注册后才能下载。
- Intel DPCPP 编译器可以通过如下地址获得：https://github.com/intel/llvm/blob/sycl/sycl/doc/GetStartedGuide.md。
- Intel 还在 https://github.com/intel/oneapi-containers/blob/master/images/docker/basekit-devel-ubuntu18.04/Dockerfile 上提供了 Docker 文件设置说明。

我们将使用 Intel 的 DPCPP 版本的 SYCL。在 https://github.com/EssentialsofParallelComputing/Chapter12 的 README.virtualbox 中，包含关于设置 oneAPI 的 VirtualBox 安装的说明以及本章随附的示例。你应该能够在几乎任何操作系统上运行 VirtualBox。下面从 DPCPP 编译器的简单 makefile 开始，如下面的代码清单所示。

代码清单 12-20　DPCPP 版 SYCL 的简单 makefile

```
DPCPP/StreamTriad/Makefile
CXX = dpcpp
CXXFLAGS = -std=c++17 -fsycl -O3

all: StreamTriad

StreamTriad: StreamTriad.o timer.o
   $(CXX) $(CXXFLAGS) $^ -o $@

clean:
   -rm -f StreamTriad.o StreamTriad
```

指定 dpcpp 作为 C++ 编译器

将 SYCL 选项添加到 C++标志中

将 C++编译器设置为 Intel dpcpp 编译器，这将会帮助处理路径、库和包含文件。唯一的额外设置就是为 C++编译器设置某些标志。下面的代码清单显示了示例的 SYCL 源代码。

代码清单 12-21　SYCL 的 DPCPP 版本 stream triad 示例

```
DPCPP/StreamTriad/StreamTriad.cc
#include <chrono>
#include "CL/sycl.hpp"

namespace Sycl = cl::sycl;
using namespace std;

int main(int argc, char * argv[])
{
   chrono::high_resolution_clock::time_point t1, t2;

   size_t nsize = 10000;
   cout << "StreamTriad with " << nsize << " elements" << endl;

   // host data
   vector<double> a(nsize,1.0);
   vector<double> b(nsize,2.0);
   vector<double> c(nsize,-1.0);

   t1 = chrono::high_resolution_clock::now();
```

引入 SYCL 头文件

使用 SYCL 命名空间

将主机端向量初始化为常量

```

   Sycl::queue Queue(Sycl::cpu_selector{});

   const double scalar = 3.0;

   Sycl::buffer<double,1> dev_a { a.data(),
       Sycl::range<1>(a.size()) };
   Sycl::buffer<double,1> dev_b { b.data(),
       Sycl::range<1>(b.size()) };
   Sycl::buffer<double,1> dev_c { c.data(),
       Sycl::range<1>(c.size()) };

   Queue.submit([&](Sycl::handler&
            CommandGroup) {

      auto a = dev_a.get_access<Sycl::
          access::mode::read>(CommandGroup);
      auto b = dev_b.get_access<Sycl::
          access::mode::read>(CommandGroup);
      auto c = dev_c.get_access<Sycl::
          access::mode::write>(CommandGroup);

      CommandGroup.parallel_for<class
          StreamTriad>(Sycl::range<1>{nsize},
           [=] (Sycl::id<1> it){
         c[it] = a[it] + scalar * b[it];
      });
   });
   Queue.wait();

   t2 = chrono::high_resolution_clock::now();

   double time1 = chrono::duration_cast<
                  chrono::duration<double> >(t2 - t1).count();
   cout << "Runtime is " << time1*1000.0 << " msecs " << endl;
}
```

为 CPU 设置设备

分配设备缓冲区，并设置为主机缓冲区

用于队列提交的 lambda

获取对设备数组的访问

用于 kernel 并行的 lambda

等待完成

第一个 Sycl 函数选择一个设备并创建一个队列在该设备上进行工作。我们要求使用 CPU，尽管此代码也适用于具有统一内存的 GPU。

```
Sycl::queue Queue(sycl::cpu_selector{});
```

我们选择 CPU，是因为可以获得最大的可移植性，以便代码在大多数系统上运行。为了使这段代码在没有统一内存的 GPU 上工作，需要将数据的显式副本从一个内存空间添加到另一个内存空间。默认选择器优先寻找 GPU，然后寻找 CPU。如果我们只想选择 GPU 或 CPU，还可以指定其他选择器，例如：

```
Sycl::queue Queue(sycl::default_selector{}); // 使用默认设备
Sycl::queue Queue(sycl::gpu_selector{});     // 寻找 GPU 设备
Sycl::queue Queue(sycl::cpu_selector{});     // 寻找 CPU 设备
Sycl::queue Queue(sycl::host_selector{});    // 在主机上运行(使用 CPU 设备)
```

最后一个选项意味着它将在主机上运行，就像没有 SYCL 或 OpenCL 代码一样。设备和队列的设置比我们在 OpenCL 中做的要简单得多，现在我们需要用 SYCL 缓冲区来设置设备缓冲区：

```
Sycl::buffer<double,1> dev_a { a.data(), Sycl::range<1>(a.size()) };
```

缓冲区的第一个参数用来设定数据类型，第二个参数是数据的维数。然后给它一个变量名 dev_a。变量的第一个参数是用于初始化设备数组的主机数据数组，第二个参数是设置将要使用的索引集。在本例中，我们指定一个从 0 到 a.size()(a 变量的大小)的一维范围。在第 29 行，我们遇到第一个为队列创建命令组处理程序的 lambda 函数：

```
Queue.submit([&](Sycl::handler& CommandGroup)
```

我们在 10.2.1 节中介绍了 lambda。lambda capture 子句[&]指定：通过引用捕获例程中所使用的外部变量。对于这个 lambda，将获取 nsize、scalar、dev_a、dev_b 和 dev_c 从而可以在 lambda 中使用它们。也可仅使用[&]的单个捕获设置来指定它，或者使用以下形式指定捕获哪些变量。往往后者更受欢迎，但列表可能会很长。

```
Queue.submit([&nsize, &scalar, &dev_a, &dev_b, &dev_c] (Sycl::handler& CommandGroup)
```

在 lambda 的主体中，我们可以访问设备数组，并将它们重命名，以便在设备例程中使用。这相当于命令组处理程序的参数列表。然后为命令组创建第一个任务 parallel_for，parallel_for 也是用 lambda 定义的。

```
CommandGroup.parallel_for<class StreamTriad>(Sycl::range<1>
                                  {nsize},[=] (Sycl::id<1> it)
```

lambda 的名称是 StreamTriad。然后我们告诉它，我们将在一个从 0 到 nsize 的一维范围内操作。capture 子句[=]按值捕获 a、b 和 c 变量。确定是通过引用捕获，还是通过值捕获是很棘手的问题。但如果代码被推送到 GPU，原始引用可能超出范围，并且失效。最后，我们创建了一个一维索引变量，通过这个变量在该范围内进行遍历。

12.5　性能可移植性的高级语言

现在，你可以看到 CPU 和 GPU kernel 之间的差异并不是那么大。那么为什么不使用 C++的多态和模板来生成它们呢？这正是能源部研究实验室开发的某些软件库所完成的工作。这些项目处理许多将代码移植到新的硬件架构的问题。Kokkos 系统是由桑迪亚国家实验室开发的，已经得到广泛关注。劳伦斯利弗莫尔国家实验室(Lawrence Livermore National Laboratory)也有一个类似的项目，名为 RAJA。这两个项目都已经成功实现了单一来源、多平台功能的目标。

这两种语言在许多方面与你在 12.4 节中看到的 SYCL 语言相似。实际上，它们在努力实现性能可移植性的过程中借鉴了彼此的概念。它们都提供了底层并行编程语言上的轻量级库。我们将对每一个库进行简要介绍。

12.5.1　Kokkos：性能可移植性生态系统

Kokkos 是一个为 OpenMP 和 CUDA 等语言设计的抽象层。自 2011 年以来一直在不断发展中。

Kokkos 具有按下表命名的执行空间。在 Kokkos 构建中使用相应的 CMake 标志(或使用 Spack 构建选项)启用这些功能，其中一些比其他发展得更好。

Kokkos 执行空间	CMake/Spack-enabled 标记
Kokkos::Serial	-DKokkos_ENABLE_SERIAL=On (默认是 On)
Kokkos::Threads	-DKokkos_ENABLE_PTHREAD=On
Kokkos::OpenMP	-DKokkos_ENABLE_OPENMP=On
Kokkos::Cuda	-DKokkos_ENABLE_CUDA=On
Kokkos::HPX	-DKokkos_ENABLE_HPX=On
Kokkos::ROCm	-DKokkos_ENABLE_ROCm=On

示例：Kokkos 中的 stream triad

在本练习中，我们使用 OpenMP 后端构建了 Kokkos，然后构建并运行了 stream triad 示例。我们将从下面的代码开始：

```
git clone https://github.com/kokkos/kokkos
mkdir build && cd build
cmake ../kokkos -DKokkos_ENABLE_OPENMP=On
```

然后进入 Kokkos 的 stream triad 源目录并使用 CMake 进行 out-of-tree 构建：

```
mkdir build && cd build
export Kokkos_DIR=${HOME}/Kokkos/lib/cmake/Kokkos
cmake ..
make
export OMP_PROC_BIND=true
export OMP_PLACES=threads
```

使用 CMake 的 Kokkos 构建已经进行了简化，因此它很容易，如下所示。需要将 Kokkos 的 CMake 配置文件的位置传递给 Kokkos_DIR 变量。

代码清单 12-22　Kokkos 的 CMake 文件

```
Kokkos/StreamTriad/CMakeLists.txt
cmake_minimum_required (VERSION 3.10)
project (StreamTriad)

find_package(Kokkos REQUIRED)

add_executable(StreamTriad StreamTriad.cc)
target_link_libraries(StreamTriad Kokkos::kokkos)
```

找到 Kokkos 并设置标志

添加要构建的依赖项和标志

将 CUDA 选项添加到 Kokkos 构建，将生成在 NVIDIA GPU 上运行的版本。Kokkos 可以处理许多其他平台和语言，并且一直在不断开发，以适合更多平台及语言。

代码清单 12-23 中的 Kokkos stream triad 示例与 SYCL 有一些相似之处，因为它使用 C++ lambda 来封装 CPU 或 GPU 的函数。Kokkos 也支持这种机制的仿函数，但 lambda 在实践中显得更简洁。

代码清单 12-23　Kokkos stream triad 示例

```
Kokkos/StreamTriad/StreamTriad.cc
#include <Kokkos_Core.hpp>

using namespace std;

int main (int argc, char *argv[])
{
   Kokkos::initialize(argc, argv);{

      Kokkos::Timer timer;
      double time1;

      double scalar = 3.0;
      size_t nsize = 1000000;
      Kokkos::View<double *> a( "a", nsize);
      Kokkos::View<double *> b( "b", nsize);
      Kokkos::View<double *> c( "c", nsize);

      cout << "StreamTriad with " << nsize << " elements" << endl;

      Kokkos::parallel_for(nsize,
             KOKKOS_LAMBDA (int i) {
         a[i] = 1.0;
      });
      Kokkos::parallel_for(nsize,
            KOKKOS_LAMBDA (int i) {
          b[i] = 2.0;
      });

      timer.reset();

      Kokkos::parallel_for(nsize,
             KOKKOS_LAMBDA (const int i) {
          c[i] = a[i] + scalar * b[i];
      });

      time1 = timer.seconds();

      icount = 0;
      for (int i=0; i<nsize && icount < 10; i++){
         if (c[i] != 1.0 + 3.0*2.0) {
            cout << "Error with result c[" << i << "]=" << c[i] << endl;
            icount++;
         }
      }

      if (icount == 0)
         cout << "Program completed without error." << endl;
      cout << "Runtime is " << time1*1000.0 << " msecs " << endl;

   }
   Kokkos::finalize();
   return 0;
```

包括适当的 Kokkos 头文件

初始化 Kokkos

使用 Kokkos::View 声明数组

用于 CPU 或 GPU 的 Kokkos lambda，名字为 parallel_for

结束 Kokkos

```
49 }
```

Kokkos程序从Kokkos::initialize开始，到Kokkos::finalize结束，这些命令启动执行空间(execution space)所需的内容，比如线程。Kokkos 的独特之处在于它可灵活地分配多维数组，封装为可以根据目标架构进行切换的数据视图。换句话说，你可以对 CPU 和 GPU 使用不同的数据顺序。我们在第14~16 行使用 Kokkos::View，这仅适用于一维数组。但真正的价值来自多维数组。Kokkos::View 的一般语法为：

```
View < double *** , Layout , MemorySpace > name (...);
```

虽然内存空间是模板的一个选项，但执行空间的默认值更适合模板。常见的内存空间如下：

- HostSpace
- CudaSpace
- CudaUVMSpace

布局可以指定，但它的默认值更适合内存空间：

- 对于 LayoutLeft，最左边的索引是 stride 1 (CudaSpace 的默认值)
- 对于 LayoutRight，最右边的索引是 stride 1(HostSpace 的默认值)

kernel 会先在三种数据并行模式中选择一种，然后使用 lambda 语法来指定，三种数据并行模式为：

- parallel_for
- parallel_reduce
- parallel_scan

在代码清单 12-23 的第 20、23 和 29 行使用了 parallel_for 模式。使用 KOKKOS_LAMBDA 宏替换了[=]或[&]的 capture 语法。Kokkos 将完成相关设定，并以可读性更强的形式执行程序。

12.5.2 RAJA 提供更具适应性的性能可移植性层

RAJA 性能可移植性层的目标是：在对现有劳伦斯利弗莫尔国家实验室代码改动最小的情况下实现可移植性。在许多方面，它比其他相关系统更简单、更易用。RAJA 支持以下功能：

- -DENABLE_OPENMP=On (默认为 On)
- -DENABLE_TARGET_OPENMP=On (默认为 Off)
- -DENABLE_CUDA=On (默认为 Off)
- -DENABLE_TBB=On (默认为 Off)

RAJA 对 CMake 也有很好的支持，如下所示。

代码清单 12-24 Raja CMake 文件

```
Raja/StreamTriad/CMakeLists.txt
cmake_minimum_required (VERSION 3.0)
project (StreamTriad)

find_package(Raja REQUIRED)
find_package(OpenMP REQUIRED)

```

```
add_executable(StreamTriad StreamTriad.cc)
target_link_libraries(StreamTriad PUBLIC RAJA)
set_target_properties(StreamTriad PROPERTIES
                       COMPILE_FLAGS ${OpenMP_CXX_FLAGS})
set_target_properties(StreamTriad PROPERTIES
                       LINK_FLAGS "${OpenMP_CXX_FLAGS}")
```

对于 RAJA 版的 stream triad，只进行了少量修改，如下所示。RAJA 还大量利用 lambda 来提高对 CPU 和 GPU 的可移植性。

代码清单 12-25　Raja stream triad 示例

```
Raja/StreamTriad/StreamTriad.cc
 1 #include <chrono>
 2 #include "RAJA/RAJA.hpp"
 3
 4 using namespace std;
 5
 6 int main(int RAJA_UNUSED_ARG(argc), char **RAJA_UNUSED_ARG(argv[]))
 7 {
 8    chrono::high_resolution_clock::time_point t1, t2;
 9    cout << "Running Raja Stream Triad\n";
10
11    const int nsize = 1000000;
12
13 // Allocate and initialize vector data.
14    double scalar = 3.0;
15    double* a = new double[nsize];
16    double* b = new double[nsize];
17    double* c = new double[nsize];
18
19    for (int i = 0; i < nsize; i++) {
20       a[i] = 1.0;
21       b[i] = 2.0;
22    }
23
24    t1 = chrono::high_resolution_clock::now();
25
26    RAJA::forall<RAJA::omp_parallel_for_exec>(
          RAJA::RangeSegment(0,nsize),[=](int i){
27       c[i] = a[i] + scalar * b[i];
28    });
29
30    t2 = chrono::high_resolution_clock::now();
31
   < ... error checking ... >
42    double time1 = chrono::duration_cast<
                  chrono::duration<double> >(t2 - t1).count();
43    cout << "Runtime is " << time1*1000.0 << " msecs " << endl;
44 }
```

引入 Raja 头文件

Raja forall 使用C++的 lambda

RAJA 所需要的修改是在第 2 行引入 RAJA 头文件，并将计算循环改为 RAJA::forall。你可以看到 RAJA 开发人员为获得性能可移植性降低了门槛。为了运行 RAJA 测试，我们加入了一个构建和安装 RAJA 的脚本，如下所示。然后这个脚本继续用 RAJA 构建 stream triad 代码并运行它。

代码清单 12-26 Raja stream triad 的集成构建及运行脚本

```
Raja/StreamTriad/Setup_Raja.sh
#!/bin/sh
export INSTALL_DIR=`pwd`/build/Raja
export Raja_DIR=${INSTALL_DIR}/share/raja/cmake

mkdir -p build/Raja_tmp && cd build/Raja_tmp
cmake ../../Raja_build -DCMAKE_INSTALL_PREFIX=${INSTALL_DIR}
make -j 8 install && cd .. && rm -rf Raja_tmp

cmake .. && make && ./StreamTriad
```

Raja_DIR 指向 Raja CMake 工具

构建 stream triad 代码并运行它

本章介绍了很多不同的编程语言，可以将这些语言看作相同语言的不同方言，而不是完全不同的语言。

12.6 进一步探索

对于所有这些原生 GPU 语言和性能可移植性系统，我们才刚刚开始了解它们的皮毛。即使只了解到它们的初始功能，也可以开始实现一些实际的应用程序代码。如果你真的想在应用程序中使用其中任何一种语言，强烈建议你深入学习该语言的其他相关知识。

12.6.1 扩展阅读

CUDA 作为多年来占主导地位的 GPU 语言，有很多相关的编程资料。首选的也许是 NVIDIA 开发者的网站 https://developer.nvidia.com/cuda-zone。在那里你会找到关于安装和使用 CUDA 的众多指南。

- David B. Kirk 和 W. Hwu Wen-Mei 的书一直是 NVIDIA GPU 编程的首选参考：Programming massive parallel processors: a hands-on approach (Morgan Kaufmann, 2016)。
- AMD 创建了一个网站(https://rocm.github.io)，涵盖了 ROCm 生态系统的所有内容。
- 如果想了解更多关于 OpenCL 的知识，强烈推荐 Matthew Scarpino 的书：OpenCL in action: how to accelerate graphics and computation (Manning, 2011)。
- 通过 https://www.iwocl.org 你也可以获取很多关于 OpenCL 的信息，它由 OpenCL 国际研讨会(IWOCL)赞助。他们每年还举办一次国际会议。并且该网站有提供 SYCLcon 相关的信息。
- Khronos 是 OpenCL、SYCL 和相关软件的开放标准制定机构。它们提供语言规范、论坛和资源列表，网址为 https://www.khronos.org/opencl/及 https://www.khronos.org/sycl/。
- 有关 Kokkos 的文档和培训材料，请参阅其 GitHub 存储库。除了下载 Kokkos 软件，还可以找到一个配套知识库(https://github.com/kokkos/kokkos-tutorials)，里面有他们提供的丰富教程。
- RAJA 团队在他们的网站上提供了大量的文档，网址如下：https://raja.readthedocs.io。

12.6.2　练习

1. 在 CUDA stream triad 示例中更改主机内存分配，从而使用固定内存(代码清单 12-1 到 12-6)。程序的性能是否有提升？

2. 在约减求和的示例中，尝试使用 18 000 个元素的数组大小，并将所有元素都初始化为其索引值。运行 CUDA 代码，然后运行 SumReductionRevealed 版本的代码。你可能需要调整打印的信息量。

3. 将 CUDA 约减的实例通过 Hipifying 转换为 HIP 版本。

4. 对于代码清单 12-20 中的 SYCL 示例，在 GPU 设备上初始化 a 和 b 数组。

5. 将代码清单 12-24 的 RAJA 示例中的两个初始化循环转换为 RAJA:forall 形式。并尝试使用 CUDA 运行这个示例。

12.7　本章小结

- 对于大多数 kernel，可以直接在原始 CPU 代码中进行修改。这使得 kernel 的编写变得更简单，且更易于维护。
- 精心对 GPU kernel 进行设计，可以获得更好的性能。处理这些操作的关键在于，将算法分解成具体步骤，并理解 GPU 的性能特性。
- 在程序设计初期就要考虑可移植性。这可以让你的应用程序在不同的硬件平台上平稳运行。
- 考虑使用单一来源性能可移植性语言。为了能够让你的应用程序运行在各种硬件平台上，在代码开发初期所做的额外工作是值得的。

第 13 章

GPU 配置分析及工具

本章涵盖以下内容：

- GPU 分析工具介绍
- GPU 分析工具工作流示例
- 使用 GPU 分析工具的输出结果

在本章中，将介绍可以用来加速应用程序开发的工具和相关的工作流。将展示图形处理器的分析工具所能提供的帮助。此外，还将讨论在远程 HPC 集群上工作时，如何处理使用分析工具面临的挑战。由于分析工具不断变化和改进，因此我们将重点放在使用方法上，而不是在具体工具的细节上。本章的主要内容是理解如何在使用强大的 GPU 分析工具时，创建高效的工作流。

13.1 分析工具概要

分析工具可以更快地进行优化工作，提高硬件利用率，更好地理解应用程序性能和热点。我们将讨论分析工具是如何发现应用程序运行过程中的瓶颈，并帮助你获得更好的硬件利用率。下面的项目列表提供了 GPU 配置中常用的工具。我们特别展示了 NVIDIA 的图形处理器工具，因为这些工具已经存在很长时间了。如果你的系统上有不同厂商的 GPU，请在工作流中选择合适的工具。我们将在后面的 13.4.2 节中，使用标准的 UNIX 分析工具，如 gprof。

我们鼓励你跟随本章的示例进行学习。本章源代码可以在 http://github.com/EssentialsOfParallelComputing/Chapter13 下载。在本章的代码中，展示了安装来自不同硬件供应商工具软件包的示例。这里有每个供应商可安装的所有软件详细列表。方便你为相应的硬件安装正确的软件和工具。

注意 虽然其他硬件供应商的工具可能在你的硬件上运行，但这往往不能发挥出该软件的全部功能。

- NVIDIA nvidia-smi：nvidia-smi 可通过命令行的方式，快速获得系统配置文件。如 9.6.2 节所示，NVIDIA SMI(系统管理接口)允许在应用程序运行期间监控和收集电源和温度信息。NVIDIA SMI 将为你提供硬件信息以及其他许多系统指标。将在本章后面的“进一步探索”一节为你提供 SMI 使用指南的链接。

- NVIDIA nvprof：通过 NVIDIA Visual Profiler 命令行工具，可以收集和报告 GPU 的性能数据。生成的数据还可以导入可视化分析工具(比如 NVIDIA Visual Profiler NVVP)，或生成其他格式的数据，从而对应用程序进行性能分析。nvprof 可以提供性能指标，如硬件到设备的拷贝、kernel 的使用、内存使用以及其他许多指标。
- NVIDIA NVVP ：这个 NVIDIA Visual Profiler 工具通过可视化形式显示应用程序 kernel 的性能。NVVP 提供了图形界面和指导分析。虽然它查询与 nvprof 相同的数据，但通过可视化的方式向用户显示数据的结果，同时还提供 nvprof 上没有的快速时间轴特性。
- NVIDIA Nsight：NSight 是 NVVP 的更新版本，提供了 CPU 和 GPU 使用情况以及应用程序性能的可视化展示。最终，它可能会取代 NVVP。
- NVIDIA PGPROF：PGPROF 实用程序起源于 Portland Group 编译器。当 Portland Group 的 Fortran 编译器被 NVIDIA 收购时，将 Portland 的 profiler、PGPROF 和 NVIDIA 的工具进行了合并。
- CodeXL (原来的 AMD CodeXL)：这个 GPUOpen 分析器、调试器和编程开发工作台最初是由 AMD 公司开发的。在本章后面的“扩展阅读”一节，可以看到 CodeXL 网站的链接。

13.2　如何选择合适的工作流

在开始任何复杂的任务之前，必须选择合适的工作流。你的网络环境可能是在设备现场直接连接，可能是用家里较慢的网络通过远程连接的方式与设备进行连接，也可能是介于这两种情况之间。每种情况都需要不同的工作流。在本节中，我们将讨论针对这些不同场景的四种有效的工作流。

图 13-1 提供了四个不同工作流的可视化表示。可访问性和连接速度是影响你最终使用哪种方法的决定性因素。你可以直接在系统上使用图形界面运行这些工具，或者使用客户机-服务器模式在远程运行这些工具，也可以使用命令行对这些工具进行调用。

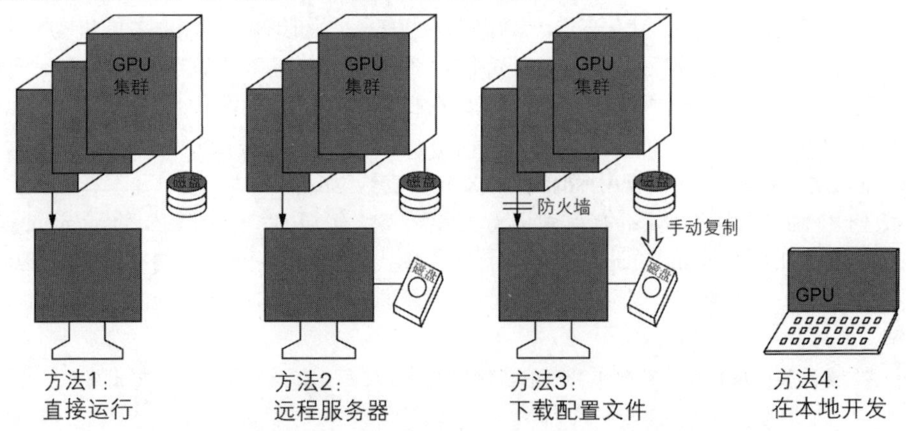

图 13-1　有几种使用分析工具的不同方法，可以根据应用程序开发情况进行选择

当从远程服务器使用分析工具时，可视化图形和图形界面响应通常会有较大的延迟。在客户机-服务器模式中，分析与显示是分别在服务器和客户机上完成的，从而充分利用服务器资源，快速

给出结果，并将结果显示在客户机上。这有助于保持图形工具界面的快速交互响应。例如，在远程服务器上使用 NVVP 等分析工具时，可能会有很高的延迟。每次单击鼠标后可能需要等待几分钟才能有响应。幸运的是，NVIDIA 工具和许多其他工具为你提供了解决这个问题的方法。在下面的讨论中，我们将更详细地介绍不同的工作流。

- 方法 1 是在系统上直接运行：当运行图形应用程序的网络连接非常快时，这是首选方法。如果你使用快速的图形显示连接，这是最有效的工作方式。但如果用于显示的网络连接很慢，那么图形窗口的响应时间会很久。如果在带宽较低的网络上进行远程访问，你可以选择 VNC、X2Go 或 NoMachine 此类可以对图形输出进行压缩的工具；通过这些工具，即便网络带宽不足，也可以通过远程方式来访问图形应用程序。
- 方法 2 是远程服务器：该方法使用 GPU 系统上的命令行工具运行应用程序，然后将文件自动传输到本地系统。但网络防火墙、HPC 系统的批处理操作以及其他复杂的网络问题，都可能是这种方法在实施过程中的绊脚石。
- 方法 3 是下载配置文件：该方法在 HPC 节点上运行 nvprof，并将结果文件下载到本地计算机。在这种方法中，你可以使用 scp 或其他程序手动将结果文件传输到本地计算机，然后在本地计算机上对结果文件进行分析。当尝试分析多个应用程序时，可以将 csv 格式的原始数据合并到单个 dataframe 中，从而方便处理。尽管传统的分析工具可能不再使用这种方法，但你依旧可以使用这种方法，在服务器上或本地进行自己的详细分析。
- 方法 4 是本地开发：当今 HPC 硬件的一个伟大之处在于，可以使用与 HPC 环境中相似的硬件，在本地进行开发。比如你在本地有一块与 HPC 环境中相同品牌，但性能低很多的图形加速器，你可以在本地进行开发，然后将开发好的程序无缝地部署在 HPC 环境中，并可以期待获得更高的性能。同时，也可在本地环境中，使用某些易于调试的语言，在 CPU 环境上进行开发。

通过上面的介绍，我们需要了解到，即便没有到计算节点的快速连接，依旧有其他方法可以进行相关的工作。并且，无论使用哪种方法进行移植性和性能的分析，你都应该确保使用的软件版本匹配。这对于 CUDA 和 NVIDIA 的 nvprof 以及 NVVP 工具尤其重要。

13.3　问题示例：浅水仿真

在本节中，我们将使用一个实际示例来展示代码移植过程以及一些可用工具的使用方法。我们将使用图 1-10 中的问题，即火山爆发或地震可能导致海啸向外传播。海啸可以通过几英尺高的波浪在海面上传播数千英里，但当它们到达海岸时，可以达到数百米高。此前，对这类问题的分析往往是在事件发生之后，但我们更希望能够通过实时模拟技术来预测事件的发生，从而可以提前警告那些可能受到影响的民众，以便减少人员和财产的损失。利用 GPU 的加速功能，可以提供实时模拟的能力。

我们将首先介绍发生这种情况的物理学原理，然后将其转换为方程，通过数值模拟这个问题。我们想要描述的具体场景是一个岛屿或其他陆地发生大块断裂，并落入海洋中，如图 13-2 所示。这一事件在 2018 年 12 月真实发生于喀拉喀托火山(“喀拉喀托之子”)。

图 13-2 2018 年 12 月 22 日喀拉喀托火山发生沉积物滑动引起海啸

在 12 月的事件中，喀拉喀托岛西侧的滑坡体积约为 0.2 立方千米。这比早期的风险预测估计的要小。此外，海浪高度估计超过 100 米。由于从源头到海岸的距离很短，对该地区的人几乎没有预警，而且死亡人数已超过 400 人，全世界的新闻媒体都对此事进行了报道。

科学家在事件发生之前进行了许多模拟，之后也进行了更多模拟。你可在 http://mng.bz/4Mqw 上查看一些可视化和事件分析。模拟是如何进行的？所需的基本物理只是我们在整本书中看到的 stencil 计算复杂性的一小部分，一个成熟的模拟代码可能有更多复杂的功能，但我们可以在简单的物理模型上走得更远。让我们来看看这些模拟背后的物理原理。

海啸的数学方程相对简单。它包括质量守恒和动量守恒。后者基本上是牛顿第一运动定律："任何物体都要保持匀速直线运动或静止状态，直到外力迫使它改变运动状态为止"。动量方程使用了第二运动定律，"力与时间增量的乘积等于动量的变化"。对于质量守恒方程，我们基本上有一个计算单元在一个小的时间增量内的质量变化等于跨越单元边界的质量总和，如下所示：

$$\frac{\partial M}{\partial t}+\frac{\partial(v_x M)}{\partial x}+\frac{\partial(v_y M)}{\partial y}=0 \text{ (质量守恒)}$$

其中 $\frac{\partial M}{\partial t}$ 是质量相对于时间的变化，$\frac{v_x M}{\partial x}$ 和 $\frac{v_y M}{\partial x}$ 是在 x 面和 y 面的质量通量(速度×质量)。此外，因为水是不可被压缩的，所以水的密度可以视为常数。Cell 的质量等于体积×密度。如果 Cell 都是 1 米×1 米，那么体积就是高度×1 米×1 米。把这些放在一起，除了高度，其他都是不变的，所以可用高度变量替换质量：

质量=体积×密度=高度×1 米×1 米×密度=常数×高度

同样使用 $u=v_x$ 和 $v=v_y$，我们现在得到浅水方程守恒定律的标准形式为：

$$\frac{\partial h}{\partial t}+\frac{\partial (hu)}{\partial x}+\frac{\partial (hv)}{\partial y}=0 \quad (质量守恒)$$

动量守恒是类似的，只是使用动量(mom)取代了质量或高度。我们只显示 x 项来拟合方程，如下所示：

$$\frac{\partial (mom_x)}{\partial t}+\frac{\partial}{\partial x}(v_x \cdot mom_x)+\frac{\partial}{\partial x}\left(\frac{1}{2}gh^2\right)=0 \quad (x\ 动量守恒)$$

$1/2gh^2$ 的附加项是由于重力对系统所做的功。根据牛顿第二定律，外力会产生额外的动量($F = ma$)。我们将看看这个术语是如何在使用及不使用微积分的情况下产生的。首先，这种情况下的加速度是重力，它会带来作用在水柱上的力，如图 13-3 所示。每增加一米的水高都会产生所谓的静水压力，从而导致整个水柱的压力增加。通过微积分，我们将沿着水柱对压力进行积分以获得产生的动量。这种从 0 到波高(h)的高程(z)的积分将是：

$$p=\int_0^h gz\,dz=\frac{1}{2}gz^2\Big|_0^h=\frac{1}{2}gh^2 \quad (在深度上积分力，z)$$

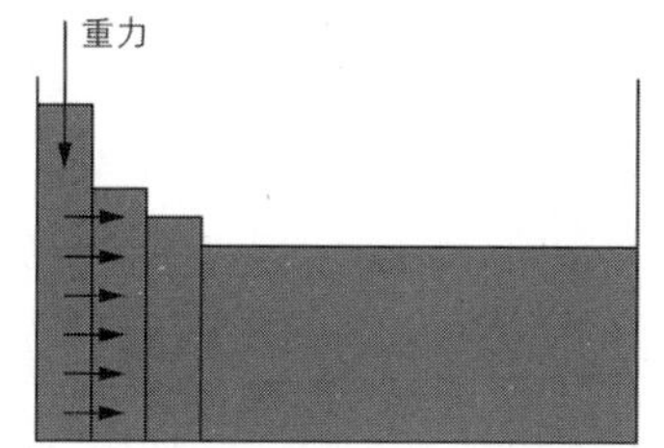

图 13-3　水柱上的重力产生了水流和动量

还有一个更简单的推导。在这种情况下，压力是一个线性函数(如图 13-4 所示)。

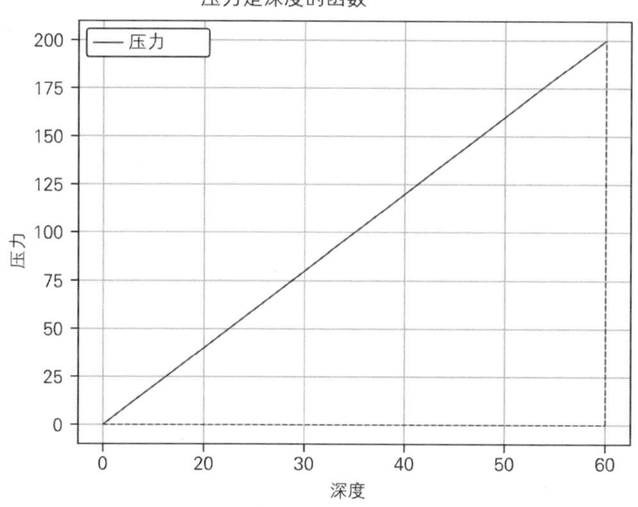

图 13-4　重力引起的静水压力是深度的线性函数

如果我们查看高度中点，然后将高度中点处的压力差应用于整个水柱，我们可以得到相同的解决方案。具体做法是将曲线下的所有压力相加。对此的数学方法是对函数进行积分或进行黎曼求和，将曲线下的区域分解为列，然后将它们相加。曲线下的面积是三角形，我们可以计算三角形的面积或者 $A = 1/2\,bh$。

$$p = mg \cdot h_{midpoint} = hg \cdot \frac{h}{2} = \frac{1}{2}gh^2 \quad \text{(在高度中点使用静水压力)}$$

我们得到的方程组是：

$$\frac{\partial h}{\partial t} + \frac{\partial (hu)}{\partial x} + \frac{\partial (hv)}{\partial y} = 0 \text{(质量守恒)}$$

$$\frac{\partial (hu)}{\partial t} + \frac{\partial}{\partial x}\left(hu^2 + \frac{1}{2}gh^2\right) + \frac{\partial}{\partial y}(huv) = 0 \quad (x\text{ 动量守恒})$$

$$\frac{\partial (hv)}{\partial t} + \frac{\partial}{\partial x}(hvu) + \frac{\partial}{\partial y}\left(hv^2 + \frac{1}{2}gh^2\right) = 0 \quad (y\text{ 动量守恒})$$

如果仔细观察，你会注意到 x 动量方程中的 y 动量和 y 动量方程中的 x 动量的动量通量的交叉项。在 x 动量守恒中，第三项是 x 动量(hu)以 y 速度(v)穿过 y 面。你可以将其描述为 x 动量与 y 方向速度穿过计算单元顶面和底面的平流或通量。x 动量(hu)以速度 u 穿过 x 面的通量在第二项中是 hu^2。

我们还看到，新产生的动量分布在两个动量方程中，x 动量方程中的新 x 动量和 y 动量方程中的 y 动量。然后在浅水代码中将这些方程实现为三个 stencil 操作；为简单起见，我们使用 $H = h$、$U = hu$ 以及 $V = hv$。现在我们有了一个简单的科学应用程序，可以用于我们的演示。

还有一些实现细节。我们使用一种数值方法来估计时间步长中途每个单元表面的质量和动量等属性。然后使用这些估计来计算在时间步长期间移到单元中的质量和动量。这为数值解提供了更高的准确性。

如果你已经通过自己的方式完成了讨论并获得了一些理解，那么恭喜你。现在你已经看到了如何利用简单的物理定律，并从中创造出科学应用程序。你应该始终努力理解底层的物理原理和数值方法，而不是将代码视为一组循环。

13.4 分析工作流的示例

接下来，我们进入浅水应用的分析步骤。为此，根据第 13.3 节中介绍的数学和物理方程创建一个浅水应用程序。在许多方面，代码只是质量和两个动量方程的三个 stencil 计算。从第 1 章开始，我们使用了一个简单的 stencil 方程，示例代码包含在 https://github.com/EssentialsofParallelComputing/Chapter13 中。

13.4.1 运行浅水应用程序

在本节中，我们将向你展示如何运行浅水应用程序代码。我们将逐步完成将代码移植到 GPU 的工作流。首先列出关于平台的一些注意事项。

- macOS：NVIDIA 警告说，CUDA10.2 可能是最后一个支持 macOS 的版本，并且只能通过 macOS v10.13 来使用它。因此，仅有 macOS v10.13 支持 NVVP。虽然在 v10.14 上依旧可

以使用，但在 v10.15(Catalina)上完全失败。我们建议使用 VirtualBox (https://www.virtualbox.org)作为免费虚拟机在 Mac 系统上使用这些工具。我们也为 macOS 提供了一个 Docker 容器。

- Windows：NVIDIA 仍然支持 Microsoft Windows，但如果你愿意，也可以在 Windows 上使用 VirtualBox 或 Docker 容器。
- Linux：在大多数 Linux 系统上安装后就可以直接运行。

如果你在本地系统上安装了 GPU，你可以使用本地工作流。如果不是，比如你可能正在远程运行一个计算集群，那么可将文件传输回本地进行分析。

如果你想使用图形处理，你将需要安装一些额外的包。在 Ubuntu 系统上，你可以使用以下命令来完成此操作。第一个命令是为实时图形处理安装 OpenGL 和 freeglut。第二个是安装 ImageMagick 来处理图形文件输出，我们可以将其用于静态图形。图形快照也可以转换成动画。GitHub 目录下的 README.graphics 文件，包含关于本章示例中的图形格式和脚本的更多信息。

```
sudo apt-get install libglu1-mesa-dev freeglut3-dev mesa-common-dev -y
sudo apt install cmake imagemagick libmagickwand-dev
```

我们发现实时图形可以加速代码开发和调试，所以本章附带的示例代码中包含了如何使用它们的示例代码。例如，实时图形输出使用 OpenGL 来显示网格中水的高度，为你提供即时的视觉反馈。实时图形代码也很容易进行扩展，从而实时响应图形窗口中的键盘和鼠标交互。

这个例子是使用 OpenACC 编写的，所以最好使用 PGI 编译器。由于 GCC 编译器对 OpenACC 的支持仍在开发中，所以示例中的部分子集可以使用 GCC 编译器。编译示例代码很简单。我们只用 CMake 和 make 即可完成。

1. 要构建 makefile，输入：

```
mkdir build && cd build
cmake ..
```

2. 开启图形设置，输入：

```
cmake -DENABLE_GRAPHICS=1
```

3. 设置图形文件格式：

```
export GRAPHICS_TYPE=JPEG
make
```

4. 然后使用./ShallowWater 运行串行代码。

如果无法使图形输出工作，则程序可以在没有它的情况下正常运行。但是如果你正确设置图形输出，代码的实时图形输出会显示一个如图 13-5 所示的图形窗口。图形将在每 100 次迭代之后更新一次。这个图显示了比示例代码中的硬编码尺寸更小的网格。线条代表左侧波高较高的计算单元。波浪向右传播，高度随着波浪的移动而减小。波穿过计算域并从右面反射回来。然后在网格上来回移动。在实际计算中，网格中会有其他对象(例如海岸线)。

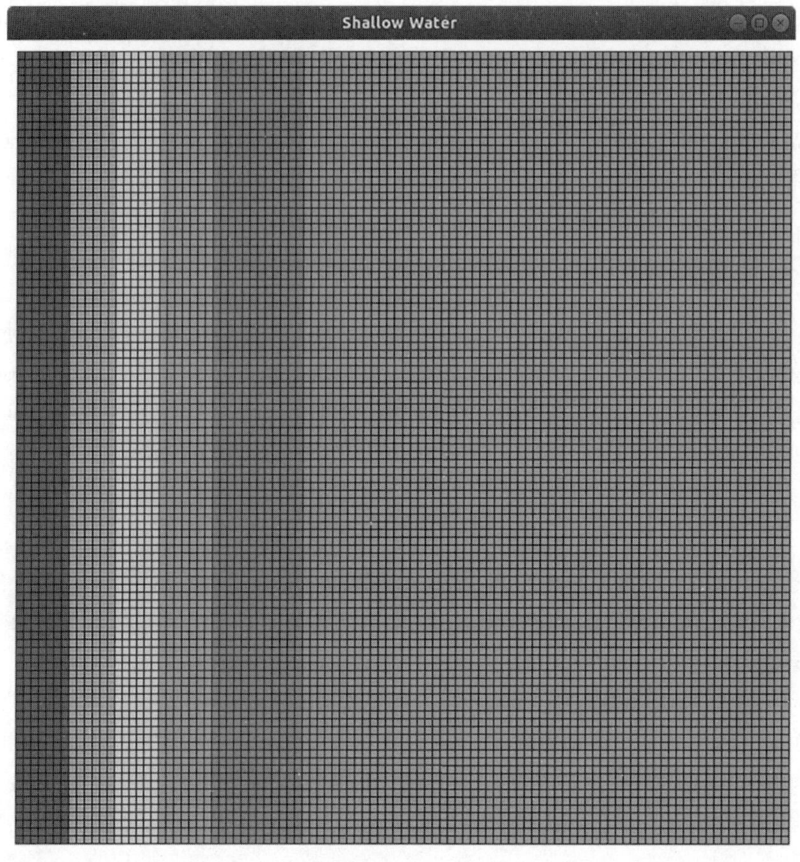

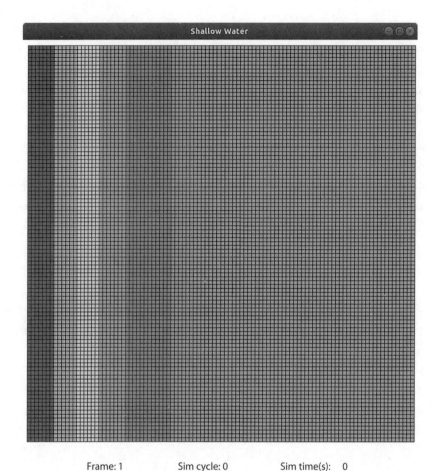

图 13-5　浅水应用程序的实时图形输出。左侧的红色条纹表示波浪的开始，即滑坡入水的地方。波浪穿过海洋时向右前进：橙色、黄色、绿色和蓝色。如果你以黑白方式阅读本文，则左侧阴影区域对应红色，最右侧阴影区域对应蓝色。线条是计算单元的轮廓

如果你有一个可以运行 OpenACC 的系统，则还将构建可执行文件 ShallowWater_par1 到 ShallowWater_par4。可以将这些用于后面的分析练习。

13.4.2　分析 CPU 代码来制定行动计划

我们在第 2 章描述了并行开发周期，步骤如下：

1. 概要描述
2. 计划
3. 实施
4. 提交

第一步是分析我们的应用程序。对于大多数应用程序，我们建议使用高级分析器，比如在 3.3.1 节中介绍的 Cachegrind 工具。Cachegrind 将找出代码中最耗时的部分，并以易于理解的可视化表示

形式显示结果。但是，对于像浅水应用程序这样的简单程序，使用 Cachegrind 这样的函数级分析器是无效的。Cachegrind 显示 100%的时间都花在 main 函数上，这对我们没有多大帮助。对于这种特殊情况，我们需要一个逐行分析器。为做到这一点，我们使用 UNIX 系统上最知名的分析器——gprof。以后，对于在 GPU 上运行的代码，我们将使用 NVIDIA NVVP 分析工具来获得性能统计数据。首先从只需要简单工具就可以分析的、运行在 CPU 上的应用程序开始我们的分析之旅。

示例：使用 gprof 进行分析

1. 编辑 CMakeLists.txt，在编译器标志中，加入-pg 标志(diff 输出显示 CMakeLists 中的原始行带有一个-符号，新行带有一个+符号)：

```
-set(CMAKE_C_FLAGS "${CMAKE_C_FLAGS} -g -O3")
+set(CMAKE_C_FLAGS "${CMAKE_C_FLAGS} -g -O3 -pg")
```

2. 编辑 ShallowWater.c，增加网格尺寸：

```
- int nx = 500, ny = 200;
+ int nx = 5000, ny = 2000;
```

3. 通过输入 make 重新构建 ShallowWater 可执行文件。

4. 输入./ShallowWater 运行 ShallowWater 可执行文件。你会得到一个名为 gmon.out 的输出文件。

5. 通过 gprof -l -pg./ShallowWater 执行“后处理”步骤。

gprof 的输出显示了在浅水应用程序中花费时间最多的循环(参见图 13-6)。

```
Each sample counts as 0.01 seconds.
  %   cumulative   self      self    total
 time   seconds   seconds   calls  Ts/call Ts/call  name
 42.95   140.38   140.38                      main (ShallowWater.c:207 @ 401885)
 22.44   213.71    73.33                      main (ShallowWater.c:190 @ 401730)
 22.34   286.74    73.03                      main (ShallowWater.c:172 @ 401500)
 12.06   326.17    39.43                      main (ShallowWater.c:160 @ 401330)
 < ... more output ...>
```

图 13-6　gprof 的输出结果。第 207 行循环花费的时间最多，可以将它移植到 GPU 上，从而获得更大收益

将上图中的输出的结果与程序的行号相对应，发现它们对应于以下操作：

- ShallowWater.c:207 (第二次传递循环)
- ShallowWater.c:190 (*y*-face 传递)
- ShallowWater.c:172 (*x*-face 传递)
- ShallowWater.c:160 (时间步长计算)

这告诉我们，应该把最初的努力集中在主计算循环结束时的第二次循环计算上，并朝着循环的顶部前进。有一种倾向是尝试一次性完成所有工作，但更安全的方法是通过循环方式完成工作，并确保结果仍然是正确的。通过关注代价最大的循环，可以更早地实现某些性能改进。

13.4.3　为实施步骤添加 OpenACC 计算指令

现在我们已经对应用程序进行了概要分析并制定了计划，在并行开发周期中，下一步就是开始实施计划。在这一步中，我们将对代码进行修改。

具体实现是，首先通过移动计算循环，将代码移植到 GPU 上。我们按照 11.2.2 节中使用的相同程序将代码移植到 GPU 上。并通过在每个循环前面插入 acc 并行循环 pragma 来移动计算，如以下代码清单中的第 95 行所示。

代码清单 13-1 添加循环指令

```
OpenACC/ShallowWater/ShallowWater_par1.c
 95 #pragma acc parallel loop
 96       for(int j=1;j<=ny;j++){
 97          H[j][0]=H[j][1];
 98          U[j][0]=-U[j][1];
 99          V[j][0]=V[j][1];
100          H[j][nx+1]=H[j][nx];
101          U[j][nx+1]=-U[j][nx];
102          V[j][nx+1]=V[j][nx];
103       }
```

我们还需要用数据副本替换循环结束时第 191 行的指针交换。这种做法并不理想，因为它引入了更多的数据移动，并且这将比指针交换更慢。也就是说，在 OpenACC 中进行指针交换是很棘手的，因为主机和设备上的指针必须同时进行交换。

代码清单 13-2 将指针交换替换为副本

```
OpenACC/ShallowWater/ShallowWater_par1.c
189       // Need to replace swap with copy
190 #pragma acc parallel loop
191    for(int j=1;j<=ny;j++){
192       for(int i=1;i<=nx;i++){
193          H[j][i] = Hnew[j][i];
194          U[j][i] = Unew[j][i];
195          V[j][i] = Vnew[j][i];
196       }
197    }
```

可从可视化表示中获得更好的应用程序性能反馈。在每个步骤中，可使用 NVVP 分析工具来获得性能跟踪的图形输出。

示例：使用 NVIDIA Visual Profiler (NVVP)获取性能的可视化配置文件

为了获得性能随时间变化的可视化效果，首先需要运行如下代码：

```
nvprof --export-profile ShallowWater_par1_timeline.prof
          ./ShallowWater_par1
```

使用 nvprof 命令在工作目录中保存分析的时间轴：

```
nvvp ShallowWater_par1_timeline.prof
```

在此之后，nvvp 命令将概要文件导入 NVIDIA Visual Profiler 套件，其图形输出如图 13-7 所示。可以在这两个步骤之间将概要文件复制回本地机器，并在本地查看它。

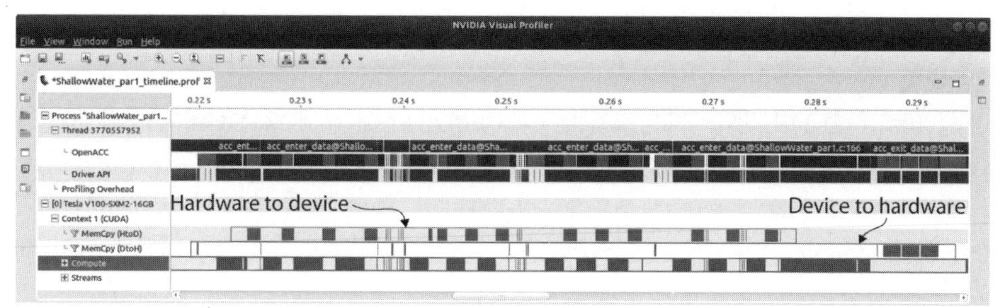

图 13-7　NVIDIA NVVP 分析器输出显示了一个计算周期的时间轴视图。你可以看到设备到硬件的内存副本，反之亦然。在突出显示的行中，输出还显示了计算区域

我们将首先查看可视化配置文件，从而快速地对内存副本和计算 kernel 的相对性能进行颜色编码，它是显示在可视化分析器窗口顶部的时间轴。在这里，特别注意 MemCpy(HtoD)和 MemCpy (DtoH)这两行，其中显示了从主机到设备和设备到主机的数据传输。关于该窗口底部的指导分析和 OpenACC 详细信息窗格将在 13.4.5 节中讨论。

如果你的网络连接条件既不允许直接使用图形工具，也不允许将配置文件数据传输到计算机，你可在文本模式下使用 nvprof。你可以从基于文本的输出中获得相同的信息，但通过可视化方式，总会得到更清晰的理解。

在图 13-8 中，放大了特定 kernel，从而更好地观察特定计算周期内的性能指标。具体来说，我们仔细观察代码清单 13-1 中的第 95 行，从而显示各个内存副本。

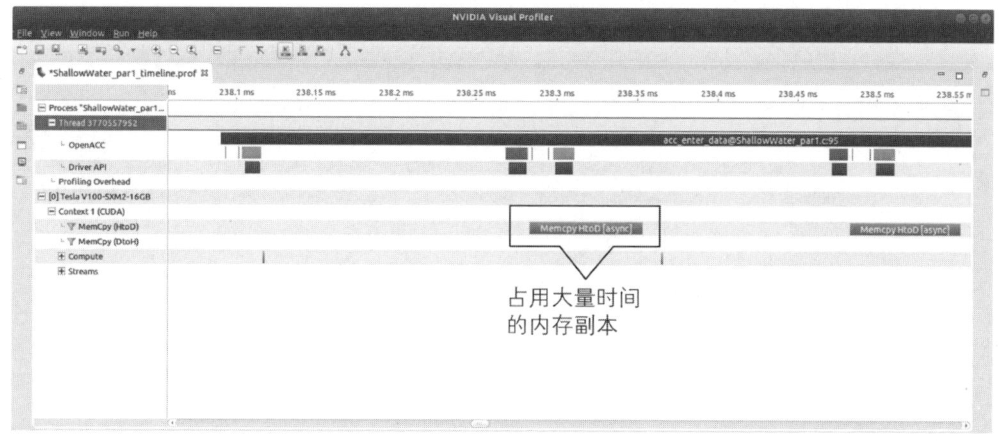

图 13-8　使用 NVIDIA 的 NVVP，可以在时间轴视图中放大特定的副本。在此，可以看到每个周期内单个内存副本的放大版本。这允许你查看这些代码所在的行，从而帮助你轻松地回顾应用程序

13.4.4　添加数据移动指令

将代码移植到 GPU 的下一步是添加数据移动指令。这允许我们通过消除昂贵的内存副本来进一步提高应用程序的性能。在这一节中，我们将介绍具体的实现方法。

Visual Profiler (NVVP)将帮助我们了解需要重点关注的地方。首先寻找较大的 MemCpy 时间块，

并逐个消除它们。当你消除数据传输成本时，代码运行速度将会提升，从而消除计算指令应用期间的性能损失。

在代码清单 13-3 中，展示了我们添加数据移动指令的示例。在数据的开始部分，使用 acc enter data create 指令来启动一个动态数据区域。数据将存储在设备上，直到我们使用 acc exit 数据指令。对于每个循环，我们添加 present 子句来告诉编译器，数据已经存在于设备上。请参阅文件 OpenACC/ShallowWater/ShallowWater_par2.c 中第 13 章的示例代码，了解为控制数据移动所做的所有程序更改。

代码清单 13-3　数据移动指令

```
OpenACC/ShallowWater/ShallowWater_par2.c
#pragma acc enter data create( \
        H[:ny+2][:nx+2], U[:ny+2][:nx+2], V[:ny+2][:nx+2], \
        Hx[:ny][:nx+1], Ux[:ny][:nx+1], Vx[:ny][:nx+1], \
        Hy[:ny+1][:nx], Uy[:ny+1][:nx], Vy[:ny+1][:nx], \
        Hnew[:ny+2][:nx+2], Unew[:ny+2][:nx+2], Vnew[:ny+2][:nx+2])
   <...>
   #pragma acc parallel loop present( \
        H[:ny+2][:nx+2], U[:ny+2][:nx+2], V[:ny+2][:nx+2])
```

使用代码清单 13-3 中的数据移动指令，并重新启动分析器，可以得到图 13-9 中新的性能结果，在这里可以看到数据移动情况已经减少。通过减少数据传输时间，应用程序的总体运行时间也会大幅减少，从而大幅度提升程序运行速度。在较大的应用程序中，你应该继续寻找其他可以消除数据传输的操作，从而进一步提高程序的运行速度。

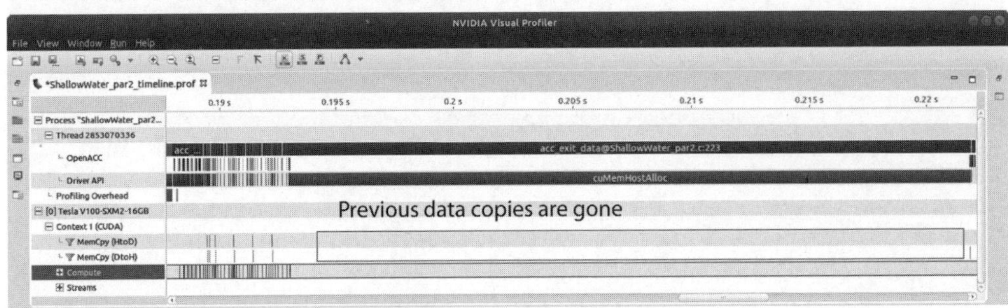

图 13-9　这个时间轴来自 NVIDIA 的 Visual Profiler NVVP，显示了四次计算迭代，但现在进行了数据移动优化。图中有趣的不是你已经看到什么，而是没有呈现的那些内容：在前面的图中发生的数据移动，在本图中大幅度减少或不再存在

13.4.5　通过引导分析获取改进建议

为了进一步分析，NVVP 提供了一个引导分析特性(如图 13-10 所示)。在本节中，我们将讨论如何使用该特性。

你必须根据你对应用程序的了解来判断分析指导所提供的建议是否要被采纳。在我们的示例中，数据传输很少，所以我们将无法获得图 13-10 中 Low Memcpy/Compute Overlap 提到的内存复制和计算重叠的意见，以及其他建议。

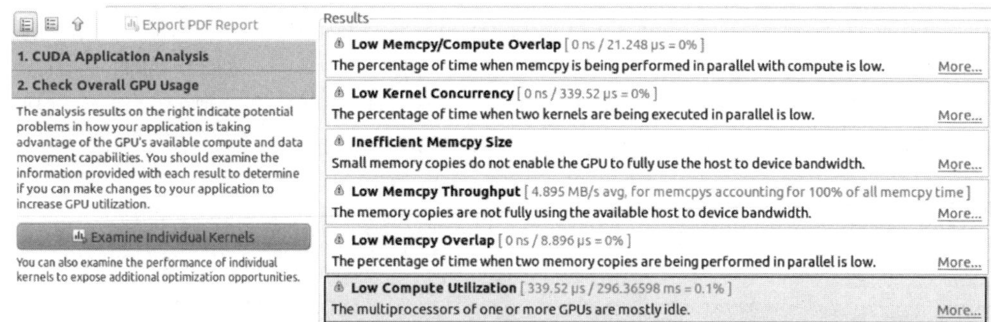

图 13-10　NVVP 还提供了指导性分析部分。在这里，用户可以获得进一步优化的建议。请注意，突出显示的区域表示当前计算利用率较低

比如对于低 kernel 并发，我们只有一个核心，所以不存在并发。虽然应用程序很小，可能不需要这些额外的优化，但这些信息依旧是很好的建议，因为它们对更大规模的应用程序会很有帮助。

此外，图 13-10 显示了应用程序运行时出现了较低的计算利用率。这并不罕见。这种低 GPU 利用率更表明了 GPU 上可用的巨大计算能力，以及 GPU 能够完成更多任务。简单回顾一下性能工具 mixbench 的性能测量和分析，我们有一个带宽有限的 kernel，所以我们最多将使用 1%~2%的 GPU 浮点计算性能。因此，0.1%的计算利用率也在可以接受的范围之内。

NVVP 工具的另一个特性是 OpenACC Details 窗口，它为每个操作提供计时功能。使用它的最佳用途之一是获取之前和之后的时序，如图 13-11 所示。并排比较可让你具体衡量数据移动指令的改进情况。

Analysis　OpenACC Details

Name	%	Time	Calls
ShallowWater_par1.c:190	10.53%	36.51828 ms	4816
ShallowWater_par1.c:199	6.28%	21.77921 ms	2404
acc_enqueue_download	5.125%	17.77496 ms	2400
acc_wait	1.155%	4.00424 ms	4
ShallowWater_par1.c:166	4.855%	16.83839 ms	2452
acc_enqueue_upload	3.803%	13.19097 ms	2424
acc_wait	0.972%	3.37148 ms	12
acc_compute_construct	0.048%	0.16514 ms	4
acc_enqueue_download	0.032%	0.1108 ms	12
ShallowWater_par1.c:148	4.636%	16.07981 ms	2452
acc_enqueue_upload	3.611%	12.52283 ms	2424
acc_wait	0.963%	3.33845 ms	12
acc_enqueue_download	0.033%	0.11467 ms	12
acc_compute_construct	0.03%	0.10386 ms	4
ShallowWater_par1.c:116	3.81%	13.21218 ms	2412
ShallowWater_par1.c:75	0.85%	2.94674 ms	603
ShallowWater_par1.c:104	0.645%	2.23644 ms	40
ShallowWater_par1.c:115	0.541%	1.87769 ms	16
ShallowWater_par1.c:65	0.515%	1.78728 ms	4
ShallowWater_par1.c:53	0.347%	1.20382 ms	3
ShallowWater_par1.c:66	0.323%	1.12113 ms	206
ShallowWater_par1.c:202	0.306%	1.0627 ms	204

Analysis　OpenACC Details

Name	%	Time	Calls
ShallowWater_par2.c:51	3.208%	1.12397 ms	1
acc_device_init	3.208%	1.12397 ms	1
ShallowWater_par2.c:181	0.818%	0.28663 ms	8
acc_compute_construct	0.457%	0.16025 ms	4
acc_wait	0.361%	0.12638 ms	4
ShallowWater_par2.c:126	0.776%	0.27193 ms	20
acc_compute_construct	0.485%	0.1699 ms	4
acc_enqueue_download	0.175%	0.06139 ms	4
acc_enqueue_upload	0.063%	0.02196 ms	4
acc_wait	0.053%	0.01869 ms	8
ShallowWater_par2.c:161	0.471%	0.16494 ms	8
acc_compute_construct	0.286%	0.10012 ms	4
acc_wait	0.185%	0.06482 ms	4
ShallowWater_par2.c:140	0.415%	0.14535 ms	8
ShallowWater_par2.c:209	0.394%	0.13787 ms	8
ShallowWater_par2.c:73	0.36%	0.12622 ms	5
ShallowWater_par2.c:103	0.268%	0.09404 ms	8
ShallowWater_par2.c:113	0.238%	0.08327 ms	8
ShallowWater_par2.c:233	0.212%	0.07418 ms	2
ShallowWater_par2.c:82	0.206%	0.07222 ms	5
ShallowWater_par2.c:223	0.153%	0.05364 ms	4
ShallowWater_par2.c:59	0.085%	0.02991 ms	2

图 13-11　NVVP 的 OpenACC Details 窗口显示了每个 OpenACC kernel 的信息和每个操作的成本。可以看到左侧窗口中代码版本 1 的数据传输成本与右侧版本 2 中优化数据移动后形成的对比

打开 OpenACC 详细信息窗口后，你会注意到行号在配置文件中移动。如果我们查看

ShallowWater_par1 列表中的第 166 行(如图 13-12 的左侧所示)，它占用了大约 4.8%的运行时间。通过操作的细分表明，大部分时间是由于数据传输造成的。ShallowWater_par2 列表中对应的代码行是第 181 行(如图 13-12 的右侧所示)并且添加了当前数据子句。通过观察可以看到，第 181 行的时间仅为 0.81%，这主要是由于消除了数据传输成本。计算构造在两种情况下花费的时间大致相同，为 0.16 毫秒，如高亮显示行下方标记为 acc_compute_construct 的行所示。

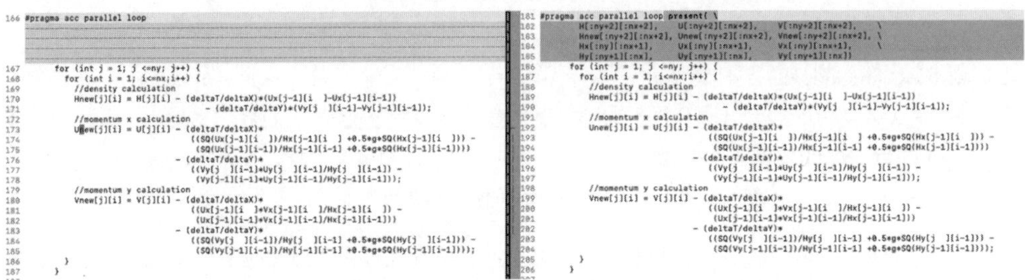

图 13-12 并排的代码比较显示，ShallowWater 版本 1 中的第 166 行现在变成第 181 行，其中包含额外的 present 子句

13.4.6 强大的辅助开发工具：NVIDIA Nsight 工具套件

NVIDIA 正在用 Nsight 工具套件替换可视化分析器工具(NVVP 和 nvprof)。该工具套件由两个集成开发环境(IDE)支撑：

1. Nsight Visual Studio Edition 在 Microsoft Visual Studio IDE 中支持 CUDA 和 OpenCL 开发。
2. Nsight Eclipse Edition 将 CUDA 语言添加到流行的开源 Eclipse IDE 中。

图 13-13 显示了 Nsight Eclipse Edition 开发工具中的浅水应用程序。

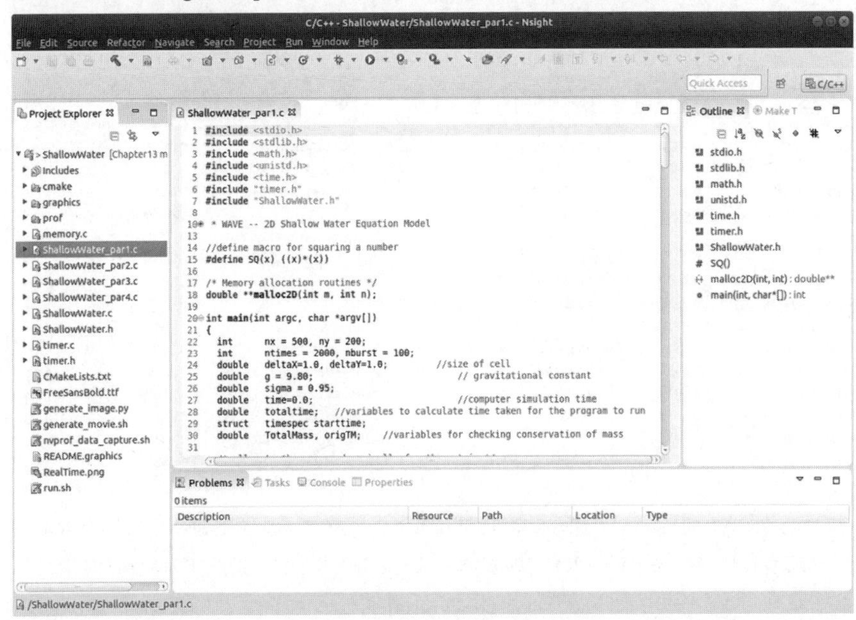

图 13-13 NVIDIA Nsight Eclipse Edition 是一个代码开发工具。工具中的这个窗口显示了 ShallowWater_par1 应用程序

Nsight 工具套件还带有单一功能组件，可供已注册的 NVIDIA 开发人员下载。这些分析器结合了 NVIDIA Visual Profiler 的现有功能，并添加了额外功能。具有如下两个组件：

- Nsight Systems 是一个系统级性能工具，可查看整体数据移动和计算的性能。
- Nsight Compute 是一种性能工具，可提供 GPU kernel 性能的详细视图。

13.4.7　用于 AMD GPU 生态系统的 CodeXL

AMD 在其 CodeXL 工具套件中还具有代码开发和性能分析功能。如图 13-14 所示，应用程序开发工具是一个功能齐全的代码开发平台。CodeXL 还包括一个分析组件(在 Profile 菜单中)，可用于优化 AMD GPU 的代码。

这些来自 NVIDIA 和 AMD 的新工具仍在不断进化中。包括调试器和分析器在内的全功能工具，将极大地推动 GPU 代码开发进程。

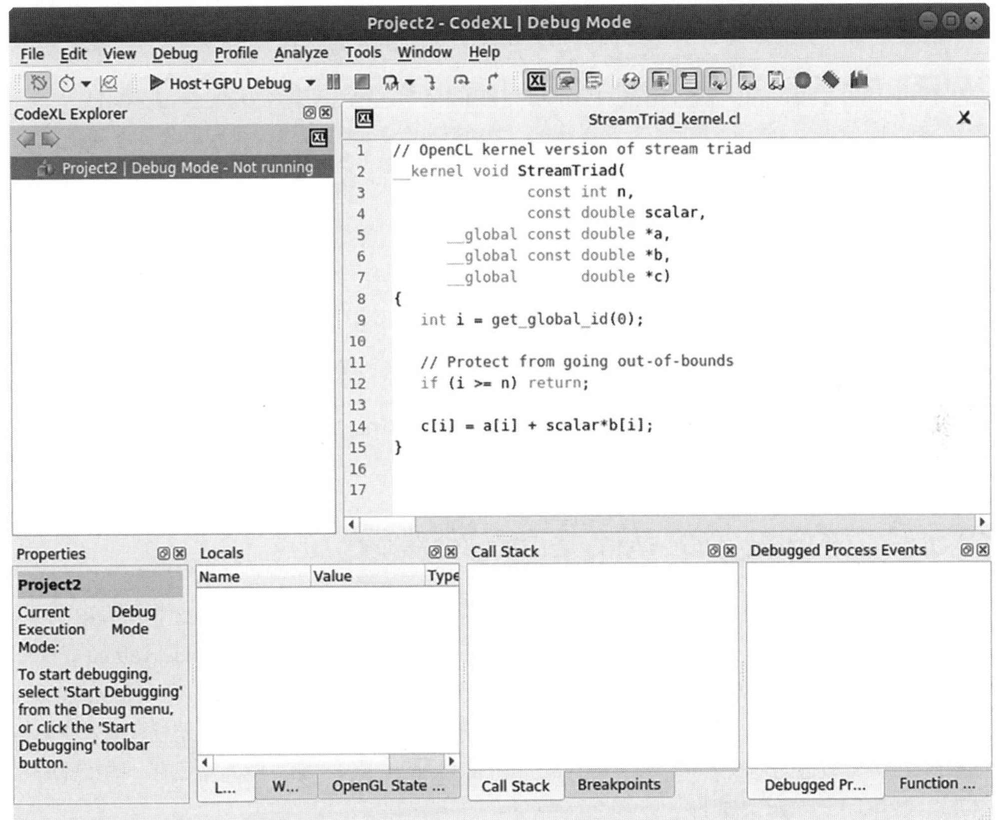

图 13-14　CodeXL 开发工具支持编译、运行、调试和分析

13.5　专注于重要指标

与许多分析和性能度量工具一样，最初的信息量非常巨大。你应该关注那些可以从硬件计数器

及其他度量工具收集到的最重要的度量信息。在当今的处理器中，硬件计数器的数量稳步增长，这使你能够深入了解以前无法了解的关于处理器性能的更多信息。我们建议将如下三方面作为重点关注对象：利用率、发布效率和内存带宽。

13.5.1　利用率：是否有足够的工作量

利用率的概念经常被认为是 GPU 最关心的问题。我们在第 10.3 节中，讨论过这个指标。对于良好的 GPU 性能，我们需要有足够的工作量来保持计算单元(CU)处于繁忙状态。此外，当工作组遇到内存负载等待时，我们需要替代工作来隐藏停滞(如图 13-15 所示)。需要注意的是，在 OpenCL 术语中，CU 在 CUDA 中被称为流多处理器(SM)。实际达到的利用率是通过测量计数器得到的。如果遇到利用率较低的情况，可以修改 kernel 中的工作组大小和资源使用情况，从而尝试提升利用率。利用率并不总是越高越好。利用率只需要足够高即可，这样 CU 就会通过交替方式进行工作。

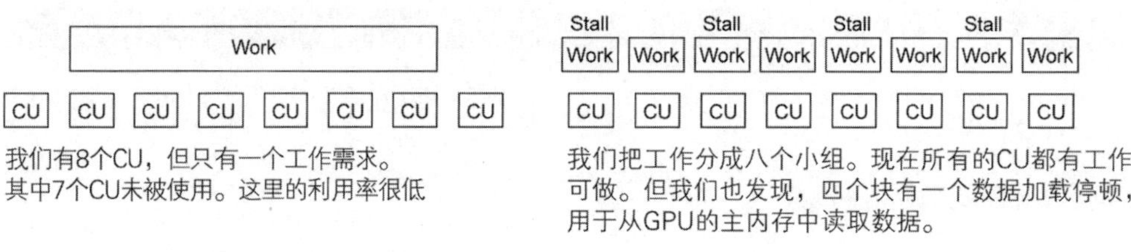

我们不是只有八组工作，而是将工作分解为十六个较小的组，以便每个CU有两个工作块。
现在，当一个CU在一个工作块上出现停顿时，它就会切换到另一个工作块。

图 13-15　GPU 有很多计算单元(CU)，也称为流式多处理器(SM)。我们需要做很多准备工作来让 CU 保持忙碌状态，并有足够的额外处理能力来处理停滞

13.5.2　发布效率：你的 warp 是否经常停滞?

发布效率是每个周期发出的指令与每个周期能够处理的最大指令的比值。为了能够发出指令，每个 CU 调度程序必须有一个合适的 wavefront(或 warp)来准备执行。一个合格的 wavefront 是一个没有停滞的主动 wavefront。从某种意义上说，因为有足够高的利用率，所以有很多活跃的 wavefront，这一点很重要。指令可以是浮点、整数或内存操作。即使利用率很高，编写得很差且有很多停顿的 kernel 也会导致较低的发布效率。有各种各样的原因使 kernel 遭遇停滞。此外，还有一些特殊原因也会造成停滞，一些示例如下。

- 内存依赖：等待内存加载或存储
- 执行依赖：等待上一条指令完成
- 同步问题：由于同步调用而阻塞 wrap
- 内存限制：大量未完成的内存操作
- 常量未命中：未在常量缓存中命中

- 纹理繁忙：充分利用纹理硬件
- Pipeline 繁忙：计算资源不可用

13.5.3 获得带宽

带宽是一个需要理解的重要指标，因为大多数应用程序都受到带宽的限制。为了理解这一重要指标，应该从查看带宽度量开始，有许多可用的内存计数器，让你随心所欲进行查询。比较 9.3.1 到 9.3.3 节中所述架构的理论和测量的带宽性能，可以让你对应用的运行情况有一个评估。你可以使用内存度量来确定是否合并内存负载、将值存储在本地内存(scratchpad)或重构代码以重用数据值。

13.6 使用容器和虚拟机来提供备用工作流

你正在飞往某地的航班上，想完成一些 GPU 编码工作，但你的笔记本无法提供编码所需的运行环境。这种情况下，你可借助容器或者虚拟机，使用不同的操作系统或者不同版本的编译器来完成工作。

13.6.1 将 Docker 容器作为解决方案

在本书中，每一章都提供了一个 Dockerfile 示例和使用说明。Dockerfile 包含构建基本操作系统和安装所需软件的命令。

示例：使用提供的 Dockerfile 构建一个 Docker 映像

本书中，大多数章节的顶级目录都有一个 Dockerfile。你可以选择感兴趣的章节，并运行相应的 Docker build 命令，可以使用-t 选项为 Docker 容器命名。在这个例子中，我们构建了第 2 章的 Docker 容器，并将其命名为 chapter2：

```
docker build -t essentialsofparallelcomputing/chapter2 .
```

现在用以下命令运行 Docker 容器：

```
docker run -it --entrypoint /bin/bash
essentialsofparallelcomputing/chapter2
```

也可以使用下面命令来运行：

```
./docker_run.sh
```

有些章节既有基于文本的 Dockerfile，也有基于图形的 Dockerfile。要启用基于文本的文件，请使用以下命令删除基于文本的版本中的 Dockerfile 和链接：

```
ln -s Dockerfile.Ubuntu20.04 Dockerfile
```

Docker 容器对于处理无法在当前操作系统上运行的软件非常有用。例如，对于那些只能在 Linux 上运行的软件，你可以在 macOS 或 Windows 笔记本电脑上安装一个运行 Ubuntu 20.0.4 的容器。对于基于文本的命令行软件，使用容器是非常不错的选择。

容器也限制了对硬件设备(如 GPU)的访问。一种解决方案是使用 GPU 语言的 CPU 上运行设备 kernel。这样，我们至少可以测试软件。如果这还不足以满足需求，可以通过一些额外的步骤，尝试让图形和 GPU 计算工作。接下来，我们将尝试如何让图形工作。从 Docker 构建版本来运行图形界面，有更多的工作要做。

示例：在 macOS 上使用 GUI 运行 Docker 映像

在 Mac 笔记本电脑的标准软件中没有内置 X Window 客户端。因此，如果没有安装的话，请先安装 X Window 客户端。XQuartz 包是旧版 macOS 中包含的原始 XWindow 的开源版本。你可以使用 brew 包管理器安装它，如下所示：

```
brew cask install xQuartz
```

现在启动 XQuartz，并查找屏幕顶部的 XQuartz 菜单栏。如果你没有看到它，你可能还需要通过右击 XQuartz 图标来启动一个 X Window 应用程序，例如 xterm。然后执行如下步骤：

1. 选择 XQuartz 菜单栏，然后选择 Preferences 选项。
2. 转到 Security 选项卡并选择 Allow Connections from Network Clients。
3. 重启系统来应用这些设置。
4. 再次启动 Xquartz。

对于需要使用 GUI 的工具或绘图的章节，情况略有不同。我们使用虚拟网络计算(VNC)软件，通过 Web 界面和 VNC 客户端来实现图形功能。首先需要使用 docker_run.sh 脚本启动 VNC 服务器，然后需要在本地系统上启动 VNC 客户端。有多种 VNC 客户端可以选择，或你可以通过某些浏览器打开图形文件，可以尝试使用如下格式的地址：

```
http://localhost:6080/vnc.html?resize=downscale&autoconnect=1&password=<password>"
```

要使用图形界面(如 NVVP)测试应用程序，请输入 NVVP。或者，你可能想用一个简单的 X Window 应用程序(如 xclock 或 xterm)测试图形。也可以尝试访问 GPU 进行计算。可以使用--gpus 选项或旧的--device=/dev/<devicename>来访问 GPU。该选项是 Docker 的一个较新的补充，目前仅适用于 NVIDIA GPU。

示例：访问 GPU 进行计算工作

要访问 GPU 进行计算，请添加--gpus 选项以及一个整数参数，来设定可用的 GPU 数量，或者使用所有 GPU 设备：

```
docker run -it --gpus all --entrypoint /bin/bash chapter13
```

对于 Intel 的 GPU，可以使用如下命令：

```
docker run -it --device=/dev/dri --entrypoint /bin/bash chapter13
```

本书大多数章节都有预构建的 Docker 容器。可以在 https://hub.docker.com/u/essentialsofparallelcomputing 上访问每个章节的容器。可以用下面的命令来获取某一章节的容器：

```
docker run -p 4000:80 -it --entrypoint /bin/bash
essentialsofparallelcomputing/chapter2
```

还有一个来自 NVIDIA 的预构建的 Docker 容器，你可以使用它作为 Docker 映像的起点。请访问 https://github.com/NVIDIA/nvidia-docker 获取最新说明。NVIDIA 还提供了一个网站，https://ngc.nvidia.com/catalog/containers，上面有各种各样的容器。对于 ROCm 来说，https://github.com/RadeonOpenCompute/ROCm-docker 提供关于 Docker 容器的详细说明。Intel 提供一个网站，介绍如何在容器中设置 oneAPI 软件，网址为 https://github.com/intel/oneapi-containers。这些容器一般体积较大，下载需要一些时间。

PGI 编译器对于 OpenACC 以及其他某些 GPU 代码开发都很重要。如果你的工作需要 PGI 编译器，可以在 https://ngc.nvidia.com/catalog/containers/hpc:pgi-compilers 获取 PGI 编译器相关的容器信息。正如以上这些站点所展示的，有许多关于使用 Docker 容器创建工作环境的资源，这也是一种快速发展的能力。

13.6.2　使用 VirtualBox 虚拟机

通过使用虚拟机(VM)，用户可以在自己的计算机上创建其他 guest 操作系统。正常的操作系统称为主机，虚拟机称为 guest。可以有多个虚拟机作为客户机运行在主机上。与容器技术相比，虚拟机对 guest 操作系统使用了更严格的环境。通常，在虚拟机中设置 GUI 更容易。遗憾的是，在虚拟机环境中，使用 GPU 进行计算是困难的或不可能的。但你会发现，虚拟机对 GPU 语言往往有良好的支持，可以利用主机 CPU 来完成 GPU 语言编程并进行计算。

我们来看看在 VirtualBox 中设置 Ubuntu 客户机操作系统的过程。在该示例中，将在 CPU 上运行浅水示例，并在 VirtualBox 中使用 PGI 编译器进行图形处理。

示例：在 VirtualBox 中设置 Ubuntu guest 操作系统

为 VirtualBox 设置系统

1. 下载适合你操作系统的 VirtualBox 并安装。
2. 下载 Ubuntu 桌面系统，并将其保存到本地磁盘。

```
[ubuntu-20.04-desktop-amd64.iso]
```

3. 下载 VBoxGuestAdditions.iso 文件，该文件可能已包含在 VirtualBox 下载中。

接下来，设置 Ubuntu 系统。在本章的示例中包含了一个自动脚本 autovirtualbox.sh(下载地址为 https://github.com/EssentialsOfParallelComputing/Chapter13.git)，该脚本用于在 VirtualBox 中自动设置 Ubuntu guest 系统，其他大部分章节都有类似的脚本。要设置 Ubuntu 客户端系统，请遵循以下过程:

1. 启动 VirtualBox 并单击 New。
2. 输入名称(例如，chapter13)。
3. 选择“Linux”，然后选择“Ubuntu 64 位”。
4. 设置内存大小(例如 8192)。
5. 创建虚拟硬盘。
6. 选择 VDI VirtualBox 磁盘镜像。
7. 选择固定大小的磁盘。
8. 选择 50GB。

经过上面的设定，刚创建的虚拟机会出现在虚拟机列表中。

虚拟机环境已经设定完毕，现在可以安装 Ubuntu 系统了，在虚拟机中安装 Ubuntu 系统，与在普通硬件上安装系统的过程是一样的。

示例：安装 Ubuntu

要安装 Ubuntu，请按照如下步骤进行。

1. 单击绿色开始箭头启动 Ubuntu 虚拟机。
2. 选择之前下载的 ubuntu-20.04-desktop-amd64.iso 文件。
3. 选择 Install Ubuntu。
4. 选择键盘样式，然后单击 Continue。
5. 选择 minimal Install，download updates and install third-party software，然后单击 Continue。
6. 选择 Erase Disk and install Ubuntu，然后单击 Install，之后选择时区。
7. 在文本框中输入以下内容：名称(如 chapter13)、计算机名称(如 chapter13-virtualbox)、用户名(如 chapter13)和密码(如 chapter13)。
8. 选择 Require My Password to Log In，然后选择 Continue。

完成以上步骤后，等待系统安装完毕即可。安装完成后，重新启动虚拟机并执行以下步骤。

1. 登录系统。
2. 通过单击方式浏览“What's New”。
3. 选择左下角的圆点，然后启动一个 Terminal。
4. 使用如下命令，编辑 sudo 用户认证文件：

```
sudo -i
visudo
```

在任意空白行中，添加如下内容，之后退出编辑。

```
%vboxsf ALL=(ALL) ALL
```

完成以上动作后，系统可能需要进行系统更新，也可能需要进行系统重启。完成更新及重启之后，重新登录系统，使用 sudo apt install build-essential dkms git -y 安装基本构建工具。之后执行如下步骤。

1. 激活 VirtualBox 窗口并从屏幕顶部窗口的菜单中选择 Devices 下拉菜单。
2. 将 Shared Clipboard 选项设置为 Bidirectional。
3. 将 Drag and Drop 设置为 Bidirectional。
4. 通过选择菜单项 virtualbox-guest-extensions-iso 来安装客户插件。
5. 弹出光盘：在虚拟机桌面上，右击并弹出光盘。或在 VirtualBox 窗口中，选择 Devices | Optical Disk，将光盘从虚拟磁盘中弹出。
6. 重新启动并通过复制和粘贴进行测试(Mac 上的复制是 Command+C，Ubuntu 上的粘贴是 Shift+Ctrl+V)。

现在你的 Ubuntu 客户系统已经安装配置完毕，可以进行软件安装了。

在本书中，每一章都有关于虚拟机设置的说明，对于本章来说，你可以参考如下命令获取相关说明：

```
git clone --recursive https://github.com/essentialsofparallelcomputing/
Chapter13.git
cd Chapter13 && sh -v README.virtualbox
```

通过 README.virtualbox 文件中的命令可以安装软件，同时构建并运行浅水应用程序。实时图形输出功能也工作正常。还可以尝试使用 nvprof 实用程序来分析浅水应用程序。

13.7　移入云端：提供灵活和可扩展能力

对特定 GPU 资源的访问受到限制时(没有超级计算机、笔记本电脑、桌面 GPU 环境或远程服务器)，你可以使用云端计算资源，云计算是指大型数据中心提供的计算能力[1]。虽然这些服务大多面向普通用户，但一些面向 HPC 服务的公有云也不断兴起，比如 http://mng.bz/Q2YG。谷歌云平台(GCP)上的流体数字云集群(fluid-slurm-gcp)具有 Slurm 批处理调度程序和 MPI。也可以提供 NVIDIA 的 GPU 计算服务。开始使用云端计算可能有点复杂。可以通过 http://mng.bz/XYwv 所提供的信息来帮助你快速掌握云端计算技术。

云计算灵活的按需付费逐渐显露出它的优势。谷歌 Cloud 提供 300 美元的试用积分，对于探索这些服务来说应该绰绰有余了。还有其他云提供商可以提供你所需要的计算及相关服务，或者你可以自己定制环境。Intel 已经建立了一个用于测试 Intel GPU 的云服务，以便开发人员可以使用相关的软件和硬件，用来运行他们的 oneAPI 计划以及提供 SYCL 实施的 DPCPP 编译器。你可以登录 https://software.intel.com/en-us/oneapi，并在注册之后使用它。

13.8　进一步探索

整合工作流和开发环境对于 GPU 代码开发尤为重要。因为硬件配置多种多样，本章中给出的示例可能不能完全适用于你所使用的硬件环境。的确，开发系统的配置和设置是 GPU 计算面临的挑战之一。你甚至可能会发现，使用预构建的 Docker 容器比在系统上配置和安装软件更加容易。

我们还建议检查与你的需求相关的最新文档，请参阅第 13.8.1 节建议的扩展阅读。工具和工作流是 GPU 编程中变化最快的因素。虽然本章中的示例有较好的通用性，但某些细节可能会发生变化。因为很多软件都是新发布的，这些软件的使用文档可能仍在开发中。

13.8.1　扩展阅读

NVIDIA 安装手册提供了一些关于使用包管理器安装 CUDA 工具的信息，请参考如下链接：

```
https://docs.nvidia.com/cuda/cuda-installation-guide-linux/index.html#package-manager-installation
```

1　参见本章示例中的 README.cloud 文件，以获取关于使用云计算的最新信息。

NVIDIA 在以下站点提供了一些有关其分析工具以及从 NVVP 到 Nsight 工具套件过渡的资源。

- NVIDIA NSight 指南：https://docs.nvidia.com/nsight-compute/NsightCompute/index.html#nvvp-guide
- NVIDIA 分析工具比较：https://devblogs.nvidia.com/migrating-nvidia-nsight-tools-nvvp-nvprof/

其他工具包括：

- CodeXL 已在 GPUopen 倡议下作为开源发布。AMD 还将其 AMD 商标从工具中移除，以促进跨平台开发。有关更多信息，请参阅 https://github.com/GPUOpen-Tools/CodeXL。
- NVIDIA 提供一个 GPU 云，提供带有 GPI 编译器的容器，可以访问 https://ngc.nvidia.com/catalog/containers/hpc:pgi-compilers。
- AMD 也有一个关于设置虚拟化环境和容器的网站。通过虚拟化指令来访问 GPU 进行计算。你可以在 http://mng.bz/MgWW 上找到此信息。

13.8.2 练习

1. 在 stream triad 示例上运行 nvprof。你可以尝试第 12 章的 CUDA 版本或者第 11 章的 OpenACC 版本。你的硬件资源使用了什么工作流？如果你没有 NVIDIA 的 GPU，可以使用其他分析工具吗？
2. 从 nvprof 生成跟踪并将其导入 NVVP。运行时间花在哪里？你能做些什么来优化它？
3. 根据你所使用的系统，从正确的硬件供应商下载一个预构建的 Docker 容器，启动容器并运行第 11 或 12 章中的示例。

13.9 本章小结

- 提高性能是科学应用和大数据应用的当务之急。性能工具可以帮助你充分利用 GPU 硬件资源。
- 在 GPU 编程过程中，可以使用许多分析工具，你应该尝试那些新出现的工具以及它们所提供的新功能。
- 工作流对于 GPU 代码的高效开发至关重要。寻找适合你的 GPU 以及开发环境的最佳工作流。
- 通过使用容器、虚拟机和云计算来处理兼容性问题、计算需求以及对 GPU 硬件的访问问题。通过这些虚拟化技术，可以访问大量 GPU 供应商的硬件，为 GPU 程序开发提供更灵活的开发环境。

第Ⅳ部分

高性能计算生态系统

在当今的高性能计算(HPC)系统中，仅仅学习并行编程语言是不够的。还需要了解生态系统的许多相关主题，包括以下内容：

- 设置和调度进程以获得更好的性能
- 使用 HPC 批处理系统来请求和调度资源
- 在并行文件系统上通过并行方式写入和读取数据
- 充分利用工具和相关资源进行性能分析，协助软件开发

这些只是围绕核心并行编程语言的一些重要主题，它们提供互补的功能，我们称之为 HPC 生态系统。

计算系统在复杂性和核心数量上都呈指数级增长。HPC 所考虑的许多事项对于高端工作站也变得越来越重要。有了这么多处理器核心，我们需要控制一个节点内进程的放置和调度，这种做法被松散地称为进程关联性，并与操作系统 kernel 一起配合工作。随着处理器上核心数量的增长，用于控制进程关联的工具正在迅速开发，通过这些工具，可以帮助解决有关进程布局的新问题。第 14 章将介绍一些可用于分配进程关联性的技术。

由于计算资源越来越复杂，因此复杂的资源管理系统已经变得无处不在。这些“批处理系统”形成一个资源请求队列，并根据一种称为“公平共享算法”的优先级系统将这些资源分配出去。当你第一次使用 HPC 系统时，批处理系统可能会让你感到困惑。如果不知道如何使用调度器，就无法在这些大型机器上部署应用程序。这就是为什么我们认为有必要在第 15 章中介绍常见批处理系统的基础知识。

在 HPC 系统中，文件的写入方式会发生不同，我们将文件写入特殊的文件系统硬件中，这些硬件可同时跨多个磁盘对文件进行条带化写入。为了充分利用这些并行文件系统的强大功能，你需要了解文件并行操作的软件。在第 16 章，将展示如何使用 MPI-IO 和 HDF5，这是两个较常见的并行文件软件库。随着数据集越来越大，并行文件软件的潜在用途正在扩展到传统 HPC 应用程序之外的领域。

第 17 章介绍适用于 HPC 应用程序开发人员的许多重要工具和资源。你可能会发现分析器在帮助你提升应用程序性能方面非常有价值。对于不同的用例和硬件(如 GPU)，有各种各样的分析器可用。还有一些工具可在软件开发过程中提供帮助。这些工具允许你生成正确、健壮的应用程序。此外，许多应用程序开发人员可从种类繁多的示例应用程序中，为他们的应用程序找到值得借鉴的

方法。

随着计算平台的复杂性和规模的不断增长，高性能计算生态系统的能力也变得越来越重要。但如何使用高性能计算的知识却经常被忽视。我们希望通过这四章的介绍，让你了解那些经常被忽视的高性能计算内容，使你能更高效地使用计算硬件资源。

第 *14* 章

关联性：与 kernel 休战

本章涵盖以下内容：

- 为什么关联性是现代 CPU 的重要关注点
- 控制并行应用程序的关联性
- 通过进程放置对性能进行微调

我们第一次遇到关联性是在 MPI(消息传递接口)的 8.6.2 节中，在那里我们定义了什么是关联性，并简要说明了如何处理它。这里重复对它进行定义，并定义什么是进程位置。

- 关联性(Affinity)：为特定硬件组件分配进程、rank 或线程调度的首选项。这也称为固定或绑定。
- 放置(Placement)：将进程或线程分配到硬件位置。

在本章中，我们将深入探讨关联性、放置以及线程或 rank 的顺序。对关联性的关注是最近才发生的。在过去，由于每个 CPU 只有几个处理器核，所以对关联性的关注，并不能带来很大的收益。现在，随着处理器核数的增加以及计算节点架构的复杂化，关联性变得越来越重要。尽管如此，目前看到关联性带来的收益并不明显。最大的好处可能是降低了每次运行时的性能变化，并在节点上获得了更好的扩展性。有时，控制关联性可避免 kernel 根据应用程序的特性做出灾难性的调度决定。

将进程或线程放置在何处是由操作系统 kernel 决定的。kernel 调度有着悠久的历史，是多任务、多用户操作系统开发的关键。正是由于这些功能的出现，你可以启动电子表格，临时切换到文字处理器，然后处理重要的电子邮件。然而，针对普通用户开发的调度算法并不总是适用于并行计算。我们可以为一个有四个处理器核心的系统启动四个进程，但是操作系统将以任何它认为正确的方式调度这四个进程。它可将所有四个进程放在同一个处理器上，也可将它们分散在四个处理器上。通常，kernel 会做一些合理安排，但它有可能会中断一个并行进程，从而可以执行其他系统任务，这将导致所有其他进程进入空闲及等待状态。

在第 1 章(图 1-21 和图 1-22)中，我们显示了有关进程放置位置的问号，因为我们无法控制处理器或处理器上线程的放置位置。至少到目前为止是这样。MPI、OpenMP 和批处理调度程序的最新版本，已经开始提供控制位置和关联性的功能。尽管某些界面中的选项发生了很多变化，但在最新发布的版本中，情况似乎已经稳定下来。但是，建议你在使用之前，查询相关文档，从而了解具体的使用方法与发生的变化。

14.1 为什么关联性很重要

与大多数常见的桌面应用程序不同，并行进程需要一起调度。这被称为成组调度(gang scheduling)。

定义：成组调度是一种 kernel 调度算法，在同一时间激活一组进程。

由于并行进程通常在运行期间周期性地进行同步，因此对一个等待另一个非活动进程的线程是不会得到性能提升的。kernel 调度算法中，没有进程依赖于另一个进程操作的相关信息。对于 MPI、OpenMP 线程和 GPU kernel 来说也都是如此。获得成组调度的最佳方法是分配与处理器数量相同的进程，并将这些进程绑定到处理器上。我们同时需要牢记，kernel 和系统进程也需要运行所需的资源，某些高级技术为系统进程专门保留一个处理器用来运行相关的工作负载。

仅保持每个并行进程的活动和调度是不够的。我们还需要将进程调度在同一个非统一内存访问(Non-Uniform Memory Access，NUMA)域中，从而将内存访问成本最小化。使用 OpenMP，我们通常会在使用处理器上的 first touch 数据数组时遇到很多麻烦(请参阅第 7.1.1 节)。如果 kernel 随后将进程转移到另一个 NUMA 域，那么你的努力将是徒劳的。我们在第 7.3.1 节中看到，在错误 NUMA 域中进行内存访问的代价通常是两倍甚至更多。对于进程来说，保持在相同的内存域上是最优先考虑的。

通常，NUMA 域与节点上的 CPU 插槽对齐。如果告诉进程在同一个 CPU 插槽上调度一个关联(affinity)，那么我们总会得到相同的、最优的主内存访问时间。但是，NUMA 区域关联(affinity)的需求取决于 CPU 架构。个人计算系统通常只有一个 NUMA 区域，而大型 HPC 系统通常每个节点拥有更多的处理核心，具有两个 CPU 插槽以及两个或更多 NUMA 区域。

虽然将关联性绑定到 NUMA 域可以优化我们对主内存的访问时间，但由于缓存使用情况不佳，我们仍然可能得不到最优性能。进程将用它需要的内存来填充 L1 和 L2 缓存。但是，如果它被换到具有不同 L1 和 L2 缓存的相同 NUMA 域中的另一个处理器上，缓存性能就会受到影响。然后需要再次进行缓存填充。如果大量重用数据，则会导致性能损失。对于 MPI，我们希望将进程或 rank 锁定到处理器。但是对于 OpenMP，这会导致所有线程都在同一个处理器上启动，因为关联性是由衍生的线程继承的。使用 OpenMP，我们希望每个线程都与其处理器具有关联性。

一些处理器还有一个新特性，叫做超线程。超线程为进程放置的考虑事项增加了另一层复杂性。首先，我们需要定义什么是超线程。

定义：超线程是 Intel 的一项技术，通过在两个线程之间共享硬件资源，使得单个处理器对操作系统来说就像是两个虚拟处理器。

超线程共享一个物理核心以及它的缓存系统。因为缓存是共享的，所以在超线程之间移动数据不会有太多损失。但这也意味着，如果进程没有任何共同的数据，则每个虚拟核心的缓存大小只有真实物理核心的一半。对于内存受限的应用程序来说，将缓存减半可能是一个严重的打击。因此，这些虚拟核的有效性是混合的。许多 HPC 系统关闭了超线程功能，因为一些程序使用超线程反而会变慢。因为并非所有超线程在硬件或操作系统级别上都是相同的，所以在以前的实现中没有得到性能改进，但在当前系统上也许会得到性能提升。如果我们使用超线程，我们总是希望进程位置靠近，这样共享缓存对两个虚拟处理器都有利。

14.2 探索架构

为了利用关联性获得更好的性能，我们需要了解硬件架构的细节。硬件架构的多样性使这个工作变得困难。仅 Intel 就有超过一千个 CPU 型号。在本节中，我们将介绍如何理解架构，这是在使用关联性之前必须完成的工作。

你可以使用 lstopo 实用程序来获得架构的最佳视图。我们第一次看到 lstopo 是在 3.2.1 节中，图 3-2 是 Mac 笔记本电脑的输出结果。这台笔记本电脑使用一个简单架构，有四个物理处理核，因为启用了超线程，操作系统中将显示 8 个虚拟核。还可在图 3-2 中看到，L1 和 L2 缓存是物理核心的私有缓存，而 L3 缓存是跨所有处理器共享的缓存。我们还注意到在该架构中，只有一个 NUMA 域。现在让我们看看一个更复杂的 CPU 架构图。图 14-1 显示了 Intel Skylake Gold CPU 的架构信息。

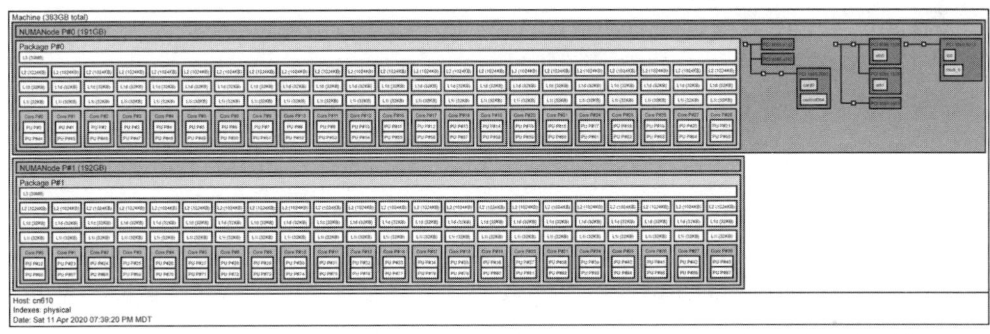

图 14-1 Intel Skylake Gold 架构具有两个 NUMA 域和 88 个处理核心，展示了高端计算节点的复杂性

在图 14-1 中，每个物理核心用灰色框表示，每个物理核心中包含两个标记为处理单元的浅色矩形，这些浅色矩形表示由超线程创建的虚拟处理器。L1 和 L2 缓存为每个物理处理器专门服务，而 L3 缓存则在 NUMA 域中共享。我们还可以看到，图中右侧的网络和其他外围设备更靠近第一个 NUMA 域。可以通过 lscpu 命令获得大多数 Linux 或 UNIX 系统的相关信息，如图 14-2 所示。

通过 lscpu 的输出结果可以确认每个核心有两个线程以及两个 NUMA 域。虽然处理器编号看起来有点奇怪，但是通过在第一个 NUMA 节点上放置前 22 个处理器，然后将接下来的 22 个处理器放在第二个节点上，我们最后对超线程进行编号。请记住，节点的 NUMA 实用程序定义与我们的定义不同，在我们的定义中，节点是一个独立的分布式内存系统。

那么，这个架构的关联性和进程放置策略是什么呢？具体答案将取决于应用程序。因为每个应用程序对扩展和线程性能需求不同，所以必须加以考虑。我们希望看到的是，将进程保持在它们的 NUMA 域中，从而获得到主内存的最佳带宽。

```
Architecture:          x86_64
CPU op-mode(s):        32-bit, 64-bit
Byte Order:            Little Endian
CPU(s):                88
On-line CPU(s) list:   0-87
Thread(s) per core:    2
Core(s) per socket:    22
Socket(s):             2
NUMA node(s):          2
Vendor ID:             GenuineIntel
CPU family:            6
Model:                 85
Model name:            Intel(R) Xeon(R) Gold 6152 CPU @ 2.10GHz
Stepping:              4
CPU MHz:               1000.012
CPU max MHz:           3700.0000
CPU min MHz:           1000.0000
BogoMIPS:              4200.00
Virtualization:        VT-x
L1d cache:             32K
L1i cache:             32K
L2 cache:              1024K
L3 cache:              30976K
NUMA node0 CPU(s):     0-21,44-65
NUMA node1 CPU(s):     22-43,66-87
Flags:                 fpu vme de pse tsc msr pae mce cx8 apic sep mtrr pge mca cmov pat pse36 clflush dts acpi mmx
fxsr sse sse2 ss ht tm pbe syscall nx pdpe1gb rdtscp lm constant_tsc art arch_perfmon pebs bts rep_good nopl
xtopology nonstop_tsc aperfmperf eagerfpu pni pclmulqdq dtes64 monitor ds_cpl vmx smx est tm2 ssse3 sdbg fma cx16
xtpr pdcm pcid dca sse4_1 sse4_2 x2apic movbe popcnt tsc_deadline_timer aes xsave avx f16c rdrand lahf_lm abm
3dnowprefetch epb cat_l3 cdp_l3 invpcid_single intel_ppin intel_pt mba tpr_shadow vnmi flexpriority ept vpid fsgsbase
tsc_adjust bmi1 hle avx2 smep bmi2 erms invpcid rtm cqm mpx rdt_a avx512f avx512dq rdseed adx smap clflushopt clwb
avx512cd avx512bw avx512vl xsaveopt xsavec xgetbv1 cqm_llc cqm_occup_llc cqm_mbm_total cqm_mbm_local dtherm ida arat
pln pts pku ospke
```

图 14-2　Intel Skylake Gold 处理器的 lscpu 命令的输出结果

14.3　OpenMP 的线程关联

线程关联对于使用 OpenMP 优化应用程序至关重要。将线程绑定到它所使用的内存位置对于获得较低的内存延迟以及较高的带宽非常重要。正如我们在 7.1.1 节中讨论的那样，我们花了很大的精力设计 first touch，以便将内存放置在靠近线程的位置。如果线程转移到不同的处理器，我们就失去了应得的性能提升效果。

在 OpenMP v4.0 中，除了现有的 true 或 false 选项外，OpenMP 的关联性控件还扩展为包括 close、spread 和 primary 关键字。还为 OMP_PLACES 环境变量添加了 CPU 插槽、核心和线程等三个选项。总之，可通过如下参数控制关联性和线程放置：

- OMP_PLACES = [sockets|cores|threads]或明确的地点列表
- OMP_PROC_BIND = [close|spread|primary]或[true|false]

OMP_PLACES 限制了可以调度线程的位置。实际上有一个选项没有列出：node。它是默认设置，允许将每个线程安排在可以设置的任何位置。如果节点的默认位置上有多个线程，则调度程序可能会移动线程或与为一个虚拟处理器调度的两个或多个线程发生冲突。一种明智的方法是不要使用超过指定位置数量的线程。也许更好的规则是指定一个线程数量大于所需线程数量的位置。我们将在本节后面的示例中展示它是如何工作的。

OMP_PROC_BIND 环境变量有五种可能的设置，但它们的含义有些重叠。其中 close、spread 和 primary 设置是 true 的特殊版本。

注意：我们还注意到，使用 primary 替换了 OpenMP v5.1 标准中已弃用的 master 关键字。当编译器实现新标准时，也许还会继续遇到旧的用法。

使用 false 设置，kernel 调度程序可以自由地移动线程。使用 true 设置将告诉 kernel 一旦被调度就不要移动线程，但是它可以在位置约束内的任何地方进行调度，并且可以根据运行的具体情况而改变。primary 是在主处理器上调度线程的特殊情况。close 将线程安排紧靠在一起，而 spread 则将线程分散放置。使用这两个设置将带来不同的效果，你将在本节的示例中看到具体的使用情况及效果。

注意 还可使用详细列表设置来放置位置。这是一个更高级的用法，此处不讨论。详细列表可以提供更多微调控制，但对不同 CPU 类型的可移植性将会较差。

OpenMP 环境变量设置了整个程序的关联性和放置。还可以通过在 parallel 指令上添加子句来设置单个循环的关联性。该子句的语法如下：

```
proc_bind([primary|close|spread])
```

下面的例子显示了通过关联性控制，在 7.3.1 节中的简单向量添加程序上的操作。关联性报告例程也可以添加到你的代码中，以查看产生的影响。

示例：各种 OMP_PLACES 和 OMP_PROC_BIND 设置下的向量加法

对于本例，我们使用了 OpenMP 关联性和放置环境变量的每种组合。我们首先修改 7.3.1 节中的向量加法，以调用一个例程，该例程报告线程的位置，如下所示。

为了研究关联性，对 vecadd_opt3.c 进行修改

```
OpenMP/vecadd_opt3.c
#include <stdio.h>
#include <time.h>
#include "timer.h"
#include "omp.h"
#include "place_report_omp.h"

// large enough to force into main memory
#define ARRAY_SIZE 80000000
static double a[ARRAY_SIZE], b[ARRAY_SIZE], c[ARRAY_SIZE];

void vector_add(double *c, double *a, double *b, int n);

int main(int argc, char *argv[]){
#ifdef VERBOSE
   place_report_omp();
#endif
   struct timespec tstart;
   double time_sum = 0.0;
#pragma omp parallel
   {
#pragma omp for
      for (int i=0; i<ARRAY_SIZE; i++) {
         a[i] = 1.0;
         b[i] = 2.0;
      }
```

通过定义来启用报告

调用放置报告 (placement report)

```

#pragma omp masked
      cpu_timer_start(&tstart);
      vector_add(c, a, b, ARRAY_SIZE);
#pragma omp masked
      time_sum += cpu_timer_stop(tstart);
   } // end of omp parallel

   printf("Runtime is %lf msecs\n", time_sum);
}

void vector_add(double *c, double *a, double *b, int n)
{
#pragma omp for
   for (int i=0; i < n; i++){
      c[i] = a[i] + b[i];
   }
}
```

主要工作将在place_report_omp子例程中完成。我们在调用代码周围使用ifdef来打开或关闭报告。现在让我们看看下一个代码清单中的报告例程。

在 OpenMP 中报告位置设置

```
OpenMP/place_report_omp.c
void place_report_omp(void)
{
   #pragma omp parallel
   {
      if (omp_get_thread_num() == 0){
         printf("Running with %d thread(s)\n",
                omp_get_num_threads());
      int bind_policy = omp_get_proc_bind();
      switch (bind_policy)
      {
         case omp_proc_bind_false:
            printf(" proc_bind is false\n");
            break;
         case omp_proc_bind_true:
            printf(" proc_bind is true\n");
            break;
         case omp_proc_bind_master:
            printf(" proc_bind is master\n");
            break;
         case omp_proc_bind_close:
            printf(" proc_bind is close\n");
            break;
         case omp_proc_bind_spread:
            printf(" proc_bind is spread\n");
      }
         printf(" proc_num_places is %d\n",
             omp_get_num_places());
      }
   }
```

报告线程数

查询和报告 OMP_PROC_BIND 设置

查询和报告整体线程放置限制

```

   int socket_global[144];
   char clbuf_global[144][7 * CPU_SETSIZE];

   #pragma omp parallel
   {
      int thread = omp_get_thread_num();
      cpu_set_t coremask;
      char clbuf[7 * CPU_SETSIZE];
      memset(clbuf, 0, sizeof(clbuf));                  | 获取关联位掩码
      sched_getaffinity(0, sizeof(coremask),            |
                        &coremask);
      cpuset_to_cstr(&coremask, clbuf);     <-----| 将位掩码转换为我们可
      strcpy(clbuf_global[thread],clbuf);         | 以打印的内容
      socket_global[omp_get_thread_num()] =             | 获取要打印的实际位置
         omp_get_place_num();                           | 编号
      #pragma omp barrier
      #pragma omp master
      for (int i=0; i<omp_get_num_threads(); i++){
         printf("Hello from thread %d: (core affinity = %s)"
             " OpenMP socket is %d\n",
             i, clbuf_global[i], socket_global[i]);
      }
   }
}
```

CPU 关联位掩码需要转换为更易于理解的格式才能打印出来。下一个代码清单显示了具体例程。

将 CPU 位掩码转换为 C 字符串的例程

```
OpenMP/place_report_omp.c
static char *cpuset_to_cstr(cpu_set_t *mask, char *str)
{
   char *ptr = str;
   int i, j, entry_made = 0;
   for (i = 0; i < CPU_SETSIZE; i++) {
      if (CPU_ISSET(i, mask)) {
         int run = 0;
         entry_made = 1;
         for (j = i + 1; j < CPU_SETSIZE; j++) {
            if (CPU_ISSET(j, mask)) run++;
            else break;
         }
         if (!run)
            sprintf(ptr, "%d,", i);
         else if (run == 1) {
            sprintf(ptr, "%d,%d,", i, i + 1);
            i++;
         } else {
            sprintf(ptr, "%d-%d,", i, i + run);
            i += run;
         }
         while (*ptr != 0) ptr++;
```

```
        }
    }
    ptr -= entry_made;
    *ptr = 0;
    return(str);
}
```

在放置报告例程中，我们查询了 OpenMP 设置，并报告这些设置，然后显示每个线程的放置和关联。如果要进行尝试，请使用详细设置编译代码并使用 44 个线程或对你的系统有意义的线程数来运行它，并且不要设置特殊的环境变量。示例代码位于 https://github.com/EssentialsofParallelComputing/Chapter14.git 的 OpenMP 子目录中。

示例：查询放置报告例程的 OpenMP 设置

如果要查询 OpenMP 设置、生成它们的报告，然后显示每个线程的位置和关联性，可以按照如下步骤进行操作：

```
mkdir build && cd build
cmake -DCMAKE_VERBOSE=on ..
make
export OMP_NUM_THREADS=44
./vecadd_opt3
```

使用 GCC 9.3 在 Intel Skylake-Gold 上运行此命令会得到以下输出：

```
Running with 44 thread(s)
 proc_bind is false
 proc_num_places is 0
Hello from thread 0: (core affinity = 0-87) OpenMP socket is -1
Hello from thread 1: (core affinity = 0-87) OpenMP socket is -1
Hello from thread 2: (core affinity = 0-87) OpenMP socket is -1
Hello from thread 3: (core affinity = 0-87) OpenMP socket is -1
Hello from thread 4: (core affinity = 0-87) OpenMP socket is -1
  <... skipping output ...>
Hello from thread 42: (core affinity = 0-87) OpenMP socket is -1
Hello from thread 43: (core affinity = 0-87) OpenMP socket is -1
 0.022119
```

任意处理器位置

输出显示没有设置环境变量的关联性和放置报告。线程可以在 0 到 87 的任何处理器上运行。核的关联性允许线程在 88 个虚拟核中的任何一个上运行。

观察一下将线程放在硬件核心上，并将关联性绑定设置为 close 时会发生什么。

```
export OMP_PLACES=cores
export OMP_PROC_BIND=close
./vecadd_opt3
```

图 14-3 显示了具有此关联和放置设置的输出结果。

通过观察发现，我们可以控制 kernel，线程现在被固定在属于同一个硬件核心的两个虚拟核心上。在输出的结果最后部分可以看到运行时间为 0.0166 ms，这个运行时间较前一次运行的 0.0221 ms 有了实质性提升，计算时间大约减少了 25%。你可以尝试各种环境变量设置，并查看线程是如何被放置在节点上的。

```
Running with 44 thread(s)
  proc_bind is close
  proc_num_places is 44
Hello from thread 0: (core affinity = 0,44) OpenMP     socket is 0
Hello from thread 1: (core affinity = 1,45) OpenMP     socket is 1
Hello from thread 2: (core affinity = 2,46) OpenMP     socket is 2
Hello from thread 3: (core affinity = 3,47) OpenMP     socket is 3
Hello from thread 4: (core affinity = 4,48) OpenMP     socket is 4
    <... skipping output ...>
Hello from thread 42: (core affinity = 42,86) OpenM    P socket is 42
Hello from thread 43: (core affinity = 43,87) OpenM    P socket is 43
  0.016601
```

硬件核心

图 14-3　OMP_PLACES=cores 和 OMP_PROC_BIND=close 的关联性和放置报告。每个线程可以在两个虚拟核心上运行。由于使用超线程技术，这两个虚拟处理器位于同一个硬件核心

我们将自动探索所有可能的设置，以及它们如何随着线程数量的不同而进行扩展。我们将关闭 verbose 选项，从而减少输出结果，只有运行时才会打印。删除之前的构建并重新构建代码，如下所示：

```
mkdir build && cd build
cmake ..
make
```

然后运行以下脚本，获得所有情况下的性能情况。

代码清单 14-1　自动探索所有设置的脚本

```
OpenMP/run.sh
#!/bin/sh

calc_avg_stddev()
{
   #echo "Runtime is $1"
   awk '{
      sum = 0.0; sum2 = 0.0 # Initialize to zero
      for (n=1; n <= NF; n++) { # Process each value on the line
         sum += $n; # Running sum of values
         sum2 += $n * $n # Running sum of squares
      }
      print " Number of trials=" NF ", avg=" sum/NF ", \
          std dev=" sqrt((sum2 - (sum*sum)/NF)/NF);
      }' <<< $1
}

conduct_tests()
{
   echo ""
   echo -n `printenv |grep OMP_` ${exec_string}
   foo=""
   for index in {1..10}
   do
      time_result=`${exec_string}`
      time_val[$index]=${time_result}
      foo="$foo ${time_result}"
   done
```

计算平均值和标准偏差

运行测试

重复运行 10 次来获得统计信息

```
    calc_avg_stddev "${foo}"
}

exec_string="./vecadd_opt3 "

conduct_tests

THREAD_COUNT="88 44 22 16 8 4 2 1"

for my_thread_count in ${THREAD_COUNT}
do
    unset OMP_PLACES
    unset OMP_PROC_BIND
    export OMP_NUM_THREADS=${my_thread_count}

    conduct_tests

    PLACES_LIST="threads cores sockets"
    BIND_LIST="true false close spread primary"

    for my_place in ${PLACES_LIST}
    do
       for my_bind in ${BIND_LIST}
       do
          export OMP_NUM_THREADS=${my_thread_count}
          export OMP_PLACES=${my_place}
          export OMP_PROC_BIND=${my_bind}

          conduct_tests
       done
    done
done
```

循环次数设定为线程数

循环次数设定为放置设定值

循环次数设定为关联性设定值

由于篇幅有限，在图 14-4 中只显示了几个结果，所显示的值都是来自没有关联或放置设置的单个线程的加速效果。

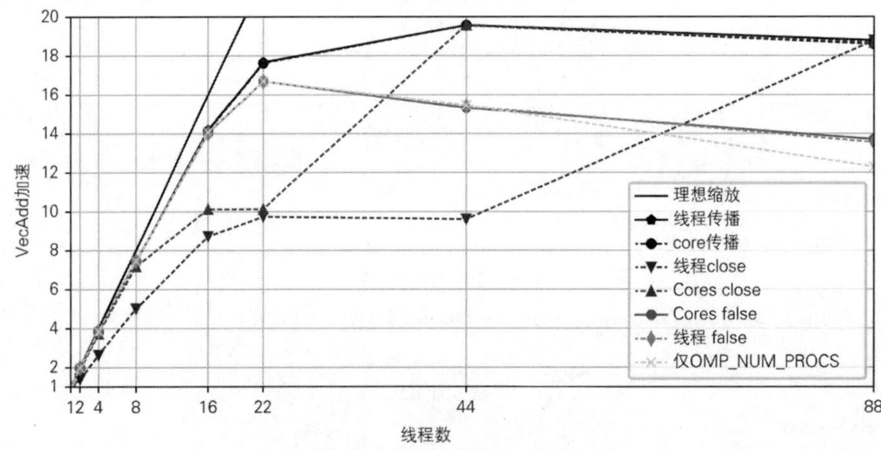

图 14-4 OMP_PROC_BIND=spread 的 OpenMP 关联和放置设置将并行缩放提高了 50%。这些线条表示特定设置的各种线程数，并在图例中按从高到低排序

在我们的分析中，从图 14-4 中要注意的第一件事是，在只有 44 个线程的所有设置中，程序通常是最快的。总的来说，超线程没有提升性能。需要注意的是线程的 close 设置，因为只有当使用该设置的线程超过 44 个时，第二个 CPU 插槽上才会有进程运行在上面。如果线程只在第一个 CPU 插槽上运行，这将限制可获得的总内存带宽。在完整的 88 个线程中，线程的 close 设置提供了最好的性能，尽管只有些许的性能提升。由于仅在第一个 CPU 插槽上有线程运行，close 设置通常显示相同的有限内存带宽效果。还可以看到，当进程数较多时使用进程绑定所得到的性能比不使用进程绑定更高。

通过上面的分析，可以得到如下两点内容：

- 超线程对简单的内存绑定 kernel 没有性能提升，但也没有性能损失。
- 对多个 CPU 插槽(NUMA 域)上运行的内存带宽限制的 kernel 来说，多个 CPU 插槽都保持繁忙状态。

我们不显示将 OMP_PROC_BIND 设置为 primary 的结果，因为它强制所有线程都在同一个处理器上运行，并使程序性能下降两倍。也不显示将 OMP_PLACES 设置为 sockets 的结果，因为它的性能比图中显示的都低。

14.4　进程关联性与 MPI

如 14-2 节所述，将关联性应用于 MPI 应用程序将带来益处。通过防止进程被操作系统 kernel 迁移到不同的处理器核心，它有助于获得完整的内存带宽和缓存性能。我们将讨论 OpenMPI 与关联性，因为它可以使用很多工具来处理关联和进程放置。其他 MPI 实现(如 MPICH)必须在启用 SLURM 支持的情况下才能进行编译，需要注意的是，这并不适用于个人计算机。将在 14.6 节中讨论可在更普遍的情况下使用的命令行工具。现在，继续探索 OpenMPI 中的关联性。

14.4.1　OpenMPI 的默认进程放置

OpenMPI 没有将进程放置留给 kernel 调度器，而是指定了默认的放置和关联性。OpenMPI 的默认设置取决于进程的数量。具体如下：

- 进程数<=2(绑定到核心)
- 进程数>2(绑定到 CPU 插槽)
- 进程数>处理器数量(不进行绑定)

一些高性能计算中心可能设置其他默认值，比如始终绑定到核心。这种绑定策略对于大多数 MPI 作业可能是有意义的，但对于同时使用 OpenMP 线程和 MPI 的应用程序可能会导致问题发生。所有线程都将被绑定到一个处理器上，并对这些线程进行串行化处理。

OpenMPI 的最新版本广泛支持进程放置和关联。使用这些工具，通常可以获得性能提升。性能的具体提升效果取决于操作系统中的进程调度器如何优化进程放置。大多数调度程序都是针对一般计算(如字处理和电子表格)进行优化的，而不是针对并行应用程序进行优化。让调度程序“做正确的事情”可能带来 5%~10%的好处，但如果进行精心优化，可更好地提升性能。

14.4.2　进行控制：在 OpenMPI 中指定进程放置的基本技术

对于大多数用例来说，使用简单的控制放置进程，并将这些进程绑定到硬件组件就足够了。这些控制操作，作为选项在 mpirun 命令中使用。让我们首先在多节点作业中平均分配进程，通过一个简单的例子进行说明。

示例：在多节点作业之间平均分配进程

我们有一个应用程序，想要运行在 32 MPI ranks 上，但它是一个内存消耗型的应用程序，需要 500GB 的内存。单个节点无法提供如此庞大的内存，那么如何处理呢？

如果查看系统的详细配置，会发现每个节点都有两个 Intel Broadwell (E52695) CPU，每个 CPU 有 18 个硬件核心，通过超线程技术，每个 CPU 插槽可以提供 36 个虚拟处理器，并且每个节点带有 128GB 内存。

- 执行 lscpu 命令得到如下信息：

```
NUMA node0 CPU(s):   0-17,36-53
NUMA node1 CPU(s):   18-35,54-71
```

- 从/proc/meminfo 文件中获取信息：

```
MemTotal: 131728700 kB
```

在本例中，我们使用 MPI 应用程序的放置报告工具。其中两部分代码如下所示：

主要 MPI 关联性代码

```
MPI/MPIAffinity.c
#include <mpi.h>
#include <stdio.h>
#include "place_report_mpi.h"
int main(int argc, char **argv)
{
   MPI_Init(&argc, &argv);

   place_report_mpi();

   MPI_Finalize();
   return 0;
}
```

在 MPI_Init 之后插入放置报告调用

我们需要在 MPI 初始化之后插入对放置报告子例程的调用。也可以将其添加到 MPI 应用程序中。现在让我们看看下一个代码清单中的报告子例程。

MPI 放置报告工具

```
MPI/place_report_mpi.c
void place_report_mpi(void)
{
   int rank;
   cpu_set_t coremask;
```

```
   char clbuf[7 * CPU_SETSIZE], hnbuf[64];

   memset(clbuf, 0, sizeof(clbuf));
   memset(hnbuf, 0, sizeof(hnbuf));

   MPI_Comm_rank(MPI_COMM_WORLD, &rank);

   gethostname(hnbuf, sizeof(hnbuf));
   sched_getaffinity(0, sizeof(coremask),
                     &coremask);
   cpuset_to_cstr(&coremask, clbuf);
   printf("Hello from rank %d, on %s. (core affinity = %s)\n",
          rank, hnbuf, clbuf);
}
```

获得节点名称

获得进程的关联性设置

与 14.3 节中向量加法代码清单中的 cpuset_to_cstr 例程相同

在应用程序的第一次运行中，只须让 mpirun 启动 32 个进程：

```
mpirun -n 32 ./MPIAffinity | sort -n -k 4
```

然后，必须根据第四列的数据对输出进行排序，因为进程的输出顺序是随机的(通过命令 sort -n -k 4 完成)。这个命令的输出与放置报告例程显示在图 14-5 中。

```
Hello from rank 0, on cn328. (core affinity = 0-17,36-53)
Hello from rank 1, on cn328. (core affinity = 18-35,54-71)
Hello from rank 2, on cn328. (core affinity = 0-17,36-53)
Hello from rank 3, on cn328. (core affinity = 18-35,54-71)
  <... skipping output ...>
Hello from rank 28, on cn328. (core affinity = 0-17,36-53)
Hello from rank 29, on cn328. (core affinity = 18-35,54-71)
Hello from rank 30, on cn328. (core affinity = 0-17,36-53)
Hello from rank 31, on cn328. (core affinity = 18-35,54-71)
```

NUMA 区域

图 14-5　对于 mpirun - n 32，所有进程都在 cn328 节点上运行。关联性设置为 NUMA 区域(socket)

从图 14-5 的输出可以看出，所有的 rank 都在节点 cn328 上启动。参考本节开头的 OpenMPI 的默认关联设置，对于两个以上的等级，关联设置为绑定到 socket。lscpu 命令的输出显示了第一个 NUMA 区域，其中包含虚拟处理核心 0-17、36-53。NUMA 区域通常与每个 CPU 插槽数对齐。在输出中，我们看到核心关联等于 0 – 17、36 - 53，确认关联性被设置为 socket。

因为应用程序实际内存需求大于节点上的 128GB，所以在分配内存时将遭遇失败。因此，需要找到一种方法来分散这些进程。为此，添加了另一个选项--npernode <#>或-N <#>，它告诉 MPI 在每个节点上可以放置多少个 rank。需要 4 个节点来获得足够的内存，从而解决问题，所以我们希望每个节点运行 8 个进程。

```
mpirun -n 32 --npernode 8 ./MPIAffinity | sort -n -k 4
```

图 14-6 显示了放置报告。

```
Hello from rank 0, on cn328. (core affinity = 0-17,36-53)
Hello from rank 1, on cn328. (core affinity = 18-35,54-71)
  < ... skipping output ... >
Hello from rank 8, on cn329. (core affinity = 0-17,36-53)
Hello from rank 9, on cn329. (core affinity = 18-35,54-71)
 < ... skipping output ... >
Hello from rank 16, on cn330. (core affinity = 0-17,36-53)
Hello from rank 17, on cn330. (core affinity = 18-35,54-71)
 < ... skipping output ... >
Hello from rank 24, on cn331. (core affinity = 0-17,36-53)
Hello from rank 25, on cn331. (core affinity = 18-35,54-71)
```


图 14-6 MPI 进程分布在 cn328 到 331 这四个节点上。关联性仍然与 NUMA 区域相关

从图 14-6 的输出中，可以看到应用程序在四个节点上运行。现在应该有足够的内存来运行应用程序。或者，我们可使用--npersocket 指定每个 socket(CPU 插槽)运行多少个 rank。每个节点有两个 socket，所以每个 socket 需要运行 4 个 rank，因此：

```
mpirun -n 32 --npersocket 4 ./MPIAffinity | sort -n -k 4
```

图 14-7 显示了每个 socket 的放置输出结果。

```
Hello from rank 0, on cn328. (core affinity = 0-17,36-53)
Hello from rank 1, on cn328. (core affinity = 0-17,36-53)
Hello from rank 2, on cn328. (core affinity = 0-17,36-53)
Hello from rank 3, on cn328. (core affinity = 0-17,36-53)
Hello from rank 4, on cn328. (core affinity = 18-35,54-71)
Hello from rank 5, on cn328. (core affinity = 18-35,54-71)
Hello from rank 6, on cn328. (core affinity = 18-35,54-71)
Hello from rank 7, on cn328. (core affinity = 18-35,54-71)
Hello from rank 8, on cn329. (core affinity = 0-17,36-53)
Hello from rank 9, on cn329. (core affinity = 0-17,36-53)
  < ... skipping output ... >
```


图 14-7 将每个 socket 的放置设置为 4 个进程后，rank 的顺序就会发生变化。现在，四个相邻的 rank 在同一个 NUMA 区域中

从图 14-7 的 rank 报告可以看出，rank 的顺序是将相邻的 rank 排列在同一个 NUMA 域上，而不是在 NUMA 域之间交替排列。如果 rank 与最近的“邻居”进行通信，情况可能会更好。

至此，我们只处理了进程的放置。现在让我们看看能做些什么来处理 MPI 进程的关联性和绑定。为此，向 mpirun 添加--bind-to [socket | numa | core | hwthread]选项：

```
mpirun -n 32 --npersocket 4 --bind-to core ./MPIAffinity | sort -n -k 4
```

在图 14-8 的放置报告中，我们可以看到这是如何改变进程关联性的。

```
Hello from rank 0, on cn328. (core affinity = 0,36)
Hello from rank 1, on cn328. (core affinity = 1,37)
Hello from rank 2, on cn328. (core affinity = 2,38)
Hello from rank 3, on cn328. (core affinity = 3,39)
Hello from rank 4, on cn328. (core affinity = 18,54)
Hello from rank 5, on cn328. (core affinity = 19,55)
Hello from rank 6, on cn328. (core affinity = 20,56)
Hello from rank 7, on cn328. (core affinity = 21,57)
Hello from rank 8, on cn329. (core affinity = 0,36)
Hello from rank 9, on cn329. (core affinity = 1,37)
   < ... skipping output ... >
```


图 14-8 绑定到核心的关联性改变了进程与硬件核心的关联关系。由于使用超线程技术，每个硬件核心提供两个虚拟核心，因此我们为每个进程获得两个位置

图 14-8 中的放置结果表明，现在进程的关联比以前受到更多限制。每个进程可以安排在两个虚拟核心上运行。这两个虚拟核心属于同一个硬件核心，由此可见核心绑定选项是指一个硬件核心。每个插槽上仅使用了 18 个处理器核心中的四个。这就是我们想要的，以便每个 MPI rank 有更多内存。让我们尝试使用 hwthread 选项将进程绑定到超线程(而不是核心)。这会迫使调度程序将进程放置在一个虚拟核心上。

```
mpirun -n 32 --npersocket 4 --bind-to hwthread ./MPIAffinity | sort -n -k 4
```

同样，我们使用放置报告程序来可视化进程放置的结果，输出如图 14-9 所示。

```
Hello from rank 0, on cn328. (core affinity = 0)
Hello from rank 1, on cn328. (core affinity = 36)
Hello from rank 2, on cn328. (core affinity = 1)
Hello from rank 3, on cn328. (core affinity = 37)
Hello from rank 4, on cn328. (core affinity = 18)
Hello from rank 5, on cn328. (core affinity = 54)
Hello from rank 6, on cn328. (core affinity = 19)
Hello from rank 7, on cn328. (core affinity = 55)
Hello from rank 8, on cn329. (core affinity = 0)
Hello from rank 9, on cn329. (core affinity = 36)
   < ... skipping output ... >
```

单一核心中的一对超线程上的进程

图 14-9　hwthread 选项中的进程放置限制了进程只能运行在一个位置

最后，我们的处理器布局最终限制了每个进程可以运行的位置，如图 14-9 所示。这似乎是个不错的结果。但是仔细观察后发现，前两列位于单个硬件核心的一对超线程(0 和 36)上，这不是我们想看到的情况。这意味着这两个 rank 共享硬件核心的缓存和硬件组件，而不是自己拥有全部资源。

OpenMPI 中的 mpirun 命令也有一个内置选项来生成绑定的报告。对于小规模问题，它很方便，但是对于多处理器和 MPI rank 的节点，报告的输出总量很难处理。向用于图 14-9 的 mpirun 命令添加--report-bindings 将生成如图 14-10 所示的输出结果。

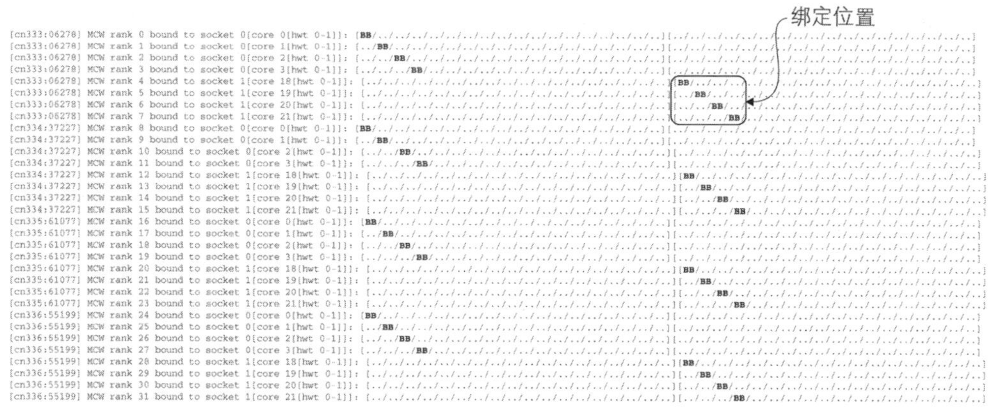

图 14-10　使用--report-bindings 选项的 mpirun 放置报告，使用字母 B 表示 rank 的绑定位置

可视化布局更容易快速理解，并且输出中包含大量信息。每一行表示 MPI_COMM_WORLD (MCW)中的一个 rank。右边正斜杠之间的符号表示该进程的绑定位置。正斜杠符号之间的两个点集合表明每个核心有两个超线程。两组括号表示节点上的两个 CPU 插槽。

通过本节中探索的示例，你应该了解如何控制放置和关联。你还应该掌握一些工具来检查是否获得了预期的放置和进程绑定。

14.4.3 关联性不仅仅是进程绑定：全面讨论

现在我们将全面探讨并行计算的关联性。将以此作为引入 OpenMPI 提供的高级选项的一种方式，从而获得对程序的更多控制。

关联性的概念来源于操作系统看待事物的方式。在操作系统的级别上，你可以设置每个进程可以运行的位置。在 Linux 上，这可以通过 taskset 或 numactl 命令来完成。这些命令和其他操作系统上的类似实用程序是随着 CPU 复杂性的增加而出现的，以便你可以向操作系统中的调度器提供更多信息。调度程序可能将这些指示视为提示或要求。使用这些命令，你可以将服务器进程固定到特定的处理器上，以便更接近特定的硬件组件或获得更快的响应。在处理单个进程时，只关注关联性就足够了。

对于并行编程，还有一些额外的注意事项。有一系列需要考虑的进程。假设有 16 个处理器，运行一个 4 rank 的 MPI 作业。把 rank 放在哪里？是通过跨越 CPU 插槽的方式部署，是使用所有的 CPU 插槽，还是将它们紧密地部署在一起，或者将它们分散开来？是否将特定的 rank 排列在一起(1 级和 2 级在一起，还是 1 级和 4 级在一起)？要回答这些问题，需要先解决以下问题：

- 映射(进程放置)
- rank 的顺序(哪些 rank 需要相互邻近)
- 绑定(使用关联性或将进程绑定到一个或者多个位置)

我们将依次讨论上面的每一项，以及如何通过 OpenMPI 对它们进行控制。

将进程映射到处理器或其他位置

当考虑并行应用程序时，我们有一组进程和一组处理器。如何将进程映射到处理器？在 14.4.2 节使用的示例中，我们希望将进程分散到四个节点上，以便每个进程拥有比在单个节点上更多的内存。OpenMPI 中映射进程的更一般形式是-mapby hwresource，其中参数 hwresource 是硬件组件参数，比如下面常见的参数值：

```
--map-by [slot | hwthread | core | socket | numa | node]
```

使用 mpirun 命令的--map-by 选项，进程以轮询方式在这个硬件资源上分布。该选项的默认值是 socket。除了插槽(slot)，大多数硬件位置都是不言自明的。插槽(slot)是来自环境、调度程序或主机文件的进程的可能位置列表。这种形式的--map-by 选项的含义和效果仍然有限。

更通用的形式使用如下两个选项之一：ppr 或者每个资源进程数，其中 n 是进程数。你可以为每个硬件资源指定一个进程块，而不是按资源进行轮询映射：

```
--map-by ppr:n:hwresource
```

或者使用下面更精确的设置：

```
--map-by ppr:n:[slot | hwthread | core | socket | numa | node]
```

在我们之前的示例中，我们使用了--npernode 8 的更简单选项。在这种更通用的形式中，它可以简写为：

```
--map-by ppr:8:node
```

如果从前面的选项到 mpirun 的控制级别不够，则可以指定一个处理器编号列表，从而使用 --cpu-list <logical processor numbers> 选项，其中处理器编号是对应于来自 lstopo 或 lscpu 的列表。此选项同时将进程绑定到逻辑(虚拟)处理器。

MPI rank 排序

你可能想要控制的另一件事是 MPI rank 的顺序。如果相邻的 MPI rank 之间通信频繁，那么你可能希望它们在物理处理器上彼此邻近。这降低了这些 rank 之间的通信成本。通常，在映射过程中，用分散的块大小来控制它就足够了，但也可以使用 --rank-by 选项获得额外的控制：

```
--rank-by ppr:n:[slot | hwthread | core | socket | numa | node]
```

一个更常见的选择是使用 rank 文件：

```
--rankfile <filename>
```

虽然你可以使用这些命令调整 MPI rank 的位置，并可能获得几个百分点的性能提升，但很难推算出最佳公式。

将进程绑定到硬件组件

最后要控制的是关联性本身。关联是将进程绑定到硬件资源的过程。这里所使用的选项与之前相似：

```
--bind-to [slot | hwthread | core | socket | numa | node]
```

在上面设定中，使用 core 作为默认设置，对于大多数 MPI 应用程序来说已经足够了(如 14.4.1 节所述，如果没有--bind-to 选项，则对于两个以上的进程，默认是 socket)。但在某些情况下，关联设置会导致其他问题。

正如我们在图 14-8 的示例中所看到的，关联性被设置为硬件核心上的两个超线程。我们可能想尝试--map-to core --bind-to hwthread 来跨硬件核心分配进程，将每个进程更紧密地绑定到单个超线程上，这种微调带来的性能差异可能很小。当我们尝试实现一个混合 MPI 和 OpenMP 应用程序时，可能会出现更多问题。重要的是要知道子进程继承父进程的关联设置。如果我们使用 npersocket 4 --bind-to core 的选项，然后启动两个线程，就有两个运行线程的位置(每个硬件核心带有两个超线程)，这是没有问题的。如果启动四个线程，它们将只共享两个逻辑处理器位置，这将带来性能限制。

在本节之前的介绍中，我们看到有许多用于控制进程、进程放置以及关联性的选项。现实中，有太多的参数组合，以至于无法完全探索，就像在第 14.3 节中为 OpenMP 所做的参数探索那样。大多数情况下，能够通过参数设置，满足应用程序性能需求即可，不必尝试所有的参数组合。

14.5 MPI+OpenMP 的关联性

本节的目标是了解如何为混合 MPI+OpenMP 的应用程序设置关联性。为这些混合情况获得正确的关联性可能比较棘手。在本节中，创建了一个带有 MPI 和 OpenMP 的混合 stream triad 示例。还修改了本章中使用的线程放置报告，从而输出关于混合 MPI+OpenMP 的应用程序信息。下面的代码清单显示了修改后的子例程 place_report_ mpi_omp.c。

代码清单 14-2 MPI 和 OpenMP 线程放置报告工具 hybrid stream triad

```
StreamTriad/place_report_mpi_omp.c
void place_report_mpi_omp(void)
{
   int rank;
   MPI_Comm_rank(MPI_COMM_WORLD, &rank);

   int socket_global[144];
   char clbuf_global[144][7 * CPU_SETSIZE];

   #pragma omp parallel
   {
      if (omp_get_thread_num() == 0 && rank == 0){
         printf("Running with %d thread(s)\n",omp_get_num_threads());
         int bind_policy = omp_get_proc_bind();
         switch (bind_policy)
         {
            case omp_proc_bind_false:
               printf(" proc_bind is false\n");
               break;
            case omp_proc_bind_true:
               printf(" proc_bind is true\n");
               break;
            case omp_proc_bind_master:
               printf(" proc_bind is master\n");
               break;
            case omp_proc_bind_close:
               printf(" proc_bind is close\n");
               break;
            case omp_proc_bind_spread:
               printf(" proc_bind is spread\n");
         }
         printf(" proc_num_places is %d\n",omp_get_num_places());
      }

      int thread = omp_get_thread_num();
      cpu_set_t coremask;
      char clbuf[7 * CPU_SETSIZE], hnbuf[64];
      memset(clbuf, 0, sizeof(clbuf));
      memset(hnbuf, 0, sizeof(hnbuf));
      gethostname(hnbuf, sizeof(hnbuf));
      sched_getaffinity(0, sizeof(coremask), &coremask);
      cpuset_to_cstr(&coremask, clbuf);
      strcpy(clbuf_global[thread],clbuf);
```

```
      socket_global[omp_get_thread_num()] = omp_get_place_num();
      #pragma omp barrier
      #pragma omp master
      for (int i=0; i<omp_get_num_threads(); i++){
         printf("Hello from rank %02d,"
                " thread %02d, on %s."
                " (core affinity = %2s)"
                " OpenMP socket is %2d\n",
               rank, i, hnbuf,
                clbuf_global[i],
                socket_global[i]);
      }
   }
}
```

合并 OpenMP 和 MPI 关联性报告

我们首先编译 stream triad 应用程序。stream triad 代码位于 https://github.com/EssentialsofParallelComputing/Chapter14 的 StreamTriad 目录中。可以使用如下代码进行编译：

```
mkdir build && cd build
./cmake -DCMAKE_VERBOSE=1 ..
make
```

在 Skylake Gold 处理器上运行这段代码，该处理器有 44 个硬件处理器，每个处理器上有两个超线程。我们将两个 OpenMP 线程放在超线程上运行，然后在每个硬件核心上进行 MPI rank 操作。可以使用下面的命令做具体实现：

```
export OMP_NUM_THREADS=2
mpirun -n 44 --map-by socket ./StreamTriad
```

stream triad 代码调用了代码清单 14.2 中的线程放置报告。图 14-11 显示了输出结果。

NUMA 域

```
Hello from rank 00, thread 00, on cn618. (core affinity = 0-21,44-65) OpenMP socket is -1
Hello from rank 00, thread 01, on cn618. (core affinity = 0-21,44-65) OpenMP socket is -1
Hello from rank 01, thread 00, on cn618. (core affinity = 22-43,66-87) OpenMP socket is -1
Hello from rank 01, thread 01, on cn618. (core affinity = 22-43,66-87) OpenMP socket is -1
  < ... skipping output ... >
```

图 14-11　MPI rank 以轮询方式跨插槽放置线程，带有两个插槽来容纳两个 OpenMP 线程。线程放置被限制在 NUMA 域中，从而保持内存与线程靠近。这些进程不与任何特定的虚拟核心紧密绑定，调度器可以在 NUMA 域中自由地移动这些进程

如图 14-11 中的输出所示，我们成功地以轮询方式在 NUMA 域中分配了 rank，并将两个线程保持在一起。这会为我们提供来自主内存的较大带宽。关联约束仅能将进程保留在 NUMA 域内，并让调度程序根据需要对进程进行移动。调度程序可以将线程 0 放置在 44 个不同的虚拟处理器中的任何一个之上，比如 0~21 或 44~65。编号可能会令人困惑，0 和 44 是在同一物理核心上的两个超线程。

现在让我们尝试获得更多关联性约束。为此，我们需要使用 - mapby ppr:N:socket:PE=N 的格式。此命令使我们能够以指定的间距分散进程放置，并指定在每个 socket 上放置多少 MPI rank。上面的选项看起来比较复杂，我们将逐一为你讲解。

让我们从 ppr:N:socket 部分开始。我们希望每个 socket 上有一半的 MPI rank。这应该是每个

socket 有 22 个 MPI rank 或 ppr:22:socket。最后一部分决定了我们在进程放置之间需要多少个处理器。我们希望每个 MPI rank 有两个线程，因此我们希望每个块中有两个虚拟处理器，该规范适用于硬件核心。重要的是要知道每个硬件核心包含两个虚拟处理器，因此，你只需要一个硬件核心(PE=1)。然后我们将线程固定到硬件线程。对于 rank 0，我们应该使用虚拟处理器 0 和 44 获得第一个硬件核心。我们可以使用以下命令完成：

```
export OMP_NUM_THREADS=2
export OMP_PROC_BIND=true
mpirun -n 44 --map-by ppr:22:socket:PE=1 ./StreamTriad
```

可以通过图 14-12 所示的结果来检查我们的操作是否正确。

超线程

```
Hello from rank 00, thread 00, on cn626. (core affinity = 0) OpenMP socket is 0
Hello from rank 00, thread 01, on cn626. (core affinity = 44) OpenMP socket is 1
Hello from rank 01, thread 00, on cn626. (core affinity = 1) OpenMP socket is 0
Hello from rank 01, thread 01, on cn626. (core affinity = 45) OpenMP socket is 1
 < ... skipping output ... >
```

图 14-12　进程和线程关联现在被限制在一个逻辑核心，每个 rank 的两个 OpenMP 线程位于“超线程对”上(图中为 0 和 44)。为了降低更复杂程序的通信成本，这些 rank 相互邻近。MPI rank 是固定在硬件核心上的，而线程关联是固定在超线程上的

从图 14-12 的输出结果中可以看到，我们可在必要的地方锁定线程。我们也有 MPI rank 固定的硬件核心。可通过取消设置 OMP_PROC_BIND 环境变量来验证这一点，并且通过输出接入(如图 14-13 所示)确认 rank 绑定到一个硬件核心的两个逻辑处理器上。

硬件核心

```
Hello from rank 00, thread 00, on cn610. (core affinity = 0,44) OpenMP socket is -1
Hello from rank 00, thread 01, on cn610. (core affinity = 0,44) OpenMP socket is -1
Hello from rank 01, thread 00, on cn610. (core affinity = 1,45) OpenMP socket is -1
Hello from rank 01, thread 01, on cn610. (core affinity = 1,45) OpenMP socket is -1
< ... skipping output ... >
```

图 14-13　不带 OMP_PROC_BIND=true 的输出表明 MPI rank 是固定在硬件核心上的

我们已经解决了一个案例，并能以预想的方式获得关联性设置。但是现在你想知道是否可以运行两个以上的 OpenMP 线程，以及程序的执行情况。让我们看一组命令，通过它们可以测试任意数量的线程，这些线程将被平均分配到各个处理器上。下面的代码清单显示了关键的脚本命令。

代码清单 14-3　为混合 MPI 和 OpenMP 设置关联性

```
Extracted from StreamTriad/run.sh
#!/bin/sh
LOGICAL_PES_AVAILABLE=`lscpu |\
  grep '^CPU(s):' |cut -d':' -f 2`
SOCKETS_AVAILABLE=`lscpu |\
  grep '^Socket(s):' |cut -d':' -f 2`
THREADS_PER_CORE=`lscpu |\
  grep '^Thread(s) per core:' |cut -d':' -f 2`
POST_PROCESS="|& grep -e Average -e mpirun |sort -n -k 4"
THREAD_LIST_FULL="2 4 11 22 44"
THREAD_LIST_SHORT="2 11 22"
```

获取硬件特性

```

unset OMP_PLACES
unset OMP_CPU_BIND
unset OMP_NUM_THREADS

  < ... basic tests not shown ... >

export OMP_PROC_BIND=true

  < ... first loop block not shown ... >

for num_threads in ${THREAD_LIST_FULL}
do
   export OMP_NUM_THREADS=${num_threads}

   HW_PES_PER_PROCESS=$((${OMP_NUM_THREADS}/
                 ${THREADS_PER_CORE}))
   MPI_RANKS=$((${LOGICAL_PES_AVAILABLE}/ \
                 ${OMP_NUM_THREADS}))
   PES_PER_SOCKET=$((${MPI_RANKS}/\
                     ${SOCKETS_AVAILABLE}))

   RUN_STRING="mpirun -n ${MPI_RANKS} \
       --map-by ppr:${PES_PER_SOCKET}:socket:PE=${HW_PES_PER_PROCESS} \
       ./StreamTriad ${POST_PROCESS}"
   echo ${RUN_STRING}
   eval ${RUN_STRING}
done

  < ... additional loop blocks ... >
```

设置 OMP 环境变量

计算所需值

填充 mpirun 命令

为了提高脚本的可移植性，使用 lscpu 命令获取硬件特征。然后设置所需的 OpenMP 环境变量。我们可以将 OMP_PROC_BIND 设置为 true、close 或 spread(与本例相同的结果，即使用所有的 slot)。然后计算 mpirun 命令所需的变量并启动作业。

在代码清单 14-2 完整的 stream triad 示例中，我们测试了线程大小和 MPI rank 的组合，这些组合平均分布在 88 个进程上。我们在 44 个进程中跳过了超线程，因为使用超线程并没有获得更好的性能(如第 14.3 节所述)。在这组测试中，性能结果非常稳定。这是因为所有测量结果都是来自主存储器的带宽，几乎没有其他工作需要完成，也没有 MPI 通信。在这种情况下，混合 MPI 和 OpenMP 所带来的收益是有限的。我们期望看到的性能提升可以出现在更大规模的模拟中，使用 OpenMP 线程代替 MPI rank 会带来如下效果：

- 减少 MPI 缓冲区内存需求。
- 创建更大的域，巩固和减少 ghost cell 区域。
- 减少单个网络接口节点上处理器的争用。
- 访问未被充分利用的向量单元和其他处理器组件。

14.6 从命令行控制关联性

还有一些从命令行控制关联性的通用方法。当 MPI 或特殊的并行应用程序没有内置选项来控制关联性时，命令行工具可以帮助你解决问题。这些工具还可以通过将通用应用程序绑定到重要的硬件组件(例如显卡、网络端口和存储设备)来提供帮助。在本节中，我们将介绍两个命令行选件：hwloc 和 likwid 工具套件。这些工具可应用于高性能计算应用程序。

14.6.1 使用 hwloc-bind 分配关联性

hwloc 项目由法国国家计算机科学与自动化研究所(INRIA)开发。作为 OpenMPI 项目的一个子项目，hwloc 实现了我们在 14.4 和 14.5 节中看到的 OpenMPI 进程放置和关联功能。hwloc 软件包是一个带有命令行工具的独立包。因为有很多 hwloc 工具，本书只针对其中几个进行介绍。将使用 hwloc-calc 来获取硬件核心列表，并使用 hwloc-bind 进行绑定。

使用 hwloc-bind 很简单。只需要在应用程序前加上 hwloc-bind 前缀，然后在需要绑定的地方添加硬件位置。对于我们的应用程序，将使用 lstopo 命令。lstopo 命令也是 hwloc 工具的一部分。以下是单行命令，用于在所有硬件核心上启动任务，并将进程绑定到核心上：

```
for core in 'hwloc-calc --intersect core --sep " " all'; do hwloc-bind \
   core:${core} lstopo --no-io --pid 0 & done
```

“--intersect core”选项表示只使用硬件核心。参数--sep " "表示用空格而不是逗号，对输出的数字进行分隔。在常用的 Skylake Gold 处理器上执行此命令的结果是启动 44 个 lstopo 图形窗口，每个窗口看起来都类似于图 14-14 所示的内容。每个窗口都用深色突出显示绑定的位置。

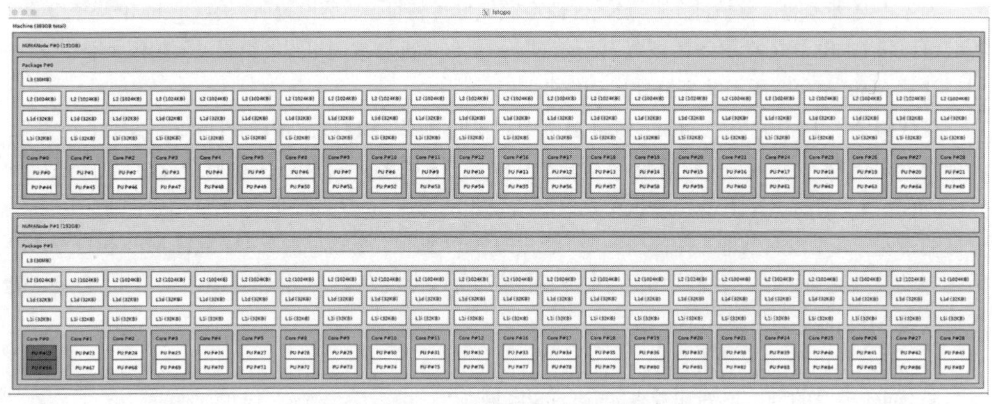

图 14-14 lstopo 图像在左下角以深色(阴影区域)显示绑定位置。这表明进程 22 被绑定到第 22 和第 66 个虚拟核上，它们是同一个物理核的超线程

可以使用类似的命令在每个 CPU 插槽的第一个核心上启动两个进程。比如使用下面的命令：

```
for socket in 'hwloc-calc --intersect socket \
    --sep " " all'; do hwloc-bind \
    socket:${socket}.core:0 lstopo --no-io --pid 0 & done
```

下面的代码清单显示了如何使用绑定构建一个通用的 mpirun 命令。

代码清单 14-4　使用 hwloc-bind 绑定进程

```
MPI/mpirun_distrib.sh
#!/bin/sh
PROC_LIST=$1
EXEC_NAME=$2
OUTPUT="mpirun "
for core in ${PROC_LIST}
do
   OUTPUT="$OUTPUT -np 1"\
          " hwloc-bind core:${core}"\
          " ${EXEC_NAME} :"
done
OUTPUT=`echo ${OUTPUT} | sed -e 's/:$/\n/'`
eval ${OUTPUT}
```

用 mpirun 初始化这个字符串

附加另一个带有绑定的 MPI rank 启动

去掉最后一个冒号并替换一个新行

现在，可以使用下面的命令在每个 CPU 插槽的第一个核心上启动从 14.4 节开始介绍的 MPI 关联应用程序：

```
./mpirun_distrib.sh "1 22" ./MPIAffinity
```

这个 mpirun_distrib 脚本构建并执行以下命令：

```
mpirun -np 1 hwloc-bind core:1 ./MPIAffinity : -np 1 hwloc-bind core:22
./MPIAffinity
```

14.6.2　使用 likwid-pin: likwid 工具套件中的关联工具

likwid-pin 工具是来自埃尔朗根大学 likwid(“Like I Knew What I 'm Doing”)团队的众多卓越工具之一。我们在 3.3.1 节看到了第一个 likwid 工具 likwidperfctr。本节中的 likwid 工具是用于设置关联性的命令行工具。我们将研究 OpenMP 线程、MPI 和混合 MPI+OpenMP 应用程序的工具变体。在 likwid 中，选择处理器集的基本语法使用以下选项：

- Default(物理编号)
- N(节点级编号)
- S(CPU 插槽级编号)
- C(最后一级缓存编号)
- M(NUMA 内存域编号)

要设置关联，请使用以下语法：-c <N,S,C,M>:[n1,n2,n3-n4]。要获取编号方案的列表，请使用命令 likwid-pin -p。建议你从示例和实验中了解 likwid-pin 的工作原理。

用 likwid-pin 固定 OpenMP 线程

此示例显示如何将 likwid-pin 与 OpenMP 应用程序一起使用：

```
export OMP_NUM_THREADS=44
export OMP_PROC_BIND=spread
export OMP_PLACES=threads
```

```
./vecadd_opt3
```

为了在 OpenMP 应用程序中使用 likwid-pin 获得相同的固定结果，使用 socket(S)选项。下面在每个 socket 上分配 22 个线程，其中两个固定集(pin set)被分开，并用@符号连接：

```
likwid-pin -c S0:0-21@S1:0-21 ./vecadd_opt3
```

在使用 likwide -pin 时，OMP 环境变量不是必需的，并且通常被忽略。线程的数量由固定集(pin set)列表确定。对于这个命令来说，数量是 44。我们运行了 14.3 节中的 vecadd 示例，并设置了-DCMAKE_VERBOSE 选项，从而获得放置报告，如图 14-15 所示。

```
[pthread wrapper]
[pthread wrapper] MAIN -> 0
[pthread wrapper] PIN MASK: 0->1 1->2 2->3 3->4 4->5 5->6 6->7 7->8 8->9 9->10
10->11 11->12 12->13 13->14 14->15 15->16 16->17 17->18 18->19 19->20 20->21
21->22 22->23 23->24 24->25 25->26 26->27 27->28 28->29 29->30 30->31 31->32
32->33 33->34 34->35 35->36 36->37 37->38 38->39 39->40 40->41 41->42 42->43
[pthread wrapper] SKIP MASK: 0x0
        threadid 47149577160576 -> core 1 - OK
        threadid 47149581363200 -> core 2 - OK
           < ... skipped output ... >
        threadid 47152378182656 -> core 42 - OK
        threadid 47152382389376 -> core 43 - OK
Running with 44 thread(s)
   proc_bind is false
   proc_num_places is 0
Hello from thread 0: (core affinity = 0) OpenMP socket is -1
Hello from thread 1: (core affinity = 1) OpenMP socket is -1
   < ... skipped output ... >
Hello from thread 42: (core affinity = 42) OpenMP socket is -1
Hello from thread 43: (core affinity = 43) OpenMP socket is -1
 0.016692
```


图 14-15 likwide-pin 输出在屏幕的顶部，后面是我们的放置报告输出。输出显示线程被固定在 44 个物理核上

放置报告表明，没有设置 OMP 环境变量，OpenMP 没有在 OpenMP socket 中放置和固定线程。并且，我们从 likwide-pin 工具获得了相同的位置和固定，具有相同的性能结果。正如我们在上一段中声明的那样，我们刚刚确认 OMP 环境变量对于 likwid-pin 不是必需的。需要注意的是，如果将 OMP_NUM_THREADS 环境变量设置为固定集(pin sets)中线程数以外的其他值，likwid 工具会将来自 OMP_NUM_THREADS 变量的线程分配到固定集(pin sets)中指定的处理器。当线程数多于处理器数时，该工具会将线程放置在可用处理器上。

用 likwid-mpirun 固定 MPI rank

MPI 应用程序的 likwid 固定功能包含在 likwid-mpirun 工具中。在大多数 MPI 实现中，可以用此工具代替 mpirun。让我们了解一下 14.4 节中的 MPIAffinity 示例。

示例：使用 likwid-mpirun 固定 MPI rank

在 44 个 rank 上运行 MPIAffinity 示例，并使用 likwid-mpirun 命令将 rank 固定到硬件核心(core)。默认情况下，likwid-mpirun 将 rank 固定到核心(core)，因此我们需要使用 likwid-mpirun 命令来获得我们通常想要的内容，而不需要任何其他选项：

```
likwid-mpirun -n 44 ./MPIAffinity |sort -n -k 4
```

图 14-16 显示了这个示例的进程放置报告的输出结果。

```
WARN: Cannot extract OpenMP vendor from executable or commandline, assuming no OpenMP
Hello from rank 0, on cn630. (core affinity = 0)
Hello from rank 1, on cn630. (core affinity = 1)
 < ... skipping output ... .
Hello from rank 42, on cn630. (core affinity = 42)
Hello from rank 43, on cn630. (core affinity = 43)
```

处理器内核

图 14-16　likwide-mpirun 的 rank 报告显示，每个 rank 都是按数字顺序固定在核心上的

这很简单，如图 14-16 所示，likwide-mpirun 将 rank 固定到硬件核心上。让我们观察下一个示例，在这个示例中，我们必须为 likwide-mpirun 命令提供一些选项。

示例：使用 likwide-mpirun 固定 MPI rank 时的选项

我们先从基本的命令开始：

```
likwid-mpirun -n 22 ./MPIAffinity |sort -n -k 4
```

rank 分布在 socket 0 上的前 22 个硬件核心上，而没有分布在 socket 1 上。在前面介绍过，你需要跨两个 socket 来分布进程，进而从主内存获得全部带宽。添加-nperdomain 选项让我们可以指定每个 NUMA 域有多少 socket，并且 S:11 固定集(pin set)可以获得 socket 上 11 个 rank 的正确数值。经过修改后，现在命令如下：

```
likwid-mpirun -n 22 -nperdomain S:11 ./MPIAffinity |sort -n -k 4
```

14.7　展望未来：在运行时设置和更改关联性

因为用户使用复杂的调用来正确地放置和固定进程很有挑战性，所以如果能够让用户可以不必担心关联性的问题，会是怎样？许多情况下，将固定逻辑嵌入可执行文件中，也许是更有意义的事情。比如查询有关硬件的信息，并适当地设置关联性，目前还很少有应用程序采用这种方法，但我们希望在未来能够有更多这样做的应用程序出现。

有些应用程序不仅可以在运行时设置它们的相关性，甚至可以更改关联性来适应程序运行时发生的变化。这项创新技术是由洛斯阿拉莫斯国家实验室的 Sam Gutiérrez 在他的 QUO 软件库提供的。也许你有一个应用程序在一个节点上使用所有 MPI rank，但是它调用了一个使用 MPI rank 和 OpenMP 线程的软件库。QUO 软件库提供了一个建立在 hwloc 之上的简单接口来设置适当的关联性。然后，它可以将设置推入堆栈，暂停处理器，并设置新的绑定策略。下面将介绍在应用程序中初始化进程绑定，并在运行时更改它的示例。

14.7.1　在可执行文件中设置关联性

在应用程序中设置进程放置和关联性意味着，你不再需要处理复杂的 mpirun 命令或 MPI 实现之间的可移植性。这里我们使用 QUO 软件库来实现这个绑定到 Skylake Gold 处理器上的所有核心。开源 QUO 软件库可以在 https://github.com/LANL/libquo.git 下载。首先，我们在 Quo 目录中构建可执行文件，并在系统中使用多个硬件核心运行应用程序：

```
make autobind
```

```
mpirun -n 44 ./autobind
```

自动绑定的源代码如代码清单 14-5 所示。该程序有以下步骤，放置报告例程在显示进程绑定之前和之后都会被调用。

1. 初始化 QUO。
2. 设置硬件核心的关联性。
3. 分发进程并将它们绑定到核心。
4. 回到最初的关联关系。

代码清单 14-5 使用 QUO 从可执行文件绑定进程

```
Quo/autobind.c
int main(int argc, char **argv)
{
   int ncores, nnoderanks, noderank, rank, nranks;
   int work_member = 0, max_members_per_res = 2, nres = 0;
   QUO_context qcontext;

   MPI_Init(&argc, &argv);
   QUO_create(&qcontext, MPI_COMM_WORLD);
   MPI_Comm_size(MPI_COMM_WORLD, &nranks);
   MPI_Comm_rank(MPI_COMM_WORLD, &rank);
   QUO_id(qcontext, &noderank);
   QUO_nqids(qcontext, &nnoderanks);
   QUO_ncores(qcontext, &ncores);

   QUO_obj_type_t tres = QUO_OBJ_NUMANODE;
   QUO_nnumanodes(qcontext, &nres);
   if (nres == 0) {
      QUO_nsockets(qcontext, &nres);
      tres = QUO_OBJ_SOCKET;
   }

   if ( check_errors(ncores, nnoderanks, noderank, nranks, nres) )
      return(-1);

   if (rank == 0)
      printf("\nDefault binding for MPI processes\n\n");
   place_report_mpi();

   SyncIt();
   QUO_bind_push(qcontext,
                 QUO_BIND_PUSH_PROVIDED,
                 QUO_OBJ_CORE, noderank);
   SyncIt();

   QUO_auto_distrib(qcontext, tres,
                    max_members_per_res,
                    &work_member);
   if (rank == 0)
      printf("\nProcesses should be pinned to the hw cores\n\n");
   place_report_mpi();

```

初始化 QUO 上下文

获取系统信息

报告默认绑定

为核心设定新的绑定

分配和绑定 MPI rank

报告新的绑定

```
    SyncIt();
    QUO_bind_pop(qcontext);
    SyncIt();

    QUO_free(qcontext);
    MPI_Finalize();
    return(0);
}
```

弹出绑定并返回初始设置

在更改绑定时，需要小心地同步进程。为了确保这一点，在下面的代码清单中，我们在 SyncIt 例程中使用了 MPI barrier 和 micro sleep 调用。

代码清单 14-6　SyncIt 子例程

```
Quo/autobind.c
void SyncIt(void)
{
    int rank;
    MPI_Comm_rank(MPI_COMM_WORLD, &rank);
    MPI_Barrier(MPI_COMM_WORLD);
    usleep(rank * 1000);
}
```

标准 MPI barrier

额外的 micro sleep

在 autobind 应用程序的输出结果中(如图 14-17 所示)，清楚地显示了从 socket 到硬件核心的绑定更改。

14.7.2　在运行时更改进程关联性

假设我们有一个应用程序，其中一部分想要使用所有的 MPI rank，而另一部分最适合使用 OpenMP 线程。要解决这个问题，我们需要在运行时切换关联性。这就是 QUO 的设计初衷，具体步骤如下：

1. 初始化 QUO。
2. 为 MPI 区域设置进程绑定到核心。
3. 将绑定扩展到 OpenMP 区域的整个节点上。
4. 返回 MPI 设置。

```
Default binding for MPI processes                                  Socket

Hello from process93096, rank 0, on cn630. (core affinity = 0-21,44-65)
Hello from process 93093, rank 1, on cn630. (core affinity = 22-43,66-87)
 < ... skipping output ... >
Hello from process 93162, rank 42, on cn630. (core affinity = 0-21,44-65)
Hello from process 93159, rank 43, on cn630. (core affinity = 22-43,66-87)

Processes should be pinned to the hw cores                         内核

Hello from process 93096, rank 0, on cn630. (core affinity = 0,44)
Hello from process 93093, rank 1, on cn630. (core affinity = 1,45)
 < ... skipping output ... >
Hello from process 93162, rank 42, on cn630. (core affinity = 42,86)
Hello from process 93159, rank 43, on cn630. (core affinity = 43,87)
```

图 14-17　autobind 的输出结果显示核心最初绑定到 socket，但之后，这些核心绑定到硬件核心

让我们看看在下面的代码清单中如何使用 QUO 实现这一点。

代码清单 14-7 动态关联性：从 MPI 切换到 OpenMP

```
Quo/dynaffinity.c
int main(int argc, char **argv)
{
   int rank, noderank, nnoderanks;
   int work_member = 0, max_members_per_res = 44;
   QUO_context qcontext;

   MPI_Init(&argc, &argv);
   MPI_Comm_rank(MPI_COMM_WORLD, &rank);
   QUO_create(&qcontext, MPI_COMM_WORLD);

   node_info_report(qcontext, &noderank, &nnoderanks);

   SyncIt();
   QUO_bind_push(qcontext,
                 QUO_BIND_PUSH_PROVIDED,
                 QUO_OBJ_CORE, noderank);
   SyncIt();

   QUO_auto_distrib(qcontext, QUO_OBJ_SOCKET,
                    max_members_per_res,
                    &work_member);

   place_report_mpi_quo(qcontext);

   /* change binding policies to accommodate OMP threads on node 0 */
   bool on_rank_0s_node = rank < nnoderanks;
   if (on_rank_0s_node) {
      if (rank == 0) {
         printf("\nEntering OMP region...\n\n");
         // expands the caller's cpuset
         //    to all available resources on the node.
         QUO_bind_push(qcontext,
                       QUO_BIND_PUSH_OBJ,
                       QUO_OBJ_SOCKET, -1);
         report_bindings(qcontext, rank);
         /* do the OpenMP calculation */
         place_report_mpi_omp();
         /* revert to old binding policy */
         QUO_bind_pop(qcontext);
      }
      /* QUO_barrier because it's cheaper than
         MPI_Barrier on a node. */
      QUO_barrier(qcontext);
   }
   SyncIt();

   // Wrap-up
   QUO_free(qcontext);
   MPI_Finalize();
```

- 初始化 QUO 上下文
- 设置硬件核心的关联性
- 分配和绑定 MPI rank
- 报告所有 MPI 区域的进程关联性
- 设置整个系统的关联性
- 报告 OpenMP 区域的 CPU 掩码
- 报告 OpenMP 区域的进程关联性
- 弹出绑定并返回到 MPI 绑定

```
    return(0);
}
```

我们可以在动态关联应用程序中使用系统上的硬件核数量，命令如下：

```
make dynaffinity
mpirun -n 44 ./dynaffinity
```

我们再次使用报告例程检查 MPI 区域和 OpenMP 的进程绑定，图 14-18 显示了输出结果。

图 14-18 中的输出结果显示了进程绑定在 MPI 和 OpenMP 区域之间发生了变化，在运行时完成了对关联性的动态修改。

```
Nodeinfo: nnodes 1 nnoderanks 44 nsockets 2 ncores 44 nhwthreads 88 —— 硬件核心

Hello from process 96779, rank 0, on cn630. (core affinity = 0,44) cbind [0x00001000,0x00000001]
Hello from process 96781, rank 1, on cn630. (core affinity = 1,45) cbind [0x00002000,0x00000002]
  <... skipping output ...>
Hello from process 96851, rank 42, on cn630. (core affinity = 42,86) cbind [0x00400000,0x00000400,0x0]
Hello from process 96849, rank 43, on cn630. (core affinity = 43,87) cbind [0x00800000,0x00000800,0x0]

Entering OMP region...

rank O's cpuset: Ox00ffffff,Oxffffffff,Oxffffffff
Running with 44 thread(s)
proc_bind is false
proc_num_places is 0                                                 —— 任何处理器核心
Hello from rank 00, thread 00, on cn625. (core affinity = 0-87) OpenMP socket is -1
Hello from rank 00, thread 01, on cn625. (core affinity = 0-87) OpenMP socket is -1
  <... skipping output ...>
Hello from rank 00, thread 42, on cn625. (core affinity = 0-87) OpenMP socket is -1
Hello from rank 00, thread 43, on cn625. (core affinity = 0-87) OpenMP socket is -1
```

图 14-18　对于 MPI 区域，进程绑定到硬件核心。当我们进入 OpenMP 区域时，关联性被扩展到整个节点

14.8　进一步探索

进程放置和绑定的处理相对较新。建议你关注 MPI 和 OpenMP 社区的报告，了解该领域的其他发展。在下一节中，我们将提供一些关于关联性的最新材料，我们推荐将这些作为额外阅读材料。并结合一些练习，进一步探讨这个话题。

14.8.1　扩展阅读

本章中用于 OpenMP、MPI 和 MPI + OpenMP 的进程放置报告程序是从用于 HPC 站点训练的几个 xthi.c 程序中修改而来的。以下是使用它来探索关联性的论文和演讲的参考文献：

- Y. He, B. Cook 等人，“Preparing NERSC users for Cori, a Cray XC40 system with Intel many integrated cores” (https://doi.org/10.1002/ cpe.4291)。
- 阿贡国家实验室，“Affinity on Theta,” 网址为 https://www.alcf.anl.gov/support-center/theta/affinity-theta。
- 国家能源研究科学计算中心 (NERSC), “Process and Thread Affinity,” 网址为 https://docs.nersc.gov/jobs/affinity/。

下面是关于 OpenMP 的一个很好的演示，包括关于关联性和如何处理关联性的讨论：

T. Mattson and H. He, "OpenMP: Beyond the common core," 网址 http://mng.bz/aK47.

我们只介绍了 OpenMPI 中 mpirun 命令的部分选项。如果要了解更多功能，请参阅 OpenMPI 的手册：

```
https://www.open-mpi.org/doc/v4.0/man1/mpirun.1.php
```

Hwloc(Portable Hardware Locality)是 Open MPI 项目的子项目。它是一个独立的软件包，可以与 OpenMPI 或 MPICH 协同工作，并且已经成为大多数 MPI 实现和许多其他并行编程软件应用程序的通用硬件接口。欲了解更多信息，请参阅以下参考资料：

- hwloc 项目主页 https://www.open-mpi.org/projects/hwloc/，在其中也可以找到一些重要的演讲材料。
- B. Goglin, "Understanding and managing hardware affinities with Hardware Locality (hwlooc)," High Performance and Embedded Architecture and Compilation (HiPEAC, 2013), 网址 http://mng.bz/gxYV。

"Like I Knew What I'm Doing"(likwid)工具套件因其简单、可用性和良好的文档而受到广泛好评。以下是进一步研究这些工具的相关材料：

- 埃尔朗根-纽伦堡大学的性能监控和基准测试套件，网址为 https://github.com/RRZE-HPC/likwid/wiki。

下面这个关于 QUO 软件库的会议演示给出了一个更完整的概述和深层次的理念：

- S.Gutiérrez 等人，"Accommodating Thread-Level Heterogeneity in Coupled Parallel Applications," 网址为 https://github.com/lanl/libquo/blob/master/docs/slides/gutierrez-ipdps17.pdf，2017 International Parallel and Distributed Processing Symposium (IPDPS17)。

14.8.2 练习

1. 生成两个不同硬件架构的可视化图像。探索这些设备的硬件特征。

2. 对于你的硬件，使用代码清单 14-1 中的脚本进行测试。关于如何充分发挥你系统的最佳性能，你有什么发现？

3. 更改 14.3 节中向量加法(vecadd_opt3.c)示例中使用的程序，从而包含更多浮点运算。查看 kernel 并将循环中的操作改为勾股定理：

```
c[i] = sqrt(a[i]*a[i] + b[i]*b[i]);
```

关于最佳放置和绑定的结果将如何变化？你是否看到超线程所带来的优势？假设你的设备支持超线程。

4. 对于 14.4 节中的 MPI 示例，包括向量加法 kernel，并为 kernel 生成一个缩放图。然后用练习 3 中使用的勾股定理替换该 kernel。

5. 在下面的例程中(单个循环或两个单独的循环)结合向量加法和勾股定理，获得更多的数据重用：

```
c[i] = a[i] + b[i];
d[i] = sqrt(a[i]*a[i] + b[i]*b[i]);
```

这将如何改变放置和绑定的结果？

6. 从前面的练习中添加代码来设置应用程序中的放置和关联性。

14.9　本章小结

- 可以通过某些工具显示你的进程放置情况。这些工具有时还可以显示进程的关联性。
- 为并行应用程序使用进程放置。这将为你的应用程序提供全部主内存带宽。
- 为 OpenMP 线程或 MPI rank 选择一个合适的进程顺序。合适的顺序降低了进程之间的通信成本。
- 对并行进程使用绑定策略。绑定每个进程可以防止 kernel 移动进程及丢失加载到缓存中的数据。
- 可以在应用程序中更改关联性。这可以让适用于不同关联性的代码得到更好的性能表现。

第 15 章

批处理调度器：为混乱带来秩序

本章涵盖以下内容：

- 批处理调度程序在高性能计算中的作用
- 向批处理调度程序提交作业
- 为长时间运行或更复杂的工作流进行连接作业提交

大多数高性能计算系统使用批处理调度程序来调度应用程序的运行。在本章的第一节中，会为你进行简要介绍。因为调度器在高端系统中随处可见，所以你至少应该对它们有一个基本的了解，以便能够在高性能计算中心，以及其他较小的集群中运行作业。将介绍批处理调度程序的用途和使用方法，但不会讨论如何设置和管理它们，因为设置和管理是系统管理员所关注的问题，而我们只是普通的系统用户。

如果你没有带有批处理调度程序的系统，怎么办？我们不建议仅仅为了尝试这些示例而安装批处理调度程序。你可以先略读本章，当你对计算资源的需求出现增长，并且开始使用更大规模的多用户集群时，你可以回到本章详细阅读。

有许多不同的批处理调度程序，每个调度程序都有自己独特之处。我们将讨论两个免费的批处理调度程序：可移植批处理系统(PBS)和资源管理的简单 Linux 实用程序(Slurm)。每一个都有不同的版本，包括商业支持的版本。

PBS 调度器在 1991 年由 NASA 提出，并于 1998 年以 OpenPBS 作为名称以开源方式发布。随后，发布了商业版本，由 Altair 的 PBS 专业版和自适应计算企业的 PBS/TORQUE，作为单独的版本进行发布。免费版本依旧存在，并被广泛使用在小型集群中。大型高性能计算站点往往使用类似的版本，但带有商业支持服务。

2002 年，Slurm 调度程序发布于劳伦斯利弗莫尔国家实验室(Lawrence Livermore National Laboratory)，当时它作为 Linux 集群的一个简单资源管理器。它后来被分离成各种衍生版本，比如 SchedMD 版本。

调度程序还可以通过插件来定制，这些插件可以提供额外的功能、对特殊工作负载的支持和改进的调度算法。你还将发现许多严格的商业批处理调度程序，它们的功能与本文所介绍的类似。每个调度程序实现的基本概念都是相同的，而很多细节往往因站点而异。批处理脚本的可移植性仍然是一个挑战，因为每个系统都有一些自定义操作。

15.1 无管理系统所带来的混乱

你刚刚为工作环境安装了最新的集群，并且在上面运行相关软件。很快，你就会有十几个同事登录该集群并开始工作。糟糕的事情发生了，在计算节点上有多个并行作业相互冲突，降低了它们的运行速度，有时还会导致一些作业崩溃。这样的事情着实让人感到沮丧。

随着高性能计算系统在规模和用户数量上的增长，为系统添加管理功能变得越来越有必要，从而使混乱变得有序，并可以从硬件上获得最大的性能。安装批处理调度程序可以节省时间(如图 15-1 所示)。通过运行用户作业，可以将硬件作为独占资源进行使用成为现实。然而，使用批处理系统并不能解决一切问题。虽然这种类型的软件为集群或高性能计算系统的用户提供了很多服务，但批处理调度程序需要大量的系统管理时间，并需要建立不同的队列和策略。设计优秀的策略，可以使你获得专门分配的计算节点，供你在特定的时间块中独占使用。

系统管理软件提供的顺序，对于实现并行应用程序的性能是绝对必要的。在 Beowulf 集群中，批处理调度器的历史工作情况(将在 15.6.1 节中提到)很好地说明了调度器的重要性。在 20 世纪 90 年代后期，开始使用廉价的消费级计算机构建 Beowulf 计算集群。Beowulf 技术社区很快意识到，仅仅拥有一组计算硬件是不够的，有必要进行某些软件控制和管理，使其成为一种生产力资源。

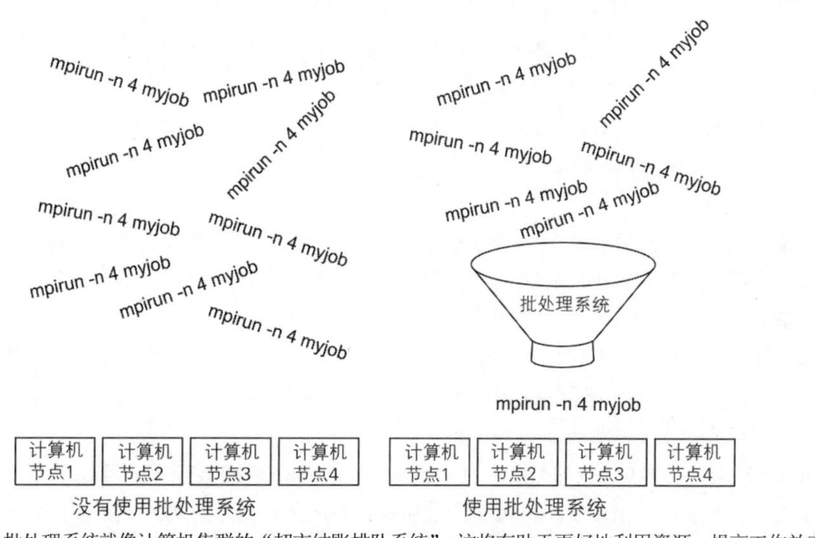

图 15-1 批处理系统就像计算机集群的“超市结账排队系统”。这将有助于更好地利用资源，提高工作效率

15.2 如何顺利地在繁忙的集群中部署任务

在繁忙的集群中，有大量的用户和大量的任务。使用批处理系统，通常是为了管理工作负载，并最大限度地充分利用系统资源。这些集群与独立的单用户工作站环境存在很大差异。在这些繁忙的集群上运行任务时，必须了解如何在考虑其他用户的同时，有效地利用系统资源。我们将介绍一些已声明和未声明的通用规则，以避免在繁忙的集群中无法获取应有的资源。但首先，让我们考虑一下这些典型系统是如何建立的。

15.2.1　繁忙集群中的批处理系统布局

大多数集群都留出一些节点用于前端任务。这些前端节点也称为登录节点，因为这是你登录系统时的入口。然后将系统的其余部分设置为后端节点，由批处理系统进行控制和分配。这些后端节点被组织为一个或多个队列。每个队列都有一组策略，用于处理作业的大小(比如处理器或内存的数量)以及允许这些作业可以运行的时间。

15.2.2　如何合理地在繁忙的集群和 HPC 站点上运行任务：HPC 中的推荐做法

对于交互式任务：

- 使用 top 命令检查前端的负载情况，然后将任务移到负载较轻的前端节点。通常系统中有多个前端节点，如编号为 fe01、fe02、fe03。
- 注意前端繁重的文件传输工作。有些站点为这些类型的作业设置了特殊队列。如果有一个节点占用大量文件，你可能会发现，即使负载看起来不高，编译或其他作业也可能比平常花费更长的时间。
- 有些网站希望编译在后端完成，而有些网站希望编译在前端完成。你应该检查集群上的策略，来了解具体的编译情况。
- 不要将节点与批量交互会话捆绑在一起，并且在交互期间人为中断，离开去做其他工作。
- 与其获得第二批交互式会话，不如从你的第一个会话中导出 X 终端或 shell。
- 对于任务量较小的工作，请寻找允许超额订阅的共享使用队列。
- 许多站点都有用于调试的特殊队列。当你需要调试时，请使用这些调试队列，但不要滥用这些调试队列。

对于大型任务：

- 对于大型并行作业，应该通过批处理系统队列在后端节点上运行。
- 保持队列中的作业数量不要过多：防止垄断队列的情况发生。
- 尝试在非工作时间运行你的大型作业，以便其他用户可以使用交互方式完成他们的工作。

对于存储：

- 将大文件存储在适当位置。大多数站点都有用于计算输出的大型并行文件系统、临时目录、项目目录或工作目录。
- 将文件移到廉价的长期存储空间。
- 了解文件存储的清除策略。因为大型站点会定期清除一些临时目录中的文件。
- 定期清理你的文件，并将文件系统使用率保持在 90%以下。随着文件系统存储文件增加，文件系统的性能将出现下降。

注意：不要害怕向计算集群中引起问题的用户发送私人消息，但要有礼貌。因为他们可能没有意识到他们的工作使许多其他用户的工作陷入停顿。

进一步的使用集群建议包括：

- 前端节点的大量使用会导致不稳定和崩溃。因为无法再为后端节点安排作业，这些不稳定性会影响整个系统。
- 通常，你的项目会被分配计算资源，并使用“公平共享”调度算法对作业进行优先级排序。这些情况下，你可能需要事先为项目所需的资源提交申请。
- 每个站点都可以设置实施规则的策略，但这些策略不可能涵盖所有情况。你应该遵守相关规则的要求。换句话说，不要尝试恶意使用系统，因为恶意使用系统将会影响其他用户的使用，对其他用户造成困扰。
- 与其恶意使用系统，不如将时间花在优化代码和文件存储上。这样节省的资金将使你能够完成更多工作，并让其他人也可以在集群上完成他们的工作。
- 当一次只能运行几个任务时，将数百个作业提交到队列中是不明智的。我们通常一次最多提交十个左右的任务，然后在每个任务完成后，再提交其他作业。有许多方法可以通过 shell 脚本，甚至是批处理依赖技术(将在本章后面讨论)来实现这一点。
- 对于需要比允许的最大批处理时间长得多的任务，应该实现检查点(将在 15.4 节介绍)。检查点捕获批处理终止信号，或使用时钟计时来有效地利用整个批处理时间。随后的任务将从上一个任务停止的地方开始运行。

15.3 提交第一个批处理脚本

在本节中，我们将介绍提交第一个批处理脚本的过程。批处理系统需要使用不同的思维方式。必须考虑如何组织你的工作，而不是随时开始。在任务提交之前，精心规划将有助于更好地利用资源。如何使用这些批处理系统？有两种基本的系统模式，如图 15-2 所示。

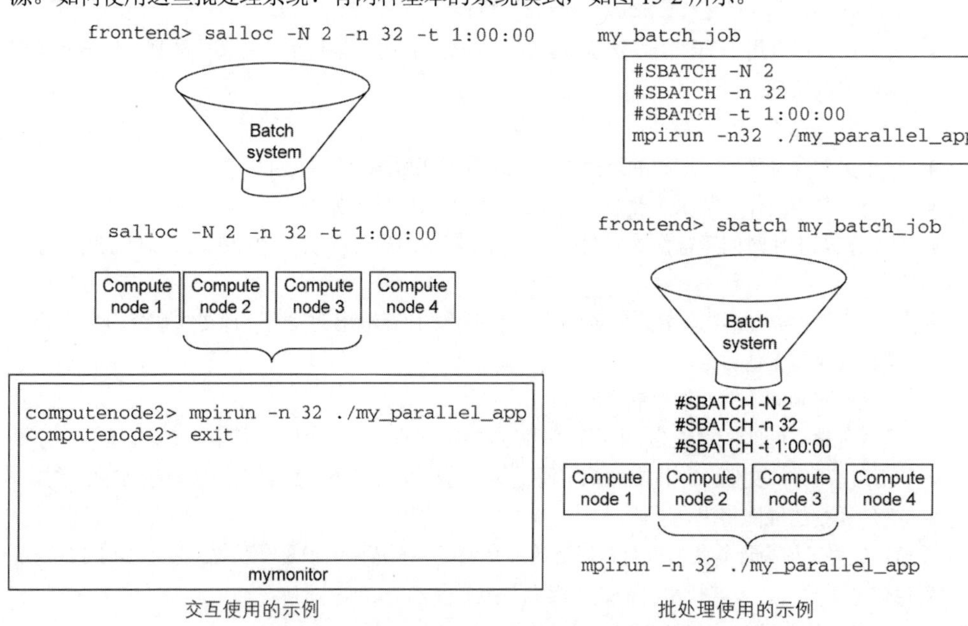

图 15-2 批处理系统通常以交互模式或批处理模式运行任务

在一种模式中使用的大多数命令，也可以在另一种模式中使用。让我们通过几个示例来看看这些模式是如何工作的。在第一组示例中，我们将使用 Slurm 批处理调度程序。将从一个交互式示例开始展示，并将该示例修改为批处理文件表单。

交互式命令行模式通常用于程序开发、测试或短期工作。对于提交较长的生产作业，通常使用批处理文件来提交批处理作业。批处理文件允许用户通宵或无人值守地运行应用程序。甚至可以编写批处理脚本，以便在发生灾难性系统事件时自动重新启动作业。我们将展示从命令行选项到批处理脚本的语法转换。但首先我们需要了解批处理脚本的基本结构。

示例：交互式命令行

让我们从集群的前端开始，因为每个人都在这里登录。现在我们需要两个计算节点(-N 2)，总共 32 个处理器(-n 32)，持续一小时(-t 1:00:00)。注意节点数(N)和处理器数(n)的大小写差异。此外，你可以对运行时间进行限制，但许多系统都有最小和最大运行时策略。有些系统甚至对能够使用的计算节点数量也存在限制。上述请求的 salloc 命令为：

```
frontend> salloc -N 2 -n 32 -t 1:00:00
```

salloc 命令分配并登录到两个计算节点。请注意，因为我们使用不同的系统，以下命令提示符可能发生变化。具体提示信息将高度依赖于你的系统和环境设置。一旦获得两个节点，就可以使用如下命令启动我们的并行应用程序：

```
computenode22> mpirun -n 32 ./my_parallel_app
```

此示例展示了如何使用 mpirun 启动并行作业。如 8.1.3 节所述，在你的系统上，启动并行作业的命令可能会有不同。任务完成后，使用如下命令退出：

```
computenode22> exit
```

示例：批处理文件语法

使用如下语法来指定作业的属性：

```
#SBATCH <option>
```

该文件还包含要执行的命令，例如 mpirun 命令：

```
mpirun -n 32 ./my_parallel_app
```

然后使用 sbatch 命令提交批处理文件：

```
sbatch < my_batch_job or sbatch my_batch_job
```

你可以在交互式命令行或使用 SBATCH 关键字来指定选项。有长格式和短格式的选项语法。例如，time=1:00:00 是长格式写法，而-t=1:00:00 是短格式写法。

表 15-1 中展示了一些常见的 Slurm 选项。

表 15-1 Slurm 命令选项

选项	功能	示例
[--time|-t]=hr:min:sec	请求最大运行时间	-t=8:00:00
[--nodes|-N]=#	请求节点数量	--nodes=2
[--ntasks|-n]=nprocs	请求处理器数量	-n=8
[--job-name|-J]=name	任务名称	-J=job22
[--output|-o]=filename	将标准输出写入指定的文件名	-o=run.out
[--error|-e]=filename	将错误信息写入指定的文件名	-e=run.err
[--exclusive]	指定节点独占使用	--exclusive
[--oversubscribe|-s]	超额订阅资源	--oversubscribe

让我们继续，并将这些内容整合到我们的第一个完整的 Slurm 批处理脚本中，如下所示。这个示例代码可以在 https://github.com/EssentialsofParallelComputing/Chapter15 里面获得。像往常一样，我们鼓励练习本章所提供的示例。

代码清单 15-1 用于并行作业的 Slurm 批处理脚本

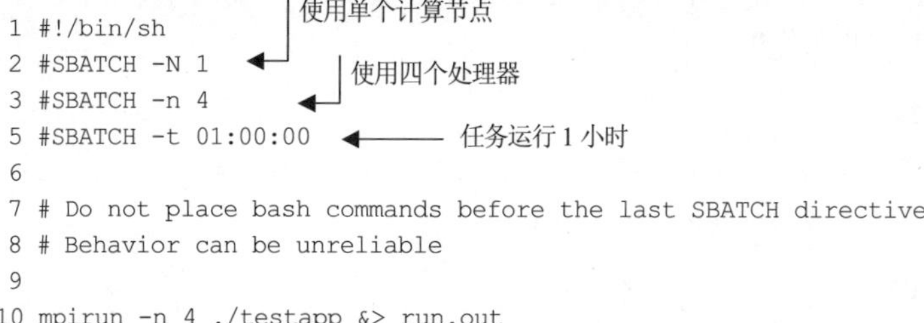

```
 1 #!/bin/sh
 2 #SBATCH -N 1
 3 #SBATCH -n 4
 5 #SBATCH -t 01:00:00
 6
 7 # Do not place bash commands before the last SBATCH directive
 8 # Behavior can be unreliable
 9
10 mpirun -n 4 ./testapp &> run.out
```

使用单个计算节点
使用四个处理器
任务运行 1 小时

代码第 2 行的-N 也可以用--nodes 指定。因为-N 在其他批处理调度程序和 MPI 实现中具有不同的含义，可能导致不正确的值和错误。你应该注意所使用的批处理系统集和 MPI 的语法不一致的情况。然后用 sbatch < first_slurm_batch_job 提交这个作业。使用如下代码，我们将在交互式作业中，得到批处理的效果：

```
frontend> salloc -N 1 -n 4 -t 01:00:00
computenode22> mpirun -n 4 ./testapp
computenode22> exit
```

注意：批处理文件和命令行上的选项都是相同的。

我们需要特别介绍独占和超额订阅选项。使用批处理系统的一个主要原因是独占使用资源，从而提高应用程序的性能。几乎每个主要计算中心都将默认行为设置为独占使用资源。但是可以为特定的用例设置一个共享的分区。对于 sbatch 和 srun 命令，你可以使用这些命令选项(exclusive 和 oversubscribe)来请求与系统默认配置不同的行为。但是，你不能覆盖分区的共享配置的设置信息。

大多数大型计算系统是由许多具有相同特性的节点组成的。然而，具有多种节点类型的系统越来越普遍。Slurm 提供可以请求具有特殊特征的节点的命令。例如，你可以使用--mem=<#>来获得大小为特定兆字节的大内存节点。通过批处理系统可以发出其他许多特殊请求。用于 PBS 批处理调度程序的批处理脚本与此类似，但语法不同。表 15-2 列出了一些常见的 PBS 选项。

表 15-2　PBS 命令选项

<table>
<tr><th>选项</th><th>功能</th><th>示例</th></tr>
<tr><td>-l [nodes|walltime|cput|mem|ncpus|ppn|procs]</td><td>对并行需求的全面处理</td><td>-l nodes=2,procs=4</td></tr>
<tr><td>-N <name></td><td>任务名称</td><td>-N job22</td></tr>
<tr><td>-o <filename></td><td>将标准输出写入特定名称的文件</td><td>-o run.out</td></tr>
<tr><td>-e <filename></td><td>将错误信息写入特定名称的文件</td><td>-e run.err</td></tr>
<tr><td>-q <queue></td><td>作业提交队列(队列名称与站点相关)</td><td>-q standard</td></tr>
<tr><td>-j</td><td>连接标准输出和错误输出</td><td>-j -o run.out</td></tr>
</table>

-l 选项是一个用于各种选项的万能选项。让我们为代码清单 15-1 中相同的任务生成等价的 PBS 批处理脚本。下面的代码清单显示了这个 PBS 脚本的内容。

代码清单 15-2　用于并行作业的 PBS 批处理脚本

```
#!/bin/sh
#PBS -l nodes=1
#PBS -l procs=4
#PBS -l walltime=01:00:00

# Do not place bash commands before the last PBS directive
# Behavior can be unreliable

mpirun -n 4 ./testapp &> run.out
```

PBS 关键字和语法

对于 PBS，可以使用 qsub < first_pbs_batch_job 来提交作业。为了在 PBS 中获得交互式分配，可以对 qsub 使用-I 选项，如下所示：

```
frontend> qsub -I -l nodes=1,procs=4,walltime=01:00:00
computenode22> mpirun -n 4 ./testapp &> run.out
computenode22> exit
```

你可能需要为这些示例指定队列，或提供针对该站点的特殊信息。对于长时间运行、短时间运行、超大任务以及其他特殊情况，许多站点都提供不同的队列来满足各种特殊需求。具体细节请参考相关站点的帮助文档。

在前面的讨论中，我们已经看到了一些批处理调度命令。为了有效地使用该系统，你可能需要使用更多命令，如下所示。这些批处理调度程序命令会检查作业的状态，获取有关系统资源的信息，并在必要时取消作业的执行。接下来，将总结用于 Slurm 和 PBS 调度程序的常见命令。

Slurm 参考指南

- salloc [--nodes|-N]=N [-ntasks|-n]=N 为批处理作业分配节点：frontend> salloc -N 1 -n 32。
- sbatch 向批处理调度程序提交批处理作业(请参阅本节前面的示例)。
- scancel 取消正在运行或在队列中等待的作业：

```
frontend> scancel <SLURM_JOB_ID>
```

- sinfo 提供有关批处理调度程序控制的系统状态信息：

```
frontend> sinfo
PARTITION AVAIL  TIMELIMIT   NODES STATE NODELIST
standard*    up   4:00:00       1 drain n02
standard*    up   4:00:00       5  resv n[03-07]
standard*    up   4:00:00       2 alloc n[08-09]
standard*    up   4:00:00       1  idle n01
debug        up   1:00:00       1  idle n10
```

- squeue 显示队列中的作业及其状态(例如正在运行或正在等待运行的作业)。最常见的用法是使用 squeue -u <username>获取你自己的用户作业，或使用 squeue 用于所有作业。

```
frontend> squeue
JOBID PARTITION   NAME   USER ST     TIME  NODES NODELIST(REASON)
35456 standard   sim_2   jrr PD     0:00       1 (Resources)
35455 standard   sim_1    jrr R   2:26:54       1 n08
```

- srun [--nodes|-N]=N [--ntasks|-n]=N <exec>，是 mpirun 的替代品，包含放置和绑定的附加功能。如果启用了关联性插件，则可以使用以下附加选项：

```
--sockets-per-node=S
--cores-per-socket=C
--threads-per-core=T
--ntasks-per-core=n
--ntasks-per-socket=n
--cpu-bind=[threads|cores|sockets]
--exclusive
--share
```

例如:

```
frontend> srun -N 1 -n 16 --cpu-bind=cores my_exec
```

- 使用 scontrol 查看或修改 Slurm 组件：

```
frontend> scontrol show job <SLURM_JOB_ID>
JobID=35456 JobName=sim2
   UserID=jrr <...and much more...>
```

表 15-3 列出 Slurm 中可用于批处理脚本的一些环境变量。

表 15-3 批处理脚本中的一些环境变量

Slurm 环境变量	功能
SLURM_NTASKS	对应以前的 SLURM_NPROCS，请求的处理器总数
SLURM_CPUS_ON_NODE	节点上的 CPU
SLURM_JOB_CPUS_PER_NODE	每个节点请求的 CPU
SLURM_JOB_ID	Job ID
SLURM_JOB_NODELIST	为作业分配的节点列表

(续表)

Slurm 环境变量	功能
SLURM_JOB_NUM_NODES	作业所使用的节点数
SLURM_SUBMIT_DIR	提交作业的目录
SLURM_TASKS_PER_NODE	每个节点上要启动的任务数

PBS 参考指南

- qsub 提交批处理作业，可带有如下参数：
  - -I 表示是交互式作业
  - 此命令的批处理等效项是 #PBS interactive=true
  - -W block=true 等待作业完成
  - 批处理等效值为#PBS block=true。
  - qdel 删除批处理作业：frontend> qdel <job ID>
  - qsig 向批处理作业发送信号：frontend> qsig 23 56
  - qstat 显示批处理作业的状态

```
frontend> qstat or qstat -u jrr
Req'd Elap
JobID     User  Queue Jobname Sess NDS  TSK Mem Time   S Time
-------- ------ ----- ------- ---- ---- --- --- ------ - ----
56.base   jrr   standard sim2   -- --     1 --   0:30  R 0:02
```

- qmsg 向批处理作业发送消息：

```
frontend> qmsg "message to standard error" 56
```

表 15-4 列出了 PBS 中的一些环境变量，它们在你的批处理脚本中会很有帮助。

表 15-4 PBS 中的一些环境变量

PBS 环境变量	功能
PBS_JOBDIR	作业执行目录
PBS_TMPDIR	临时目录或暂存空间
PBS_O_WORKDIR	执行 qsub 命令的当前工作目录
PBS_JOBID	Job ID

15.4 为长时间运行的作业设定自动重启

大多数高性能计算站点都会限制作业可以运行的最长时间。那么当作业的运行时间超过最长限制应该如何处理呢？典型的方法是让应用程序定期将它们的状态写入文件，然后提交后续作业，让后续作业读取之前写出的文件，并从保存点(也叫检查点)继续执行作业。如图 15-3 所示，这个过程被称为生成检查点和重启。

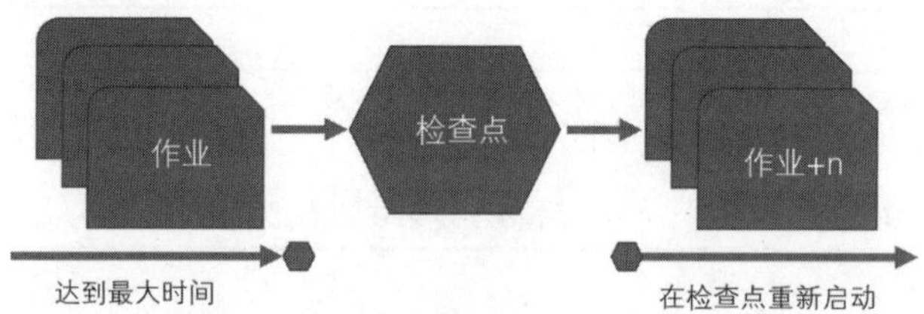

图 15-3　在批处理作业结束时，将保存计算状态的检查点文件写入磁盘，然后下一个批处理作业读取该文件并重新启动前一个作业停止的计算

检查点过程对于处理系统崩溃、处理其他作业中断非常有用。在少数情况下，你可能会手动重新启动作业，但随着重新启动次数的增加，这将成为负担。如果是这种情况，你应该添加自动化流程的功能。这一过程需要完成许多工作，并需要更改你的应用程序，以及使用更复杂的批处理脚本。下面展示了一个框架应用程序，供你参考。

首先，批处理脚本需要通知你的应用程序它被分配的时间即将结束。然后脚本需要通过递归方式重新提交自己，直到工作完成。以下代码清单显示了用于 Slurm 的脚本。

代码清单 15-3　通过批处理脚本自动重启

```
AutomaticRestarts/batch_restart.sh
#!/bin/sh
   < ... usage notes ... >
#SBATCH -N 1
#SBATCH -n 4
#SBATCH --signal=23@160
#SBATCH -t 00:08:00

# Do not place bash commands before the last SBATCH directive
# Behavior can be unreliable

NUM_CPUS=${SLURM_NTASKS}
OUTPUT_FILE=run.out
EXEC_NAME=./testapp
MAX_RESTARTS=4

if [ -z ${COUNT} ]; then
   export COUNT=0
fi

((COUNT++))
echo "Restart COUNT is ${COUNT}"

if [ ! -e DONE ]; then
   if [ -e RESTART ]; then
      echo "=== Restarting ${EXEC_NAME} ===" \
            >> ${OUTPUT_FILE}
      cycle=`cat RESTART`
      rm -f RESTART
   else
      echo "=== Starting problem ===" \
```

在应用程序终止前 160 秒，向应用程序发送信号 23 (SIGURG)

脚本提交的最大次数

统计提交次数

检查 DONE 文件

检查 RESTART 文件

获取命令行的迭代次数

```
             >> ${OUTPUT_FILE}
      cycle=""
   fi

   mpirun -n ${NUM_CPUS} ${EXEC_NAME} \
          ${cycle} &>> ${OUTPUT_FILE}
   STATUS=$?
   echo "Finished mpirun" \
          >> ${OUTPUT_FILE}

   if [ ${COUNT} -ge ${MAX_RESTARTS} ]; then
      echo "=== Reached maximum number of restarts ===" \
          >> ${OUTPUT_FILE}
      date > DONE
   fi

   if [ ${STATUS} = "0" -a ! -e DONE ]; then
      echo "=== Submitting restart script ===" \
          >> ${OUTPUT_FILE}
      sbatch <batch_restart.sh
   fi
fi
```

使用命令行参数调用 MPI 作业

如果达到最大重启次数则退出

提交下一个批处理作业

这个脚本有很多动态设置部分。这在很大程度上是为了避免出现提交过多的批处理作业而导致失控。该脚本还需要与应用程序配合。这种配合包括以下任务：

- 批处理系统发送一个信号，应用程序捕获它。
- 应用程序完成后，将写出到名为 DONE 的文件。
- 应用程序将迭代编号写出到名为 RESTART 的文件中。
- 应用程序写出一个检查点文件并在重新启动时读取它。

信号编号可能需要根据批处理系统和 MPI 已经使用的内容而变化。同时还需要注意，不要将 shell 命令放在任何 Slurm 命令之前。虽然脚本似乎可以工作，但我们发现信号发送不能正常工作，因此，顺序很重要，正确的顺序可以减少不明原因的失败结果。代码清单 15-4 显示了用 C 语言编写的应用程序代码框架，演示了自动重启功能。

注意 示例代码可以在 https://github.com/EssentialsofParallelComputing/Chapter15 获得， Fortran 的自动重启代码也在其中。

代码清单 15-4　用于测试的示例应用程序

```
AutomaticRestarts/testapp.c
#include <unistd.h>
#include <time.h>
#include <stdio.h>
#include <stdlib.h>
#include <signal.h>
#include <mpi.h>

static int batch_terminate_signal = 0;
void batch_timeout(int signum){
   printf("Batch Timeout : %d\n",signum);
   batch_terminate_signal = 1;
```

批处理信号的全局变量

通过回调函数设置全局变量

```
    return;
}

int main(int argc, char *argv[])
{
    MPI_Init(&argc, &argv);
    char checkpoint_name[50];
    int mype, itstart = 1;
    MPI_Comm_rank(MPI_COMM_WORLD, &mype);

    if (argc >=2) itstart = atoi(argv[1]);
           // < ... read restart file ... >

    if (mype ==0) signal(23, batch_timeout);

    for (int it=itstart; it < 10000; it++){
       sleep(1);

       if ( it%60 == 0 ) {
           // < ... write out checkpoint file ... >
       }
       int terminate_sig = batch_terminate_signal;
       MPI_Bcast(&terminate_sig, 1, MPI_INT, 0, MPI_COMM_WORLD);
       if ( terminate_sig ) {
           // < ... write out RESTART and
           // special checkpoint file ... >
          MPI_Finalize();
          exit(0);
       }

    }

           // < ... write out DONE file ... >
    MPI_Finalize();
    return(0);
}
```

如果重新启动，读取检查点文件

设置信号 23 的回调函数

代替计算工作

每完成 60 次迭代，写出检查点

写出特殊的检查点文件和一个名为 RESTART 的文件

当应用程序满足完成标准时，写出 DONE 文件

这可能看起来是一个简短的代码，但在这些行中包含了很多内容。一个真正的应用程序需要数百行代码才能完全实现检查点和重启、完成标准以及输入处理。我们还提醒开发人员需要仔细检查他们的代码，以防止失控的情况发生。还需要根据捕获信号、完成迭代和写出重启文件所需的时间对信号计时进行优化。对于自动重启应用程序的小框架，可以使用如下命令进行提交：

```
sbatch < batch_restart.sh
```

然后将得到如下输出：

```
=== Starting problem ===
App launch reported: 2 (out of 2) daemons - 0 (out of 4) procs
60 Checkpoint: Mon May 11 20:06:08 2020
120 Checkpoint: Mon May 11 20:07:08 2020
180 Checkpoint: Mon May 11 20:08:08 2020
240 Checkpoint: Mon May 11 20:09:08 2020
Batch Timeout : 23
297 RESTART: Mon May 11 20:10:05 2020
```

```
Finished mpirun
=== Submitting restart script ===
=== Restarting ./testapp ===
App launch reported: 2 (out of 2) daemons - 0 (out of 4) procs
300 Checkpoint: Mon May 11 20:10:11 2020
< ... skipping output ... >
1186 RESTART: Mon May 11 20:25:05 2020
Finished mpirun
=== Reached maximum number of restarts ===
```

从输出中，我们看到应用程序每完成 60 次迭代就会周期性地写出到检查点文件。因为在代码中，代替计算工作的实际上是一个 1 秒的 sleep 命令，所以检查点之间的时间间隔是 1 分钟。大约 300 秒后，批处理系统发送信号，测试应用程序报告该信号已经被捕获。此时，脚本将写出一个名为 RESTART 的文件，其中包含迭代数。然后脚本写出一条消息，说明重新启动脚本已被提交。输出还显示应用程序正在启动备份。在输出中，我们跳过了一些启动信息，只显示了已达到最大重启次数的消息。

15.5　在批处理脚本中指定依赖项

批处理系统是否具有对批处理作业序列的内置支持？大多数作业都存在依赖性，允许你指定一个作业如何依赖另一个作业。使用这种依赖能力，我们可以通过在运行应用程序之前提交下一个批处理作业从而在队列中更早提交后续作业。如图 15-4 所示，这可能会为我们提供更高的启动下一个批处理作业的优先级，但具体结果将取决于站点的策略。无论如何，作业都会在队列中，所以不必担心下一个作业的提交问题。

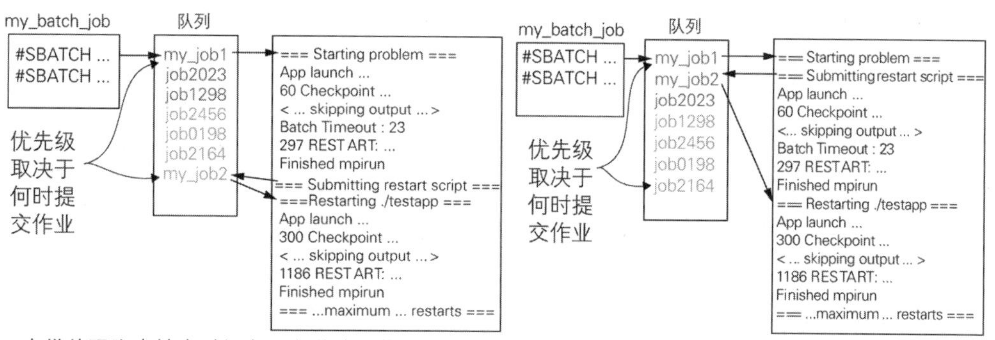

图 15-4　批处理作业在开始时提交的自动重启任务将有更多的时间在队列中，这可以使重启作业比批处理作业结束时提交得到更高的优先级(具体情况取决于本地调度策略)

可以通过添加依赖子句(在以下代码清单的第 33 行)对批处理脚本进行上述更改。这个批处理脚本是在我们开始工作之前首先提交的，但是它将依赖于当前批处理作业的完成情况。

代码清单 15-5　在批处理脚本中先提交重启脚本

```
Prestart/batch_restart.sh
  1 #!/bin/sh
```

```
< ... usage notes ... >
#SBATCH -N 1
#SBATCH -n 4
#SBATCH --signal=23@160
#SBATCH -t 00:08:00

# Do not place bash commands before the last SBATCH directive
# Behavior can be unreliable

NUM_CPUS=4
OUTPUT_FILE=run.out
EXEC_NAME=./testapp
MAX_RESTARTS=4

if [ -z ${COUNT} ]; then
export COUNT=0
fi

((COUNT++))
echo "Restart COUNT is ${COUNT}"

if [ ! -e DONE ]; then
   if [ -e RESTART ]; then
      echo "=== Restarting ${EXEC_NAME} ===" \
          >> ${OUTPUT_FILE}
      cycle=`cat RESTART`
      rm -f RESTART
   else
      echo "=== Starting problem ===" \
          >> ${OUTPUT_FILE}
      cycle=""
   fi

   echo "=== Submitting restart script ===" \
       >> ${OUTPUT_FILE}
   sbatch --dependency=afterok:${SLURM_JOB_ID} \
          <batch_restart.sh

   mpirun -n ${NUM_CPUS} ${EXEC_NAME} ${cycle} \
       &>> ${OUTPUT_FILE}
   echo "Finished mpirun" \
       >> ${OUTPUT_FILE}

   if [ ${COUNT} -ge ${MAX_RESTARTS} ]; then
      echo "=== Reached maximum number of restarts ===" \
          >> ${OUTPUT_FILE}
      date > DONE
   fi
fi
```

首先提交此批处理作业，但依赖于当前批处理作业的完成情况

上面的代码清单显示了如何在批处理脚本中使用依赖项来处理检查点/重启的简单情况，但依赖项在许多其他情况下也很有用。更复杂的工作流包括可能有需要在主要工作之前完成的预处理步骤，以及后处理步骤。一些更复杂的工作流不仅仅需要依赖于上一个作业的完成情况。幸运的是，批处理系统在作业之间提供了其他类型的依赖关系。表 15-5 列出了各种可用的选项。PBS 对批处

理作业具有类似的依赖关系，可以通过-W depend=<type:job id>进行设置。

表 15-5　批处理作业的依赖选项

依赖选项	功能
after	作业可以在特定作业开始后再开始
afterany	在指定的作业以任何状态终止后，作业可以开始
afternotok	可以在指定的作业失败后启动作业
afterok	作业可以在指定的作业成功完成后开始
singleton	在所有具有相同名称和用户的作业完成后，作业才能开始

15.6　进一步探索

虽然有 Slurm 和 PBS 调度程序的一般参考资料，但你应该查看站点的具体文档。许多站点都针对其特定需求进行了自定义设置，并添加了命令和功能。如果你认为你可能想要使用批处理系统设置计算集群，你可能需要研究新的计划，例如 OpenHPC 和最近针对不同 HPC 计算领域发布的 Rocks Cluster 发行版。

15.6.1　扩展阅读

Slurm 的免费版本和商业支持版本均可从 SchedMD 获得，SchedMD 站点提供了很多关于 Slurm 的文档。另一个推荐的参考网站是劳伦斯利弗莫尔国家实验室，他们最初开发了 Slurm。

- SchedMD 和 Slurm 文档：https://slurm.schedmd.com。
- BlaiseBarney，“Slurm 和 Moab”，劳伦斯利弗莫尔国家实验室，https://computing.llnl.gov/tutorials/moab/。

关于 PBS 的权威信息是 PBS 用户指南：

- Altair Engineering，PBS 用户指南，https://www.altair.com/pdfs/pbsworks/PBSUserGuide2021.1.pdf。

虽然有些过时，但以下关于设置 Beowulf 集群的在线参考是关于集群计算的出现以及如何设置集群管理(包括 PBS 批处理调度程序)的一个很好的历史参考：

- 由 William Gropp、Ewing Lusk、Thomas String 编辑，*Beowulf Cluster Computing with Linux*，第 2 版(麻省理工学院，2002 年，2003 年)，http://etutorials.org/Linux+systems/cluster+computing+with+linux/。

以下是一些提供有关当前 HPC 软件管理系统的站点：

- OpenHPC, http://www.openhpc.community。
- Rocks Cluster, http://www.rocksclusters.org。

15.6.2　练习

1. 尝试提交几个作业，一个运行在 32 个处理器环境下，一个运行在 16 个处理器的环境下。检查它们是否已经被提交，以及它们是否正在运行。删除运行在 32 个处理器环境下的作业，然后检查它是否已被删除。

2. 修改自动重启脚本，在重启运行仿真之前，将为计算设置的预处理步骤作为第一个作业。

3. 修改代码清单 15-1(用于 Slurm)和代码清单 15-2(用于 PBS)中的简单批处理脚本，通过删除名为 simulation_database 的文件来清理失败。

15.7　本章小结

- 通过批处理调度程序来分配资源，以便可以有效地使用并行集群。学习如何在更大规模的高性能计算系统上运行它们非常重要。
- 有许多命令可以查询你的作业及其状态。了解这些命令可以让你更好地利用系统。
- 可以使用自动重启和作业链来运行更大规模的仿真和工作流。将此功能添加到应用程序可以帮助你解决目前无法解决的问题。
- 批处理作业依赖性提供了控制复杂工作流的能力。通过使用多个作业之间的依赖关系，你可以暂存数据、对其在计算前进行预处理或启动后处理作业。

第 16 章

并行环境的文件操作

本章涵盖以下内容：

- 为标准文件操作修改并行应用程序
- 使用 MPI-IO 和 HDF5 并行文件操作写出数据
- 对不同并行文件系统的并行文件操作进行优化

文件系统创建了检索、存储和更新数据的简化工作流程。对于任何计算工作，最终结果都是输出，无论是数据、图形还是统计数据。这包括最终结果以及图形、检查点和分析的中间输出结果。检查点是大型 HPC 系统的特殊需求，这些系统运行长达数天、数周甚至数月的计算任务。

定义：检查点是一种定期将计算状态存储到磁盘的做法，以便在系统故障或批处理系统中运行时间有限的情况下重新启动计算。

在为高度并行的应用程序处理数据时，需要通过一种安全且性能良好的方式，在运行时读取和存储数据，因此需要理解并行环境中的文件操作。你应该时刻关注文件操作的正确性、减少重复输出以及文件操作的性能。

还需要注意，文件系统的性能提升没有跟上其他计算硬件的发展。如今，将计算扩展到数十亿个 cell 或粒子，这对文件系统提出了更严峻的要求。随着机器学习和数据科学的出现，越来越多的应用程序需要大量数据，这些海量数据需要更大的文件集和具有中间文件存储的复杂工作流。

将对文件操作的理解，添加到你的 HPC 工具中变得越来越重要。在本章中，我们将介绍如何修改并行应用程序的文件操作，以便你可以有效地写出数据，并充分利用可用硬件。虽然这个主题在许多并行教程中可能没有过多涉及，但我们认为它是当今并行应用程序必不可少的基础。你将学习如何在保持正确性的同时，将文件写入操作加速几个数量级。我们还将研究通常用于大型 HPC 系统的不同软件和硬件。我们还将介绍使用不同的并行文件软件从具有 halo cells 规则网格的域分解中写出数据的示例。建议你在 https://github.com/EssentialsOfParallelComputing/Chapter16.git 获取并学习本章的示例。

16.1 高性能文件系统的组成部分

我们首先回顾一下高性能文件系统的硬件构成。在传统环境中，文件操作通过将一系列 bit 写入磁性基板的机械系统，从而将数据存储到硬盘。与 HPC 系统的许多其他部分一样，存储硬件变得更复杂，硬件层次越来越多，性能特征也不尽相同。随着处理器性能的提高，存储硬件的这种演变类似于处理器缓存层次结构的深化。与机械磁盘存储相比，存储层次结构还有助于弥补处理器级别的巨大带宽差异。这是因为减小机械部件的尺寸比减小电路要难得多。固态驱动器(SSD)和其他固态设备的引入，解决了物理硬盘的性能瓶颈问题。

让我们通过图 16-1 来了解 HPC 的存储系统的组成部分。典型的存储硬件如下。

- 机械磁盘：一种机电装置，通过机械记录头的运动将数据存储在电磁层中。
- SSD：固态硬盘(SSD)是一种可以替代机械硬盘的固态存储设备。
- 突发缓存(Burst buffer)：由 NVRAM 和 SSD 组成的中间存储硬件层。它位于计算硬件和主磁盘存储资源之间。
- 磁带：带有自动装载功能的磁带系统。

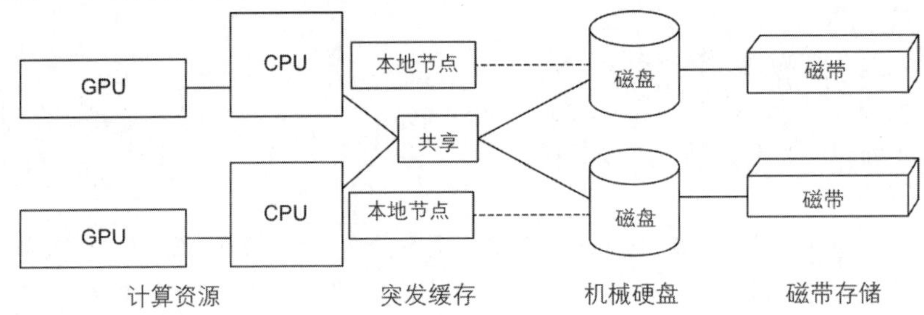

图 16-1 显示突发缓存硬件在计算资源和磁盘存储之间的位置示意图。突发缓冲区可以由本地节点提供，也可以通过网络在节点之间进行共享

图 16-1 中的存储示意图说明了计算系统和存储系统之间的存储层次结构。突发缓存位于计算硬件和主磁盘存储之间，用来缓解计算硬件和主磁盘存储之间不断增加的性能差异。突发缓冲区可以放置在每个节点上，也可以放在通过网络与其他计算节点共享的 I/O 节点上。

随着固态存储技术的飞速发展，突发缓存的设计在不久的将来还将继续发展。除了帮助解决延迟和带宽性能方面的差距外，随着系统规模不断增长，新的存储设计也越来越注重能源消耗问题。以前，磁带常用于长期存储，但现在的某些设计使用机械硬盘搭建虚拟带库，形成“暗盘”，当不读取虚拟带库中的数据时，这些存储设备将被关闭从而节约能源，并延长磁盘使用寿命，进而延长数据保存的时间。

16.2 标准文件操作：并行到串行(parallel-to-serial)接口

首先让我们看看标准文件操作。对于我们的并行应用程序，传统的文件处理接口仍然是一种串行操作。为每个处理器配置一个硬盘是不现实的。即使每个进程只有一个文件，也只能在有限的情况下和小规模中可行。结果是，对于每个文件操作，我们都从并行变成了串行。文件操作需要被当作进程数量的减少(或读的扩展)操作，需要对并行应用程序进行特殊处理。你可以通过对标准文件输入和输出(I/O)进行一些简单的修改来处理这种并行性。

对于并行应用程序的大部分修改都在文件操作接口上进行。我们应该首先回顾前面涉及文件操作的示例。作为一个文件输入的例子，8.3.2 节展示了如何读取一个进程上的数据，然后将其广播给其他进程。在 8.3.4 节中，我们使用了 MPI 收集操作，以便通过确定的顺序写出进程的输出结果。

为了避免以后出现的复杂性，在对应用程序做并行化时，你首先应该遍历代码，并在每个输入和输出语句前面插入一个 if (rank == 0)。在遍历代码时，应该确定哪些文件操作需要额外处理。这些操作包括以下内容(如图 16-2 所示)。

- 只在一个进程上打开文件，然后将数据广播到其他进程。
- 使用分散操作将需要跨进程分区的数据进行分布式处理。
- 确保只有一个进程进行输出操作。
- 在输出之前，使用收集操作对分布式数据进行汇总。

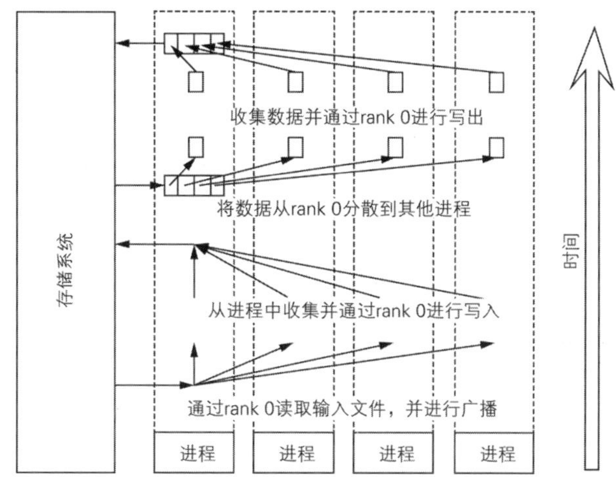

图 16-2　为使并行应用程序与标准文件系统协同工作而进行的修改。所有的文件操作都是从 rank 0 开始的

一种常见的低效率操作是在每个进程中打开一个文件，可以想象，这相当于十几个人同时试图打开一扇门。虽然程序可能不会崩溃，但会造成更大规模的问题(想象 1000 个人试图打开同一扇门)。对于文件元数据和锁的争用有很多，当进程较多时，争用过程可能持续几分钟甚至更长的时间。我们可以通过只在一个进程上打开文件来避免这种争用。通过在从串行到并行，以及从并行到串行的每个转换点上，添加并行通信调用，可以让大多数并行应用程序使用标准文件进行工作，这对大多数并行应用程序来说已经足够。

随着应用程序规模的不断增长，我们不再能够轻松地将数据集中或分散到单个进程中。目前面临的最大限制是内存，在单个进程上，我们没有足够的内存资源将来自数千个其他进程的数据压缩到一个进程中。因此，我们必须采用一种不同的、可扩展的方法来操作文件。这是关于使用 MPI 文件操作(称为 MPI- IO)和分层数据格式 v5 (HDF5)的下两节的主题。在这几节中，我们将展示这两个库如何允许并行应用程序以并行方式处理文件操作。并且将在 16.5 节中介绍其他并行文件库。

16.3　在并行环境中使用 MPI 文件操作(MPI–IO)

学习 MPI-IO 的最好方法是了解在实际场景中如何使用它。我们将了解一个使用 MPI-IO 编写常规网格的示例，该网格已在带有 halo cells 的处理器之间进行分布。通过这个示例，你将熟悉 MPI-IO 的基本结构及其一些常见的函数调用。

第一个并行文件操作是在 20 世纪 90 年代后期在 MPI-2 标准中添加到 MPI 的。第一个广泛使用的 MPI 文件操作实现是 ROMIO，由阿贡国家实验室(ANL)的 Rajeev Thakur 领导。ROMIO 可以与任何 MPI 实现一起使用。大多数 MPI 发行版都将 ROMIO 作为其软件的标准部分。MPI-IO 有很多函数，都以前缀 MPI_File 开头。在本节中，我们将只讨论最常用的部分函数(参见表 16-1)。

表 16-1 MPI 常规文件例程

命令	定义
MPI_File_open	打开集合文件
MPI_File_seek	将单个文件指针移到文件中的特定位置
MPI_File_set_size	分配指定的文件空间
MPI_File_close	关闭集合文件
MPI_File_set_info	将提示传达给 MPI-IO 软件库，从而完成更多优化的 MPI 操作

有多种使用 MPI-IO 的方法。我们对高度并行的版本更感兴趣，这是一种集合组织形式，它让进程协同工作并将各自需要写出的内容输出到文件。为了做到这一点，我们将使用新的 MPI 数据类型，该数据类型在 8.5.1 节中首次引入。

MPI-IO 软件库具有跨所有进程的共享文件指针，以及每个进程的独立文件指针。使用共享指针会导致为每个进程都应用锁的技术，并将文件操作串行化。为了避免锁定，我们使用独立文件指针来获得更好的性能。

文件操作分为集合操作和非集合操作。集合操作使用 MPI 集合通信调用，通信器的所有成员都必须调用，否则会出现挂起。非集合调用是为每个进程单独调用的串行操作。表 16-1 列出了一些通用操作以及每个操作的对应命令。

文件打开和关闭操作一目了然。查找操作将单个文件指针移到每个进程的指定位置。你可以使用 MPI_File_set_info 来传达通用和特定于硬件提供商的提示。MPI_File_delete 命令是一个非集合调用命令。这种情况下，我们将非集合调用称为串行调用：每个进程都可以删除该文件。对于 C 和 C++程序，remove 函数也能正常工作。调用 MPI_File_set_size 来设定文件的预期大小，这比每次写入文件时对文件进行扩容更有效。

现在，我们从查看读写操作的独立文件操作开始。当每个进程对其独立文件指针进行操作时，称为独立文件操作。独立文件操作对于跨进程进行写出复制数据很有用。对于这些常用数据，你可以使用表 16-2 中提供的例程，从单个 rank 中将其写出。

表 16-2 MPI 独立文件例程

命令	描述
MPI_File_read	每个进程从其当前文件指针位置读取
MPI_File_write	每个进程从其当前文件指针位置进行写入
MPI_File_read_at	将文件指针移到指定位置并读取数据
MPI_File_write_at	将文件指针移到指定位置并写入数据

你应该使用集合操作对分布式数据进行写出操作(如表 16-3 所示)。当进程对文件进行集合操作时，被称为集合文件操作。写入和读取函数类似于独立文件操作，但在函数名称后附加了一个_all 关键字。为了充分利用集合操作，我们需要创建复杂的 MPI 数据类型。通过 MPI_File_set_view 函数可以设置文件中的数据布局。

表 16-3　MPI 集合文件例程

命令	描述
MPI_File_set_view	每个进程可见的文件视图。将文件指针设置为 0
MPI_File_read_all	所有进程都从它们当前的、独立的文件指针中集合读取
MPI_File_write_all	所有进程从它们当前的、独立的文件指针集合写入
MPI_File_read_at_all	所有进程移到指定的文件位置并读取数据
MPI_File_write_at_all	所有进程移到指定的文件位置并写入数据

在本例中，我们将把代码分成四个块(本章的代码中包含了本例的完整代码)。首先，我们必须为数据的内存布局和文件布局分别创建一个 MPI 数据类型，它们分别称为内存空间(memspace)和文件空间(filespace)。图 16-3 显示了本示例的 4×4 版本的这些数据类型。为简单起见，我们只展示了四个过程，每个过程都有一个 4×4 网格，并由一个 cell halo 包围。图中的 halo 深度大小为 ng，是 ghost cells 数(number of ghost cells)的缩写。

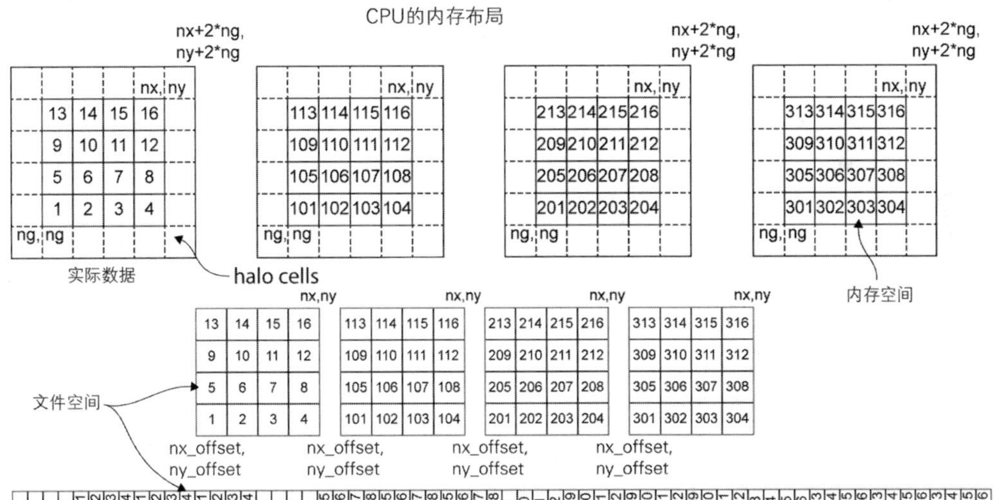

图 16-3　来自每个进程的 4x4 数据块在没有 halo cells 的情况下写入输出文件的连续部分。顶行是进程的内存布局，称为内存空间。中间一行是文件中去除了 halo cells 的内存，称为文件空间。文件中的内存实际上是线性的，所以采用最后一行的形式显示出来

代码清单 16-1 中的第一块代码显示了这两种数据类型的创建过程。这个动作只需要在程序开始时设定一次即可。然后在程序结束时使用 finalize 例程释放数据类型。

代码清单 16-1　设置 MPI-IO 数据空间类型

```
MPI_IO_Examples/mpi_io_block2d/mpi_io_file_ops.c
void mpi_io_file_init(int ng, int ndims, int *global_sizes,
   int *global_subsizes, int *global_starts, MPI_Datatype *memspace,
   MPI_Datatype *filespace){
   // create data descriptors on disk and in memory

   // Global view of entire 2D domain -- collates decomposed subarrays
   MPI_Type_create_subarray(ndims,
       global_sizes, global_subsizes,                  为文件数据布局
      global_starts, MPI_ORDER_C, MPI_DOUBLE,          创建数据类型
       filespace);
     MPI_Type_commit(filespace);  <---  提交文件数据类型

     // Local 2D subarray structure -- strips ghost cells on node
     int ny = global_subsizes[0], nx = global_subsizes[1];
     int local_sizes[]     = {ny+2*ng, nx+2*ng};
     int local_subsizes[]  = {ny,      nx};
     int local_starts[]    = {ng,      ng};

   MPI_Type_create_subarray(ndim, local_sizes,        为内存数据布局创建
       local_subsizes, local_starts,                  数据类型
      MPI_ORDER_C, MPI_DOUBLE, memspace);
   MPI_Type_commit(memspace);  <---
}                                  提交内存数据类型

void mpi_io_file_finalize(MPI_Datatype *memspace,
      MPI_Datatype *filespace){
   MPI_Type_free(memspace);
   MPI_Type_free(filespace);      释放数据类型
}
```

在第一步中，我们从图 16-1 中创建了两种数据类型。现在我们需要将这些数据类型写入文件。编写过程有四个步骤，如代码清单 16-2 所示：

1. 创建文件。
2. 设置文件视图。
3. 用集合调用写出每个数组。
4. 关闭文件。

代码清单 16-2　写入 MPI-IO 文件

```
MPI_IO_Examples/mpi_io_block2d/mpi_io_file_ops.c
void write_mpi_io_file(const char *filename, double **data,
     int data_size, MPI_Datatype memspace, MPI_Datatype filespace,
     MPI_Comm mpi_io_comm){
   MPI_File file_handle = create_mpi_io_file(          创建文件
      filename, mpi_io_comm, (long long)data_size);

   MPI_File_set_view(file_handle, file_offset,
     MPI_DOUBLE, filespace, "native",                 设置文件视图
       MPI_INFO_NULL);
```

```
42    MPI_File_write_all(file_handle,                     写出数组
          &(data[0][0]), 1, memspace,
          MPI_STATUS_IGNORE);
43    file_offset += data_size;
44
45    MPI_File_close(&file_handle);                        关闭文件
46    file_offset = 0;
47 }
48
49 MPI_File create_mpi_io_file(const char *filename, MPI_Comm mpi_io_comm,
50        long long file_size){
51    int file_mode = MPI_MODE_WRONLY | MPI_MODE_CREATE |
                      MPI_MODE_UNIQUE_OPEN;
52
53    MPI_Info mpi_info = MPI_INFO_NULL; // For MPI IO hints
54    MPI_Info_create(&mpi_info);                          集合操作的通信
55    MPI_Info_set(mpi_info,                               提示
          "collective_buffering", "1");
56    MPI_Info_set(mpi_info,
          "striping_factor", "8");                         在 Lustre 文件系统上条
57    MPI_Info_set(mpi_info,                               带化的通信提示
          "striping_unit", "4194304");
58
59    MPI_File file_handle = NULL;
60    MPI_File_open(mpi_io_comm, filename, file_mode, mpi_info,
          &file_handle);
61    if (file_size > 0)                                   预分配文件空间，提高
          MPI_File_set_size(file_handle, file_size);       性能
62    file_offset = 0;
63    return file_handle;
64 }
```

在 MPI_Info 对象中使用提示，可以提供一些优化(第 53 行)。提示可能是通过文件操作应该使用集合操作(collective_buffering)来完成，如第 55 行所示，也可能是特定于跨越 8 个硬盘的条带的文件系统，striping_factor = 8，如第 56 行所示。我们将在 16.6.1 节中进一步讨论提示的使用。

还可以预分配文件空间，如第 61 行所示，这样就不必在写入期间增加文件空间。读取文件的四个步骤与前面列出的写入过程相同，如下面的代码清单所示。

代码清单 16-3　读取 MPI-IO 文件

```
MPI_IO_Examples/mpi_io_block2d/mpi_io_file_ops.c
void read_mpi_io_file(const char *filename, double **data, int data_size,
       MPI_Datatype memspace, MPI_Datatype filespace, MPI_Comm mpi_io_comm){
   MPI_File file_handle = open_mpi_io_file(                打开文件
       filename, mpi_io_comm);

   MPI_File_set_view(file_handle, file_offset,             设置文件视图
       MPI_DOUBLE, filespace, "native",
       MPI_INFO_NULL);

   MPI_File_read_all(file_handle,                          数组的集合读取
       &(data[0][0]), 1, memspace,
       MPI_STATUS_IGNORE);
```

```
   file_offset += data_size;

   MPI_File_close(&file_handle);      ← 关闭文件
   file_offset = 0;
}

MPI_File open_mpi_io_file(const char *filename, MPI_Comm mpi_io_comm){
   int file_mode = MPI_MODE_RDONLY | MPI_MODE_UNIQUE_OPEN;

   MPI_Info mpi_info = MPI_INFO_NULL; // For MPI IO hints
   MPI_Info_create(&mpi_info);
   MPI_Info_set(mpi_info, "collective_buffering", "1");

   MPI_File file_handle = NULL;
   MPI_File_open(mpi_io_comm, filename, file_mode, mpi_info,
                 &file_handle);
return file_handle;
}
```

与写操作相比，读取操作需要更少的提示和设置。这是因为读取的某些设置是从文件中确定的。到目前为止，这些 MPI-IO 文件操作都以通用形式编写，任何情况都可以调用这种形式。现在，看看下面代码清单中设置调用的主应用程序代码。

代码清单 16-4 主应用程序代码

```
MPI_IO_Examples/mpi_io_block2d/mpi_io_block2d.c
int main(int argc, char *argv[])
{
   MPI_Init(&argc, &argv);

   int rank, nprocs;
   MPI_Comm_rank(MPI_COMM_WORLD, &rank);
   MPI_Comm_size(MPI_COMM_WORLD, &nprocs);

   // for multiple files, subdivide communicator and
   //    set colors for each set
   MPI_Comm mpi_io_comm = MPI_COMM_NULL;
   int nfiles = 1;
   float ranks_per_file = (float)nprocs/(float)nfiles;
   int color = (int)((float)rank/ranks_per_file);
   MPI_Comm_split(MPI_COMM_WORLD, color, rank, &mpi_io_comm);
   int nprocs_color, rank_color;
   MPI_Comm_size(mpi_io_comm, &nprocs_color);
   MPI_Comm_rank(mpi_io_comm, &rank_color);
   int row_color = 1, col_color = rank_color;
   MPI_Comm mpi_row_comm, mpi_col_comm;
   MPI_Comm_split(mpi_io_comm, row_color, rank_color, &mpi_row_comm);
   MPI_Comm_split(mpi_io_comm, col_color, rank_color, &mpi_col_comm);

   // set the dimensions of our data array and the number of ghost cells
   int ndim = 2, ng = 2, ny = 10, nx = 10;
   int global_subsizes[] = {ny, nx};

   int ny_offset = 0, nx_offset = 0;
```

```
36    MPI_Exscan(&nx, &nx_offset, 1, MPI_INT, MPI_SUM, mpi_row_comm);
37    MPI_Exscan(&ny, &ny_offset, 1, MPI_INT, MPI_SUM, mpi_col_comm);
38    int global_offsets[] = {ny_offset, nx_offset};
39
40    int ny_global, nx_global;
41    MPI_Allreduce(&nx, &nx_global, 1, MPI_INT, MPI_SUM, mpi_row_comm);
42    MPI_Allreduce(&ny, &ny_global, 1, MPI_INT, MPI_SUM, mpi_col_comm);
43    int global_sizes[] = {ny_global, nx_global};
44    int data_size = ny_global*nx_global;
45
46    double **data = (double **)malloc2D(ny+2*ng, nx+2*ng);
47    double **data_restore = (double **)malloc2D(ny+2*ng, nx+2*ng);
   < ... skipping data initialization ... >
54
55    MPI_Datatype memspace = MPI_DATATYPE_NULL,
                   filespace = MPI_DATATYPE_NULL;
56    mpi_io_file_init(ng, global_sizes,
         global_subsizes, global_offsets,
57       &memspace, &filespace);
58
59    char filename[30];
60    if (ncolors > 1) {
61       sprintf(filename,"example_%02d.data",color);
62    } else {
63       sprintf(filename,"example.data");
64    }
65
66    // Do the computation and write out a sequence of files
67    write_mpi_io_file(filename, data,
         data_size, memspace, filespace,
         mpi_io_comm);
68    // Read back the data for verifying the file operations
69    read_mpi_io_file(filename, data_restore,
70       data_size, memspace, filespace,
         mpi_io_comm);
71
72    mpi_io_file_finalize(&memspace, &filespace);
73
  < ... skipping verification code ... >
105
106    free(data);
107    free(data_restore);
108
109    MPI_Comm_free(&mpi_io_comm);
110    MPI_Comm_free(&mpi_row_comm);
111    MPI_Comm_free(&mpi_col_comm);
112    MPI_Finalize();
113    return 0;
114 }
```

初始化和设置数据类型（第 56~57 行）

写出数据（第 67 行）

读取数据（第 69~70 行）

关闭文件并释放数据类型（第 72 行）

我们需要对这个设置做一些解释。这段代码具有写出多个 MPI 数据文件的能力。这通常称为 N×M 文件写入，代表使用 N 个进程写出 M 个文件，其中 M 大于 1 但远小于进程数量(如图 16-4 所示)。使用这种技术的原因是，当问题规模较大时，写入单个文件的伸缩性并不总是很好。

如图 16-4 所示，我们可以按颜色将这些过程进行分组。在代码清单 16-4 的第 17~22 行，我们基于 M 种颜色设置了一个新的通信器，其中 M 是文件的数量。文件的数量在第 19 行设置，在第 20 行和第 21 行对颜色进行计算。我们对 ranks_per_file 使用浮点类型来处理不均匀的 rank 划分。然后在颜色中获得我们的新 rank。图 16-4 右侧的每个通信组有 4096 个进程或 rank。rank 的顺序与全局通信组相同。如果有多个文件，文件名会在第 59~64 行包含一个颜色编号。这段代码目前只设置一种颜色，只写入一个文件，如图 16-4 的左侧所示，但这段代码可以支持写入多个文件。

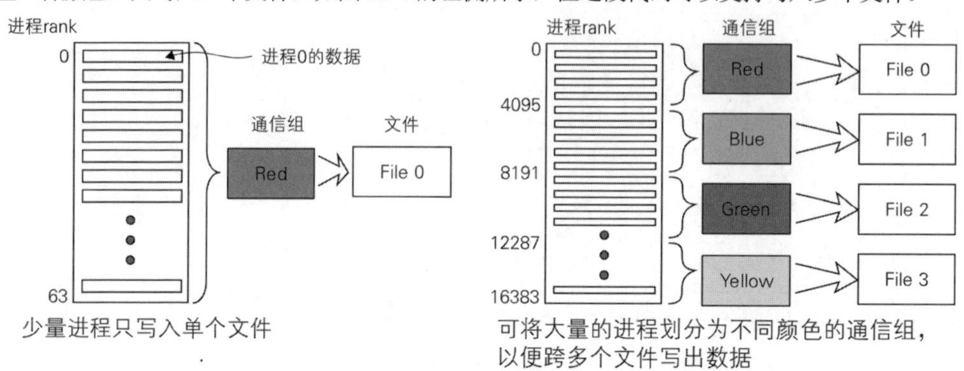

图 16-4 在较大的规模下，进程可以按颜色划分为通信组，以便它们写入不同的文件中。子组的 rank 与原始通信器中的 rank 相同

我们还需要知道每个进程的起始 x 和 y 值在哪里。对于每个进程具有相同行数和列数的数据分解，计算只需要知道进程在全局集合中的位置即可。但是当行数和列数因进程不同而不同时，我们需要对低于我们位置的所有大小进行求和。正如我们之前在 5.6 节中讨论过的，这个操作是一种常见的并行模式，称为扫描。为了进行这种计算，在第 22~34 行，我们为每一行和每一列创建了通信器。通过执行独占扫描操作，从而获取每个进程的 x 和 y 的起始位置。在这段代码中，我们只在 x 坐标方向上对数据进行分区，这样将更简单一些。数组 subsizes 的全局和进程大小在第 27~44 行中设置。这包括使用独占扫描计算的数据偏移量。

现在我们掌握了关于数据分解的所有必要信息，我们可以调用 mpi_io_file_init 子例程来为内存和文件系统布局设置 MPI 数据类型。这只需要在启动时完成一次即可。然后，可在自由的调用子例程进行写操作(write_mpi_io_file)和读操作(read_mpi_io_file)。在运行过程中，可根据需要多次调用这些函数。在示例代码中，我们验证读入的数据，将其与原始数据进行比较，并在出现错误时打印错误信息。最后，使用单个进程打开文件，并用标准的 C 二进制读取来显示文件中数据的布局。这是通过按顺序从文件中读取每个值并对其进行打印来完成的。

现在编译并运行这个示例。这是一个标准的 CMake 编译，我们将在四个处理器上运行该程序。

```
mkdir build && cd build
cmake ..
make
mpirun -n 4 ./mpi_io_block2d
```

图 16-5 显示了使用标准 C 二进制读取每个处理器上 10×10 网格的输出结果。

```
x[0][ ]   1   2   3   4   5   6   7   8   9  10 101 102 103 104 105 106 107 108 109 110
        201 202 203 204 205 206 207 208 209 210 301 302 303 304 305 306 307 308 309 310
x[1][ ]  11  12  13  14  15  16  17  18  19  20 111 112 113 114 115 116 117 118 119 120
        211 212 213 214 215 216 217 218 219 220 311 312 313 314 315 316 317 318 319 320
x[2][ ]  21  22  23  24  25  26  27  28  29  30 121 122 123 124 125 126 127 128 129 130
        221 222 223 224 225 226 227 228 229 230 321 322 323 324 325 326 327 328 329 330
x[3][ ]  31  32  33  34  35  36  37  38  39  40 131 132 133 134 135 136 137 138 139 140
        231 232 233 234 235 236 237 238 239 240 331 332 333 334 335 336 337 338 339 340
x[4][ ]  41  42  43  44  45  46  47  48  49  50 141 142 143 144 145 146 147 148 149 150
        241 242 243 244 245 246 247 248 249 250 341 342 343 344 345 346 347 348 349 350
x[5][ ]  51  52  53  54  55  56  57  58  59  60 151 152 153 154 155 156 157 158 159 160
        251 252 253 254 255 256 257 258 259 260 351 352 353 354 355 356 357 358 359 360
x[6][ ]  61  62  63  64  65  66  67  68  69  70 161 162 163 164 165 166 167 168 169 170
        261 262 263 264 265 266 267 268 269 270 361 362 363 364 365 366 367 368 369 370
x[7][ ]  71  72  73  74  75  76  77  78  79  80 171 172 173 174 175 176 177 178 179 180
        271 272 273 274 275 276 277 278 279 280 371 372 373 374 375 376 377 378 379 380
x[8][ ]  81  82  83  84  85  86  87  88  89  90 181 182 183 184 185 186 187 188 189 190
        281 282 283 284 285 286 287 288 289 290 381 382 383 384 385 386 387 388 389 390
x[9][ ]  91  92  93  94  95  96  97  98  99 100 191 192 193 194 195 196 197 198 199 200
        291 292 293 294 295 296 297 298 299 300 391 392 393 394 395 396 397 398 399 400
```

图 16-5　通过 MPI-IO 的一个小型二进制读取代码的输出显示了文件中包含的内容。使用 MPI-IO，必须通过一个小型实用程序来检查文件中的内容

16.4　HDF5 具有自我描述功能，可更好地管理数据

对于传统的数据文件格式，如果没有用于写入和读取文件的代码，数据将毫无意义。分层数据格式(HDF)第 5 版采用了不同的方法。HDF5 提供了一种自描述的并行数据格式。之所以 HDF5 被称为自描述，是因为名称和特征与数据一起存储在文件中。在 HDF5 中，因为有了文件中包含的数据描述，所以就不再需要源代码，只需要查询文件就可以读取数据。HDF5 还具有一组丰富的命令行实用程序(如 h5ls 和 h5dump)，你可以使用它们来查询文件的内容。你会发现这些实用程序在检查你的文件是否被正确写入时非常有用。

出于速度和精度的考虑，我们希望以二进制格式写入数据。但是因为是二进制格式，所以很难检查数据是否被正确写入。如果我们对数据进行读取校验，问题也可能出在读取过程中。查询文件的实用程序提供了一种将写入操作与读取操作分开检查的方法。在上一节介绍的 MPI-IO 中，我们需要通过一个小型实用程序来读取文件的内容。对于 HDF5，则不需要，因为该实用程序已经提供该功能。在图 16-6 中(本节稍后显示)，我们使用 h5dump 命令行实用程序来查看内容。通过使用 HDF5 实用程序，你不必为许多常见操作编写代码。

并行 HDF5 代码通过 MPI-IO 实现。因为是建立在 MPI-IO 之上，所以 HDF5 的结构与之类似。虽然相似，但术语和函数调用依旧存在很大差异，需要格外小心。我们将介绍如何编写与 MPI-IO 类似的并行文件处理函数。HDF5 软件库被划分为较低级别的功能组。这些功能组可以通过调用前缀进行区分。第一组是必要的文件处理操作(如表 16-4 所示)，它们用于文件打开和关闭操作。

表 16-4 HDF5 集合文件例程

命令	描述
H5Fcreate	打开文件，如果文件不存在，则创建该文件
H5Fopen	打开一个已经存在的文件
H5Fclose	关闭文件

接下来，我们需要定义新的内存类型。通过这些内存类型来指定要写入的数据部分及其布局。在 HDF5 中，这些内存类型称为数据空间(dataspaces)。表 16-5 中的数据空间操作包括从多维数组提取模式的方法。你可以在本章末尾的“进一步探索”一节找到许多额外的程序信息。

表 16-5 HDF5 数据空间例程

命令	描述
H5Screate_simple	创建多维数组类型
H5Sselect_hyperslab	创建多维数组部分的 hyperlab 区域类型
H5Sclose	释放 dataspace

还有其他一些数据空间操作，包括基于点的操作，由于篇幅关系，这里不再为你介绍。现在需要将这些数据空间应用到一组多维数组上(如表 16-6 所示)。在 HDF5 中，多维数组称为数据集(dataset)，通常是应用程序中的多维数组或其他形式的数据。

表 16-6 HDF5 数据集例程

命令	描述
H5Dcreate2	在文件中为数据集创建空间
H5Dopen2	按文件中描述的方式打开现有数据集
H5Dclose	关闭文件中的数据集
H5Dwrite	使用文件空间和内存空间将数据集写入文件
H5Dread	使用文件空间和内存空间从文件中读取数据集

我们只需要一个操作组。这个组称为属性列表，为你提供了一种修改或提供操作提示的方法，如表 16-7 所示。我们可以使用属性列表来设置属性，以便使用读或写的集合操作。属性列表还可以用于向底层 MPI-IO 库传递提示信息。

表 16-7 HDF5 属性列表例程

命令	描述
H5Pcreate	创建属性列表
H5Pclose	释放属性列表
H5Pset_dxpl_mpio	设置数据传输属性列表
H5Pset_coll_metadata_write	为组中的所有进程设置集合元数据写入
H5Pset_fapl_mpio	将 MPI-IO 属性存储到文件访问属性列表中
H5Pset_all_coll_metadata_ops	在文件访问属性列表中设置并行元数据读取操作

从这个 HDF5 示例开头，使用创建文件和内存数据空间的代码，如下面的代码清单所示。注意，代码清单中 HDF5 的所有参数都以粗体显示。

代码清单 16-5　设置 HDF5 数据空间类型

```
HDF5Examples/hdf5block2d/hdf5_file_ops.c
void hdf5_file_init(int ng, int ndims, int ny_global, int nx_global,
       int ny, int nx, int ny_offset, int nx_offset, MPI_Comm mpi_hdf5_comm,
       hid_t *memspace, hid_t *filespace){
    // create data descriptors on disk and in memory
    *filespace = create_hdf5_filespace(ndims,           | 创建文件数据
        ny_global, nx_global, ny, nx,                   | 空间
       ny_offset, nx_offset, mpi_hdf5_comm);            |
    *memspace =
           create_hdf5_memspace(ndims ny, nx, ng); ◄── 创建内存数据
                                                       空间
}

hid_t create_hdf5_filespace(int ndims, int ny_global, int nx_global,
       int ny, int nx, int ny_offset, int nx_offset,
       MPI_Comm mpi_hdf5_comm){
    // create the dataspace for data stored on disk
     //   using the hyperslab call
    hsize_t dims[] = {ny_global, nx_global};

    hid_t filespace = H5Screate_simple(ndims,    | 创建文件空间
                     dims, NULL);                | 对象

    // determine the offset into the filespace for the current process
    hsize_t start[] = {ny_offset, nx_offset};
    hsize_t stride[] = {1, 1};
    hsize_t count[] = {ny, nx};

    H5Sselect_hyperslab(filespace, H5S_SELECT_SET,   | 选择文件空间
                 start, stride, count, NULL);        | hyperlab
    return filespace;
}

hid_t create_hdf5_memspace(int ndims, int ny, int nx, int ng) {
    // create a memory space in memory using the hyperslab call
    hsize_t dims[] = {ny+2*ng, nx+2*ng};

    hid_t memspace = H5Screate_simple(ndims, dims, NULL); ◄── 创建内存空间
                                                              对象
    // select the real data out of the array
    hsize_t start[] = {ng, ng};
    hsize_t stride[] = {1, 1};
    hsize_t count[] = {ny, nx};

    H5Sselect_hyperslab(memspace, H5S_SELECT_SET,   | 创建内存空间
    start, stride, count, NULL);                    | hyperlab
    return memspace;
}

void hdf5_file_finalize(hid_t *memspace, hid_t *filespace){
```

```
54    H5Sclose(*memspace);
55    *memspace = H5S_NULL;
56    H5Sclose(*filespace);
57    *filespace = H5S_NULL;
58 }
```

在代码清单 16-5 中，我们在创建两个数据空间时使用了相同的模式：创建数据对象，设置数据大小参数，然后选择数组的矩形区域。首先，我们调用 H5Screate_simple 创建了全局数组空间。对于文件数据空间，我们在第 23 行将维度设置为 nx_global 和 ny_global 的全局数组大小，然后在第 25 行使用这些全局数组大小创建数据空间。然后，我们在第 32 和 48 行调用 H5Sselect_hyperslab 为每个处理器选择文件数据空间的一个区域。然后对内存数据空间执行类似的处理。

既然我们已经有了数据空间，那么将数据写入文件的过程就很简单了。首先打开文件，创建数据集并将它写入。如果有多个数据集，可对它们都执行写出操作；当完成写出操作之后，关闭文件。下面的代码清单显示了具体的实现过程。

代码清单 16-6 写入 HDF5 文件

HDF5Examples/hdf5block2d/hdf5_file_ops.c

```
void write_hdf5_file(const char *filename, double **data1,
      hid_t memspace, hid_t filespace, MPI_Comm mpi_hdf5_comm) {
   hid_t file_identifier = create_hdf5_file(
       filename, mpi_hdf5_comm);
```

调用子例程创建文件

```

   // Create property list for collective dataset write.
   hid_t xfer_plist = H5Pcreate(H5P_DATASET_XFER);
   H5Pset_dxpl_mpio(xfer_plist, H5FD_MPIO_COLLECTIVE);

   hid_t dataset1 = create_hdf5_dataset(
       file_identifier, filespace);
```

调用子程序创建数据集

```
   //hid_t dataset2 = create_hdf5_dataset(file_identifier, filespace);

   // write the data to disk using both the memory space
    // and the data space.
   H5Dwrite(dataset1, H5T_IEEE_F64LE,
       memspace, filespace, xfer_plist,
      &(data1[0][0]));
   //H5Dwrite(dataset2, H5T_IEEE_F64LE,
    //    memspace, filespace, xfer_plist,
   //    &(data2[0][0]));
```

写入数据集

```

   H5Dclose(dataset1);
   //H5Dclose(dataset2);

   H5Pclose(xfer_plist);

   H5Fclose(file_identifier);
}
```

关闭对象和数据文件

```

hid_t create_hdf5_file(const char *filename, MPI_Comm mpi_hdf5_comm){
   hid_t file_creation_plist = H5P_DEFAULT;
```

生成文件属性创建列表

```
   // set the file access template for parallel IO access
   hid_t file_access_plist = H5P_DEFAULT;
```

创建文件访问属性

```
89     file_access_plist = H5Pcreate(H5P_FILE_ACCESS);
90 
91     // set collective mode for metadata writes
92     H5Pset_coll_metadata_write(file_access_plist, true);
93 
94     MPI_Info mpi_info = MPI_INFO_NULL;
95     MPI_Info_create(&mpi_info);
96     MPI_Info_set(mpi_info, "striping_factor", "8");
97     MPI_Info_set(mpi_info, "striping_unit", "4194304");
98 
99     // tell the HDF5 library that we want to use MPI-IO to do the writing
100    H5Pset_fapl_mpio(file_access_plist, mpi_hdf5_comm, mpi_info);
101 
102    // Open the file collectively
103    // H5F_ACC_TRUNC - overwrite existing file.
       //    H5F_ACC_EXCL - no overwrite
104    // 3rd argument is file creation property list. Using default here
105    // 4th argument is the file access property list identifier
106    hid_t file_identifier = H5Fcreate(filename,
107       H5F_ACC_TRUNC, file_creation_plist,
          file_access_plist);
108 
109    // release the file access template
110    H5Pclose(file_access_plist);
111    MPI_Info_free(&mpi_info);
112 
113    return file_identifier;
114 }
115 
116 hid_t create_hdf5_dataset(hid_t file_identifier, hid_t filespace){
117    // create the dataset
118    hid_t link_creation_plist = H5P_DEFAULT;
119    hid_t dataset_creation_plist = H5P_DEFAULT;
120    hid_t dataset_access_plist = H5P_DEFAULT;
121    hid_t dataset = H5Dcreate2(
122       file_identifier,         // Arg 1: file identifier
123       "data array",            // Arg 2: dataset name
124       H5T_IEEE_F64LE,          // Arg 3: datatype identifier
125       filespace,               // Arg 4: filespace identifier
126       link_creation_plist,     // Arg 5: link creation property list
127       dataset_creation_plist,  // Arg 6: dataset creation property list
128       dataset_access_plist);   // Arg 7: dataset access property list
129 
130    return dataset;
131 }
```

创建 MPI IO 提示

通过 HDF5 例程创建文件

生成数据集创建属性列表

生成链接创建属性列表

创建数据集访问属性列表

通过 HDF5 例程创建数据集

在代码清单 16-6 中，write_hdf5_file 主例程使用代码清单 16-5 中创建的 filespace 数据空间。然后使用 filespace 和 memspace 这两个数据空间，在第 72 行中用 H5Dwrite 例程写出数据集。我们还创建并传入了一个属性列表，用来告诉 HDF5 使用集合 MPI-IO 例程。最后，在第 82 行关闭文件。同时关闭了前面几行上的属性列表和数据集，以避免内存泄漏。对于创建文件的例程，我们最终在 106 行调用了 H5Fcreate，但是我们需要通过几行代码来设置提示。我们将集合写入的属性列表设置和 MPI-IO 提示与调用包装在一起，并将它们放入单独的例程中。我们还对第 121 行的 HDF5 调用采取了相同的方法来创建数据集，这样就可对不同属性列表做详细的说明。

读取 HDF5 数据文件的例程(如下所示)与前面的写操作具有相同的基本模式。下面代码清单和代码清单 16-6 之间最大的区别是需要使用更少的提示和属性。

代码清单 16-7　读取 HDF5 文件

HDF5Examples/hdf5block2d/hdf5_file_ops.c

```
void read_hdf5_file(const char *filename, double **data1,
      hid_t memspace, hid_t filespace, MPI_Comm mpi_hdf5_comm) {
   hid_t file_identifier =
      open_hdf5_file(filename, mpi_hdf5_comm);

   // Create property list for collective dataset write.
   hid_t xfer_plist = H5Pcreate(H5P_DATASET_XFER);
   H5Pset_dxpl_mpio(xfer_plist, H5FD_MPIO_COLLECTIVE);

   hid_t dataset1 =
      open_hdf5_dataset(file_identifier);
   // read the data from disk using both the memory space
   //    and the data space.
   H5Dread(dataset1, H5T_IEEE_F64LE, memspace,
      filespace, H5P_DEFAULT, &(data1[0][0]));
   H5Dclose(dataset1);

   H5Pclose(xfer_plist);

   H5Fclose(file_identifier);
}

hid_t open_hdf5_file(const char *filename, MPI_Comm mpi_hdf5_comm){
   // set the file access template for parallel IO access
   hid_t file_access_plist = H5P_DEFAULT; // File access property list
   file_access_plist = H5Pcreate(H5P_FILE_ACCESS);

   // set collective mode for metadata reads (ops)
   H5Pset_all_coll_metadata_ops(file_access_plist, true);

   // tell the HDF5 library that we want to use MPI-IO to do the reading
   H5Pset_fapl_mpio(file_access_plist, mpi_hdf5_comm, MPI_INFO_NULL);

   // Open the file collectively
   // H5F_ACC_RDONLY - sets access to read or write
   // on open of an existing file.
   // 3rd argument is the file access property list identifier
   hid_t file_identifier = H5Fopen(filename,
      H5F_ACC_RDONLY, file_access_plist);

   // release the file access template
   H5Pclose(file_access_plist);

   return file_identifier;
}
```

调用子例程来打开文件

调用子例程来创建数据集

读取数据集

关闭对象和数据文件

通过 HDF5 例程打开文件

```
175
176 hid_t open_hdf5_dataset(hid_t file_identifier){
177    // open the dataset
178    hid_t dataset_access_plist = H5P_DEFAULT;
179    hid_t dataset = H5Dopen2(
180       file_identifier,         // Arg 1: file identifier
181       "data array",            // Arg 2: dataset name to match for read
182       dataset_access_plist);   // Arg 3: dataset access property list
183
184    return dataset;
185 }
```

生成数据集访问属性列表

通过HDF5例程创建数据集

因为该文件已经存在，所以使用代码清单 16-7 中第 168 行上的 open 调用来指定只读模式(使用只读模式可以进行额外的优化)。被访问的文件已经带有一些在写入过程中指定的属性。其中一些属性不需要在读取中指定。到目前为止，HDF5 代码清单可能包含应用程序中的通用库。代码清单 16-8 显示了在主应用程序中不同点进行的调用。

代码清单 16-8　主应用程序文件

```
HDF5Examples/hdf5block2d/hdf5block2d.c
52    hid_t memspace = H5S_NULL, filespace = H5S_NULL;
53    hdf5_file_init(ng, ndims, ny_global,
         nx_global, ny, nx, ny_offset, nx_offset,
54       mpi_hdf5_comm, &memspace, &filespace);
55
56    char filename[30];
57    if (ncolors > 1) {
58       sprintf(filename,"example_%02d.hdf5",color);
59    } else {
60       sprintf(filename,"example.hdf5");
61    }
62
63    // Do the computation and write out a sequence of files
64    write_hdf5_file(filename, data, memspace,
                      filespace, mpi_hdf5_comm);
65    // Read back the data for verifying the file operations
66    read_hdf5_file(filename, data_restore,
         memspace, filespace, mpi_hdf5_comm);
67
68    hdf5_file_finalize(&memspace, &filespace);
```

设置内存和文件数据空间

写入HDF5数据文件

从HDF5数据文件中读取数据

释放数据空间对象

在代码清单 16-8 中，在第 53 行设置数据空间的初始化操作只需要在程序的开始部分执行一次即可。然后，你可能会定期为图形和检查点做数据写出操作。然后通常在程序重启时读取检查点信息。最后，在终止计算之前，调用 finalize 来结束程序。现在通过如下命令进行编译，这里使用的是标准的 CMake 编译，我们将使用 4 个处理器：

```
mkdir build && cd build
cmake ..
make
mpirun -n 4 ./hdf5block2d
```

在单次安装中，HDF5 编译包既可用于串行版本的安装，也可用于并行版本的安装，但不能同时安装。编译时常见的错误是将错误版本链接到应用程序中。如下面的代码清单所示，我们在 CMake 编译系统中添加了一些特殊代码，以便优先选择并行版本。如果 HDF5 版本不是并行版本，程序将会失败，这样我们就不会在编译过程中得到错误。

代码清单 16-9 检查并行 HDF5 包

```
HDF5Examples/hdf5block2d/CMakeLists.txt
set(HDF5_PREFER_PARALLEL true)
find_package(HDF5 1.10.1 REQUIRED)
if (NOT HDF5_IS_PARALLEL)
   message(FATAL_ERROR " -- HDF5 version is not parallel.")
endif (NOT HDF5_IS_PARALLEL)
```

这段示例代码进行了验证测试，从而检查从文件中读回的数据是否与我们开始使用的数据相同。也可以使用 h5dump 实用程序来打印文件中的数据。可使用如下命令来查看数据文件。图 16-6 显示了该命令的输出结果。

```
h5dump -y example.hdf5
```

```
HDF5 "example.hdf5" {
GROUP "/" {
   DATASET "data array" {
      DATATYPE  H5T_IEEE_F64LE
      DATASPACE  SIMPLE { ( 10, 40 ) / ( 10, 40 ) }
      DATA {
         1, 2, 3, 4, 5, 6, 7, 8, 9, 10, 101, 102, 103, 104, 105, 106, 107, 108,
         109, 110, 201, 202, 203, 204, 205, 206, 207, 208, 209, 210, 301, 302,
         303, 304, 305, 306, 307, 308, 309, 310,
         11, 12, 13, 14, 15, 16, 17, 18, 19, 20, 111, 112, 113, 114, 115, 116,
         117, 118, 119, 120, 211, 212, 213, 214, 215, 216, 217, 218, 219, 220,
         311, 312, 313, 314, 315, 316, 317, 318, 319, 320,
         21, 22, 23, 24, 25, 26, 27, 28, 29, 30, 121, 122, 123, 124, 125, 126,
         127, 128, 129, 130, 221, 222, 223, 224, 225, 226, 227, 228, 229, 230,
         321, 322, 323, 324, 325, 326, 327, 328, 329, 330,
         31, 32, 33, 34, 35, 36, 37, 38, 39, 40, 131, 132, 133, 134, 135, 136,
         137, 138, 139, 140, 231, 232, 233, 234, 235, 236, 237, 238, 239, 240,
         331, 332, 333, 334, 335, 336, 337, 338, 339, 340,
         41, 42, 43, 44, 45, 46, 47, 48, 49, 50, 141, 142, 143, 144, 145, 146,
         147, 148, 149, 150, 241, 242, 243, 244, 245, 246, 247, 248, 249, 250,
         341, 342, 343, 344, 345, 346, 347, 348, 349, 350,
         51, 52, 53, 54, 55, 56, 57, 58, 59, 60, 151, 152, 153, 154, 155, 156,
         157, 158, 159, 160, 251, 252, 253, 254, 255, 256, 257, 258, 259, 260,
         351, 352, 353, 354, 355, 356, 357, 358, 359, 360,
         61, 62, 63, 64, 65, 66, 67, 68, 69, 70, 161, 162, 163, 164, 165, 166,
         167, 168, 169, 170, 261, 262, 263, 264, 265, 266, 267, 268, 269, 270,
         361, 362, 363, 364, 365, 366, 367, 368, 369, 370,
         71, 72, 73, 74, 75, 76, 77, 78, 79, 80, 171, 172, 173, 174, 175, 176,
         177, 178, 179, 180, 271, 272, 273, 274, 275, 276, 277, 278, 279, 280,
         371, 372, 373, 374, 375, 376, 377, 378, 379, 380,
         81, 82, 83, 84, 85, 86, 87, 88, 89, 90, 181, 182, 183, 184, 185, 186,
         187, 188, 189, 190, 281, 282, 283, 284, 285, 286, 287, 288, 289, 290,
         381, 382, 383, 384, 385, 386, 387, 388, 389, 390,
         91, 92, 93, 94, 95, 96, 97, 98, 99, 100, 191, 192, 193, 194, 195, 196,
         197, 198, 199, 200, 291, 292, 293, 294, 295, 296, 297, 298, 299, 300,
         391, 392, 393, 394, 395, 396, 397, 398, 399, 400
      }
   }
}
}
```

图 16-6 不使用任何代码，利用 h5dump 命令行工具显示 HDF5 文件内容

16.5　其他并行文件软件包

在本节中，我们将简要介绍两个较常见的并行文件软件包：PnetCDF 和 Adios。PnetCDF 是 Parallel Network Common Data Form 的缩写，是另一种自我描述的数据格式，在 Earth Systems 社区和美国国家科学基金会(NSF)资助的组织中很流行。虽然最初是一个完全独立的软件源代码，但并行版本是构建在 HDF5 和 MPI-IO 之上的。使用 PnetCDF 还是 HDF5 很大程度上受到社区中使用情况的影响。因为应用程序生成的文件经常被其他人使用，所以使用相同的数据标准是十分重要的。

ADIOS(Adaptable Input/Output System)，或被称作适应性输入/输出系统，也是橡树岭国家实验室(ORNL)的自描述数据格式。ADIOS 有自己的原生二进制格式，但它也可以使用 HDF5、MPI-IO 以及其他文件存储软件。

16.6　并行文件系统：硬件接口

随着数据需求的增加，因此需要更复杂的文件系统。在本节中，我们将介绍这些并行文件系统。并行文件系统可以通过在多个硬盘上使用多个文件写入器或读取器将操作分开，从而极大地提高文件的读写速度。虽然我们在文件系统上已经实现了某些并行性，但情况并不简单。在应用程序提供的并行性和文件系统提供的并行性之间仍然存在不匹配的情况。因此，并行操作的管理非常复杂，并且高度依赖于硬件配置和应用程序需求。为了处理复杂性，许多并行文件系统使用基于对象的文件结构来解决复杂问题。但是，并行文件系统的性能和健壮性常常受到描述文件数据位置的元数据的限制。

定义：基于对象的文件系统是基于对象(而不是基于文件夹)对文件进行组织的系统。基于对象的文件系统需要数据库或元数据来存储描述对象的所有信息。

并行文件操作的编写与并行文件系统软件高度交织。这需要知道正在使用哪个并行文件系统，以及该文件系统的可用设置。对并行文件软件进行优化，有时可以显著提高性能。

16.6.1　并行文件设置

当开始了解并行文件操作与文件系统的交互时，可以通过查看有关并行库设置的详细信息获得更多帮助。每个发行版本都可能存在不同的设置。可以通过获取高级统计信息来优化性能问题。

大多数 MPI-IO 库可能是随 MPICH 以及许多系统供应商的实现一起发布的 ROMIO，或者是 OMPIO，它是较新版本的 OpenMPI 的默认设置。我们先来看看如何从 OpenMPI 的 OMPIO 插件中获取信息，以及如何切换回使用 ROMIO。要提取有关 OpenMPI 的 OMPIO 设置的信息，可以使用如下命令：

- --mca io [ompio|romio]

指定 IO 插件，可以是 OMPIO 或 ROMIO。旧版本使用 ROMIO 作为默认插件，而 OMPIO 是新版本的默认插件。

- ompi_info --param <component> <plugin> --level <int>

显示有关该插件的本地 OpenMPI 配置的信息。

● --mca io_ompio_verbose_info_parsing 1

显示从程序的 MPI_Info_set 调用解析出的提示信息。

首先，可以使用 ompi_info 命令获取 IO 插件的名称。因为只需要 IO 组件插件名称，所以对输出的结果进行过滤：

```
ompi_info |grep "MCA io:"
MCA io: romio321 (MCA v2.1.0, API v2.0.0, Component v4.0.3)
MCA io: ompio (MCA v2.1.0, API v2.0.0, Component v4.0.3)
```

然后可以获得每个插件的单独设置。使用 ompi_info 命令，我们得到以下输出结果：

```
ompi_info --param io ompio --level 9 | grep ": parameter"

MCA io ompio: parameter "io_ompio_priority" (current value: "30" …
MCA io ompio: parameter "io_ompio_delete_priority" (current value: "30" …
MCA io ompio: parameter "io_ompio_record_file_offset_info" (current value: "0" …
MCA io ompio: parameter "io_ompio_coll_timing_info" (current value: "1" …
MCA io ompio: parameter "io_ompio_cycle_buffer_size" (current value: "536870912" …
MCA io ompio: parameter "io_ompio_bytes_per_agg" (current value: "33554432" …
MCA io ompio: parameter "io_ompio_num_aggregators" (current value: "-1" …
MCA io ompio: parameter "io_ompio_grouping_option" (current value: "5" …
MCA io ompio: parameter "io_ompio_max_aggregators_ratio" (current value: "8" …
MCA io ompio: parameter "io_ompio_aggregators_cutoff_threshold" (current value: "3"
   …
MCA io ompio: parameter "io_ompio_overwrite_amode" (current value: "1" …
MCA io ompio: parameter "io_ompio_verbose_info_parsing" (current value: "0"
...
```

还可以使用以下运行时选项来验证 MPI_Info_set 调用是如何使用 MPI-IO 库进行解释的。通过这个方法，你可以检查针对文件系统和并行文件操作库的代码是否正确。

```
mpirun --mca io_ompio_verbose_info_parsing 1 -n 4 ./mpi_io_block2d
File: example.data info: collective_buffering value true enforcing using
     individual fcoll component
< ... repeated three more times ... >
```

对于 MPICH 附带的 ROMIO 并行文件软件，我们通过不同的机制来查询软件安装。Cray 为他们的 ROMIO 实现添加了一些额外的环境变量。稍后将列出其中的一些环境变量，并尝试使用它们。

- ROMIO 识别以下提示：
  - ROMIO_PRINT_HINTS=1
- Cray 提供了如下额外的环境变量：
  - MPICH_MPIIO_HINTS_DISPLAY=1
  - MPICH_MPIIO_STATS=1
  - MPICH_MPIIO_TIMERS=1

下面显示了使用 ROMIO_PRINT_HINTS 时的输出：

```
export ROMIO_PRINT_HINTS=1; mpirun -n 4 ./mpi_io_block2d
key = cb_buffer_size          value = 16777216

key = romio_cb_read           value = automatic
```

```
key = romio_cb_write            value = automatic
key = cb_nodes                  value = 1
key = romio_no_indep_rw         value = false
key = romio_cb_pfr              value = disable
key = romio_cb_fr_types         value = aar
key = romio_cb_fr_alignment     value = 1
key = romio_cb_ds_threshold     value = 0
key = romio_cb_alltoall         value = automatic
key = ind_rd_buffer_size        value = 4194304
key = ind_wr_buffer_size        value = 524288
key = romio_ds_read             value = automatic
key = romio_ds_write            value = automatic
key = striping_unit             value = 4194304
key = cb_config_list            value = *:1
key = romio_filesystem_type     value = NFS:
key = romio_aggregator_list     value = 0
key = cb_buffer_size            value = 16777216
key = romio_cb_read             value = automatic
key = romio_cb_write            value = automatic
key = cb_nodes                  value = 1
key = romio_no_indep_rw         value = false
key = romio_cb_pfr              value = disable
key = romio_cb_fr_types         value = aar
key = romio_cb_fr_alignment     value = 1
key = romio_cb_ds_threshold     value = 0
key = romio_cb_alltoall         value = automatic
key = ind_rd_buffer_size        value = 4194304
key = ind_wr_buffer_size        value = 524288
key = romio_ds_read             value = automatic
key = romio_ds_write            value = automatic
key = cb_config_list            value = *:1
key = romio_filesystem_type     value = NFS:
key = romio_aggregator_list     value = 0

export MPICH_MPIIO_HINTS_DISPLAY=1; srun -n 4 ./mpi_io_block2d
PE 0: MPICH MPIIO environment settings:
PE 0:    MPICH_MPIIO_HINTS_DISPLAY                    = 1
PE 0:    MPICH_MPIIO_HINTS                            = NULL
PE 0:    MPICH_MPIIO_ABORT_ON_RW_ERROR                = disable
PE 0:    MPICH_MPIIO_CB_ALIGN                         = 2
PE 0:    MPICH_MPIIO_DVS_MAXNODES                     = -1
PE 0:    MPICH_MPIIO_AGGREGATOR_PLACEMENT_DISPLAY     = 0
PE 0:    MPICH_MPIIO_AGGREGATOR_PLACEMENT_STRIDE      = -1
PE 0:    MPICH_MPIIO_MAX_NUM_IRECV                    = 50
PE 0:    MPICH_MPIIO_MAX_NUM_ISEND                    = 50
PE 0:    MPICH_MPIIO_MAX_SIZE_ISEND                   = 10485760
PE 0: MPICH MPIIO statistics environment settings:
PE 0:    MPICH_MPIIO_STATS                            = 0
PE 0:    MPICH_MPIIO_TIMERS                           = 0
PE 0:    MPICH_MPIIO_WRITE_EXIT_BARRIER               = 1
MPIIO WARNING: DVS stripe width of 8 was requested but DVS set it to 1
See MPICH_MPIIO_DVS_MAXNODES in the intro_mpi man page.
PE 0: MPIIO hints for example.data:
          cb_buffer_size          = 16777216
          romio_cb_read           = automatic
```

```
          romio_cb_write          = automatic
          cb_nodes                = 1
          cb_align                = 2
          romio_no_indep_rw       = false
          romio_cb_pfr            = disable
          romio_cb_fr_types       = aar
          romio_cb_fr_alignment   = 1
          romio_cb_ds_threshold   = 0
          romio_cb_alltoall       = automatic
          ind_rd_buffer_size      = 4194304
          ind_wr_buffer_size      = 524288
          romio_ds_read           = disable
          romio_ds_write          = automatic
          striping_factor         = 1
          striping_unit           = 4194304
          direct_io               = false
          aggregator_placement_stride = -1
          abort_on_rw_error       = disable
          cb_config_list          = *:*
          romio_filesystem_type   = CRAY ADIO:

export MPICH_MPIIO_STATS=1; srun -n 4 ./mpi_io_block2d
+--------------------------------------------------------+
| MPIIO write access patterns for example.data
|   independent writes       = 0
|   collective writes        = 4
|   independent writers      = 0
|   aggregators              = 1
|   stripe count             = 1
|   stripe size              = 4194304
|   system writes            = 2
|   stripe sized writes      = 0
|   aggregators active       = 4,0,0,0 (1, <= 1, > 1, 1)
|   total bytes for writes   = 3600
|   ave system write size    = 1800
|   read-modify-write count  = 0
|   read-modify-write bytes  = 0
|   number of write gaps     = 0
|   ave write gap size       = NA
|   See "Optimizing MPI I/O on Cray XE Systems" S-0013-20 for explanations.
+--------------------------------------------------------+
+--------------------------------------------------------+
| MPIIO read access patterns for example.data
|   independent reads        = 0
|   collective reads         = 4
|   independent readers      = 0
|   aggregators              = 1
|   stripe count             = 1
|   stripe size              = 524288
|   system reads             = 1
|   stripe sized reads       = 0
|   total bytes for reads    = 3200
|   ave system read size     = 3200
|   number of read gaps      = 0
|   ave read gap size       = NA
```

```
| See "Optimizing MPI I/O on Cray XE Systems" S-0013-20 for explanations.
+----------------------------------------------------------+
```

16.6.2　适用于所有文件系统的通用提示

有时提供一些有关在应用程序中使用的文件操作类型的提示非常有用。你可以使用环境变量、提示文件或在运行时使用 MPI_Info_set 修改并行文件设置。如果你没有权限修改源程序并添加 MPI_Info_set 命令来设置文件选项，可以使用如下命令：

- Cray MPICH

```
MPICH_MPIIO_HINTS="*:<key>=<value>:<key>=<value>
```

例如：

```
export MPICH_MPIIO_HINTS=\
    "*:striping_factor=8:striping_unit=4194304"
```

- ROMIO

```
ROMIO_HINTS=<filename>
```

例如：ROMIO_HINTS=romio-hints

romio-hints 文件包括如下内容：

```
striping_factor 8        //文件分为 8 个部分，并行写入 8 个磁盘
striping_unit 4194304    //要写入的每个块的大小(以字节为单位)
```

- OpenMPI OMPI

```
OMPI_MCA_<param_name> <value>
```

例如：export OMPI_MCA_io_ompio_verbose_info_parsing=1

作为 mpirun 命令参数的 OpenMPImca 运行时选项为：

```
mpirun --mca io_ompio_verbose_info_parsing 1 -n 4 <exec>
```

OpenMPI 文件的默认位置在$HOME/.openmpi/mca-params.conf 中设置，或者也可使用以下命令进行设置：

```
--tune <filename>
mpirun --tune mca-params.conf -n 2 <exec>
```

在可以设置的提示中，最重要的是关于是否使用集合操作或数据筛选。我们将首先来了解集合操作(Collective operations)，然后查看数据筛选操作。

集合操作(Collective operations)是利用 MPI 集合通信调用，并使用两阶段 I/O 方法为聚合器收集数据，然后聚合器对你的文件进行写入或读取。对集合 I/O 使用以下命令：

- ROMIO 和 OMPIO
  - ◆ 通过 cb_buffer_size=integer 设定两阶段集合 I/O 的缓冲区大小(以字节为单位)。它应该是页面大小的整数倍。

   - 通过 cb_nodes=integer 设置聚合器的最大数量。
- 仅使用 ROMIO
   - 通过 romio_cb_read=[enable|automatic|disable]来设置何时为读取操作使用集合缓冲区。
   - 通过 romio_cb_write=[enable|automatic|disable]来设置何时为写入操作使用集合缓冲区。
   - 通过 cb_config_list=*:<integer>设置每个节点的聚合器数量。
   - romio_no_indep_rw=[true|false]，指定是否使用任何独立的 I/O。如果不允许，则不会在非聚合器节点上执行任何文件操作(包括文件打开)。
- 仅使用 OMPIO
   - 通过 collective_buffering=[true|false]来设定在从并行作业写入文件系统时是否使用集合操作。

数据筛选执行单次读取(或写入)，跨越一个文件块，然后将数据打包到各个进程的读取中。这避免了大量较小的读取以及可能发生的文件读取器之间的争用。使用以下命令通过 ROMIO 进行数据筛选：

- romio_ds_read=[enable | automatic|disable]
- romio_ds_write=[enable | automatic|disable]
- ind_rd_buffer_size=integer (读取缓冲区的字节数)
- ind_wr_buffer_size=integer (写缓冲区的字节数)

16.6.3 特定文件系统的提示

有一些提示(hint)仅适用于特定的文件系统，如 Lustre 或 GPFS。我们可以从程序中检测文件系统类型，并为文件系统设置适当的提示(hint)。示例中的 fs_detect.c 程序就是这样做的。该程序使用 statfs 命令，如下面的代码清单所示，你可在本章的示例目录中找到这些程序。

代码清单 16-10 文件系统检测程序

```
MPI_IO_Examples/mpi_io_block2d/fs_detect.c
#include <stdio.h>
#ifdef __APPLE_CC__
#include <sys/mount.h>
#else
#include <sys/statfs.h>
#endif
// Filesystem types are listed in the system
//    include directory in linux/magic.h
// You will need to add any additional
//    parallel filesystem magic codes
#define LUSTRE_MAGIC1       0x858458f6
#define LUSTRE_MAGIC2       0xbd00bd0
#define GPFS_SUPER_MAGIC    0x47504653
#define PVFS2_SUPER_MAGIC   0x20030528
#define PAN_KERNEL_FS_CLIENT_SUPER_MAGIC \
                            0xAAD7AAEA

```

并行文件系统类型的幻数(Magic numbers)

```
15 int main(int argc, char *argv[])
16 {
17    struct statfs buf;
18    statfs("./fs_detect", &buf);
19    printf("File system type is %lx\n",buf.f_type);
20 }
```

获取文件系统类型

我们在此代码清单中包含了一些并行文件系统的幻数(magic number)。将其用于其他应用程序时，请将第 18 行的文件名替换为写入文件的目录的适当文件名。构建 fs_detect 程序，然后运行以下命令从而获取文件系统类型：

```
mkdir build && cd build
cmake ..
make
grep './fs_detect | cut -f 4 -d' '' /usr/include/linux/magic.h ../fs_detect.c
```

现在我们已经有特定文件系统的提示。这里没有列出所有的提示，可以使用前面提到的命令获取当前列表。

Lustre 文件系统：高性能计算中心使用的最常见文件系统

Lustre 是高性能计算系统中占主导地位的文件系统。它起源于卡耐基梅隆大学(Carnegie Mellon University)，Lustre 主要的开发工作和产品所有权经历了英特尔(Intel)、惠普(HP)、Sun、甲骨文(Oracle)、英特尔(Intel)、Whamcloud 等公司。

在这个过程中，它经历了从商业软件到开源软件的转变。目前它在 OpenSFS(Open Scalable File Systems)和 EOFS(European Open File Systems)旗下。

Lustre 建立在对象存储的概念上，包括对象存储服务器 OSS(Object Storage Servers)和对象存储目标 OST(Object Storage Targets)。当我们将代码清单 16-2 的 56 行以及代码清单 16-6 的 96 行中的 striping_factor 设置为 8 时，我们告诉 ROMIO 软件库使用 Lustre 写入(或读取)分成 8 份，并将它们发送到 8 个 OST 中，这将会为读写带来高效的 8 路并行操作。striping_unit 提示告诉 ROMIO 和 Lustre 将条带化的大小设定为 4MiB。Lustre 还带有元数据服务器(MDS)和元数据目标(MDT)，来存储文件每个部分的存储位置关键描述。对于条带操作，请使用以下方法：

- MPICH (ROMIO)
  - striping_unit=<integer>设置条带大小(以字节为单位)。
  - striping_factor=<integer>设置条带的数量，其中-1 表示自动设置。
- OpenMPI (OMPIO)
  - fs_lustre_stripe_size=<integer>设置条带大小(以字节为单位)。
  - fs_lustre_stripe_width=<integer>设置条带的数量，其中-1 表示自动设置。

可通过查询命令行来确认 OpenMPI 的 lustre 参数设定，如下所示：

```
ompi_info --param fs lustre --level 9
MCA fs lustre: parameter "fs_lustre_priority" (current value: "20" …
MCA fs lustre: parameter "fs_lustre_stripe_size" (current value: "0" …
MCA fs lustre: parameter "fs_lustre_stripe_width" (current value: "0" …
```

GPFS：来自 IBM 的文件系统

IBM 的通用并行文件系统 GPFS(General Parallel File System)，是其 Spectrum Scale 产品的一部分，它在系统上提供条带化和并行文件操作。GPFS 是具有相应硬件基础设施和专业服务的企业存储产品。GPFS 默认提供跨所有可用设备的支持。然而，MPI 提示对这个文件系统的影响有限。对于 MPICH (ROMIO)，使用下面这个命令将有助于大容量内存的读写：

```
IBM_largeblock_io=true
```

DataWarp：来自 Cray 的文件系统

Cray 的 DataWarp 在另一个并行文件系统(如 Lustre 版本)上集成了突发缓冲区硬件。尽管利用突发缓冲器还处于起步阶段，但 Cray 一直是这方面的领导者。

Panasas：一个需要较少用户 hint 的商业文件系统

Panasas 是一个由对象存储和元数据服务器组成的商业并行文件系统。Panasas 还为网络文件系统(NFS)的扩展作出了贡献，以支持并行操作。尽管现在 Panasas 并没有被广泛使用，但它曾经被应用于 LANL 排名前十的计算系统中。对于 MPICH(ROMIO)，使用如下命令设置条带大小和条带数量：

- panfs_layout_stripe_unit=<integer>
- panfs_layout_total_num_comps=<integer>

OrangeFS (PVFS)：最流行的开源文件系统

OrangeFS，以前称为并行虚拟文件系统(PVFS)，是克莱姆森大学和阿贡国家实验室联合开发的开源并行文件系统。它在 Beowulf 集群上很受欢迎。除了作为可扩展的并行文件系统之外，OrangeFS 还被集成到 Linux 核心中。你可以使用 MPICH(ROMIO)的以下命令分别设置条带大小(以字节为单位)及条带数量(–1 表示自动设置)：

- striping_unit=<integer>
- striping_factor=<integer>

BeeGFS：一个越来越受欢迎的新型开源文件系统

BeeGFS 的前身是 FhGFS，由弗劳恩霍夫高性能计算中心开发，可以免费使用。它因其开源的特性而广受欢迎。

分布式应用程序对象存储(DAOS)：刷新了性能基准

Intel 正在能源部(DOE)FastForward 计划下开发新的开源 DAOS 对象存储技术。DAOS 在 2020 ISC IO500 超级计算文件速度榜(https://www.vi4io.org)中排名第一。它计划于 2021 年部署在 Aurora 超级计算机上，这是阿贡国家实验室的第一个百亿亿级计算系统。DAOS 在 ROMIO MPI-IO 库中得到支持，可与 MPICH 一起使用，并可移植到其他 MPI 库。

WekaIO：来自大数据社区的新成员

WekaIO 是一个完全兼容 Posix 的文件系统，它提供了一个具有高度性能优化、低延迟和高带宽的大型共享名称空间，并使用了最新的固态硬件组件。对于需要大量高性能数据文件操作的应用程序来说，WekaIO 是一个很有吸引力的文件系统，在大数据社区中很流行。WekaIO 在 2019 年 SC

IO500 超算文件速度榜中获得最高荣誉。

Ceph 文件系统：一个开源分布式存储系统

Ceph 最初起源于劳伦斯利弗莫尔国家实验室。现在的研发由 RedHat 为工业合作伙伴联盟牵头，并已集成到 Linux 核心中。

网络文件系统(NFS)：最常见的网络文件系统

NFS 是本地组织网络的主要集群文件系统。对于高度并行的文件操作，不推荐使用这个系统，虽然通过某些设置也可以使它正常工作。

16.7　进一步探索

目前关于并行文件操作的很多文档都是在演示文稿和学术会议中提供的。最知名的会议之一是并行数据系统研讨会(PDSW)，它与国际高性能计算、网络、存储和分析会议(也被称为年度超级计算会议)联合举办。

你可以使用 micro benchmark、IOR 以及 mdtest 来测试文件系统的最佳性能。该软件的文档可以在 https://ior.readthedocs.io/en/latest/找到，也可以在由 LLNL 托管的 https://github.com/hpc/ior 上找到。

16.7.1　扩展阅读

下面文档描述了如何将 MPI-IO 功能添加到 MPI 中，它是对 MPI-IO 最好的描述之一。

William Gropp, Rajeev Thakur, Ewing Lusk. *Using MPI-2: Advanced Features of the Message Passing Interface* (MIT 出版社，1999)。

下面是几本我们推荐的关于编写高性能并行文件操作的书籍：

- Prabhat 和 Quincey Koziol 编辑，*High Performance Parallel I/O*(Chapman and Hall/CRC, 2014)。
- John M. May, *Parallel I/O for High Performance Computing*(Morgan Kaufmann, 2001)。

HDF 组织维护 HDF5 的权威网站。你可以在以下地址获得更多信息：

```
https://portal.hdfgroup.org/display/HDF5/HDF5
```

NetCDF 在某些 HPC 应用领域仍然很流行。你可以在 Unidata 主办的 NetCDF 网站上获得关于这种格式的更多信息。Unidata 是大学大气研究公司(UCAR)的社区项目(UCP)之一。

```
https://www.unidata.ucar.edu/software/netcdf/
```

NetCDF 的并行版本 PnetCDF 是由西北大学和阿贡国家实验室独立于 Unidata 开发的。要了解更多关于 PnetCDF 的信息，可访问 GitHub 文档站点：

西北大学和阿贡国家实验室，https://parallel-netcdf.github.io。

ADIOS 是由橡树岭国家实验室(ORNL)领导的团队维护的先进并行文件操作库之一。要了解更多信息，请查看以下网站文档：

橡树岭国家实验室，https://adios2.readthedocs.io/en/latest/index.html。

关于文件系统性能调优的相关材料包括：

- Philippe Wautelet, "Best practices for parallel IO and MPI-IO hints" (CRNS/IDRIS, 2015), http://www.idris.fr/media/docs/docu/idris/idris_patc_hints_proj.pdf。
- George Markomanolis, *ORNL Spectrum Scale* (GPFS)，https://www.olcf.ornl.gov/wp-content/uploads/2018/12/spectrum_scale_summit_workshop.pdf。

16.7.2 练习

1. 使用 16.6.1 节中描述的技术检查系统上可用的提示有哪些。

2. 在你的系统上使用更大的数据集尝试 MPI-IO 和 HDF5 示例，看看可以实现怎样的性能。并将其与 IOR micro benchmark 进行比较。

3. 使用 h5ls 和 h5dump 实用程序探索由 HDF5 示例创建的 HDF5 数据文件。

16.8 本章小结

- 使用恰当的方法来处理并行应用程序的标准文件操作。本章介绍的简单技术(其中所有 I/O 均从第一个处理器执行)对于一般的并行应用程序已足够。
- MPI-IO 的使用是并行文件操作的重要组成部分。MPI-IO 可以极大地提高文件的读写速度。
- 使用自描述并行 HDF5 软件有很多优势。HDF5 格式可以改善应用程序管理数据的方式，同时可以加快文件操作速度。
- 可以通过某些方法查询和设置并行文件软件和文件系统的提示。这可以提高特定系统上的文件读写性能。

第 17 章

用于编写优质代码的工具和资源

本章涵盖以下内容：

- 使用现有开发环境的潜在工具
- 指导应用程序开发的各种资源
- 用于大型计算站点的常用工具

为什么使用一整章的篇幅介绍工具和资源？虽然我们已经在前几章中提到了某些工具和资源，但本章进一步讨论高性能计算程序员可以使用的各种工具和替代方法。从版本控制系统到调试，无论是商业的还是开源的，对于支持并行应用程序开发的快速迭代都是必不可少的。尽管如此，这些工具并不是强制使用的。理解并将其应用到你的工作流程中通常会产生巨大收益。

工具是高性能计算开发过程中的重要组成部分。并非所有工具都适用于所有系统。因此，提供替代方案是很重要的。在前几章中，我们希望将重点放在使用过程上，而不是纠缠于如何使用每一个工具所有功能的具体细节。我们倾向于为每种需求提供最简单、最可靠的工具。我们还更倾向于命令行和基于文本的工具，而不是花哨的图形界面工具，因为在慢速网络上使用图形界面往往会遇到很大困难，甚至完全不可使用。即便使用图形化工具，我们也倾向于使用由供应商或系统所提供的工具，但这些工具也经常发生变化。尽管这些工具有这样那样的缺点，但我们还是在本章中介绍了许多供应商提供的工具，因为它们可以极大地提升高性能计算应用程序的代码开发效率和质量。

像各种各样的 benchmark 应用程序这样的资源是非常有价值的，因为应用程序不是只有一种风格。对于这些专门的应用程序领域，我们需要更合适的 benchmark 和迷你应用程序(mini-apps)，用来探索算法开发的最佳方法和每个架构的正确编程模式。建议你充分利用这些资源，并从中学习，而不是重头编写新的应用程序。对于大多数工具，我们给出了简短的安装说明，以及在哪里可以找到相关文档。我们还在 https://github.com/EssentialsofParallelComputing/Chapter17 提供了本章的配套代码。

在本章的介绍中，我们尽可能不针对某一硬件供应商的工具进行介绍，而是更注重工具的通用性和可移植性。虽然在本章中，我们会为大家介绍许多工具，但不可能详细介绍所有工具的所有功能。另外，这些用于高性能计算的工具更新速度远远超过高性能计算生态系统中的其他部分。历史表明，这些工具的变化往往是非常快速且不可捉摸的，甚至它们的所有权变化比它们的文档变化都快。

作为快速参考，表 17-1 对本章中涉及的工具进行了总结。这些工具显示在相应的类别中，用来帮助你找到满足需求的最佳工具。本章中介绍了多种工具，因为可能只有一种工具可在特定的硬件或操作系统上正常工作，或者可能具有某种专门的功能来满足你的需求。如表 17-1 所示，我们选择在本章接下来的内容中介绍那些更简单、更实用的工具的更多细节。

表 17-1 本章所涵盖工具的概要

17.1 节介绍版本控制系统	17.1.1 节介绍分布式版本控制	Git Mercurial
	17.1.2 节介绍集中式版本控制	Subversion CVS
17.2 节介绍计时器例程	clock_gettime (使用 CLOCK_MONOTONIC 类型) clock_gettime (使用 CLOCK_REALTIME 类型) gettimeofday getrusage host_get_clock_service (用于 macOS C++高分辨率时钟)	
17.3 节介绍分析器	17.3.1 节介绍简单的基于文本的分析器	likwid gprof gperftools timemory Open|SpeedShop
	17.3.2 节介绍高级分析器	Cachegrind Arm MAP
	17.3.3 节介绍中级分析器	Intel Advisor Intel Vtune CrayPat AMD μProf NVIDIA Visual Profiler CodeXL
	17.3.4 节介绍详细分析器	HPCToolkit Open|SpeedShop TAU
17.5 节介绍内存错误检查工具	免费软件	17.5.1 valgrind 17.5.2 Dr. Memory
	17.5.3 节介绍商业软件	Purify Insure++ Intel Inspector TotalView memory checker

(续表)

17.5 节介绍内存错误检查工具	17.5.4 节介绍基于编译器的工具	MemorySanitizer (LLVM) AddressSanitizer (LLVM) ThreadSanitizer (LLVM) mtrace (GCC)
	17.5.5 节介绍越界检查器	dmalloc Electric Fence Memwatch
	17.5.6 节介绍 GPU 内存工具	CUDA-MEMCHECK
17.6 节介绍线程检查器	17.6.1 Intel Inspector 17.6.2 Archer	
17.7 节介绍调试器	商业软件	17.7.1 TotalView 17.7.2 ARM DDT
	17.7.3 节介绍 Linux 调试器	GDB cgdb DDD
	17.7.4 节介绍 GPU 调试器	CUDA-GDB ROCgdb
17.8 节介绍文件操作分析器	Darshan	
17.9 节介绍包管理器	17.9.1 节介绍 macOS	Homebrew MacPorts
	17.9.2 节介绍 Windows 包管理器	WSL
17.10 节介绍模块	17.10.1 节介绍 Modules 17.10.2 节介绍 Lmod	

17.1　版本控制系统：一切从这里开始

软件的版本控制是软件工程实践中最基本的内容之一，在开发并行应用程序时非常重要。我们在 2.1.1 节讨论了版本控制在并行应用程序开发中的作用。在这里，我们将更详细地介绍各种版本控制系统及其特点。版本控制系统可以分为两大类，分布式和集中式，如图 17-1 所示。

在集中式版本控制系统中，只有一个中央存储库。任何对存储库执行的操作，都需要连接到存储库站点来完成。在分布式版本控制系统中，各种命令(例如 clone)可以创建存储库的副本(远程)版本和源文件的 checkout。你可以在运行时将更改提交到存储库的本地版本，再将更改推入或合并到主存储库中。这也是为什么近年来分布式版本控制系统越来越受欢迎的原因。但需要注意的是，它们也带有另一层复杂性。

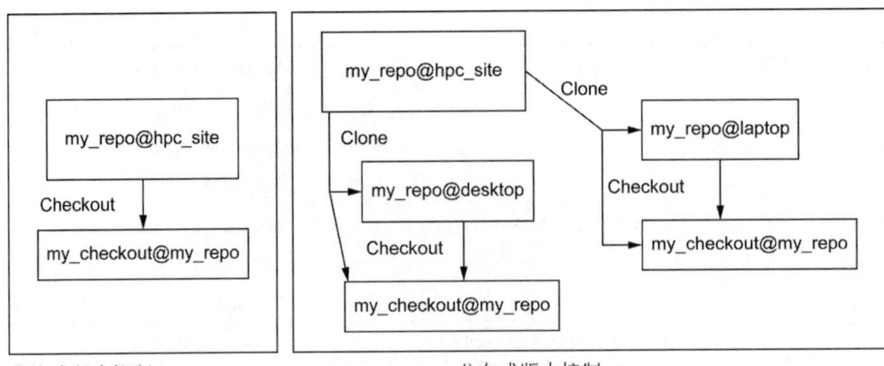

图 17-1 选择版本控制类型取决于你的工作模式。集中式版本控制适用于所有人都能访问单一服务器的情况。分布式版本控制在笔记本电脑和台式机上提供了存储库的完整副本，并允许你在全球范围内移动使用

17.1.1 分布式版本控制更适合全局协作

许多程序开发团队分散在全球各地，或者一直在移动办公。对他们来说，分布式版本控制系统是最有意义的。两种最常见的免费分布式版本控制系统是 Git 和 Mercurial。还有其他几个小型分布式版本控制系统。所有这些实现都支持各种开发工作流。

尽管这些工具很容易掌握，但要完全理解并正确使用它们也需要付出一些努力。每种工具都足以用一本书的篇幅来详细介绍。幸运的是，有许多网络教程和书籍介绍了它们的使用方法。可以将 Git SCM 站点 https://git-scm.com 作为学习 Git 的起点。

Mercurial 比 Git 简单一点，设计也更简洁。此外，Mercurial 网站有很多教程可以帮助你快速入门。

- https://www.mercurial-scm.org/wiki/Mercurial。
- Bryan O'Sullivan, *Mercurial: The Definitive Guide*(O'Reilly Media, 2009), http://hgbook.red-bean.com。

还有一些商业分布式版本控制系统，比如著名的 Perforce 和 ClearCase。使用这些产品，你可以获得更多技术支持，这对你的开发团队可能很重要。

17.1.2 通过集中版本控制来简化操作并提高代码安全

虽然在软件配置管理的漫长历史中已经开发了许多集中式版本控制系统，但目前最常用的两种是 CVS(Concurrent Versions System)和 SVN(Subversion)。随着人们的兴趣转向分布式版本控制，这两个版本似乎有些过时。但是，如果以恰当的方式将它们用于集中式存储库，这些方法既有效又简单。

集中式版本控制还为专有代码提供了更好的安全性，因为只需要在一个地方保护存储库即可。由于这个原因，集中式版本控制在企业环境中仍然很流行，在企业环境中限制对源代码历史的访问是至关重要的。CVS 有一个简单的分支操作，效果很好。CVS 网站上有文档和一本被广泛使用的书籍：

- CVS (Free Software Foundation, Inc., 1998)，网址为 https://www.nongnu.org/cvs/。
- Per Cederqvist, *Version Management with CVS* (Network Theory Ltd, December, 2002)，可在各种网站在线阅读，也可以购买实体书籍。

Subversion 是作为 CVS 的替代品而开发的。虽然在很多方面都是对 CVS 的改进，但分支功能比 CVS 弱一些。下面是一本关于 Subversion 的优秀书籍，它还在不断改进中：

BenCollins-Sussman, BrianW.Fitzpatrick, C.MichaelPilato, *Version Control with Subversion* (Apache Software Foundation, 2002)，网址 http://svnbook.red-bean.com。

17.2　用于跟踪代码性能的计时器例程

在应用程序中放入内部计时器，从而跟踪应用程序的性能是很有帮助的。我们在代码清单 17-1 和代码清单 17-2 中展示了一个具有代表性的计时例程，可在 C、C++以及带有 Fortran 包装器例程的 Fortran 中使用。这个例程通过带有 CLOCK_MONOTONIC 类型的 clock_gettime 例程来避免时钟的时间调整问题。

代码清单 17-1　计时器头文件

```
timer.h
#ifndef TIMER_H
#define TIMER_H
#include <time.h>

void cpu_timer_start1(struct timespec *tstart_cpu);
double cpu_timer_stop1(struct timespec tstart_cpu);
#endif
```

代码清单 17-2　计时器源文件

```
timer.c
#include <time.h>
#include "timer.h"

void cpu_timer_start1(struct timespec *tstart_cpu)
{
   clock_gettime(CLOCK_MONOTONIC, tstart_cpu);
}
double cpu_timer_stop1(struct timespec tstart_cpu)
{
   struct timespec tstop_cpu, tresult;
   clock_gettime(CLOCK_MONOTONIC, &tstop_cpu);
   tresult.tv_sec = tstop_cpu.tv_sec - tstart_cpu.tv_sec;
   tresult.tv_nsec = tstop_cpu.tv_nsec - tstart_cpu.tv_nsec;
   double result = (double)tresult.tv_sec +
                   (double)tresult.tv_nsec*1.0e-9;

   return(result);
}
```

调用 clock_gettime 请求单调时钟

如果需要替代例程，还可以使用其他计时器来实现。可移植性是需要其他实现的原因之一。从 Sierra 10.12 开始，macOS 就支持 clock_gettime 例程，这有助于解决一些可移植性问题。

替代计时器实现

如果你使用 2011 标准的 C++，你可以使用高分辨率时钟 std::chrono::high_resolution_clock。在这里，我们展示了可用于跨 C、C++和 Fortran 的可移植性的替代计时器列表。

- 具有 CLOCK_MONOTONIC 类型的 clock_gettime。
- 具有 CLOCK_REALTIME 类型的 clock_gettime。
- gettimeofday。
- getrusage。
- 用于 macOS 的 host_get_clock_service。
- clock std:chrono_high_resolution_clock (C++高分辨率，C++2011 标准)。

示例：试验计时器

使用 https://github.com/EssentialsofParallelComputing/Chapter17 计时器目录中的代码。在该目录中，运行以下命令:

```
mkdir build && cd build
cmake ..
make
./runit.sh
```

这个示例构建了多种计时器的实现，并运行它们。如果默认版本在你的系统上不起作用或表现不佳，此示例则提供了一些替代思路。

clock_gettime 函数有两个版本。尽管 CLOCK_MONOTONIC 是首选，但不是可移植操作系统接口(POSIX)的必需类型，POSIX 是跨操作系统的可移植性标准。在本章随附示例的 timers 目录中，我们包含一个具有 CLOCK_REALTIME 计时器类型的版本。gettimeofday 和 getrusage 函数都具有广泛的可移植性，并且可能适用于 clock_gettime 不支持的系统。

17.3　分析器：不去衡量就无法提升

分析器是程序员常用的一种工具，用于测量应用程序某些方面的性能。我们在前面的 2.2 节和 3.3 节中介绍了如何分析，将其作为应用程序开发过程的关键部分，并介绍了两个简单的分析工具。在本节中，我们将介绍一些可用于应用程序开发的分析工具，并介绍如何使用简单的分析工具。在下列情况下，分析器是开发并行应用程序的重要工具：

- 你希望处理对提高应用程序性能影响最大的一段代码。这部分代码通常被称为瓶颈。
- 你想要测量不同架构上的性能改进。毕竟，在高性能计算应用程序中，我们始终关注的都是性能问题。

分析器多种多样。我们将针对它们的通用特征进行讨论。工具的选择往往对分析的结果起着至关重要的作用，当你只想找到最大的瓶颈时，不建议使用重量级分析工具。选择错误的工具会让你陷入信息雪崩中，让你在数小时甚至数天的时间里挖掘有用信息。当你真正需要深入应用程序的底层细节时，才需要使用重量级工具。我们建议从简单的分析器开始，然后在需要的时候逐步发展到更详细的分析器。分析工具类别遵循从简单到复杂的层次结构，对表 17-2 中的分析工具提供了使用体会。

表 17-2　分析工具的类别(从简单到复杂)

简单的基于文本的分析器	返回基于文本的性能摘要
高级分析器	自上而下的分析器，通常在图形用户界面中突出显示需要改进的例程
中级分析器	该分析器可以提供适当数量的性能数据
详细分析器	提供海量性能分析数据

提供过于详细分析结果的分析器，也许并不是你想要的。在工作中，我们发现基于文本的分析器和高级分析器更适合我们的分析工作，它们使用简单，运行快速，可用于快速找到性能瓶颈，为提升应用程序的性能提供帮助。

17.3.1　日常使用的基于文本的分析器

简单的基于文本的分析器包括 likwid、gprof、gperftools、memory 和 Open|SpeedShop，这些分析器可以很容易地整合到你的日常应用程序开发工作流中。并提供对性能的快速洞察。

likwid (Like I Knew What I 'm Doing)工具套件在 3.3.1 节首次介绍，在第 4 章、第 6 章和第 9 章也使用过。由于它使用简单，所以被广泛使用。

likwid 性能工具的网址为 https://hpc.fau.de/research/tools/likwid/。

多年来，古老的 gprof 工具一直是在 Linux 环境中分析应用程序的中流砥柱。我们在 13.4.2 节中使用它来快速了解我们的应用程序。gprof 使用抽样方法来找出应用程序中耗时较多的地方。它是一个命令行工具，通过在编译和链接应用程序时添加-pg 来启用。然后，当你的应用程序运行时，它会在完成时生成一个名为 gmon.out 的文件，然后将性能数据显示为文本输出。gprof 随大多数 Linux 系统一起提供，并作为 GCC 和 Clang/LLVM 编译器的一部分。gprof 相对老旧，但易于获得且易于使用。gprof 文档相当简单，可在以下站点获得：https://sourceware.org/binutils/docs/gprof/index.html。

gperftools 套件(最初为 Google Performance Tools)是一种较新的分析工具，其功能类似于 gprof。该工具套件还附带 TCMalloc，这是一种用于使用线程应用程序的快速 malloc。它还引入了内存泄漏检测器和堆分析器。

Gperftools CPU profiler 网址为 https://gperftools.github.io/gperftools/cpuprofile.html。

来自国家能源研究科学计算中心(NERSC)的 timemory 工具是一个建立在许多其他性能测量接口之上的简单工具。在这个套件中，最简单的 timem 是 Linux time 命令的替代品，它还可以输出额外的信息，比如使用的内存和读写的字节数。值得注意的是，它可以选择自动生成 roofline 图。该工具在其网站上提供了大量使用信息，网址为 https://timemory.readthedocs.io。

Open | SpeedShop 提供命令行选项和 Python 界面选项，它也许是上述简单工具的替代品。它提供强大的分析功能，我们将在 17.3.4 节中详细讨论。

17.3.2 用于快速识别瓶颈的高级分析器

高级工具是快速概览应用程序性能的最佳选择。这些工具专注于识别代码中成本过高的部分，通过图形方式将性能问题显示出来。与简单的分析器不同，你必须退出工作流程，并启动图形应用程序才能使用这些高级分析器。

我们在 3.3.1 节首先谈到了 Cachegrind。Cachegrind 专门向你展示代码中的高成本部分，使你能够专注于解决性能问题。它提供一个简单的图形用户界面，易于理解。

Cachegrind 网址为 https://valgrind.org/docs /manual/cg-manual.html。

另一个优秀的高级分析器是 Arm MAP 分析器，以前称为 Allini a Map 或 Forge Map。MAP 是一种商业工具，其母公司已更改过几次。它使用图形用户界面，提供 KCachegrind 更多的细节，但仍专注于最显著的性能问题。MAP 工具有一个配套工具，即 DDT 调试器，它包含在 Arm Forge 高性能计算工具套件中。ARM 网站上提供大量文档、教程、网络研讨会和用户指南：

Arm MAP (Arm Forge)的网址为 http://mng.bz/n2x2。

17.3.3 使用中级分析器来指导应用程序开发

在尝试微调优化时，通常会使用中级分析器。许多设计用于指导应用程序开发的图形用户界面工具都属于这一类。其中包括 Intel Advisor、VTune、CrayPat、AMD μProf、NVIDIA Visual Profiler 和 CodeXL(以前是 Radeon 工具，现在是 GPUOpen 计划的一部分)。我们从针对 CPU 的流行工具开始介绍，然后介绍针对 GPU 的专门工具。

Intel Advisor 旨在指导向量化与 Intel 编译器的使用。它显示了哪些循环已经被向量化，并建议哪些循环应该使用向量化技术。虽然它对于向量化代码特别有用，但也适用于一般分析。Advisor 是一种专有工具，最近已免费提供给许多用户。你可以使用 Ubuntu 包管理器安装 Intel Advisor。首先需要添加 Intel 包，然后使用 apt-get 安装 OneAPI 版本。

```
wget -q https://apt.repos.intel.com/intel-gpg-keys/GPG-PUB-KEY-INTEL-SWPRODUCTS-
            2023.PUB
apt-key add GPG-PUB-KEY-INTEL-SW-PRODUCTS-2023.PUB
rm -f GPG-PUB-KEY-INTEL-SW-PRODUCTS-2023.PUB
echo "deb https:/ /apt.repos.intel.com/oneapi all main" >>
   /etc/apt/sources.list.d/oneAPI.list
echo "deb [trusted=yes arch=amd64]
      https:/ /repositories.intel.com/graphics/ubuntu bionic
     main" >> /etc/apt/sources.list.d/intel-graphics.list
apt-get update
apt-get install intel-oneapi-advisor
```

有关从其软件包存储库安装 Intel OneAPI 软件的完整说明，请访问 http://mng.bz/veO4。

Intel VTune 是一种通用优化工具，可帮助识别瓶颈和潜在的改进。它也是另一种免费提供的专有工具。可以使用 OneAPI 套件中的 apt-get 来安装 VTune。

```
wget -q https:/ /apt.repos.intel.com/intel-gpg-keys/GPG-PUB-KEY-INTEL-SWPRODUCTS-
      2023.PUB
apt-key add GPG-PUB-KEY-INTEL-SW-PRODUCTS-2023.PUB
```

```
rm -f GPG-PUB-KEY-INTEL-SW-PRODUCTS-2023.PUB
echo "deb https:/ /apt.repos.intel.com/oneapi all main" >>
   /etc/apt/sources.list.d/oneAPI.list
echo "deb [trusted=yes arch=amd64]
     https:/ /repositories.intel.com/graphics/ubuntu bionic
   main" >> /etc/apt/sources.list.d/intel-graphics.list
apt-get update
apt-get install intel-oneapi-vtune
```

CrayPat 工具是一种专有工具，仅在 Cray 操作系统上可用。它是一个优秀的命令行工具，可以提供关于循环和线程优化的简单反馈。如果你正在使用运行 Cray 操作系统的高性能计算站点，那么这个工具可能值得研究一下。但遗憾的是，它并不适用于其他环境。

AMD 的μProf 是 AMD 为其 CPU 和 APU 提供的分析工具。加速处理单元 APU(Accelerated Processing Unit)是 AMD 对集成 GPU 的 CPU 术语，首次引入是在 AMD 收购 Radeon GPU 的制造商 ATI 时。集成单元比典型的集成 GPU 耦合更紧密，是 AMD 异构系统架构概念的一部分。你可以在 Ubuntu 或 Red Hat Enterprise Linux 上使用软件包安装程序来安装 AMD 的μProf 工具。下载需要手动接受 EULA。要安装 AMD 的μProf，请遵循以下步骤：

1. 访问 https://developer.amd.com/amd-uprof/。
2. 向下滚动到页面的底部并选择适当的文件。
3. 接受 EULA 以使用包管理器启动下载。

```
Ubuntu: dpkg --install amduprof_x.y-z_amd64.deb
RHEL: yum install amduprof-x.y-z.x86_64.rpm
```

更多关于安装的细节可以在 AMD 开发者网站的用户指南中找到，网址为：https://developer.amd.com/wordpress/media/2013/12/User_Guide.pdf。

NVIDIA Visual Profiler 是 CUDA 软件套件的一部分，它被整合到 NVIDIA Nsight 工具套件中。我们在 13.4.3 节中介绍了这个工具。NVIDIA 工具可以通过以下命令安装到 Ubuntu Linux 发行版上：

```
wget -q https:/ /developer.download.nvidia.com/
  compute/cuda/repos/ubuntu1804/x86_64/cuda-repo-ubuntu1804_10.2.89-
    1_amd64.deb
dpkg -i cuda-repo-ubuntu1804_10.2.89-1_amd64.deb
apt-key adv --fetch-keys https:/ /developer.download.nvidia.com/
  compute/cuda/repos/ubuntu1804/x86_64/7fa2af80.pub
apt-get update
apt-get install cuda-nvprof-10-2 cuda-nsight-systems-10-2 cuda-nsightcompute-
      10-2
```

CodeXL 是 GPUOpen 代码开发工作台，支持 Radeon GPU，这是 AMD 启动的 GPUOpen 开源计划的一部分。CodeXL 工具结合了调试器和分析器功能。因为将 CPU 的性能分析转移到 AMD 的μProf 工具，这样 CodeXL 工具就可以转换到开源状态。按照如下说明在 Ubuntu 或 RedHat Linux 发行版上安装 CodeXL。

```
wget https://github.com/GPUOpen-Archive/
        CodeXL/releases/download/v2.6/codexl-2.6-302.x86_64.rpm
RHEL or CentOS: rpm -Uvh --nodeps codexl-2.6-302.x86-64.rpm
Ubuntu: apt-get install rpm
```

```
rpm -Uvh --nodeps codexl-2.6-302.x86-64.rpm
```

17.3.4　通过详细分析器了解硬件性能的细节信息

有几种工具可以生成详细的应用程序概要分析。如果你需要从应用程序中获取所有性能，那么你应该至少学习使用一种工具。使用这些工具的挑战在于，它们会产生大量的信息，理解和使用这些结果可能会非常耗时。你还需要具备一些硬件架构的专业知识，这样才能真正理解配置数据。在你从简单的分析工具中得到所希望获取的信息后，应该使用这类工具对信息进行再次加工。我们在本节中介绍 HPCToolkit、Open|SpeedShop 和 TAU 等详细分析器。

HPCToolkit 是一个功能强大、详细的分析器，由 Rice 大学作为一个开源项目开发。HPCToolkit 使用硬件性能计数器来衡量性能，并使用图形用户界面来显示数据。最新高性能计算系统的超大规模开发是由美国能源部(DOE)百亿亿次级计算项目赞助的。它的 hpcviewer GUI 从代码的角度显示性能数据，而 hpctraceviewer 可以显示代码执行的时间跟踪。更多信息和详细的用户指南可在 HPCToolkit 网站上获得。可以使用 Spack install HPCToolkit 命令，利用 Spack 包管理器进行安装。

要获取 HPCToolkit 信息，可以访问 http://hpctoolkit.org

Open | SpeedShop 是另一个可以生成详细程序配置文件的分析器。它既有图形用户界面，也有命令行界面。由于美国能源部的资助，Open | SpeedShop 工具可以在所有最新的高性能计算系统上运行。它支持 MPI、OpenMP 以及 CUDA。Open | Speedshop 是开源的，可以免费下载。在他们的网站上，提供详细的用户指南和教程。可以通过 spack install openspeedshop 利用 Spack 包管理器进行安装。

Open | Speedshop 网址为 https://openspeedshop.org

TAU 是主要由俄勒冈大学开发的分析工具。这个免费工具是一个易于使用的图形用户界面。TAU 被广泛用于大型高性能计算应用和系统。在该工具的网站上提供大量关于如何使用 TAU 的文档。TAU 可以通过 spack install tau 命令，利用 spack 包管理器进行安装。

性能研究实验室(俄勒冈大学)的网址为 http://www.cs.uoregon.edu/research/tau/home.php。

17.4　benchmark 和 mini-apps：了解系统性能的窗口

我们在第 3 章中提到了 benchmark 和迷你应用程序在评估应用程序性能方面的价值。benchmark 更适合衡量系统的性能，而 mini-apps 更侧重于应用领域以及如何更好地实现各种架构的算法，但有时它们之间的区别可能会变得模糊。

17.4.1　使用 benchmark 测量系统性能特征

下面是一个 benchmark 列表，通过这些 benchmark 可以发掘潜在的系统性能。我们在性能研究中广泛使用了 STREAM benchmark，但也许有更适合你应用程序的 benchmark。例如，如果应用程序从分散的内存位置加载单个数据值，那么 Random benchmark 将是最合适的。

- Linpack(http://www.netlib.org/benchmark/hpl/)，用于 500 强高性能计算机列表。

- STREAM(https://www.cs.virginia.edu/stream/ref.html)，用于内存带宽的 benchmark。也可以通过 https://github.com/jeffhammond/STREAM.git 获取 Git 版本。
- Random(http://icl.cs.utk.edu/projectsfiles/hpcc/RandomAccess/)，随机内存访问性能的 benchmark。
- NAS Parallel benchmarks(http://www.nas.nasa.gov/publications/npb.html)，NASA 的 benchmarks，首次发布于 1991 年，包括一些在研究中使用最频繁的 benchmark。
- HPCG(http://www.hpcg-benchmark.org/software/)，开发了新的共轭梯度 benchmark 作为 Linpack 的替代方案。HPCG 为当前的算法和计算机提供了一个更现实的性能 benchmark。
- HPC Challenge benchmark(HPC Challenge benchmark)，这是一个复合的 benchmark。
- Parallel Research kernels(https://github.com/ParRes/kernels)，来自典型科学仿真代码的各种小型 kernel 和多个并行实现。

17.4.2　通过 mini-apps 提供应用程序的视角

应用程序不得不对新的架构进行许多调整。通过使用 mini-apps，你可以突出显示目标系统上简单应用程序类型的性能。本节列出了美国能源部(DOE)实验室开发的 mini-apps，这可以作为应用程序的有价值的参考实现。

美国能源部实验室的任务是开发百亿亿次级计算机，这将提供高性能计算的领先优势。该实验室为硬件设计人员和应用程序开发人员创建了 mini-apps 和代理应用程序，用来试验如何最大限度地利用这些百亿亿次级系统。这些 mini-apps 可以用于不同的测试目的。有些反映了大型应用程序的性能，而另一些则用于算法探索。首先，让我们定义几个术语来帮助我们对 mini-apps 进行分类。

- 代理迷你应用程序(Proxy mini-app)：这是大型应用程序的摘录或迷你形式，用于捕获其性能特征。代理对于协同设计过程中的硬件供应商非常有用，是他们可以在硬件设计过程中使用的较小应用程序。
- 研究迷你应用程序(Research mini-app)：计算方法的一种更简单的形式，对研究人员探索改进性能和新架构的替代算法及方法非常有用。

mini-apps 的分类并不完美。每个 mini-apps 的作者都有自己的创作理由，这些理由往往不能很好地进行归类。

百亿亿次级项目代理应用程序：样本应用程序介绍

美国能源部已经开发了一些示例应用程序，用于 benchmark 系统、性能实验和算法开发。其中许多都是由美国能源部百亿亿次级计算项目在 https://proxyapps.exascaleproject.org/上组织的。

- AMG：代数多网格示例
- ExaminiMD：粒子和分子动力学代码的代理应用程序
- Laghos：非结构可压缩激波流体动力学
- MACSio：可扩展 I/O 测试
- miniAMR：基于块的自适应网格细化 mini-app
- miniQMC：量子蒙特卡洛 mini-app
- NEKbone：使用谱元素的不可压缩 Navier-Stokes 求解器

- PICSARlite：细胞内电磁粒子
- SW4lite：3D 地震建模 kernel
- SWFFT：快速傅立叶变换
- Thornado-mini：有限元，基于矩的辐射传输
- XSBench：蒙特卡罗中子应用程序的 kernel

百亿亿次级项目代理应用程序是从国家实验室开发的许多代理应用程序中挑选出来的。在接下来的章节中，我们列出了由各个国家实验室为科学应用开发的其他代理和 mini-app，这些应用程序对他们实验室的研究任务十分重要。作为国家协同设计战略的一部分，这些应用程序向公众和硬件开发人员开放。在协同设计过程中，硬件开发人员和应用程序开发人员在反馈循环中紧密合作，并对百亿亿级系统的特性进行迭代测试。

通常，这些 mini-apps 所反映的应用程序往往是专有的，因此不能在相应的实验室之外共享。随着这些 mini-apps 的发布，我们意识到当前的应用程序比以前的简单 kernel 更复杂，并且以不同的方式对硬件施加压力。

劳伦斯利弗莫尔国家实验室代理

劳伦斯利弗莫尔国家实验室一直是代理开发的主要支持者之一。他们的 LULESH 代理是供应商和学术研究人员研究最多的代理之一。劳伦斯利弗莫尔国家实验室的代理如下。

- LULESH：非结构化网格表示上的显式拉格朗日激波流体动力学。
- Kripke：Sweep-based 确定性传输。
- Quicksilver：蒙特卡罗粒子传输。

有关劳伦斯利弗莫尔国家实验室代理的更多详细信息，请参阅其网站 https://computing.llnl.gov/projects/co-design/proxy-apps。

洛斯阿拉莫斯国家实验室代理应用程序

洛斯阿拉莫斯国家实验室也有许多有趣的代理应用程序。下面列出比较受欢迎的一些代理应用程序。

- CLAMR：Cell-based 的自适应网格细化 mini-app。
- NuT：中微子传输的蒙特卡洛代理。
- Pennant：非结构化网格流体动力学 mini-app。
- SNAP：SN(离散坐标)应用代理。

有关洛斯阿拉莫斯国家实验室代理的更多详细信息，请访问其网站 https://www.lanl.gov/projects/codesign/proxy-apps/lanl/index.php。

桑迪亚国家实验室 MANTEVO 迷你应用程序套件

桑迪亚国家实验室(Sandia National Laboratories)推出了一个名为 Mantevo 的品牌迷你应用程序套件，其中包括他们的迷你应用程序和来自英国原子武器机构(AWE)等其他组织的一些应用程序。以下是他们的迷你应用列表：

- CloverLeaf：笛卡儿网格可压缩流体水力学代码 mini-app。
- CoMD：分子动力学 mini-app。
- EpetrabenchmarkTest：密集型数学求解器 kernel。

- miniAero：非结构化可压缩 Navier-Stokes。
- miniFE：非结构化隐式有限元代码的代理应用。
- miniGhost：Ghost cell 更新的代理应用程序。
- miniSMAC2D：Body-fitted 不可压缩 Navier-Stokes 求解器。
- miniXyce：电路仿真 mini-app。
- TeaLeaf：非结构化隐式有限元代码的代理应用。

有关 Mantevo mini-app 套件的更多信息，请访问 https://mantevo.github.io。

17.5　为健壮的应用程序检测及修复内存错误

对于健壮的应用程序，你需要通过工具来检测和报告内存错误。在本节中，我们将讨论许多检测和报告内存错误的工具，并介绍它们的功能和优缺点。应用程序中发生的内存错误可以分为以下几类。

- 越界错误：试图访问超出数组边界的内存。通过 Fence-post 检查器和一些编译器可以捕获这些错误。
- 内存泄漏：对于分配的内存从来不进行释放。Malloc 替换工具擅长捕捉和报告内存泄漏。
- 未初始化的内存：内存在再次使用之前没有进行初始化，因此该内存中可能依旧保留上次设定的内存值，这会导致应用程序读取了错误的数据，这种错误很难发现，因此专门设计用来捕捉这些错误的工具是必不可少的。

只有少数工具可以处理所有这些类型的内存错误。大多数工具在某种程度上处理前两类。未初始化内存检查是一种重要的检查，只有少数工具支持它。我们将首先介绍这些工具。

17.5.1　valgrind Memcheck：备用开源方案

valgrind 使用其默认的 Memcheck 工具来检查未初始化的内存。为此，我们在 2.1.3 节中首先介绍了 valgrind。valgrind 是一个很好的选择，因为它是开源且免费提供的，而且它是检测所有三类内存错误的最佳工具之一。

最好将 valgrind 与 GCC 编译器一起使用。GCC 团队将其用于他们的开发，并因此清理了他们生成的代码，以便他们的串行应用程序不再需要用于防止误报的抑制文件。对于并行应用程序，还可以使用 OpenMPI 包提供的抑制文件来抑制由 valgrind 检测到的误报。例如：

```
mpirun -n 4 valgrind \
--suppressions=$MPI_DIR/share/openmpi/openmpi-valgrind.supp <my_app>
```

valgrind 只有几个命令行选项，关于如何在报告中使用这些选项，可以访问 valgrind 网站(https://valgrind.org)。

17.5.2　使用 Dr. Memory 诊断内存问题

这个工具的名字就是 Dr. Memory，与 valgrind 相似。但是它是最近才出现的，并且处理速度更快。和 valgrind 一样，Dr. Memory 可以检测程序中的内存错误和问题。它是一个开源项目，并可在各种芯片架构和操作系统中免费使用。

在这个运行时工具套件中，除了 Dr. Memory，还有许多其他工具。因为 Dr. Memory 是一个相对简单的工具，我们将通过一个例子快速地展示它的用法。首先需要对 Dr. Memory 进行设置。

示例：使用 Dr. Memory 检测内存错误

来到 https://github.com/DynamoRIO/drmemory/wiki/Downloads 下载最新用于 Linux 操作系统的 Dr. Memory，然后使用如下命令进行解压：

```
tar -xzvf DrMemory-Linux-2.3.0-1.tar.gz
```

然后将它添加到 PATH 环境变量中：

```
export PATH=${HOME}/DrMemory-Linux-2.3.0-1/bin64:$PATH
```

我们将在 https://github.com/EssentialsofParallelComputing/Chapter17 的示例中使用 Dr. Memory。下面代码清单是第 4 章代码清单 4.1 中的代码副本。通过这个代码片段用来检查语法是否可以正确编译。

代码清单 17-3 DrMemory 测试示例

```
DrMemory/memoryexample.c
#include <stdlib.h>

int main(int argc, char *argv[])
{
   int j, imax, jmax;

   // first allocate a column of pointers of type pointer to double
   double **x = (double **)
      malloc(jmax * sizeof(double *));

   // now allocate each row of data
   for (j=0; j<jmax; j++){
      x[j] = (double *)malloc(imax * sizeof(double));
   }
}
```

变量 jmax 在内存未初始化的情况下被读取

变量 x 的内存泄漏

运行这个例子只需要几个命令。可以从本章的补充示例中检索代码并编译它：

```
git clone --recursive \
https://github.com/EssentialsofParallelComputing/Chapter17
cd DrMemory
make
```

现在通过执行 drmemory 命令来运行这个示例，需要在 drmemory 后面使用两个减号，再加上可执行文件的名称，例如 drmemory -- memoryexample。图 17-2 显示了 Dr. Memory 生成的报告。

```
~~Dr.M~~ Dr. Memory version 2.3.0
~~Dr.M~~
~~Dr.M~~ Error #1: UNINITIALIZED READ: reading register edx
~~Dr.M~~ # 0 main               [Chapter17/DrMemory/memoryexample.c:11]
~~Dr.M~~ Note: @0:00:00.401 in thread 146899
~~Dr.M~~ Note: instruction: cmp  %eax %edx
~~Dr.M~~
~~Dr.M~~ Error #2: LEAK 8 direct bytes 0x0000000000607710-0x0000000000607718 + 33567080 indirect bytes
~~Dr.M~~ # 0 replace_malloc    [/drmemory_package/common/alloc_replace.c:2577]
~~Dr.M~~ # 1 main               [Chapter17/DrMemory/memoryexample.c:8]
~~Dr.M~~
~~Dr.M~~ ERRORS FOUND:
~~Dr.M~~       0 unique,     0 total unaddressable access(es)
~~Dr.M~~       1 unique,     2 total uninitialized access(es)
~~Dr.M~~       0 unique,     0 total invalid heap argument(s)
~~Dr.M~~       0 unique,     0 total warning(s)
~~Dr.M~~       1 unique,     1 total, 33567088 byte(s) of leak(s)
~~Dr.M~~       0 unique,     0 total,      0 byte(s) of possible leak(s)
~~Dr.M~~ ERRORS IGNORED:
~~Dr.M~~      24 unique,    46 total,  14053 byte(s) of still-reachable allocation(s)
~~Dr.M~~          (re-run with "-show_reachable" for details)
~~Dr.M~~ Details:
Chapter17/DrMemory/DrMemory-Linux-2.3.0-1/drmemory/logs/DrMemory-memoryexample.146899.000/results.txt
```


图 17-2　Dr. Memory 的报告显示，第 11 行存在未初始化的读取，第 8 行存在内存分配时的内存泄漏

Dr.Memory 在第 11 行成功标记 jmax 未被初始化。并显示了第 12 行的泄漏情况。为了解决这些问题，我们对 jmax 进行初始化，然后释放每个 x[j]指针和 x 数组，然后再次执行 drmemory --memoryexample。结果如图 17-3 所示。

```
~~Dr.M~~ Dr. Memory version 2.3.0
~~Dr.M~~
~~Dr.M~~ NO ERRORS FOUND:
~~Dr.M~~       0 unique,     0 total unaddressable access(es)
~~Dr.M~~       0 unique,     0 total uninitialized access(es)
~~Dr.M~~       0 unique,     0 total invalid heap argument(s)
~~Dr.M~~       0 unique,     0 total warning(s)
~~Dr.M~~       0 unique,     0 total,      0 byte(s) of leak(s)
~~Dr.M~~       0 unique,     0 total,      0 byte(s) of possible leak(s)
~~Dr.M~~ ERRORS IGNORED:
~~Dr.M~~      24 unique,    46 total,  14053 byte(s) of still-reachable allocation(s)
~~Dr.M~~          (re-run with "-show_reachable" for details)
~~Dr.M~~ Details:
Chapter17/DrMemory/DrMemory-Linux-2.3.0-1/drmemory/logs/DrMemory-memoryexample.147746.000/results.txt
```


图 17-3　该 Dr. Memory 报告显示未初始化的内存错误和内存泄漏已经被修复

在图 17-3 的 Dr.Memory 报告中，我们看到经过修复之后，报告中不再提示错误信息。需要注意，Dr.Memory 不会标记 imax 未初始化。有关适用于 Windows、Linux 和 Mac 的 Dr.Memory 的更多信息，请参阅 https://drmemory.org。

17.5.3　对于要求严苛的应用程序使用商业内存检测工具

Purify 和 Insure++是检测内存错误的商业工具，支持某种形式的未初始化内存检查。TotalView 在其最新版本中提供了内存检查器。如果你的应用程序要求极高，并且需要极高的代码质量，而你也正需要带有技术支持的内存检查工具，那么这两个商业软件会是很好的选择。

17.5.4　使用基于编译器的内存工具来简化操作

许多编译器正在将内存工具集成到产品中。LLVM 编译器有一组包含内存检查器功能的工具，

包括 MemorySanitizer、AddressSanitizer 和 ThreadSanitizer。而 GCC 则带有检测内存泄漏的 mtrace 组件。

17.5.5 通过 Fence-post 检查器来检测越界内存访问

一些工具通过在内存分配之前和之后放置内存块，来检测越界内存访问，并跟踪内存泄漏。这些类型的内存检查器被称为 Fence-post 内存检查器。这些工具使用起来非常简单，通常以软件库的形式提供。此外，这些工具有良好的移植性，方便被添加到常规的回归测试系统中。

在此将详细讨论 dmalloc，以及如何使用 Fence-post 内存检查器。Electric Fence 和 Memwatch 是另外两个提供 Fence-post 内存检查的软件包，它们具有类似的使用模型，但 dmalloc 依旧是最著名的 Fence-post 内存检查程序。它将之前的 malloc 库替换为可提供内存检查的新版本。

示例：设置 dmalloc

通过如下代码，下载并安装 dmalloc：

```
wget https://dmalloc.com/releases/dmalloc-5.5.2.tgz
tar -xzvf dmalloc-5.5.2.tgz
cd dmalloc-5.5.2/
./configure --prefix=${HOME}/dmalloc
make
make install
```

如果想将 dmalloc 添加到可执行路径中，可以使用如下命令，或者在环境变量文件中对 PATH 进行设置：

```
export PATH=${PATH}:${HOME}/dmalloc/bin
```

设置 DMALLOC_OPTIONS 变量。通过反引号执行命令并设置变量。

```
export `dmalloc -l logfile -i 100 low`
```

现在应该在环境中设置 DMALLOC_OPTIONS 变量，如下所示：

```
DMALLOC_OPTIONS=debug=0x4e48503,inter=100,log=logfile
```

需要将这些更改添加到 makefile，从而链接到 dmalloc 库并包含头文件：

```
CFLAGS = -g -std=c99 -I${HOME}/dmalloc/include -DDMALLOC \
        -DDMALLOC_FUNC_CHECK
LDLIBS=-L${HOME}/dmalloc/lib -ldmalloc
```

对于以下代码清单中的源代码，在第 3 行添加了带有 include 指令的 dmalloc 头文件，以便在报告中获得正确的行号。

代码清单 17-4 dmalloc 示例代码

```
Dmalloc/mallocexample.c
 1 #include <stdlib.h>
 2 #ifdef DMALLOC
 3 #include "dmalloc.h"
```

包含 dmalloc 头文件

```
 4 #endif
 5
 6 int main(int argc, char *argv[])
 7 {
 8    int imax=10, jmax=12;
 9
10    // first allocate a block of memory for the row pointers
11    double *x = (double *)malloc(imax*sizeof(double *));
12
13    // now initialize the x array to zero
14    for (int i = 0; i < jmax; i++) {
15       x[i] = 0.0;
16    }
17    free(x);
18    return(0);
19 }
```

在x数组的末尾进行越界写入

我们在第14行和第15行包含了对x数组的越界访问。现在我们可以构建可执行文件并运行它：

```
make
./mallocexample
```

但在终端输出中报告了一个失败：

```
debug-malloc library: dumping program, fatal error
  Error: failed OVER picket-fence magic-number check (err 27)
Abort trap: 6
```

让我们从图17-4所示的日志文件中，获取关于这个问题的更多信息。

```
1595103932: 1: Dmalloc version '5.5.2' from 'http://dmalloc.com/'
1595103932: 1: flags = 0x4e48503, logfile 'logfile'
1595103932: 1: interval = 100, addr = 0, seen # = 0, limit = 0
1595103932: 1: starting time = 1595103932
1595103932: 1: process pid = 22944
1595103932: 1:  error details: checking user pointer
1595103932: 1: pointer '0x10a4eaf88' from 'unknown' prev access 'mallocexample.c:11'
1595103932: 1:  dump of proper fence-top bytes: 'i\336\312\372'
1595103932: 1:  dump of '0x10a4eaf88'+64:
'\000\000\000\000\000\000\000\000\000\000\000\000\000\000\000\000\000\000\000\000'
1595103932: 1: next pointer '0x10a4eb000' (size 0) may have run under from 'unknown'
1595103932: 1: ERROR: _dmalloc_chunk_heap_check: failed OVER picket-fence magic-number check (err
27)
```

内存越界报告

图17-4　dmalloc日志文件的第11行显示了越界内存访问

dmalloc成功地检测到越界访问。你可以在dmalloc的网站(https://dmalloc.com)上找到更多相关信息。

17.5.6　GPU应用程序所使用的内存工具

GPU供应商正在开发内存相关的工具，用来检测在其硬件上运行的应用程序的内存错误。NVIDIA已经发布了相应的工具，其他的GPU厂商也一定会跟进。NVIDIA CUDA-MEMCHECK工具可以提供内存的越界引用检查、数据竞争检测、同步使用错误和未初始化的内存。该工具可以作为一个独立的命令运行：

```
cuda-memcheck [--tool memcheck|racecheck|initcheck|synccheck] <app_name>
```

有关工具使用的文档可以访问 NVIDIA 网站：

CUDA-MEMCHECK 的 CUDA Toolkit 文档网址为 https://docs.nvidia.com/cuda/cuda-memcheck/index.html。

17.6　用于检测竞态条件的线程检查器

用于检测线程竞态条件(也称为数据危害)的工具在开发 OpenMP 应用程序中至关重要。如果没有竞态条件检测工具，就不可能开发出健壮的 OpenMP 应用程序。然而，很少有工具可以检测竞态条件。常用的竞态条件检测工具为 Intel Inspector 和 Archer，将在接下来的内容中介绍。

17.6.1　Intel Inspector：带有 GUI 的竞态条件检测工具

Intel Inspector 是一个带有图形用户界面的工具，它可以有效地检测 OpenMP 代码中的竞态条件。我们在前面的 7.9 节中讨论了 Intel 检查器。尽管 Inspector 是 Intel 的专有工具，但它现在可以免费使用。在 Ubuntu 上，它可以通过 Intel 的 OneAPI 套件安装：

```
wget -q https:/ /apt.repos.intel.com/intel-gpg-keys/GPG-PUB-KEY-INTEL-SWPRODUCTS-
     2023.PUB
apt-key add GPG-PUB-KEY-INTEL-SW-PRODUCTS-2023.PUB
rm -f GPG-PUB-KEY-INTEL-SW-PRODUCTS-2023.PUB
echo "deb https:/ /apt.repos.intel.com/oneapi all main" >>
   /etc/apt/sources.list.d/oneAPI.list
echo "deb [trusted=yes arch=amd64]
     https:/ /repositories.intel.com/graphics/ubuntu bionic
   main" >> /etc/apt/sources.list.d/intel-graphics.list
apt-get install intel-oneapi-inspector
```

17.6.2　Archer：一个基于文本的检测竞态条件的工具

Archer 是一个构建在 LLVM 的 ThreadSanitizer (TSan)上的开源工具，适用于在 OpenMP 中检测线程竞态条件。使用 Archer 工具基本上就是用 clang-archer 替换编译器命令，并用-larcher 链接 Archer 库。Archer 通过文本形式输出报告。

你可以使用 LLVM 编译器手动安装 Archer，或者使用 Spack 包管理器通过 spack install archer 进行安装。https://github.com/EssentialsofParallelComputing/Chapter17 上提供了一些构建脚本和相关示例，以便帮助你进行安装。一旦安装了 Archer 工具，就可以在示例的 Archer 子目录中进行构建。在这个例子中，使用了第 7.3.3 节中的一个 stencil 代码。然后，修改了 CMake 构建系统，将编译器命令更改为 clang-archer，并将 Archer 库添加到 link 命令中，如下所示。

代码清单 17-5　Archer 示例代码

```
Archer/CMakeLists.txt
cmake_minimum_required (VERSION 3.0)
```

```
project (stencil)

set (CC clang-archer)

set (CMAKE_C_STANDARD 99)

set(CMAKE_C_FLAGS "${CMAKE_C_FLAGS} -g -O3")

find_package(OpenMP)

# Adds build target of stencil with source code files
add_executable(stencil stencil.c timer.c timer.h malloc2D.c malloc2D.h)
set_target_properties(stencil PROPERTIES
   COMPILE_FLAGS ${OpenMP_C_FLAGS})
set_target_properties(stencil PROPERTIES LINK_FLAGS "${OpenMP_C_FLAGS}
        -L${HOME}/archer/lib -larcher")
```

将编译器命令设置为 clang-archer

将 archer 库添加到 LINK_FLAGS

对代码进行编译，然后像之前那样运行它：

```
mkdir build && cd build
cmake ..
make
./stencil
```

我们得到 Archer 工具输出的结果和正常输出结果混合在一起，如图 17-5 所示。

```
==================
WARNING: ThreadSanitizer: data race (pid=59460)
  Atomic read of size 1 at 0x7b6800031140 by main thread:
    #0 pthread_mutex_lock
/projects/kitsune/packages/llvm-7.0.0-full-package/projects/compiler-rt/lib/tsan/../sanitizer_common/sanitizer_common_i
nterceptors.inc:4071 (stencil+0x440237)
    #1 __kmp_resume_64 <null> (libomp.so+0x7d4e4)
    #2 __libc_start_main <null> (libc.so.6+0x22554)
 Previous write of size 1 at 0x7b6800031140 by thread T64:
    #0 pthread_mutex_init
/projects/kitsune/packages/llvm-7.0.0-full-package/projects/compiler-rt/lib/tsan/rtl/tsan_interceptors.cc:1184
(stencil+0x42924a)
    #1 __kmp_suspend_initialize_thread(kmp_info*) <null> (libomp.so+0x7e9e3)
  Location is heap block of size 1504 at 0x7b6800030c00 allocated by main thread:
    #0 malloc
/projects/kitsune/packages/llvm-7.0.0-full-package/projects/compiler-rt/lib/tsan/rtl/tsan_interceptors.cc:664
(stencil+0x4533bc)
    #1 ___kmp_allocate <null> (libomp.so+0x1c127)
    #2 __libc_start_main <null> (libc.so.6+0x22554)
  Thread T64 (tid=59525, running) created by main thread at:
    #0 pthread_create
/projects/kitsune/packages/llvm-7.0.0-full-package/projects/compiler-rt/lib/tsan/rtl/tsan_interceptors.cc:965
(stencil+0x428e5b)
    #1 __kmp_create_worker <null> (libomp.so+0x7b358)
    #2 __libc_start_main <null> (libc.so.6+0x22554)
< ... skipping output ... >

Iter 7000
Iter 8000
Iter 9000
Timing is init nan flush 61.890046 stencil 60.155356 total nan
ThreadSanitizer: reported 8 warnings
```

图 17-5　竞态条件检测工具 Archer 的输出结果

有一些在启动时报告的竞态条件似乎是误报，但在运行期间没有其他输出消息。有关更多信息，请查看以下文档：

- “Archer PRUNERS: Providing Reproducibility for Uncovering Non-deterministic Errors in Runs on Supercomputers”(2017), https://pruners.github.io/archer/
- Archer repository, https://github.com/PRUNERS/archer

17.7　Bug-busters：用于消除 bug 的调试器

在应用程序开发期间，往往需要花费大量时间来修复代码中的错误，在并行应用程序开发中尤其如此。任何有助于调试 bug 的工具对开发者来说都是非常重要的。并行程序员还需要额外的能力来处理多个进程与线程。

用于高性能计算站点的大型并行应用程序调试器，通常包括几个商业软件。这包括功能强大且易于使用的 Total View 和 Arm DDT 调试器。但大多数代码开发最初是在大型计算中心之外的笔记本电脑、台式机或本地集群上完成的，因此你可能无法在这些较小的系统上使用商业调试器软件。可用于较小集群、台式机以及笔记本电脑的非商业调试器软件，在并行编程功能方面受到很多限制并且难以使用。在本节中，我们将首先讨论商业调试器软件。

17.7.1　在 HPC 站点中广泛使用的 TotalView 调试器

TotalView 对最新的高性能计算系统有着广泛的支持，包括 MPI 和 OpenMP 线程。TotalView 也支持使用 CUDA 调试 NVIDIA GPU。它使用图形用户界面，从而简化操作，它还具有一些可以进行深度探索的特性。TotalView 通常可以通过在命令行前面加上 TotalView 进行调用。-a 标志表明其余的参数将被传递给应用程序：

```
totalview mpirun -a -n 4 <my_application>
```

劳伦斯利弗莫尔国家实验室有一套很好的 Totalview 教程。详细信息可在 TotalView 网站上获得：

- TotalView (Lawrence Livermore National Laboratory)网址为 https://computing.llnl.gov/tutorials/totalview/。
- TotalView (Perforce)网址为 https://totalview.io。

17.7.2　DDT：另一种在 HPC 站点广泛使用的调试器

ARM DDT 调试器是另一个在高性能计算站点中广泛使用的商业调试器。它广泛支持 MPI 和 OpenMP，还支持调试 CUDA 代码。DDT 调试器使用一个非常直观的图形用户界面。此外，DDT 支持远程调试，这种情况下，图形客户端界面在本地系统上运行，被调试的应用程序在高性能计算系统上远程启动。要使用 DDT 启动调试会话，只需要将 DDT 添加到命令行即可：

```
ddt < my_application >
```

德州高级计算中心(Texas Advanced Computing Center)对 DDT 有很好的介绍。在 DDT 的网站上

也有更多相关信息：

- ARM DDT 调试器教程(TACC，Texas Advanced Computing Center)网址为 https://portal.tacc.utexas.edu/tutorials/ddt。
- ARM DDT (ARM Forge)网址为 https://www.arm.com/products/development-tools/server-and-hpc/forge/ddt。

17.7.3　Linux 调试器：为本地开发需求提供免费的替代方案

GDB 作为标准的 Linux 调试器，在 Linux 平台上无处不在。它通过命令行方式进行工作，你只需花费较少时间即可学习掌握。对于串行可执行文件，GDB 使用如下命令运行：

```
gdb <my_application>
```

GDB 没有内置的并行 MPI 支持。你可以通过使用 mpirun 命令启动多个 GDB 会话来调试并行作业。因为 xterms 并不适用于所有环境，因此这并不是万无一失的技术。

```
mpirun -np 4 xterm -e gdb ./<my_application>
```

许多高级用户界面都是在 GDB 之上构建的。其中最简单的是 cgdb，它是一个基于光标化的图形界面(使用字符来模拟 GUI 界面，比如 SSH 和 Telnet 客户端中常见的用字符组成的“菜单”)，与 vi 编辑器非常相似。Curses 界面是一个基于字符的视窗系统。与成熟的位图图形用户界面相比，它具有更好的网络性能特征(因为是使用字符来组成所谓的界面，而不是真实发送位图形式的图形界面，因此比传统的 GUI 节省大量网络带宽)。CGDB 及其文档可以通过如下文档获得：

cgdb，curses debugger， 网址为 https://cgdb.github.io

一个完整的 GDB 图形用户界面可以在 DataDisplayDebugger 中使用，称为 DDD。DDD 调试器网站提供了更多关于 DDD 和其他类似调试器的信息：

DDD, the DataDisplayDebugger, 网址为 https://www.gnu.org/software/ddd/

cgdb 和 DDD 都不包含显式并行支持。其他更高级别的用户界面(例如 Eclipse IDE)在 GDB 调试器上提供了一个并行调试器接口。Eclipse IDE 可用于多种语言，并为 CPU 和 GPU 的编程工具提供基础环境。

Desktop IDE (Eclipse Foundation), 网址为 https://www.eclipse.org/ide/

17.7.4　通过 GPU 调试器消除 GPU bug

用于 GPU 代码开发的调试器的可用性是一个关键的规则改变者。GPU 代码的开发受到 GPU 调试困难的严重阻碍。本节讨论的 GPU 调试工具仍然不是很成熟，但依旧可以帮助我们调试 GPU 应用程序。这些 GPU 调试器极大地利用了上一节介绍的开源工具，如 GDB 和 DDD。

CUDA-GDB：NVIDIA GPU 的调试器

CUDA 有一个基于 GDB 的命令行调试器，称为 CUDA-GDB。NVIDIA 的 Nsight Eclipse 工具

中还有一个带有图形用户界面的 CUDA-GDB 版本，并将它作为其 CUDA 工具包的一部分。CUDA-GDB 也已集成到 DDD 和 Emacs 中。要将 CUDA-GDB 与 DDD 一起使用，请使用 ddd--debuggercuda-gdb 来启动 DDD。你可在 https://docs.nvidia.com/cuda/cuda-gdb/ 找到关于 CUDA-GDB 的文档。

ROCgdb：Radeon GPU 的调试器

AMD ROCm 调试器是 Radeon Open Compute 计划的一部分，它基于 GDB 调试器，但最初只支持 AMD GPU。ROCm 网站上提供关于 ROCgdb 的文档，它与 GDB 调试器大致相同。

- AMD ROCm 调试器的网址是 https://rocmdocs.amd.com/en/latest/ROCm_Tools/ROCgdb.html。
- ROCm 的网站为 https://rocmdocs.amd.com。
- ROCgdb 用户指南中介绍了 ROCm 调试器相关的信息，地址为：https://github.com/RadeonOpenCompute/ROCm/blob/master/Debugging%20with%20ROCGDB%20User%20Guide%20v4.1.pdf

17.8 文件操作分析

在高性能计算应用程序开发中，文件系统性能通常是事后考虑的问题。在当今的大数据世界中，由于文件系统性能落后于计算系统的其他部分，这使得文件系统性能成为一个日益突出的问题。用于衡量文件系统性能的工具相对较少。Darshan 工具的开发就是为了填补这一空白。Darshan 是一个 HPC I/O 特性描述工具，专门用于分析应用程序对文件系统的使用情况。自发布以来，Darshan 在高性能计算中心得到广泛应用。

示例：安装 Darshan 工具

在本例中，将 Darshan 工具安装到主目录中。你可能希望在计算集群上构建运行时工具，并在另一个系统(如笔记本电脑)上构建分析工具。这些分析工具需要 LaTex 分发版的部分内容和一些简单的图形实用工具，这些内容可能不在计算机集群中。如果你遇到缺少实用工具的问题，可以参考 https://github.com/EssentialsofParallelComputing/Chapter17.git 上的 DockerFile 及其运行分析工具所需的安装包列表。

首先，下载并解压 Darshan 发行版：

```
wget ftp://ftp.mcs.anl.gov/pub/darshan/releases/darshan-3.2.1.tar.gz
tar -xvf darshan-3.2.1.tar.gz
```

加载或安装 MPI 包。如果未安装在标准位置，请使用以下 export 命令设置路径：

```
export CFLAGS=-I<MPI_INCLUDE_PATH>
export LDFLAGS=-L<MPI_LIB_PATH>
```

构建 Darshan 运行时工具：

```
cd darshan-3.2.1/darshan-runtime
./configure --prefix=${HOME}/darshan --with-log-path=${HOME}/darshan-logs
--with-jobid-env=SLURM_JOB_ID --enable-mpiio-mod
make
```

```
make install
```

现在构建 Darshan 分析工具：

```
cd ../darshan-util
./configure --prefix=${HOME}/darshan
make
make install
```

然后设置 Darshan 可执行文件的路径：

```
export PATH=${PATH}:${HOME}/darshan/bin
```

通过运行 Darshan 脚本，在 Darshan 日志目录中设置日期目录：

```
darshan-mk-log-dirs.pl
```

使用 LINK_FLAGS 将 Darshan 库添加到构建中。你可以通过执行带有--dyn-ld-flags 选项的 darshan-config 工具，从而获得正确的标志：

```
darshan-config --dyn-ld-flags
```

在 CMake 构建系统中，我们可以捕获命令的输出并使用它来设置 DARSHAN_LINK_FLAGS 变量：

```
execute_process(COMMAND darshan-config --dyn-ld-flags
          OUTPUT_STRIP_TRAILING_WHITESPACE
          OUTPUT_VARIABLE DARSHAN_LINK_FLAGS)
```

然后，将 DARSHAN_LINK_FLAGS 添加到 LINK_FLAGS 变量中：

```
set_target_properties(mpi_io_block2d PROPERTIES LINK_FLAGS
          "${MPI_C_LINK_FLAGS} ${DARSHAN_LINK_FLAGS}")
```

我们对 https://github.com/EssentialsofParallelComputing/Chapter17.git 的 MPI_IO_Examples/mpi_io_block2d 目录中的 CMakeLists.txt 文件进行了以上更改。这与我们在 16.3 节中介绍的 MPI-IO 示例相同，但具有更大的 1000×1000 网格，并注释掉验证代码。现在你可以像以前一样构建和运行可执行文件：

```
mkdir build && cd build
cmake ..
make
mpirun -n 4 mpi_io_block2d
```

可在~/darshan-logs 子目录中找到按日期组织的 Darshan 日志。

示例：使用 Darshan 分析工具

可以使用 Darshan 分析工具来分析 Darshan 生成的日志文件：

```
darshan-job-summary.pl <darshan log file>
```

你会发现，输出结果与日志文件具有相同的文件名，但添加了.pdf 扩展名。你可以使用最常用的 PDF 查看器来查看输出结果。

Darshan 分析工具以 PDF 格式输出有关应用程序中与文件操作相关的文本和图形信息。我们在图 17-6 中展示了部分输出结果。

我们构建了支持 POSIX 和 MPI-IO 分析的运行时工具。POSIX 是 Portable Operating System Interface 的首字母缩写，是广泛的系统级功能(例如常规文件系统操作)的可移植性标准。对于修改后的测试，我们关闭了所有验证和其他标准 I/O 操作，以便可以专注于代码的 MPI-IO 部分；我们还使用更大的数组。这个测试是在用于主目录的 NFS 文件系统上完成的。在图中，可以看到我们同时进行了 MPI-IO 写入和读取，并且写入速度略慢于读取速度。还可以看到，MPI 元数据操作的成本要高得多。文件元数据的写入记录了文件所在位置、权限、访问次数等信息。就其性质而言，写入元数据是一种串行操作。

Darshan 还支持分析 HDF5 文件操作。可在项目网站上获取有关 Darshan HPC I/O 表征工具的更多信息：https://www.mcs.anl.gov/research/projects/darshan/。

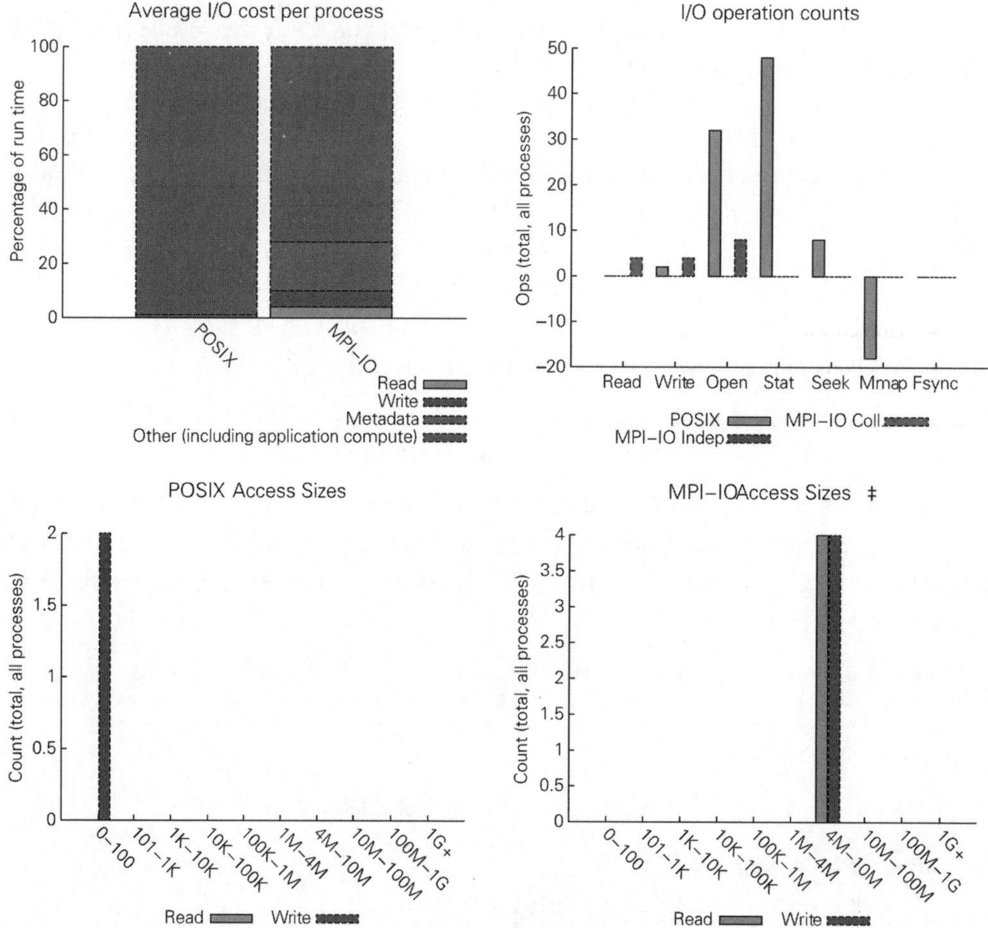

图 17-6　这些图形是 Darshan I/O 表征工具输出的一部分。显示了标准 IO(POSIX)和 MPI-IO。从右上角的图表中，我们可以确认 MPI-IO 使用的是集合操作而不是独立操作

17.9　包管理器：你的个人系统管理员

包管理器已成为在各种系统上简化软件包安装的关键工具。这些工具首先出现在带有 RedHat 软件包管理器的 Linux 系统上，用于管理软件安装，但后来这些工具在许多操作系统中得到广泛应用。使用包管理器来安装工具和设备驱动程序可以极大地简化安装过程，并使系统更加稳定和保持更新。

Linux 操作系统对包管理器有着严重的依赖。只要情况允许，你就应该使用 Linux 包管理器来安装软件。遗憾的是，并不是所有软件包(特别是供应商的设备驱动程序)都可通过包管理器进行安装。如果不使用包管理器，软件安装过程将变得困难，而且容易出错。大多数基于 Linux 的高性能计算软件包都是以 Debian (.deb)或 Red Hat Package Manager (.rpm)的包格式发布的。这些包格式可以安装在大多数 Linux 发行版系统中。

17.9.1　macOS 的包管理器

对于 Mac 操作系统(macOS)，两个主要的包管理器是 Homebrew 和 MacPorts。一般来说，这两种方法都是安装软件包的好选择。因为 macOS 是 Berkeley Software Distribution (BSD) UNIX 的衍生版本，所以可以使用许多开源工具。但随着 macOS 最近为提高安全性而做出的改变，一些工具已经放弃了对该平台最新版本的支持。随着最近 Mac 硬件的变化，包管理器也可能发生重大变化。有关 Homebrew 和 MacPorts 的更多信息，请浏览它们的网站：

- Homebrew 网址为 https://brew.sh。
- MacPorts 网址为 https://www.macports.org。

17.9.2　Windows 包管理器

长期以来，高度专有的 Windows 操作系统一直是软件安装和支持的大集合。一些软件得到很好的支持，而另一些软件则根本不被支持。随着微软逐渐拥抱开源技术，情况正在发生改变。Windows 刚推出了新的 Windows Subsytem Linux(WSL)。WSL 在 shell 中设置 Linux 环境，并允许大多数 Linux 软件无须更改即可运行。最近宣布 WSL 将支持对 GPU 的透明访问，这在高性能社区中引起了轰动。当然，我们的主要目标是游戏和其他大众市场应用，但如果可能，我们也很乐意搭这个顺风车。

17.9.3　Spack 包管理器：用于高性能计算的包管理器

到目前为止，我们已经讨论了围绕特定计算平台的包管理器。高性能计算工具的挑战要比传统包管理器遇到的挑战大得多，因为需要同时支持大量的操作系统、硬件以及编译器。直到 2013 年，劳伦斯利弗莫尔国家实验室(Lawrence Livermore National Laboratory)的托德·甘布林(Todd Gamblin)发布了 Spack 包管理器，才很好地解决了这些问题。本书的一位作者向 Spack 列表中贡献了几个包，当时整个系统中只有不到 12 个包，而现在有超过 4000 个受支持的包，其中许多包是高性能计算社区所特有的。

示例：Spack 快速使用指南

输入如下命令安装 Spack：

```
git clone https://github.com/spack/spack.git
```

然后将路径和设置脚本添加到环境中。可以将这些内容添加到你的./bash_profile 或./bashrc 文件中，这样就可以随时使用 Spack。

```
export SPACK_ROOT=/path/to/spack
source $SPACK_ROOT/share/spack/setup-env.sh
```

要配置 Spack，需要首先为编译器设置 Spack：

```
spack compiler find
```

如果编译器是从模块加载的，则将加载添加到 Spack 编译器配置中：

```
spack config edit compilers
```

或者编辑下面文件：

```
~/.spack/linux/compiler.yaml
```

你可能希望将一些已经存在的系统包添加到默认配置中，这样就不会重新构建这些包。为此，请使用编辑器编辑如下文件：

```
~/.spack/linux/packages.yaml
```

Spack 有许多命令，在表 17-3 中列出了常用的命令，可以帮你快速入门。

表 17-3 使用 Spack

命令	描述
spack list	列出可用的包
spack install <package_name>	安装特定包
spack find	列出已经构建的包
spack load <package_name>	将包加载到你的环境中

Spack 拥有丰富的文档和活跃的开发社区。查看他们的网站可以获取最新信息：https://spack.readthedocs.io。

17.10 模块：加载专门的工具链

在大型计算站点上进行软件开发需要这些站点同时支持多个环境。因此，你可以加载不同版本的 GCC 和 MPI 进行测试。你或许能够加载这些不同的开发工具链，但软件模块并未附带大多数供应商发行版进行的相关测试。

警告： 虽然从 Modules 包安装的工具链软件可能发生错误，但高性能应用程序所带来的优势在很大程度上值得我们面对并解决这些错误。

现在让我们了解一下在安装了 Modules 包的工具链系统中可能使用的命令，如表 17-4 所示。

表 17-4　工具链模块命令：快速入门

命令	描述
module avail	列出系统上可用的模块
module list	列出加载到当前环境中的模块
module purge	卸载所有模块，并将环境恢复到加载模块之前
module show <module_name>	显示将对你的环境进行哪些更改
module unload <module_name>	卸载模块并移除对环境的更改
module swap <module_name> <module_name>	用另一个模块包替换当前模块包

因为通过 module show 命令可以显示模块执行的操作，所以下面介绍几个 GCC 编译器套件和 CUDA 的示例。

示例： module show gcc/9.3.0

```
/opt/modulefiles/centos7/gcc/9.3.0:
module-whatis This loads the GCC 9.3.0 environment.
prepend-path PATH /projects/opt/x86_64/gcc/9.3.0/bin
prepend-path LD_LIBRARY_PATH
   /opt/x86_64/gcc/9.3.0/lib64:/opt/x86_64/gcc/9.3.0/lib
prepend-path MANPATH /opt/x86_64/gcc/9.3.0/share/man
setenv     CC gcc
setenv     CXX g++
setenv     CPP cpp
setenv     FC gfortran
setenv     F77 gfortran
setenv     F90 gfortran
conflict    gcc
```

在这个示例中，GCC v9.3.0 模块通过 prepend-path 将 GCC 9.3.0 目录添加到 path 中，并使用 LD_LIBRARY_PATH 设置将它添加到环境中。它还使用 setenv 设置一些环境变量来指示要使用哪个编译器。

示例：module show cuda/10.2

```
/opt/modulefiles/centos7/cuda/10.2:
conflict cuda
module-whatis    load NVIDIA CUDA 10.2 environment
module-whatis    Modifies: PATH, LD_LIBRARY_PATH
module-whatis    IMPORTANT: the OpenCL libraries are
   installed by the NVIDIA driver, not this module
setenv    CUDA_PATH /opt/centos7/cuda/10.2
setenv    CUDADIR /opt/centos7/cuda/10.2
setenv    CUDA_INSTALL_PATH /opt/centos7/cuda/10.2
setenv    CUDA_LIB /opt/centos7/cuda/10.2/lib64
setenv    CUDA_INCLUDE /opt/centos7/cuda/10.2/include
setenv    CUDA_BIN /opt/centos7/cuda/10.2/bin
prepend-path PATH /opt/centos7/cuda/10.2/bin
```

```
prepend-path LD_LIBRARY_PATH /opt/centos7/cuda/10.2/lib64
setenv   OPENCL_LIBS /opt/centos7/cuda/10.2/lib64
setenv   OPENCL_INCLUDE /opt/centos7/cuda/10.2/include
setenv   CUDA_SDK /opt/centos7/cuda/10.2/samples
```

这个 CUDA 模块示例设置路径、包含目录以及库位置。同时，它还为 NVIDIA OpenCL 实现设置路径。

从这些模块命令的示例中可以看出，模块只是设置了一些环境变量。这就是为什么 Modules 并不是万无一失的。以下是一些重要的使用模块的提示。

- 一致性很重要：为编译和运行代码设置相同的模块。如果库的路径发生变化，你的代码可能会崩溃或给出错误结果。
- 尽可能使用自动化。如果你不这样做，你的首次构建(或运行)很可能由于忘记加载模块而失败。

此外，加载模块文件有不同的方法。每种方法都有各自的长处与不足，这些方法为：

- shell 启动脚本
- 命令行交互
- 批量提交脚本

使用交互式 shell 启动脚本，而不是批处理启动脚本(例如，在.login 文件而不是.cshrc 中加载模块)。使用并行作业将它们的环境设置传播到远程节点。如果在错误的 shell 启动脚本中加载模块，则远程节点可能具有与头部节点不同的模块。这可能会产生意想不到的后果。

在加载模块之前，在批处理脚本中使用 module purge。如果你加载了模块，模块加载可能会因为冲突而失败，这可能会导致你的程序失败(请注意，不推荐在 Cray 系统上使用 module purge)。

在程序构建中设置运行路径。通过 rpaths 链接选项或其他构建机制，在可执行文件中嵌入运行路径，这将有助于使你的应用程序对更改模块环境和路径不那么敏感。这样做的缺点是，如果编译器在不同系统中的位置不同，你的应用程序可能无法在另一个系统上运行。注意，这种技术对于从 PATH 变量获得错误版本的程序没有帮助，比如 mpirun。

加载特定版本的编译器(例如，GCC v9.3.0 而不仅仅是 GCC)。通常一个特定的编译器版本将被设置为默认值，但这会在某些时候发生变化，从而破坏应用程序或构建过程。此外，不同系统的默认值可能会不同。

有两个主要的软件包可以实现基本的模块命令。第一个叫 module，也常被称为 TCL modules，第二个叫 Lmod。我们将在以下各节中讨论这些内容。

17.10.1 TCL modules：用于加载软件工具链的原始模块系统

是的，这令人感到困惑。modules 包创建的类别现在或多或少都使用了相同的名称--module。1991 年，Sun Microsystems 的 John Furlani 创建了 module，然后将其作为开源软件发布。模块工具是用工具命令语言编写的，也就是众所周知的 TCL。它已经被证明是主流计算中心的重要组成部分。Module 文档位于 https://modules.readthedocs.io/en/stable/module.html。

17.10.2　Lmod：基于 Lua 的替代模块实现

Lmod 是一个基于 Lua 的模块系统，可对用户环境进行动态设置。它是环境模块概念的较新实现方式。Lmod 文档位于 https://lmod.readthedocs.io/en/latest。

17.11　思考与练习

我们希望有时间和机会来更详细地介绍如何具体使用这些工具。遗憾的是，这可能需要另一本甚至几本书的篇幅来探索高性能计算工具的世界。

我们已经介绍了一些更简单的工具，展示了它们的强大功能和实用性。就像你不应该通过封面来判断一本书一样，也不应该通过花哨的界面来判断一个工具的好坏。相反，你应该查看该工具的用途以及它的易用性。经验告诉我们，花哨的用户界面，而不是具体功能，往往成为选择该工具的标准，这样做是不对的。此外，工具应该简单易用。我们已经厌倦了面对另一个 600 页的快速入门指南来学习另一个工具。是的，该工具可能很棒，并且可以做很多奇妙的事情，但是应用程序开发人员还有很多其他东西需要掌握，因此没有时间去阅读那些繁杂的快速入门文档。最好的工具往往是那些通过几个小时的熟悉就可以上手使用的工具。

现在我们提供以下新的工具，让你尝试使用，希望你会找到一些可以扩展开发人员工具集的工具。仅仅添加几个工具就可以使你成为一个更好、更有效的程序开发者。这里有一些练习可以帮助你进行探索。

1. 在一个小型代码或本书练习中提供的代码上运行 Dr. Memory 工具。
2. 使用 dmalloc 库对代码进行编译并运行，然后查看结果。
3. 尝试在 17.6.2 节的示例代码中插入线程竞态条件，看看 Archer 将如何报告这些问题。
4. 在你的文件系统上尝试 17.8 节中的分析练习。如果有多个文件系统，请在每个文件系统上进行尝试。然后将示例中数组的大小更改为 2000×2000。观察它对文件系统性能结果带来怎样的改变。
5. 尝试使用 Spack 包管理器来安装一个工具。

17.12　本章小结

- 优秀的软件开发实践始于版本控制。创建可靠的软件开发环境可以更快、更好地开发代码。
- 使用计时器和分析器来衡量应用程序的性能。测量性能是提高应用程序性能的第一步。
- 探索各种各样的 mini-apps，多了解与你应用领域相关的编程示例。从这些示例中进行学习，这将帮助你避免重新设计相关方法，同时可以对应用程序进行改进。
- 使用有助于检测应用程序中问题的工具。这可提高程序质量及稳健性。